"博学而笃志，切问而近思。"

(《论语》)

博晓古今，可立一家之说；
学贯中西，或成经国之才。

作 者 简 介

陈光梦，男，1950年出生.1966年因“文化大革命”辍学，进入工厂.1977年恢复高考后考入复旦大学，毕业后留校至今.

留校以后一直从事电路与系统的教学与科研工作.长期从事电子线路基础教学，曾参加过国家教育部组织的中华学习机系列的研制工作，参加过上海多家工厂的工业自动化改造项目，在自动控制技术、可编程逻辑器件应用技术、声音与图像的处理与应用技术等领域开展过不少工作. 编著有《可编程逻辑器件的原理与应用》、《模拟电子学基础》、《数字逻辑基础》、《模拟电子学基础与数字逻辑基础学习指南》、《数字逻辑基础学习指导与教学参考》、《高频电路基础学习指南》等书.

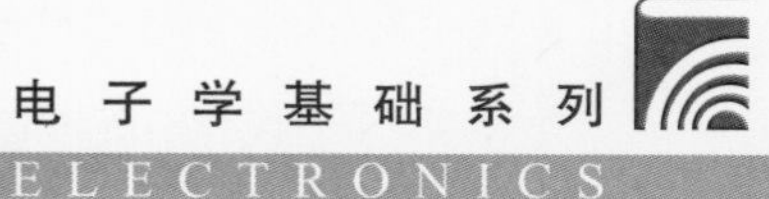

高频电路基础（第二版）

GAOPIN DIANLU JICHU

陈光梦 编著

復旦大學出版社

内 容 提 要

高频电路是高等学校电子科学与技术类专业的一门专业必修课，它主要研究高频电子电路的基本原理与基本方法.

本书共分8章，分别介绍了高频无源网络、高频小信号放大器、高频功率放大器、高频振荡器、锁相环与频率合成、混频器、模拟调制与解调、数字调制与解调. 同时，在第1章至第6章后增加了附录，分别补充了高频无源滤波器简介、用*S*参数分析小信号放大器、E类和F类放大器高频功率放大器简介、用*S*参数分析振荡器、数字直接合成、微带线耦合器等内容.这些内容超出一般的教学要求，但从教学实践来看又很关键，可供需要深入学习的读者参考.

本书可以作为高等学校电子科学与技术类专业学生的教科书，也可以作为电子信息、通信、自动控制等相关技术人员的参考书.

第二版前言

本书第一版出版以后，笔者以它为教材给本科生上课. 在上课过程中，不断有学生提出各种问题，有些问题反映了教材的内容中有不适合初学者理解的地方，也有些问题反映了教材中内容的欠缺，更有细心的学生指出书中的一些明显的错误，这使得笔者产生了在再版时作一个大幅修改的念头.

作为一本教科书，很重要的一点是要考虑到学生的思维方式，能够让一个初学者循序渐进地入门直至掌握该学科的基本知识. 这是教材的材料组织必须认真考虑的地方，同时这些材料还必须构成该学科本身的体系.

在第二版中，笔者将原来置于最后一章的锁相环前移到混频与调制解调之前，就是基于上述的考虑. 原来在最后一章才讲述锁相环，将许多与现代通信有关的锁相环应用电路合在一起讲述，好处是关于调制和解调等概念学生已经了解，可以比较简单地讲述其应用，但是存在一个较大的问题就是由于没有结合实际的电路讲述锁相环的应用，导致学生只有原理上的知识而没有实际应用概念. 这个问题在大学生电子竞赛中就有反映，许多很优秀的学生遇到实际的锁相环应用问题都感到难以下手. 现在第二版则试图改变这一状况，第 5 章从原理上详细讨论锁相环电路，而在随后的混频、模拟与数字的调制和解调等章节中，则详细地阐述锁相环的应用，并给出多个应用实例可以让学生模仿，这样就可以克服原来第一版的不足. 另一方面，随着大规模集成电路的发展，现在锁相环已经像集成运放一样成为电子学的一个基本模块，从这个观点来看，在整个电子学体系中也应该将它作为一个基本部件来看待，所以提前讲述锁相环、并在随后的章节中讲述其应用，也符合教材本身的体系要求.

除了锁相环一章有大规模改动外，第二版对混频、数字调制与解调两章也作了较大改动，补充了许多材料. 其他章节也有少量的补充，并增加了部分习题.

有些补充的内容涉及 S 参数、微带线网络等，主要是考虑到现代无线通信越来越向微波频段发展，故有必要向学生介绍这方面的知识. 但为了与原来的教学体系相衔接，不可能进行全盘讨论，那样会与其他课程发生冲突，所以这些内容被安排在附录中. 感兴趣的读者可以将它当作入门的阅读材料.

除此之外，第二版改正了原教材中的一些错误，对一些表述不妥的地方也作了适当修改.尽管这样,笔者心中还是有些惴惴,因为限于学识,不免还会有错误,为此衷心希望广大读者及时指正.

陈光梦

2015 年 11 月

第一版前言

高频电路是大学本科电子类专业的一门专业必修课,它主要研究高频电子电路的基本原理与基本方法. 由于集成电路的飞速发展,以前以晶体管为主的高频电路现在许多已经被集成电路所取代,因此在编写本教材时如何安排课程的内容就颇费思量. 考虑到尽管许多电路已经集成化,但是高频电路的基本原理却还是必须用基本的晶体管电路才能说明的,所以本书的内容大部分以晶体管电路为主. 考虑到现代无线电的发展,在传统内容的基础上也增加了一些基于集成电路的内容,尤其在数字调制与解调部分,实际电路几乎全部用集成电路构成,所以在本书中也以集成电路为主.

本书共分 8 章.

第 1 章介绍高频无源网络,主要讨论高频电路中常用的无源元件以及用无源元件构成的谐振回路、阻抗变换网络等. 考虑到现在的高频通信系统中越来越多地采用微带线结构构成阻抗变换网络,在这一章中也简要介绍了微带线以及用微带线构成的阻抗变换网络,以及与之有密切关系的 Smith 圆图.

第 2 章讨论高频小信号放大器,以晶体管高频小信号放大器为主,也简单介绍了一些集成小信号放大器. 主要内容有晶体管的高频参数描述,晶体管小信号放大器的设计,包括增益、稳定性等,还讨论了与小信号放大器密切相关的噪声问题.

第 3 章是高频功率放大器. 重点是 C 类放大器和 D 类放大器,除了原理上的分析以外,还以实例的形式介绍了这两类放大器的设计过程. 另外还介绍了传输线变压器及其应用,简单介绍了宽带功率放大器.

第 4 章讨论高频振荡器,重点是 LC 振荡器以及晶体振荡器. 考虑到后面直接调频和锁相环两个环节的需要,将压控振荡器也安排在这一章.

第 5 章是混频器. 这一章中很大的篇幅是介绍非线性电路的工作原理. 在混频器电路部分,一方面是出自阐述原理的需要,另一方面是考虑到各种不同的混频器在不同的应用背景中还在实际使用,所以这部分电路既包含了很经典的二极管调制解调电路,也介绍了集成调制解调电路. 这一章还分析了混频器电路中可能出现的各种干扰.

第 6 章介绍模拟调制与解调,第 7 章介绍数字调制与解调. 这两章尽管都介绍调制与解调,但在内容的安排上有所不同. 第 6 章重点在于已调信号的信号特征分析,电路以晶体管为主,着重在于分析如何实现调制与解调.

第 7 章主要介绍一些基本的数字调制方式及其信号特征,考虑到学生以后还有信号与系统的课程,所以对于信号的分析介绍较少,而在具体电路中则以集成电路的应用为主.

第 8 章讨论反馈控制系统,包括自动增益控制、自动频率控制以及锁相环.考虑到学生在后面还有自动控制理论课程,所以反馈控制的基本理论仅作简单介绍,重点是应用电路系统.锁相环部分重点介绍了可以作线性分析的跟踪过程,其余部分则作简单介绍.最后对锁相环的具体应用作了一些概括性的介绍.

另外,在第 1 章、第 2 章、第 3 章以及第 8 章后面,各增加了一个附录,介绍 LC 高频滤波器、S 参数、E 类和 F 类放大器以及 DDS 技术等内容.这些内容超出一般的教学要求,但是从笔者的教学实践来看又是很关键的内容.尤其在近几年的全国大学生电子竞赛的辅导工作中,有许多学生主动找参考资料学习并向老师求教这些内容.在本教材中将它们作为附录,让需要深入学习的读者可以有一个入门的阶梯.

本教材曾经作为讲义用于本科教学.在教学过程中,深深感到教学相长的无穷魅力.许多学生不仅给我指出讲义中的笔误和错误,还就许多理论问题与我展开讨论.尽管其中有许多问题是学生的经验不够或其他原因所致,但是通过讨论也使我进一步认识到学生的思维方式以及讲义中的材料取舍等许多问题,这些经验指导我能够对教材作进一步的修订以期达到更完美的教学效果.我的同事唐长文博士也给我指出了一些教材中的错误和不妥.在此向唐长文博士以及给过我帮助的学生们致以诚挚的谢意.

虽然我尽力想将此书写成一本完善的教材,但是囿于本人的学识以及经验,本书中错误或不妥之处仍在所难免.恳切期待专家学者以及广大读者多多指教!

编　者

2009 年 8 月

目 录

绪 论

本课程研究高频电子线路. 高频电子线路的一个主要应用方向就是如何通过电磁波传递能量和信息,通常称为无线电. 无线电的历史,可以追溯到 19 世纪中叶.

英国科学家麦克斯韦(James Clerk Maxwell, 1831—1879)在 1855—1864 年间发表 3 篇论文,提出位移电流概念,形成著名的麦克斯韦方程,奠定无线电科学的理论基础.

随后是德国科学家赫兹(Heinrich Rudolf Hertz, 1857—1894)在 1887 年完成关于电磁波的实验,证明了麦克斯韦的理论,奠定无线电科学的实验基础.

再后来,意大利科学家马可尼(Guglielmo Marconi, 1874—1937)和俄国科学家波波夫(Александр Стеланович Попов, 1859—1906)在 1894—1897 年间各自独立制成无线电收发报机,实现了世界上第一次无线电通信,这时已经有了无线电的雏形.

进入 20 世纪以后,无线电开始加速发展. 这种发展在两条线上同时进行:一条线是器件方面的发展,另一条线是电路技术与应用方面的发展.

1904 年,John Ambrose Fleming 发明了真空二极管. 1907 年,Lee de Forest 发明了真空三极管. 而在随后的 1919—1940 年间,德国、荷兰、美国、英国以及前苏联科学家陆续发明了真空四极管、真空五极管、超短波速调管、微波磁控管等一系列电真空器件.

在此期间,无线电技术及其应用也得到极大发展. 1906 年,Reginald Aubrey Fessenden 用调制的无线电波发送音乐和讲话进行广播试验. 1912—1922 年间,Edwin Howard Armstrong、Reginald Aubrey Fessenden 等人发明了多种无线电接收技术,包括再生式接收技术、超再生接收技术、外差式和超外差式接收技术. 1927 年,Harold Black 发明了负反馈电路. 1933 年,Edwin Howard Armstrong 发现了宽带调频原理,首次进行调频制广播. 20 世纪 30 年代中期到 40 年代,出于军事的需要,雷达开始投入使用. 随后又发展了射电天文学和无线电气象学等. 到了 20 世纪中叶,现代的模拟信号发送和接收技术几乎都已经出现并投入使用.

在 20 世纪中叶,又出现了两个里程碑式的发明.

其一是 1948 年由 3 位科学家巴丁(John Bardeen, 1908—1991)、肖克利

(William Schokley, 1910—1989)和布莱顿(Wailter Houser Brattain)发明了晶体三极管,从此固体电子学隆重登场. 而自从 Clair Kilby 和 Robert Noyce 在 1958 年各自独立地制成了最早的集成电路后,电子学进入微电子时代. 随着制造工艺的日臻完善,集成电路的规模越来越大,而且还在不断以被称为摩尔定律的速度,即每 18 个月翻一番的速度增长. 随着集成电路规模的扩大及其应用领域的日益广泛,我们的世界已经逐步建立在硅的基础上.

另一个里程碑式的发明是 20 世纪 40 年代电子计算机的发明以及随后由于集成电路的飞速发展而导致的计算机微型化,它极大地改变了无线电技术的发展进程. 电子计算机从开始发明时的一个庞大机器发展成一个小小的芯片,微处理机的出现使得计算机技术可以嵌入到各种实际应用系统中,它最终使得现代无线电技术从模拟信号系统发展为模拟-数字混合信号系统. 许多以前只是停留在理论阶段的设想开始逐步成为现实,其中最重要的当数软件无线电,它对现代无线电的变革起到相当深刻的影响.

以前的无线电系统中,所有的信号变换过程都是通过硬件电路实现的. 这样的系统一旦组成就难以更改,稳定性虽好,但是灵活性很差. 理想的软件无线电思想是:除了发送的功率放大器与接收的前端放大器仍然采用硬件实现外,其余的信号变换功能全部用软件实现. 显然,由于软件的灵活性,这样的系统是柔性的、灵巧的,可以应付各种变化的环境. 而由于高集成度的支持,这样的系统体积小、功耗低.

显然,若没有微电子技术和计算机技术的发展,上述系统将是无法实现的. 尽管目前软件无线电技术还不能达到完全理想的模式,但是已经开始应用在包括军事与民用的许多领域.

总之,现代无线电技术已经深入到我们每个人生活的每个角落. 无论是日常生活中的广播、电视、手机、无线网络,还是飞机导航、船舶定位、微波通信、卫星通信等等,都离不开无线电技术. 现在已经不能想象没有无线电的世界将是什么状况.

从信息的角度来看,所有无线电技术的发展都是围绕着信息的收集、传送、存储和还原展开的.

信息信号通常包含语音、图像、各种遥控遥测数据等,可以分为模拟信号和数字信号两大类. 信息信号的特点是:频率一般都比较低,占有一定的频宽. 例如,语音信号的频率为 300 Hz～3 400 Hz,音乐信号的频率为 20 Hz～20 kHz,电视图像的频率为 0～6 MHz 等. 由于频率低,信息信号一般无法直接通过无线方式传送.

为了远距离传送信息,需要用低频的信息信号去控制一个称为载波的高频电磁波. 目前无线电可以利用的高频电磁波频率范围大约从几千赫到几千吉赫. 为了讨论问题方便,通常将这些频率人为分成多个频段,划分标准见表 0-1.

表 0-1 无线电频段的划分

波段名称		波长范围	频率范围	频段名称
超长波		100 km～10 km	(3～30)kHz	甚低频(VLF)
长 波		10 km～1 km	(30～300)kHz	低频(LF)
中 波		1 km～100 m	(300～3 000)kHz	中频(MF)
短 波		100 m～10 m	(3～30)MHz	高频(HF)
超短波(米波)		10 m～1 m	(30～300)MHz	甚高频(VHF)
微 波	分米波	1 m～10 cm	(0.3～3)GHz	特高频(UHF)
	厘米波	10 cm～1 cm	(3～30)GHz	超高频(SHF)
	毫米波	10 mm～1 mm	(30～300)GHz	极高频(EHF)
	亚毫米波	1 mm～0.1 mm	(300～3 000)GHz	超极高频

无线电波的传播方式与其波长有关.

通常,超长波段由于波长太长,难以通过天线发射而较少用于无线通信,而多用于工业设备以及一些民用电子设备中.

长波到中波波段的电磁波波长较长,绕射能力强,可以沿着地球表面传输,故称为地波. 信号稳定是这一频段电磁波的主要优点,但是由于大地的吸收,使得它在传输过程中的衰减很大,需要很大的发射功率. 长波主要用于需要稳定传输信号的无线通信中,中波则用于民用语音广播和一些通信应用中.

随着波长的下降,电磁波的绕射能力减弱,所以短波波段的电磁波主要通过大气的电离层和大地的来回反射,在整个地球表面传输,称为天波. 由于大地的吸收减弱,天波可以用较小的功率传送较远的距离. 但是由于受到电离层起伏的影响,信号不稳定,有明显的衰落现象. 通常短波波段用于各种用途的通信中,也可用于语音广播.

由于波长越短,电离层的反射越弱,超短波到微波波段的电磁波基本上完全按照空间直线传播,称为空间波. 该波段主要用于通信,频率较低的一部分用于电视广播. 许多民用通信设备(如手机、蓝牙、无线网络等)使用的频率均在该段频率范围内. 工业、科学与医学设备使用的频率也在这一频率范围内. 在这一频率范围中有几个特别的频段,大气层对其的吸收和反射特别小,卫星通信的频率就位于这些频段内.

为了有效地利用有限的频率资源,世界各国都对无线电设备的使用频率加以严格规范.表 0-2 就是我国目前用于语音广播和电视广播的频段划分.

表 0-2 广播与电视的频率范围

波段		频率范围
中波语音广播		(535~1 605)kHz
短波语音广播		(3~22)MHz
调频语音广播		(88~108)MHz
电视广播	1~5 频道	(48.5~92)MHz
	6~12 频道	(167~223)MHz
	13~24 频道	(470~586)MHz
	25~68 频道	(606~958)MHz

前面提到为了传送信息需要用信息信号控制高频电磁波,使载波包含信息.这个过程称为调制.调制的方法可分为调幅、调频和调相 3 类(现代的数字通信中有许多不同的调制方法,但是从物理根本上说还是这三者及其组合),带有信息的载波称为已调波.调制的主要作用是:①高频无线电波容易发射;②由于已调波的频率远高于信息信号的频率,所以信息容量大大增加.反过来,从一个已调波中将信息信号还原出来的过程称为解调.图 0-1 和图 0-2 就是无线通信设备(如无线对讲机或无绳电话)的发射部分和接收部分的结构框图.

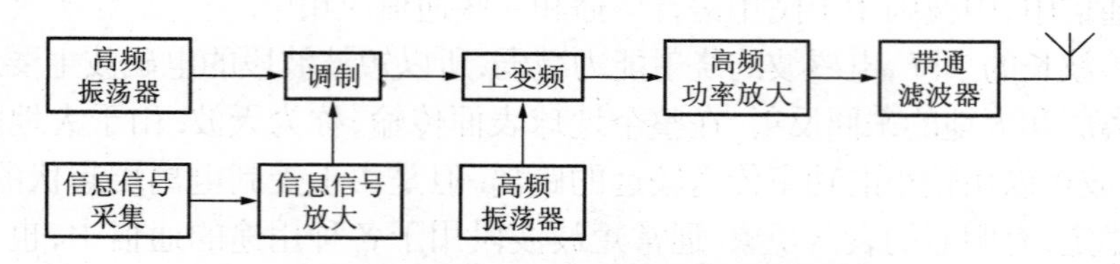

图 0-1 无线通信发射设备的结构框图

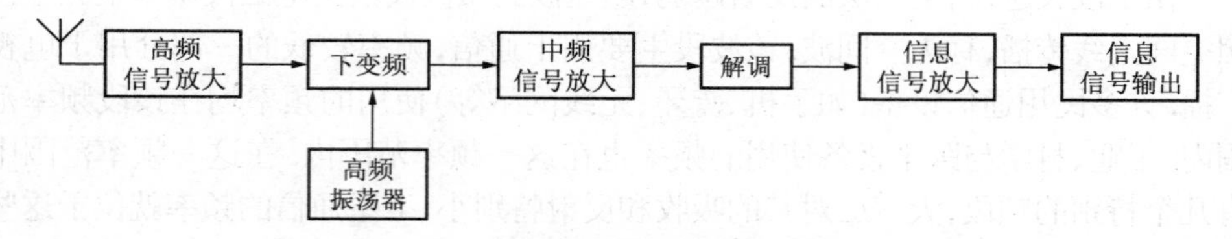

图 0-2 无线通信接收设备的结构框图

在上述结构框图中，有关信息信号的采集、放大等环节，大部分已经在低频电路课程中解决，部分内容（如传感器等）需要在后续的相关课程（包括实验课程）中介绍. 本课程的研究对象是信息通过无线电波传输的原理、过程与方法，研究内容包括上述框图中除信息信号以外的部分，但又不局限于此.

广义地说，凡是与高频无线电信号的产生、发送、接收与放大的电路及其原理都应该在高频电路课程研究范围之内. 考虑到学生是第一次接触无线电原理，所以本课程基本上以传统的无线电线路为主，包含高频线性网络的结构与原理、高频放大器、高频振荡器、非线性电路的原理及其在无线电电路中的应用、信号的调制与解调、无线电系统的组成原理等，有关数字通信的内容则介绍了一些最基本的调制与解调内容，软件无线电等现代无线电的内容不包含在本课程中，但是其基本原理在本课程中有所涉及.

由于高频电路比低频电路要复杂许多，一些电路现象也不像低频电路中的那样直观与简单，而且高频电路中多以元器件的非线性特性为其工作基础，所以在学习本课程时，需要注意对电路的分析过程，尤其对其中涉及的一些基本原理加深理解. 要注意避免两个极端：一是由于其复杂而望而生畏，不进行认真分析；二是一味追求数学上的求解过程，反而忘记探究其物理本质. 事实上，我们在分析和解释一个具体电路的过程中，常常会对数学上的描述进行合理的简化与近似，而这正是在掌握了电路的物理本质后才能够准确做到的.

本课程的内容与工程实际密切相关，实验是学好本课程必不可少的一环. 本课程的后续课程有高频电路实验. 本教材每章后面的习题中，大部分习题是可以通过实验验证的，也有部分设计性的习题可以直接作为实验题目. 通过实验，不但可以验证课本上讲述的内容，还可以观察到许多课本上未曾提及的现象. 合理地分析和解释这些现象，需要全面掌握课本上的知识，也能够得到许多实际的经验，而丰富的实际经验是一个研究高频电路的人的宝贵财富. 总之，读者必须很重视实验，才能真正掌握高频电路知识.

第 1 章　高频无源网络

无源网络一般是指不包含晶体管等有源元件的电网络. 在高频电路中,无源网络通常担负着滤波、阻抗变换等功能,还为晶体管等有源元件提供直流供电和直流偏置回路. 随着频率的升高,许多在低频领域被忽略的分布参数的影响也开始显现. 由于无源网络在高频电路中起到十分关键的作用,本章首先研究无源网络的结构及其高频特性.

§1.1　集总参数无源元件的高频电特性

高频电路中的无源元件(passive component)大致可分为集总参数(lumped parameter)元件与分布参数(distributed parameter)元件两类.

集总参数无源元件主要是电阻器、电容器和电感器(电感线圈)等. 一个实际的电阻器、电容器或电感线圈,在低频时主要表现为电阻、电容或电感特性,即标称特性. 例如,一个电阻器的电气特性就是其阻值 R,且与频率无关. 一个电容器或电感线圈的电特性就是其电容值 C 和电感值 L. 但是在高频情况下,它们的电特性有所变化,这些变化主要是由于元件的分布参数造成的. 所以,这些元件在高频使用时不仅标称特性的数值会发生变化,而且还表现出标称特性所没有的阻抗特性. 这些由分布参数反映的特性影响着元件的高频特性. 影响无源元件电特性的分布参数主要有损耗电阻、分布电容和分布电感.

一、分布参数对于集总参数无源元件高频电特性的影响

众所周知,电容 C 和电感 L 的电抗与频率有关,即

$$X_C = \frac{1}{2\pi fC} \tag{1.1}$$

$$X_L = 2\pi fL \tag{1.2}$$

在频率不高的情况下,公式(1.1)和(1.2)很好地描述了电容和电感的电特性. 但是随着频率的提高,分布参数的高频效应开始显现,上述公式将不能完全准确地描述它们的电特性.

首先讨论高频损耗.

对于电感线圈来说,损耗主要来自绕制线圈的导线的电阻. 而且在高频情况下,此电阻还不止于导线的直流电阻.

在低频情况下,导线中的电流几乎是均匀地分布于整个导线截面. 但是随着频率的升高,交流电流向导线表面集中,这一现象称为趋肤效应(skin-effect). 产生趋肤效应的原因是:交流电流在导线周围产生了交变磁场,而此交变磁场又在导线内感应一个感生电场,此电场的方向与原始的电流方向相反,而且在直导线中心的感生电场强度最大,所以直导线中心的电流密度最低,而表面的电流密度最高. 当频率很高时,导线中心部位几乎完全没有电流流过,这相当于把圆导线的横截面积减小为圆环面积. 理论计算表明,在高频情况下,导线中的电流密度随直径减小而迅速减小. 若我们定义电流减小到总电流的 1/e 的深度为趋肤深度(skin depth),则在导线表面下趋肤深度内将具有大部分的电流,而在此深度以下几乎没有电流.

趋肤深度与电流频率、导线截面形状以及电流回路的形状有关. 无限长的圆直导线的趋肤深度 δ 可以近似表示为

$$\delta \approx \frac{1}{\sqrt{\pi\mu\sigma f}} \tag{1.3}$$

其中 μ 为磁导率,σ 为导线材料的电导率,f 为信号频率,均采用国际单位制.

根据(1.3)式,可以画出常用导电材料制成的直导线的趋肤深度与频率的关系如图 1-1.

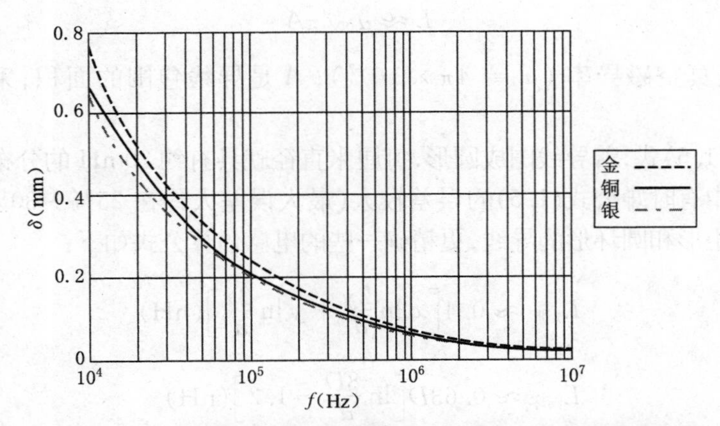

图 1-1　常用导电材料制成的圆直导线的趋肤深度与频率的关系

趋肤效应意味着,随着信号频率的升高,导线的等效电阻会增大. 所以在高频

情况下，电感线圈的损耗阻值将不再是个常数，而是随频率的升高有所增加. 通常用一个与电感串联的电阻来等效电感线圈的损耗.

对于电容器来说，其主要的损耗来自电容器两个极板之间的电介质在交变电场作用下由分子之间的运动摩擦引起的损失，称为介质损耗(dielectric loss). 介质损耗通常可以用一个并联在电容两端的损耗电阻来等效.

其次我们讨论分布电容和分布电感.

分布电容是指集总参数元件中，由于两个导体靠近而形成的电容. 例如，电阻器的两个引出电极都是导体，它们之间不可避免地形成一个平板电容器. 又如电感线圈每两匝线圈之间也都存在分布电容.

一般情况下，分布电容值可用平板电容器的容量计算公式进行估计：

$$C = k\varepsilon_0\varepsilon_r \frac{S}{d} \tag{1.4}$$

其中 ε_0 是真空介电常数($\varepsilon_0 = 8.85\times10^{-12}$)，$\varepsilon_r$ 是两个极板之间材料的相对介电常数，S 是极板面积，d 是两个极板之间的距离，均采用国际单位制. k 是考虑极板的边缘效应后的一个修正系数，若忽略此效应，则 $k = 1$.

分布电感是指任何连接元器件的导线形成的电感，也包括电阻器或电容器的引脚. 它与信号频率、导线截面有关，尤其与导线弯曲的形状关系密切. 准确计算导线的分布电感比较困难，但是可以用一些近似公式进行粗略估计. 比较简单的一个估计公式是

$$L \approx \mu_0\sqrt{\pi A} \tag{1.5}$$

其中 μ_0 是真空磁导率 ($\mu_0 = 4\pi\times10^{-7}$)，$A$ 是导线包围的面积，采用国际单位制.

根据(1.5)式，若导线围成圆形，每厘米直径就具有约 20 nH 的分布电感.

实用中有时嫌公式(1.5)的误差较大(最大误差大约在 25%～30%之间). 对于弯曲成矩形和圆环形的导线，更精确一些的电感估算公式如下：

$$L_{\text{矩形}} \approx 0.4\left[x\ln\frac{2y}{d} + y\ln\frac{2x}{d}\right](\text{nH}) \tag{1.6}$$

$$L_{\text{圆环}} \approx 0.63D\left[\ln\frac{8D}{d} - 1.2\right](\text{nH}) \tag{1.7}$$

其中 x 和 y 表示矩形的边长，D 是圆环的直径，d 是导线的直径，单位均为 mm.

根据上面的讨论，一个实际电容器在高频情况下，要考虑介质损耗和引脚的分

布电感. 所以其等效电路与阻抗特性可以用图 1－2 表示. 由于分布电感与电容可以构成一个串联谐振回路,因此在谐振频率(谐振点)上可能出现阻抗突然下降的现象;过了谐振点,分布电感将占主导地位,电抗反而随频率上升. 若工作频率在谐振点以下,则通常可以忽略分布电感的影响,此时可以将实际电容器等效成电容与损耗电阻并联.

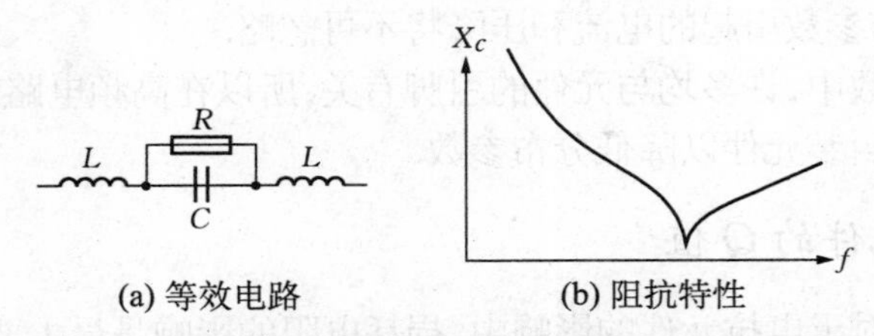

图 1－2　实际电容器在高频情况下的等效电路与阻抗特性

对于电感线圈,高频情况下分布参数影响主要来自线圈导线的损耗电阻(还要考虑趋肤效应对电阻的影响)以及每匝线圈之间的分布电容. 若线圈中间有介质(骨架或磁性介质),则还必须考虑介质损耗的影响.

实际电感线圈的高频等效电路与阻抗特性可以用图 1－3 表示. 其电抗特性中出现的尖峰是由于分布电容与电感形成并联谐振造成的. 同样,若工作频率在谐振点以下,可以忽略分布电容的影响,此时可以将实际电感线圈等效于电感与电阻的串联.

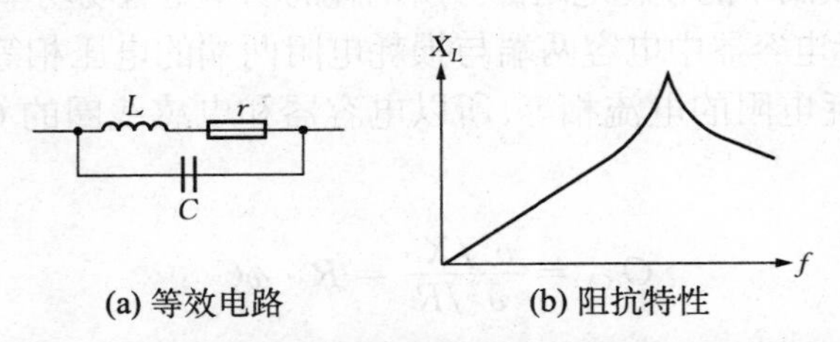

图 1－3　实际电感线圈在高频情况下的等效电路与阻抗特性

相对而言,实际电感线圈中分布参数的影响要远远大于实际电容器中分布参数的影响. 所以在电容与电感组成的电路中,常常忽略电容的分布参数影响.

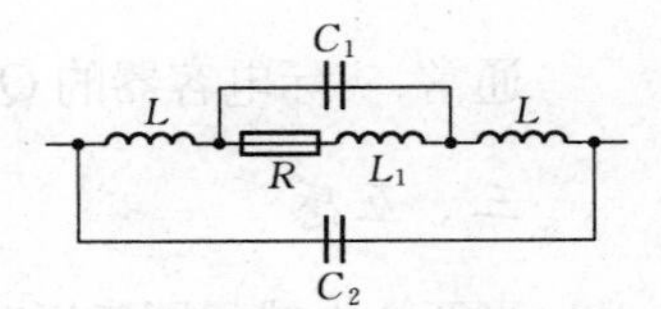

图 1－4　实际电阻器在高频情况下的等效电路

实际电阻器在高频情况下,其电特性除了阻值以外,还可能要考虑具有电抗的成分. 可以用图 1－4 等效一个实际电阻器,其中 C_1 表示电阻器两端金属部分的分布电容,C_2 表示引脚的分布电容,L 是引脚分布电感,L_1 是电阻本体的分布电感. 有些电阻的本体形成螺旋形,其分布电感可能有比较大的数值.

通常情况下,上述分布参数的值都很小. 在频率不很高的情况下,分布电容的容抗很大,可以忽略流过它的电流;分布电感的感抗很小,可以忽略其压降. 所以在频率不很高的情况下,一般毋需考虑分布参数的影响. 然而当信号频率上升到一定程度时,这些分布参数引起的电流和压降将不可忽略.

上述分布参数中,许多均与元件的引脚有关,所以在高频电路制作中常常采用没有引脚的贴片封装元件以降低分布参数.

二、电抗元件的 Q 值

在分布参数对于电抗元件的影响中,损耗电阻的影响是最主要的. 在衡量一个电容器或电感线圈的损耗大小时,我们常常用品质因数(quality factor,通常称为 Q 值)表示. Q 值定义为元件消耗的无功功率与有功功率之比:

$$Q=\frac{P_{(\text{无功})}}{P_{(\text{有功})}} \tag{1.8}$$

我们知道,流过电容或电感的电流与其两端的电压彼此正交,所以理想电容器或电感线圈中电流电压的乘积在一个信号周期内的积分为 0. 由此可知,纯粹电容或纯粹电感没有实际的功率消耗,其电流电压的乘积是无功功率(视在功率). 而实际电容器或电感线圈中的损耗电阻部分所消耗的功率是有功功率. 参照图 1-2 和图 1-3,可知实际电容器中电容两端与损耗电阻两端的电压相等,实际电感线圈中流过电感与损耗电阻的电流相等,所以电容器和电感线圈的 Q 值分别可以表示为

$$Q_{(C)}=\frac{v^2/X_C}{v^2/R}=R\cdot\omega C \tag{1.9}$$

$$Q_{(L)}=\frac{i^2\cdot X_L}{i^2\cdot r}=\frac{\omega L}{r} \tag{1.10}$$

通常,实际电容器的 Q 值远远高于实际电感线圈的 Q 值.

三、互感

当两个电感线圈靠近时,其中一个电感线圈产生的磁力线将穿过另一个线圈,从而在第二个线圈中感应出感生电势,这个现象称为互感. 感生电势与互感量的关系为

$$e_2(t) = M\frac{\mathrm{d}}{\mathrm{d}t}i_1(t) \tag{1.11}$$

其中 $e_2(t)$是第二个线圈的感生电势，$i_1(t)$是第一个线圈中的电流，M 是互感量. 互感量的大小与两个线圈自身的电感量（称为自感量）、线圈间相互位置和距离等因素有关.

当第一个线圈中流过的是角频率为 ω 的稳态交变电流时，可以将上式改写为

$$e_2 = \mathrm{j}\omega M \cdot i_1 \tag{1.12}$$

感生电势的方向与第一个线圈中的电流方向以及两个线圈的绕向有关. 一般将两个线圈绕向相同的起始端（或结束端）称为同名端，如图 1-5(a)中用黑点标记的两个端为同名端. 当电流从第一个线圈的同名端流入时，第二个线圈的同名端感应的电势方向为正. 图 1-5(b)是其等效电路.

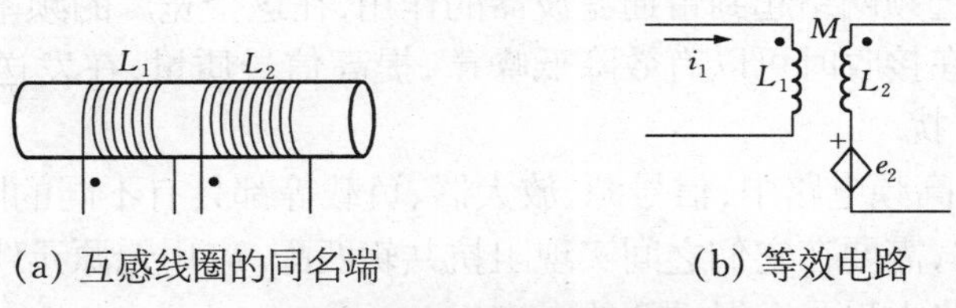

(a) 互感线圈的同名端　　　(b) 等效电路

图 1-5　互感线圈的同名端以及感生电势的方向

在高频电路中，互感被用来传递能量和信号. 但是在不需要传递信号时，由于分布参数的影响，两个线圈甚至两根导线之间也会由于互感而相互产生感生电势. 为了避免这种不需要的分布耦合，通常将两个线圈各自用金属屏蔽罩罩起来. 将两个线圈布置成相互垂直（"丁"字形）也能降低它们的互感.

以上讨论的是高频电路中的集总参数无源元件. 高频电路中的分布参数无源元件主要是传输线以及以传输线为基础构成的各种功能元件，我们将在下面专门讨论.

由于分布参数的影响随频率升高而增加，因此集总参数元件主要应用在频率不太高的频段，在频率很高的频段，无源网络完全由分布参数元件构成. 一般情况下，其分界大致在甚高频和特高频这两个频段(30 MHz～3 GHz)之间.

在 30 MHz 以下，集总参数元件的分布参数影响虽然有所出现，但总体影响不大，通常还能够比较正常地工作. 而在此频段分布参数元件（主要是传输线）的几何尺寸太大以致不容易使系统小型化，所以常常采用集总参数元件构成电路.

但是在 3 GHz 以上，分布参数的影响将极其显著，集总参数元件几乎难以工

作,另一方面,波长已经缩短到可以与系统的几何尺度相比拟,所以在此频率范围内,所有系统基本上都依赖于分布参数元件.

要说明的是,上述区分只是一个大概的情况,实际上并无明确的频率界限.尤其在甚高频和特高频这两个频段中,分布参数的影响是逐渐增强的,所以采用集总参数元件与分布参数元件的设计均有出现,有时还有同时采用两种元件的混合结构.

§1.2 集总参数谐振回路

无源元件通常构成选频与阻抗变换网络.选频与阻抗变换是高频电路中两个极其重要的功能,这是由于:

(1) 高频信号的频率范围相当宽,然而一般在特定的应用中只占其中很窄的一个频率范围.选频网络起到带通滤波器的作用,在这个宽广的频率范围中选出所需频率的信号.在接收时可以有效降低噪声,提高信号质量,在发送时可以避免对其他信号造成干扰.

(2) 通常在高频电路中,信号源、放大器、负载等都具有不同的阻抗.为了最大限度地传递功率,需要在它们之间实现阻抗共轭匹配.应用无源元件构成阻抗变换网络,是高频电路中另一个很重要的内容.

选频与阻抗变换网络可以用集总参数元件(电容、电感)构成,也可以用分布参数元件(传输线)构成,还可以用两类元件混合构成.本节讨论由集总参数元件构成的谐振回路.还有一类选频网络由固体谐振器构成,也在本节介绍.

1.2.1 LC谐振回路

LC谐振回路是一种集总参数元件构成的选频网络.可以将LC谐振回路分为并联谐振(parallel resonance)回路和串联谐振(series resonance)回路两种.

一、LC并联谐振回路的电路形式

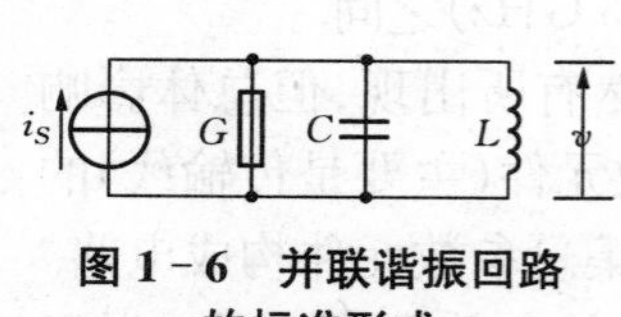

图1-6 并联谐振回路的标准形式

为了分析的方便,习惯上总是将并联谐振回路画成图1-6的标准形式.其中i_S是激励电流源,G是以电导形式表示的回路中所有损耗的总和,包括电容和电感的损耗,也可以包括信号源的内阻、负载等.激励电流源、电容、电感和损耗电导形成并联关系.

由图 1－6,可以得到并联谐振回路的总导纳为

$$Y = G + \mathrm{j}\omega C + \frac{1}{\mathrm{j}\omega L} = G + \mathrm{j}\left(\omega C - \frac{1}{\omega L}\right) \tag{1.13}$$

设谐振回路两端的电压为 v,则流过电容和电感的电流为

$$i_C = v \cdot \mathrm{j}\omega C \tag{1.14}$$

$$i_L = -\mathrm{j}\frac{v}{\omega L} \tag{1.15}$$

显然,此两电流方向相反. i_C 比 v 超前 90°,i_L 比 v 落后 90°.

二、LC 并联谐振回路的谐振状态

当并联谐振回路的总电纳部分为 0,即 $\mathrm{j}\omega C + \frac{1}{\mathrm{j}\omega L} = 0$ 时,称回路进入谐振状态. 此时回路的角频率(谐振角频率)为

$$\omega_0 = \frac{1}{\sqrt{LC}} \tag{1.16}$$

回路谐振时,容抗与感抗数值相等,所以流过电容和电感的电流大小相等、方向相反,因而相互抵消,回路的总导纳呈现为纯电导(阻性). 设谐振时回路两端的电压为 v_0,则有下面的关系:

$$v_0 = \frac{i_S}{G} \tag{1.17}$$

若定义 LC 谐振回路在谐振时的无功功率与有功功率之比为这个回路的品质因数 Q,则对于 LC 并联谐振回路来说,有

$$Q = \left|\frac{i_C v_0}{i_S v_0}\right|_{\omega=\omega_0} = \frac{\omega_0 C}{G} \tag{1.18}$$

或

$$Q = \left|\frac{i_L v_0}{i_S v_0}\right|_{\omega=\omega_0} = \frac{1}{G\omega_0 L} \tag{1.19}$$

定义 LC 谐振回路的特征阻抗为

$$\rho = \omega_0 L = \frac{1}{\omega_0 C} = \sqrt{\frac{L}{C}} \tag{1.20}$$

可以将并联谐振回路的品质因数写为

$$Q=\frac{1}{G\rho}=\frac{1}{G}\sqrt{\frac{C}{L}} \tag{1.21}$$

由于 LC 谐振回路在谐振时的无功功率表示的是电容或电感中存储的能量,有功功率表示的是回路损耗的能量,因此品质因数 Q 的实际物理意义是谐振回路在谐振时存储的能量与损耗的能量之比.(1.18)式到(1.21)式从各个不同的角度描述了这个关系.

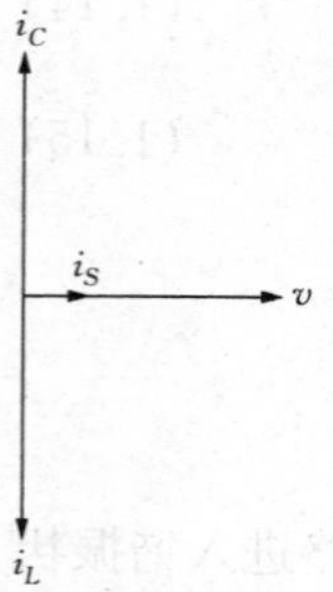

根据上述关系,还可以将谐振时流过电容和电感的电流写为

$$\begin{cases} i_C = \mathrm{j}Qi_S \\ i_L = -\mathrm{j}Qi_S \end{cases} \tag{1.22}$$

由此可见,LC 谐振回路在谐振时,流过电容和电感的电流是信号源电流 i_S 的 Q 倍.由于谐振时回路呈现为阻性,因此回路两端的电压 v 与源电流 i_S 同相.综合考虑相位和大小关系后,图 1-7 以矢量形式显示了它们的相互关系.

i_C i_S v i_L

图1-7 LC 并联谐振回路中的谐振电压电流关系

三、LC 并联谐振回路在谐振点附近的频率特性

根据品质因数 Q 的定义,可以将(1.13)式改写为

$$Y(\mathrm{j}\omega)=G+\mathrm{j}\left(\omega C-\frac{1}{\omega L}\right)=G\left[1+\mathrm{j}Q\left(\frac{\omega}{\omega_0}-\frac{\omega_0}{\omega}\right)\right]=G(1+\mathrm{j}\xi) \tag{1.23}$$

其中 $\xi=Q\left(\frac{\omega}{\omega_0}-\frac{\omega_0}{\omega}\right)$ 称为谐振回路的广义失谐(generalized detuning).广义失谐表征了一个谐振回路偏离谐振频率的程度.

当 $\omega\approx\omega_0$,即激励源的频率接近回路的谐振频率时,广义失谐可以近似表达成

$$\xi=Q\left(\frac{\omega}{\omega_0}-\frac{\omega_0}{\omega}\right)=Q\frac{(\omega+\omega_0)(\omega-\omega_0)}{\omega_0\omega}\approx Q\frac{2\Delta\omega}{\omega_0} \tag{1.24}$$

其中 $\Delta\omega=\omega-\omega_0$.此时(1.23)式近似为

$$Y(\mathrm{j}\omega)\approx G\left(1+\mathrm{j}Q\frac{2\Delta\omega}{\omega_0}\right) \tag{1.25}$$

由上式可知,当 $\omega<\omega_0$时,总导纳中的电纳分量为负,即总阻抗中的电抗分量为正,所以此时 LC 并联谐振回路的阻抗具有感抗成分,称为感性失谐.回路两端

的电压超前于激励电流. 反之，当 $\omega > \omega_0$ 时，LC 并联谐振回路的阻抗具有容抗成分，称为容性失谐. 回路两端的电压滞后于激励电流. 显然，无论何种情况，当信号频率等于谐振频率 ω_0 时，电纳分量总是为 0，即并联的电抗分量为无穷大.

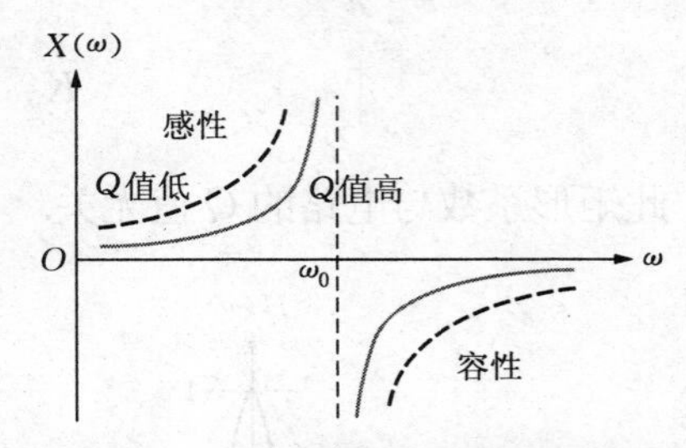

图 1－8　LC 并联谐振回路的电抗特性

图 1－8 显示了 LC 并联谐振回路中的并联电抗分量随频率变化的特性.

在电流源 i_S 激励下，图 1－6 电路中回路两端电压为

$$v(\mathrm{j}\omega) = \frac{i_S}{Y(\mathrm{j}\omega)} = \frac{i_S}{G(1+\mathrm{j}\xi)} \approx \frac{i_S}{G\left(1+\mathrm{j}Q\,\dfrac{2\Delta\omega}{\omega_0}\right)} \tag{1.26}$$

所以，在谐振频率附近并联谐振回路的归一化幅频特性和相频特性如下：

$$H(\omega) = \left|\frac{v(\mathrm{j}\omega)}{v_0}\right| = \frac{1}{\sqrt{1+\xi^2}} \approx \frac{1}{\sqrt{1+\left(Q\,\dfrac{2\Delta\omega}{\omega_0}\right)^2}} \tag{1.27}$$

$$\varphi(\omega) = \arctan\frac{\mathrm{Im}[v(\mathrm{j}\omega)]}{\mathrm{Re}[v(\mathrm{j}\omega)]} = -\arctan\xi = -\arctan\left[Q\left(\frac{\omega}{\omega_0} - \frac{\omega_0}{\omega}\right)\right] \tag{1.28}$$

定义谐振回路的幅频特性从最大值下降到－3 dB 的频率范围为它的通频带(passband)宽度，简称带宽 BW(bandwidth). 在(1.27)式中令 $H(\omega) = 1/\sqrt{2}$，可以求得 LC 并联谐振回路的带宽为

$$BW = \frac{f_0}{Q} \tag{1.29}$$

由此可见，LC 谐振回路的带宽与回路 Q 值成反比，Q 值越高则带宽越窄.

一般用矩形系数 K 来描述一个选频网络的选择性. 矩形系数定义为信号下降到某个很低的电平(例如下降到中心频率的 0.1，即－20 dB)时的通频带宽度与下降 3 dB 的带宽之比. 在(1.27)式中令 $H(\omega) = 0.1$，可求得

$$BW_{0.1} = \frac{9.95 f_0}{Q} \tag{1.30}$$

所以对于 LC 并联谐振回路，其矩形系数为

$$K_{0.1}=\frac{BW_{0.1}}{BW}=9.95 \tag{1.31}$$

此矩形系数与电路的 Q 值无关.

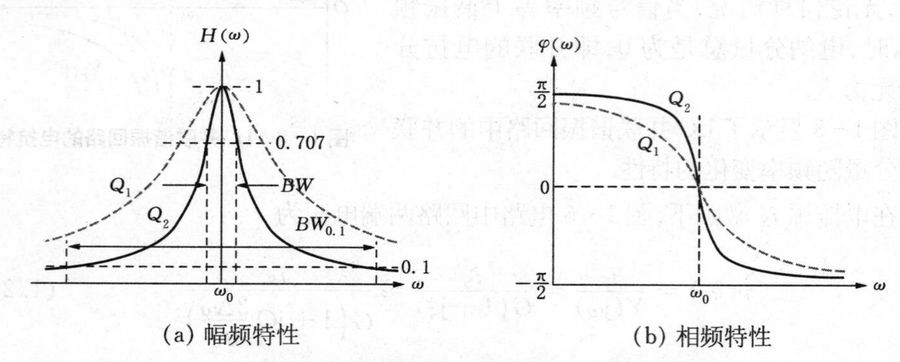

图 1-9　LC 并联谐振回路的归一化频率特性

图 1-9 就是 LC 并联谐振回路的归一化频率特性,其幅频特性也称谐振曲线.图中画出了两根不同 Q 值的谐振曲线,$Q_2>Q_1$. 可以看到,Q 值越高,谐振曲线的形状(称为谐振峰)越陡峭.

除了幅频特性与 Q 值有关外,LC 并联谐振回路的相频特性也与回路 Q 值有关.Q 值越高,在谐振频率附近的相频特性越陡峭.根据(1.28)式,考虑到在谐振频率附近 ξ 很小,当 $|\xi|\leqslant\frac{\pi}{6}$ 时 $\arctan\xi\approx\xi$,则在谐振频率附近有

$$\varphi(\omega)\mid_{\omega\to\omega_0}\approx-2Q\frac{\omega-\omega_0}{\omega_0} \tag{1.32}$$

LC 并联谐振回路的相频特性 $\varphi(\omega)$ 在谐振频率 ω_0 附近与 ω 成近似线性关系,其斜率为

$$\left.\frac{\mathrm{d}\varphi}{\mathrm{d}\omega}\right|_{\omega=\omega_0}=-\frac{2Q}{\omega_0} \tag{1.33}$$

例 1-1　已知 LC 并联谐振回路的谐振频率为 $f_0=5$ MHz,回路电容 $C=50$ pF,带宽 $BW=150$ kHz. 试求回路电感 L、品质因数 Q,以及信号频率为 5.5 MHz 时的广义失谐,并说明此时回路的阻抗性质.

解　根据前面的讨论,可以得到此谐振回路的计算结果如下:

$$L=\frac{1}{C\,(2\pi f_0)^2}=20.3(\mu\mathrm{H})$$

$$Q=\frac{f_0}{BW}=33.3$$

当信号频率为 5.5 MHz 时，

$$\xi=Q\left(\frac{f}{f_0}-\frac{f_0}{f}\right)=6.36$$

由于频率高于谐振频率，整个回路的电抗呈现容性.

四、实际的 LC 并联谐振回路

在上面的讨论中，我们将并联谐振电路中的损耗归结为电导 G，认为电容 C 和电感 L 是理想的. 但是从上一节的讨论知道，一个实际的电容或电感，均有不同程度的损耗. 一般情况下，电容的介质损耗比较小，所以在 LC 谐振回路中可以忽略电容器的损耗电阻影响. 这样，实际的 LC 并联谐振回路可以等效成图 1－10 所示电路.

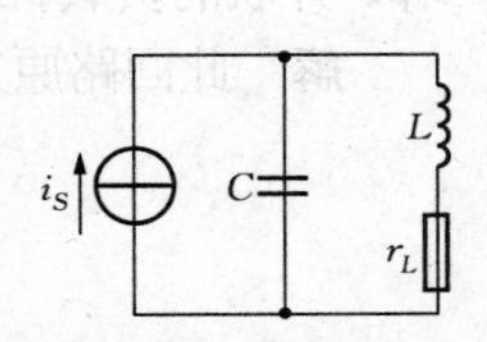

图 1－10　实际的 LC 并联谐振回路的等效电路

可以写出实际 LC 并联谐振回路的总导纳

$$Y=\frac{1}{r_L+\mathrm{j}\omega L}+\mathrm{j}\omega C=\frac{r_L}{r_L^2+(\omega L)^2}+\mathrm{j}\left[\omega C-\frac{\omega L}{r_L^2+(\omega L)^2}\right]\tag{1.34}$$

当满足电感 L 有高 Q 值的条件，即 $\omega L\gg r_L$ 时，上式可以近似为

$$Y\approx\frac{r_L}{(\omega L)^2}+\mathrm{j}(\omega C-\frac{1}{\omega L})\tag{1.35}$$

将上式与(1.13)式对比，可知在高 Q 值条件下，图 1－6 并联谐振回路中的等效电导为

$$G_0=\frac{r_L}{(\omega L)^2}=\frac{1}{Q^2r_L}\tag{1.36}$$

另外，实际的谐振回路总接有负载和激励源. 当负载接在并联谐振回路两端时，可以直接将负载中的电导成分与谐振回路的电导 G_0 合并，直接将负载中的电抗成分与谐振回路中相同性质的电抗成分合并. 显然，激励源的内阻也可以一并作为负载看待，作相同的处理. 如在图 1－11 中，可以将 G_L 和 G_S 与

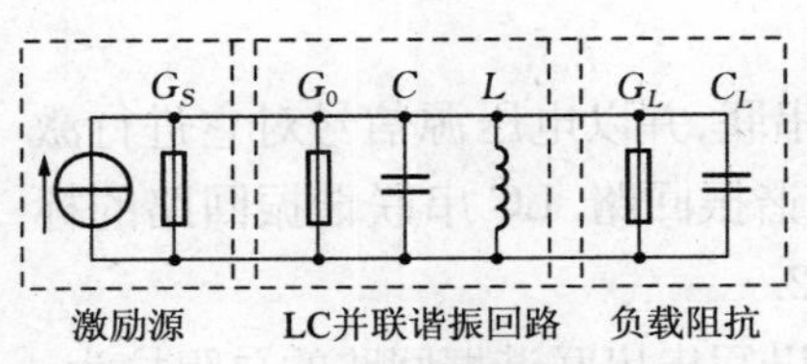

图 1－11　实际的带负载阻抗的 LC 并联谐振回路

G_0 合并,C_L 与 C 合并.

由于负载中的电导成分与谐振回路的电导 G_0 合并后,谐振回路的总电导增加,因此回路的品质因数 Q 会发生变化. 我们将接有负载的谐振回路称为有载回路,相应地将有载回路的品质因数称为有载 Q 值,用 Q_L 表示;而将没有负载的固有回路品质因数称为空载 Q 值,用 Q_0 表示. 通常情况下,谐振回路的有载 Q 值总是小于空载 Q 值.

例 1-2 已知 LC 并联谐振回路的回路电感 $L=100\ \mu\text{H}$,回路电容 $C=50\ \text{pF}$,空载品质因数 $Q_0=100$. 若在此回路两端接入一个 $R_L=100\ \text{k}\Omega$ 与 $C_L=3\ \text{pF}$ 并联的负载,试说明此时回路的谐振频率与品质因数有何变化.

解 此回路原来的谐振频率与损耗电导分别为

$$f_0=\frac{1}{2\pi\sqrt{LC}}=2.25(\text{MHz})$$

$$G_0=\frac{1}{Q_0}\sqrt{\frac{C}{L}}=7.07(\mu\text{S})$$

接入负载后,谐振电容变为 $C'=C+C_L=53(\text{pF})$,所以谐振频率变为

$$f_0=\frac{1}{2\pi\sqrt{LC'}}=2.19(\text{MHz})$$

而品质因数变为

$$Q_L=\frac{1}{G_L}\sqrt{\frac{C'}{L}}=\frac{1}{G_0+\dfrac{1}{R_L}}\sqrt{\frac{C'}{L}}=42.6$$

可见,当谐振回路接入负载后,谐振频率和回路的品质因数均可能发生变化. 通常我们将 Q 值高的电路称为高 Q 电路,否则称为低 Q 电路,两者之间的区分一般为 $Q_L=10$ 左右,但并无严格界限.

五、LC 串联谐振回路

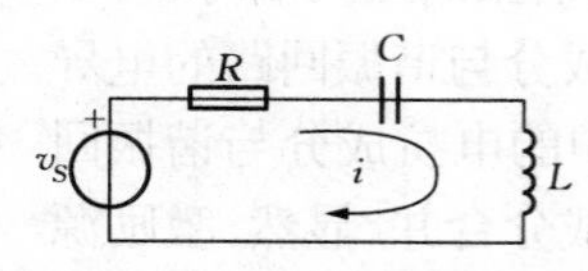

图 1-12 LC 串联谐振回路的标准形式

若将电容与电感串联,并以电压源信号对它进行激励,就形成了 LC 串联谐振回路. LC 串联谐振回路的标准电路形式如图 1-12.

根据图 1-12,可以写出串联谐振回路的总阻抗为

$$Z = R + \mathrm{j}\omega L + \frac{1}{\mathrm{j}\omega C} = R + \mathrm{j}\left(\omega L - \frac{1}{\omega C}\right) \tag{1.37}$$

根据上式,仿照前面关于并联谐振回路的做法,我们可以求出关于串联谐振回路的一系列指标.但是我们注意到,(1.37)式和(1.13)式之间存在某种相似性.可以证明,LC 串联谐振回路和 LC 并联谐振回路之间存在对偶关系:电压与电流对偶、电容与电感对偶、电阻与电导对偶、电抗与电纳对偶.当然,串联与并联也是一种对偶,这是一种拓扑上的对偶.

根据这种对偶关系,我们可以从前面关于 LC 并联谐振回路的结论中得到关于 LC 串联谐振回路的所有指标.

LC 串联谐振回路的谐振频率、广义失谐和特性阻抗等参数与 LC 并联谐振回路的完全相同.品质因数的表达式在形式上略有差别:

$$Q = \frac{\rho}{R} = \frac{\omega_0 L}{R} = \frac{1}{R\omega_0 C} = \frac{1}{R}\sqrt{\frac{L}{C}} \tag{1.38}$$

LC 串联谐振回路的频率特性为

$$i(\mathrm{j}\omega) = \frac{v_S}{Z} = \frac{v_S}{R + \mathrm{j}\left(\omega L - \frac{1}{\omega C}\right)} = \frac{i_0}{1 + \mathrm{j}\xi} \tag{1.39}$$

谐振时,LC 串联谐振回路中电容和电感上的电压为

$$\begin{cases} v_C = -\mathrm{j}Qv_S \\ v_L = \mathrm{j}Qv_S \end{cases} \tag{1.40}$$

谐振频率附近的阻抗为

$$Z = R(1 + \mathrm{j}\xi) \approx R\left(1 + \mathrm{j}Q\frac{2\Delta\omega}{\omega_0}\right) \tag{1.41}$$

当 $\omega < \omega_0$ 时,回路中的电流超前于电压,表现为容性失谐;而当 $\omega > \omega_0$ 时,回路中的电流滞后于电压,表现为感性失谐.

LC 串联谐振回路的通频带、矩形系数等参数与 LC 并联谐振回路的完全相同.

比较(1.21)式和(1.38)式还可以知道,电源内阻与负载电阻对于两种谐振回路的影响是不同的.为了获得陡峭的谐振曲线,也就是回路具有良好的选择性,并联谐振回路要求负载电阻和信号源内阻均很高,而串联谐振回路要求负载电阻和信号源内阻均很低.这是选择谐振回路的一个重要依据.

1.2.2 LC 耦合谐振回路

两个 LC 谐振回路相互耦合就成为耦合谐振回路(coupled resonant circuit),通常也称为双调谐回路(相应地,前面讨论的谐振回路也称为单调谐回路). LC 耦合调谐回路之间可以通过电容耦合,也可以通过互感耦合.

图 1-13 是两种形式的 LC 耦合谐振回路. 通常两个谐振回路的谐振频率相同,在实际应用中,还常常使得两个谐振回路对称,即有 $L_1 = L_2 = L$, $C_1 = C_2 = C$, $G_1 = G_2 = G$. 另外,在实用中一般总有 $C_m \ll C$, $M \ll L$.

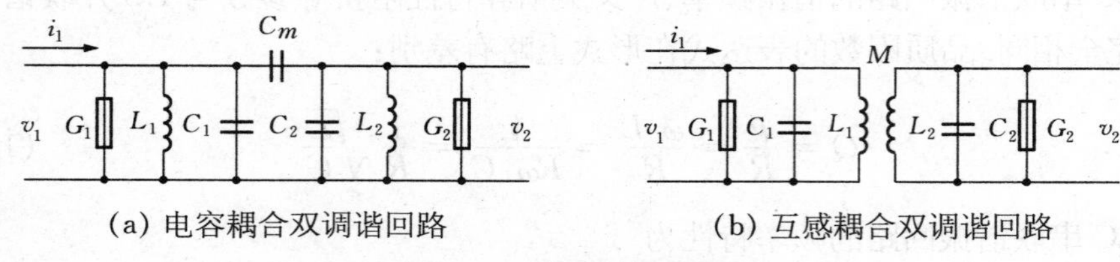

(a) 电容耦合双调谐回路　　(b) 互感耦合双调谐回路

图 1-13　LC 耦合谐振回路

下面以电容耦合双调谐回路为例,分析它的转移阻抗特性. 根据图 1-13(a),考虑回路对称,即 $L_1 = L_2 = L$, $C_1 = C_2 = C$, $G_1 = G_2 = G$, 可以列出节点方程如下:

$$\begin{cases} \left[G + j\omega(C + C_m) - j\dfrac{1}{\omega L}\right]v_1 - j\omega C_m v_2 = i_1 \\ \left[G + j\omega(C + C_m) - j\dfrac{1}{\omega L}\right]v_2 - j\omega C_m v_1 = 0 \end{cases} \tag{1.42}$$

令 $\omega_0 = \dfrac{1}{\sqrt{L(C + C_m)}}$, $Q = \dfrac{\omega_0(C + C_m)}{G} = \dfrac{1}{G\omega_0 L}$, $\eta = Q\dfrac{C_m}{C + C_m} = \dfrac{\omega_0 C_m}{G}$ (称 η 为耦合因子), $\xi = Q\dfrac{2\Delta\omega}{\omega_0}$. 在谐振频率附近有 $\omega \approx \omega_0$, $G + j\omega(C + C_m) + \dfrac{1}{j\omega L} \approx G(1 + j\xi)$, 方程(1.42)可以写成

$$\begin{cases} (1 + j\xi)v_1 - j\eta v_2 = \dfrac{i_1}{G} \\ (1 + j\xi)v_2 - j\eta v_1 = 0 \end{cases} \tag{1.43}$$

在此方程中消去 v_1,可得

$$z_{21}=\frac{v_2}{i_1}=\mathrm{j}\,\frac{1}{G}\cdot\frac{\eta}{1-\xi^2+\eta^2+\mathrm{j}2\xi}\tag{1.44}$$

(1.44)式表示了双调谐回路中次级电压与初级激励电流的关系,也就是双调谐回路的转移特性.可以看到,其转移特性除了与单调谐回路一样是广义失谐 ξ 的函数(也就是频率的函数)外,还是耦合因子 η 的函数.

由(1.44)式可知,当电容耦合谐振回路的两侧对称、同时谐振于 ω_0时,次级电压 v_2 在 ω_0附近比初级电流 i_1 超前 90°.其幅频特性为

$$|z_{21}|=\frac{\eta}{G}\cdot\frac{1}{\sqrt{(1-\xi^2+\eta^2)^2+4\xi^2}}\tag{1.45}$$

图 1 - 14 是根据(1.45)式作出的在不同耦合因子情况下的双调谐回路的幅频特性曲线。由图 1 - 14 可见,双调谐回路的频率特性与耦合因子有很大关系.通常根据耦合因子的大小,分成 3 种情况.

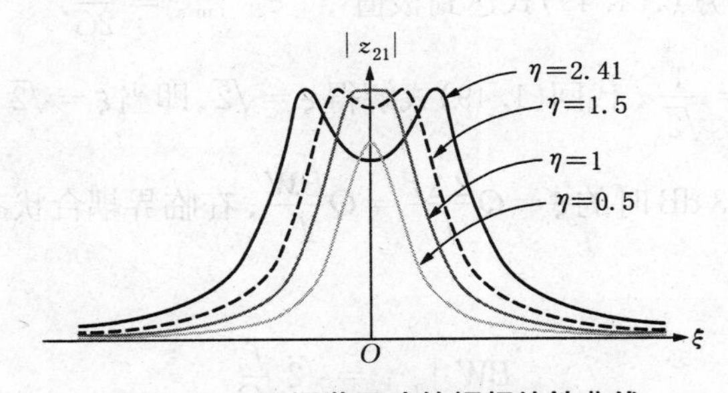

图 1 - 14　双调谐回路的幅频特性曲线

一、欠耦合状态($\eta<1$)

在这种状态下,根据双调谐回路的幅频特性(1.45)式,在中心频率($\xi=0$)处有

$$|z_{21}|_{\max}=\frac{\eta}{G(1+\eta^2)}\tag{1.46}$$

所以

$$\frac{|z_{21}|}{|z_{21}|_{\max}}=\frac{1+\eta^2}{\sqrt{(1-\xi^2+\eta^2)^2+4\xi^2}}\tag{1.47}$$

若欲求回路的-3 dB带宽,可令$\frac{|z_{21}|}{|z_{21}|_{\max}}=\frac{1}{\sqrt{2}}$,此时有

$$(1-\xi^2+\eta^2)^2+4\xi^2=2(1+\eta^2)^2 \tag{1.48}$$

由于此时$\xi=Q\frac{2\Delta f}{f_0}=Q\frac{BW}{f_0}$,因此从(1.48)式解出$\xi$就可以得到回路的$-3$ dB带宽.从(1.48)式也可以看到,欠耦合状态下双调谐回路的频率特性严重依赖于耦合因子.

二、临界耦合状态($\eta=1$)

在临界耦合状态下双调谐回路的幅频特性

$$|z_{21}|=\frac{1}{G\sqrt{(2-\xi^2)^2+4\xi^2}}=\frac{1}{G\sqrt{4+\xi^4}} \tag{1.49}$$

在谐振频率($\xi=0$)点,(1.49)式达到极值,$|z_{21}|_{\max}=\frac{1}{2G}$.

令$\frac{|z_{21}|}{|z_{21}|_{\max}}=\frac{1}{\sqrt{2}}$,代回(1.49)式解得$\xi=\sqrt{2}$,即当$\xi=\sqrt{2}$时,其幅频特性下降3 dB.由于下降3 dB时的$\xi=Q\frac{2\Delta f}{f_0}=Q\frac{BW}{f_0}$,在临界耦合状态下双调谐回路的带宽为

$$BW|_{\eta=1}=\sqrt{2}\,\frac{f_0}{Q} \tag{1.50}$$

显然,此时回路带宽是单调谐回路的带宽($BW=f_0/Q$)的$\sqrt{2}$倍.

同样,令$\frac{|z_{21}|}{|z_{21}|_{\max}}=0.1$,由(1.49)式解得$\xi=Q\frac{BW_{0.1}}{f_0}=\sqrt[4]{396}=4.46$,所以临界耦合状态下双调谐回路的矩形系数为

$$K_{0.1}=\frac{BW_{0.1}}{BW}\bigg|_{\eta=1}=\frac{4.46f_0/Q}{\sqrt{2}f_0/Q}=3.15 \tag{1.51}$$

显然此矩形系数比单调谐回路的矩形系数9.95(见(1.31)式)好了许多.

三、过耦合状态($\eta>1$)

在过耦合状态下,双调谐回路的幅频特性出现凹陷,$|z_{21}|$有3个极值,位置为

$\xi = 0$ 和 $\xi = \pm\sqrt{\eta^2 - 1}$，其值分别为 $|z_{21}|_{\xi=0} = \dfrac{\eta}{G(1+\eta^2)}$ 和 $|z_{21}|_{\max} = \dfrac{1}{2G}$. 随着耦合的加强，凹陷也逐渐加深. 通常情况下将增益起伏控制在 3 dB 之内时，可以认为通频带内还是平坦的，此时可以达到最大的带宽和最好的矩形系数. 为此，令 $\dfrac{|z_{21}|_{\xi=0}}{|z_{21}|_{\max}} = \dfrac{1}{\sqrt{2}}$，求得 $\eta = \sqrt{2} + 1 = 2.41$. 将此值代回(1.45)式，可求得过耦合状态下的最大带宽和相应的最小矩形系数为

$$BW|_{\max} = 3.1\frac{f_0}{Q} \tag{1.52}$$

$$K_{0.1} = \frac{BW_{0.1}}{BW}|_{\min} = 2.34 \tag{1.53}$$

分析图 1-13(b)所示的互感耦合电路的过程与分析电容耦合双调谐回路的方法类似. 只要注意到互感电路的感生电势、反射阻抗与电流的关系(详情可参见本章 1.3.2 节的内容)，可以证明：在谐振频率附近、两边对称条件下，互感耦合电路的转移特性为

$$z_{21} = \frac{v_2}{i_1} = -\mathrm{j}\frac{1}{G}\cdot\frac{\eta}{1-\xi^2+\eta^2+\mathrm{j}2\xi} \tag{1.54}$$

其中 $\xi = Q\dfrac{2\Delta\omega}{\omega_0}$，$\eta = Q\dfrac{M}{L} = \dfrac{M}{G\omega_0 L^2}$，$\omega_0 = \dfrac{1}{\sqrt{LC}}$，$Q = \dfrac{\omega_0 C}{G} = \dfrac{1}{G\omega_0 L}$.

注意到除了 ω_0、Q、η 等表达式的不同外，互感耦合电路的转移特性与电容耦合电路的转移特性仅相差一个符号，所以其幅频特性具有与电容耦合电路完全相同的形式，相频特性则与电容耦合电路相差 180°.

例 1-3 已知图 1-15 双调谐回路的谐振频率 $f_0 = 465$ kHz，$C_1 = C_2 = 1$ nF. 电感线圈 L_1 通过 L_2 的部分线圈(n_{45})与 L_2 耦合(L_1 与 L_2 的 45 端部分紧耦合，与 L_2 的其余部分无耦合)，各线圈匝数如下：$n_{12} = 73$，$n_{34} = 73$，$n_{45} = 1$. 谐振回路自身的空载品质因数 $Q_0 = 100$. 信号源和负载 $g_S = g_L = 20\ \mu$S. 试求电路的通频带以及矩形系数.

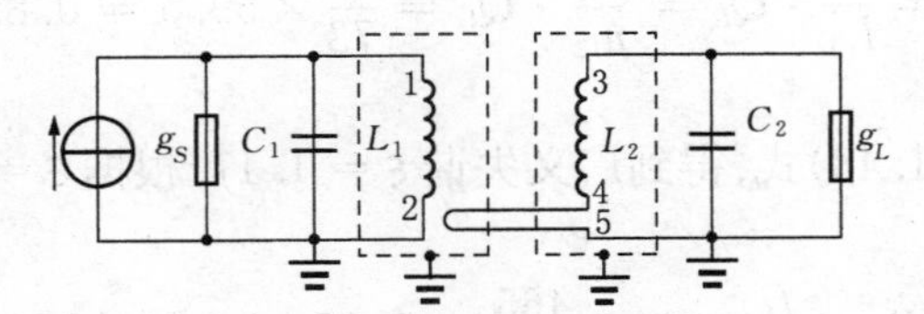

图 1-15 双调谐回路的例子

解 先求电感线圈自身的损耗电导

$$g_0=\frac{\omega_0 C}{Q_0}=\frac{2\pi\times 465\times 10^3\times 10^{-9}}{100}=29.2(\mu\text{S})$$

初级回路的总损耗电导为

$$g_{\sum_1}=g_0+g_S=29.2+20=49.2(\mu\text{S})$$

由于次级回路 $n_{45}\ll n_{34}$，在计算 L_2 的参数时可忽略，这样，次级回路总损耗电导为

$$g_{\sum_2}\approx g_0+g_L=29.2+20=49.2(\mu\text{S})$$

两侧损耗电导相等，回路有载品质因数为

$$Q_L=\frac{\omega_0 C}{g_{\sum}}=\frac{2\pi\times 465\times 10^3\times 10^{-9}}{49.1\times 10^{-6}}=59.5$$

计算耦合因子需要知道互感. 在本例中互感是以紧耦合的部分线圈 n_{45} 实现的. 根据互感定义：$e_2=\mathrm{j}\omega M\cdot i_1$，所以互感值 $|M|=\frac{e_2}{\omega\cdot i_1}$. 本例中 $e_2=v_{45}$，当互感值 M 较小时，近似有 $i_1\approx v_{12}/(\omega L_1)$，所以

$$M=\frac{v_{45}}{\omega(v_{12}/\omega L_1)}=\frac{v_{45}}{v_{12}}\cdot L_1=\frac{n_{45}}{n_{12}}\cdot L_1$$

注意 本例题提供了互感耦合的一个实际电路例子. 这种电路结构可以实现稳定的互感；反之，若依靠两个电感的相对位置来实现互感，则由于外界因素的影响而极难获得稳定的互感值. 电容耦合也有类似问题，读者可以参考本章习题 1.10.

根据上面分析，我们有

$$\eta=\frac{M}{L_1}\cdot Q_L=\frac{n_{45}}{n_{12}}\cdot Q_L=\frac{1}{73}\times 59.5=0.82$$

将此耦合因子代入(1.48)式，得到广义失谐 $\xi=1.17$. 根据 $\xi=Q_L\frac{BW}{f_0}$，可知

$$BW=\frac{f_0}{Q_L}\times\xi=\frac{465}{59.5}\times 1.17=9.14(\text{kHz})$$

下面计算矩形系数. 在(1.47)式中令 $\frac{|z_{21}|}{|z_{21}|_{\max}}=0.1$，则有

$$(1-\xi_{0.1}^2+\eta^2)^2+4\xi_{0.1}^2=100(1+\eta^2)^2$$

以 $\eta=0.82$ 代入，得到 $\xi_{0.1}\approx 4$. 所以

$$BW_{0.1}=\frac{f_0}{Q_L}\times\xi_{0.1}=\frac{465}{59.5}\times 4=31.3(\text{kHz})$$

矩形系数为

$$K_{0.1}=\frac{BW_{0.1}}{BW_{0.7}}=\frac{31.3}{9.14}=3.4$$

由本例题可知，即使是欠耦合的双调谐回路，其矩形系数也比单调谐回路好.

最后要说明的是，上面对于LC谐振回路的很多近似分析都是以高 Q 值为基础的. 在实际的高频电路中，许多情况下的LC谐振回路满足高 Q 值条件，所以上面的分析没有问题. 但是也有一些情况下，电路是低 Q 值的(一般认为 $Q<10$ 就是低 Q 值电路)，这种情况下不能用上面的高 Q 值近似. 我们将在下一节讨论低 Q 值LC谐振电路的分析.

1.2.3　固体谐振器

现代高频电路除了使用LC谐振电路外，还大量使用固体谐振器. 固体谐振器利用机械谐振原理工作，具有工作稳定、不用调试、体积小等优点. 常用的固体谐振器有石英谐振器、陶瓷滤波器、声表面波滤波器等.

一、石英谐振器

石英晶体谐振器(quartz crystal resonator)的结构是在一个石英晶体薄片两面镀以金属，形成两个电极，在每个电极上各焊一根引线接到管脚上，再加上封装外壳.

当电极加上电压以后，石英片由于电致伸缩效应(又称逆压电效应)发生形变，由于石英晶体的压电效应，这种形变又会在电极上产生电压. 在一般情况下，石英片机械振动的振幅和交变电场的振幅非常微小，但当外加交变电压的频率与石英片的共振频率一致时，振幅明显加大，这种现象称为压电谐振，它与LC回路的谐振现象十分相似. 由于石英谐振器的共振峰很尖锐，因此可以等效成 Q 值很高的LC谐振回路.

石英谐振器的等效电路如图 1-16 所示. 其中 C_0 是静电电容,是晶体两侧的电极形成的平板电容,它的大小与石英片的几何尺寸、电极面积有关,一般约几皮法到几十皮法. L_g, C_g 是石英晶体的等效谐振电感和等效谐振电容. 当晶体振荡时,机械振动的惯性可用电感 L_g 来等效,一般 L_g 的值为几十毫亨到几百毫亨. 石英片的弹性可用电容 C_g 来等效,C_g 的值很小,一般只有(0.000 2～0.1)pF. R_g 是石英片振动时因摩擦而造成的等效损耗电阻,它的数值小于 100 Ω. 由于石英片的等效电感很大,而 C_g 很小,R_g 也小,因此回路的品质因数 Q 很大,可达 1 000～10 000. 另外,由于石英片本身的谐振频率基本上只与石英片的切割方式、几何形状、尺寸有关,而且可以做得很精确,因此利用石英谐振器组成的振荡电路可获得很高的频率稳定度,常见的频率稳定度为 ±5 ppm ～±30 ppm(ppm $=10^{-6}$).

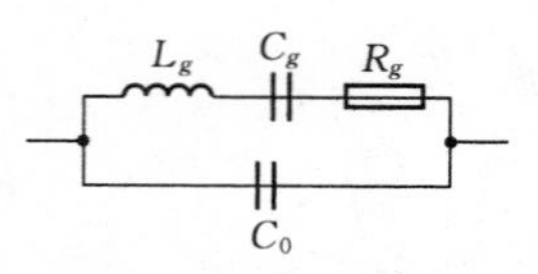

图 1-16 石英谐振器的等效电路

由图 1-16 可以看到,石英谐振器具有两个等效谐振回路:一个是 L_g 和 C_g 构成的串联谐振回路,另一个是 C_g 和 L_g 串联后的电抗与 C_0 构成的并联谐振回路.

串联谐振频率 f_g 和并联谐振频率 f_0 分别为

$$f_g=\frac{1}{2\pi\sqrt{L_gC_g}} \tag{1.55}$$

$$f_0=\frac{1}{2\pi\sqrt{L_g\dfrac{C_0C_g}{C_0+C_g}}}=\frac{1}{2\pi\sqrt{L_gC_g}}\sqrt{1+\frac{C_g}{C_0}} \tag{1.56}$$

图 1-17 显示了石英谐振器的电抗特性. 在 f_g 和 f_0 之间,石英谐振器呈现为感抗,而在其余频率上均呈现为容抗.

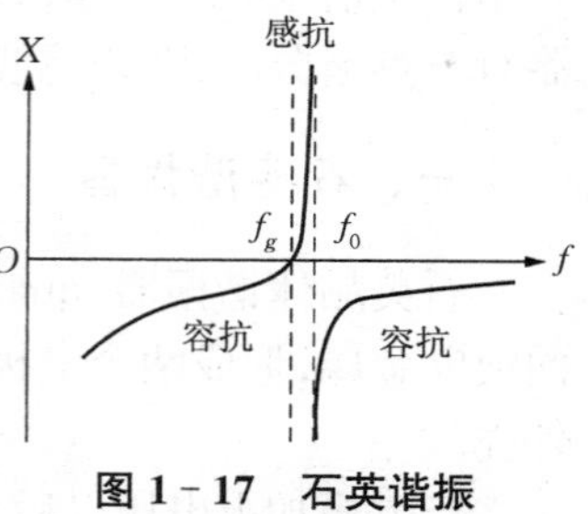

图 1-17 石英谐振器的电抗特性

在使用石英谐振器时,可以工作在串联谐振状态,也可以工作在并联谐振状态. 另外还有一种方式是使它工作在感抗特性区,与外加的电容构成谐振回路. 根据前面的介绍,石英谐振器的 C_g 远小于 C_0,比较(1.55)式和(1.56)式可知,在此情况下 $f_g\approx f_0$. 所以,石英谐振器只在极窄的频率范围($f_g<f<f_0$)内呈现感抗特性.

二、陶瓷滤波器

陶瓷滤波器(ceramic filter)的结构与工作原理与石英谐振器相仿,也是利用人工合成的压电陶瓷的压电效应构成机械共振进行工作的.

通常,陶瓷滤波器的电特性不如石英晶体好,主要表现为等效 Q 值不如石英晶体那么高,串、并联谐振频率之间的间隔也比较大,频率稳定度稍低,一般在0.5%左右.

有时候,在压电陶瓷上制作3个电极,其中一个电极是公共电极,其余两个作为信号输入、输出,当输入信号频率等于其谐振频率时,输出端的电压最大,其特性相当于一个耦合谐振回路.

陶瓷滤波器的负载电阻对于滤波器的频率特性有一定的影响,在使用时要注意按照产品使用说明设计其负载电阻(包括激励源内阻),必要时要插入匹配电阻.

三、声表面波滤波器

声表面波滤波器(surface acoustic wave filter, SAWF)是20世纪60年代末期才发展起来的一门新兴科学技术.在具有压电特性的单晶材料表面制作两对叉指电极(像手指交叉而得名),在其中一对上加以激励电压,可以在材料表面激发同频率的声波.此声波沿滤波器到达另一对电极时,就可以产生电信号输出.

由于叉指电极中每一个电极激发的声波在传输方向上有不同的延时,它们互相产生干涉,结果使得最后输出的电信号与两对叉指电极的具体形状有关.改变叉指电极的叉指数目以及形状,可以改变滤波器的滤波特性(幅频特性和相频特性).由于这个原因,声表面波滤波器可以制作各种复杂的滤波器,也可以做成具有各种复杂信号处理功能的器件,例如信号的延时、脉冲信号的压缩和展宽、编码和译码以及信号的相关和卷积等.

声表面波滤波器体积小、重量轻,性能可靠,具有很好的一致性和重复性和温度稳定度,不需要复杂调整.其主要特点是:①工作频率范围宽,目前上限已可达3 GHz;②频率响应平坦,不平坦度仅为(±0.3 ~ ±0.5)dB;③矩形系数好,带外抑制可达40 dB以上;④早期产品的插入损耗在15 dB以上,但最近已经可以制造(3~4)dB的低损耗产品,最低损耗可以达到1 dB.

§1.3 集总参数阻抗变换网络

在高频电路中,为了更好地传递功率,在信号源与负载之间常常需要一个阻抗变换网络.阻抗变换网络可以由集总参数元件构成,也可以由分布参数元件构成.根据其中激励源、网络元件以及负载几方面的不同连接方式,可以构成不同的网络结构.

图 1-18 是常见的几种集总参数阻抗变换网络结构. 其中(a)是互感耦合(变压器)形式的阻抗变换结构;(b)是自耦变压器形式的阻抗变换结构;(c)是电容分压的阻抗变换结构. (b)和(c)两种电路中的 LC 元件还构成并联谐振回路(选频网络). (d), (e), (f)这 3 种电路可以看成是 LC 串联谐振回路或 LC 并联谐振回路的变形或它们的组合. 通常(a), (b), (c)这 3 种电路以高 Q 值电路居多,而(d), (e), (f)这 3 种电路以低 Q 值电路为主. 为了达到特定的阻抗变换和选频特性,实际的阻抗变换电路还可以将这些电路加以组合.

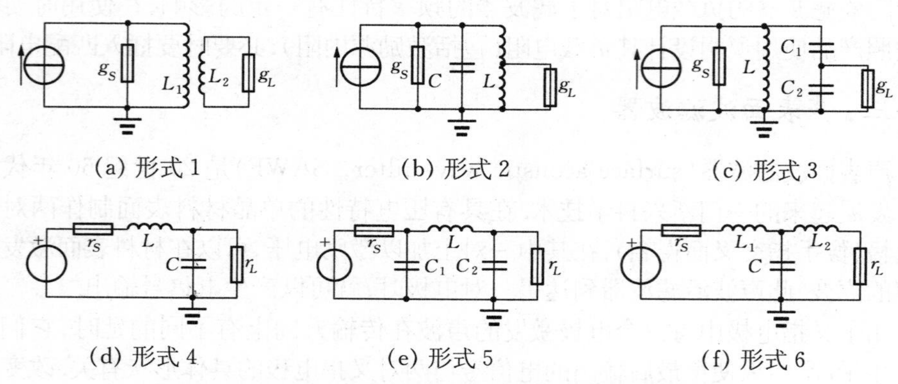

图 1-18 常见集总参数选频与阻抗变换网络的结构

1.3.1 阻抗的串联-并联等效变换

在分析网络中的源电阻(或负载电阻)和电容、电感之间的关系时,有时需要对电路进行一定的等效变换. 最常见的变换是如图 1-19 所示的电阻-电抗网络的串联-并联变换,图中 R_S 和 R_P 表示等效变换的串联电阻和并联电阻;jX_S 和 jX_P 表示等效变换的串联电抗和并联电抗,可以是容抗,也可以是感抗.

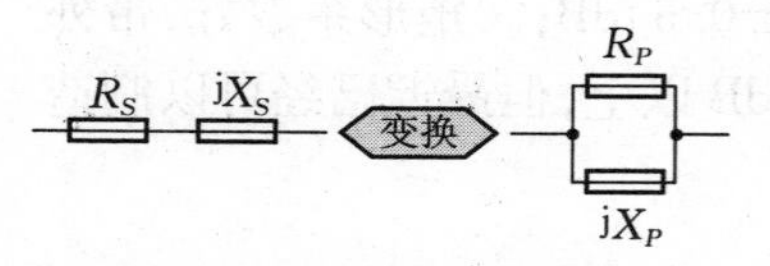

图 1-19 电阻-电抗网络的串联-并联变换

由于图 1-19 两边的阻抗等效,有

$$\frac{1}{R_P}+\frac{1}{\mathrm{j}X_P}=\frac{1}{R_S+\mathrm{j}X_S}=\frac{R_S-\mathrm{j}X_S}{R_S^2+X_S^2} \tag{1.57}$$

令(1.57)式两边的实部和虚部分别相等,可得到电阻-电抗网络的变换关系如下:

$$\begin{cases}X_P=\left(1+\dfrac{1}{Q^2}\right)X_S\\R_P=(1+Q^2)R_S\\Q=\dfrac{X_S}{R_S}=\dfrac{R_P}{X_P}\end{cases}\tag{1.58}$$

其中 Q 是回路的品质因数.

若回路的品质因数足够高,满足 $Q\gg 1$ 的条件,则(1.58)式可以近似为

$$\begin{cases}R_P\approx Q^2\cdot R_S\\X_P\approx X_S\end{cases}\tag{1.59}$$

这里的 Q 值与前面一样,仍然是 $Q=\dfrac{X_S}{R_S}=\dfrac{R_P}{X_P}$. 显然,(1.59)式就是前面的(1.36)式.

1.3.2 互感耦合和电容分压式阻抗变换网络

图1-18中,(a),(b),(c)这3种阻抗变换网络可以归纳为以下两种变换方式:①互感耦合式阻抗变换,谐振回路中的电感通过抽头或初次级的耦合形成一个高频变压器,信号源的输出阻抗和负载阻抗通过此变压器实现阻抗匹配;②电容分压式阻抗变换,谐振回路中的电容分成几部分,信号源的输出阻抗和负载阻抗只与其中一部分连接,实现阻抗匹配.

一、互感耦合电路的阻抗变换关系

典型的互感电路如图1-20(a)所示,其中 L_1 和 L_2 是两个电感的自感,M 是两个电感的互感. 通常将接入信号源的线圈 L_1 称为互感回路的初级,接入负载的线圈 L_2 称为互感回路的次级,Z_2 是负载阻抗. 图1-20(b)是互感电路的交流等效电路,初、次级由于互感耦合产生的感应电势分别用两个电压源等效.

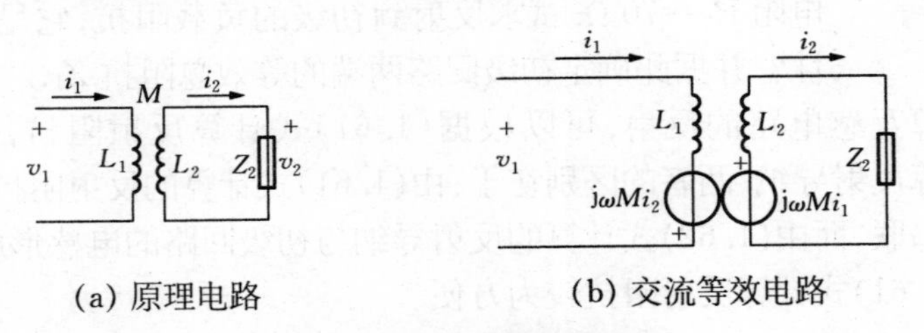

(a) 原理电路　　(b) 交流等效电路

图1-20 互感耦合电路

根据图 1-20(b)的等效电路,可以列出回路方程如下:

$$\begin{cases} j\omega L_1 i_1 - j\omega M i_2 = v_1 \\ (j\omega L_2 + Z_2) i_2 = j\omega M i_1 \end{cases} \tag{1.60}$$

解此方程,得到次级接有阻抗 Z_2 的互感回路的初级阻抗 Z_1 和导纳 Y_1 的表达式:

$$Z_1 = \frac{v_1}{i_1} = j\omega L_1 + \frac{(\omega M)^2}{j\omega L_2 + Z_2} = Z_{11} + Z_{12} \tag{1.61}$$

$$Y_1 = \frac{i_1}{v_1} = \frac{1}{j\omega L_1} + \frac{1}{j\omega L_1\left(\frac{L_1 L_2}{M^2} - 1\right) + \left(\frac{L_1}{M}\right)^2 Z_2} = Y_{11} + Y_{12} \tag{1.62}$$

显然,上面表达式中 Z_{11} 或 Y_{11} 就是互感回路初级电感的阻抗或导纳,而 Z_{12} 和 Y_{12} 就是互感回路次级电感和负载阻抗综合反射到初级的阻抗和导纳. 其中 Z_{12} 是与初级电感构成串联形式的反射阻抗,Y_{12} 是与初级电感构成并联形式的反射导纳.

由(1.61)式可知反射阻抗 Z_{12} 的性质与次级的阻抗性质有关. 若 $j\omega L_2 + Z_2$ 呈感性,则 Z_{12} 呈容性;若 $j\omega L_2 + Z_2$ 呈容性,则 Z_{12} 呈感性. 只有次级的阻抗为纯电阻(例如谐振状态)时,反射阻抗才是纯电阻.

同时,(1.61)式也表示反射阻抗的大小与互感系数 M 有关. 互感系数小说明耦合关系弱,此时反射阻抗也小;反之,则反射阻抗增加. 由于反射阻抗与初级电感串联,因此反射阻抗增加将改变初级的等效电阻与电抗,其中等效电阻的改变将影响电路的品质因数.

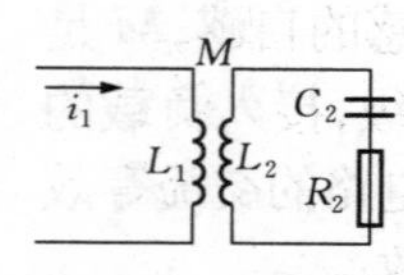

图 1-21 互感式耦合的例子

例 1-4 有一互感式耦合电路如图 1-21 所示. 已知激励信号的频率 $f=1$ MHz;初级电感 $L_1=160\ \mu$H, $Q_1=100$;次级电感 $L_2=160\ \mu$H,损耗电阻已经折合到负载中;互感 $M=3.2\ \mu$H. 负载是一个电容与一个电阻串联,其中电容 $C_2=180$ pF,电阻 $R_2=70\ \Omega$. 试求反射到初级的负载阻抗,它呈容性还是感性? 并据此确定初级回路两端的等效总阻抗 Z_1.

解 计算互感电路的反射,可以根据(1.61)式计算反射阻抗,也可以根据(1.62)式计算反射导纳. 两者的区别在于:由(1.61)式计算的反射阻抗与初级回路的电感形成串联,而由(1.62)式计算的反射导纳与初级回路的电感形成并联. 在本例题中,以(1.61)式计算反射阻抗较为方便.

$$Z_{12}=\frac{(\omega M)^2}{\mathrm{j}\omega L_2+Z_2}=\frac{(\omega M)^2}{\mathrm{j}\omega L_2+\frac{1}{\mathrm{j}\omega C_2}+R_2}=(1.45-\mathrm{j}2.5)(\Omega)$$

可见,反射到初级回路的负载阻抗呈现容性,且该等效阻抗与 L_1 串联.

初级回路的品质因数 $Q_1=100$,可以等效为电感与损耗电阻串联. 其中感抗值为

$$\omega L_1=2\times\pi\times1\times10^6\times160\times10^{-6}\approx1\,005(\Omega)$$

损耗电阻值为

$$R_1=\frac{\omega L_1}{Q_1}\approx10(\Omega)$$

所以初级回路的等效总阻抗为

$$Z_1=\mathrm{j}\omega L_1+R_1+Z_{12}=\mathrm{j}1\,005+10+1.45-\mathrm{j}2.5\approx(11.45+\mathrm{j}1\,003)(\Omega)$$

通常情况下,图 1-18(a)和(b)两种阻抗变换网络中高频变压器的两个回路紧耦合,即一个电感线圈产生的磁力线全部通过另一个电感线圈. 此时互感系数达到最大值,有

$$M=\sqrt{L_1L_2}\tag{1.63}$$

将此值代入(1.62)式,并考虑到在紧耦合条件下电感量与绕制电感的线圈匝数的平方成正比的关系,可以将次级(包括负载)等效为一个与初级电感并联的等效负载阻抗:

$$\frac{1}{Y_{12}}=\frac{L_1}{L_2}Z_2=\left(\frac{n_1}{n_2}\right)^2Z_2\tag{1.64}$$

其中 n_1 是初级的线圈匝数,n_2 是次级线圈匝数. 其等效电路如图 1-22 所示.

若将(1.63)式代入(1.61)式,则可以得到紧耦合条件下另一种等效形式,即与初级电感串联的等效负载阻抗形式. 读者可以自行推导其等效关系,这里不再赘述.

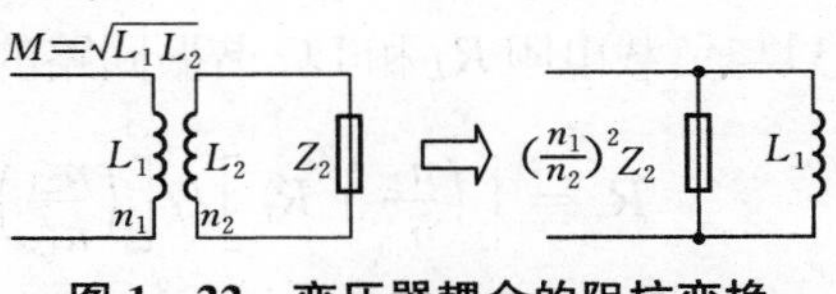

图 1-22　变压器耦合的阻抗变换

紧耦合条件下互感耦合的另一种常见形式就是自耦变压器形式,即在初级电感中合适的位置抽头,负载接在抽头部分. 有时为了达到同时调节阻抗匹配和谐振参数,变压器耦合与自耦变压器耦合两种形式可以形成混合结构(见例 1-5).

例 1-5 已知图 1-23 所示电路中 $L_1=585\ \mu\text{H}$, $n_{13}=115$, $n_{23}=17$, $C=200$ pF. 谐振回路 L_1C 的空载品质因数 $Q_0=80$. L_1 与 L_2 紧耦合, $n_{45}=7$. 负载阻抗 $R_L=2.6\ \text{k}\Omega$, $C_L=50$ pF. 试求:①电路的谐振频率以及有载品质因数; ②在回路谐振时,从 2 和 3 端看进去的等效电阻 R_e.

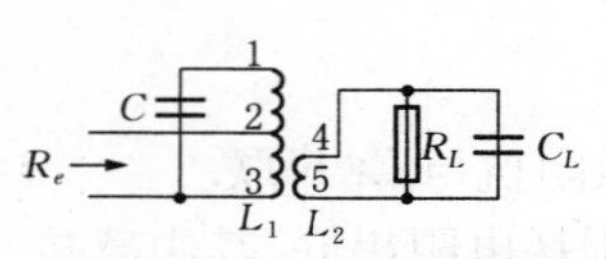

图1-23 变压器耦合的例子

解 谐振回路自身的损耗电导为

$$G_0=\frac{1}{Q_0}\sqrt{\frac{C_1}{L_1}}=\frac{1}{80}\sqrt{\frac{200\times10^{-12}}{585\times10^{-6}}}=7.3(\mu\text{S})$$

根据(1.64)式,将次级负载阻抗(电导与电容)折合到初级 1 和 3 端为

$$G'_L=\left(\frac{n_{45}}{n_{13}}\right)^2\frac{1}{R_L}=\left(\frac{7}{115}\right)^2\times\frac{1}{2\ 600}=1.43(\mu\text{S})$$

$$C'_L=\left(\frac{n_{45}}{n_{13}}\right)^2C_L=\left(\frac{7}{115}\right)^2\times50=0.19(\text{pF})$$

所以,初级总等效电导和总等效电容为

$$G_\Sigma=G_0+G'_L=8.73(\mu\text{S})$$

$$C_\Sigma=C_1+C'_L=200.2(\text{pF})$$

电路的谐振频率和有载品质因数分别为

$$f_L=\frac{1}{2\pi\sqrt{L_1C_T}}=465(\text{kHz})$$

$$Q_L=\frac{1}{G_T}\sqrt{\frac{C_T}{L_1}}=67$$

在谐振频率上,回路中所有电抗抵消,所以从 2 和 3 端看进去的等效电阻 R_e 只与负载电阻 R_L 和 LC 谐振回路的损耗电导有关:

$$R_e=\left[\left(\frac{n_{23}}{n_{45}}\right)^2R_L\right]//\left[\left(\frac{n_{23}}{n_{13}}\right)^2\frac{1}{G_0}\right]$$

$$=\left[\left(\frac{17}{7}\right)^2\times2.6\times10^3\right]//\left[\left(\frac{17}{115}\right)^2\times\frac{1}{7.3\times10^{-6}}\right]=2.5(\text{k}\Omega)$$

从本例题可以看到,通过改变抽头匝数和次级匝数,可以调整回路的有载 Q 值和抽头处的等效电阻. 由于这种结构往往用在放大器的输出耦合回路中,抽头处

的等效电阻就是放大器的等效负载，而有载 Q 值则确定了选频网络的带宽，所以这种结构可以同时调整阻抗匹配和放大器带宽.

二、电容分压式耦合电路的阻抗变换关系

图 1-24 所示的结构利用电容的分压，使负载接入谐振回路的一部分. 在分析这种接入情况时，通常将负载中的电抗成分直接与原来谐振回路中的电抗成分合并，但是其中的电阻成分需要作一定变换才能等效到谐振回路两端.

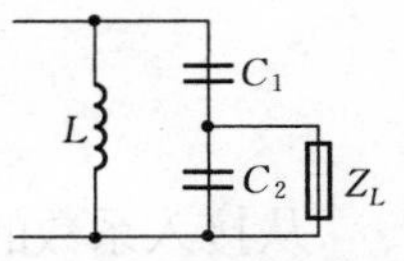

图 1-24　负载与谐振回路的分压式耦合

可以用电阻-电抗的串联-并联变换对图 1-24 电路进行变换，图 1-25 展示了电容分压式耦合电路的负载电阻变换过程.

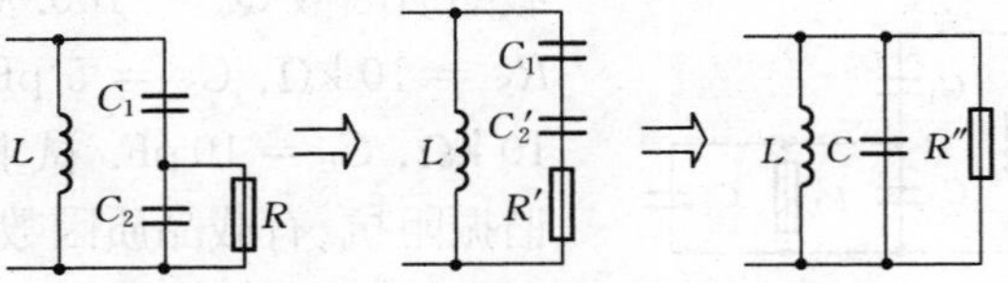

图 1-25　分压式耦合的等效过程

首先将 R 与 C_2 的并联结构变换为串联结构，其支路品质因数 $Q_1 = R \cdot \omega C_2$. 在高 Q 值条件(即 $Q_1 \gg 1$)下，有

$$\begin{cases} R' \approx \dfrac{R}{Q_1^2} = \dfrac{R}{(R \cdot \omega C_2)^2} \\ C_2' \approx C_2 \end{cases} \tag{1.65}$$

然后将与 C_1 和 C_2' 串联的 R' 转换为标准的并联谐振回路形式. 此时的支路品质因数为

$$Q_2 = \frac{1}{R' \cdot \omega \dfrac{C_1 C_2'}{C_1 + C_2'}} \approx \frac{1}{\dfrac{R}{(R\omega C_2)^2} \omega \dfrac{C_1 C_2}{C_1 + C_2}} = \frac{C_1 + C_2}{C_1} \cdot R\omega C_2 = \frac{C_1 + C_2}{C_1} Q_1 \tag{1.66}$$

若 $Q_1 \gg 1$，则显然有 $Q_2 \gg 1$. 所以有

$$\begin{cases} R'' \approx Q_2^2 R' = Q_2^2 \dfrac{R}{Q_1^2} = \left(\dfrac{C_1 + C_2}{C_1}\right)^2 R \\ C \approx \dfrac{C_1 C_2}{C_1 + C_2} \end{cases} \tag{1.67}$$

C 等于 C_1 和 C_2 串联后的电容,定义接入系数 p 为

$$p=\frac{C}{C_2}=\frac{C_1C_2/(C_1+C_2)}{C_2}=\frac{C_1}{C_1+C_2} \tag{1.68}$$

则等效后的负载电阻或负载电导为

$$\begin{cases}R''\approx\dfrac{R}{p^2}\\G''=p^2G\end{cases} \tag{1.69}$$

从接入系数的定义(1.68)式以及参照图 1-25 可知,p 就是忽略 R 的分流作用后,R 两端电压与回路两端总电压的比值,所以接入系数也称分压系数.

例 1-6 已知图 1-26 中 $L=0.8\,\mu\text{H}$, $C_1=C_2=20\,\text{pF}$, 谐振回路自身的空载品质因数 $Q_0=100$. 激励信号源的阻抗 $R_S=10\,\text{k}\Omega$, $C_S=5\,\text{pF}$. 负载阻抗 $R_L=10\,\text{k}\Omega$, $C_L=10\,\text{pF}$. 试求电路的谐振频率、谐振阻抗、有载品质因数以及通频带宽.

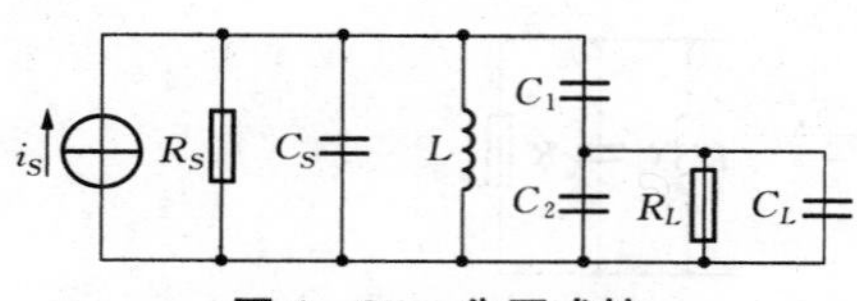

图 1-26 分压式接入负载的例子

解 首先将电路中的所有的电容合并,总电容为

$$C=C_S+\frac{C_1(C_2+C_L)}{C_1+C_2+C_L}=17(\text{pF})$$

所以谐振频率近似为

$$f_0=\frac{1}{2\pi\sqrt{LC}}=43.1(\text{MHz})$$

负载支路 $Q_B=R_L\cdot 2\pi f_0(C_2+C_L)=81\gg 1$,满足高 Q 值条件,接入系数

$$p=\frac{C_1}{C_1+C_2+C_L}=\frac{2}{5}$$

所以

$$G_L'=p^2/R_L=16\ (\mu\text{S})$$

谐振回路的空载损耗电导为

$$G_0=\frac{1}{Q_0\omega_0L}=46.1(\mu\text{S})$$

有载电导为

$$G_L = G_L' + G_0 + \frac{1}{R_S} = 162(\mu\text{S})$$

有载品质因数

$$Q_L = \frac{1}{G_L \omega_0 L} = 28.5$$

通频带

$$BW = \frac{\omega_0}{2\pi Q_L} = 1.52(\text{MHz})$$

需要注意的是，上述计算过程只有在接入负载的支路具有高 Q 值的条件下才是正确的. 这是因为在上述计算过程中一个隐含的物理意义是，在高 Q 值条件下，流过该支路电抗的电流远远大于流过电阻的电流，所以电阻两端的电压基本上由电抗的分压关系所确定，分压系数仅仅由电抗确定.

显然，这是在高 Q 值条件下的一种近似. 当回路不具有高 Q 值条件时，上述关系不能成立. 所以，对于不具有高 Q 值条件的谐振回路，当部分接入负载时必须运用(1.58)式进行计算.

1.3.3　LC 梯形阻抗变换网络

图 1－18 中，(d)，(e)，(f)这 3 种阻抗变换网络可以看成是 LC 谐振回路的一种变形，通常称之为 LC 梯形阻抗变换网络. 常见的 LC 梯形阻抗变换网络有 L 形网络、T 形网络、Π 形网络等多种，还可以将它们串联构成多级网络.

一、L 形阻抗变换网络

L 形阻抗变换网络是这一类阻抗变换网络的基础. 按照电抗元件的位置不同，L 形网络可以有四种结构，如图 1－27 所示. 其中(a)和(b)是低通型结构，(c)和(d)是高通型结构.

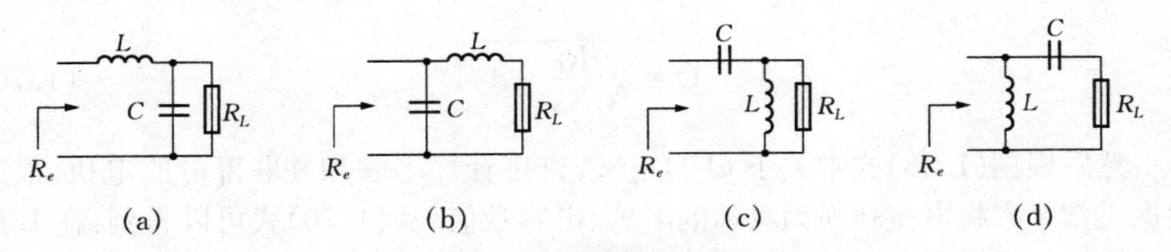

图 1－27　L 形阻抗变换网络

分析和设计L形阻抗变换网络需要利用阻抗的串并联变换. 以图1－27(a)电路为例,分析和设计过程可用图1－28表示:在要求的谐振频率 f_0 上,根据(1.58)式将RC并联网络变换为RC串联网络,R_L 变换为 R_e, C 变换为 C',L 与 C' 必须谐振在 f_0,其串联谐振阻抗为0,而 R_e 就是从网络左端看进去的等效电阻.

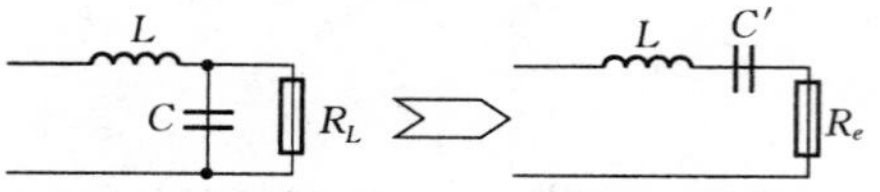

图1－28 L形阻抗变换网络的分析过程

例1－7 如图1－27(a)的阻抗变换电路,已知工作频率为27 MHz,电感 $L=88.4$ nH,电容 $C=354$ pF, 负载电阻为50 Ω,试求变换后的等效阻抗 R_e.

解 根据(1.58)式,有

$$Q=\frac{R_P}{X_P}=\frac{R_L}{1/2\pi f_0 C}=\frac{50}{1/2\pi\times 27\times 10^6\times 354\times 10^{-12}}=3$$

$$R_e=\frac{R_L}{1+Q^2}=5(\Omega)$$

所以变换后的等效阻抗为5 Ω. 可以验证,等效后的电容和电感谐振在 f_0,为此计算 f_0 时的等效电容容抗和电感感抗分别为

$$\mathrm{j}X'_C=\frac{\mathrm{j}X_C}{1+1/Q^2}=\frac{-\mathrm{j}\dfrac{1}{2\pi\times 27\times 10^6\times 354\times 10^{-12}}}{1+1/9}=-\mathrm{j}15(\Omega)$$

$$\mathrm{j}X_L=\mathrm{j}2\pi\times 27\times 10^6\times 88.4\times 10^{-9}=\mathrm{j}15(\Omega)$$

两者的模相同,相位相反.

将例1－7的过程反过来,就可以设计阻抗匹配网络. 通常情况下的设计要求是在已知工作频率 f_0、负载阻抗 R_L 和等效阻抗 R_e 的条件下,设计 L 和 C. 在这种已知条件下,不管哪种L形网络,设计步骤都是首先根据(1.58)式计算 Q 值:

$$Q=\sqrt{\frac{R_P}{R_S}-1} \tag{1.70}$$

然后根据(1.58)式中关于 Q 的定义,直接计算串联和并联部分的电抗,最后根据工作频率将电抗转换为具体的电感、电容数值. 从(1.70)式可以看到,在L形阻抗匹配网络中,一定有 $R_P>R_S$, 这是这种网络的一个限制.

例 1-8　已知负载电阻为 50 Ω,试设计一个如图 1-27(b)的阻抗变换电路,要求工作频率为 100 MHz,变换后的等效阻抗 $R_e = 300\ \Omega$.

解　在本例题中, $R_P = 300\ \Omega$, $R_S = 50\ \Omega$, $X_P = X_C$, $X_S = X_L$, 所以

$$Q = \sqrt{\frac{R_P}{R_S} - 1} = \sqrt{\frac{300}{50} - 1} = 2.24$$

$$X_P = X_C = \frac{R_P}{Q} = \frac{300}{2.24} = 134(\Omega)$$

$$C = \frac{1}{2\pi f \cdot X_C} = \frac{1}{2\pi \times 10^8 \times 134} = 11.9(\text{pF})$$

$$X_S = X_L = Q \cdot R_S = 2.24 \times 50 = 112(\Omega)$$

$$L = \frac{X_L}{2\pi f_0} = \frac{112}{2\pi \times 10^8} = 178(\text{nH})$$

可以画出这个网络的频率特性如图 1-29 所示.

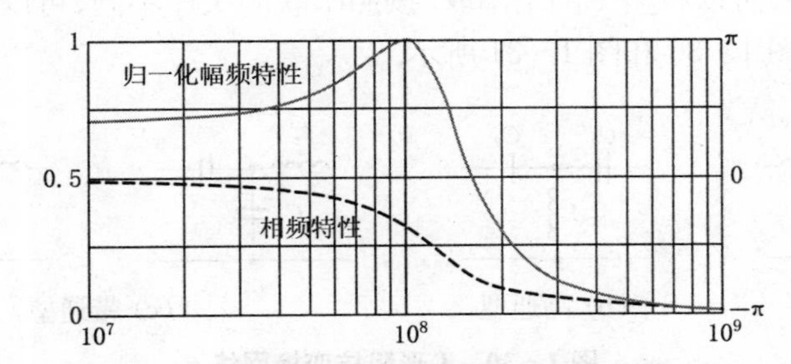

图 1-29　低通型 L 形阻抗变换网络的频率特性

有时,负载或等效阻抗中除了电阻,还会出现电抗分量,在这种情况下,要注意在计算 Q 值时应该用负载或等效阻抗中的电阻分量,而在计算电容或电感时要扣除负载或等效阻抗中的电抗分量.

例 1-9　设计图 1-27(a)的阻抗变换电路,已知工作频率为 40 MHz,负载电阻 50 Ω,要求变换后的等效阻抗 $Z_e = (4.0 + j2.2)\Omega$.

解　等效阻抗中的电阻 $R_S = \text{Re}(Z_e) = 4(\Omega)$, 所以

$$Q = \sqrt{\frac{R_P}{\text{Re}(Z_e)} - 1} = \sqrt{\frac{50}{4} - 1} = 3.39$$

$$X_P = X_C = \frac{R_P}{Q} = \frac{50}{3.39} = 14.7(\Omega)$$

$$C=\frac{1}{2\pi f\cdot X_C}=\frac{1}{2\pi\times 40\times 10^6\times 14.7}=270(\mathrm{pF})$$

$$X_S=Q\cdot R_S=3.39\times 4=13.56(\Omega)$$

根据图 1 - 27(a),此电抗应该是电感 L 的感抗. 但是要注意到这里的电抗计算过程是关于 R_S 的,如果按照此电抗设计电感,则从网络左端看进去的阻抗将是 $R_S=4\,\Omega$. 而实际要求的是 $Z_e=(4+\mathrm{j}2.2)\Omega$, 所以实际电感中要包含等效阻抗中的电抗分量:

$$L=\frac{X_S+\mathrm{Im}(Z_e)}{2\pi f_0}=\frac{13.56+2.2}{2\pi\times 40\times 10^6}=62.7(\mathrm{nH})$$

二、T 形和 Π 形阻抗变换网络

L 形阻抗变换网络有个最大的缺陷,就是这一类阻抗变换网络的 Q 值被两端的电阻所限制. 当两端电阻接近时,Q 值将变得极低. 为了改变 Q 值从而改变整个网络的频率特性,可以将多个网络串联. 按照串联的次序不同,可以构成 T 形或 Π 形结构,分别如图 1 - 30 和图 1 - 31 所示.

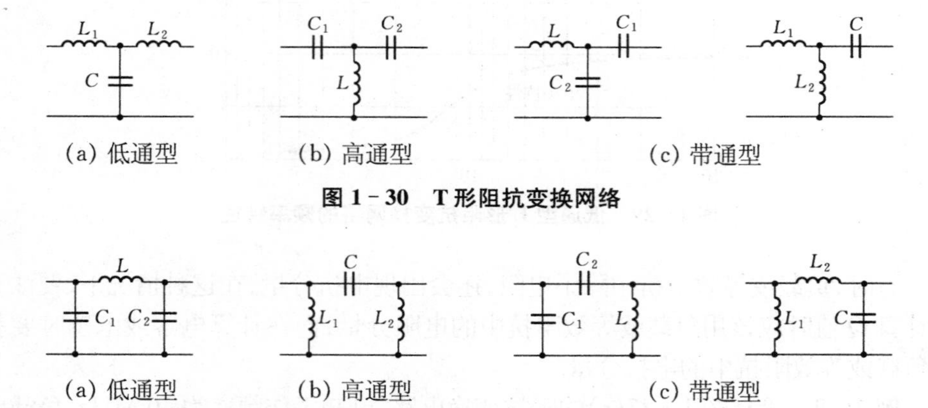

(a) 低通型 (b) 高通型 (c) 带通型

图 1 - 30 T 形阻抗变换网络

(a) 低通型 (b) 高通型 (c) 带通型

图 1 - 31 Π 形阻抗变换网络

分析这两类网络时,可以将其中间的一个电抗等效为两个,从而分别与两侧的电抗构成两个 L 形网络. 中间两个等效电抗值的并联(T 形网络)或串联(Π 形网络)等于原型电路中间元件的电抗值.

图 1 - 32 表示将一个带通型的 T 形网络等效为两个 L 形网络,它们分别将两端的阻抗变换到一个中间阻抗 R_M,由于 R_M 与负载阻抗 R_L、等效阻抗 R_e 均无关,

可以在一定范围内任意指定,因此整个网络的 Q 值可以按照设计需要改变,大大提高了灵活性.

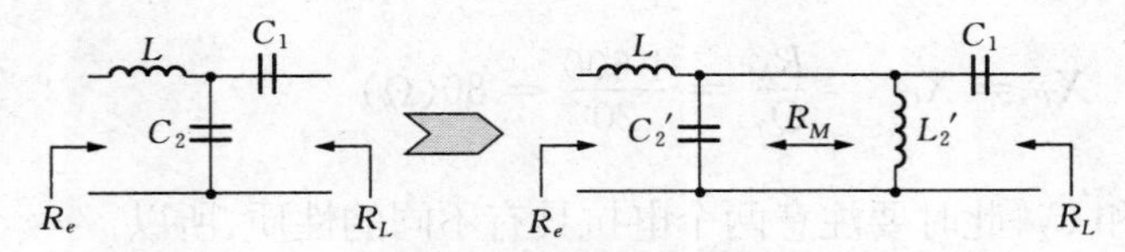

图 1-32　T 形阻抗变换网络的等效变换

由于增加了一个元件,T 形或 Π 形阻抗变换网络的设计过程需要先指定一个参数. 可以指定 3 个元件中的任意一个,也可以指定中间阻抗 R_M. 但更常见的是指定其中一个 L 形网络的 Q 值,然后根据设计 L 形网络的方法,逐个设计两个 L 形网络. 最后将两个中间电抗合并成一个.

例 1-10　设计一个阻抗变换电路,已知工作频率为 40 MHz,负载电阻 50 Ω,要求变换后的等效阻抗 $Z_e = (4.0 + j2.2)\Omega$, Q 值为 20 左右.

解　此例题的参数基本与例 1-9 相同,但是要求有较高的 Q 值. 从例 1-9 可知,采用 L 形网络只能有很低的 Q 值,所以将按照图 1-32 电路进行设计.

图 1-32 电路可以看成两个 L 形网络,所以有两个 Q 值. T 形或 Π 形网络的总 Q 值大致等于其中较大的一个. 若指定中间阻抗 R_M,则 $Q_1 = \sqrt{\frac{R_M}{R_e} - 1}$, $Q_2 = \sqrt{\frac{R_M}{R_L} - 1}$. 由于 $R_e < R_L$,故 $Q_1 > Q_2$. 指定 $Q_1 = 20$, 则

$$R_M = (1 + Q_1^2)R_e = (1 + 20^2) \times 4 = 1.6(\text{k}\Omega)$$

先计算 R_L 一侧:

$$Q_2 = \sqrt{\frac{R_M}{R_L} - 1} = \sqrt{\frac{1\,600}{50} - 1} = 5.57$$

$$X_S = X_{C_1} = Q_2 R_L = 5.57 \times 50 = 279(\Omega)$$

$$C_1 = \frac{1}{2\pi f \cdot X_{C_1}} = \frac{1}{2\pi \times 40 \times 10^6 \times 279} = 14.3(\text{pF})$$

$$X_P = X_{L_2'} = \frac{R_M}{Q_2} = \frac{1\,600}{5.57} = 287(\Omega)$$

再计算 R_e 一侧:

$$X_S = X_L = Q_1 \mathrm{Re}(Z_e) = 20 \times 4 = 80(\Omega)$$

$$L = \frac{X_L + \mathrm{Im}(Z_e)}{2\pi f} = \frac{80 + 2.2}{2\pi \times 40 \times 10^6} = 327(\mathrm{nH})$$

$$X_P = X_{C_2'} = \frac{R_M}{Q_1} = \frac{1600}{20} = 80(\Omega)$$

合并 L_2' 和 C_2',此时要注意两个电抗具有不同的性质,所以

$$\mathrm{j}X_2 = (\mathrm{j}X_{L_2'}) \mathbin{/\!/} (-\mathrm{j}X_{C_2'}) = \frac{\mathrm{j}287 \times (-\mathrm{j}80)}{\mathrm{j}287 + (-\mathrm{j}80)} = -\mathrm{j}111(\Omega)$$

根据 $\mathrm{j}X_2$ 的符号,可以确定这是一个电容,容量为

$$C_2 = \frac{1}{2\pi f \cdot |X_2|} = \frac{1}{2\pi \times 40 \times 10^6 \times 111} = 35.8(\mathrm{pF})$$

可以画出此网络的频率特性曲线如图 1-33. 可以看到它与例题 1-8 中低通型网络的曲线有很大不同:首先是曲线趋于对称,无论高频还是低频,在中心频率两侧都有较大的衰减. 一般情况下,带通型网络的频率特性曲线都具有这个形状特征,而低通或高通型网络(包括 T 形和 Π 形网络)都会出现两侧不对称的情况. 其次是曲线形状比低通型的陡峭得多,这是由于本例题采用 T 形网络结构后,网络具有较大的 Q 值所致.

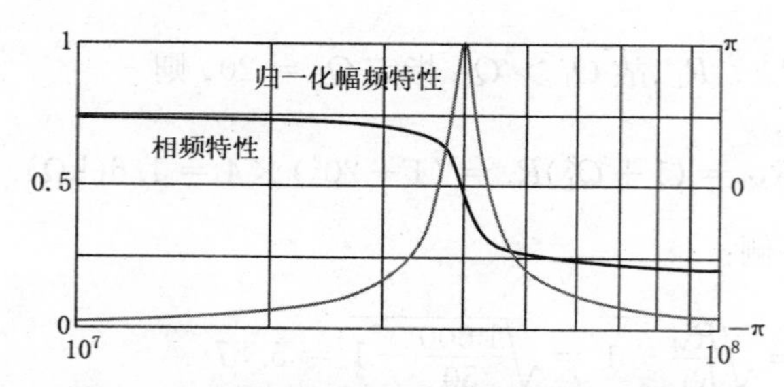

图 1-33　带通型 T 形阻抗变换网络的频率特性

§1.4　基于传输线的阻抗变换网络

在频率很高的时候,LC 结构的集总参数阻抗变换网络会变得十分难以实现. 其主要原因是因为随着频率的升高,要求网络中的 LC 数值下降;但是实际的电感器和电容器在其电感量或电容量很小时,由于分布参数的影响,其数值会变得很不

稳定. 因此当频率上升到一定程度时，通常要采用由传输线构成的分布参数结构的阻抗变换网络.

1.4.1　传输线

在低频情况下，通常我们认为电信号在导线内的传输是瞬时的，或者说导线是等势的. 但事实上电信号的传输是以电磁波形式进行的，只是由于其传输速度太高，以致在低频情况下可以忽略其传输延时而已.

在频率极高或导线很长的情况下，电信号波长可以和导线的长度相比拟，此时在导线不同距离位置上将有不同的电压和电流，或者说已经不能将一根导线视为等势体. 我们将这种条件下的导线称为传输线(transmission line).

与本章第 1 小节讨论的集总参数元件不同，传输线完全利用其分布参数工作. 完整地分析信号在传输线中的传输过程，需要用到电磁场理论. 本书我们将用电路等效的方法来导出传输线特征方程. 尽管从严格意义上说，这个推导方法只适合于某些特定模式的电磁波，但是利用它得到的关于传输线的结论是具有普遍意义的.

如图 1-34 所示，取单位长度 Δx 的一段传输线，R, L, G, C 分别为单位长度传输线的等效分布电阻、分布电感、分布电导和分布电容.

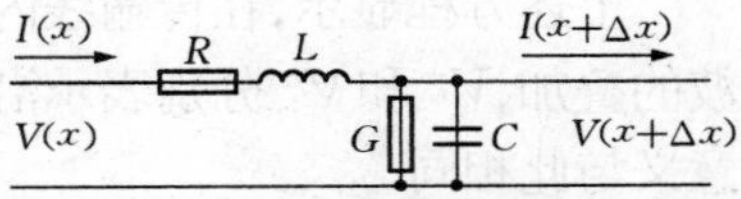

图 1-34　传输线的电路等效模型

对于图 1-34，可以列节点方程如下：

$$\begin{cases} V(x) - I(x)(R + \mathrm{j}\omega L)\Delta x = V(x + \Delta x) \\ I(x) - V(x + \Delta x)(G + \mathrm{j}\omega C)\Delta x = I(x + \Delta x) \end{cases} \tag{1.71}$$

上述节点方程可以改写成差分方程形式：

$$\begin{cases} \dfrac{V(x + \Delta x) - V(x)}{\Delta x} = -(R + \mathrm{j}\omega L) \cdot I(x) \\ \dfrac{I(x + \Delta x) - I(x)}{\Delta x} = -(G + \mathrm{j}\omega C) \cdot V(x + \Delta x) \end{cases} \tag{1.72}$$

对此差分方程求极限，得到微分方程如下：

$$\begin{cases} \dfrac{\partial V(x)}{\partial x} + (R + \mathrm{j}\omega L) \cdot I(x) = 0 \\ \dfrac{\partial I(x)}{\partial x} + (G + \mathrm{j}\omega C) \cdot V(x) = 0 \end{cases} \tag{1.73}$$

应用分离变量法对它求解,得到两个独立的二阶微分方程:

$$\begin{cases}\dfrac{\partial^2 V(x)}{\partial x^2}-\gamma^2 V(x)=0\\ \dfrac{\partial^2 I(x)}{\partial x^2}-\gamma^2 I(x)=0\end{cases}\tag{1.74}$$

其中 $\gamma=\sqrt{(R+\mathrm{j}\omega L)(G+\mathrm{j}\omega C)}=\alpha+\mathrm{j}\beta$. α 是波在传输过程中的衰减;β 是波在传输过程中的相位系数,$\beta=\omega/v_p=2\pi/\lambda$, 其中 ω, λ, v_p 分别是传输线中信号的角频率、波长和传播速度(相速度). 根据电磁场理论,传输线内电磁波的相速度可表示为(其中 c 是光速)

$$v_p=\frac{\omega}{\beta}=\lambda f=\frac{1}{\sqrt{\varepsilon\mu}}=\frac{\mathrm{c}}{\sqrt{\varepsilon_r\mu_r}}=\frac{1}{\sqrt{LC}}\tag{1.75}$$

方程(1.74)的解是两个指数函数:

$$\begin{cases}V(x)=V^+\mathrm{e}^{-\gamma x}+V^-\mathrm{e}^{+\gamma x}\\ I(x)=I^+\mathrm{e}^{-\gamma x}+I^-\mathrm{e}^{+\gamma x}\end{cases}\tag{1.76}$$

上述方程显示,在传输线内的电压和电流可以表示为沿两个相反方向传输的波的叠加,V^+ 和 V^- 分别表示沿传输线正向和反向传输的电压波的幅度. 电流波的意义与此相同.

将传输线中电压电流的表达式进行适当变换,以(1.76)式代入(1.73)式,可得

$$I^+\mathrm{e}^{-\gamma x}+I^-\mathrm{e}^{+\gamma x}=\frac{\gamma}{R+\mathrm{j}\omega L}(V^+\mathrm{e}^{-\gamma x}-V^-\mathrm{e}^{+\gamma x})\tag{1.77}$$

根据普通意义上的阻抗定义,可以定义传输线的特征阻抗为传输线内正向传输的电压-电流比或反向传输的电压-电流比,即

$$Z_0=\frac{V^+}{I^+}=-\frac{V^-}{I^-}=\frac{R+\mathrm{j}\omega L}{\gamma}=\sqrt{\frac{R+\mathrm{j}\omega L}{G+\mathrm{j}\omega C}}\tag{1.78}$$

其中反向电流的负号是由于定义反向传输电流的定义方向与实际电流方向相反引起的.

根据传输线特征阻抗的定义,可以将传输线中电压、电流的表达式改写为

$$\begin{cases}V(x)=V^+\mathrm{e}^{-\gamma x}+V^-\mathrm{e}^{+\gamma x}\\ I(x)=\dfrac{1}{Z_0}(V^+\mathrm{e}^{-\gamma x}-V^-\mathrm{e}^{+\gamma x})\end{cases}\tag{1.79}$$

在实际电路中，一种常见的情况是传输线的损耗远远低于其储能（即 $R \ll j\omega L$，$G \ll j\omega C$）．此情况下往往可忽略传输线的损耗，称之为无耗传输线（lossless transmission line）．

无耗传输线的特征阻抗与频率无关，为

$$Z_0 = \sqrt{\frac{L}{C}} \tag{1.80}$$

无耗传输线内的电压、电流可表示为

$$\begin{cases} V(x) = V^{+}e^{-j\beta x} + V^{-}e^{+j\beta x} \\ I(x) = \dfrac{1}{Z_0}(V^{+}e^{-j\beta x} - V^{-}e^{+j\beta x}) \end{cases} \tag{1.81}$$

下面考虑接有终端负载 Z_L 的传输线．为简单起见，我们考虑无耗传输线，且定义终端处 $x=0$．

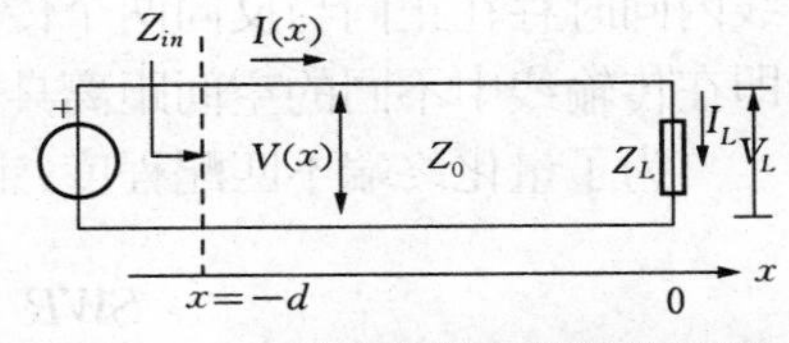

图 1-35　接有终端负载的传输线

将终端处坐标 $x=0$ 代入方程（1.81），可以得到终端处的电压、电流：

$$\begin{cases} V_L = V^{+} + V^{-} \\ I_L = \dfrac{1}{Z_0}(V^{+} - V^{-}) \end{cases} \tag{1.82}$$

这样，我们得到了负载阻抗 Z_L、传输线的特征阻抗 Z_0，以及入射电压波 V^{+} 和反射电压波 V^{-} 之间的相互关系：

$$Z_L = \frac{V_L}{I_L} = Z_0\,\frac{V^{+} + V^{-}}{V^{+} - V^{-}} \tag{1.83}$$

显然，我们可以从（1.83）式得到结论：传输线内的波的反射，与负载阻抗 Z_L 和传输线的特征阻抗 Z_0 之间的比值有关．为了衡量反射的大小，定义电压反射系数 Γ

$$\Gamma(x) = \frac{V^{-}e^{+j\beta x}}{V^{+}e^{-j\beta x}} \tag{1.84}$$

将 $x=0$ 代入（1.84）式，并利用（1.83）式对它进行变换，则终端电压反射系数为

$$\Gamma_0 = \frac{V^{-}}{V^{+}} = \frac{Z_L - Z_0}{Z_L + Z_0} \tag{1.85}$$

由此可见,当负载阻抗等于传输线特征阻抗($Z_L = Z_0$)时,终端电压反射系数为0,表示阻抗匹配,能量全部送到负载;当负载开路($Z_L = \infty$)或短路($Z_L = 0$)时,终端电压反射系数为1或−1,意味着能量被全反射;当负载阻抗不等于传输线特征阻抗时,终端电压反射系数的模介于0和1之间,意味着部分能量送到负载,部分被反射.

若终端负载带有电抗分量,即 Z_L 的虚部不是0,则反射系数是个复数,表示反射波与入射波之间出现相位移动.此时的终端反射系数可以表示为

$$\Gamma_0 = |\Gamma_0| e^{j\theta_L} \tag{1.86}$$

其中 θ_L 表示终端反射系数的相移.

当终端阻抗匹配时,反射系数为0,只有一个正向传输波.终端不匹配时,传输线内同时存在正向与反向两个传输波,这两个波相互干涉,在传输线中产生驻波,即在传输线中不同的空间距离具有不同的电压(或电流)的最大值.

为了量化终端不匹配程度,定义驻波比(stationed wave rate, SWR)如下:

$$SWR = \frac{|V_{max}|}{|V_{min}|} = \frac{|I_{max}|}{|I_{min}|} \tag{1.87}$$

习惯上将传输线内最大电压与最小电压之比称为电压驻波比(VSWR),相应地将电流之比称为电流驻波比.由于数值一致,工程上常常将它们相互替代.下面我们以电压驻波比进行分析.

为了得到驻波比与终端反射系数之间的关系,需要将电压反射系数代入传输线表达式.我们将(1.85)的关系代入(1.81)式,在传输线中任意位置 $x = -d$ 的电压为

$$V(-d) = V^+ e^{+j\beta d} + V^- e^{-j\beta d} = V^+ e^{+j\beta d}(1 + \Gamma_0 e^{-2j\beta d}) \tag{1.88}$$

我们现在要找出电压的最大值和最小值.只要注意到在上式中,e指数的模最大为1,极值只能是+1或−1,因此

$$SWR = \frac{1 + |\Gamma_0|}{1 - |\Gamma_0|} \tag{1.89}$$

驻波比的变化范围是 $1 \sim \infty$.当终端阻抗匹配时,$SWR = 1$.

例 1-11 已知传输线特征阻抗为50 Ω,若终端负载为10 Ω电阻,则传输线内的驻波比为何值?若要将驻波比调整为2,则终端负载应为何值?此结果唯一吗?

解 终端负载为10 Ω电阻时,得到

$$\Gamma_0 = \frac{Z_L - Z_0}{Z_L + Z_0} = \frac{10-50}{10+50} = -\frac{2}{3}$$

$$SWR = \frac{1+|\Gamma_0|}{1-|\Gamma_0|} = \frac{1+2/3}{1-2/3} = 5$$

要将驻波比调整为2，则由 $SWR = \frac{1+|\Gamma_0|}{1-|\Gamma_0|} = 2$，解得 $|\Gamma_0| = \frac{1}{3}$.

取 $\Gamma_0 = \frac{1}{3}$，则由 $\Gamma_0 = \frac{Z_L - 50}{Z_L + 50} = \frac{1}{3}$，解得 $Z_L = 100\ \Omega$；取 $\Gamma_0 = -\frac{1}{3}$，则可解得 $Z_L = 25\ \Omega$. 所以答案并不唯一. 实际上，将(1.85)式代入(1.89)式，可得

$$SWR = \begin{cases} Z_L/Z_0(Z_L \geqslant Z_0) \\ Z_0/Z_L(Z_L < Z_0) \end{cases}$$

所以每个不等于1的驻波比都可能有两种不同的情况.

下面我们考察接有负载的无耗传输线在任意位置的反射系数和输入阻抗.

根据(1.84)式，在任意位置 $x = -d$ 处的反射系数为

$$\Gamma(-d) = \frac{V^- \mathrm{e}^{-\mathrm{j}\beta d}}{V^+ \mathrm{e}^{+\mathrm{j}\beta d}} = \Gamma_0 \mathrm{e}^{-2\mathrm{j}\beta d} \tag{1.90}$$

因为 $\beta = \frac{2\pi}{\lambda}$，所以 $\beta d = 2\pi \frac{d}{\lambda}$ 表示传输线内关于信号周期的空间距离，即空间相位. 显然，当终端阻抗匹配时，任意位置的反射系数为0；终端不匹配时，反射系数与离开终端的空间相位有关. 由(1.90)式的指数项，可以知道最大反射系数和最小反射系数之间的距离是 $2\beta d = \pi$ 或 $d = \lambda/4$，两个最大反射系数之间的距离是 $2\beta d = 2\pi$ 或 $d = \lambda/2$. 由于反射系数与传输线内驻波直接相关，因此传输线内的驻波的空间周期也有相同规律，即相邻的两个驻波的最大值(或两个最小值)之间的距离 $d = \lambda/2$，或 $\beta d = \pi$.

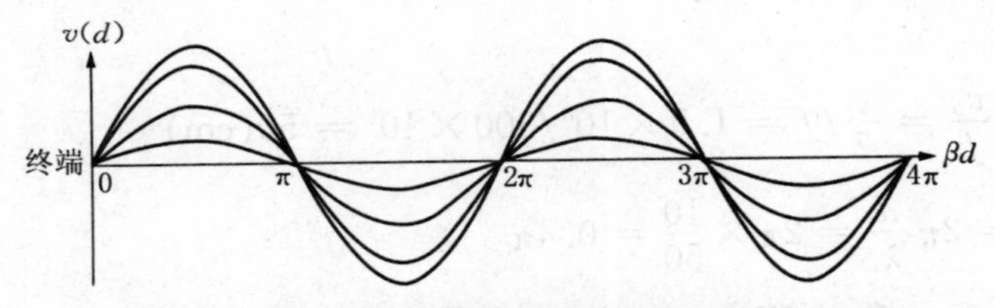

图 1-36　终端短路的传输线内不同瞬时的驻波电压

图1-36是终端短路的传输线内的驻波电压随时间变动的情况. 可见终端以

及距终端的空间相位为 $n\pi$ 处电压始终为 0,而距终端的空间相位为 $(n+0.5)\pi$ 处电压的摆幅可以达到最大值. 终端开路的传输线内的驻波电流随时间变动的情况与图 1-36 相同. 除了终端短路和开路外,其他非匹配负载的驻波幅度最小值不是 0.

下面考虑任意位置 $x=-d$ 处的输入阻抗.

将 $x=-d$ 代入(1.84)式,并据此改写(1.81)式,可以得到用反射系数表示的在任意位置 $x=-d$ 处传输线中的电压和电流:

$$\begin{cases} V(-d)=V^{+}e^{+j\beta d}+V^{-}e^{-j\beta d}=V^{+}e^{+j\beta d}[1+\Gamma(-d)] \\ I(-d)=\dfrac{1}{Z_0}(V^{+}e^{+j\beta d}-V^{-}e^{-j\beta d})=\dfrac{V^{+}}{Z_0}e^{+j\beta d}[1-\Gamma(-d)] \end{cases} \tag{1.91}$$

所以,在任意位置 $x=-d$ 处的输入阻抗为

$$Z_{in}(-d)=\frac{V(-d)}{I(-d)}=Z_0\frac{1+\Gamma(-d)}{1-\Gamma(-d)}=Z_0\frac{1+\Gamma_0 e^{-2j\beta d}}{1-\Gamma_0 e^{-2j\beta d}} \tag{1.92}$$

将 $\Gamma_0=\dfrac{Z_L-Z_0}{Z_L+Z_0}$ 代入上述输入阻抗表达式,还能将传输线的输入阻抗与终端阻抗以及传输线长度(空间相位)联系起来:

$$Z_{in}(-d)=Z_0\frac{Z_L+jZ_0\tan(\beta d)}{Z_0+jZ_L\tan(\beta d)} \tag{1.93}$$

根据(1.92)式或(1.93)式,可以知道传输线在任意位置上的输入阻抗与终端匹配程度以及离开终端的空间相位有关. 当终端阻抗匹配时,任意位置的输入阻抗等于终端阻抗;终端不匹配时,在不同距离上传输线的输入阻抗不同,而且一般是复数,表明此时的传输线输入阻抗带有不同的电抗成分.

例 1-12 已知传输线特征阻抗为 50 Ω,终端负载为 20 Ω 电阻,信号频率为 300 MHz,假定传输线内信号的相速度 v_p 为光速的 1/2,试求距终端 10 cm 处的输入阻抗.

解 $\lambda=\dfrac{v_p}{f}=\dfrac{c}{2}/f=1.5\times10^8/300\times10^6=50(\text{cm})$

$$\beta d=2\pi\frac{d}{\lambda}=2\pi\times\frac{10}{50}=0.4\pi$$

$$Z_{in}=Z_0\frac{Z_L+jZ_0\tan(\beta d)}{Z_0+jZ_L\tan(\beta d)}=50\times\frac{20+j50\cdot\tan(0.4\pi)}{50+j20\cdot\tan(0.4\pi)}$$

$$=(83.26+j51.39)(\Omega)$$

可见在终端阻抗不匹配的情况下,传输线的输入阻抗将发生很大的变化,除了电阻变化外,还有电抗成分.

下面根据(1.92)式和(1.93)式讨论几个特例.

一、长度等于半波长的传输线

长度 $d=\lambda/2$,即空间相位 $\beta d=\pi$,代入(1.92)式或(1.93)式,得到

$$Z_{in}\left(\frac{\lambda}{2}\right)=Z_L \tag{1.94}$$

所以对于长度为半波长的传输线,其输入阻抗恒等于负载阻抗.

二、长度等于四分之一波长的传输线

长度 $d=\lambda/4$,即空间相位 $\beta d=\pi/2$,代入(1.92)式或(1.93)式,得到

$$Z_{in}\left(\frac{\lambda}{4}\right)=\frac{Z_0^2}{Z_L} \tag{1.95}$$

由此可知,对于四分之一波长的传输线,其特征阻抗恰恰等于负载阻抗与输入阻抗的比例中项.反过来说,若传输线特征阻抗与负载阻抗一旦确定,则四分之一波长传输线的输入阻抗也就确定了.工程上常常根据这一点,用四分之一波长的传输线作为阻抗变换器使用.

三、终端短路的传输线

终端短路的传输线有 $Z_L=0$, $\Gamma_0=-1$,即在终端有 $V^-=-V^+$. 将此条件代入(1.81)式和(1.93)式得

$$\begin{cases}V(-d)=V^+\left(e^{+j\beta d}-e^{-j\beta d}\right)=2jV^+\sin(\beta d)\\ I(-d)=\dfrac{V^+}{Z_0}\left(e^{+j\beta d}+e^{-j\beta d}\right)=\dfrac{2V^+}{Z_0}\cos(\beta d)\\ Z_{in}(-d)=jZ_0\tan(\beta d)\end{cases} \tag{1.96}$$

根据(1.96)式,可以作出终端短路的传输线的归一化电压、归一化电流以及归一化阻抗随距离变化的曲线,如图1-37所示.

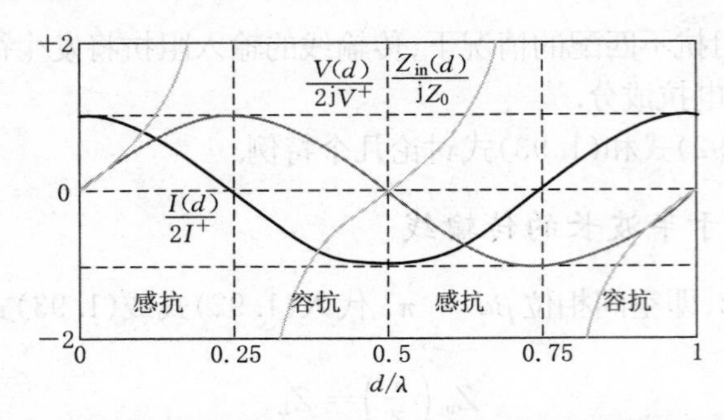

图 1 - 37 终端短路的传输线中电压、电流与输入阻抗随距离的变化

四、终端开路的传输线

将条件 $Z_L=\infty$, $\Gamma_0=+1$(即在终端 $V^-=-V^+$) 代入(1.81)式和(1.93)式,得到

$$\begin{cases} V(-d)=V^+\left(e^{+j\beta d}+e^{-j\beta d}\right)=2V^+\cos(\beta d) \\ I(-d)=\dfrac{V^+}{Z_0}\left(e^{+j\beta d}-e^{-j\beta d}\right)=j\,\dfrac{2V^+}{Z_0}\sin(\beta d) \\ Z_{in}(-d)=-jZ_0\cot(\beta d) \end{cases} \tag{1.97}$$

根据(1.97)式也可以作出终端开路的传输线的归一化电压、归一化电流以及归一化阻抗随距离变化的曲线,如图 1 - 38 所示.

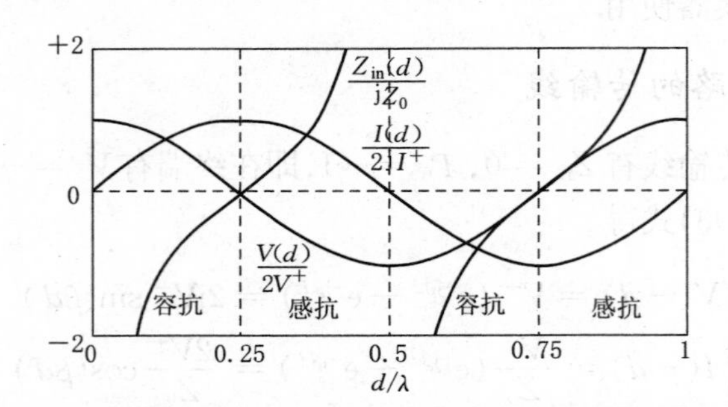

图 1 - 38 终端开路的传输线中电压、电流与输入阻抗随距离的变化

由图 1 - 37 和图 1 - 38,可以看到终端短路、终端开路的传输线中的阻抗变化呈现周期性的规律:在距离等于半波长整数倍处,阻抗始终为 0(终端短路)或无穷大(终端开路);在整数倍半波长加四分之一波长处,阻抗始终为无穷大(终端短路)或 0(终端开路);而在这些特定点之间,阻抗以感抗-容抗形式交替.

一般而言,对于特定的传输线(例如在印制电路板上制作的微带线),其特性阻抗以及长度都可以加以控制，所以在实用中常常以特定长度的终端开路或短路的传输线构成等效的电容或电感，用来实现特定频率下的滤波器等高频无源网络.

例 1－13　将一段长度为 1 m、终端开路的传输线接在一个内阻等于 50 Ω 的信号源上，由低到高改变信号源的频率，同时测量传输线输入端的电压. 结果发现第一个电压近似为 0 的频率点为 50 MHz. 试求在此传输线中信号的相速度. 若已知该段传输线的总分布电容为 150 pF，假设传输线无耗，则其特性阻抗是多少？

解　传输线输入端电压为 0，说明在此频率下的输入阻抗为 0. 由(1.97)式或图 1－38，可以看到阻抗为 0 的位置是

$$d=\left(\frac{n}{2}+\frac{1}{4}\right)\lambda,\ n=0,\ 1,\ 2,\ \cdots$$

或者写成

$$\lambda=\frac{4d}{2n+1},\ n=0,\ 1,\ 2,\ \cdots$$

由于 50 MHz 是使阻抗为 0 的最低频率，在上式中应使 λ 最大，因此 $n=0$，即 $\lambda=4d$.

$$v_p=\lambda f=4d\cdot f=4\times1\times50\times10^6=2\times10^8(\mathrm{m/s})$$

根据(1.75)式，$v_p=\dfrac{1}{\sqrt{LC}}$，L 和 C 分别是单位长度传输线的分布电感与分布电容. 本例中，$C=150\ \mathrm{pF/m}$，所以

$$Z_0=\sqrt{\frac{L}{C}}=\frac{1}{v_pC}=\frac{1}{2\times10^8\times150\times10^{-12}}=33.3(\Omega)$$

这个例题提供了一种测量传输线特征阻抗的方法.

1.4.2　微带线阻抗变换网络

在高频电路系统中常用的传输线有同轴线、双绞线、微带线等. 由于微带线(micro strip line)可以直接在印制电路板上制作，具有体积小、设计应用方便等优点，是目前比较常用的构成阻抗变换网络的传输线.

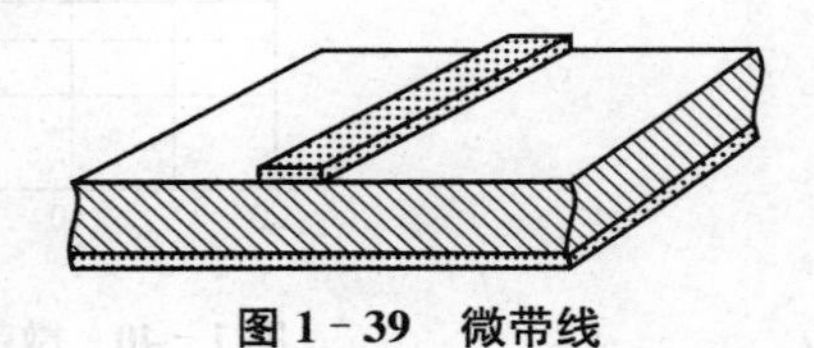

图 1－39　微带线

图 1－39 是微带线结构示意图，它直接在印制电路板上制作. 印制板的基板是由玻璃纤维、

高分子材料或高频陶瓷等材料构成的,在基板的一面是一根宽度一定的铜箔导线,用来传输信号,基板的另一面是大面积的铜箔(地线).通常情况下,印制板基板的厚度 h 及其介电常数 ε_r 总是已知的.

在设计由微带线构成的阻抗变换网络时需要知道微带线的特征阻抗.通常,构成微带线的铜箔厚度远小于介质层的厚度,在此条件下根据微带线(铜箔导线)的宽度 w、印制板基板的厚度 h 及其介电常数 ε_r,可以用下面的近似公式估计微带线的特征阻抗:

当 $w/h < 1$ 时,有

$$\begin{cases} Z_0 = \dfrac{Z_f}{2\pi\sqrt{\varepsilon_{\text{eff}}}}\ln\left(\dfrac{8h}{w}+\dfrac{w}{4h}\right) \\ \varepsilon_{\text{eff}} = \dfrac{\varepsilon_r+1}{2}+\dfrac{\varepsilon_r-1}{2}\left[\left(1+\dfrac{12h}{w}\right)^{-1/2}+0.04\left(1-\dfrac{w}{h}\right)^2\right] \end{cases} \tag{1.98}$$

当 $w/h \geqslant 1$ 时,有

$$\begin{cases} Z_0 = \dfrac{Z_f}{\sqrt{\varepsilon_{\text{eff}}}\left[1.393+\dfrac{w}{h}+\dfrac{2}{3}\ln\left(\dfrac{w}{h}+1.444\right)\right]} \\ \varepsilon_{\text{eff}} = \dfrac{\varepsilon_r+1}{2}+\dfrac{\varepsilon_r-1}{2}\left(1+\dfrac{12h}{w}\right)^{-1/2} \end{cases} \tag{1.99}$$

其中 $Z_f=\sqrt{\mu_0/\varepsilon_0}=377\ \Omega$.

工程上常用的微带线的合理特征阻抗范围大约在 20～120 Ω 之间.一般是先知道特征阻抗,然后计算宽厚比,从而确定微带线的几何尺寸.图 1-40 给出了它们的关系曲线.

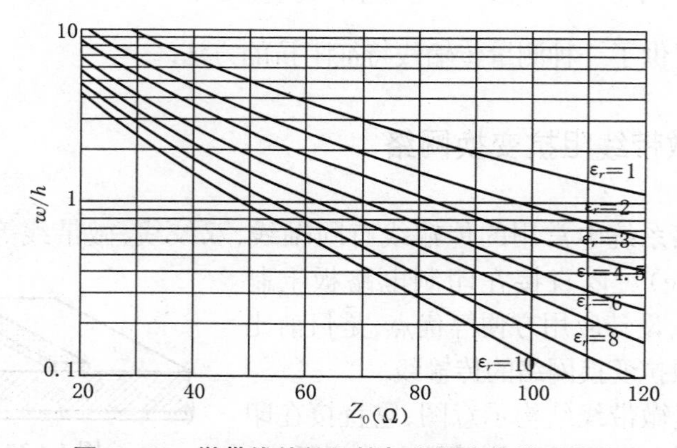

图 1-40 微带线特征阻抗与宽厚比的关系曲线

用传输线构成阻抗变换网络的原理是:

(1) 在一个终端负载前面接入一段特征阻抗与终端负载阻抗不同的传输线,在传输线电长度不同时有不同的输入阻抗,即在负载阻抗前串联一段合适长度的传输线可以使输入阻抗发生变化.

(2) 同理,在某个阻抗上并联一段特定长度的终端开路或短路的传输线,也可以使合成的输入阻抗发生改变.

所以,对于某个特定频率而言,可以用传输线的串-并联形式构成阻抗变换网络,将一个负载阻抗变换到另一个特定的阻抗.下面通过几个例子说明用传输线构成的阻抗变换网络的结构及其计算.

例 1-14 图 1-41 是一个用微带线构成的阻抗变换网络的例子.其中串联形式的传输线长度分别为 l_1 和 l_2,并联形式的传输线为终端开路的传输线,长度为 l_3.假设所有传输线的特征阻抗均为 Z_0,且可以忽略损耗,试分析此结构的阻抗变换关系.

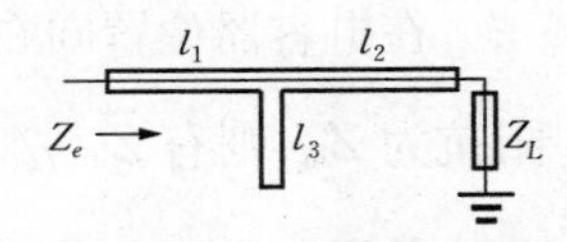

图 1-41 微带线结构的阻抗变换网络

解 为了便于分析,我们逐段分析上述网络.

首先分析传输线 l_2 的阻抗变换结果,运用(1.93)式的关系可知

$$Z_{\text{in}}(-l_2)=Z_0\frac{Z_L+\text{j}Z_0\tan(\beta l_2)}{Z_0+\text{j}Z_L\tan(\beta l_2)}$$

另外,根据(1.97)式可知终端开路的传输线 l_3 的输入阻抗为

$$Z_{\text{in}}(-l_3)=-\text{j}Z_0\cot(\beta l_3)$$

显然,在传输线 l_2 与传输线 l_3 交点处的输入阻抗为 $Z_{\text{in}}(-l_2)\ /\!/\ Z_{\text{in}}(-l_3)$.此阻抗前面又串联了一段传输线 l_1,再次应用(1.93)式的关系,得到最终的输入阻抗为

$$Z_{\text{e}}=Z_0\frac{[Z_{\text{in}}(-l_2)\ /\!/\ Z_{\text{in}}(-l_3)]+\text{j}Z_0\tan(\beta l_1)}{Z_0+\text{j}[Z_{\text{in}}(-l_2)\ /\!/\ Z_{\text{in}}(-l_3)]\tan(\beta l_1)}$$

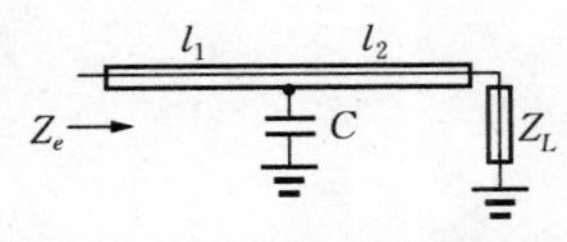

图 1-42 微带线加电容器构成的混合形式阻抗变换网络

在许多实际的基于传输线的阻抗匹配网络中,还采用另外一种由微带线和电容器构成的混合形式电路,如图 1-42 所示.

显然,只要将前例终端开路的传输线 l_3 的输入阻抗更换为电容器的容抗 $\text{j}X_C=-\text{j}\,\dfrac{1}{\omega C}$,就可以得到这种

混合结构阻抗变换网络的等效输入阻抗.

例 1-15 设计一个微带线阻抗变换网络如图 1-42,将阻抗 $Z_L = (20 - \mathrm{j}10)\,\Omega$ 变换到等效阻抗 $Z_e = 50\,\Omega$. 已知工作频率 $f = 0.9\,\mathrm{GHz}$. 假定微带线的特征阻抗 $Z_0 = 50\,\Omega$,有效介电常数 $\varepsilon_{\mathrm{eff}} = 3$.

解 图 1-42 阻抗变换网络中,电容器将微带线分成两段. 现在已知微带线的特征阻抗和有效介电常数,设计内容就是求出这两段的长度 l_1 和 l_2 以及电容 C.

首先观察电容器左边长度 l_1. 由于要求 $Z_e = 50\,\Omega$,而微带线的特征阻抗 $Z_0 = 50\,\Omega$,根据传输线理论,此时的等效阻抗与传输线匹配,所以长度 l_1 可以是任意值.

在电容器位置向右看,阻抗应该就是 $Z_e = 50\,\Omega$. 设电容器右边传输线的输入阻抗为 Z_{in},则有 $Z_{\mathrm{in}} \,//\, \dfrac{1}{\mathrm{j}\omega C} = 50\,\Omega$,或$\dfrac{1}{Z_{\mathrm{in}}} + \mathrm{j}\omega C = \dfrac{1}{50\,\Omega}$. 所以 $\mathrm{Re}\left(\dfrac{1}{Z_{\mathrm{in}}}\right) = \dfrac{1}{50\,\Omega}$, $\mathrm{Im}\left(\dfrac{1}{Z_{\mathrm{in}}}\right) = -\mathrm{j}\omega C$.

将条件 $\mathrm{Re}\left(\dfrac{1}{Z_{\mathrm{in}}}\right) = \dfrac{1}{50\,\Omega}$ 代入(1.93)式,有

$$\mathrm{Re}\left(\frac{1}{Z_{\mathrm{in}}}\right) = \mathrm{Re}\left(\frac{1}{Z_0} \cdot \frac{Z_0 + \mathrm{j}Z_L \tan(\beta l_2)}{Z_L + \mathrm{j}Z_0 \tan(\beta l_2)}\right) = \frac{1}{50(\Omega)}$$

将 $Z_0 = 50\,\Omega$ 和 $Z_L = (20 - \mathrm{j}10)\,\Omega$ 代入上式,得到

$$\tan(\beta l_2) = 1,\ \beta l_2 = 0.25\pi(\mathrm{rad})$$

为了得到传输线的长度 l_2,这里还需知道 β. 根据 $v_p = \dfrac{\omega}{\beta} = \dfrac{c}{\sqrt{\varepsilon_r \mu_r}}$,可知 $\beta = \dfrac{\omega}{c}\sqrt{\varepsilon_r \mu_r}$. 在本例题中,$\varepsilon_r = \varepsilon_{\mathrm{eff}} = 3$, $\mu_r = 1$, $\omega = 2\pi \times 0.9 \times 10^9(\mathrm{rad/s})$, $c = 3 \times 10^8(\mathrm{m/s})$, 所以

$$\beta = 6\sqrt{3}\,\pi(\mathrm{rad/m})$$

$$l_2 = \frac{0.25\pi}{\beta} = \frac{0.25\pi}{6\sqrt{3}\,\pi} = 2.4(\mathrm{cm})$$

将 $\tan(\beta l_2) = 1$ 以及 $Z_0 = 50\,\Omega$ 和 $Z_L = (20 - \mathrm{j}10)\,\Omega$ 代回(1.93)式,可求得 $\mathrm{Im}\left(\dfrac{1}{Z_{\mathrm{in}}}\right) = -\mathrm{j}\,\dfrac{1}{50\,\Omega}$. 因为 $\mathrm{Im}\left(\dfrac{1}{Z_{\mathrm{in}}}\right) = -\mathrm{j}\omega C$,所以 $\omega C = \dfrac{1}{50\,\Omega}$, 即

$$C=\frac{1}{2\pi f\times 50}=\frac{1}{2\pi\times 0.9\times 10^{9}\times 50}=3.54(\text{pF})$$

可以看到,这种阻抗变换结构的变换结果与电容器在传输线上的位置关系敏感,在实际工程应用中必须注意此问题.

下面再举一个全微带结构的阻抗变换网络设计的例子.

例 1-16　将例 1-15 的阻抗变换网络结构改为图 1-41 的结构.

解　在例 1-15 中,我们已经求得微带线的长度 l_1 和 l_2,现在需要将电容器 C 用一段终端开路的传输线 l_3 代替.

为了得到传输线 l_3 的长度,可以将(1.97)式改写为

$$\beta l_3=\text{arccot}\left[\text{j}\,\frac{Z_{\text{in}}(-l_3)}{Z_0}\right]\tag{1.100}$$

此式中 βl_3 就是传输线 l_3 在与 l_2 汇合点的空间相位.

由于在例 1-15 中已经求得电容 C 的阻抗为 $-\text{j}50\ \Omega$,这就是 l_3 与 l_2 汇合点处传输线 l_3 的输入阻抗. 假定传输线 l_3 的特征阻抗也是 50 Ω,则传输线 l_3 的归一化输入阻抗 $\frac{Z_{\text{in}}(-l_3)}{Z_0}=\frac{-\text{j}50\ \Omega}{50\ \Omega}=-\text{j}1$,将此值代入(1.100)式,得到 $\beta l_3=0.785(\text{rad})$. 例 1-15 中已经求得 $\beta=6\sqrt{3}\pi(\text{rad/m})$,所以 $l_3=7.56$ cm.

通常将 l_3 称为分支短线(shunt stub). 显然,若分支短线的特征阻抗不同,其长度亦不同. 所以可以通过改变分支短线的特征阻抗,调整阻抗变换网络的几何尺寸. 又因为终端开路的传输线在长度小于 $\lambda/4$ 时表现为容抗,终端短路的传输线在长度小于 $\lambda/4$ 时表现为感抗,所以在需要并联容抗时常采用终端开路的传输线,反之则采用终端短路的传输线.

这种全传输线网络在实际设计中还要考虑传输线分支处的阻抗变化,所以往往应用计算机辅助设计软件完成上述设计过程. 目前已有多种商品化的传输线设计软件可供使用.

§1.5　Smith 圆图及其应用

由前面的讨论知道,在高频电路设计中常常要进行复阻抗的计算. 但是由于复阻抗计算比较复杂且不够直观,所以在计算的时候,我们常常借助一个称为 Smith 圆图(Smith chart)的工具. 尽管现在可以用计算机进行快速计算,但是由于 Smith 圆图的直观性,因此几乎所有涉及电路阻抗的地方,包括元器件的阻抗特性、许多高频仪器的测量结果,甚至计算机辅助设计软件,都采用了 Smith 圆图.

1.5.1 Smith圆图的构成原理与特点

可以从传输线的输入阻抗入手说明Smith圆图的原理.为此,将传输线的输入阻抗写成归一化向量形式:

$$\frac{Z_{in}(-d)}{Z_0}=\frac{1+\Gamma_0 e^{-2j\beta d}}{1-\Gamma_0 e^{-2j\beta d}}=\frac{1+\Gamma_d}{1-\Gamma_d}=r+jx \tag{1.101}$$

其中Γ_d表示距离终端$-d$处的反射系数.Γ_d可以写成下面的极坐标和直角坐标形式:

$$\Gamma_d=|\Gamma_0|e^{j\theta}=\Gamma_r+j\Gamma_i \tag{1.102}$$

将(1.102)式代入(1.101)式,得到

$$\begin{cases} r=\dfrac{1-\Gamma_r^2-\Gamma_i^2}{(1-\Gamma_r)^2+\Gamma_i^2} \\ x=\dfrac{2\Gamma_i}{(1-\Gamma_r)^2+\Gamma_i^2} \end{cases} \tag{1.103}$$

公式(1.103)表达了两层含义:

第一,如果距离终端$-d$处的反射系数Γ_d能够用Γ_r和Γ_i的形式给出,那么可以应用公式(1.103)得到传输线输入阻抗(假定传输线的特性阻抗总是已知的).

第二,经过适当变换,公式(1.103)可以写成

$$\begin{cases} \left(\Gamma_r-\dfrac{r}{r+1}\right)^2+\Gamma_i^2=\left(\dfrac{1}{r+1}\right)^2 \\ (\Gamma_r-1)^2+\left(\Gamma_i-\dfrac{1}{x}\right)^2=\left(\dfrac{1}{x}\right)^2 \end{cases} \tag{1.104}$$

这是一组圆的方程,若在直角坐标系中以Γ_r和Γ_i作为坐标轴,则不同输入阻抗的电阻r构成一系列圆,电抗x也构成一系列圆.

根据公式(1.104)将不同的电阻圆和电抗圆画在Γ平面上,就得到了Smith圆图.

图1-43表示了Smith圆图的构成原理.其中所有的等电阻圆在$Z=\infty$点相切,所有的等电抗圆与实轴在$Z=\infty$点相切.最外面的那个圆是$r=0$的等电阻圆,由于此圆外面的$r<0$,因此一般情况下Smith圆图只包含此圆以内的部分.实

际的 Smith 圆图根据图上作业的需要，比图 1－43 精细得多，本节最后给出了一个比较详细的 Smith 圆图.

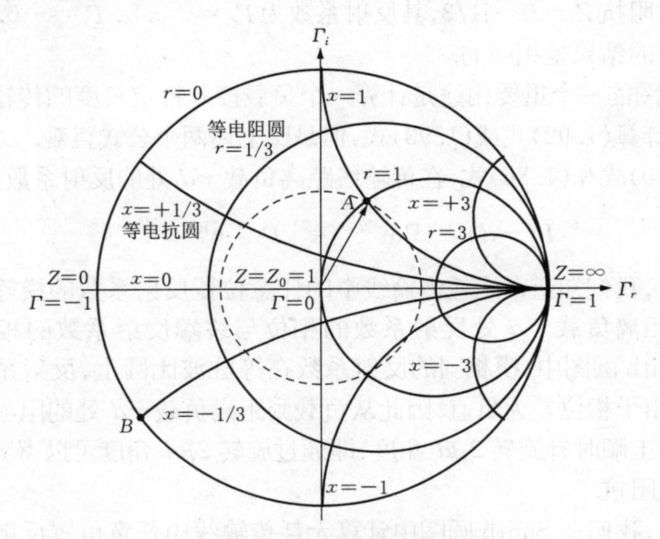

图 1－43　Smith 圆图的构成

Smith 圆图具有以下几个特点：

(1) Smith 圆图中任意一个点既可以表示一个确定的阻抗(以等电阻圆和等电抗圆表示的归一化阻抗)，也可以表示一个确定的反射系数(以 Γ_r 和 Γ_i 表示的反射系数实部和虚部，或者在极坐标下用矢量表示的模与幅角).

(2) 圆图中心是反射系数 $\Gamma=0$ 的点，也就是归一化特征阻抗等于 1 的点. 或者说，圆图中心表示的阻抗就是特征阻抗.

(3) 以圆图中心构成的同心圆具有相同的反射系数的模，即具有相同的驻波比，称为等驻波比圆，如图 1－43 中那个虚线圆(在实际的 Smith 圆图中一般不画出等驻波比圆).

(4) 由于反射系数可以用极坐标下的矢量表示，因此两个反射系数的相位差就是 Smith 圆图中相应的两个矢量的角度差.

1.5.2　用 Smith 圆图进行计算

由于 Smith 圆图中任意一个点同时表示阻抗和反射系数，我们可以用 Smith 圆图进行输入阻抗和反射系数的转换. 例如在图 1－43 中，A 点的位置位于 $r=1$

和 $x=1$ 两个圆的交点，表示传输线中某处的归一化阻抗 $Z=1+j1$. 若在图上度量出该点的坐标(直角坐标)，可以读出该处的反射系数 $\Gamma_r=0.2$, $\Gamma_i=0.4$. 同样，B 点表示归一化阻抗 $Z=0-j1/3$，其反射系数为 $\Gamma_r=-0.8$, $\Gamma_i=-0.6$. 这和用公式(1.85)计算的结果是相同的.

Smith 圆图的一个重要用途是计算一个负载接入特定长度的传输线后的输入阻抗，相当于计算(1.92)式或(1.93)式，但是比上述两个公式直观.

根据(1.90)式和(1.86)式，在传输线距离负载 $-d$ 处的反射系数为

$$\Gamma(-d)=\Gamma_0 e^{-2j\beta d}=|\Gamma_0| e^{j\theta_L} e^{-2j\beta d} \tag{1.105}$$

根据上式，我们知道在无耗传输线中的任意位置反射系数的模等于终端反射系数的模，而距离负载 $-d$ 处反射系数的相位与终端反射系数的相位之差等于 $-2\beta d$. 在 Smith 圆图中，模相同的反射系数在等驻波比圆上，反射系数的相位差就是角度差，由于相位差为负值，因此从负载到距离负载 $-d$ 处的阻抗变化相当于在等驻波比圆上顺时针旋转 $2\beta d$ 角度，即通过旋转 $2\beta d$ 角度可以得到负载接入传输线后的输入阻抗.

综上所述，我们在 Smith 圆图中计算无耗传输线中任意位置反射系数和输入阻抗的步骤如下：

(1) 将负载阻抗除以传输线特征阻抗，得到归一化负载阻抗；

(2) 在 Smith 圆图中找到归一化负载阻抗的位置，获得对应的终端反射系数；

(3) 将终端反射系数矢量在等驻波比圆上顺时针旋转 $2\beta d$ 角度，获得 $\Gamma_{in}(-d)$；

(4) 在 Smith 圆图中读出 $\Gamma_{in}(-d)$ 对应的归一化输入阻抗；

(5) 将归一化输入阻抗乘以传输线特征阻抗，转化为实际输入阻抗.

例 1-17 用 Smith 圆图求解例 1-12. 参数重写如下：$Z_0=50\ \Omega$, $Z_L=20\ \Omega$, $v_p=c/2$, $f=300$ MHz, $d=10$ cm.

解 图 1-44 显示了本例的全部求解过程.

首先归一化负载阻抗：$r_L=\frac{20}{50}=0.4$, $x_L=0$，在 Smith 圆图上找到 $r=0.4$, $x=0$ 的点(图 1-44 中标有"归一化负载阻抗"的点，下同).

然后计算旋转角度：

$$2\beta d=4\pi\frac{d}{\lambda}=4\pi\frac{d}{v_p/f}=4\pi\times\frac{10}{50}=0.8\pi(\text{rad})=144^\circ$$

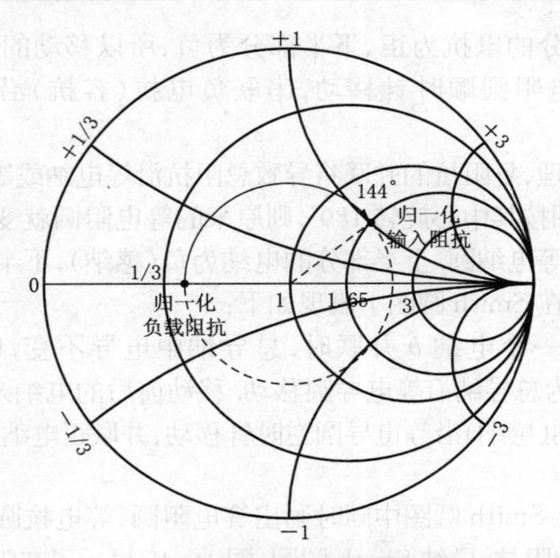

图 1 - 44　用 Smith 圆图求解输入阻抗的例子

以圆图中心为原点,将负载阻抗顺时针旋转 144°,得到终点位置,并读出该位置的归一化输入阻抗:

$$r = 1.65,\ x = +\mathrm{j}1.0$$

最后,反归一化输入阻抗:

$$Z_{in} = Z_0(r_{in} + x_{in}) = 50 \times (1.65 + \mathrm{j}1.0) = (82.5 + \mathrm{j}50)(\Omega)$$

上述结果与例 1 - 12 比较存在一定误差,这是由于图上作业不够精确造成的,但此结果已经足以指导设计与调试.

由本例题可知,用 Smith 圆图的求解过程明显比例 1 - 12 的计算求解过程简单,而且还有直观的优势. 例如可以从图上直观地看到,在本例中增加无耗传输线的长度,则旋转角度加大,此时输入阻抗的实部将增加而虚部将减小,即电阻加大、电抗减小. 若传输线长度超过一定值($2\beta d > 180°$),则电抗的符号改变,即由感抗转变为容抗. 这些关系在 Smith 圆图上很明显,而在(1.92)式或(1.93)式中却不是那么清晰.

另外,由于 Smith 圆图是一个归一化复阻抗平面,利用 Smith 圆图还可以进行复阻抗的串-并联计算,原理如下:

若在一个阻抗前面串联一个电抗 x 时,由于总阻抗中电阻不变,电抗增加 x,在 Smith 圆图上表现为阻抗沿等电阻圆移动,移动前后的电抗改变为 x. 由于

Smith 圆图上半部分的电抗为正、下半部分为负,所以移动的方向如下:串联正电抗(感抗)沿等电阻圆顺时针移动,串联负电抗(容抗)沿等电阻圆逆时针移动.

基于同样的原理,复阻抗的并联将导致总阻抗沿等电纳或等电导圆移动.可以证明,将 Smith 圆图按其中心旋转 180°,则原来的等电阻圆就变成等电导圆,原来的等电抗圆就变成等电纳圆.上半部分的电纳为负(感纳),下半部分为正(容纳).所以复阻抗的并联在 Smith 圆图上表现如下:

若一个导纳与一个电纳 b 并联时,总导纳中电导不变,电纳增加.所以在 Smith 圆图上表现为总导纳沿等电导圆移动.移动前后的电纳改变为 b,移动的方向如下:并联负电纳(感纳)沿等电导圆逆时针移动,并联正电纳(容纳)沿等电导圆顺时针移动.

通常,若在一个 Smith 圆图中同时画出等电阻圆、等电抗圆、等电导圆和等电纳圆,这种圆图称为阻抗-导纳 Smith 圆图.图 1-45 显示了在阻抗-导纳 Smith 圆图上,一个位于中心的阻抗串并联感抗或容抗时的阻抗变化规律.

在工程应用上,常常利用上述 Smith 圆图中复阻抗的串-并联计算原理进行阻抗变换网络的计算.下面我们用几个例子说明计算过程.

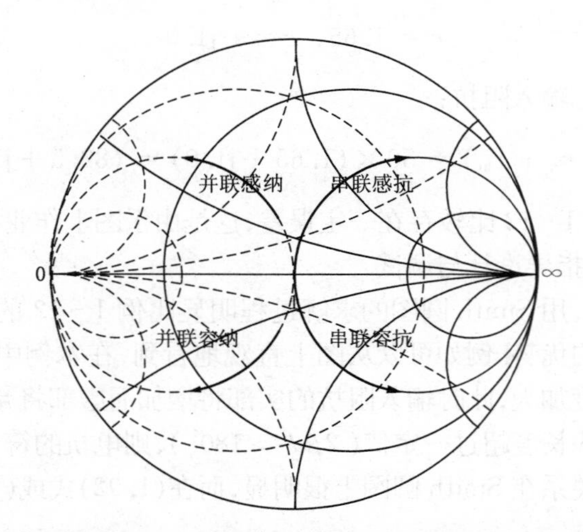

图 1-45　阻抗-导纳 Smith 圆图以及串-并联电抗时的阻抗变化规律

例 1-18　用 Smith 圆图完成例 1-15 的阻抗变换网络设计.

解　例 1-15 要求将阻抗 $Z_L = (20 - \mathrm{j}10)\,\Omega$ 变换到等效阻抗 $Z_e = 50\,\Omega$,其阻抗变换网络见图 1-42:先在负载阻抗上串联一段传输线,然后并联一个电容器.

下面讨论这种结构在 Smith 图上的变化规律.

根据前面的讨论,负载阻抗串联一段传输线后,其输入阻抗在 Smith 圆图上表现为从负载阻抗出发沿等驻波比圆顺时针移动. 而在该传输线与电容器并联后,总阻抗将沿等电导圆向下半圆移动. 根据例 1-15 的讨论,并联后的总导纳应该是等效阻抗 Z_e 的倒数 $\frac{1}{50}\ \Omega$,在 Smith 图上就是归一化导纳为 1 的点(即圆图中心). 所以在 Smith 图上的阻抗变化规律如图 1-46 所示.

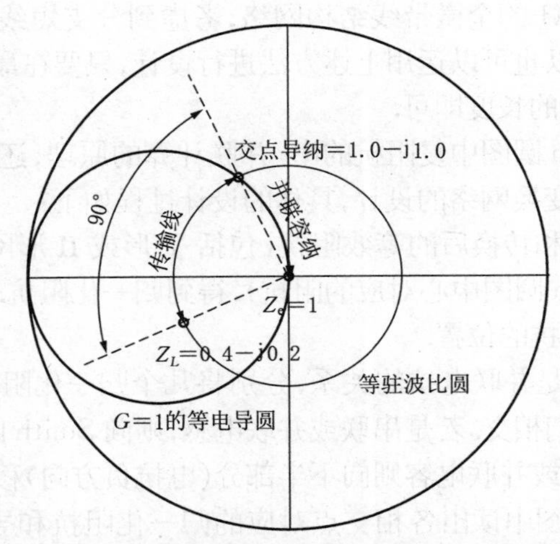

图 1-46　微带线加电容器构成的阻抗变换网络的 Smith 圆图

根据图 1-46,得到 Smith 圆图图上作业求解过程如下:

(1) 用传输线特征阻抗归一化所有阻抗: $Z_L = 0.4 - \mathrm{j}0.2$, $Z_e = 1$.

(2) 在图上标出 Z_L 和 Z_e. 过 Z_L 作等驻波比圆,过 Z_e 作等电导圆,得到交点.

(3) 量出从 Z_L 顺时针到交点所转过的角度 $2\beta l_2 = 90^\circ = 0.5\pi$. 根据此关系可以解得 l_2 的长度,过程与例 1-15 中相同,这里不再赘述.

(4) 读出交点导纳 1−j1,反归一化(除以 Z_0)后为 $Y = (0.02 - \mathrm{j}0.02)\mathrm{S}$. 它与 Z_e 点的电纳差为 $0 - (-\mathrm{j}0.02) = \mathrm{j}0.02(\mathrm{S})$,即 $\mathrm{j}\omega C = \mathrm{j}0.02\mathrm{S}$, 以此可得到电容 C 的值,过程也与例 1-15 中相同.

由此例可见,采用 Smith 圆图进行阻抗变换网络的设计过程要比用公式计算的过程简单且直观.

上例在阻抗-导纳 Smith 圆图上作业. 但是实际作业时若真正将 Smith 圆图画

成阻抗-导纳图,整个图面将由于线条太多而显得凌乱不堪,因此常常在阻抗圆图上作业. 由于阻抗圆图与导纳圆图相对于中心成 180°对称,故需要运用等电纳圆进行图上作业时,可以将特征点通过圆图中心映射到另半个圆上(相当于将特征点作 180°旋转),然后在等电抗圆上继续作业. 例如在上例中,可以将负载阻抗(图 1-46 中 Z_L 的位置)映射到与它相差 180°的位置,同时将 $G=1$ 的等电导圆映射为 $R=1$ 的等电阻圆,这样就相当于将图 1-46 做了一个全体的 180°旋转,然后就可以在阻抗 Smith 圆图上进行原来需要在导纳 Smith 圆图上进行的所有运算了.

对于类似图 1-41 的全微带线结构网络,考虑到分支短线可以等效成一个并联的电容或电感,所以也可以运用上述方法进行设计,只要在最后将得到的容抗或感抗换算为分支短线的长度即可.

另外,运用 Smith 圆图中复阻抗的串-并联计算的原理,还可以进行集总参数 LC 串并联结构阻抗变换网络的设计,具体的设计过程如下:

(1) 将负载阻抗和转换后的等效阻抗(包括 T 形或 Π 形网络的中间阻抗)除以特征阻抗(即 Smith 圆图中心对应的阻抗),得到归一化阻抗. 在 Smith 圆图中找到上述几个归一化阻抗的位置.

(2) 根据串联还是并联电抗的关系,分别将几个归一化阻抗沿等电阻线或等电导线移动,直到它们相交. 若是串联或并联电感,则向 Smith 圆图的上半部分(电抗正方向)移动;串联或并联电容则向下半部分(电抗负方向)移动.

(3) 在 Smith 圆图中读出各相交点对应的归一化阻抗和导纳. 各阻抗点和相交点(或两个相交点)之间的电抗值的差,就是这两点之间要串联的电抗归一化值,电纳差就是要并联的电纳归一化值.

(4) 根据特征阻抗,将上述各归一化电抗(电纳)值转化为实际电抗(电纳)值.

(5) 根据工作频率,将实际电抗(电纳)值转换为电感值或电容值.

下面以一个简单例子说明上述过程.

例 1-19 用 Smith 圆图设计图 1-27(a)的阻抗变换电路,已知工作频率为 40 MHz,负载电阻 50 Ω,要求变换后的等效阻抗 $Z_e=(4.0+j2.2)\Omega$.

解 为了在 Smith 圆图上看得比较清楚,定义特征阻抗 $Z_0=10\ \Omega$. 归一化负载和等效阻抗分别为 $Z_L=5$ 和 $Z_e=0.4+j0.22$. 在 Smith 圆图上找出上述阻抗如图 1-47.

分别在图上作 $R=0.4$ 的等电阻圆和 $G=0.2$ 的等导纳圆,然后从 Z_L 出发,按照并联容抗、串联感抗的顺序,读得交点的归一化阻抗为 $Z=0.4-j1.36$,归一化

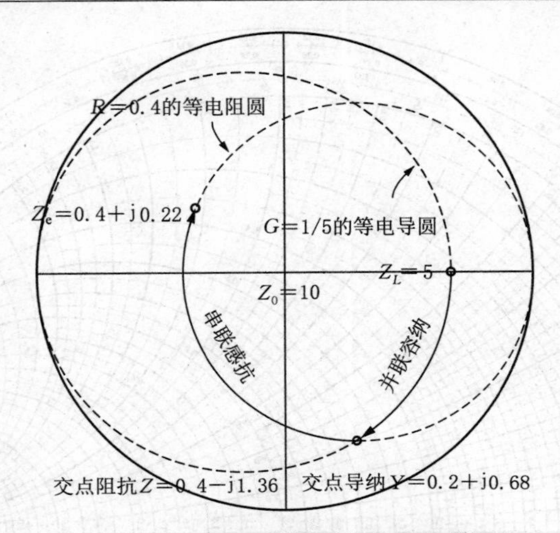

图 1-47　用 Smith 圆图设计阻抗变换网络

导纳为 $Y = 0.2 + \mathrm{j}0.68$.

并联电容的归一化容纳为 $\mathrm{j}0.68 - 0 = \mathrm{j}0.68$,反归一化为 $B_C = \mathrm{j}0.68/10 = \mathrm{j}0.068$;串联电感的归一化感抗为 $\mathrm{j}0.22 - (-\mathrm{j}1.36) = \mathrm{j}1.58$,反归一化为 $X_L = \mathrm{j}1.58 \times 10 = \mathrm{j}15.8$.

已知工作频率为 40 MHz,所以

$$C = \frac{|B_C|}{2\pi f} = \frac{0.068}{2\pi \times 40 \times 10^6} = 270(\mathrm{pF})$$

$$L = \frac{|X_L|}{2\pi f} = \frac{15.8}{2\pi \times 40 \times 10^6} = 62.9(\mathrm{nH})$$

可以看到,本例与例 1-9 要求相同,结果也与例 1-9 的结果一致. 但是用 Smith 圆图进行运算具有比代数计算优越的地方,就是在图上可以很直观地看到参数变化引起的后果.

用 Smith 圆图进行 LC 串并联结构阻抗变换网络设计时,Smith 圆图的中心阻抗 Z_0 只是起到归一化参考阻抗的作用,所以可以随便确定,只要在圆图上看得方便就行(注意:在涉及传输线的任何设计过程中,Smith 圆图的中心阻抗 Z_0 必须等于传输线的特征阻抗,否则将得到错误的结果).

图 1-48 给出一个比较详细的 Smith 圆图以供练习使用.

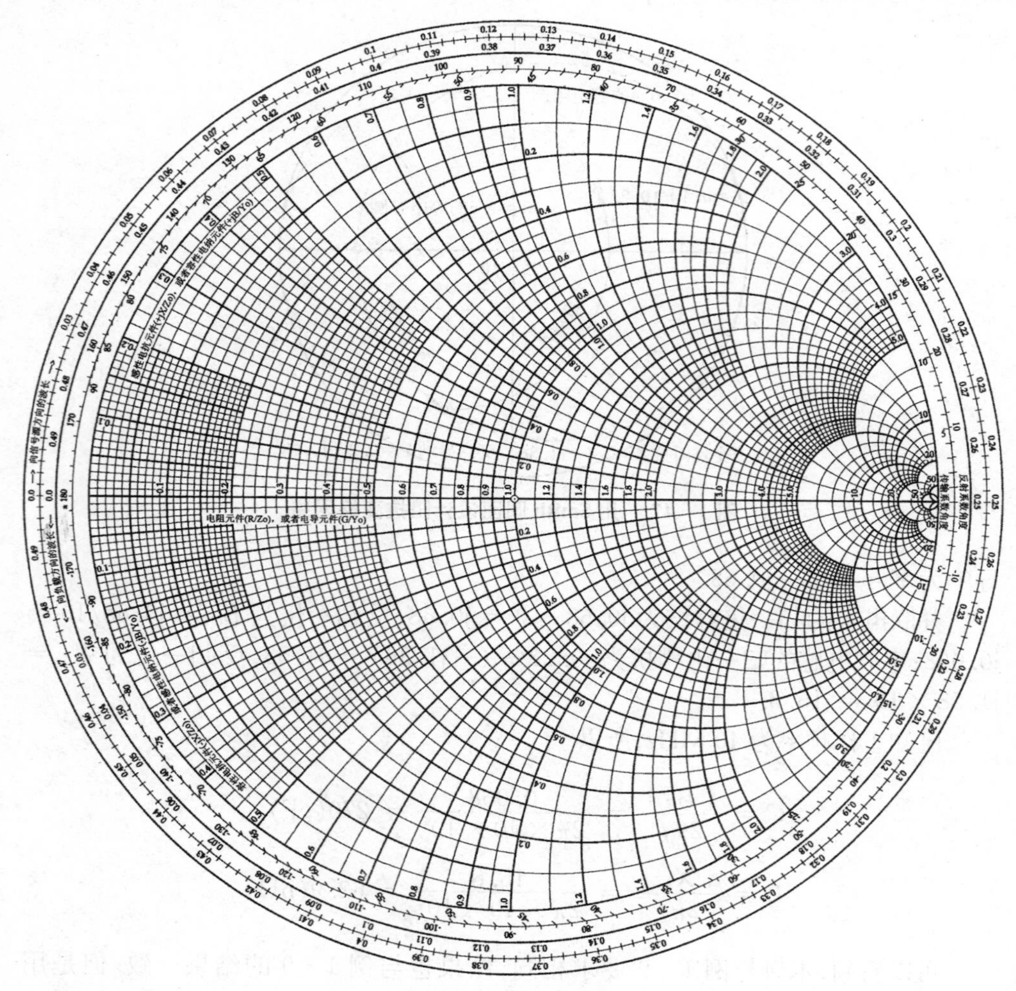

图 1-48　Smith 圆图

附录　高频无源滤波器简介

从广义的角度来说,本章前面介绍的各种选频网络都可以认为是滤波器. 但是选频网络的侧重点在于选频和阻抗匹配,而在实际应用中我们有时需要滤波器具有特定的幅频特性和相频特性. 理想的滤波器应该在其通带内没有信号的衰减,而在阻带内的信号衰减为无穷大. 然而实际高频滤波器总是以无源器件构成:在频率不太高的时候用 LC 构成,而在频率很高的场合采用微带线等分布参数元件构成. 由于物理上的限制,实际滤波器不可能实现理想滤波器的频率特性.

为了逼近滤波器的理想特性,在实际使用中人们设计了各种不同类型的结构,常见的类型有巴特沃斯(Butterworth)型、切比雪夫(Chebyshev)型、椭圆(elliptic)型、贝塞尔(Bessel)型等. 本小节简单介绍上述滤波器的特性,以及巴特沃斯型和切比雪夫型滤波器的设计方法. 关于其他类型滤波器的设计过程,读者可以进一步参阅相关的参考文献.

一、巴特沃斯滤波器

巴特沃斯滤波器以(1. 106)式逼近理想低通滤波器,其中 ω_c 是低通滤波器的 -3 dB 截止角频率,n 称为滤波器的阶数.

$$|H(\mathrm{j}\omega)| = \frac{1}{\sqrt{1+(\omega/\omega_c)^{2n}}} \tag{1.106}$$

将(1. 106)式表示的幅频特性画出来,如图 1 - 49 所示.

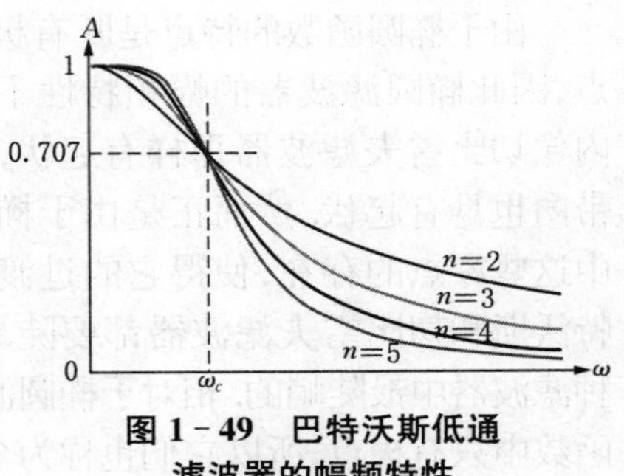

图 1 - 49　巴特沃斯低通滤波器的幅频特性

由图 1 - 49 可见,①该滤波器在截止频率处的幅度下降 3 dB;②巴特沃斯滤波器在通带内的幅频特性是平坦的(单调的,没有波动);③随着阶数的提高,该滤波器在过渡带的陡峭程度越来越高,越来越接近理想低通滤波器的幅频特性.

巴特沃斯滤波器的主要缺点是过渡带的陡度不够,若要求滤波器具有很陡的过渡带,则巴特沃斯滤波器的阶数要求很高,这给滤波器的制作带来许多不便.

二、切比雪夫滤波器

切比雪夫滤波器具有比巴特沃斯滤波器更陡峭的过渡特性,作为代价,其幅频特性在通带内具有微小的起伏. 其低通幅频特性可以用(1. 107)式描述:

$$|H(\mathrm{j}\omega)| = \frac{1}{\sqrt{1+\varepsilon^2\{\cosh[n\cdot \operatorname{arccosh}(\omega/\omega_c)]\}^2}} \tag{1.107}$$

其中 n 的意义与巴特沃斯滤波器表达式中的一致,ω_c 称为等纹波通带截止频率,

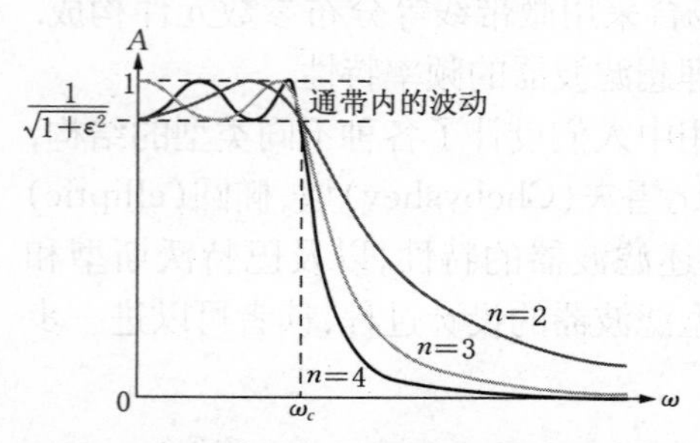

图 1-50 切比雪夫低通滤波器的幅频特性

而 ε 是一个很小的值,表示幅频特性在通带内的波动. 当 ε 增大时,带内波动增大,但是在相同阶数下过渡带变陡. ω_c 和 ε 的意义可参考图 1-50,该图表示了(1.107)式的幅频特性.

在相同阶数下,切比雪夫滤波器具有比巴特沃斯滤波器好许多的幅频过渡特性. 所以在要求具有陡峭过渡特性的场合,可以采用切比雪夫滤波器.

三、椭圆滤波器

椭圆型滤波器的数学表达要用到椭圆函数,比较复杂,这里不再给出其表达式. 其低通幅频特性如图 1-51 所示.

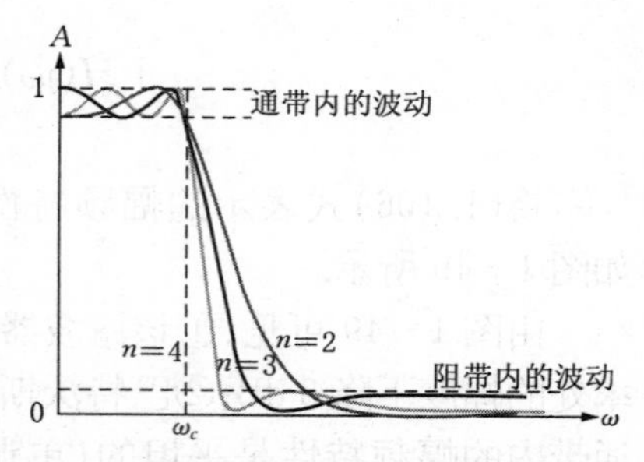

图 1-51 椭圆低通滤波器的幅频特性

由于椭圆函数的特点是既有极点又有零点,因此椭圆滤波器的幅频特性不仅在通带内像切比雪夫滤波器那样有起伏,而且在阻带内也具有起伏. 然而正是由于椭圆滤波器中这些零点的存在,使得它的过渡特性比巴特沃斯和切比雪夫滤波器都要陡峭,是这几种滤波器中最陡峭的. 相对于椭圆滤波器,巴特沃斯型和切比雪夫型滤波器的传递函数中只有极点,所以它们也称为全极点滤波器.

四、贝塞尔滤波器

前面几种滤波器的特点是幅频特性越来越逼近理想滤波器. 但是若考虑它们的相频特性,则可以说是越来越糟糕. 一般用群延时(group delay) $T_d = -\mathrm{d}\varphi/\mathrm{d}t$ 描述相频特性. 在需要传输一些包含很宽频谱的信号,诸如三角波、方波等信号时,若滤波器的群延时不平坦,将会使信号出现很大的失真. 所以在一些对于相频特性具有很高要求的场合,往往需要滤波器在通带内具有很平坦的群延时特性.

贝塞尔滤波器就是这样一种滤波器,它在通带内具有最平坦的群延时特性. 它的幅频特性类似巴特沃斯滤波器,在通带内没有起伏,但是过渡带特性比巴特沃斯更差一些.

下面简要介绍巴特沃斯型和切比雪夫型 LC 高频滤波器的设计方法,先介绍

LC 滤波器的设计,然后简要介绍如何从 LC 滤波器变换到微带线滤波器.

除了采用计算机辅助设计之外,最常见的设计方法就是通过所谓的低通原型设计各种滤波器. 我们知道,根据滤波器的幅频特性,可以将它们分为低通滤波器(low-pass filter,简称 LPF)、高通滤波器(high-pass filter,简称 HPF)、带通滤波器(band-pass filter,简称 BPF)以及带阻滤波器(band-elimination filter,简称 BEF)等数种. 然而通过数学上的变换关系,所有这几种滤波器的传递函数都可以用低通滤波器经过坐标映射转换得到. 所以只要能够设计出低通滤波器,就可以得到其他几种滤波器的设计结果.

手工设计滤波器一般是通过查表和变换这两大步骤完成的.

通常,滤波器设计手册之类的资料会将滤波器的参数以归一化的形式列成表格. 所谓归一化,就是这些表格规定其中所有滤波器的截止角频率为 1 rad/s、特性阻抗为 1 Ω. 设计者首先根据需求确定滤波器类型,然后通过计算(或查表)确定低通原型的阶数,接下来就是查表确定其中各个元件的归一化参数.

确定元件归一化参数以后,需要将归一化的元件参数变换为实际需要的元件参数. 若是低通滤波器,只要进行频率变换(将归一化频率 1 rad/s 变换为实际频率)和阻抗变换(将归一化阻抗变换为实际阻抗)即可. 若是其他几种滤波器,则还要进行频率坐标的映射变换以及电路结构的映射变换.

下面通过几个具体例子说明上述这些设计过程.

例 1-20 设计一个 LC 巴特沃斯低通滤波器,-3dB 截止频率为 10 MHz,在 18 MHz 处衰减量不小于 20 dB,特性阻抗为 50 Ω.

解 首先确定滤波器的阶数.

巴特沃斯低通滤波器的最低阶数可以按照下式确定:

$$n \geqslant \frac{\lg(10^{0.1a_2}-1)}{2\lg(f_2/f_c)} \tag{1.108}$$

其中,f_c 是衰减为 3 dB 的通带截止频率,f_2 是阻带起始频率,a_2 是位于阻带起始频率 f_2 处以 dB 表示的阻带衰减量. n 必须取整数.

在本例题中, $f_c = 10$ MHz, $f_2 = 18$ MHz, $a_2 = 20$,代入(1.108) 式,得到 $n = 4$.

确定了滤波器阶数,接下来就是查表确定电路形式以及元件参数.

低通滤波器的电路形式可以是图 1-52 所列两种形式中的任意一种. 其中(a)形式的第一个电抗元件为并联电容,(b)形式的第一个电抗元件为串联电感. 至于最后一个电抗元件 g_n 是串联还是并联,取决于阶数 n 为奇数还是偶数. 对于形式

(a)的电路，n 为奇数时，最后一个为并联电容，偶数时则为串联电感. 形式(b)的电路则正好相反.

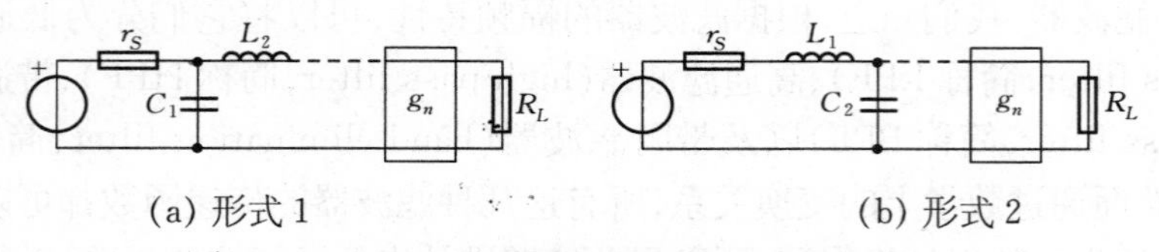

(a) 形式 1　　(b) 形式 2

图 1-52　LC 低通滤波器的电路形式

巴特沃斯低通滤波器原型的归一化元件参数见表 1-1. 表 1-1 中 n 为阶数，归一化截止角频率为 1 rad/s，归一化信号源内阻为 1 Ω. g_x(包括 g_L)表示在截止角频率上各元件的归一化阻抗值或归一化导纳值(即阻抗或导纳与 1 的比值)，其性质的确定规则如下：

若采用图 1-52 中形式(a)的电路，第一个元件为并联元件，则 g_1 为该元件的归一化导纳；若采用形式(b)的电路，第一个元件为串联元件，则 g_1 为该元件的归一化阻抗.

第一个元件参数性质确定之后，随后的参数性质按照总是与前一个相反的交替原则进行，负载 g_L 的阻抗性质与最后一个电抗元件相反. 例如对于 3 阶滤波器，若第一个元件选择串联元件，则 g_1 到 g_3 的性质分别为电抗-电纳-电抗，g_L 为电导.

本题需要 4 阶滤波器. 假定采用形式(a)的电路，则 C_1 的归一化导纳为 0.765S，L_2 的归一化阻抗为 1.848 Ω，C_3 的归一化导纳为 1.848S，L_4 的归一化电阻为 0.765 Ω. 负载的归一化电导为 1S.

下一步要做的就是频率变换与阻抗变换.

表 1-1　巴特沃斯低通滤波器归一化原型参数表

n	g_1	g_2	g_3	g_4	g_5	g_6	g_7	g_8	g_9	g_{10}	g_L
2	1.414	1.414									1.000
3	1.000	2.000	1.000								1.000
4	0.765	1.848	1.848	0.765							1.000
5	0.618	1.618	2.000	1.618	0.618						1.000
6	0.518	1.414	1.932	1.932	1.414	0.518					1.000
7	0.445	1.247	1.802	2.000	1.802	1.247	0.445				1.000
8	0.390	1.111	1.663	1.902	1.902	1.663	1.111	0.390			1.000
9	0.347	1.000	1.532	1.897	2.000	1.897	1.532	1.000	0.347		1.000
10	0.313	0.908	1.414	1.782	1.975	1.975	1.782	1.414	0.908	0.313	1.000

频率变换针对电容与电感进行，变换原则是：变换前后所有电容与电感元件在截止频率上的阻抗(导纳)值不变. 由于表 1－1 低通滤波器原型中的截止角频率为 1 rad/s，所有参数 g 表示电感的阻抗或者电容的导纳，因此若以 X 表示变换后的电感量或电容量、ω_c 表示变换后的实际截止角频率，参考图 1－52 可以得到下列变换关系：

$$X_{\mathrm{LPF}} = \frac{g}{\omega_c} \tag{1.109}$$

阻抗变换的准则是：当实际的源电阻发生改变时，滤波器中所有元件(包括负载)的阻抗值(注意是阻抗值！)应该以相同的倍率改变. 在表 1－1 中源电阻为 1 Ω，所以若将源电阻改变为 R Ω，则阻抗变换因子就是 R，负载电阻也应改变为 R Ω，而电感与电容应改变为

$$\begin{cases} L_r = RL_n \\ C_r = \dfrac{C_n}{R} \end{cases} \tag{1.110}$$

对于本例题，$\omega_c = 2\pi \times 10^7$，$R = 50$，$g_1 = 0.765$，所以对于第一个电容来说，频率变换与阻抗变换结合后的结果应该是

$$C_1 = \frac{0.765}{2\pi \times 10^7 \times 50} = 244(\mathrm{pF})$$

同理可得其余元件参数为

$$L_2 = 1.47\ \mu\mathrm{H},\ C_3 = 588\ \mathrm{pF},\ L_4 = 609\ \mathrm{nH},\ R_L = 50\ \Omega$$

对于其他类型的滤波器，上述设计过程大致相同，只是需要查其他类型滤波器的相应表格以获得网络参数. 一般来说，由于切比雪夫型和椭圆型滤波器的参数较多，其表格十分繁琐，尤以椭圆型为甚，因此现在大多采用计算机辅助设计. 作为示范，下面举一个切比雪夫低通滤波器的设计例子.

例 1－21　设计一个 LC 切比雪夫低通滤波器，要求与例 1－20 类似：等纹波通带截止频率为 10 MHz，通带内波动 3 dB，在 18 MHz 处衰减量不小于 20 dB，特性阻抗为 50 Ω.

解　首先确定滤波器的阶数.

切比雪夫低通滤波器最低阶数的确定关系如下：

$$n \geqslant \frac{\operatorname{arccosh} \sqrt{(10^{0.1a_2} - 1)/(10^{0.1a_1} - 1)}}{\operatorname{arccosh}(f_2/f_c)} \tag{1.111}$$

其中,f_c 是等纹波通带截止频率;a_1 是以 dB 表示的通带内纹波;f_2 是阻带起始频率;a_2 是位于阻带起始频率 f_2 处以 dB 表示的阻带衰减.

以本例题的要求代入,$a_1 = 3\,\text{dB}$, $a_2 = 20\,\text{dB}$, $f_c = 10\,\text{MHz}$, $f_2 = 18\,\text{MHz}$,得到 $n = 3$. 可见在相同要求下,切比雪夫滤波器可以比巴特沃斯滤波器更简单.

表 1-2 给出了切比雪夫滤波器的部分设计表格. 其中 n 和 g、归一化截止角频率以及信号源内阻等定义与表 1-1 相同.

要特别提出的是,表 1-1 巴特沃斯滤波器的负载电阻归一化值都是 1. 而切比雪夫滤波器的负载电阻值在奇数阶情况下与源电阻相同,其归一化值是 1. 在偶数阶情况下不是 1,由于它可能表示电阻,也可能表示电导,在计算时一定不能搞混. 例如,对于带内纹波 1 dB 的 4 阶切比雪夫滤波器,$g_L = 2.660$. 若选用图 1-52 中(b)形式的电路结构,则 g_L 表示归一化负载电阻是 2.660 Ω. 反之,若选用图 1-52 中(a)形式的电路结构,则 g_L 表示归一化负载电导等于2.660S,即归一化负载电阻为 0.376 Ω.

另外要注意不同的纹波有不同的表格,查表时必须根据已经确定的带内纹波值查相应的表格. 表 1-2 仅给出带内纹波为 0.1 dB, 0.5 dB, 1 dB, 2 dB 和 3 dB 这 5 个表格,在一般应用中大致已经够用. 若想得到更详细的表格,可以查阅其他文献.

继续回到例 1-21. 在表 1-2 中查到纹波为 3 dB、$n = 3$ 的元件参数为 $g_1 = 3.349$, $g_2 = 0.712$, $g_3 = 3.349$, $g_L = 1.000$. 应用(1.109) 式和(1.110) 式可以完成频率变换和阻抗变换. 若选择图 1-52 中形式(b) 的电路,结果为 $L_1 = 2.67\,\mu\text{H}$, $C_2 = 227\,\text{pF}$, $L_3 = 2.67\,\mu\text{H}$. 按照阻抗变化的规律,g_L 是归一化负载电导,所以负载电阻 $R_L = 50/1 = 50\,\Omega$.

表 1-2 切比雪夫低通滤波器归一化原型参数表

纹波	n	g_1	g_2	g_3	g_4	g_5	g_6	g_7	g_8	g_9	g_{10}	g_L
0.1 dB	2	0.843	0.622									1.355
	3	1.032	1.147	1.032								1.000
	4	1.109	1.306	1.770	0.818							1.355
	5	1.147	1.371	1.975	1.371	1.147						1.000
	6	1.168	1.404	2.056	1.517	1.903	0.862					1.355
	7	1.181	1.423	2.097	1.573	2.097	1.423	1.818				1.000
	8	1.190	1.435	2.120	1.601	2.170	1.584	1.944	0.878			1.355
	9	1.196	1.443	2.135	1.617	2.205	1.617	2.135	1.443	1.196		1.000
	10	1.200	1.448	2.144	1.627	2.225	1.642	2.205	1.582	1.963	0.885	1.355

（续表）

纹波	n	g_1	g_2	g_3	g_4	g_5	g_6	g_7	g_8	g_9	g_{10}	g_L
0.5 dB	2	1.403	0.707									1.984
	3	1.596	1.097	1.596								1.000
	4	1.670	1.193	2.366	0.842							1.984
	5	1.706	1.230	2.541	1.230	1.706						1.000
	6	1.725	1.248	2.606	1.314	2.476	0.870					1.984
	7	1.737	1.258	2.638	1.344	2.638	1.258	1.737				1.000
	8	1.745	1.265	2.656	1.359	2.696	1.339	2.509	0.880			1.984
	9	1.750	1.269	2.668	1.367	2.724	1.367	2.668	1.269	1.750		1.000
	10	1.754	1.272	2.675	1.373	2.739	1.381	2.723	1.346	2.524	0.884	1.984
1 dB	2	1.822	0.685									2.660
	3	2.024	0.994	2.024								1.000
	4	2.099	1.064	2.831	0.789							2.660
	5	2.135	1.091	3.001	1.091	2.135						1.000
	6	2.155	1.104	3.063	1.152	2.937	0.810					2.660
	7	2.166	1.112	3.093	1.174	3.093	1.112	2.166				1.000
	8	2.174	1.116	3.111	1.184	3.149	1.170	2.969	0.818			2.660
	9	2.180	1.119	3.122	1.190	3.175	1.190	3.122	1.119	2.180		1.000
	10	2.184	1.121	3.129	1.193	3.189	1.200	3.174	1.176	2.982	0.821	2.660
2 dB	2	2.488	0.608									4.096
	3	2.711	0.832	2.711								1.000
	4	2.793	0.881	3.606	0.682							4.096
	5	2.831	0.899	3.783	0.899	2.831						1.000
	6	2.852	0.907	3.847	0.939	3.715	0.696					4.096
	7	2.866	0.912	3.878	0.954	3.878	0.912	2.866				1.000
	8	2.873	0.915	3.895	0.961	3.934	0.951	3.748	0.702			4.096
	9	2.879	0.917	3.906	0.964	3.960	0.964	3.906	0.917	2.879		1.000
	10	2.883	0.919	3.913	0.967	3.974	0.970	3.959	0.955	3.762	0.704	4.096
3 dB	2	3.101	0.534									5.810
	3	3.349	0.712	3.349								1.000
	4	3.439	0.748	4.347	0.592							5.810
	5	3.482	0.762	4.538	0.762	3.482						1.000
	6	3.505	0.769	4.606	0.793	4.464	0.603					5.810
	7	3.518	0.772	4.639	0.804	4.639	0.772	3.518				1.000
	8	3.528	0.775	4.658	0.809	4.699	0.802	4.499	0.607			5.810
	9	3.534	0.776	4.669	0.812	4.727	0.812	4.669	0.776	3.534		1.000
	10	3.538	0.777	4.676	0.814	4.743	0.816	4.726	0.805	4.514	0.609	5.810

图 1-53 就是前面两个实例的电路,图 1-54 是它们的归一化幅频特性,从中也可看出巴特沃斯滤波器和切比雪夫滤波器频率特性的不同.

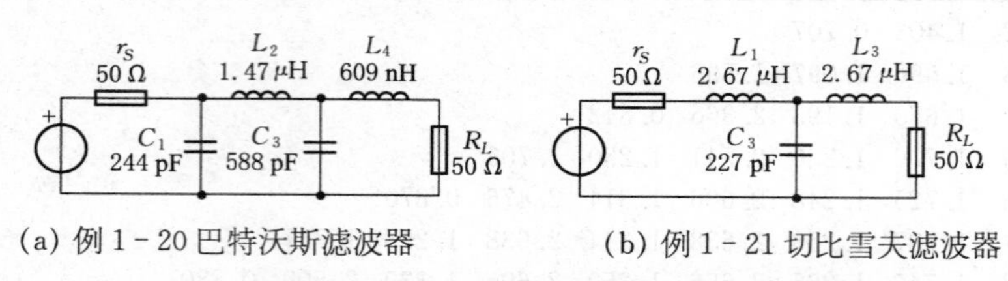

(a) 例 1-20 巴特沃斯滤波器　　(b) 例 1-21 切比雪夫滤波器

图 1-53　例 1-20 和例 1-21 的低通滤波器电路

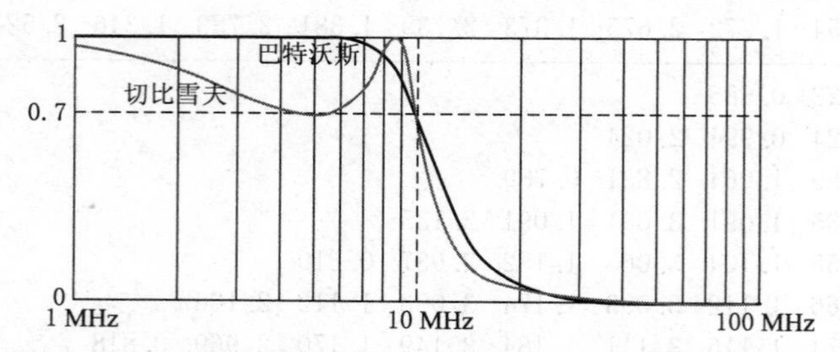

图 1-54　例 1-20 和例 1-21 的低通滤波器归一化幅频特性

下面再简要介绍如何利用低通原型设计高通、带通和带阻滤波器.

若将低通滤波器频率特性的频率坐标反过来,以∞代替原来的 0,以 0 代替原来的∞,则低通频率特性就变成高通频率特性. 所以,只要将频率坐标 ω 换成$1/\omega$,就可以由低通滤波器的传递函数得到高通滤波器的传递函数. 根据这个变换关系,可以推导得到设计高通滤波器的过程如下:

(1) 用公式(1.108)或公式(1.111)计算滤波器阶数 n 时,参数的定义不变,但由于频率坐标变换,要将其中的 f_2/f_c 换成 f_c/f_2.

(2) 查表得到低通滤波器原型的参数 g,其阻抗-导纳性质的确定关系与低通滤波器的相同,即取决于第一个元件是串联还是并联.

(3) 用电容替换原型中的电感、电感替换原型中的电容. 令 X 表示电感或电容,由于电容与电感的互换,频率变换关系改变为

$$X_{\mathrm{HPF}} = \frac{1}{\omega_c g} \tag{1.112}$$

(4) 电抗元件的阻抗变换关系与(1.110)式相同,将归一化负载电阻变换为实际负载电阻的关系也与低通滤波器的相同.

例 1-22　设计一个 LC 切比雪夫高通滤波器,截止频率为 10 MHz,带内波动

1 dB,在 8 MHz 处衰减为 −20 dB,信号源阻抗为 50 Ω.

解　首先确定滤波器的阶数. 将(1.111)式中的 f_2/f_c 换成 f_c/f_2,代入题中参数 $f_c = 10\ \text{MHz}$, $f_2 = 8\ \text{MHz}$, $a_1 = 1\ \text{dB}$, $a_2 = 20\ \text{dB}$,得到 $n = 6$.

查表 1-2 中纹波等于 1 dB, $n = 6$ 的参数,得 $g_1 = 2.155$, $g_2 = 1.104$, $g_3 = 3.063$, $g_4 = 1.152$, $g_5 = 2.937$, $g_6 = 0.810$, $g_L = 2.660$.

假设按图 1-52 形式(b)结构进行设计,第一个元件为串联元件,由于是高通,因此是电容串联、电感并联. 电路如图 1-55.

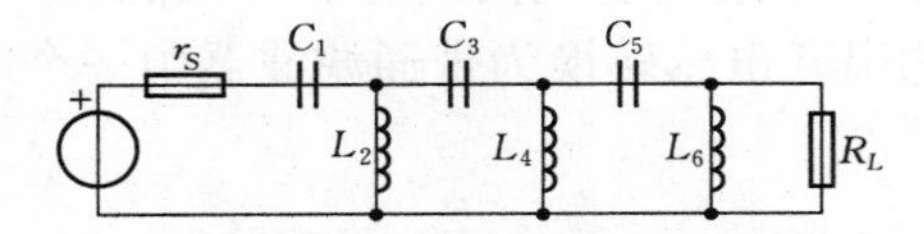

图 1-55　例 1-22 的 6 阶切比雪夫 LC 高通滤波器电路

频率变换以(1.112)式进行,阻抗变换的变换系数为 50,两者结合后有

$$C_1 = \frac{1}{\omega_c g_1 \times 50} = 148(\text{pF}),\ L_2 = \frac{50}{\omega_c g_2} = 721(\text{nH})$$

同理可得其余参数分别为

$$C_3 = 104\ \text{pF},\ L_4 = 691\ \text{nH},\ C_5 = 108\ \text{pF},\ L_6 = 983\ \text{nH}$$

最后是负载电阻的变换. 由于第一个元件为串联元件, g_1 表示阻抗,按照性质交替的原则, $g_L = 2.660$ 是归一化负载电阻值,乘以 50 得到 $R_L = 133\ \Omega$.

最终的幅频特性如图 1-56.

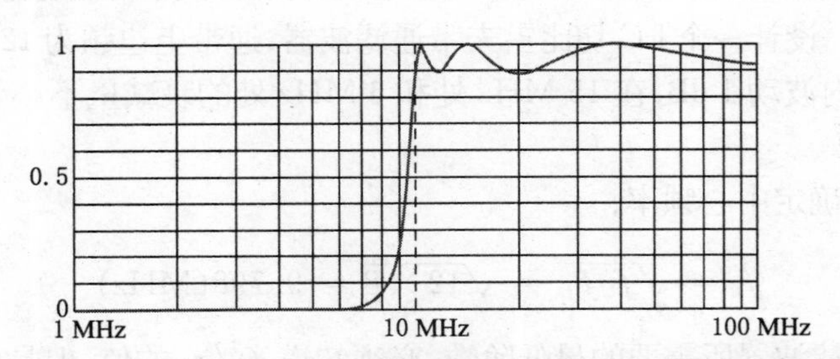

图 1-56　例 1-22 的 6 阶切比雪夫 LC 高通滤波器幅频特性

带通滤波器和带阻滤波器的设计过程更为复杂一些.

若将低通滤波器的频率特性扩展到负频率,则由于对称性,在 −∞ 到 +∞ 的频率范围内的低通特性就变成了带通特性. 通过频率坐标的比例变换和平移变换,将

$-\infty$到$+\infty$的频率范围变换到 0 到$+\infty$的频率范围内,就可以得到带通滤波器的传递函数. 实现这个平移和比例变换的函数关系是

$$\frac{\omega'}{\omega_c{}'}=\frac{\omega_0}{\omega_U-\omega_L}\left(\frac{\omega}{\omega_0}-\frac{\omega_0}{\omega}\right) \tag{1.113}$$

其中带撇的是低通原型的频率,$\omega_c{}'$为低通原型截止频率. 不带撇的是带通响应,ω_U是通带的上边频,ω_L 是通带的下边频,ω_0 是通带的中心频率,$\omega_0=\sqrt{\omega_U\omega_L}$.

根据这个函数关系,可以推导得到由低通原型到带通滤波器的变换关系如下:

(1) 低通原型中的串联电感转换为带通滤波器中一个电感与一个电容的串联,关系为

$$\begin{cases} L_{\mathrm{BPF,\ S}}=\dfrac{g_{(\mathrm{S})}}{\omega_U-\omega_L} \\ C_{\mathrm{BPF,\ S}}=\dfrac{\omega_U-\omega_L}{\omega_0^2 g_{(\mathrm{S})}} \end{cases} \tag{1.114}$$

(2) 低通原型中的并联电容转换为带通滤波器中一个电感与一个电容的并联:

$$\begin{cases} L_{\mathrm{BPF,\ P}}=\dfrac{\omega_U-\omega_L}{\omega_0^2 g_{(\mathrm{P})}} \\ C_{\mathrm{BPF,\ P}}=\dfrac{g_{(\mathrm{P})}}{\omega_U-\omega_L} \end{cases} \tag{1.115}$$

(3) 带通滤波器的阻抗变换(包括负载电阻的变换)关系与低通滤波器的一致.

例 1-23 设计一个 LC 切比雪夫带通滤波器,通带上边频为 12 MHz,下边频为 8 MHz,带内波动 1 dB,在 15 MHz 处和 6 MHz 处的衰减量不小于 20 dB,信号源阻抗为 50 Ω.

解 首先确定中心频率,

$$f_0=\sqrt{f_U f_L}=\sqrt{12\times 8}=9.798(\mathrm{MHz})$$

为了计算滤波器所需要的最低阶数,必须知道 f_2/f_c 的值. 但是由于带通滤波器经过了坐标变换,因此计算 f_2/f_c 的值时必须根据(1.113)式将题目中给出的频率参数变换到低通原型. 另外,由于带通滤波器具有两个过渡带,在设计时必须对它们进行分别计算.

本题中与过渡带有关的参数为

$f_0 = 9.798\ \text{MHz},\ f_U = 12\ \text{MHz},\ f_L = 8\ \text{MHz},\ f_{2U} = 15\ \text{MHz}$

$f_{2L} = 6\ \text{MHz},\ a_1 = 1\text{dB},\ a_2 = 20\ \text{dB}$

在通带高端的过渡带，根据(1.113)式有

$$\frac{f_2'}{f_c'} = \frac{f_0}{f_U - f_L}\left(\frac{f_{2U}}{f_0} - \frac{f_0}{f_{2U}}\right) = \frac{9.798}{12-8} \times \left(\frac{15}{9.798} - \frac{9.798}{15}\right) = 2.15$$

将此结果代入(1.111)式中的 f_2/f_c，加上前面已知的条件，$a_1 = 1\ \text{dB}$，$a_2 = 20\ \text{dB}$，可以得到 $n \geqslant 2.62$.

在通带低端的过渡带，根据(1.113)式有

$$\frac{f_2'}{f_c'} = \frac{f_0}{f_U - f_L}\left(\frac{f_{2L}}{f_0} - \frac{f_0}{f_{2L}}\right) = \frac{9.798}{12-8} \times \left(\frac{6}{9.798} - \frac{9.798}{6}\right) = -2.50$$

上述结果出现负值，从数学上说是由于带通滤波器通带低端变换到低通原型后变成原来频率的镜像，即负频率的结果，在我们目前的应用中可以不管它. 将它的绝对值代入(1.111)式，得到 $n \geqslant 2.34$.

显然两侧并不对称，为了同时满足要求应该取 $n = 3$.

查表 1-2 中纹波等于 1 dB、$n = 3$ 的参数，得 $g_1 = 2.024$，$g_2 = 0.994$，$g_3 = 2.024$，$g_L = 1.000$. 若选用第一个元件为串联元件的电路形式，则 g_1 和 g_3 为串联元件，g_2 为并联元件. 再分别运用(1.114)式和(1.115)式将它们进行转换，

g_1 转换为一个电感与一个电容的串联，

$$L_1 = \frac{g_1}{\omega_U - \omega_L} = \frac{2.024}{2\pi \times (12-8) \times 10^6} = 80.53(\text{nH})$$

$$C_1 = \frac{\omega_U - \omega_L}{\omega_0^2 g_1} = \frac{2\pi \times (12-8) \times 10^6}{(2\pi \times 9.798 \times 10^6) \times 2.024} = 3.276(\text{nF})$$

g_2 转换为一个电感与一个电容的并联，

$$L_2 = \frac{\omega_U - \omega_L}{\omega_0^2 g_2} = \frac{2\pi \times (12-8) \times 10^6}{(2\pi \times 9.798 \times 10^6)^2 \times 0.994} = 6.671(\text{nH})$$

$$C_2 = \frac{g_2}{\omega_U - \omega_L} = \frac{0.994}{2\pi \times (12-8) \times 10^6} = 39.55(\text{nF})$$

g_3 与 g_1 相等，转换为一个电感与一个电容的串联，

$$L_3 = 80.53\ \text{nH},\ C_3 = 3.276\ \text{nF}$$

最后是阻抗变换,变换因子为信号源阻抗 50 Ω 除以归一化源电阻 1 Ω 等于 50,所以变换后为

$$L_1 = 4.03\ \mu\text{H},\ C_1 = 65.5\ \text{pF}$$
$$L_2 = 334\ \text{nH},\ C_2 = 791\ \text{pF}$$
$$L_3 = 4.03\ \mu\text{H},\ C_3 = 65.5\ \text{pF}$$

由于此滤波器对应的低通滤波器最后一个 g_3 为阻抗, $g_L = 1$ 对应归一化负载电导,由此得到 $R_L = 50/1 = 50(\Omega)$.

本例题的电路见图 1 - 57,归一化幅频特性见图 1 - 58.

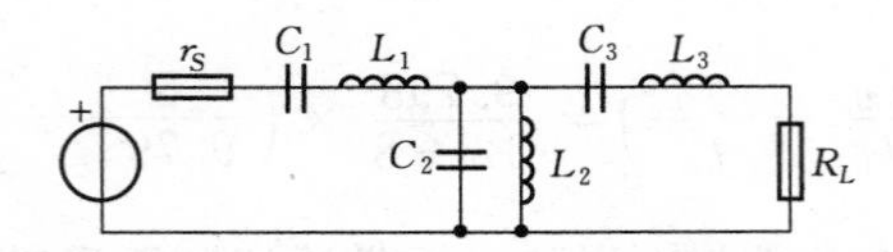

图 1 - 57 例 1 - 23 的切比雪夫带通滤波器电路

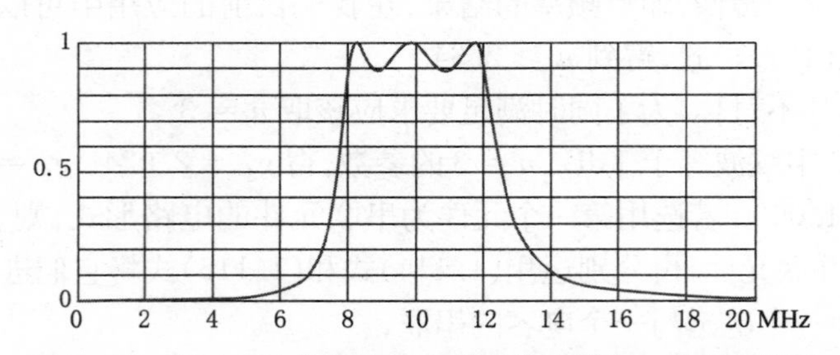

图 1 - 58 例 1 - 23 的切比雪夫带通滤波器归一化幅频特性

跟带通与低通的关系一样,带阻与高通也有类似的坐标映射关系. 将高通滤波器的频率特性扩展到负频率,然后再平移和压缩到正频率范围内,就得到了带阻滤波器的频率特性. 又因为高通滤波器的频率特性可以从低通原型导出,所以得到由低通滤波器与带阻滤波器之间的频率函数映射关系如下:

$$\frac{\omega_c'}{\omega'} = \frac{\omega_0}{\omega_U - \omega_L}\left(\frac{\omega}{\omega_0} - \frac{\omega_0}{\omega}\right) \tag{1.116}$$

其中带撇的是低通原型的频率, ω_c' 为低通原型截止频率. 不带撇的是带阻响应, ω_U 是阻带的上边频, ω_L 是阻带的下边频, ω_0 是阻带的中心频率, $\omega_0 = \sqrt{\omega_U \omega_L}$.

将低通原型的滤波器元件转换为带阻滤波器元件的转换关系如下:

(1) 低通原型中的串联电感转换为带阻滤波器中一个电感与一个电容的并联,变换关系为

$$\begin{cases} L_{\mathrm{BEF,\ P}} = \dfrac{(\omega_U - \omega_L)g_{(\mathrm{S})}}{\omega_0^2} \\ C_{\mathrm{BEF,\ P}} = \dfrac{1}{(\omega_U - \omega_L)g_{(\mathrm{S})}} \end{cases} \tag{1.117}$$

(2) 低通原型中的并联电容转换为带阻滤波器中一个电感与一个电容的串联:

$$\begin{cases} L_{\mathrm{BEF,\ S}} = \dfrac{1}{(\omega_U - \omega_L)g_{(\mathrm{P})}} \\ C_{\mathrm{BEF,\ S}} = \dfrac{(\omega_U - \omega_L)g_{(\mathrm{P})}}{\omega_0^2} \end{cases} \tag{1.118}$$

(3) 带阻滤波器的阻抗变换(包括负载电阻的变换)关系与低通滤波器的一致.

由于带阻滤波器的设计过程与带通滤波器雷同,这里不再举例.

下面简要介绍微带线滤波器.

LC 滤波器一般只能工作在几百兆赫以下的频率范围内,如果频率更高,则由于 LC 元件的分布参数影响加剧,基本上很难正常工作,因此在几百兆赫以上的滤波器要用分布参数结构实现. 用分布参数结构实现高频滤波器的方法有许多种,这里不可能全部讨论,只能简单介绍一个用微带线实现低通滤波器的办法,以让读者一窥其大概.

根据(1.96)式,一段长度为 d 的终端短路的传输线的阻抗为

$$Z_d = \mathrm{j}Z_0\tan(\beta d) \tag{1.119}$$

根据 (1.97)式,一段长度为 d 的终端开路的传输线的导纳为

$$Y_d = \mathrm{j}\,\frac{1}{Z_0}\tan(\beta d) \tag{1.120}$$

显然,当 d 小于 $\lambda/4$ 时,这两种传输线的导纳分别表现为感抗与容纳. 所以如果用它们代替 LC 滤波器中的电感与电容,便可以构成传输线结构的滤波器. 如果取 $d = \lambda_c/8$ (λ_c 为滤波器截止频率的波长),则有

$$\beta d = \beta \cdot \frac{\lambda}{8} = \frac{2\pi f}{v_p} \cdot \frac{v_p}{8f_c} = \frac{\pi}{4} \cdot \frac{f}{f_c} \tag{1.121}$$

其中 f/f_c 就是滤波器的归一化频率. 此时传输线导纳与感抗、容纳的关系为

$$\begin{cases} j\omega L = jZ_0 \tan\left(\dfrac{\pi}{4} \cdot \dfrac{f}{f_c}\right) \\ j\omega C = j\,\dfrac{1}{Z_0} \tan\left(\dfrac{\pi}{4} \cdot \dfrac{f}{f_c}\right) \end{cases} \tag{1.122}$$

如果我们按照前面的介绍设计了一个 LC 滤波器,然后用几段 $\lambda_c/8$ 长度的传输线取代电容和电感,只要按照(1.122)式的关系分别计算出各段传输线的特征阻抗 Z_0,理论上就可以实现传输线结构的滤波器.

下面我们以一个具体的例子说明设计过程.

例 1-24 设计一个微带线结构的 5 阶巴特沃斯低通滤波器,输入输出阻抗为 50 Ω,截止频率为 2 GHz. 已知印制板的介电常数为 $\varepsilon_r = 4.6$,厚度为 1 mm.

解 5 阶巴特沃斯低通滤波器元件归一化电抗为 0.618, 1.618, 2, 1.618, 0.618. 采用图 1-59 电路,阻抗变换后有

$$\frac{1}{\omega_c C_1} = \frac{1}{\omega_c C_5} = 80.9(\Omega),\ \frac{1}{\omega_c C_3} = 25(\Omega),\ \omega_c L_2 = \omega_c L_4 = 80.9(\Omega)$$

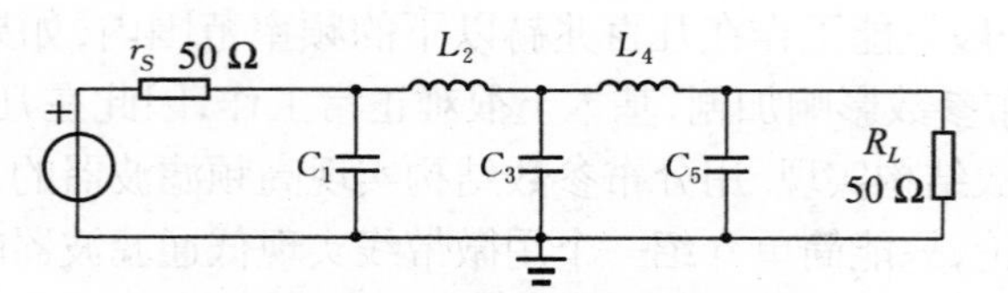

图 1-59 例 1-24 的低通滤波器电路

下一步是按照(1.122)式的关系计算各段传输线的特征阻抗 Z_0. 注意到(1.122)式左边的电抗为 $\omega_c L$ 或 $\omega_c C$,所以(1.122)式右边的 f 应该就是 f_c,这样就得到一个十分简单的传输线的特征阻抗 Z_0 与 LC 元件电抗的对应关系:

$$Z_0 = \omega_c L = \frac{1}{\omega_c C} \tag{1.123}$$

由此得到,对应 C_1 和 C_5 的终端开路传输线的特征阻抗为 80.9 Ω,对应 L_2 和 L_4 的终端短路传输线的特征阻抗为 80.9 Ω,对应 C_3 的终端开路传输线的特征阻抗为 25 Ω. 图 1-60 是此低通滤波器的传输线结构示意. 注意其中的连线(单线)仅表示连接关系,并不是传输线.

但是,图 1-60 结构的滤波器无法用微带线实现. 参见图 1-39 可知,微带线的结构是不对称的,其一面是一根铜箔导体,另一面是大面积的铜箔(接地). 显然,图 1-60 中等效电容的传输线因为一半接地,所以可以采用微带线结构. 而等效电

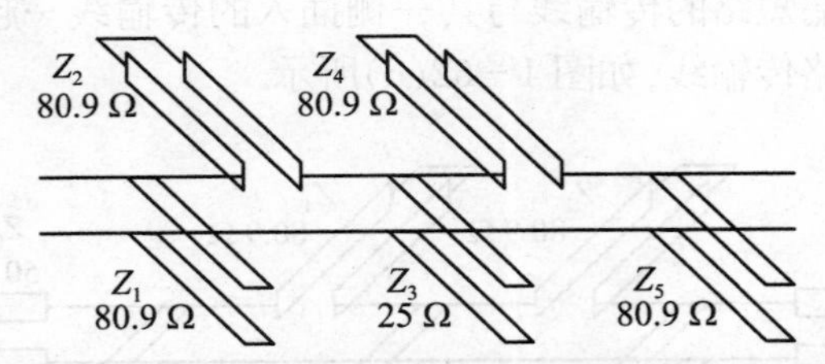

图 1 - 60　例 1 - 24 低通滤波器的传输线结构示意

感的传输线则无法用微带线实现. 为了解决这个问题,需要将等效电感的传输线结构转换为等效电容的传输线结构.

这种转换是可以实现的. 其原理就是根据传输线理论,当一个阻抗连接到一段特征阻抗与之不同的传输线一端后,在传输线的另一端看其阻抗将发生变化,因此感抗与容抗就可能相互转换. 可以证明,当所有传输线的长度相同,都是 $d = \lambda_c/8$ 时,等效电感的短路传输线与等效电容的开路传输线的相互转换关系如图 1 - 61 (这个关系也被称为 Kuruda 规则),注意图 1 - 61 中的转换关系是双向的.

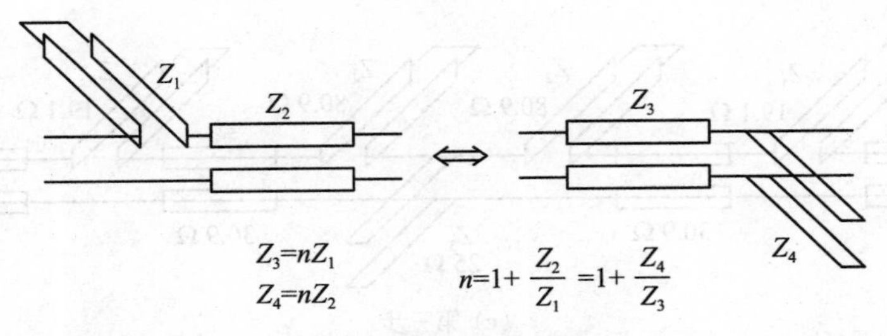

图 1 - 61　Kuruda 规则

下面利用 Kuruda 规则变换图 1 - 60 的滤波器. 我们的目标是通过插入一些传输线段,将图 1 - 60 中的 Z_2 和 Z_4 变换为终端开路传输线. 但是不能在 Z_2 或 Z_4 的某一侧直接插入一段传输线,那样的话会破坏原来的阻抗关系,所以必须从整个滤波器的端点开始插入.

第一步是在滤波器的两个端点插入特征阻抗为 50 Ω、长度为 $\lambda_c/8$ 的传输线,如图 1 - 62(a)所示. 由于源阻抗和负载阻抗都是 50 Ω,这样插入没有任何影响.

第二步是将插入的传输线与 Z_1 和 Z_5 一起进行变换,变换后出现了 4 个终端短路传输线, 如图 1 - 62(b)所示. 图中已经标注了变换后的传输线特征阻抗.

第三步在滤波器的两个端点再插入特征阻抗为 50 Ω、长度为 $\lambda_c/8$ 的传输线,结果就如图 1 - 62(c)所示,有 4 个终端短路的传输线和 4 段插入的传输线.

最后将每个终端短路的传输线与其一侧插入的传输线一起进行变换,这样就全部消除了终端短路传输线,如图 1-62(d)所示.

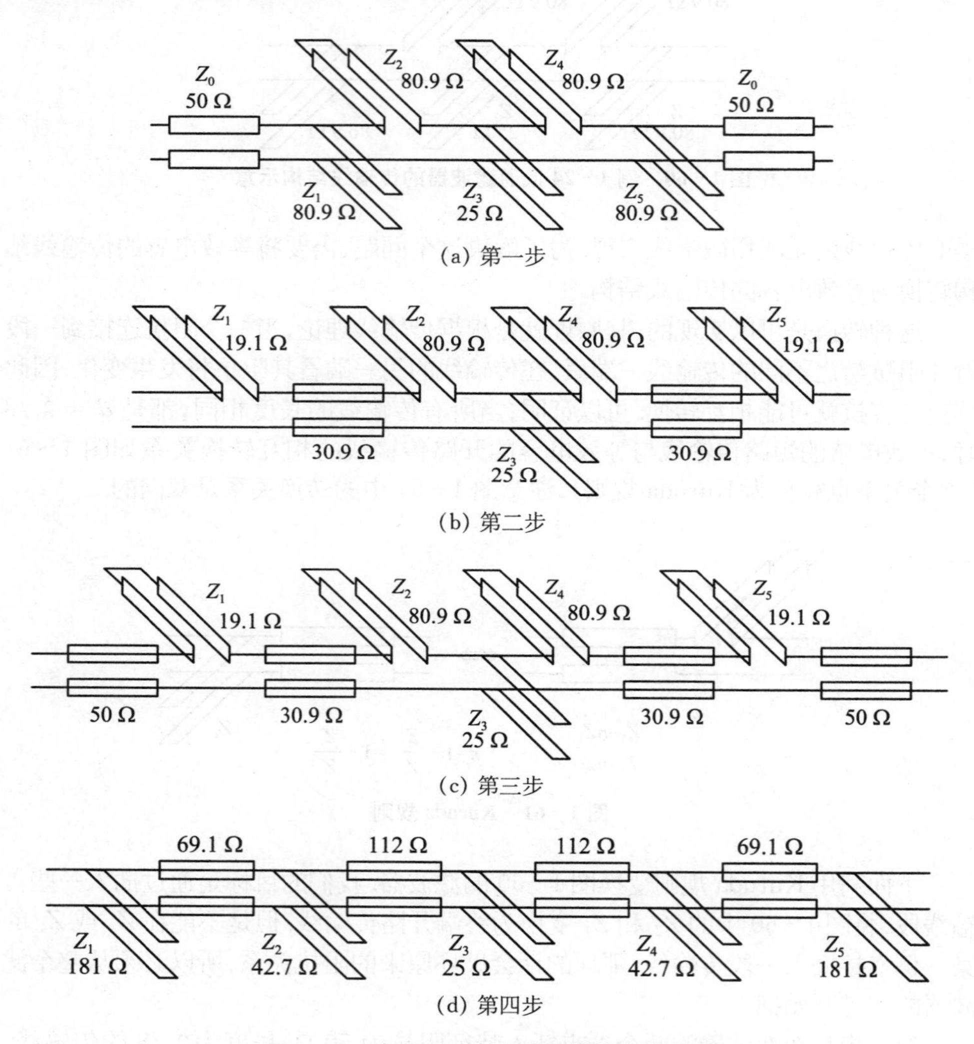

图 1-62 例 1-24 低通滤波器的变换过程

图 1-62 的结构完全可以用微带线实现. 在已知印制板的介电常数 ε_r 以及它的厚度后,利用(1.98)式或(1.99)式就可以求出微带线的宽度. 同时,通过(1.98)式或(1.99)式也可以得到有效介电常数,进而求出电流的相速度 $v_p=\frac{c}{\sqrt{\varepsilon_{\mathrm{eff}}}}$,最后

就得到微带线的长度. 在本例题的条件 ($\varepsilon_r = 4.6$, $f_c = 2\,\text{GHz}$) 下, $\lambda_c/8$ 微带线的长度为 10.1 mm, 其宽度则随阻抗不同而不同. 最后实现的低通滤波器的结构如图 1-63(最外侧的微带线特征阻抗为 50 Ω).

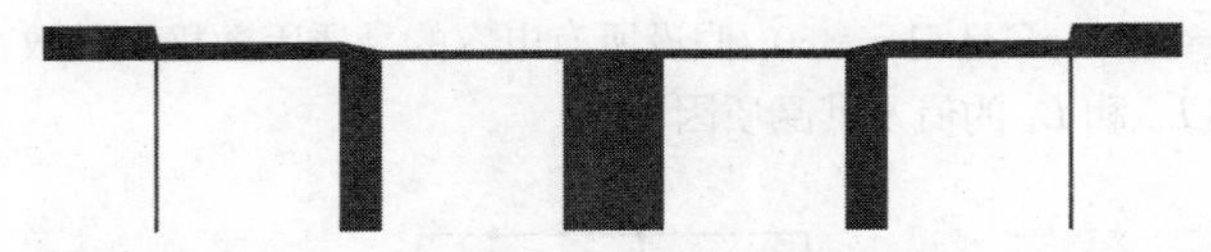

图 1-63 例 1-24 低通滤波器的微带线结构(示意图)

最后指出,上述结构没有考虑每段微带线接头处的阻抗不连续性,实际滤波器必须考虑这个因素,所以实际设计通常要利用辅助设计软件进行.

还要指出的一个重要问题是:一开始我们就指出,以传输线实现电感或电容的阻抗特性只有在 $\lambda/4$ 范围内才符合要求. 这个设计中传输线段的长度为 $\lambda_c/8$,所以这个低通滤波器只有在频率 $0 \sim 2f_c$ 的范围内符合低通特性,一旦频率超出此范围,则特性完全改变. 换言之,这种设计得到的滤波器只能在窄带信号条件下工作.

习题与思考题

1.1 已知下图电路中 $C_1 = 200\,\text{pF}$, $L_1 = 1\,\mu\text{H}$, $C_2 = 470\,\text{pF}$, $L_2 = 5\,\mu\text{H}$, $R = 100\,\text{k}\Omega$. 若信号源电流频率可变,问在哪些频率上有最大输出电压? 哪些频率上有最小输出电压?

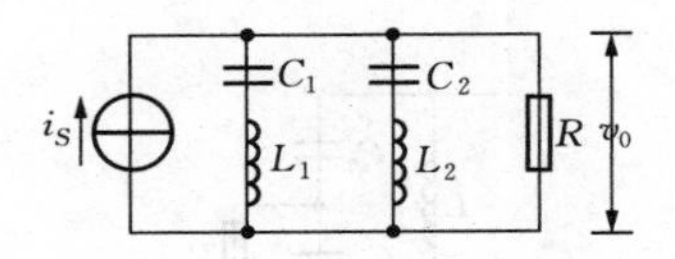

1.2 已知 LC 串联谐振回路 $f_0 = 15\,\text{MHz}$, $C_0 = 100\,\text{pF}$,谐振时电阻 $R = 2\,\Omega$, 试求 Q_0 和 L_0. 又若已知信号源电压振幅 $V_{SM} = 100\,\text{mV}$, 求谐振时回路中的电流 I_0 以及电感、电容上的电压峰值 V_{LM} 和 V_{CM}.

1.3 已知一个并联谐振回路工作在 520～1 620 kHz 频率范围内,其中电感为固定值,电容则是一个可变电容器,该可变电容器的容量变化范围为 12～360 pF. 通常用另一个固定电容器与该可变电容器并联,使得可变电容器在其电容变化范围内变化时,并联谐振回路恰巧谐振在规定的频率范围内. 假设电路满足高 Q 值条件,试计算该固定电容器的容量以及电感的数值.

1.4 已知 LC 并联谐振回路 $f_0 = 10.7\,\text{MHz}$, $C_0 = 51\,\text{pF}$, $BW = 100\,\text{kHz}$, 试求电感 L_0、品质因数 Q_0 以及信号频率为 10 MHz 时的广义失谐 ξ. 又若欲将 BW 加宽至 150 kHz,应在回

路两端再并联一个多大的电阻?

1.5 一LC谐振回路结构如下图,已知 $C_0 = 5$ pF,两个电感之间无互感. 第一次测量时将K短路,调整谐振电容使回路谐振在 $f_0 = 25$ MHz,此时测得 $C = 78$ pF,且回路的品质因数 $Q_0 = 360$. 第二次测量时将K开路,调整谐振电容使回路重新谐振在 f_0,结果测得此时的谐振电容 $C = 70.5$ pF且 $Q = 350$. 假设所有电容的品质因数极大以致在计算中可以不考虑,试求电感 L_0 和 L_1 的值及其品质因数.

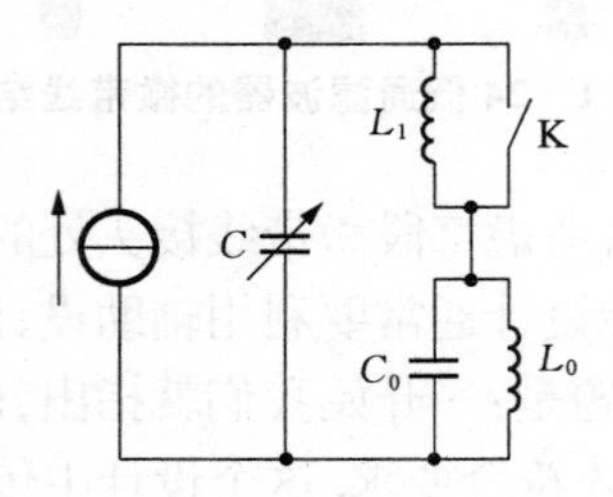

1.6 一线圈的电感量 $L_1 = 30$ mH,品质因数 $Q_1 = 100$. 现有另一短路线圈与之靠近,已知该线圈未短路时的电感量 $L_2 = 10$ mH,品质因数 $Q_2 = 10$. 若两线圈之间的互感为 $M = 6$ mH,测试频率为100 kHz,试求此时在 L_1 两端看到的阻抗. 与原来的阻抗相比,其模和相角各变化了多少?

1.7 部分接入负载的并联谐振回路如下图所示. 已知回路参数 $L = 170$ nH, $C_1 = C_2 = 330$ pF,空载 $Q_0 = 80$. 试求:

(1) 若 $R_L = 3\ \text{k}\Omega$,计算回路谐振频率和带宽;

(2) 若 R_L 降低至 $30\ \Omega$,近似估计谐振频率和带宽.

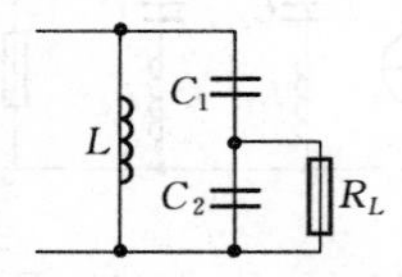

1.8 一互感耦合型双调谐回路. 已知回路两侧对称, $C = 330$ pF, $L = 2\ \mu$H, $Q = 100$;互感 $M = 40$ nH. 试求该电路的中心频率 ω_0、-3 dB带宽 $BW_{0.7}$,以及矩形系数 $BW_{0.1}/BW_{0.7}$.

1.9 试应用互感耦合的反射阻抗公式(1.61)或公式(1.62),定性讨论互感耦合双调谐回路的幅频特性曲线中出现的双峰值现象.

1.10 图1-13(a)所示的电容耦合双调谐回路有一个较大的问题是:往往由于耦合电容太小,杂散电容对它的影响极大而使得 η 值极不稳定,因此实用的电容耦合电路一般不采用图1-13(a)电路. 下图是一种实用的电容耦合双调谐回路,它也依靠公共电容 C_m 耦合. 与图1-13(a)电路不同的是,此电路 C_m 越大,耦合越松,所以杂散电容对它几无影响. 试证明:在电路两侧对称的条件下,下图电路具有在形式上与(1.44)式完全相同的转

移阻抗特性，其中

$$\omega_0=\frac{1}{\sqrt{LC\left(1-\frac{C}{2C+C_m}\right)}},\ Q=\frac{1}{G\omega_0 L}=\frac{\omega_0 C}{G}\left(1-\frac{C}{2C+C_m}\right),\ \eta=\frac{\omega_0 C}{G}\left(\frac{C}{2C+C_m}\right).$$

（提示：可以利用网络T-Π变换将3个电容变形为Π结构.）

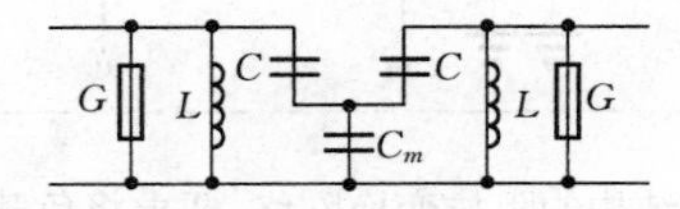

1.11 在石英谐振器的等效电路(图1-16)中忽略损耗电阻，证明它存在如(1.55)式和(1.56)式所示的两个谐振频率，并定性证明图1-17.

1.12 已知某石英谐振器的标称频率为20 MHz，等效串联电容 $C_g=0.03$ pF，等效串联电阻 $R_g=45\ \Omega$，静电电容 $C_o=5$ pF. 试计算此石英谐振器的 Q 值以及并联谐振频率和串联谐振频率之间的间隔 Δf.

1.13 试设计一个L形低通阻抗变换电路，要求将负载复阻抗 $z_L=(2.5-\mathrm{j}5.5)\Omega$ 变换为等效复阻抗 $Z_e=(10-\mathrm{j}2.5)\Omega$. 已知工作频率为27 MHz，计算元件参数并画出电路.

1.14 试设计一个T形带通阻抗变换网络，要求将负载电阻50 Ω变换为等效阻抗7 Ω，并要求其中与等效阻抗7 Ω串联的电容为100 pF. 已知工作频率为40 MHz，计算元件参数并画出电路.

1.15 一段长20 cm、特性阻抗 $Z_0=50\ \Omega$ 的传输线终端连接一个 $Z_L=(20-\mathrm{j}10)\Omega$ 的复阻抗，已知传输线内信号的相速度 $v_p=c/2$，信号频率 $f=100$ MHz，试用计算或Smith圆图方法获得传输线的输入阻抗.

1.16 测得一段传输线的分布电容为 $C=66.7$ pF/m. 在其终端接入50 Ω负载电阻，加上激励信号源后，用驻波比表测得其 $SWR=1.5$. 假设传输线是无耗的，试求该传输线的特征阻抗.

1.17 一个信号源通过一段传输线向负载传输功率. 已知信号源输出阻抗为40 Ω，传输线特征阻抗为50 Ω，负载阻抗为75 Ω，传输线长度为3.2 λ. 假设信号源产生的功率为5 W，试计算负载上得到的功率.

1.18 一个最大输出功率为10 W的发信机，通过一根传输线向天线传送发射信号. 假设发信机的输出与传输线是阻抗匹配的，现在传输线上测得驻波比为1.6，试问通过天线可能发射的最大信号功率是多少？

1.19 下图中虚线框内电路被称为定向耦合器. 图中 T_1 为电流互感器，T_2 为电压互感器，分析时均可视为紧耦合的变压器，匝数比在图中已经标明. 电流互感器初级就是传输线，次级感抗远大于 $2R$，R 等于传输线特征阻抗 Z_0. 两个互感器十分靠近，分析时可忽略电流互感器初级的传输线长度影响. 试证明：在定向耦合器 v_1 端看到的电压只与传输线中正向传输的电压波有关，v_2 端看到的电压只与传输线中反向传输的电压波有关.

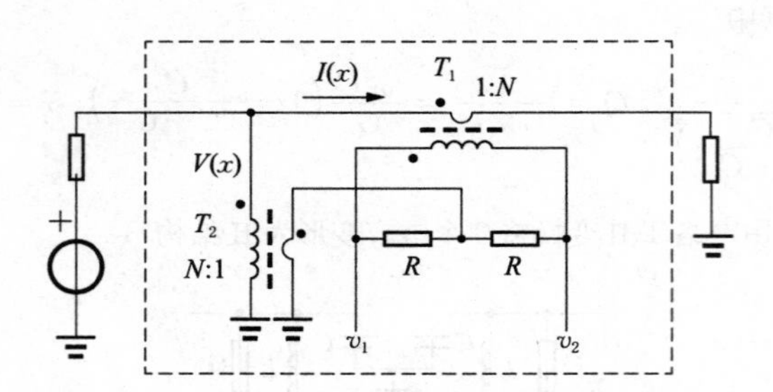

1.20 试设计一个传输线-电容结构的阻抗变换网络,要求将负载阻抗 $Z_L=(4.5-j6.5)\Omega$ 变换为 50 Ω. 已知工作频率为 900 MHz.

第 2 章　高频小信号放大器

放大是模拟电子电路的基本功能，对于高频电路也不例外．在部分高频设备，尤其是无线通信设备中，高频信号的幅度有时是相当小的．例如在收音机中，从天线上感应到的广播信号可能只有几十微伏甚至更小．这些微弱的信号只有经过充分的放大，才能够进入随后的各种信号处理过程中．高频小信号放大器就是针对这些微弱高频信号的放大电路，常常用在发送设备中的前置放大，接收设备中的高频放大、中频放大等环节．

§2.1　晶体管的高频特性

2.1.1　高频晶体管及其等效电路

从基本工作原理上说，高频电路中使用的晶体管与低频电路中使用的一样，仍然可以分为双极型晶体管和场效应晶体管两大类．但是由于工作频率的升高，对于晶体管的要求不同，因此在具体使用的材料以及结构上有别于低频晶体管，而且发展出许多新型的晶体管类型．

对于常规的 Si 双极型晶体管，应用于高频的晶体管需要缩小基区宽度、降低基极电阻，所以在掺杂浓度和几何结构方面都与低频晶体管有所区别．另外，为了提高电子迁移率还常常采用Ⅲ-Ⅴ族化合物半导体材料（如 GaAs）制造双极型晶体管．异质结双极型晶体管（heterojunction bipolar transistor，简称 HBT）采用两种或两种以上的Ⅲ-Ⅴ族化合物半导体材料构成 PN 结，可以大大提高晶体管的截止频率，是一种最新的双极型晶体管．

在场效应管方面，尽管传统的 MOS 结构的场效应晶体管工作频率也在不断提高，但由于存在栅极与沟道之间的大电容，因此其工作频率的提高受到结构的制约．为了提高工作频率，出现了一些专门用于高频电路的场效应晶体管．一种是金属半导体场效应管（metal semiconductor field effect transistor，简称 MESFET）．这种晶体管的结构类似结型场效应管（junction field effect transistor，简称 JFET），但是构成栅极的金属与半导体之间形成肖特基接触．由于肖特基接触几乎不存在电荷存储效应,因此用 GaAs 制造的这种晶体管可以工作到几十兆赫. 另一种是异质结场效应晶体管,这种场效应管利用两种Ⅲ-Ⅴ族化合物半导体材料(如 GaAs 和 GaAlAs)构成一个十分陡峭的界面. 由于两种材料能带结构的差异,电子被约束在界面上运动,形成所谓的二维电子气,有非常高的电子迁移率,因此常常将这种场效应管称为高电子迁移率晶体管(high electron mobility transistor,简称 HEMT). 这种晶体管的工作频率可以达到 100 GHz 以上.

与在低频电路中的做法一样,在分析晶体管小信号放大电路时,无论采用哪种类型的晶体管,通常总是将晶体管等效成某种等效电路(equivalent circuit),然后运用电路理论进行分析.

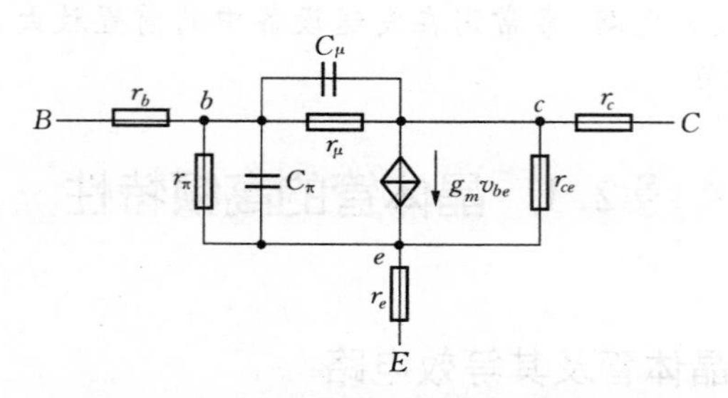

图 2-1　双极型晶体管高频小信号模型

双极型晶体管在高频条件下的等效电路模型如图 2-1 所示. 其中, $g_m = \dfrac{I_{CQ}}{V_T}$ 是晶体管正向传输跨导, $r_\pi = \dfrac{\beta}{g_m}$ 是输出短路时的输入电阻, $r_{ce} = \dfrac{V_A}{I_{CQ}}$ 是输入短路时的输出电阻, V_A 是 Early 电压.

r_b 是基区电阻, r_c 是集电区电阻, r_e 是发射区电阻. 通常 r_c 和 r_e 都很小, r_b 则由于基区很薄而比较大,大致从几欧姆到 100 Ω 不等,随工艺不同而不同.

C_π 是发射结电容,大约在几皮法到几百皮法范围. C_μ 是集电结电容,通常只有数皮法甚至小于 1 pF.

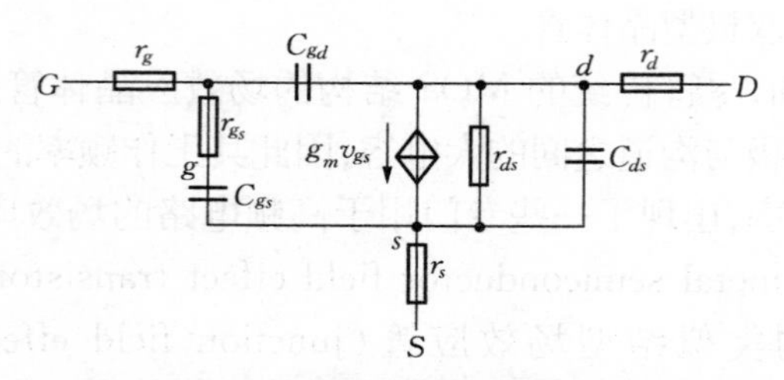

图 2-2　场效应晶体管高频小信号模型

场效应晶体管的高频小信号等效电路模型如图 2-2 所示，其中

$$g_m = \frac{1}{2}\mu_n C_{ox} \cdot \frac{W}{L}(V_{GSQ} - V_{TH}) = \sqrt{\mu_n C_{ox}\frac{W}{L}I_{DQ}}$$

是晶体管的正向跨导；r_g, r_d, r_s 是各电极的欧姆电阻；C_{gs}, C_{gd}, C_{ds} 分别为 3 个电极之间的分布电容；r_{ds} 是漏源电阻，通常很大；r_{gs} 是栅极电阻，通常很小.

2.1.2　晶体管网络参数

上节的模型是从晶体管的内部结构出发得到的物理参数模型，模型参数与晶体管类型及其工作状态有关，物理概念清楚. 但由于模型结构复杂，在高频分析时不很方便.

另一种分析方法是将在小信号放大状态下的晶体管看成一个双端口网络，不关心其内部结构，只从外部输入输出关系得到一系列参数. 这样得到的模型称为晶体管的网络参数模型. 由于此模型的参数只与晶体管外部特性相关，晶体管本身则作为一个黑匣子处理，因此用这些参数分析电路比较简洁，便于高频分析，导出的结论亦具有普遍意义. 另外，这些参数常常可以用特定的仪器直接测量，从而可以大大简化设计过程，所以在高频电路设计中得到了广泛应用.

一、y 参数、z 参数、h 参数和 A 参数

定义一个双端口网络的端口电压、端口电流方向如图 2-3，分别以其中两个为自变量，另两个为因变量，可以得到 6 组线性方程组，这些方程组的系数构成了双端口网络形式参数. 在网络分析中常用到其中 4 组：y 参数、z 参数、h 参数和 A 参数.

图 2-3　四端网络参数规定的电压、电流方向

双端口网络的 y 参数以端口的电压作为自变量，电流为因变量，方程如下：

$$\begin{pmatrix} i_1 \\ i_2 \end{pmatrix} = \begin{bmatrix} y_{11} & y_{12} \\ y_{21} & y_{22} \end{bmatrix} \begin{pmatrix} v_1 \\ v_2 \end{pmatrix} \tag{2.1}$$

根据(2.1)式，4 个 y 参数的意义如下：

$y_{11} = \left.\frac{i_1}{v_1}\right|_{v_2=0}$，端口 2 短路时端口 1 的导纳(输入导纳)；

$y_{12} = \left.\frac{i_1}{v_2}\right|_{v_1=0}$，端口 1 短路时端口 2 到端口 1 的反向传输跨导；

$y_{21} = \left.\frac{i_2}{v_1}\right|_{v_2=0}$,端口 2 短路时端口 1 到端口 2 的正向传输跨导;

$y_{22} = \left.\frac{i_2}{v_2}\right|_{v_1=0}$,端口 1 短路时端口 2 的导纳(输出导纳).

由于 y 参数都具有导纳量纲,因此 y 参数也称为导纳参数.

交换自变量与因变量,可以分别定义双端口网络的 z 参数、h 参数和 A 参数如下:

$$\begin{pmatrix} v_1 \\ v_2 \end{pmatrix} = \begin{bmatrix} z_{11} & z_{12} \\ z_{21} & z_{22} \end{bmatrix} \begin{pmatrix} i_1 \\ i_2 \end{pmatrix} \tag{2.2}$$

$$\begin{pmatrix} v_1 \\ i_2 \end{pmatrix} = \begin{bmatrix} h_{11} & h_{12} \\ h_{21} & h_{22} \end{bmatrix} \begin{pmatrix} i_1 \\ v_2 \end{pmatrix} \tag{2.3}$$

$$\begin{pmatrix} v_1 \\ i_1 \end{pmatrix} = \begin{bmatrix} A_{11} & A_{12} \\ A_{21} & A_{22} \end{bmatrix} \begin{pmatrix} v_2 \\ -i_2 \end{pmatrix} \tag{2.4}$$

z 参数称为阻抗参数,h 参数称为混合参数,A 参数称为级联参数. 在低频情况下晶体管多用 h 参数进行等效,而在高频情况下则常常用 y 参数或 z 参数进行等效. A 参数通常用于多级网络的级联计算,多个网络的 A 参数矩阵的乘积就是整个级联网络的 A 参数矩阵.

要说明一点,由于上述网络参数是从四端网络中抽象出来的,因此它们不仅可以用来描述晶体管,也可以用来描述任意一个线性网络. 本书中我们将主要用 y 参数描述线性网络和晶体管小信号模型,在必要的时候也会涉及其他几个参数.

用 y 参数表示的共射组态的晶体管模型如图 2-4. 其中脚标"i"表示输入、"f"表示正向传输、"r"表示反向传输、"o"表示输出,而脚标"e"表示所示等效电路为共射接法. 相应地,脚标"b"表示共基接法、脚标"c"表示共集接法.

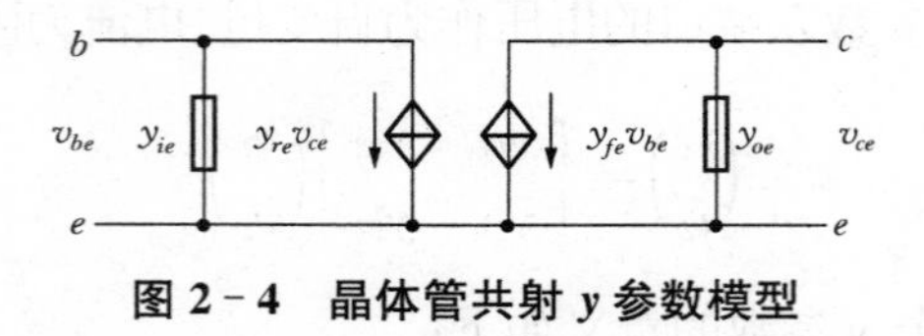

图 2-4 晶体管共射 y 参数模型

根据图 2-4 可以列出网络方程如下:

$$\begin{cases} i_b = y_{ie} v_{be} + y_{re} v_{ce} \\ i_c = y_{fe} v_{be} + y_{oe} v_{ce} \end{cases} \tag{2.5}$$

其中 y_{ie}（也就是共射组态下的 y_{11}）是输出短路时的输入导纳；y_{oe}（y_{22}）是输入短路时的输出导纳；y_{fe}（y_{21}）是输出短路时的正向传输跨导，表示了晶体管的放大作用；y_{re}（y_{12}）是输入短路时的反向传输跨导，表示了晶体管内部的反馈作用.

二、参数之间的转换

前面说到，在分析晶体管电路时常常用 y，z，h 这 3 种参数，而在网络级联时，A 参数则显得非常有用. 但是生产厂商给出的晶体管参数常常只是其中某一种，有时也以物理模型参数给出. 即使设计者自己测量，也会囿于测量仪器而只能得到某一种参数. 所以不同网络参数（以及晶体管物理参数）之间有时需要转换.

由于 y，z，h，A 这 4 种参数的变量一致，因此它们之间的转换可以直接从定义出发得到. 例如，比较(2.1)式和(2.2)式可以知道，y 参数矩阵和 z 参数矩阵之间互为逆阵. 同样，其余参数的转换也都可以通过矩阵的线性变换得到.

表 2-1 给出了这 4 种网络参数之间的变换关系. 其中 Δy，Δz，Δh 和 ΔA 分别表示矩阵对应的行列式，例如 $\Delta y = y_{11}y_{22} - y_{12}y_{21}$.

表 2-1 y, z, h, A 参数之间的变换关系

源参数	目标参数			
	[y]	[z]	[h]	[A]
[y]	$\begin{bmatrix} y_{11} & y_{12} \\ y_{21} & y_{22} \end{bmatrix}$	$\frac{1}{\Delta y}\begin{bmatrix} y_{22} & -y_{12} \\ -y_{21} & y_{11} \end{bmatrix}$	$\frac{1}{y_{11}}\begin{bmatrix} 1 & -y_{12} \\ y_{21} & \Delta y \end{bmatrix}$	$-\frac{1}{y_{21}}\begin{bmatrix} y_{22} & 1 \\ \Delta y & y_{11} \end{bmatrix}$
[z]	$\frac{1}{\Delta z}\begin{bmatrix} z_{22} & -z_{12} \\ -z_{21} & z_{11} \end{bmatrix}$	$\begin{bmatrix} z_{11} & z_{12} \\ z_{21} & z_{22} \end{bmatrix}$	$\frac{1}{z_{22}}\begin{bmatrix} \Delta z & z_{12} \\ -z_{21} & 1 \end{bmatrix}$	$\frac{1}{z_{21}}\begin{bmatrix} z_{11} & \Delta z \\ 1 & z_{22} \end{bmatrix}$
[h]	$\frac{1}{h_{11}}\begin{bmatrix} 1 & -h_{12} \\ h_{21} & \Delta h \end{bmatrix}$	$\frac{1}{h_{22}}\begin{bmatrix} \Delta h & h_{12} \\ -h_{21} & 1 \end{bmatrix}$	$\begin{bmatrix} h_{11} & h_{12} \\ h_{21} & h_{22} \end{bmatrix}$	$-\frac{1}{h_{21}}\begin{bmatrix} \Delta h & h_{11} \\ h_{22} & 1 \end{bmatrix}$
[A]	$\frac{1}{A_{12}}\begin{bmatrix} A_{22} & -\Delta A \\ -1 & A_{11} \end{bmatrix}$	$\frac{1}{A_{21}}\begin{bmatrix} A_{11} & \Delta A \\ 1 & A_{22} \end{bmatrix}$	$\frac{1}{A_{22}}\begin{bmatrix} A_{12} & \Delta A \\ -1 & A_{21} \end{bmatrix}$	$\begin{bmatrix} A_{11} & A_{12} \\ A_{21} & A_{22} \end{bmatrix}$

另外，考虑到晶体管还有 3 种不同的组态. 通常通过数据手册或测量只能得到某一种组态的参数，所以在组态不同时还要考虑参数的相互转换.

不同组态之间的参数转换可以通过以下方法进行：将一个组态的电路交换输入输出端点后，得到另一个组态的结构，然后在新组态下求得相应的参数. 如图 2-5 就是将图 2-4 改接成共基组态，但其中的参数仍然是用共射的参数. 注意到改接后由于端点交换，输入输出的变量改变了，受控源的控制电压要作相应的调整. 图 2-4 中的 v_{be} 在图 2-5 中要改写为 v_{eb}，v_{ce} 要改写为 $v_{cb}-v_{eb}$.

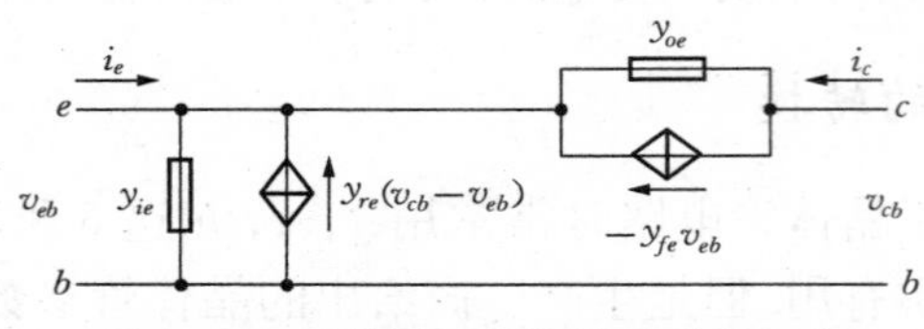

图 2-5　用共射 y 参数表示共基组态

根据图 2-5 可以求出共射组态的 y 参数与共基组态的 y 参数的转换关系. 例如，y_{11} 的定义是输出短路时的输入电流比输入电压，在图 2-5 中，将输出短路后，输入电流为

$$\begin{aligned} i_e &= y_{ie}v_{eb} - y_{re}(v_{cb}-v_{eb}) - (-y_{fe}v_{eb}) + y_{oe}v_{eb} \\ &= (y_{ie}+y_{re}+y_{fe}+y_{oe})v_{eb} \end{aligned}$$

所以 $y_{ib}=\dfrac{i_e}{v_{eb}}=y_{ie}+y_{re}+y_{fe}+y_{oe}$.

用同样的方法可以得到其他组态的换算关系. 表 2-2 给出晶体管 3 种组态的 y 参数换算关系，其中 $\sum y_e = y_{ie}+y_{re}+y_{fe}+y_{oe}$，其余类推.

表 2-2　3 种组态的 y 参数之间的换算关系

共发射极	共基极	共集电极
$\begin{bmatrix} y_{ie} & y_{re} \\ y_{fe} & y_{oe} \end{bmatrix}$	$\begin{bmatrix} \sum y_e & -(y_{re}+y_{oe}) \\ -(y_{fe}+y_{oe}) & y_{oe} \end{bmatrix}$	$\begin{bmatrix} y_{ie} & -(y_{ie}+y_{re}) \\ -(y_{ie}+y_{fe}) & \sum y_e \end{bmatrix}$
$\begin{bmatrix} \sum y_b & -(y_{rb}+y_{ob}) \\ -(y_{fb}+y_{ob}) & y_{ob} \end{bmatrix}$	$\begin{bmatrix} y_{ib} & y_{rb} \\ y_{fb} & y_{ob} \end{bmatrix}$	$\begin{bmatrix} \sum y_b & -(y_{ib}+y_{fb}) \\ -(y_{ib}+y_{rb}) & y_{ib} \end{bmatrix}$
$\begin{bmatrix} y_{ic} & -(y_{ic}+y_{rc}) \\ -(y_{ic}+y_{fc}) & \sum y_c \end{bmatrix}$	$\begin{bmatrix} \sum y_c & -(y_{ic}+y_{fc}) \\ -(y_{ic}+y_{rc}) & y_{ic} \end{bmatrix}$	$\begin{bmatrix} y_{ic} & y_{rc} \\ y_{fc} & y_{oc} \end{bmatrix}$

在一些晶体管数据手册中，晶体管参数会以上一小节提到的物理模型的形式给出. 晶体管物理模型参数到网络形式参数的变换，可以根据等效电路直接列节点方程求解. 例如，根据图 2-1 可列以下节点方程：

$$\begin{cases} i_b = (1/r_\pi + j\omega C_\pi)v_{be} + (1/r_\mu + j\omega C_\mu)(v_{be} - v_{ce}) \\ i_c = g_m v_{be} + v_{ce}/r_{ce} + (1/r_\mu + j\omega C_\mu)(v_{ce} - v_{be}) \\ v_{BE} = i_b r_b + v_{be} + (i_b + i_c)r_e \\ v_{CE} = i_c r_c + v_{ce} + (i_b + i_c)r_e \end{cases} \tag{2.6}$$

通常上述方程适合于计算机求解. 在手工分析和计算过程中为了方便运算和突出主要因素,需要进行合理的近似和简化.

一种常见的近似是认为晶体管的 r_e 和 r_c 很小,可以忽略. 若在(2.6)式中忽略 r_e 和 r_c,消去 v_{be},可得到(2.7)式. 为了使结果简洁,式中令 $y_{be} = 1/r_\pi + j\omega C_\pi$, $y_{bc} = 1/r_\mu + j\omega C_\mu$.

$$\begin{cases} i_b = \dfrac{y_{be} + y_{bc}}{1 + r_b(y_{be} + y_{bc})}v_{BE} - \dfrac{y_{bc}}{1 + r_b(y_{be} + y_{bc})}v_{CE} \\ i_c = \dfrac{g_m - y_{bc}}{1 + r_b(y_{be} + y_{bc})}v_{BE} + \left[\dfrac{1}{r_{ce}} + \dfrac{1 + r_b(y_{be} + g_m)}{1 + r_b(y_{be} + y_{bc})}y_{bc}\right]v_{CE} \end{cases} \tag{2.7}$$

将(2.7)式与(2.5)式比较,注意到(2.5)式中的 v_{be} 和 v_{ce} 相当于(2.7)式的 v_{BE} 和 v_{CE},可得到用物理参数表达的晶体管 y 参数:

$$\begin{cases} y_{ie} = \dfrac{y_{be} + y_{bc}}{1 + r_b(y_{be} + y_{bc})} \\ y_{oe} = \dfrac{1}{r_{ce}} + \dfrac{1 + r_b(y_{be} + g_m)}{1 + r_b(y_{be} + y_{bc})}y_{bc} \\ y_{fe} = \dfrac{g_m - y_{bc}}{1 + r_b(y_{be} + y_{bc})} \\ y_{re} = \dfrac{-y_{bc}}{1 + r_b(y_{be} + y_{bc})} \end{cases} \tag{2.8}$$

其中, $y_{be} = 1/r_\pi + j\omega C_\pi$, $y_{bc} = 1/r_\mu + j\omega C_\mu$.

例 2-1 晶体管 2N3904 的典型参数如下: $r_b = 10\ \Omega$, $r_\pi = 3.5\ k\Omega$, $r_\mu = 5\ M\Omega$, $r_{ce} = 120\ k\Omega$, $C_\pi = 4.5\ pF$, $C_\mu = 3.6\ pF$, $g_m = 38\ mS$. 试研究在 1 kHz, 1 MHz和 100 MHz 频率下的 y 参数.

解 将 $\omega = 2\pi f$ 代入(2.8)式,可以得到该晶体管在上述频率下的 y 参数如下:

当 $f = 1\ kHz$ 时,

$$y_{ie} \approx 0.29(mS)$$

$$y_{oe} \approx 8.6(\mu S)$$

$$y_{\mathrm{fe}} \approx 38(\mathrm{mS})$$

$$|y_{re}| = 0.20(\mu\mathrm{S}),\ \angle y_{re} = -173° \approx -180°$$

当 $f = 1$ MHz 时,

$$y_{ie} = (0.29 + \mathrm{j}0.05)(\mathrm{mS})$$

$$y_{oe} = (8.6 + \mathrm{j}31)(\mu\mathrm{S})$$

$$|y_{fe}| = 38(\mathrm{mS}),\ \angle y_{fe} = -0.06°$$

$$|y_{re}| = 22.6(\mu\mathrm{S}),\ \angle y_{re} = -90.5°$$

当 $f = 100$ MHz 时,

$$y_{ie} = (0.54 + \mathrm{j}5.1)(\mathrm{mS})$$

$$y_{oe} = (0.10 + \mathrm{j}3.1)(\mathrm{mS})$$

$$|y_{fe}| = 38(\mathrm{mS}),\ \angle y_{fe} = -6.3°$$

$$|y_{re}| = 2.3(\mathrm{mS}),\ \angle y_{re} = -92.9°$$

从本例的结果,我们看到所有参数在低频时基本都为实数(y_{re}可以近似为一个负实数),而在高频时都变为复数.

在高频时晶体管的 y_{ie}和 y_{oe}出现正虚部,表示出现容纳. 通常可以将 y_{ie}和 y_{oe}分别表示为

$$y_{ie} = \mathrm{Re}(y_{ie}) + \mathrm{j}\mathrm{Im}(y_{ie}) = g_{ie} + \mathrm{j}\omega C_{ie} \tag{2.9}$$

$$y_{oe} = \mathrm{Re}(y_{oe}) + \mathrm{j}\mathrm{Im}(y_{oe}) = g_{oe} + \mathrm{j}\omega C_{oe} \tag{2.10}$$

其中 g_{ie}和 g_{oe}为输入电导和输出电导,C_{ie}和 C_{oe}为输入电容和输出电容.

可以计算,在本例中 $C_{ie} \approx 8$ pF, $C_{oe} \approx 5$ pF. 这正是两个结电容的作用(但需注意其值并不等于结电容).

一般情况下只要频率不是很高,y_{fe}的变化不是很大,模基本不变(大致上就是 g_m),只是增加了少许相移. 该晶体管的特征频率 $f_T = 300$ MHz, 可以计算即使在该频率下,y_{fe}的模仍然基本不变,辐角为$-19°$左右.

变化最为剧烈的是 y_{re},从低频到 100 MHz,其模从 0.20 μS 变到 2.3 mS,并且产生很大相移. 若频率进一步增加,其变化将更加剧烈. 这表示由于 C_μ 的影响,在晶体管中产生了强烈的内反馈.

§2.2 高频小信号放大器的增益和频率特性

高频小信号放大器通常用在接收设备的前级放大,要放大的信号具有以下特

点:信号比较微弱,频率很高但是相对带宽比较窄.所以高频小信号放大器通常具有如下特点:

(1) 电路工作在线性状态,可以用小信号线性化近似方法进行分析研究;

(2) 由于信号微弱,要求考虑降低电路自身的噪声(低噪声放大器);

(3) 同样由于信号微弱,要求放大器具有足够的增益;

(4) 考虑到信号频带较窄,放大器的相对带宽可以较窄(窄带放大器或选频放大器),这样可以有效降低各种外来噪声,为此在电路中通常带有选频网络.选频网络可以是 LC 谐振回路,也可以是固体谐振器.当选频网络是 LC 谐振回路时,选频网络还常常兼有阻抗匹配功能.

采用晶体管和 LC 谐振回路构成的分立元件放大电路,是高频放大电路的基础,也是本章主要讨论的对象.晶体管高频小信号放大器常常有图 2-6 的结构.

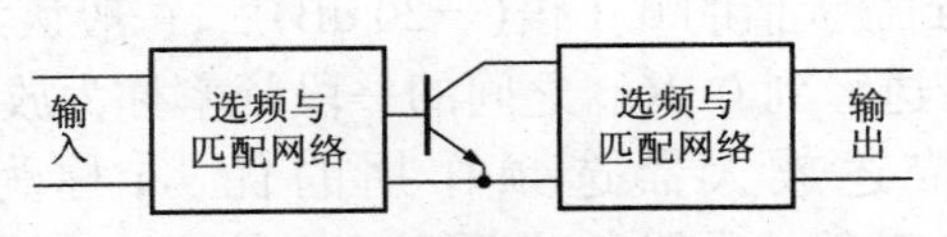

图 2-6　晶体管高频小信号放大器的结构

另外,随着集成电路技术和固体谐振器的发展,采用高频宽带集成放大电路、固体谐振器等构成集成高频放大电路,是目前高频小信号放大电路的发展方向,对此本章将作简要介绍.

高频小信号放大器的几个重要指标如下.

一、增益

增益(gain)指放大器的放大能力,在高频放大器中通常指整个频带中最大的增益或中心频率的增益.可以用电压增益(voltage gain)表示,是输出电压与输入电压的比值.但在高频放大器中更多的是用功率增益(power gain),即输出功率与输入功率的比值表示.在高频电路中电压增益和功率增益常常用分贝(dB)分别表示为

$$G_v = 20\lg\frac{V_{\text{out}}}{V_{\text{in}}}(\text{dB}) \tag{2.11}$$

$$G_p = 10\lg\frac{P_{\text{out}}}{P_{\text{in}}}(\text{dB}) \tag{2.12}$$

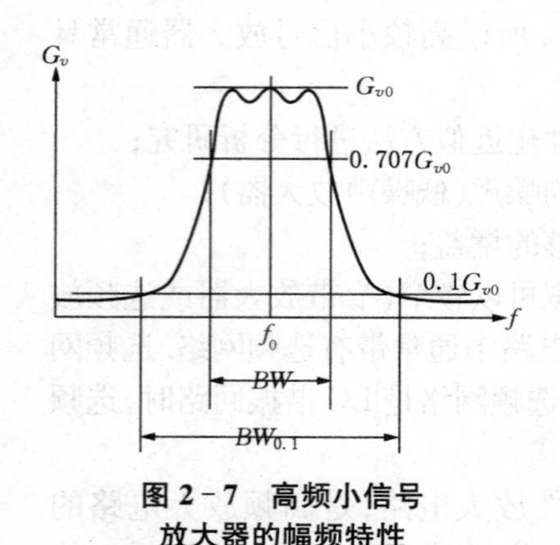

图 2-7 高频小信号放大器的幅频特性

二、中心频率与通频带、选择性

由于高频小信号放大器是一个选频放大器,因此对于不同的频率,放大器的放大能力是不同的,其幅频特性可以用图 2-7 来描述.

通常,小信号放大器的幅频特性是关于中心频率对称的,通频带是指放大器的电压增益在 0.707 之上波动,即电压增益波动 3 dB 的一个频率范围.也可以定义其他指标参数,例如,在残留边带系统中,中心频率不在通频带的中心;在一些要求较高的电路中,可以定义在通频带内的电压波动不得超过 1 dB 等.

当电压增益下降到最大值的 0.1 倍(−20 dB)后,一般认为放大器已经失去放大作用,所以将通频带边缘到 $0.1G_{v0}$ 之间的一段频率称为放大器的过渡带,而用比值 $BW_{0.1}/BW$ 来描述放大器选频作用的优劣,称为放大器的选择性(selectivity).在一些特殊的放大器中,也可以定义其他的选择性指标.但不管怎样定义,它总是与中心频率的增益和邻近频率的增益的比值有关.

三、噪声系数

任何放大器不可避免会引入噪声,通常用噪声系数 NF(noise figure)描述放大器自身噪声大小.

四、动态范围

动态范围(dynamic range)指放大器能够进行正常放大的信号电平或功率的上下限.动态范围的下限由系统的信噪比确定,也称为放大器的灵敏度;上限则由放大器的非线性失真确定.

五、其他指标

还有一些描述放大器的其他指标,如放大器的稳定性(stability)、描述放大器与前后级匹配程度的输入电压驻波比和输出电压驻波比等.

本节讨论晶体管小信号放大器的增益和频率特性,其余指标将在后续各小节讨论.

2.2.1 晶体管小信号调谐放大器

常见的一种高频小信号放大器结构是以 LC 谐振回路作为图 2－6 中的选频与阻抗匹配网络，称为谐振放大器(resonant amplifier). 根据谐振回路形式的不同，可以分为单调谐回路放大器和双调谐回路放大器两种. 图 2－8 是晶体管单调谐回路小信号放大器的典型电路.

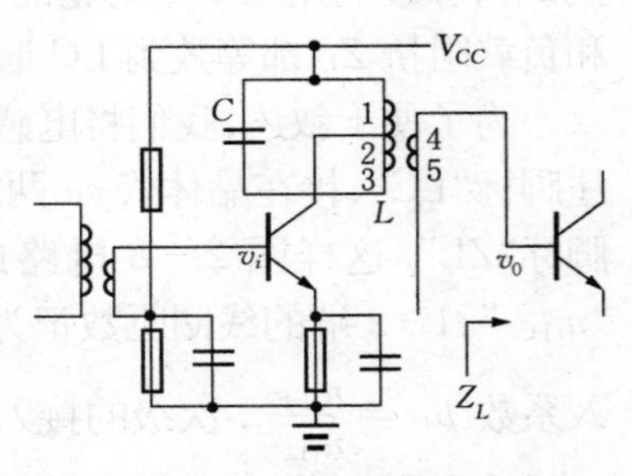

图 2－8 晶体管单调谐回路小信号放大器

由于在高频情况下晶体管内部存在内反馈，因此对晶体管高频电路进行分析比较复杂. 实际的高频放大器有可能因内反馈而出现不稳定状态，因此都必须采取一定的措施消除或减弱晶体管内反馈的影响. 为了能够简便地得到主要的分析结果，我们在下面的分析中，假定电路内已经采取一定的措施消除或减弱了晶体管内部反馈的影响(单向化近似).

在单向化近似后，认为晶体管没有内部反馈. 例如，用 y 参数模型等效晶体管时可以忽略 y_{12} 参数，等等. 在单向化近似条件下，图 2－8 电路的交流小信号等效电路如图 2－9. 图 2－9 中晶体管采用 y 参数模型，但由于单向化近似而忽略 y_{re} 参数. g_0 是 LC 谐振回路的固有损耗电导. g_L 和 C_L 是后级的负载电导与负载电容. 由于负载是后级晶体管的输入阻抗，从前面关于晶体管的等效电路的讨论可知晶体管的输入阻抗通常带有容抗，因此用电导和电容等效.

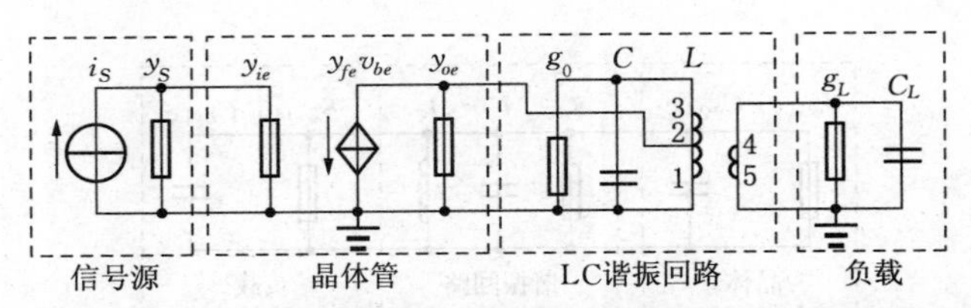

图 2－9 晶体管单调谐回路小信号放大器的交流等效电路

一、频率特性

由于单向化近似，图 2－9 中晶体管的输入回路和输出回路分开. 在这种情况下，若假设晶体管在工作频带内特性不变，则放大器的频率特性纯粹由谐振回路确定. 根据第 1 章关于 LC 谐振回路的讨论，放大器的频率特性应该如图 1－9 所示.

为了进一步讨论谐振回路的幅频特性,需要知道所有连接在 LC 谐振回路上的等效负载. 在图 2-9 中,LC 回路的等效负载由晶体管的输出参数 y_{oe} 和负载阻抗 Z_L 构成. 利用第 1 章讨论的变压器阻抗变换关系,可以将晶体管的输出参数 y_{oe} 和负载阻抗 Z_L 都等效到 LC 谐振回路的两端.

为了便于叙述,我们将电感线圈各部分做个记号:接在 LC 回路两端的部分加注脚标"LC",接在晶体管 ce 两端的部分加注脚标"CE",接在负载两端的部分加注脚标"ZL". 这样图 2-8 电路或图 2-9 等效电路中 1-3 端的线圈匝数记为"$n_{(LC)}$",1-2 端的线圈匝数记为"$n_{(CE)}$",4-5 端的匝数记为"$n_{(ZL)}$". 并记初级的接入系数 $p_1=\dfrac{n_{(CE)}}{n_{(LC)}}$,次级的接入系数 $p_2=\dfrac{n_{(ZL)}}{n_{(LC)}}$. 将等效到电感线圈各部分的其余参数加注同样的脚标.

因为所有电感都是紧耦合,晶体管的输出导纳 y_{oe} 等效到 LC 谐振回路的两端后为

$$y_{oe(LC)}=\left(\frac{n_{(CE)}}{n_{(LC)}}\right)^2 y_{oe},\text{即}\begin{cases}g_{oe(LC)}=p_1^2 g_{oe}\\C_{oe(LC)}=p_1^2 C_{oe}\end{cases}\tag{2.13}$$

负载导纳 y_L 等效到 LC 谐振回路的两端后为

$$y_{L(LC)}=\left(\frac{n_{(ZL)}}{n_{(LC)}}\right)^2 y_L,\text{即}\begin{cases}g_{L(LC)}=p_2^2 g_L\\C_{L(LC)}=p_2^2 C_L\end{cases}\tag{2.14}$$

经过这样等效以后,图 2-9 中晶体管的输出回路可以改画成图 2-10 的形式.

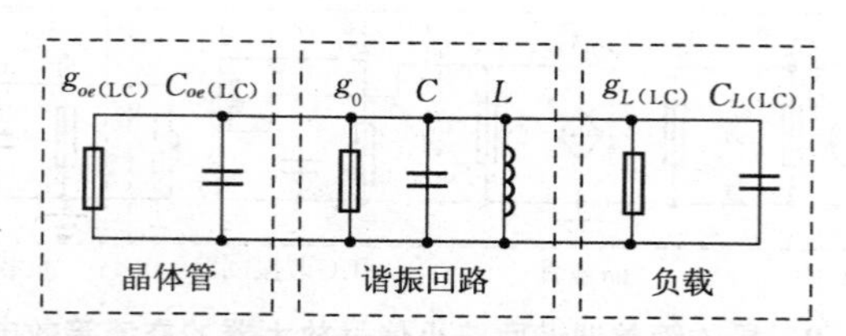

图 2-10　晶体管单调谐回路小信号放大器输出回路的等效电路

图 2-10 的 LC 回路中的所有电容与电导可以分别合并,合并以后 LC 回路两端的总电容和总电导分别为

$$\begin{cases}C_\Sigma=C+C_{oe(LC)}+C_{L(LC)}\\g_\Sigma=g_0+g_{oe(LC)}+g_{L(LC)}\end{cases}\tag{2.15}$$

所以,LC 谐振回路的谐振频率为

$$\omega_0 = \frac{1}{\sqrt{LC_\Sigma}} = \frac{1}{\sqrt{L(C + C_{oe(\mathrm{LC})} + C_{L(\mathrm{LC})})}} \tag{2.16}$$

LC 谐振回路的有载品质因数为

$$Q_L = \frac{1}{\omega_0 L g_\Sigma} = \frac{\omega_0 C_\Sigma}{g_\Sigma} = Q_0 \frac{g_0}{g_\Sigma} \tag{2.17}$$

其中, $Q_0 = \frac{1}{\omega_0 L g_0} = \frac{\omega_0 C_\Sigma}{g_0}$ 是 LC 谐振回路的空载品质因数.

带宽为

$$BW = \frac{f_0}{Q_L} = \frac{\omega_0}{2\pi Q_L} \tag{2.18}$$

放大器的归一化幅频特性为

$$H(\omega) = \frac{1}{\sqrt{1+\xi^2}} \approx \frac{1}{\sqrt{1+\left(Q_L \frac{2\Delta\omega}{\omega_0}\right)^2}} \tag{2.19}$$

可见晶体管单调谐回路小信号放大器的频率特性取决于 LC 谐振回路,但需注意要将晶体管与负载中的电纳与电抗分量全部等效到谐振回路中去.

二、功率增益

为简化问题,先考虑一个在单向化近似条件下带负载的晶体管共射放大器电路如图 2-11,其中$y_{L(\mathrm{CE})}$是等效到晶体管输出端的负载导纳,

$$y_{L(\mathrm{CE})} = g_{L(\mathrm{CE})} + \mathrm{j}b_{L(\mathrm{CE})}$$

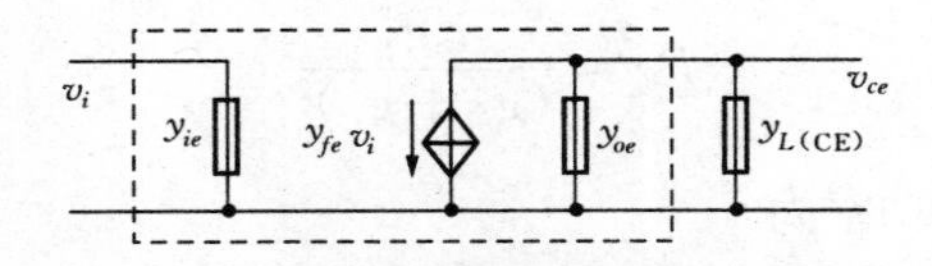

图 2-11　带负载的晶体管共射 y 参数模型

放大器等效到晶体管输出端的电压增益为

$$G_{v(\mathrm{CE})} = \frac{v_{ce}}{v_i} = -\frac{y_{fe}v_i/(y_{oe}+y_{L(\mathrm{CE})})}{v_i} = -\frac{y_{fe}}{y_{oe}+y_{L(\mathrm{CE})}} \tag{2.20}$$

功率增益为

$$G_p=\frac{P_o}{P_i}=\frac{|v_{ce}|^2 g_{L(\mathrm{CE})}}{|v_i|^2 g_{ie}}=|G_v|^2\frac{g_{L(\mathrm{CE})}}{g_{ie}}=\frac{|y_{fe}|^2\cdot g_{L(\mathrm{CE})}}{|y_{oe}+y_{L(\mathrm{CE})}|^2\cdot g_{ie}} \tag{2.21}$$

当输出端阻抗共轭匹配时,在负载上将得到最大功率.共轭匹配就是输出电导与负载电导相等,而电纳部分互相抵消,即 $g_{oe}=g_{L(\mathrm{CE})}$, $b_{oe}=-b_{L(\mathrm{CE})}$. 此时有 $y_{oe}+y_{L(\mathrm{CE})}=2g_{oe}$. 将这些关系代入(2.21)式,可以得到阻抗匹配时的功率增益为

$$G_{p\max}=\frac{|y_{fe}|^2}{4g_{oe}g_{ie}} \tag{2.22}$$

上式表达了理想放大器可能达到的最大功率增益,称为放大器的额定功率增益(rated power gain). 由此式可知,晶体管放大器的额定功率增益只与晶体管参数有关,而与电路参数无关,所以是选择晶体管的一个重要依据.

回到图 2-8 的晶体管单调谐回路小信号放大器. 在理想情况下,选频网络不损耗能量,所以(2.22)式表达的就是阻抗匹配条件下晶体管输入到后级负载的最大功率增益. 由于负载导纳等效到晶体管集电极后,其中虚部(电抗部分)可以合并至谐振回路,故阻抗匹配的条件就是

$$g_{L(\mathrm{CE})}=\left(\frac{n_{(\mathrm{ZL})}}{n_{(\mathrm{CE})}}\right)^2 g_L=\left(\frac{p_2}{p_1}\right)^2 g_L=g_{oe}\ \text{或}\ p_2^2 g_L=p_1^2 g_{oe} \tag{2.23}$$

下面考虑 LC 谐振回路的插入损耗的影响.

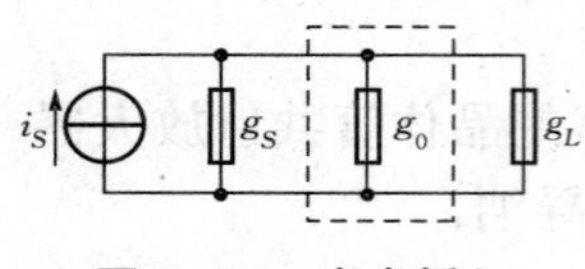

图 2-12 考虑插入损耗的模型

由于 LC 回路中引起损耗的只是其损耗电导,为了方便讨论,图 2-12 略去了与损耗无关的元件. 其中 g_S 是源电导,g_L 是负载电导,g_0 是 LC 谐振回路的损耗电导.

图 2-12 中,不考虑 g_0 时的输出功率为

$$P_o=\frac{i_S^2 g_L}{(g_S+g_L)^2} \tag{2.24}$$

考虑 g_0 后的输出功率为

$$P_o'=\frac{i_S^2 g_L}{(g_S+g_L+g_0)^2} \tag{2.25}$$

考虑谐振回路的损耗后,功率下降的比例为

$$\frac{P'_o}{P_o}=\frac{(g_S+g_L)^2}{(g_S+g_L+g_0)^2}=\left(1-\frac{g_0}{g_\Sigma}\right)^2 \tag{2.26}$$

其中 g_Σ 是 LC 谐振回路的总负载电导，g_0 是 LC 谐振回路空载损耗电导. 通常称此比例的倒数为插入损耗(insertion loss，简称为 IL)，表示谐振回路本身损耗引起的功率增益下降. 由于 Q 值与负载电导成反比，所以上式中 $\frac{g_0}{g_\Sigma}=\frac{Q_L}{Q_0}$. 这样，用 dB 表示的插入损耗为

$$IL(\mathrm{dB})=10\lg\left[1\bigg/\left(1-\frac{Q_L}{Q_0}\right)^2\right] \tag{2.27}$$

所以，在阻抗匹配条件下考虑插入损耗后，放大器的功率增益将为

$$G_p=G_{p\max}\cdot\left(1-\frac{Q_L}{Q_0}\right)^2 \quad 或\ G_p(\mathrm{dB})=G_{p\max}(\mathrm{dB})-IL(\mathrm{dB}) \tag{2.28}$$

前面讨论的情况都基于阻抗匹配考虑，下面讨论阻抗不匹配的情况. 为了方便讨论，先考虑一个只有信号源和负载的最简单情况如图2-13.

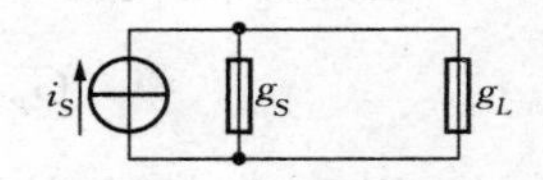

图 2-13 考虑阻抗匹配问题的模型

在图 2-13 中，g_s 为信号源电导，g_L 为负载电导. 负载上得到的输出功率为

$$P_o=\frac{i_S^2 g_L}{(g_S+g_L)^2} \tag{2.29}$$

当阻抗匹配(即 $g_L=g_S$)时，输出功率为

$$P_{o\max}=i_S^2/4g_S \tag{2.30}$$

若信号源为电压源，按照同样方法可得输出功率为

$$P_{o\max}=v_S^2/4r_S \tag{2.31}$$

其中 r_S 是信号源内阻.

(2.30)式和(2.31)式表示的是信号源可能输出的最大功率，称为额定输出功率(rated output power). 显然额定输出功率只与信号源有关，与负载无关.

当信号源与负载阻抗不匹配时，设 $g_L=\gamma g_S$，则由(2.29)式可得输出功率为

$$P'_o=\frac{i_S^2 g_L}{(g_S+g_L)^2}=\frac{i_S^2\cdot\gamma g_S}{g_S^2(1+\gamma)^2}=P_{o\max}\cdot\frac{4\gamma}{(1+\gamma)^2} \tag{2.32}$$

可见,阻抗不匹配引起的功率增益下降比例为 $\frac{4\gamma}{(1+\gamma)^2}$. 其中 $\gamma = g_L/g_s$ 称为失配系数(dismatch coeffectient),阻抗匹配时 $\gamma = 1$.

通常将此比例的倒数称为失配损耗(dismatch loss,简称为 DL),常用 dB 表示,即有

$$DL(\text{dB}) = 10\lg\frac{(1+\gamma)^2}{4\gamma} \tag{2.33}$$

回到图 2-8 电路,$\gamma = \frac{g_{L(\text{CE})}}{g_{oe}} = \frac{n_{(\text{ZL})}^2 g_L}{n_{(\text{CE})}^2 g_{oe}} = \frac{p_2^2 g_L}{p_1^2 g_{oe}}$, 所以其失配损耗为

$$DL(\text{dB}) = 10\lg\frac{(1+\gamma)^2}{4\gamma} = 10\lg\frac{(p_1^2 g_{oe} + p_2^2 g_L)^2}{4p_1^2 p_2^2 \cdot g_{oe} g_L} \tag{2.34}$$

显然,同时考虑匹配网络的插入损耗和不匹配影响后,放大器的功率增益为

$$G_p(\text{dB}) = G_{p\max}(\text{dB}) - IL(\text{dB}) - DL(\text{dB}) \tag{2.35}$$

例 2-2 已知某收音机中的晶体管调谐放大器电路如图 2-8,调谐频率 $f_0 = 465$ kHz, $BW = 10$ kHz. 其中晶体管 y 参数如下:$g_{ie} = 400\ \mu$S, $C_{ie} = 120$ pF, $|y_{fe}| = 40$ mS, $g_{oe} = 60\ \mu$S, $C_{oe} = 2.5$ pF. 高频变压器初级电感 $L = 576\ \mu$H, $Q_0 = 150$,匝数 $n_{13} = 117$ 匝. 假设后级放大器与本级相同,试求在阻抗匹配条件下的谐振电容 C、高频变压器的初级抽头匝数 n_{12} 和次级匝数 n_{45}、放大器的功率增益.

解 首先根据上述参数计算电导,

$$Q_L = \frac{f_0}{BW} = \frac{465\times 10^3}{10\times 10^3} = 46.5$$

$$g_\Sigma = \frac{1}{Q_L\omega_0 L} = \frac{1}{46.5\times 2\pi\times 465\times 10^3\times 576\times 10^{-6}} = 12.78(\mu\text{S})$$

$$g_0 = \frac{1}{Q_0\omega_0 L} = \frac{1}{150\times 2\pi\times 465\times 10^3\times 576\times 10^{-6}} = 3.96(\mu\text{S})$$

因为后级放大器与本级相同,所以

$$g_L = g_{ie} = 400(\mu\text{S})$$
$$C_L = C_{ie} = 120(\text{pF})$$

根据 g_Σ 的定义以及匹配的要求,有

$$\begin{cases} p_1^2 g_{oe} + p_2^2 g_L + g_0 = g_\Sigma \\ p_1^2 g_{oe} = p_2^2 g_L \end{cases}$$

所以

$$p_1 = \frac{n_{(\mathrm{CE})}}{n_{(\mathrm{LC})}} = \sqrt{\frac{g_\Sigma - g_0}{2g_{oe}}} = \sqrt{\frac{12.78 - 3.96}{2 \times 60}} = 0.271$$

$$p_2 = \frac{n_{(\mathrm{ZL})}}{n_{(\mathrm{LC})}} = \sqrt{\frac{g_\Sigma - g_0}{2g_L}} = \sqrt{\frac{12.78 - 3.96}{2 \times 400}} = 0.105$$

$$n_{12} = n_{(\mathrm{CE})} = n_{(\mathrm{LC})} \cdot p_1 = 117 \times 0.271 \approx 31(\text{匝})$$

$$n_{45} = n_{(\mathrm{ZL})} = n_{(\mathrm{LC})} \cdot p_2 = 117 \times 0.105 \approx 12(\text{匝})$$

下面计算谐振电容:

$$C_\Sigma = \frac{1}{(2\pi f_0)^2 L} = \frac{1}{(2\pi \times 465 \times 10^3)^2 \times 576 \times 10^{-6}} \approx 203.4(\mathrm{pF})$$

$$C_{oe(\mathrm{LC})} = p_1^2 C_{oe} = (0.271)^2 \times 2.5 \approx 0.18(\mathrm{pF})$$

$$C_{L(\mathrm{LC})} = p_2^2 C_L = (0.105)^2 \times 120 \approx 1.32(\mathrm{pF})$$

所以外加的谐振电容为

$$C = C_\Sigma - C_{oe(\mathrm{LC})} - C_{L(\mathrm{LC})} = 201.9(\mathrm{pF})$$

由于电路中总还存在一些由管脚、引线之类造成的分布电容,因此在实际电路中选用 200 pF 的云母电容或高频瓷片电容. 通常收音机中的高频变压器可以微调 L,所以可以使电路最终准确谐振在 465 kHz.

下面计算功率增益. 由于前面的计算中已经设定前后级阻抗匹配,因此在计算中仅仅需要考虑插入损耗(需要考虑失配损耗的例子可参见习题 2.3):

$$IL(\mathrm{dB}) = 10\lg\left[1\Big/\left(1 - \frac{Q_L}{Q_0}\right)^2\right] = 10\lg\left[1\Big/\left(1 - \frac{46.5}{150}\right)^2\right] \approx 3(\mathrm{dB})$$

$$G_p(\mathrm{dB}) = 10\lg\left[\frac{|y_{fe}|^2}{4g_{oe}g_{ie}}\right] - IL(\mathrm{dB}) = 10\lg\left[\frac{(40 \times 10^{-3})^2}{4 \times 60 \times 10^{-6} \times 400 \times 10^{-6}}\right] - 3$$

$$\approx 39(\mathrm{dB})$$

三、电压增益与增益带宽积

再考虑图 2-8 小信号放大器的电压增益,它应该是后级输入电压与本级输入电压之比,即 $G_v = \frac{v_o}{v_i}$. 由于 $G_p = \frac{v_o^2 g_L}{v_i^2 g_{ie}} = G_v^2 \frac{g_L}{g_{ie}}$, 因此

$$G_v = \sqrt{G_p \frac{g_{ie}}{g_L}} \tag{2.36}$$

现在考虑理想放大器的电压增益,将(2.22)式、(2.23)式代入上式,有

$$G_{v\max} = \frac{|y_{fe}|}{2\sqrt{g_{oe}g_L}} = \frac{n_{(ZL)}}{n_{(CE)}} \cdot \frac{|y_{fe}|}{2g_{oe}} \tag{2.37}$$

再利用 $g_{oe} = \left(\frac{n_{(LC)}}{n_{(CE)}}\right)^2 g_{(LC)}$ 关系将 g_{oe} 等效到 LC 回路两端,则有

$$G_{v\max} = \frac{n_{(ZL)}n_{(CE)}}{n_{(LC)}^2} \cdot \frac{|y_{fe}|}{2g_{(LC)}} = p_1p_2 \cdot \frac{|y_{fe}|}{2g_{oe(LC)}} \tag{2.38}$$

显然,$2g_{oe(LC)}$ 就是在阻抗匹配条件下,晶体管输出电导和负载电导等效到 LC 回路的损耗电导. 由于这里考虑理想放大器,认为 LC 回路无损耗,因此在此条件下回路的 Q 值为 $Q_L = \frac{1}{2g_{oe(LC)}} \cdot \frac{1}{\omega_0 L}$, 放大器带宽为

$$BW = \frac{f_0}{Q_L} = \omega_0 L \cdot 2g_{oe(LC)} \cdot f_0 \tag{2.39}$$

定义谐振放大器最大电压增益与放大器带宽的乘积为增益带宽积(gain bandwidth productor,简称为 GBP). 将上述(2.38)式表示的电压增益与(2.39)式表示的带宽相乘,则有

$$GBP = G_{v\max} \cdot BW = p_1p_2 \cdot |y_{fe}| \omega_0 L \cdot f_0 = \frac{p_1p_2 \cdot |y_{fe}|}{2\pi C_\Sigma} \tag{2.40}$$

可见晶体管谐振放大器的增益带宽积在晶体管参数和谐振回路参数确定之后是一个常数.

以上对于单调谐放大器的讨论过程以及部分结论同样适合于双调谐放大器. 下面以互感耦合双调谐放大器为例进行讨论,电路如图 2-14 所示.

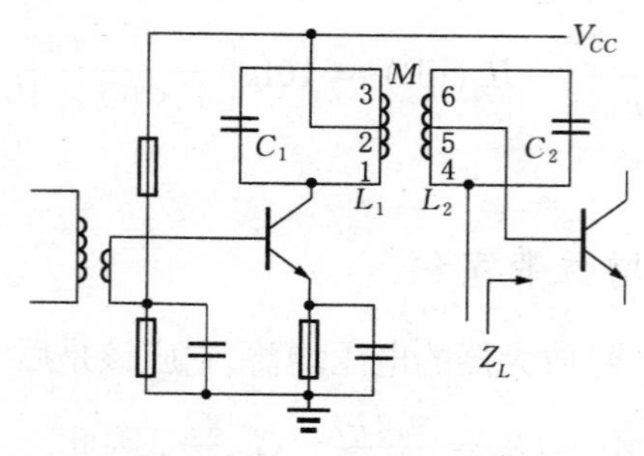

图 2-14　晶体管双调谐回路小信号放大器

图 2-14 中接入系数为 $p_1 = \dfrac{n_{12}}{n_{13}}$ 和 $p_2 = \dfrac{n_{45}}{n_{46}}$. 若谐振回路的固有损耗电导为 g_{01} 和 g_{02}，则有

$$\begin{cases} C_{\Sigma 1} = C_1 + C_{oe(\mathrm{LC})} = C_1 + p_1^2 C_{oe} \\ g_{\Sigma 1} = g_{01} + g_{oe(\mathrm{LC})} = g_{01} + p_1^2 g_{oe} \\ C_{\Sigma 2} = C_2 + C_{L(\mathrm{LC})} = C_2 + p_2^2 C_L \\ g_{\Sigma 2} = g_{02} + g_{L(\mathrm{LC})} = g_{02} + p_2^2 g_L \end{cases} \tag{2.41}$$

根据第 1 章关于耦合谐振回路的讨论，我们假定两个谐振回路对称，即 $L_1 = L_2 = L$, $C_{\Sigma 1} = C_{\Sigma 2} = C_\Sigma$, $g_{\Sigma 1} = g_{\Sigma 2} = g_\Sigma$. 显然，由于两个谐振回路对称时一般总有 $g_{01} = g_{02}$，因此双调谐回路放大器的接入系数要求满足

$$p_1^2 g_{oe} = p_2^2 g_L \tag{2.42}$$

在满足上述条件时，谐振频率为

$$f_0 = \frac{1}{2\pi\sqrt{LC_\Sigma}} \tag{2.43}$$

由于作了晶体管单向化处理，电路的频率特性曲线由谐振回路确定. 只要将这里的 C_Σ 和 g_Σ 代替第 1 章耦合谐振回路有关公式中相应的电容、电导参数，即可得到双调谐放大器的所有与其频率特性相关的结论，这里不再赘述.

下面继续讨论双调谐放大器的增益.

由前面的讨论知道，(2.22)式和(2.28)式描述了调谐放大器的额定功率增益和考虑谐振回路插入损耗后的功率增益. 由于(2.22)式和(2.28)式是从抽象的晶体管 y 参数模型得到的，因此它们应该适用于双调谐放大器. 下面我们证明这一点.

参照图 2-14 电路. 根据(1.44)式，在谐振频率上 $\xi = 0$，所以耦合谐振回路次级电压为 $v_{46} = \dfrac{i_{oe(\mathrm{LC})}}{g_\Sigma} \cdot \dfrac{\eta}{1+\eta^2}$. 再考虑到图 2-14 中电感的抽头关系，$v_o = p_2 v_{46}$，$i_{oe(\mathrm{LC})} = p_1 i_{oe} = p_1 y_{fe} v_{be}$，所以放大器的电压增益为

$$G_v = \frac{v_o}{v_{be}} = p_1 p_2 \frac{y_{fe}}{g_\Sigma} \cdot \frac{\eta}{1+\eta^2} \tag{2.44}$$

谐振回路处于临界耦合(即 $\eta = 1$)时，G_v 有极大值，所以

$$G_{v\max}=G_v\mid_{\eta=1}=p_1p_2\frac{y_{fe}}{2g_\Sigma}\tag{2.45}$$

临界耦合状态的功率增益为

$$G_p\mid_{\eta=1}=G_v^2\frac{g_L}{g_{ie}}=(p_1p_2)^2\frac{\mid y_{fe}\mid^2}{4g_\Sigma^2}\cdot\frac{g_L}{g_{ie}}=\frac{\mid y_{fe}\mid^2}{4g_{ie}g_{oe}}\cdot\frac{p_1^2g_{oe}\cdot p_2^2g_L}{g_\Sigma^2}\tag{2.46}$$

考虑到 $p_1^2g_{oe}=p_2^2g_L$，上式可改写为

$$G_p\mid_{\eta=1}=\frac{\mid y_{fe}\mid^2}{4g_{ie}g_{oe}}\cdot\left(\frac{p_2^2g_L}{g_\Sigma}\right)^2=\frac{\mid y_{fe}\mid^2}{4g_{ie}g_{oe}}\cdot\left(1-\frac{Q_L}{Q_0}\right)^2\tag{2.47}$$

将此式与(2.22)式、(2.28)式比较，可见它与单调谐回路在匹配情况下的功率增益表达式完全一致.

同样可以证明，若晶体管输出阻抗与负载阻抗不匹配，则需要将(2.47)式表达的功率增益乘以失配损耗因子 $\frac{4\gamma}{(1+\gamma)^2}$.

由于双调谐回路临界耦合状态的带宽为 $BW=\sqrt{2}\,\frac{f_0}{Q_L}$，因此增益带宽积为常数，

$$GBP=G_{v\max}\cdot BW=p_1p_2\cdot\frac{\mid y_{fe}\mid}{2g_\Sigma}\cdot\sqrt{2}\,\frac{f_0}{Q_L}=\frac{1}{\sqrt{2}}p_1p_2\mid y_{fe}\mid\omega L\cdot f_0\tag{2.48}$$

由此我们可得到结论：

(1) 在晶体管小信号放大器中，放大器的额定功率增益只与晶体管本身的参数有关. 实际功率增益还与放大器两个端口的阻抗匹配程度有关，而与采用何种选频网络无关. 在阻抗匹配条件下，放大器具有最大功率增益. 选频网络对于放大器增益的影响表现为插入损耗.

(2) 若在放大器的通频带内晶体管的特性是平坦的，则放大器的频率特性仅取决于选频网络的频率特性，而与晶体管的放大特性无关. 但必须考虑晶体管的输入、输出阻抗以及负载等对选频网络频率特性产生的影响.

例 2-3 若某双调谐回路放大器工作于临界耦合状态，调谐频率和晶体管参数均与例 2-2 电路相同，试计算两个谐振回路的抽头匝数以及增益.

解 根据例 2-2 电路，可知本例题的调谐频率 $f_0=465\,\text{kHz}$, $BW=10\,\text{kHz}$.

晶体管参数为 $g_{ie}=400\ \mu S$, $g_{oe}=60\ \mu S$, $|y_{fe}|=40$ mS. 高频变压器参数为 $L=576\ \mu H$, $Q_0=150$, $n_{13}=n_{46}=117$.

临界耦合的双调谐回路 $BW=\sqrt{2}\,\dfrac{f_0}{Q_L}$, 所以

$$Q_L=\sqrt{2}\,\frac{f_0}{BW}=\sqrt{2}\times\frac{465}{10}=65.8$$

根据 Q 值的定义 $Q_L=\dfrac{1}{g_\Sigma\omega_0 L}$, 有

$$g_\Sigma=\frac{1}{Q_L\omega_0 L}=\frac{1}{65.8\times 2\pi\times 465\times 10^3\times 576\times 10^{-6}}=9.03(\mu S)$$

由于后级放大器与本级相同,又假设两个谐振回路对称,则有

$$\begin{cases}p_1^2 g_{oe}=p_2^2 g_{ie}\\ p_1^2 g_{oe}+g_0=g_\Sigma\\ p_2^2 g_{ie}+g_0=g_\Sigma\end{cases}$$

在例 2 - 2 中已经解得 $g_0=3.96\ \mu S$, 所以

$$p_1=\sqrt{\frac{g_\Sigma-g_0}{g_{oe}}}=\sqrt{\frac{9.03-3.96}{60}}=0.29$$

$$p_2=\sqrt{\frac{g_\Sigma-g_0}{g_{ie}}}=\sqrt{\frac{9.03-3.96}{400}}=0.11$$

$$n_{12}=117\times p_1\approx 34(\text{匝})$$

$$n_{45}=117\times p_2\approx 13(\text{匝})$$

增益计算如下:

由于在假设两个谐振回路对称的条件下, $p_1^2 g_{oe}=p_2^2 g_{ie}$, 即晶体管的输出电阻与负载电阻是阻抗匹配的,因此在计算功率增益时不用计及失配损耗,这样就有功率增益为

$$G_p(\text{dB})=10\lg\left(\frac{|y_{fe}|^2}{4g_{ie}g_{oe}}\left(1-\frac{Q_L}{Q_0}\right)^2\right)$$

$$=10\lg\left(\frac{(40\times 10^{-3})^2}{4\times 400\times 10^{-6}\times 60\times 10^{-6}}\left(1-\frac{65.8}{150}\right)^2\right)=37(\text{dB})$$

下面计算电压增益.

根据(2.36)式，$G_v=\sqrt{G_p\dfrac{g_{ie}}{g_L}}$. 本例题中，负载阻抗与放大器的输入阻抗相同，即 $g_{ie}=g_L$，所以 $G_v=\sqrt{G_p}$，写成分贝形式就有 $20\lg G_v=20\lg\sqrt{G_p}=10\lg G_p$，即以分贝表示的电压增益和功率增益相同，所以本例题的电压增益

$$G_v(\text{dB})=G_p(\text{dB})=37(\text{dB})$$

上面讨论了两种晶体管调谐放大器. 需要指出的是，实际的谐振放大器可以有其他多种形式. 选频网络可以是 LC 并联谐振回路，也可以是第 1 章介绍的 LC 梯形阻抗变换网络，也可以是固体谐振器. 起放大作用的有源器件除了前面介绍的双极型晶体管外，也常常使用场效应晶体管. 在频率大于 1 GHz 以后，还经常使用 MESFET 和 HEMT. 但是不管用什么形式，前面提到的关于晶体管放大器的两个结论(增益与晶体管参数及匹配情况有关、频响与选频网络有关)不变.

2.2.2 多级调谐放大器

单级调谐放大器的增益有限，其带宽和矩形系数均取决于 LC 谐振回路，增益带宽积为常数. 这些特点决定了单级调谐放大器不能很好地适应各种不同特点的信号放大. 为了满足不同场合的增益、带宽以及选择性的需求，通常在高频放大器中采用多级放大器形式.

多级放大器级联以后，其总增益是各级放大器增益之积. 由于单调谐回路放大器的归一化幅频特性有 $\dfrac{1}{1+\text{j}\xi}$ 的形式，所以若有 n 级相同的单调谐回路放大器级联，那么总的归一化幅频特性为

$$H(\text{j}\omega)_{\Sigma}=\frac{1}{(1+\text{j}\xi)^n} \tag{2.49}$$

令(2.49)式的模等于 $1/\sqrt{2}$，可以求得此时的广义失谐 $\xi=\sqrt{\sqrt[n]{2}-1}$，所以 n 级相同的单调谐回路放大器级联后的 −3 dB 带宽为

$$BW_{\Sigma}=\xi\frac{f_0}{Q_L}=\sqrt{\sqrt[n]{2}-1}\,\frac{f_0}{Q_L}=\sqrt{\sqrt[n]{2}-1}\,BW \tag{2.50}$$

即 n 级相同的单调谐回路放大器级联后的 −3 dB 带宽下降为单级放大器的 $\sqrt{\sqrt[n]{2}-1}$.

同样，令(2.49)式的模等于0.1，可以求得多级放大器的选择性(矩形系数)为

$$K_{0.1}=\frac{\sqrt{\sqrt[n]{100}-1}}{\sqrt{\sqrt[n]{2}-1}} \tag{2.51}$$

可列出在不同n的情况下(2.50)式和(2.51)式的值如表2-3所示. 可以看到，随着级数n的增加，多级放大器的总带宽BW_{Σ}将减小，矩形系数$K_{0.1}$也同时减小. 矩形系数减小意味着选择性变好，但在$n>3$后矩形系数的减小不明显. 另一方面，若要维持放大器总的带宽不变，多级放大器中每级放大器的带宽必然要增大. 然而每级的增益带宽积(GBP)是个常数，级数越多，每级的增益下降越多. 所以，在多级放大器中，增益、带宽和选择性之间存在一定的矛盾，通常只能根据实际需求进行折中处理. 一般情况下，多级放大器只用2到3级.

表2-3　多级单调谐放大器的带宽与矩形系数

N	1	2	3	4	5
BW_{Σ}/BW	1	0.64	0.51	0.43	0.39
$K_{0.1}$	9.95	4.66	3.74	3.38	3.19

多级双调谐回路放大器也有类似的结论. 其临界耦合状态总带宽和矩形系数如下：

$$BW_{\Sigma}=\sqrt[4]{\sqrt[n]{2}-1}\cdot BW \tag{2.52}$$

$$K_{0.1}=\frac{\sqrt[4]{\sqrt[n]{100}-1}}{\sqrt[4]{\sqrt[n]{2}-1}} \tag{2.53}$$

表2-4列出多级双调谐回路在临界耦合状态下放大器总带宽和矩形系数随级数n的变化. 同样，当$n>2$后性能的改善不明显，所以多级双调谐回路放大器鲜有用到2级以上者.

表2-4　多级双调谐放大器临界耦合状态的带宽与矩形系数

N	1	2	3	4
BW_{Σ}/BW	1	0.8	0.71	0.66
$K_{0.1}$	3.2	2.2	1.95	1.85

2.2.3 其他形式的高频小信号放大器简介

高频小信号放大器的主要结构可以分为放大器和选频网络两部分. 前面讨论的放大器主要基于晶体管和LC并联谐振回路结构. 但随着新型元器件的出现,放大器部分除了采用新型晶体管外,还可以采用现在发展很迅速的集成电路放大器. 选频网络部分除了采用LC谐振回路外,还可以采用第1章介绍的其他结构的阻抗变换网络以及固体谐振器. 下面以一些实际例子简要介绍这些形式的高频小信号放大器.

一、固体谐振器等其他选频网络的应用

由于目前固体谐振器的品种相当丰富,因此采用固体谐振器作为选频网络的高频小信号放大器日益普及. 这种放大器的频率特性完全由固体谐振器确定,其频率特性的频率稳定度、品质因数、矩形系数等参数均大大优于LC谐振回路.

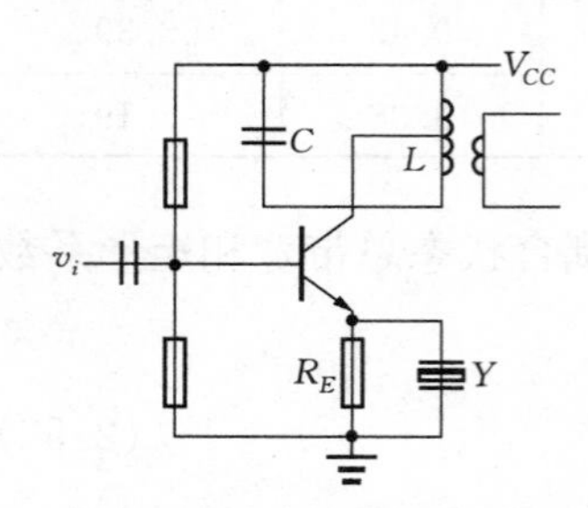

图 2-15 采用陶瓷滤波器提高选择性的放大器

图 2-15 是采用陶瓷滤波器的晶体管放大器. 其中陶瓷滤波器 Y 工作在串联谐振模式,谐振中心频率等于放大器的工作频率 f_0.

当信号频率落在陶瓷滤波器 Y 的通频带内时,Y 呈现极小的阻抗,此时晶体管发射极等效于接地,负反馈最小,所以具有很大的增益. 当信号频率落到陶瓷滤波器 Y 的通频带之外时,Y 呈现极大的阻抗,此时晶体管发射极接有电阻 R_E,由于负反馈作用而增益下降. 因此陶瓷滤波器的作用就是增强放大器的选择性.

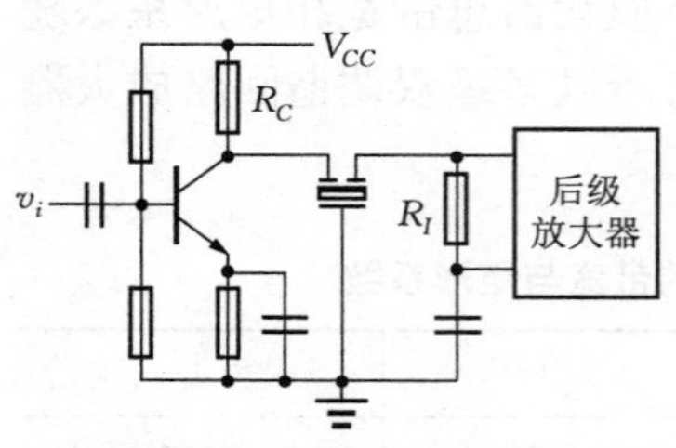

图 2-16 采用陶瓷滤波器作为选频耦合网络的放大器

图 2-16 是另一种采用陶瓷滤波器的放大器. 该陶瓷滤波器具有两个端口,一个端口输入激励信号,在陶瓷基片上激发出机械振动,另一个端口则由于压电效应而产生相应的电信号,因此它相当于一个耦合谐振回路. 晶体管的输出通过该陶瓷滤波器将信号耦合到下一级放大器. 这种形式的陶瓷滤波器的插入损耗一般为 6～10 dB. 放大器的频率特性则完全取决于陶瓷滤波器的频率特性.

采用陶瓷滤波器作为选频网络时，一般还需要在电路中增加一到两个 LC 谐振回路作为辅助选频网络(在图 2-16 中没有画出，可以在后级放大器中插入). 这是因为陶瓷滤波器尽管在其通频带内的频率特性优异，但在通频带外的频率特性往往不够理想，需要 LC 谐振回路辅助滤除带外频率成分. 起辅助滤波作用的 LC 谐振回路往往具有较低的 Q 值.

另外一种高频放大器采用声表面滤波器作为耦合谐振网络，其基本结构类似图 2-16 电路. 但是由于声表面滤波器具有比陶瓷滤波器更优秀的频率特性，因此可以获得更理想的频率特性.

无论是陶瓷滤波器还是声表面滤波器，都有其特定的输入阻抗和输出阻抗，常见的输入阻抗和输出阻抗为几百欧姆到几千欧姆不等. 在应用这些固体滤波器的时候，重要的是必须满足其阻抗匹配要求，否则由于波的反射将导致其插入损耗增加、频率特性发生畸变. 例如，图 2-15 中的 R_E、图 2-16 中的 R_C 和 R_I 等都是阻抗匹配电阻，这些电阻的阻值都必须等于固体滤波器要求的输入阻抗或输出阻抗.

采用 LC 谐振回路作为耦合谐振网络的高频放大器，也可以采用不是并联谐振回路的形式. 其中较多的是 LC 阻抗匹配网络. 这种网络在高频功率放大器中应用十分普遍，但是在高频小信号放大器也时有见到. 其最主要的特点是由于不采用电感耦合形式后可以采用表面贴装形式的电感，所以对减小体积很有帮助.

图 2-17 是一个采用集总参数 LC 阻抗变换网络构成的高频放大器. 其中 L_1C_1 构成带抽头的并联谐振回路，可以完成晶体管输入端的阻抗匹配；$L_2C_2C_3$ 构成混合结构的 LC 阻抗匹配网络，用以完成晶体管输出端的阻抗匹配. 同时，这两个网络还担负了选频的作用.

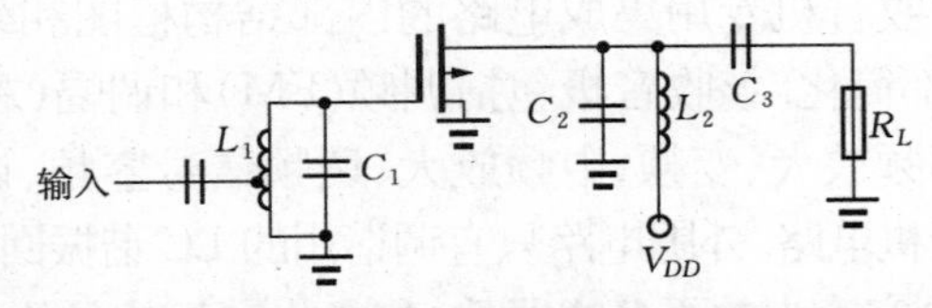

图 2-17 采用 LC 阻抗变换网络作为选频和耦合网络的高频放大器

图 2-18 是 CDMA 手机中的一个小信号低噪声放大器(已作适当简化). 它采用低噪声场效应管 2SK2685 作为放大晶体管，输入端用 L_1, C_1, L_2, L_3 这 4 个元件构成选频与阻抗匹配网络，输出端用 C_2, L_4, C_3 构成串并联结构的选频与阻抗匹配网络. 这两个网络都是带通型的，只允许 CDMA 接收的频段(881 MHz±12.5 MHz)信号通过. 发射极通过电阻提供偏置，其余电容都是退耦电容. 集电极通过 RFC 并联馈电，RFC 并联电阻是为了降低其 Q 值，避免低频自激振荡.

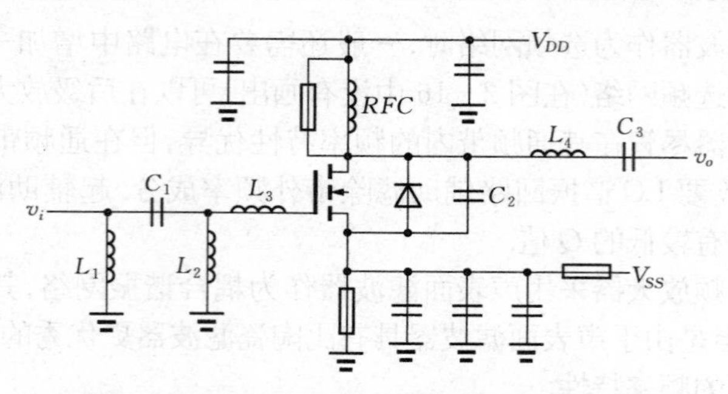

图 2-18 CDMA 手机中的高频小信号放大器

上述两个小信号放大器电路都采用了 LC 阻抗匹配网络. 另外,在工作频率很高的放大器中,还常常采用微带线结构的阻抗匹配网络作为输入输出端的选频网络. 由于这些网络都同时具有选频和阻抗变换作用,因此它们仍然是图 2-6 的结构. 关于这些网络的计算,可以参照第 1 章的有关内容.

二、集成高频放大器的应用

随着集成电路的发展,高频放大器也逐渐集成化. 目前的集成高频放大器大致可分为专用放大器和通用放大器两类.

专用放大器主要针对量大面广的产品,例如收音机、电视机、蜂窝电话、有线电视等. 通常这些电路的集成度比较高,往往用一个或几个电路囊括了需要的所有功能,放大电路只是其中一部分. 电路的选频功能通常由外置的 LC 谐振回路或固体谐振器完成.

图 2-19 是一个收音机专用集成电路的内部结构框图和外围电路图,为了说明重点,已经作了局部简化. 该收音机包括调频(FM)和调幅(AM)两个波段,电路内部结构中包括了高频放大、变频、中频放大、调频信号鉴频、调幅信号检波、音频功率放大等整个收音机电路. 外围电路只有调谐用的 LC 谐振回路、中频选频用的固体谐振器,以及耦合电容等为数不多的器件,整个收音机的结构极为简洁. 关于此收音机的功能与信号传输,我们将在以后叙述,这里就放大器部分作一个简略介绍.

可以将图 2-19 中每个方块视为一个放大器,可以看到,天线输入部分的选频网络是 LC 并联谐振网络,可变电容器是用来调节谐振频率的. 而高放到中放之间的选频网络则是 LC 谐振网络与固体谐振器的结合. 这种结构比较容易满足整机的频率响应特性,又价格低廉,所以在民用设备中很常见. 电路中最后将音频放大器(包括功率放大器)也集成进来,所以可以直接输出音频信号到喇叭,实现了单片收音机目标.

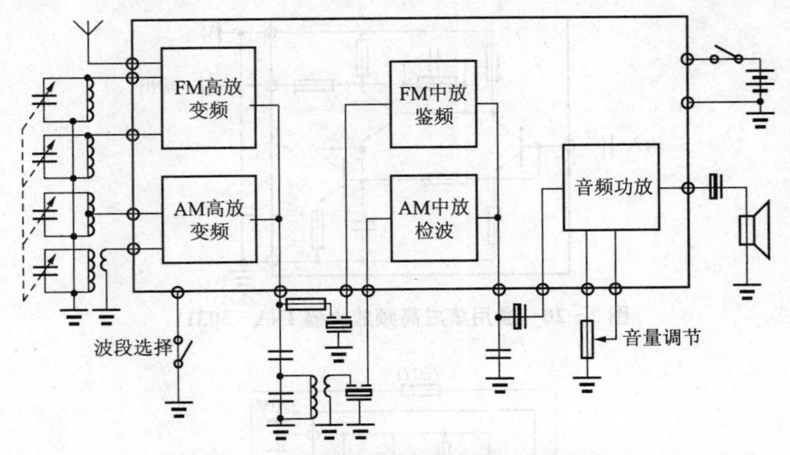

图 2-19 某收音机专用集成电路框图(已简化)

通用高频放大器大致可以分为两种结构:一种是高频集成运放,它们有大家熟悉的双端输入单端输出结构、很高的输入阻抗和很低的输出阻抗以及很大的开环增益,需要在外部接入合适的反馈元件以构成需要的放大电路;另一种称为单片微波集成电路(monolithic microwave IC, MMIC),是针对不同的无线电频段生产的不同的宽带放大器. 大部分 MMIC 为单端输入、单端输出,且它们的输入阻抗与输出阻抗通常为 50 Ω 左右,以方便与外部电路连接.

在设计具体的高频放大器时,只要按照目标系统的要求,选择合适的放大器,然后在外部配上合适的选频网络,就可以构成需要的放大器系统. 下面举几个例子加以说明.

图 2-20 是 HP 公司生产的低噪声通用集成高频放大器 INA-30311 的内部结构及其应用电路. 由图 2-20 可见,它是一个两级共射放大器,另外又加入了电压负反馈和电流负反馈. 该放大器的最高工作频率范围大致为 2.5 GHz. 在工作频率为 900 MHz 时的功率增益 $G_p = 13$ dB,噪声系数 $NF = 3.5$ dB, 1 dB 压缩点输出功率 −11 dBm,三阶截点输出功率 −2 dBm(关于这些指标的定义我们以后会介绍). 适用于移动通信、无线设备、医用设备等.

图 2-21 是 NEC 公司生产的通用集成高频放大器 μPC1658G 的内部结构及其外围电路. 由图 2-21 可知它是一种共射共集结构. 该放大器是一种宽带放大器,可以通过改变外接的负反馈电阻来改变增益和带宽. 图 2-21 中反馈电阻为 220 Ω 时,整个电路的功率增益 $G_p = 18$ dB,带宽接近 1 GHz,噪声系数 $NF <$ 3 dB.

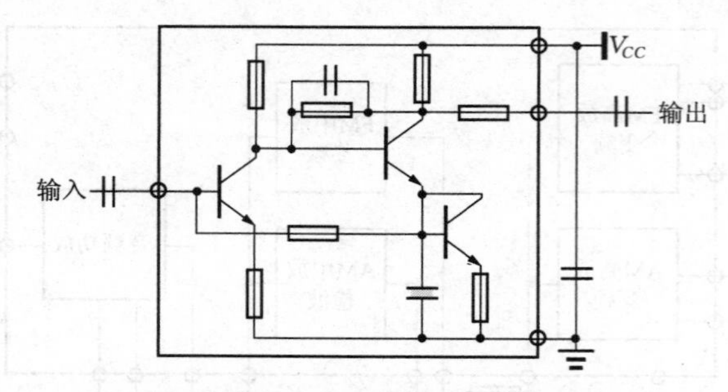

图 2-20　通用集成高频放大器 INA-30311

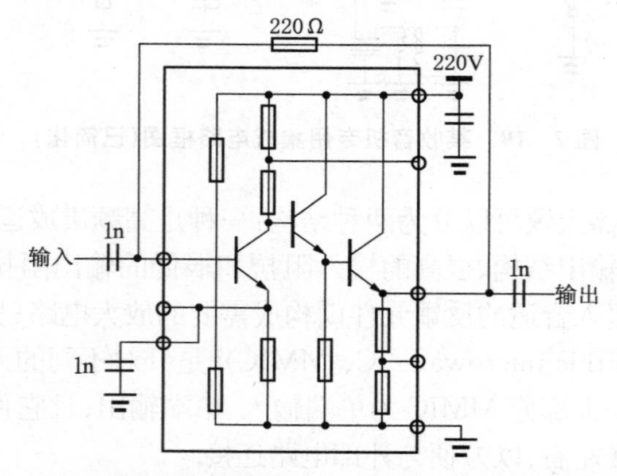

图 2-21　通用集成高频放大器 μPC1658G 结构及外围电路

因为通用集成高频放大器具有工作频率范围宽、噪声低、使用方便等特点,所以上述例子中的放大器都是高频宽带放大器. 若在上述放大器的输入端或输出端接入选频网络,则可以方便地构成需要的高频选频放大器.

图 2-22 是通用集成高频放大器 μPC8211TK 的生产厂商在测试时使用的电路. 可见它在输入端采用了 T 形 LC 阻抗匹配网络,输出端则采用了 LC 串联谐振回路. 在设计选频网络或选用固体滤波器时要注意它们与集成高频放大器的阻抗匹配. 一般情况下,厂商的测试电路可以作为实际设计的参考.

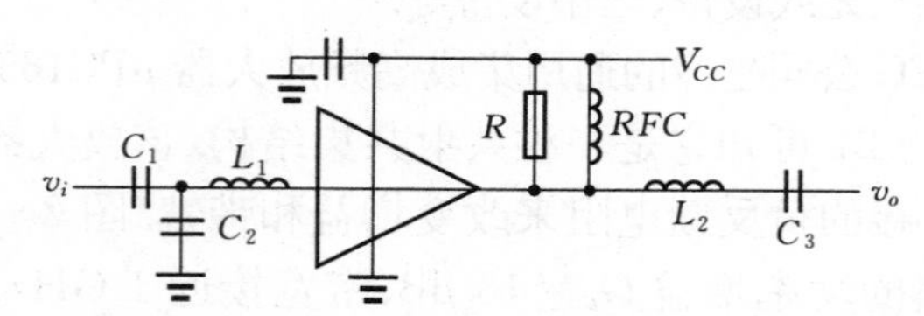

图 2-22　通用集成高频放大器 μPC8211TK 的测试电路

除了上面几个例子外,表 2－5 再列出几个集成高频放大器的主要参数以供参考.

表 2－5　几种通用集成高频放大器的主要指标

型　号	频率范围	增　益	噪　声	生产厂商
AD8334	100 MHz	$G_v = -4.5 \sim +55.5$ dB 可控	$0.74\ \text{nV}/\sqrt{\text{Hz}}$ $2.5\ \text{pA}/\sqrt{\text{Hz}}$	AD
MAR－8SM	1 GHz	$G_v = 32.5$ dB@100 MHz	$NF = 3.3$ dB	MiniCircuits
MAX2611	1.1 GHz	$G_p = 18$ dB	$NF = 3.5$ dB	Maxim
uPC8211TK	1.5 GHz	$G_p = 18.5$ dB	$NF = 1.3$ dB	NEC

通过本小节的介绍可以看到,尽管我们在本节重点介绍了基于 LC 谐振回路的晶体管高频小信号放大器,但是在实际电路设计中可以有多种选择.通常设计者总是首先根据放大器的使用频段、带宽要求、输入信号的动态范围等具体要求参数选择合适的放大器件,然后结合该放大器件对于工作点、外围电路的要求和信号源阻抗、负载阻抗等参数,以及本章下面要介绍的稳定性、噪声匹配等设计原则,选择合适的输入、输出阻抗匹配网络,最后根据第 1 章关于滤波网络的计算设计出整个放大器电路.

§2.3　高频小信号放大器的稳定性

本节讨论晶体管放大器的稳定性(stability)问题.通常可以根据晶体管的网络等效参数判断晶体管放大器的稳定性.这里的等效参数可以是 y 参数、z 参数或其他参数,取决于晶体管生产厂商提供什么参数或者设计者能够获得什么参数.在本节的讨论中,我们将主要根据晶体管 y 参数讨论放大器的稳定性问题.

2.3.1　放大器的稳定性

在前面的讨论中,我们假定晶体管已经单向化.然而实际晶体管中存在内反馈,此反馈可能引起放大器的不稳定.为了讨论稳定性问题,图 2－23 画出晶体管放大器的交流小信号等效电路,其中晶体管用 y 参数模型等效.

根据图 2－23 容易写出

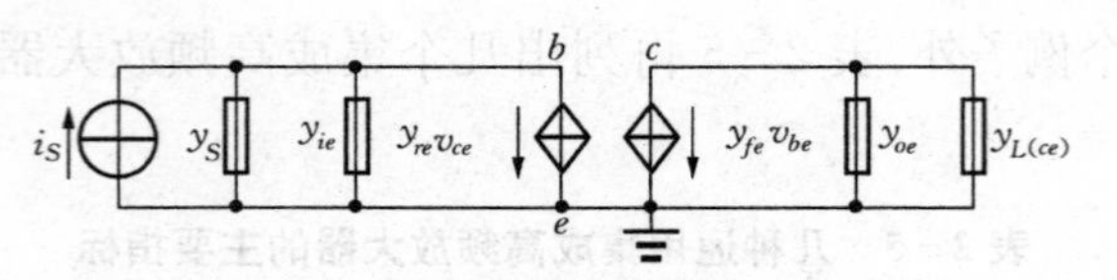

图 2-23　调谐放大器的等效电路

$$\begin{cases} v_{be} = \dfrac{1}{y_s + y_{ie}} i_s - \dfrac{y_{re}}{y_s + y_{ie}} v_{ce} \\ v_{ce} = -\dfrac{y_{fe}}{y_{oe} + y_{L(CE)}} v_{be} \end{cases} \tag{2.54}$$

将(2.54)式中的第一式代入第二式,有

$$v_{ce} = \frac{y_{fe}}{(y_s + y_{ie})(y_{oe} + y_{L(CE)})} i_s + \frac{y_{fe} y_{re}}{(y_s + y_{ie})(y_{oe} + y_{L(CE)})} v_{ce} \tag{2.55}$$

(2.55)式中,第一项表示输入信号经晶体管放大后的输出,第二项则表示输出端口的电压通过 y_{re} 反馈到输入端,再经晶体管放大后的输出. 显然,若第二项的系数大于等于 1,即使输入为 0 仍然会有输出,此即放大器产生自激振荡(parasitic oscillation). 所以,电路自激的条件是

$$\frac{y_{fe} y_{re}}{(y_S + y_{ie})(y_{oe} + y_{L(CE)})} \geqslant 1 \tag{2.56}$$

改写为幅度条件与相位条件如下:

$$\begin{cases} \dfrac{|y_{fe}| \cdot |y_{re}|}{|y_S + y_{ie}| \cdot |y_{oe} + y_{L(CE)}|} \geqslant 1 \\ \varphi_{fe} + \varphi_{re} - \varphi_i - \varphi_o = 2n\pi \end{cases} \tag{2.57}$$

其中 φ_i 是 $(y_S + y_{ie})$ 的相移,φ_o 是 $(y_{oe} + y_{L(CE)})$ 的相移.

显然,若(2.57)式中幅度小于 1,电路不可能自激. 定义(2.57)式中幅度的倒数为稳定系数 S(stability factor),即

$$S = \frac{|y_S + y_{ie}| \cdot |y_{oe} + y_{L(CE)}|}{|y_{fe}| \cdot |y_{re}|} \tag{2.58}$$

$S = 1$ 为临界稳定状态. 为了避免潜在的不稳定因素,通常要求 $S = 4 \sim 10$. 为了求得 S 的实用表达式,下面将 S 与放大器的增益联系起来.

当放大器的前后选频网络都是 LC 谐振回路时,有

$$\begin{cases} y_S + y_{ie} = (g_S + g_{ie})(1 + \mathrm{j}\xi_i) = (g_S + g_{ie})\sqrt{1+\xi_i^2}\,\mathrm{e}^{\mathrm{j}\varphi_i} \\ y_{oe} + y_{L(\mathrm{CE})} = (g_{oe} + g_{L(\mathrm{CE})})(1 + \mathrm{j}\xi_o) = (g_{oe} + g_{L(\mathrm{CE})})\sqrt{1+\xi_o^2}\,\mathrm{e}^{\mathrm{j}\varphi_o} \end{cases} \tag{2.59}$$

其中 $\varphi_i = \arctan\xi_i$, $\varphi_o = \arctan\xi_o$.

为了简化推导过程,假设 $\xi_i = \xi_o = \xi$. 将此条件代入(2.59)式再代入(2.58)式,有

$$S = \frac{(g_S + g_{ie})(g_{oe} + g_{L(\mathrm{CE})})(1+\xi^2)}{|y_{fe}|\cdot|y_{re}|} \tag{2.60}$$

另外,在此假设条件下有 $\varphi_i = \varphi_o$. 设 $\varphi_i = \varphi_o = \varphi$, 则根据(2.57)式中的相位条件,自激时有 $\varphi_{re} + \varphi_{fe} = \varphi_i + \varphi_o = 2\varphi$, $\xi = \tan\varphi$.

又根据 y 参数的近似公式(2.8)式,有

$$\begin{cases} y_{re} = \dfrac{-1/r_\mu - \mathrm{j}\omega C_\mu}{1 + r_b(1/r_\pi + \mathrm{j}\omega C_\pi + 1/r_\mu + \mathrm{j}\omega C_\mu)} \\ y_{fe} = \dfrac{g_m - 1/r_\mu - \mathrm{j}\omega C_\mu}{1 + r_b(1/r_\pi + \mathrm{j}\omega C_\pi + 1/r_\mu + \mathrm{j}\omega C_\mu)} \end{cases} \tag{2.61}$$

由于通常总有 $1/r_\mu \ll \omega C_\mu$, $g_m \gg \omega C_\mu$, 因此(2.61)式中的第一式几乎是个纯虚数,即 $\varphi_{re} \approx -\pi/2$, 而根据(2.61)式中的第二式又可以得到 $\varphi_{fe} \approx 0$ 的结论(例题 2-1 的结果也证实了这一点). 这样, $\xi^2 = \tan^2\varphi = \tan^2\dfrac{\varphi_{re} + \varphi_{fe}}{2} \approx \tan^2\dfrac{\pi}{4} = 1$. 代入(2.60)式,

$$S \approx \frac{2(g_S + g_{ie})(g_{oe} + g_{L(\mathrm{CE})})}{|y_{re}|\cdot|y_{fe}|} \tag{2.62}$$

若注意到电压增益 $G_{v(\mathrm{CE})} = \dfrac{|y_{fe}|}{g_{oe} + g_{L(\mathrm{CE})}}$, 功率增益 $G_p = G_{v(\mathrm{CE})}^2\dfrac{g_{L(\mathrm{CE})}}{g_{ie}}$, 则功率增益与稳定系数之关系为

$$G_p \approx \frac{4(g_{ie} + g_s)^2}{|y_{re}|^2}\cdot\frac{g_{L(\mathrm{CE})}}{g_{ie}}\cdot\frac{1}{S^2} \tag{2.63}$$

公式(2.63)给出了 LC 调谐放大器的功率增益与稳定系数之关系. 若选频网络不同,可能(2.63)式的形式会改变,但是(2.56)式表示的放大器自激条件始终是成立的. 自激的原因是由于通过 y_{re} 反馈到输入端口的信号带有相移,而放大器输入端和输出端的选频网络在不同的频率下带有不同的相移. 若合成的相移满足振

荡的相位条件,而反馈的信号能量又足够大,满足幅度条件,则振荡就不可避免.

通常,y_{re}反馈信号的相位是容性的,若放大器输入端和输出端的选频网络是感性的,则可能满足振荡的相位条件.在 LC 并联谐振回路中,这个条件只有在低于谐振频率时才能满足,所以 LC 调谐放大器产生自激的频率通常总是低于谐振频率.

2.3.2 稳定性设计

在实际放大器中,非但不允许出现振荡,连接近振荡的临界稳定状态都是要避免的.所以实际的高频放大器设计都采用稳定性设计.

通常设计放大器总是先提出具体指标,再根据指标选择合适的电路结构以及晶体管.在确定电路结构以及晶体管以后,需要核实稳定性以及功率增益.若两者均符合设计指标则通过设计,否则需要修改设计.

下面通过一个例子说明稳定性设计的过程,我们仍然用 y 参数进行讨论.

例 2-4 以稳定性设计重新估计例 2-2,并提出修改意见.

解 例 2-2 中的已知参数为 $f_0 = 465\ \text{kHz}$, $g_{ie} = 400\ \mu\text{S}$, $C_{ie} = 120\ \text{pF}$, $|y_{fe}| = 40\ \text{mS}$, $g_{oe} = 60\ \mu\text{S}$, $C_{oe} = 2.5\ \text{pF}$. 另外,例 2-2 中已得到 $g_L = 400\ \mu\text{S}$, $g_0 = 3.96\ \mu\text{S}$.

要根据(2.63)式估计稳定性,除了上述已知参数外,还需知道 y_{re} 和 g_S 等参数.

由于例 2-2 没有给出 y_{re},下面我们估计$|y_{re}|$.根据(2.8)式,有

$$y_{re} = \frac{-1/r_\mu - \text{j}\omega C_\mu}{1 + r_b(1/r_\pi + \text{j}\omega C_\pi + 1/r_\mu + \text{j}\omega C_\mu)}$$

一般在晶体管中,总有 $1/r_\mu \ll \omega C_\mu$ 以及 $r_b \ll r_\pi$, $r_b \ll r_\mu$, $r_b \ll 1/\omega C_\pi$, $r_b < 1/\omega C_\mu$. 所以可以用 ωC_μ 来估计$|y_{re}|$,而 C_μ 可以用 C_{oe}来近似.

我们假设前级放大器与本级阻抗匹配,则前级的输出电导 g_S 与本级输入电导相同,即有 $g_S = g_{ie}$.

例 2-2 中已得到 g_L 和 g_0 值,我们要计算它们等效到集电极的负载电导 $g_{L(\text{CE})}$:

$$g_{L(\text{CE})} = \left(\frac{n_{(\text{ZL})}}{n_{(\text{CE})}}\right)^2 g_L + \left(\frac{n_{(\text{LC})}}{n_{(\text{CE})}}\right)^2 g_0 = \left(\frac{n_{45}}{n_{12}}\right)^2 g_L + \left(\frac{n_{13}}{n_{12}}\right)^2 g_0$$

这样,根据(2.63)式,有

$$G_p \approx \frac{4(g_{ie}+g_s)^2}{|y_{re}|^2}\cdot\frac{g_{L(\mathrm{CE})}}{g_{ie}}\cdot\frac{1}{S^2}\approx\frac{16g_{ie}}{|\omega C_\mu|^2}\cdot\left[\left(\frac{n_{45}}{n_{12}}\right)^2 g_L+\left(\frac{n_{13}}{n_{12}}\right)^2 g_0\right]\cdot\frac{1}{S^2}$$

将例 2－2 中的已知条件和结果代入上式，有

$$G_p \approx \frac{13\,956}{S^2}$$

在例 2－2 中已知 $G_p \approx 8\,000$，以此求得其稳定系数 $S = 1.32$，显然偏小.

若为了得到可靠的稳定性，必须提高稳定系数. 修改的途径有以下几条：

(1) 重新选择晶体管.

根据(2.58)式，y_{re}越小则稳定系数越大，而 y_{re} 主要是通过 C_μ 产生的，C_μ越小，反馈量越小，电路越稳定. 特征频率 f_T 越高的晶体管其 C_μ越小. 所以为了提高放大器的稳定性，通常总是选择 C_μ小、特征频率高的晶体管. 对于例 2－4 来说，若不改变其他参数，要达到 39 dB 的功率增益(稳定系数为 5)，则必须选择 $C_\mu < 0.66$ pF、其余参数与例 2－2 中参数相同的晶体管. 若能够得到合适的晶体管，这是一个最为理想的方案.

(2) 降低功率增益.

由于放大器的稳定性远比放大器的增益重要，因此通常在设计高频放大器时并不追求最大增益，而总是在满足一定稳定性要求的前提下再讨论其增益. 例如对于例 2－4，若按照 $S = 5$ 的要求代入上面的计算结果，则放大器的稳定功率增益 $G_p \approx 560 = 27.5$ dB，它比阻抗匹配所得到的最大增益小许多.

在实际电路中可以通过改变晶体管的工作点、降低 $|y_{fe}|$ 来降低增益，也可以在电路中增加合适的负反馈(如在共射电路中加入集电极到基极的反馈电阻)使增益下降，还可以故意使晶体管与负载失配来降低增益.

然而这几条措施的实施有时会受到一定的限制. 例如，为了得到比较小的噪声，晶体管小信号放大器的工作点以及阻抗匹配等有一定的要求，一般不宜随便更改. 负反馈法若处理不当，使得反馈回路带有电抗，反而会使稳定性更加恶化，所以要谨慎使用，一般只能在单级放大器内构成比较浅的负反馈而不能用深度负反馈.

(3) 在晶体管的输入端或输出端串联(或并联)一个合适的电阻. 由于晶体管输入端和输出端相互有影响，所以一般只要在一端处理即可.

这是一个常用的简单方法. 其原理是：由(2.57)式可知，满足放大器自激的相位条件包含晶体管内部的信号相移(φ_{fe}和 φ_{re})与晶体管端口上的信号相移(φ_i 和 φ_o)两部分，这个插入的电阻改变了在晶体管输入端或输出端看到的 LC 谐振回路的阻抗特性，即改变了晶体管端口的相移 φ_i 或 φ_o，当阻值合适时就可以使放大器

不满足自激的相位条件.由于其工作原理并不是依赖增益下降来达到稳定,且相移 φ_i 或 φ_o 也不满足推导(2.63)式所假设的条件,所以此时放大器的稳定增益与(2.63)式无关.

这个方法的主要问题是这个电阻会带来附加的噪声.另外,插入电阻也增大了插入损耗,使得放大器的总增益下降.

最后需要指出:前面的讨论都是针对晶体管本身进行的,然而实际的放大器还包含晶体管的偏置电路以及各种连线,这些附加的元件都存在分布参数.若处理不当,它们会增加晶体管的不稳定性.

例如,共射放大器的发射极与地之间若存在分布电感,由于此电感引起的反馈带有相移,导致放大器的稳定性大大下降.一些具体的计算表明,当频率高到兆赫以上,发射极与地之间串联纳亨数量级的电感就可能破坏晶体管的稳定性,而这个数量级的电感几乎是任意一小段导线就可以达到的.所以高频放大器(尤其是频率高到兆赫数量级以上的放大器),其发射极必须直接接到大面积地平面上,决不能用引脚接地的方式,包括晶体管内部的射极引出也是如此.

又如,晶体管的输入输出端口通过连线连接到其他部分,在频率很高的情况下这些连线都应该视为传输线,若它们与晶体管的阻抗不匹配就会存在反射,当这些反射电波的幅度大到一定程度,就会降低放大器的稳定性.所以在工作频率很高的放大器设计过程中,必须考虑端口的匹配程度,即对信号的驻波比有一定的要求.

这些分布参数的影响都随着频率升高而加大,在工作频率较低的放大器中可能不会显现出来,然而在频率很高的放大器中就可能成为举足轻重的因素,所以在具体的放大器设计(尤其是很高频率的放大器设计)中,要非常小心地处理这些细节.

§2.4 高频放大器中的自动增益控制

在通信系统尤其是无线通信系统中,由于传输过程(信道)的不稳定,接收机收到的信号功率通常是不稳定的,而且最大与最小值相差悬殊.但是往往要求接收机的输出信号具有某种稳定性,只能在某个较小的范围内波动.为了解决上述矛盾,通常在接收机中用自动增益控制(automatic gain control,简称 AGC)电路对前级放大器的增益进行自动控制.

2.4.1 自动增益控制原理

自动增益控制电路的一般结构如图 2-24,其中 v_i 是输入电压信号,v_o 是输出电压信号,放大器增益受控制电压 v_c 控制,v_r 是一个参考电压信号.

控制过程如下:输出信号振幅(平均值或峰值)被反馈网络检测后,滤去其中与有用信号有关的频率分量,将其中与接收信号强度有关的准直流分量与恒定的参考电平 v_r 比较,产生误差信号 v_e. 此误差信号经放大形成控制信号 v_c 去控制可控增益放大器的增益.

当 v_i 信号强度变大时,v_o 幅度中的准直流分量也变大,环路产生的控制信号 v_c 将使放大器增益 G_v 变小;反之,v_i 信号强度变小时,放大器的增益自动变大. 这样在反馈作用下,就可以保证输出信号幅度被控制在某个预定的范围之内变化.

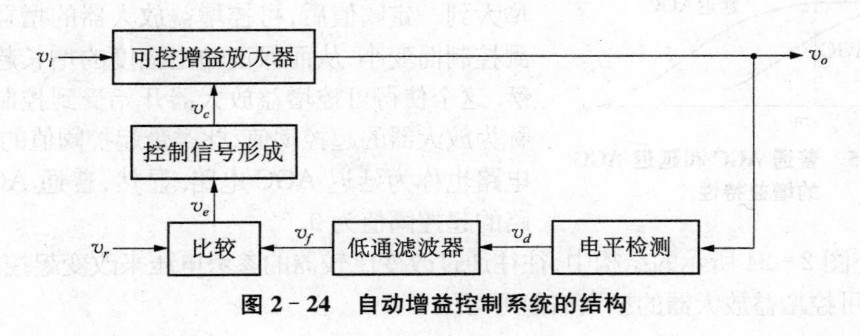

图 2-24 自动增益控制系统的结构

自动增益控制电路的主要性能指标有动态范围、起控阈值和响应时间.

一、动态范围

此指标是在给定输出信号幅值变化范围内,容许输入信号振幅的变化范围,也就是系统的控制范围. 假定 D_o 是电路限定的输出动态范围,

$$D_o = V_{o\max}/V_{o\min} \tag{2.64}$$

D_i 是电路容许的输入动态范围,

$$D_i = V_{i\max}/V_{i\min} \tag{2.65}$$

则自动增益控制电路的动态范围为

$$D_{\mathrm{AGC}} = \frac{D_i}{D_o} = \frac{V_{i\max}/V_{i\min}}{V_{o\max}/V_{o\min}} = \frac{V_{o\min}/V_{i\min}}{V_{o\max}/V_{i\max}} = \frac{G_{v\max}}{G_{v\min}} \tag{2.66}$$

由(2.66)式可见,自动增益控制电路的动态范围主要取决于其中可控增益放大器的增益变化范围.

二、起控阈值

普通 AGC 电路的增益随输入电压幅度的增加而减小,或者说在任何情况下放大器的增益都受到自动增益控制系统的制约. 然而,在许多场合下要求自动增益控制系统在输入信号 v_i 很小时不起控制作用. 例如,在无线接收机接收微弱信号时,希望放大器具有足够的灵敏度,所以不希望自动控制环节干预放大器的放大作用,此时放大器具有最大的增益. 而随着输入信号 v_i 增大,输出 v_o 也随之增大,当输入(或输出)增大到一定阈值后,可控增益放大器的增益将受到控制而变小,从而保证输出幅度的增长趋于平缓. 这个使得可控增益放大器开始受到控制的值称为放大器的起控阈值,此类带起控阈值的 AGC 电路也称为延迟 AGC 电路. 显然,普通 AGC 电路的起控阈值为 0.

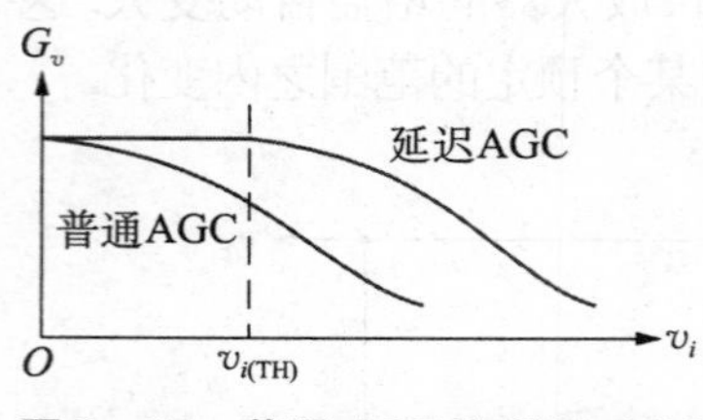

图 2-25 普通 AGC 和延迟 AGC 的增益特性

在图 2-24 所示的结构中,往往通过改变比较器的参考电压来改变起控阈值. 通常,可控增益放大器的放大倍数可写成

$$K_v = \frac{v_o}{v_i} = \begin{cases} K_{v0}, & v_c = 0 \\ K_v(v_c) < K_{v0}, & v_c \geqslant 0 \end{cases} \tag{2.67}$$

其中 K_{v0} 是放大器的最大增益.

例如,若可控增益放大器起控后的增益与控制电压 v_c 的关系是线性的,其控制系数为 K_c,则可将(2.67)式写成

$$K_v = \frac{v_o}{v_i} = \begin{cases} K_{v0}, & v_c = 0 \\ K_{v0} - K_c v_c, & v_c \geqslant 0 \end{cases} \tag{2.68}$$

由图 2-24 可知,v_c 与误差电压 v_e 有关,若控制信号形成电路满足以下关系:

$$v_c = \begin{cases} 0, & v_e = (v_f - v_r) < 0 \\ Kv_e, & v_e = (v_f - v_r) \geqslant 0 \end{cases} \tag{2.69}$$

则显然比较器的参考电压 v_r 就是起控阈值 $v_{i(TH)}$ 所对应的输出幅度准直流分量.

三、响应时间

此指标是输入信号强度发生突变时,输出信号恢复到容许变化范围之内的时间.

响应时间的长度要求取决于输入信号的类型和特点. 响应时间长，则系统反应迟钝；响应时间短，则系统反应灵敏. 但不是所有系统都要求有快速响应的. 有些系统中幅度变化反映了要传递的信息，若响应时间过短，可能将包含信息的幅度变化加以抑制，这样会引起极大的输出失真. 这种现象称为反调制，应当完全避免.

在图 2-24 中，输出 v_o 中包含有用信息的交流成分，也包含缓慢变化的(准直流)输入信号强度变化成分，最后送到可控增益放大器的控制信号是后者. 所以响应时间将主要取决于低通滤波器传递函数中的极点时间常数. 为了避免反调制，此极点对应的截止频率应该远低于输入信号中最低的有用频率；为了避免反应迟钝，又不希望此极点的时间常数太大. 实际应用中，往往在满足不产生反调制效应的基础上根据实际需要进行选择.

例 2-5　某延迟 AGC 系统的结构如图 2-24. 已知其中比较器的输出为 $v_e = v_f - v_r$，可控增益放大器的增益为

$$K_v = \begin{cases} 100, & v_c = 0 \\ 100 - 3v_c, & v_c \geqslant 0 \end{cases}$$

电平检测与低通滤波环节的传递函数 $K_d = 1$，控制信号形成环节的传递函数为

$$H = \frac{v_c}{v_e} = \begin{cases} 0, & v_e < 0 \\ K, & v_e \geqslant 0 \end{cases}$$

若要求起控阈值 $v_{i(\mathrm{TH})} = 10\,\mathrm{mV}$，起控后输入增加 50%时，输出增加不大于 1%，试求参考电压 v_r 以及控制信号形成环节的放大倍数 K.

解　AGC 未起控时 $K_v = 100$，若 $v_{i(\mathrm{TH})} = 10\,\mathrm{mV}$，则 $v_{o(\mathrm{TH})} = 1\,\mathrm{V}$. 又因为电平检测与低通滤波环节的传递函数 $K_d = 1$，所以参考电压为

$$v_r = K_d v_{o(\mathrm{TH})} = K_d K_o v_{i(\mathrm{TH})} = 1(\mathrm{V})$$

本题的可控增益放大器在起控后为线性函数，$K_v = \dfrac{v_o}{v_i} = K_{v0} - K_c v_c$. 根据图 2-24，由于 $H = \dfrac{v_c}{v_e} = K$，$v_c = K v_e = K(K_d v_o - v_r)$，可以写出输出电压的表达式为

$$v_o = (K_{v0} - K_c v_c) v_i = [K_{v0} - K_c K(K_d v_o - v_r)] v_i$$

整理后有

$$K = \frac{K_{v0} v_i - v_o}{K_c (K_d v_o - v_r) v_i}$$

将已知参数 $K_{v0}=100$, $K_c=3$, $K_d=1$, $v_r=1\text{ V}$,以及要求的 $v_i=(1+50\%)v_{i(\text{TH})}=15(\text{mV})$ 和 $v_o=(1+1\%)v_{o(\text{TH})}=1.01(\text{V})$ 等数据代入,得到结果为 $K=10.9$.

2.4.2 自动增益控制的电路构成

一、控制信号形成电路

控制信号的形成包含电平检测、低通滤波、电平比较与控制信号形成等环节.

电平检测电路的作用是获得输出信号的振幅信息. 由于二极管检波是获得振幅大小的最简便手段,因此电平检测电路常用二极管检波电路实现.

根据前面的讨论,自动增益控制电路仅要求对信号振幅的缓慢变化(由信道慢衰落、温度变化、接收环境变化等引起)起作用,所以通过电平检测电路得到的采样信号必须通过低通滤波器去除其中频率较高的成分.

电平比较与控制信号形成电路的作用是将误差信号与参考信号进行比较,且放大到足够的电平以控制可控增益电路. 通常可控增益电路的控制电平有一定的动作范围,还可能有直流偏置要求,控制信号形成电路就要解决这些阈值和偏置等问题,所以此电路的结构与可控增益电路的结构密切相关,有时候没有独立的电路,而是与可控增益放大器合为一体.

下面以一个实际电路介绍上述 3 部分的结构.

图 2-26 是一个常见的调幅接收机中 AGC 信号形成电路. 在这个电路中,输入高频信号经过高频变压器 T,送入二极管检波电路. 二极管检波电路是一个半波整流电路,当输入信号的振幅大于二极管的导通阈值后,二极管的输出电压峰值将与输入电压的振幅成正比. 此输出电压经过 RC 低通滤波器后转换为直流电平,此电平与输入电压的振幅成正比,形成 AGC 控制信号.

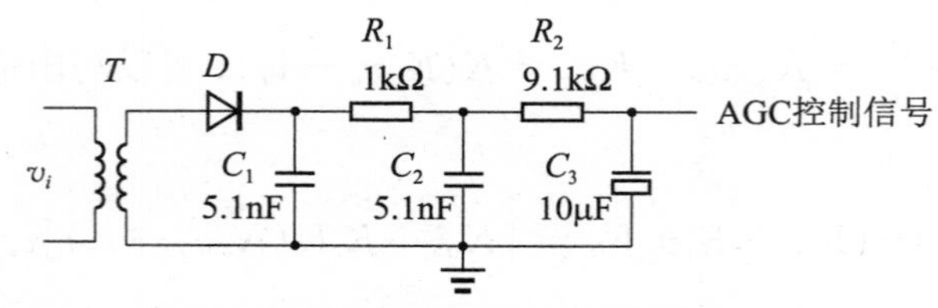

图 2-26 调幅接收机的 AGC 控制信号形成电路

在这个电路中没有专门的比较环节,比较功能实际上是依靠二极管的导通阈值与检波功能同时完成的. 有时候在二极管两端加上一定的负偏压,则输出信号必须大于二极管的导通阈值与偏置电压之和才能得到检测信号,这就构成了延迟 AGC 电路.

在某些系统中需要提高系统的抗干扰能力,或反映输入信号强度的电平出现在一些特定的时刻,此时还可以采用选通式电平检测电路,即在特定时刻对输出信号采样,其余时刻则关闭采样通道. 此种采样方式要求被采样的输入信号必须有规律地周期性出现.

对于选通型的采样方式,低通滤波器还要充当信号保持的功能.

二、可控增益电路

可控增益电路是自动增益控制电路的核心,有多种实现增益控制的方法.

1. 变跨导自动增益控制电路

变跨导自动增益控制电路是高频电路中一种常见的 AGC 电路. 图 2-27 是用分立元件构成的调幅收音机中的 AGC 电路. 其中 D, R_1, R_2, C_1～C_3 构成电平检测与低通滤波电路,Q_1 及其外围电路构成的中频放大器是可控增益电路.

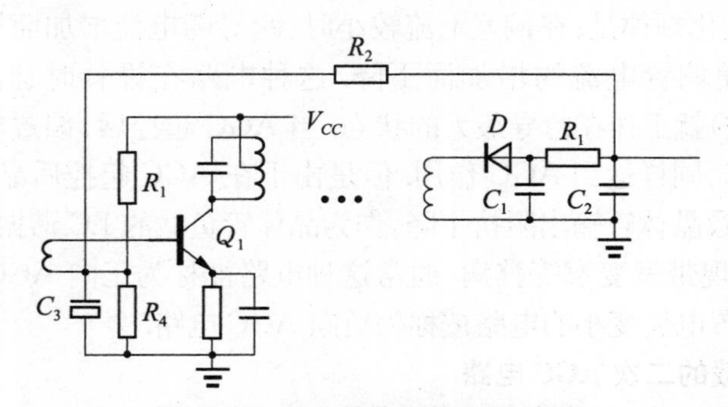

图 2-27　AM 接收机的 AGC 电路

该电路的原理是:由 R_2 送来的 AGC 信号与 R_3 和 R_4 构成的分压式偏置电路一起形成控制信号,该控制信号实际上构成了晶体管 Q_1 的可控偏置电压. 当输入信号强度增加时,经二极管检波后的电压幅度增加. 由于二极管的方向是反接的,此时 AGC 电压趋于更负,导致晶体管的偏置电压下降,使得晶体管的跨导下降,其增益也随之下降,达到自动增益控制目的.

在集成电路中,变跨导自动增益控制电路通常用差分放大器实现. 具体做法是用 AGC 电压控制差分放大器发射极的电流源,即差分放大器的偏置电流. 选择合适的 AGC 极性,可以使 AGC 作用增强时差分放大器的偏置电流下降,也就使得

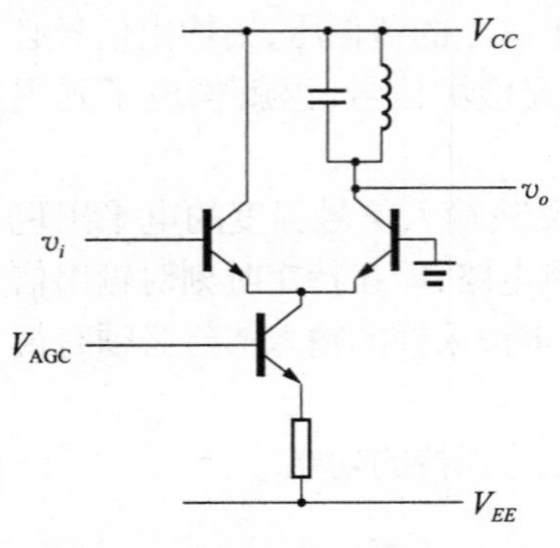

图 2-28　集成电路中的 AGC 电路原理

差分放大器的跨导下降,导致增益下降,从而实现自动增益控制.

变跨导自动增益控制电路的优点是电路相对简单,任何晶体管放大器都可以简单地实现增益控制.缺点是当晶体管的工作点改变后,晶体管的输入阻抗和输出阻抗会发生改变,这将导致放大器的性能发生改变.输入阻抗的改变会引起前级的负载变化,输出阻抗的改变会影响接在晶体管集电极的谐振回路的 Q 值.

常见的情况是 AGC 起控后晶体管的偏置电流变小,这样晶体管的输出阻抗变大,谐振回路的 Q 值变高,结果使得放大器的带宽变窄.所以在采用 AGC 的放大器中,往往需要预先将谐振回路的 Q 值降低,以抵消由于 AGC 起控引起的 Q 值升高.

也有一些变跨导自动增益控制电路采用特殊设计的晶体管,该晶体管的跨导随偏置电流的变化规律是:在偏置电流较小时,跨导随电流增加而增加,到达某个最大值后反而随偏置电流的增加而下降.这种电路在设计时让晶体管一开始(AGC 尚未起控)就工作在跨导最大的状态.当 AGC 起控后,偏置电流加大,晶体管的跨导则下降,同样达到 AGC 作用.但是由于在 AGC 起控后晶体管的偏置电流是增加的,导致晶体管输出阻抗下降,作为晶体管负载的 LC 谐振回路的 Q 值下降,因此不会出现带宽变窄等弊病.通常这种电路被称为正向 AGC 电路,相应的 AGC 起控后偏置电流变小的电路被称为负向 AGC 电路.

2. 改变负载的二次 AGC 电路

另一种 AGC 电路是改变放大器的负载进行增益控制,图 2-29 是这种电路的一个例子.

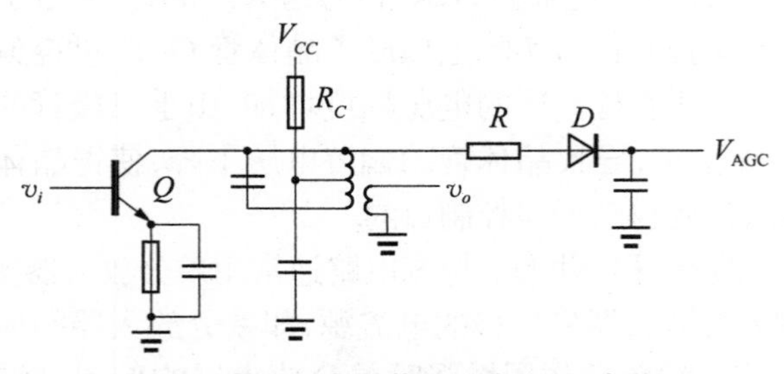

图 2-29　改变负载的二次 AGC 电路

在图 2-29 电路中,电阻 R 和二极管 D 构成可控负载. AGC 电压是从另外的 AGC 控制信号形成电路送过来的. 这个电路要求 AGC 电压负向变化,即 AGC 未起控时 V_{AGC} 处于一个较高的电位,而 AGC 起控后 V_{AGC} 下降.

在 AGC 尚未起作用时,由于晶体管 Q 的静态电流在集电极电阻 R_C 上造成一个压降,故集电极有一个固定的电位. 而此时 AGC 尚未起控,V_{AGC} 高于晶体管 Q 的集电极电压,所以二极管 D 处于反偏截止状态,R 相当于开路,对晶体管放大器没有影响. 当 AGC 开始作用后,V_{AGC} 下降,二极管开始导通,R 成为晶体管的负载,使得放大器的交流负载电阻降低,从而降低增益.

由于此电路中一旦 AGC 起控,负载的改变程度较小(基本上取决于电阻 R),因此一般不作为主要的 AGC 电路,而只是作为变跨导自动增益控制电路的一种补充,称为二次 AGC 电路. 其真正的意义在于降低放大器增益的同时降低 LC 回路的 Q 值,可以使得放大器带宽增加,以补偿变跨导自动增益控制电路的带宽损失.

由于在接收机中接收微弱信号时 AGC 不起控,此时 LC 回路的 Q 值高一些,有利于提高接收机的灵敏度与选择性. 但是在接收强信号时往往需要降低 Q 值,以换取较宽的带宽来提高接收信号的质量,所以这种二次 AGC 电路以及前面讨论的正向 AGC 电路等,在一些要求较高的接收机中得到广泛使用.

3. 可变衰减器式 AGC 电路

在电路中插入一个可变衰减器,也可以用来作为 AGC 电路. 图 2-30 给出两种用分立元件构成的可变衰减器 AGC 电路.

图 2-30(a) 利用场效应管的导通电阻可以随着偏置电压的改变而改变的特点,将它与电阻 R 构成分压式衰减器,然后进行控制. 当 AGC 电压增高时,场效应管的导通内阻变低,输出电压变小,即实现了增益可控的目的.

图 2-30(b) 利用二极管的动态内阻随着偏置电流的改变而改变的特点构成可变衰减器. 当 AGC 电流增高时,二极管的动态内阻变低,衰减量变小;反之则衰减增大.

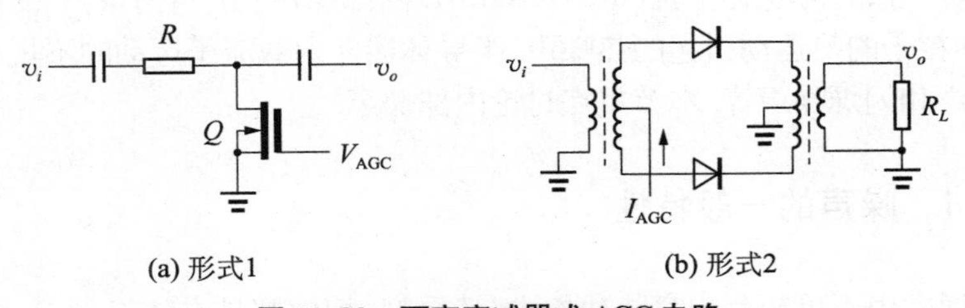

(a) 形式1　　(b) 形式2

图 2-30 可变衰减器式 AGC 电路

由于这两种 AGC 电路中的可变衰减元件都具有非线性的伏安特性,因此只能适用于输入信号很小的场合. 若输入信号幅度较大,将引起很大的失真.

类似的分压式可变衰减器结构也被应用到集成放大电路中,AD603 就是这样一款可变增益放大器,图 2-31 是该芯片的结构框图.

该芯片中集成了一个放大器和一个 R-2R 型的梯形电阻网络. 该梯形网络的每两个相邻节点之间有 6.02 dB 的增益差值,相当于一个分级的分压式衰减器. 通过外部输入的增益控制电压,可以改变放大器输入与梯形网络的连接关系,从而达到大范围改变放大器增益的目的.

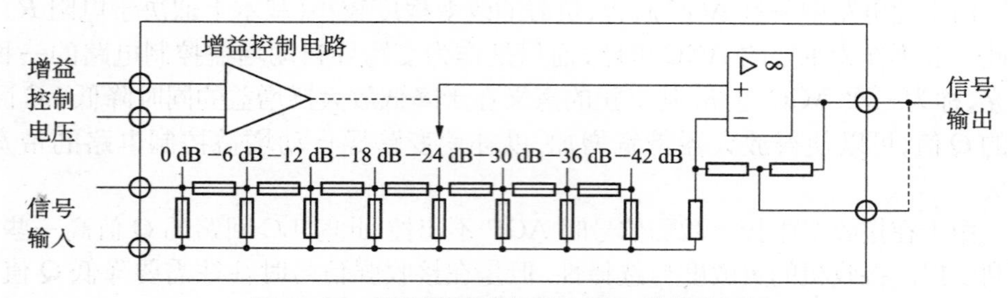

图 2-31 可变增益放大器 AD603 的结构框图

该放大器是一种宽带的可变增益放大器,在输出端的增益调节端与输出短路(图 2-31 中虚线)后,具有 90 MHz 的 −3 dB 带宽. 同时它的噪声系数也比较低. 所以常常将它与合适的电平检测、低通滤波等电路组合,用作 AGC 放大器.

§2.5 高频放大器中的噪声和非线性

在任何一个实际的电子设备中,噪声(noise)都是影响其性能的一个重要因素.

通常,噪声可以分成外部噪声和内部噪声两大类. 外部噪声指产生于电子设备外面,通过天线、电源、电缆等传导到电子设备内部的噪声,包括宇宙噪声、大气噪声、工业噪声等,有时也称干扰(interference). 内部噪声指产生于电子设备内部的噪声,包括粒子的热运动引起的热噪声、半导体器件内载流子运动的不规则性引起的散射噪声和闪烁噪声等. 本节重点讨论内部噪声.

2.5.1 噪声的一般特性

噪声通常由不可预测的窄脉冲构成,其幅度、相位都具有随机性,一般都有极宽的频谱. 由于噪声的随机性,因此无法用某种确定的时间函数描述其性质. 但是其总体性质符合某个确定的统计规律,可以用概率分布特性来描述.

由于噪声的随机性,其电压或电流的幅度和相位都是不确定的,噪声的电压或电流不能直接叠加. 实际上,大部分噪声的电压平均值或电流平均值为 0,所以一般不能用电压或电流来描述噪声. 但若对一个噪声进行长时间的功率叠加,则其平均功率趋于一个定值,我们可以用噪声电压或电流的均方值描述噪声的平均功率:

$$\begin{cases} \overline{v_n^2} = \lim\limits_{T\to\infty} \dfrac{1}{T}\displaystyle\int_0^T v_n^2(t)\,\mathrm{d}t \\ \overline{i_n^2} = \lim\limits_{T\to\infty} \dfrac{1}{T}\displaystyle\int_0^T i_n^2(t)\,\mathrm{d}t \end{cases} \tag{2.70}$$

一般而言,在不同的频率范围内噪声的平均功率可能是不同的. 为了描述噪声功率随频率的变化,有必要引入噪声功率谱密度概念. 定义噪声功率谱密度函数 $W(f)$为单位频带内的噪声功率,即在频率 f_1 到 f_2 范围内的噪声功率可以表示为

$$P_n \Big|_{f_1}^{f_2} = \int_{f_1}^{f_2} W(f)\,\mathrm{d}f \tag{2.71}$$

通常,一个电子系统具有一定的频率特性,其带宽是一个有限值. 可以用系统的电压传递函数 $H(f)$来描述系统的频率特性. 显然,若一个功率谱密度函数为 $W_i(f)$的噪声,输入到一个电压传递函数为 $H(f)$的线性时不变系统,输出的噪声功率谱密度函数为

$$W_o(f) = |H(f)|^2 \cdot W_i(f) \tag{2.72}$$

其中$|H(f)|^2$ 称为系统的功率传递函数.

电子设备中常见的一种噪声几乎在整个电子学研究的频率范围内具有恒定的功率谱密度. 由于其频谱类似光学中的白色光,因此被称为白噪声.

当白噪声通过一个具有一定的频率特性的电子系统后,其输出噪声功率谱将受到此系统的影响. 图 2-32 描述一个白噪声通过一个系统前后功率谱的变化情况.

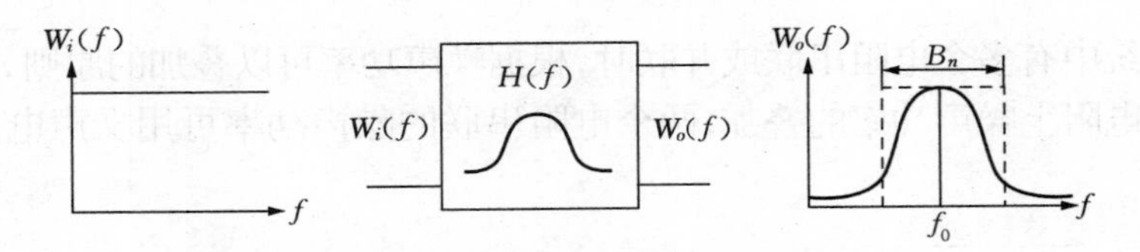

图 2-32 白噪声通过系统前后的功率谱

若将通过系统后整个频率范围内的噪声功率等效为一个高度为 $H^2(f_0)\cdot W_i(f_0)$、宽度为 B_n 的矩形,则

$$B_n\cdot H^2(f_0)\cdot W_i(f_0)=\int_0^{\infty}|H(f)|^2\cdot W_i(f_0)\mathrm{d}f \tag{2.73}$$

称 B_n 为系统的等效噪声带宽(equivalent noise bandwidth):

$$B_n=\frac{\int_0^{\infty}|H(f)|^2\mathrm{d}f}{H^2(f_0)} \tag{2.74}$$

需要指出的是,在实用的噪声计算中为了方便,有时近似地用系统的信号带宽 BW 代替系统的等效噪声带宽.

2.5.2 高频放大器中常见的噪声来源

一、电阻热噪声

温度在绝对零度以上时,导体中的电子受到热激发,在导体内部作大小和方向都无规则的运动. 每个电子在微观上的运动都可以看作一个脉冲电流,无数个脉冲电流构成了噪声电流,这个噪声电流在电阻两端产生噪声电压和噪声功率. 热力学理论和实际测试都证明,电阻热噪声(thermal noise)是一种白噪声,用噪声电压均方值描述的电阻功率谱密度为

$$W_R(f)=4kTR \tag{2.75}$$

其中 k 为玻尔兹曼常数, $k=1.38\times10^{-23}$ J/K; T 为绝对温度;R 为电阻值.

在等效噪声带宽 B_n 内,电阻噪声电压均方值或噪声电流均方值为

$$\begin{cases}\overline{v_n^2}=4kTR\cdot B_n\\ \overline{i_n^2}=4kT\,\dfrac{1}{R}\cdot B_n=4kTG\cdot B_n\end{cases} \tag{2.76}$$

当系统中有多个电阻串联或并联时,根据噪声功率可以叠加的原则,总噪声功率等于各电阻上噪声功率的叠加,两个电阻串联的噪声功率可用噪声电压均方值表示为

$$\overline{v_n^2}=\overline{v_{n1}^2}+\overline{v_{n2}^2}=4kTR_1\cdot B_n+4kTR_2\cdot B_n=4kT(R_1+R_2)\cdot B_n \tag{2.77}$$

两个电阻并联的噪声功率可用噪声电流均方值表示为

$$\overline{i_n^2} = \overline{i_{n1}^2} + \overline{i_{n2}^2} = 4kTG_1 \cdot B_n + 4kTG_2 \cdot B_n = 4kT(G_1 + G_2) \cdot B_n \quad (2.78)$$

二、天线热噪声

若给天线馈送电流 i_A，天线将向外辐射能量，此能量可以用 $i_A^2 R_A$ 表示，其中 R_A 称为天线的辐射电阻. 辐射电阻与天线的种类、形状有关，它不是天线导体的电阻. 天线导体的电阻几乎为 0，所以天线自身的电阻热噪声很小. 当天线用作接收时，即使没有无线电信号，天线中也会感应出噪声，这就是天线热噪声. 天线热噪声是一种背景噪声，其实质是天线接收了周围介质由于热运动产生的电磁辐射能量或者宇宙辐射的能量. 所以，天线的热噪声与天线的指向、时间(昼夜)、周围温度、频率等有关.

通常将天线的热噪声等效为一个阻值等于天线辐射电阻 R_A 的电阻处于温度 T_A 时的噪声，即天线的热噪声功率可以用其噪声电压均方值描述为

$$\overline{v_n^2} = 4kT_A R_A B_n \quad (2.79)$$

或用天线的等效噪声温度表示为

$$T_A = \frac{\overline{v_n^2}}{4kR_A B_n} \quad (2.80)$$

三、双极型晶体管的噪声

双极型晶体管的噪声主要有基区电阻的热噪声、两个 PN 结的散射噪声、由于基极电流和集电极电流之间的分配涨落引起的分配噪声以及 $1/f$ 噪声.

晶体管内所有的欧姆电阻都会产生热噪声，但以基区电阻产生的热噪声最为显著，其值为

$$\overline{v_{bn}^2} = 4kTr_b B_n \quad (2.81)$$

在双极型晶体管内，单位时间内通过 PN 结的载流子数目是随机的. 由于这种随机性形成的噪声就是散射噪声(shot noise). 若流过 PN 结的电流为 I_C，则散射噪声为

$$\overline{i_{cn,\ \text{shot}}^2} = 2qI_C B_n \quad (2.82)$$

从宏观上说，双极型晶体管内 I_C 和 I_E 的比例是一定的(等于短路电流放大系

数 α),然而在每个瞬时其分配比例是随机的,由此形成分配噪声(distribution noise). 分配噪声与 α 有关,可表示为

$$\overline{i^2_{cn,\,\text{dis}}} = 2qI_C\left(1-\frac{\alpha^2}{\alpha_0}\right)\cdot B_n \tag{2.83}$$

显然,当频率升高时,α 下降,所以在高频区分配噪声增大.

$1/f$ 噪声也称闪烁噪声(flicker noise),其产生原因现在尚无定论. 由于此噪声的功率谱密度与频率近似成反比,因此在高频电路中一般可忽略.

综上所述,可以图 2-33 表示双极型晶体管的噪声模型. 其中基区电阻 r_b 的热噪声用基极串联的噪声电压源等效,输入端的并联噪声电流源用来等效发射结的散射噪声,输出端的并联噪声电流源用来等效集电结的散射噪声和分配噪声.

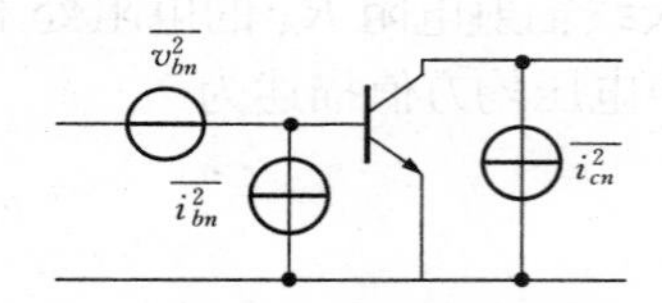

图 2-33 双极型晶体管的噪声模型

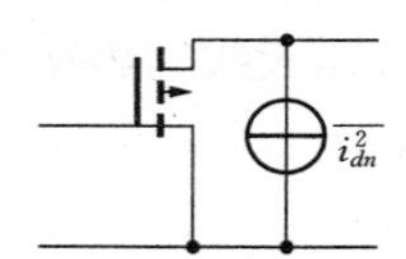

图 2-34 场效应晶体管的噪声模型

另外要说明一点,由于二极管就是一个 PN 结,所以(2.82)式表示的散射噪声就是二极管的主要噪声来源. 晶体管中的分配噪声对于二极管来说不存在,二极管的电阻热噪声也较小,一般情况下可忽略.

四、场效应晶体管的噪声

场效应晶体管的噪声中,最主要的是沟道电阻的热噪声. 可以用一个与输出阻抗并联的噪声电流源来等效,

$$\overline{i^2_{dn}} = 4kT\lambda g_m B_n \tag{2.84}$$

其中 g_m 是晶体管的跨导;λ 是与沟道长度有关的修正因子,短沟道 $\lambda = 2\sim3$,长沟道 $\lambda = 2/3$.

除此之外,场效应晶体管的噪声中还有电极欧姆接触部分的电阻热噪声、闪烁噪声等噪声源;结型场效应晶体管中还有栅极 PN 结中流过的反向漏电流引起的散射噪声. 但这些均不及上述沟道电阻的热噪声重要.

2.5.3　噪声的计算

一、信噪比

通常,在电路中讨论噪声的绝对功率意义不大,因为在有用信号功率很大的时候,即使有点噪声也无关大局,但是在有用信号很微弱时,即使很小的噪声也可能将信号淹没. 所以我们总是关心某处的信号功率与噪声功率之比,称之为信噪比(signal-to-noise ratio),以 S/N 表示:

$$S/N = P_s/P_n \tag{2.85}$$

若一个内阻为 r_s 的信号源的噪声仅由其内阻产生,则噪声电压均方值为 $\overline{v_n^2} = 4kTr_sB_n$. 当一个线性网络的输入电阻与信号源内阻阻抗匹配(即 $r_s = r_i$)时,该网络得到的外部噪声输入功率是信号源的额定噪声功率,它与信号源内阻无关,即

$$P_{ni\max} = \overline{v_n^2} \cdot \left(\frac{r_i}{r_s + r_i}\right)^2 \cdot \frac{1}{r_i}\bigg|_{r_s=r_i} = 4kTr_sB_n\left(\frac{r_i}{r_s + r_i}\right)^2 \cdot \frac{1}{r_i}\bigg|_{r_s=r_i} = kTB_n \tag{2.86}$$

通常称此噪声功率为信号源的本底噪声(background noise)功率.

由于该网络得到的信号功率为该信号源的额定输出功率 $P_{si\max} = \dfrac{v_s^2}{4r_s}$,因此该网络输入端看到的信噪比为

$$(S/N)_i = \frac{P_{si\max}}{P_{ni\max}} = \frac{v_s^2}{4kTB_nr_s} \tag{2.87}$$

若网络与信号源没有达到阻抗匹配时,不失一般性,可以引入失配系数 d 来表达功率的损耗. 此时网络输入端看到的信噪比为

$$(S/N)_i = \frac{d \cdot P_{si\max}}{d \cdot P_{ni\max}} = \frac{v_s^2}{4kTB_nr_s} \tag{2.88}$$

显然,由于失配引起的损耗对于信号和噪声具有相同的比例因子,因此尽管阻抗匹配与否会影响到输入信号功率与输入噪声功率,但信噪比与阻抗匹配无关. 当信号源的噪声仅为其内阻产生的热噪声时,信噪比是信号源的额定输出功率与其本底噪声功率之比.

二、噪声系数和等效噪声温度

若在一个线性网络输入端送入一个带噪声的信号,其信噪比为$(S/N)_i$,在网络输出端看到的信噪比为$(S/N)_o$,通常由于网络内部存在噪声,输出端信号的信噪比总是劣于输入端的信噪比. 定义这两个信噪比的比值为线性网络的噪声系数NF(noise figure),即

$$NF = \frac{(S/N)_i}{(S/N)_o} = \frac{P_{si}/P_{ni}}{P_{so}/P_{no}} \tag{2.89}$$

噪声系数表征了信号通过线性网络以后信噪比恶化的程度. 对于一个理想的无噪网络,其输出端的信噪比与输入端相同,噪声系数为(10 dB).

由于信噪比与阻抗匹配无关,所以(2.89)式中所有的功率都可以用额定功率表示. 若一个线性网络(或放大器)的功率增益为G_P,且对所有信号的放大是同等的,则显然可以将此网络的噪声系数改写为

$$NF = \frac{P_{no}}{P_{ni}} \cdot \frac{P_{si}}{P_{so}} = \frac{P_{no}}{P_{ni}} \cdot \frac{1}{G_P} \tag{2.90}$$

其中P_{no}是网络的额定输出噪声功率,P_{ni}是额定输入噪声功率.

需注意的是,尽管线性网络对所有信号的放大是同等的,但是$\frac{P_{no}}{P_{ni}} \neq G_P$. 因为此网络的输出噪声$P_{no}$是由两部分噪声组成,一部分是从网络外部(信号源)输入的噪声P_{ni}被放大后的输出$G_P P_{ni}$,另一部分则是此网络内部产生的噪声输出$P_{no(\text{net})} = G_P P_{ni(\text{net})}$,其中$P_{ni(\text{net})}$表示网络内部产生的噪声折合到网络输入端的功率.

所以,$P_{no} = G_P P_{ni} + P_{no(\text{net})} = G_P(P_{ni} + P_{ni(\text{net})})$,据此可以将此网络的噪声系数写为

$$NF = \frac{G_P(P_{ni} + P_{ni(\text{net})})}{P_{ni}} \cdot \frac{1}{G_P} = 1 + \frac{P_{ni(\text{net})}}{P_{ni}} \tag{2.91}$$

由此可见,网络的噪声系数与信号源的额定噪声功率以及网络本身的内部噪声功率有关. 当网络的内部噪声功率不变时,输入的噪声功率不同,可以得到不同的噪声系数.

由于噪声系数是评判一个网络内部噪声大小的重要参数,为了避免同一个网络在不同的噪声输入下有不同的噪声系数,通常规定在测量一个放大器或其他网络的噪声系数时,将信号源的噪声等效为在标准噪声温度$T = T_0 = 290\,\text{K}$下由信号源内阻产生的额定噪声功率,即规定(2.91)式中$P_{ni} = kT_0 B_n = (4 \times 10^{-21})B_n$,此时有

$$NF = 1 + \frac{P_{ni(\text{net})}}{kT_0 B_n} = 1 + \frac{P_{ni(\text{net})}}{(4 \times 10^{-21}) B_n} \tag{2.92}$$

有时为了计算方便,在(2.92)式中不直接按照噪声带宽计算,而是规定 $B_n = 1\ \text{Hz}$ (即按照噪声功率谱密度计算),此时 $P_{ni}\Big|_{B_n=1\text{Hz}} = kT_0 = 4 \times 10^{-21}\ (\text{W/Hz})$,注意在这种情况下 $P_{ni(\text{net})}$ 也同样要按照噪声功率谱密度计算.

例 2-6 已知放大器的功率增益 $G_P = 20\ \text{dB}$,噪声系数标称值 $NF = 3\ \text{dB}$,噪声带宽 $B_n = 200\ \text{kHz}$;若输入信号功率 $P_{si} = -100\ \text{dBm}$,输入噪声功率 $P_{ni} = -115\ \text{dBm}$,试求输出信号功率以及输入信噪比、输出信噪比.

解 首先要说明,此例题中关于信号功率的写法是在高频系统(尤其是通信系统)中的一种习惯写法:用 dBm 表示功率大小,用 dBμ(或 dBμV)表示电压大小. dBm 将 1 mW 的功率作为参考值(0 dBm),dBμ 将 1 μV 的电压作为参考值(0 dBμ),即

$$P(\text{dBm}) = 10\lg \frac{P(\text{mW})}{1(\text{mW})} \tag{2.93}$$

$$V(\text{dB}\mu) = 20\lg \frac{V(\mu\text{V})}{1(\mu\text{V})} \tag{2.94}$$

显然,这是一种相对表示法. 采用这种表示法的好处是可以避免用很大或很小的数字表示功率或电压,另外在计算时,也可以直接用加减运算代替乘除运算. 但是要注意的是,采用这种相对表示法时,

$$A(\text{dBm}) \pm B(\text{dB}) = (A \pm B)(\text{dBm})$$
$$A(\text{dBm}) - B(\text{dBm}) = (A - B)(\text{dB})$$

而

$$A(\text{dBm}) + B(\text{dBm}) \neq (A + B)(\text{dBm})$$

求解本例题的输出信号功率以及输入信噪比比较简单:由于 $P_{so} = P_{si} \cdot G_p$,将它化为分贝形式有

$$P_{so}(\text{dBm}) = P_{si}(\text{dBm}) + G_P(\text{dB}) = (-100) + 20 = -80(\text{dBm})$$

同样,将 $(S/N_i) = P_{si}/P_{ni}$ 化为分贝形式:

$$(S/N)_i(\text{dB}) = P_{si}(\text{dBm}) - P_{ni}(\text{dBm}) = (-100) - (-115) = 15(\text{dB})$$

求解例 2-6 的输出信噪比时,需注意一个问题. 例 2-6 中的已知条件放大器

的噪声系数 $NF = 3\ \text{dB}$, 这是在输入噪声功率为额定噪声功率(即 $P_{ni} = kT_0B_n$)的条件下得到的. 根据题目中的条件 $B_n = 200\ \text{kHz}$, 可以计算出输入额定噪声功率 kT_0B_n 为

$$kT_0B_n = 1.38 \times 10^{-23} \times 290 \times 200 \times 10^3 = 8 \times 10^{-16}(\text{W}) = -121(\text{dBm})$$

但是现在的输入噪声为 $-115\ \text{dBm}$,这显然未满足输入噪声为标准噪声温度下的额定噪声功率条件,所以不能简单地套用(2.89)式(即 $(S/N)_o = (S/N)_i/(NF)$)求解输出信噪比,而必须求出实际的输出噪声功率,然后根据定义得到输出信噪比,步骤如下:

根据已知条件,放大器的噪声系数标称值 $NF = 3\ \text{dB} = 2$. 根据(2.92)式,在放大器输入端看到的内部噪声功率为

$$\begin{aligned} P_{ni(\text{amp})} &= (NF - 1) \cdot kT_0B_n = (2-1) \times 1.38 \times 10^{-23} \times 290 \times 200 \times 10^3 \\ &= 8 \times 10^{-16}(\text{W}) = 8 \times 10^{-13}(\text{mW}) \end{aligned}$$

已知输入噪声功率为

$$P_{ni} = -115\ \text{dBm} = 3.16 \times 10^{-12}\ \text{mW}$$

放大器输入端的噪声功率为上述内部噪声功率与输入噪声功率之和,输出的噪声功率为 $P_{no} = G_P \cdot (P_{ni(\text{amp})} + P_{ni})$, 即

$$\begin{aligned} P_{no}(\text{dBm}) &= G_P(\text{dB}) + 10\lg\left[P_{ni(\text{amp})}(\text{mW}) + P_{ni}(\text{mW})\right] \\ &= 20 + 10\lg\left(8 \times 10^{-13} + 3.16 \times 10^{-12}\right) = -94(\text{dBm}) \end{aligned}$$

根据信噪比的定义,输出信噪比为

$$(S/N)_o(\text{dB}) = P_{so}(\text{dBm}) - P_{no}(\text{dBm}) = (-80) - (-94) = 14(\text{dB})$$

本例题放大器在标准噪声温度定义下的噪声系数标称值是 $NF = 3\ \text{dB}$. 但是根据上述计算结果,可以得到在本例题提供的输入噪声功率下,放大器的信噪比变化量为 $15 - 14 = 1(\text{dB})$. 造成这种实际信噪比变化与噪声系数标称值不同的原因,是由于放大器本身的内部噪声功率并没有改变,但是这两种计算时依据的输入噪声功率发生了变化. 所以在遇到有关噪声系数的问题时,需要考虑进入系统的噪声是否满足输入噪声为标准噪声温度下的额定噪声功率条件.

在低噪声系统中,通常用噪声温度(noise temperature)概念替代噪声系数. 该表示方法是将系统内部产生的噪声等效为信号源内阻的温度的升高.

设一个系统的输入额定噪声功率为 kT_0B_n,系统内部产生的噪声功率等效到输

入端后为 kT_eB_n,称 T_e 为系统的等效噪声温度. 根据(2.91)式,此系统的噪声系数为

$$NF = 1 + \frac{P_{ni(\text{net})}}{P_{ni}} = 1 + \frac{kT_eB_n}{kT_0B_n} = 1 + \frac{T_e}{T_0} \tag{2.95}$$

所以,等效噪声温度与噪声系数的关系是

$$T_e = (NF - 1)T_0 \tag{2.96}$$

采用等效噪声温度概念的最大优点是当系统的噪声很低时,比较容易分辨噪声的大小. 例如,两个噪声系数 1.07 和 1.10 只相差 0.03,但用等效噪声温度表示后,分别为 20 K 和 30 K,相差 10 K.

最后还要指出一点的是,噪声系数的概念只适合于线性系统. 因为当信号经过非线性系统时,影响信噪比的不仅仅是系统的内部噪声,信号与噪声、噪声与噪声之间会相互作用. 所以即使非线性电路本身不产生噪声,输出端的信噪比也和输入端的不同.

三、无源有耗网络的噪声系数

下面讨论无源有耗网络,例如 LC 滤波网络等的噪声系数.

根据(2.90)式, $NF = \frac{P_{no}}{P_{ni}} \cdot \frac{1}{G_p}$,其中 P_{no} 是网络的额定输出噪声功率,P_{ni} 是网络的额定输入噪声功率,G_p 是网络的额定功率增益.

根据前面的分析,一个网络的额定输入噪声功率与阻抗匹配无关,为 $P_{ni} = kTB_n$. 而网络的额定输出噪声功率可以看作其等效输出电阻(所有输入端的电阻都可以等效到这个输出电阻中)产生的,亦与网络的阻抗匹配无关, $P_{no} = kTB_n$.

一个无源有耗网络的额定功率增益是该网络的衰减,即额定功率增益的倒数为插入损耗 IL,这样可以得到该网络的噪声系数为

$$NF = \frac{P_{no}}{P_{ni}} \cdot \frac{1}{G_P} = \frac{kTB_n}{kTB_n} \cdot \frac{1}{G_P} = \frac{1}{G_P} = IL \tag{2.97}$$

(2.97)式表示,无源网络的噪声系数等于该网络的插入损耗. 此结论对于任何无源网络(不管其内部电路如何)都是适用的.

四、多级线性网络的噪声系数

考察一个三级放大器,各级的功率增益分别记为 G_{P1}, G_{P2} 和 G_{P3},每级放大器内部噪声功率折合到放大器输入端记为 $P_{ni(\text{amp1})}$, $P_{ni(\text{amp2})}$ 和 $P_{ni(\text{amp3})}$,则整个放大

器可用图 2-35 等效.

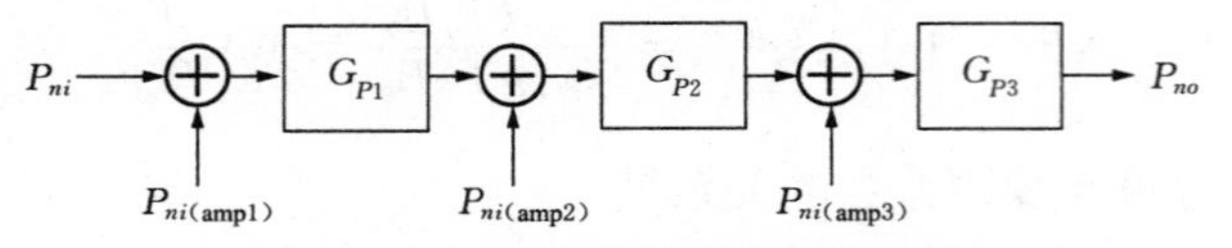

图 2-35　多级线性网络的噪声模型

在图 2-35 放大器中,总增益 $G_P = G_{P1}G_{P2}G_{P3}$. 可以写出总输出噪声为

$$P_{no} = \{[(P_{ni} + P_{ni(\mathrm{amp1})}) \cdot G_{P1} + P_{ni(\mathrm{amp2})}] \cdot G_{P2} + P_{ni(\mathrm{amp3})}\} \cdot G_{P3}$$
$$= (P_{ni} + P_{ni(\mathrm{amp1})}) \cdot G_P + P_{ni(\mathrm{amp2})} \frac{G_P}{G_{P1}} + P_{ni(\mathrm{amp3})} \frac{G_P}{G_{P1}G_{P2}} \tag{2.98}$$

假定 $P_{ni} = kT_0B_n$, 则总的噪声系数为

$$NF = \frac{P_{no}}{P_{ni}} \cdot \frac{1}{G_P} = (1 + \frac{P_{ni(\mathrm{amp1})}}{P_{ni}}) + \frac{P_{ni(\mathrm{amp2})}}{P_{ni}} \cdot \frac{1}{G_{P1}} + \frac{P_{ni(\mathrm{amp3})}}{P_{ni}} \cdot \frac{1}{G_{P1}G_{P2}}$$
$$= NF_1 + \frac{NF_2 - 1}{G_{P1}} + \frac{NF_3 - 1}{G_{P1}G_{P2}} \tag{2.99}$$

(2.99)式说明在多级放大器系统中总的噪声系数取决于前面几级,尤其是第一级的噪声系数将直接构成总噪声系数的一部分. 所以,在多级放大器系统中,往往要求第一级放大器具有尽可能低的噪声系数和尽可能大的功率增益.

例 2-7　已知某两级放大器,其中 $NF_1 = 2$ dB, $NF_2 = 5$ dB. $G_{P1} = 16$ dB, $G_{P2} = 24$ dB. 若输入噪声功率为 -120 dBm, 要求放大器的输出信噪比为 20 dB, 试求最小输入信号功率. 假如将两级放大器前后颠倒,在同样条件下的最小输入信号功率又是多少?

解　已知条件中,噪声系数与增益均以分贝表示,先将它们还原为比值:

$$NF_1 = 10^{\frac{2}{10}} = 1.58,\ NF_2 = 10^{\frac{5}{10}} = 3.16,\ G_{P1} = 10^{\frac{16}{10}} = 40,\ G_{P2} = 10^{\frac{24}{10}} = 250$$

两级放大器总的噪声系数为

$$NF = NF_1 + \frac{NF_2 - 1}{G_{P1}} = 1.634 \quad (2.13\ \mathrm{dB})$$

根据噪声系数定义,有

$$NF = \frac{(S/N)_i}{(S/N)_o} = \frac{P_{si}/P_{ni}}{P_{so}/P_{no}}$$

所以 $P_{si} = NF \cdot (S/N)_o \cdot P_{ni}$，即

$$P_{si}(\text{dBm}) = 2.13 + 20 - 120 = -97.9(\text{dBm}) \quad (1.62 \times 10^{-10}\ \text{mW})$$

若将两级放大器前后颠倒，按照上述同样算法，结果为

$$NF(\text{dB}) = 5\ \text{dB}$$

$$P_{si}(\text{dBm}) = 5 + 20 - 120 = -95(\text{dBm}) \quad (3.16 \times 10^{-10}\ \text{mW})$$

此结果表明在相同输出信噪比条件下，两种接法对应的输入信号功率相差几乎一倍. 可见第一级放大器的噪声系数对于整个放大器的信噪比具有很大的影响.

五、降低放大器噪声的方法

1. 选用低噪声元器件

选用低噪声元器件是降低放大器噪声的一个最重要途径. 通常场效应管的噪声系数低于同类型的双极型晶体管，金属膜电阻的噪声系数低于合成膜电阻，这些可以作为选择元器件的考虑因素之一.

不同型号的晶体管以及不同生产厂商的产品，器件的噪声系数可以有很大的差别. 所以必须根据电路的要求，在其他参数适用的条件下对器件进行认真的比较，选择其中噪声系数低的产品. 表 2 - 6 列出了几种低噪声高频晶体管的主要参数.

表 2 - 6　几种低噪声高频晶体管的主要参数

型　号	结　构	最高频率	*NF*	生产公司
2SK2685	GaAsHEMT	2 GHz	0.83dB@2GHz	Hitachi
2SK3001	GaAsHEMT	1.8 GHz	0.75dB@1.8GHz	Hitachi
MMBR941	Si NPN	8 GHz	2.1dB@2GHz	Motorola
MRF917	Si NPN	6 GHz	1.7dB@0.5GHz	Motorola
MRF927	Si NPN	8 GHz	1.7dB@1GHz	Motorola

2. 噪声匹配

通常，一个有噪网络总可以等效为一个无噪网络加上两个位于输入端的内部噪声源：一个串联的噪声电压源 $\overline{v_{ni(\text{net})}^2}$，是当输入端短路时有噪网络的输出噪声功率等效到输入端的值；另一个并联的噪声电流源 $\overline{i_{ni(\text{net})}^2}$，是当输入端开路时有噪网络的输出噪声功率等效到输入端的值.

当上述有噪网络与一个内阻为 r_s 的信号源连接后，若信号源内阻 r_s 的噪声为 $\overline{v_{ns}^2}$，则总的噪声等效电路如图 2 - 36 所示.

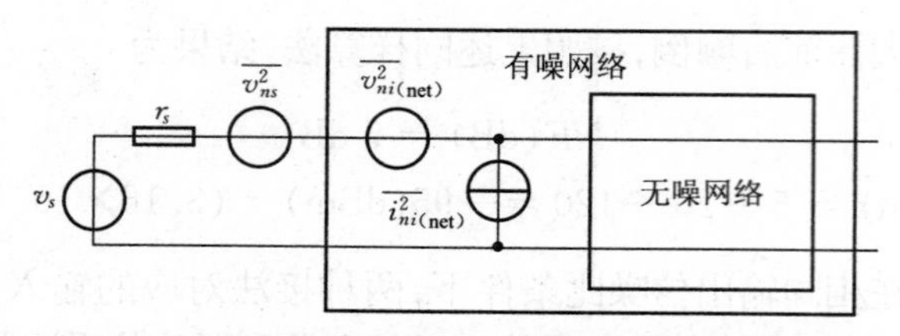

图 2 - 36　连接信号源的有噪网络的噪声等效模型

根据图 2 - 36 可以写出该系统的噪声系数.

设网络的输入电阻为 r_i，则输入该网络的外部噪声功率为 $P_{ni}=\overline{v_{ns}^2}\cdot\dfrac{r_i}{(r_s+r_i)^2}$，该网络内部噪声折合到输入端的噪声功率为

$$P_{ni(\text{net})}=\overline{v_{ni(\text{net})}^2}\cdot\frac{r_i}{(r_s+r_i)^2}+\overline{i_{ni(\text{net})}^2}\cdot\frac{r_sr_i}{r_s+r_i}\cdot\frac{r_s}{r_s+r_i}$$

再考虑到 $\overline{v_{ns}^2}=4kTB_nr_s$，可得系统的噪声系数为

$$NF=1+\frac{P_{ni(\text{net})}}{P_{ni}}=1+\frac{\overline{v_{ni(\text{net})}^2}+\overline{i_{ni(\text{net})}^2}\cdot r_s^2}{4kTB_n\cdot r_s}\tag{2.100}$$

在(2.100)式中令 $\dfrac{\mathrm{d}(NF)}{\mathrm{d}(r_s)}=0$，可以得到 NF 极小值的条件如下：

$$r_{s,\,opt}=\sqrt{\frac{\overline{v_{ni(\text{net})}^2}}{\overline{i_{ni(\text{net})}^2}}}\tag{2.101}$$

(2.101)式说明，一个有噪系统存在一个可以使系统噪声系数最小的信号源内阻. 当信号源内阻等于此值时称为噪声匹配(noise match). 在噪声匹配条件下，系统可以达到的最小噪声系数为

$$NF_{\min}=1+\frac{\sqrt{\overline{v_{ni(\text{net})}^2}\cdot\overline{i_{ni(\text{net})}^2}}}{2kTB_n}\tag{2.102}$$

当不满足噪声匹配条件时，系统的噪声系数与信号源内阻之间的关系为

$$NF=1+\frac{NF_{\min}-1}{2}\left(\frac{r_s}{r_{s,\,opt}}+\frac{r_{s,\,opt}}{r_s}\right)\tag{2.103}$$

由于晶体管的等效输入噪声既有电压噪声,又有电流噪声(场效应晶体管的沟道噪声等效到栅极后也是一个电压噪声和一个电流噪声),因此也存在类似的关系,即存在一个噪声匹配的源内阻,且其噪声匹配情况与晶体管的静态工作点有关.图 2-37 就是一种小功率晶体管的噪声系数与信号源内阻的关系.

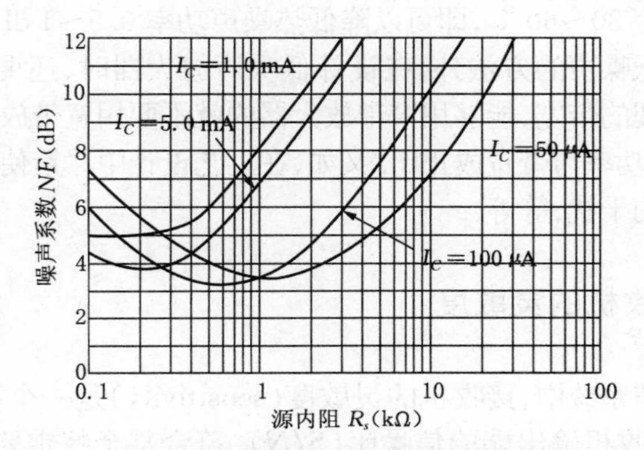

图 2-37 2N3904 的噪声系数与信号源内阻的关系

由此可见,信号源与放大器之间存在两种匹配:一种是按照最大传输功率要求的功率匹配,即源内阻与放大器输入阻抗之间共轭匹配;另一种是按照噪声系数最小要求的噪声匹配.

由前面关于多级放大器噪声系数的讨论可知,在前级放大器中要求低噪声,所以第一级放大器通常总是要求噪声匹配.可以通过调整阻抗匹配网络来实现这种匹配.

3. 正确选择晶体管的工作点

由图 2-37 可以看到一个现象,在不同的工作点电流下噪声系数的最小值是不同的,其中存在一个最小的噪声系数最小值.这种现象是晶体管的共同特点.这是因为当工作点电流过小,晶体管的增益太低造成信噪比下降,而当工作点电流太大时,晶体管的散射噪声和分配噪声增加,引起噪声系数变差.所以在要求噪声很小的放大器中,要根据器件给出的参数,选择使噪声系数最小的工作点电流.

4. 降低前端温度

在实际放大器中,很大一部分噪声来源是热噪声.根据(2.75)式,热噪声的功率与温度直接相关,所以,降低前端温度是一个降低噪声的有效手段.通常,可以将整个前端放大器置于一个低温环境中,例如安置在放有液氮的容器中.由于液氮的温度为 77 K 左右,大概是室温的 1/4,因此在其他条件相同的情况下,热噪声功率可以下降到原来的 1/4,即下降 6 dB.

上述降温方法有一点麻烦,就是需要不断提供液氮,一般只适用于要求噪声很低的场合. 在要求不高的场合,可以用半导体制冷技术获得低温. 半导体制冷技术采用一种半导体陶瓷材料制作的制冷片制冷,该制冷片在通电后,一面吸热而另一面放热. 将吸热面贴在放大器上,即可以降低放大器的温度. 在设计得当的情况下,通常可以降低温度 30~60 ℃,即可以降低热噪声功率 0. 5~1 dB.

除了上述降低噪声的方法外,在设计低噪声放大器时,还要注意一些其他问题. 例如,控制合理的带宽,能够用窄带放大器的就不要用宽带放大器,道理是显而易见的,因为噪声功率与带宽成正比. 又如,在工艺设计中尽量使用短的馈线、加强屏蔽以减小外界的干扰,等等.

2.5.4 接收机的灵敏度

在无线电通信系统中,接收机的灵敏度(sensitivity)是一个相当重要的指标. 它的定义是:在接收机输出端的信噪比$(S/N)_o$符合某个特定要求值的条件下接收机能够检测的最小输入功率.

显然,接收机的灵敏度与接收机的噪声有关. 因为若接收机不产生噪声,又具有足够大的增益,应该可以接收无限微弱的信号,灵敏度将由信号源的信噪比确定. 而实际上由于接收系统内部的噪声,当信号微弱到可以与系统内部的噪声相比拟时,再放大此信号已经没有意义.

通常,当指定$(S/N)_o$等于正常接收所需的值时,对应的灵敏度称为实际灵敏度;指定 $(S/N)_o = 1$ 时,对应的灵敏度称为临界灵敏度.

根据噪声系数的定义, $(S/N)_i = NF \cdot (S/N)_o$, 即 $\frac{P_{si}}{P_{ni}} = NF \cdot (S/N)_o$. 所以,当系统在输入噪声功率为 P_{ni} 时的噪声系数 NF 已知,且指定输出端信噪比 $(S/N)_o$ 后,接收机的实际灵敏度为

$$S_{i(\mathrm{pra})} = NF \cdot (S/N)_o \cdot P_{ni} \tag{2.104}$$

接收机的临界灵敏度为

$$S_{i(\mathrm{cri})} = NF \cdot P_{ni} \tag{2.105}$$

例 2-8 某接收机的总噪声系数为 6 dB, $B_n = 1\,\mathrm{MHz}$, 求在标准噪声温度条件下该接收机的临界灵敏度.

解 在标准噪声温度条件下,放大器输入端的噪声功率为 $P_{ni} = kT_0B_n$. 已知 $NF = 6\ \mathrm{dB} \doteq 4$, 所以

$$S_{i(\text{cri})} = NF \cdot P_{ni} = NF \cdot kT_0 B_n = 4 \times (1.38 \times 10^{-23}) \times 290 \times (1 \times 10^6)$$
$$= 1.6 \times 10^{-14}(\text{W}) = -108(\text{dBm})$$

例 2-8 的输入噪声功率是在标准噪声功率 kT_0B_n，系统的噪声系数也是在标准噪声温度条件下定义的，所以上述计算没有问题. 显然，若输入噪声功率是其他数值，应该根据噪声系数的定义进行换算.

通常情况下，无线接收设备的前端总是与天线联系起来. 假定天线的等效噪声温度为 T_A，则其额定噪声输出功率为 kT_AB_n，在阻抗匹配条件下，这就是接收设备的输入噪声功率. 若接收设备的噪声系数标称值为 NF，根据噪声系数的定义，系统内部噪声等效到输入端的值为 $P_{ni(\text{net})} = kT_0B_n(NF-1)$，所以，连同天线在内的整个系统的噪声系数为

$$NF_{(\text{net})} = \frac{P_{ni(\text{net})}}{P_{ni}} + 1 = \frac{kT_0B_n}{kT_AB_n}(NF-1) + 1 = \frac{T_0}{T_A}(NF-1) + 1 \quad (2.106)$$

连同天线在内的整个接收系统的灵敏度为

$$S_i = NF_{(\text{net})} \cdot (S/N)_o \cdot P_{ni} = \left[\frac{T_0}{T_A}(NF-1) + 1\right] \cdot (S/N)_o \cdot kT_AB_n \quad (2.107)$$

若指定输出信噪比为 1，则整个接收系统的临界灵敏度为

$$S_{i(\text{cri})} = \left[\frac{T_0}{T_A}(NF-1) + 1\right] \cdot kT_AB_n = kT_0B_n(NF-1) + kT_AB_n \quad (2.108)$$

此临界灵敏度有时也称接收机的本底噪声(background noise)，记为 N_b.

2.5.5　放大器的非线性和动态范围

当输入放大器的信号增大时，晶体管的非线性影响逐渐增加.

在普通采用电阻性负载的放大器中，输出失真以波形中包含高次谐波的形式出现. 但是在调谐放大器中，此现象与普通放大器有所不同. 由于调谐放大器的输出端接有选频网络，因此这些高次谐波通常都会被滤除，也就是说，输出波形中一般看不到高次谐波，但这并不是说没有产生高次谐波.

假定放大器传输特性具有某种非线性，总可以将它用幂级数展开为

$$i_0 = a_0 + a_1 v_i + a_2 v_i^2 + a_3 v_i^3 + \cdots \quad (2.109)$$

若在此放大器的输入端输入信号 $v_i = V_{im}\cos\omega_0 t$，则其输出为

$$i_0 = a_0 + a_1 V_{im}\cos\omega_0 t + a_2 V_{im}^2\cos^2\omega_0 t + a_3 V_{im}^3\cos^3\omega_0 t + \cdots$$
$$= \left(a_0 + \frac{a_2 V_{im}^2}{2} + \cdots\right) + \left(a_1 V_{im} + \frac{3}{4}a_3 V_{im}^3 + \cdots\right)\cos\omega_0 t + \frac{a_2}{2}V_{im}^2\cos 2\omega_0 t + \cdots \tag{2.110}$$

在输出电流中除了基波 ω_0 成分以外，还有直流成分以及各高次谐波成分. 尽管能够通过选频网络输出的只是其中的基波部分，然而基波部分的系数中却包含了高阶成分的影响. 若忽略三阶以上的高阶分量，则输出的基波电流与输入电压之间的关系为

$$i_0 = \left(a_1 V_{im} + \frac{3}{4}a_3 V_{im}^3\right)\cos\omega_0 t = \left(a_1 + \frac{3}{4}a_3 V_{im}^2\right)v_i \tag{2.111}$$

可以定义放大器的平均跨导为

$$\overline{g_m} = a_1 + \frac{3}{4}a_3 V_{im}^2 \tag{2.112}$$

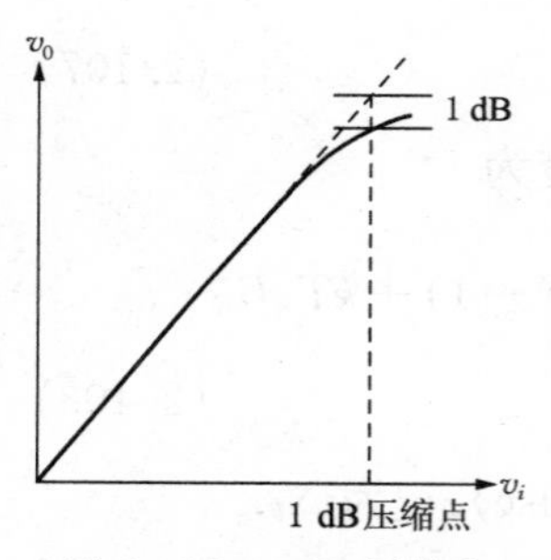

图 2-38　1 dB 压缩点

通常在晶体管放大器中，系数 a_3 为负(例如由于输入信号增加，导致晶体管进入饱和或截止区)，所以随着输入信号的加大，平均跨导变小，导致放大器的增益下降，称这种现象为增益压缩. 在高频放大器中，将放大器电压增益(或平均跨导)下降 1 dB 的输入电平称为 1 dB 压缩点(1 dB compression point)，如图 2-38 所示.

可以根据 1 dB 压缩点的定义，确定 1 dB 压缩点与器件传输特性的幂级数系数的关系：

$$20\lg\left|a_1 + \frac{3}{4}a_3 V_{im(-1\mathrm{dB})}^2\right| = 20\lg|a_1| - 1 \tag{2.113}$$

由此可得

$$V_{im(-1\,\mathrm{dB})} = \sqrt{0.145\left|\frac{a_1}{a_3}\right|} \tag{2.114}$$

显然，在要求线性放大的情况下，增益压缩导致放大器产生非线性. 要保证线性放大就必须对放大器的输入信号范围加以限制. 通常以放大器的本底噪声或实际灵敏度作为输入信号的下限功率，以 1 dB 压缩点为其上限功率，在这两个限值

所确定的输入范围内放大器被认为是线性的，称这两个输入功率的比值为线性动态范围(linear dynamic range).

刚才讨论的情形是放大器输入单一频率的信号. 实际上，在放大器的输入端除了输入有用信号外，常常还有其他无用信号存在. 在无线系统中这种现象更为常见. 由于器件的非线性，这些输入信号之间会由于相互作用而产生许多干扰输出. 我们由(2.110)式可以看到，尽管高频放大器的输出滤波网络可以将非基频的输出成分滤除，但是实际上输出信号中包含输入信号的一阶成分和高阶成分. 当输入信号中包含其他无用信号时，在输出信号中包含的无用信号的高阶成分可能成为一种干扰输出(关于这一点，将在以后的章节中详细讨论). 我们可以将这种干扰输出看成一种噪声，若由于这种噪声使得输出的信噪比$(S/N)_o$下降到某个指定值时，再对信号放大已经没有意义.

若只考虑输出中的三阶成分，根据(2.111)式可知，输出功率中基频成分为

$$P_o = \frac{1}{2}(a_1 V_{im})^2 = G_P P_i \tag{2.115}$$

三阶成分为

$$P_{o3} = \frac{1}{2}\left(\frac{3}{4}a_3 V_{im}^3\right)^2 = G_{P3} P_i^3 \tag{2.116}$$

由于一般总有$|a_3| < |a_1|$，因此在输入信号功率较小时，输出中的三阶成分远小于基频成分. 但是，由于三阶成分与输入信号功率的三次方成正比，其增长速度远高于基频成分. 随着输入功率的增加，最终输出信号中的三阶成分有赶上和超越基频成分的趋势，如图 2 - 39 所示.

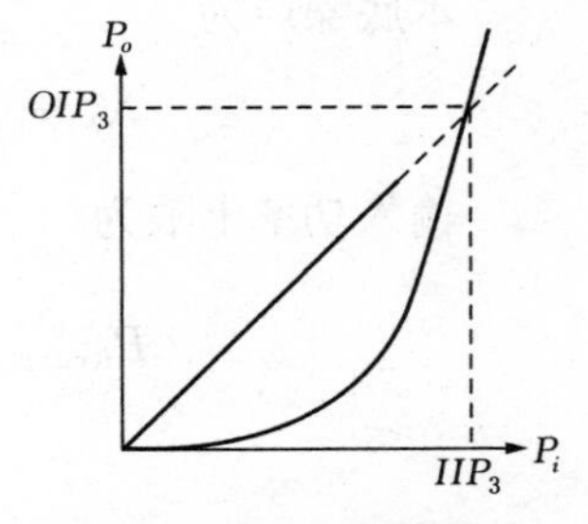

图 2 - 39　三阶截点

若将输出信号中的三阶成分视为噪声，仿照放大器的临界灵敏度的定义，我们指定输出信噪比$(S/N)_o = 1$、即输出信号中三阶成分与基频成分相等时所对应的输入功率作为一个阈值，称此阈值为放大器的三阶截点(third-order intercept point)，记为IP_3. 此点对应的输入功率称为输入三阶截点，记为IIP_3；对应的输出功率称为输出三阶截点，记为OIP_3.

由于将输出信号中的三阶成分视为噪声，因此也可以此确定放大器的动态范围，称为无杂散动态范围(spurious-free dynamic range)，记为$SFDR$. $SFDR$规定以放大器的本底噪声N_b(临界灵敏度)作为输入信号的下限功率，而上限则定义为

输出信号中的三阶成分折合到输入端恰好等于本底噪声时的输入信号功率，*SFDR* 等于这两个输入功率的比值.

根据三阶截点的定义，当输入功率 $P_i = IIP_3$ 时，$P_{o1} = P_{o3}$. 将此关系代入(2.115)式和(2.116)式，则有 $G_{P3} = \frac{G_P}{(IIP_3)^2}$. 再代回(2.116)式，则得到

$$P_{o3} = \frac{G_P}{(IIP_3)^2} P_i^3 \tag{2.117}$$

SFDR 规定输入信号功率上限为输出信号中的三阶成分折合到输入端等于本底噪声，即 $P_{o3} = G_P N_b$，代入(2.117)式，得到 *SFDR* 规定的输入信号功率上限为

$$P_{i(\max)} = \sqrt[3]{(IIP_3)^2 \cdot N_b} \tag{2.118}$$

例 2-9 已知某小信号放大器的噪声系数为 $NF = 6$ dB，输入三阶截点 $IIP_3 = -10$ dBm. 若以该放大器构成的系统的噪声带宽 $B_n = 300$ kHz，求无杂散动态范围.

解 该系统输入端的噪声功率为

$$P_{ni} = kT_0 B_n = 1.38 \times 10^{-23} \times 290 \times 300 \times 10^3 = 1.2 \times 10^{-15}(\mathrm{W}) = -119(\mathrm{dBm})$$

本底噪声为

$$N_b = P_{ni} \cdot NF = -119 + 6 = -113(\mathrm{dBm})$$

输入功率上限为

$$P_{i(\max)} = \sqrt[3]{(IIP_3)^2 \cdot N_b} = \frac{1}{3}[2IIP_3 + N_b]$$

$$= \frac{1}{3}[2 \times (-10) + (-113)] = -44.3(\mathrm{dBm})$$

所以该系统输入功率范围为 $-113 \sim -44.3$ dBm，即

$$SFDR = -44.3 - (-113) = 68.7(\mathrm{dB})$$

图 2-40 是以 dBm 为单位的输入输出功率关系，图中标注有例 2-9 涉及的各种信号关系.

上面我们讨论了两种动态范围的定义. 一般在低噪声放大器中常用无杂散动态范围概念，而混频器和功率放大器中常用线性动态范围概念.

由于在三阶截点处三阶成分与基频成分相等，根据(2.115)式和(2.116)式可

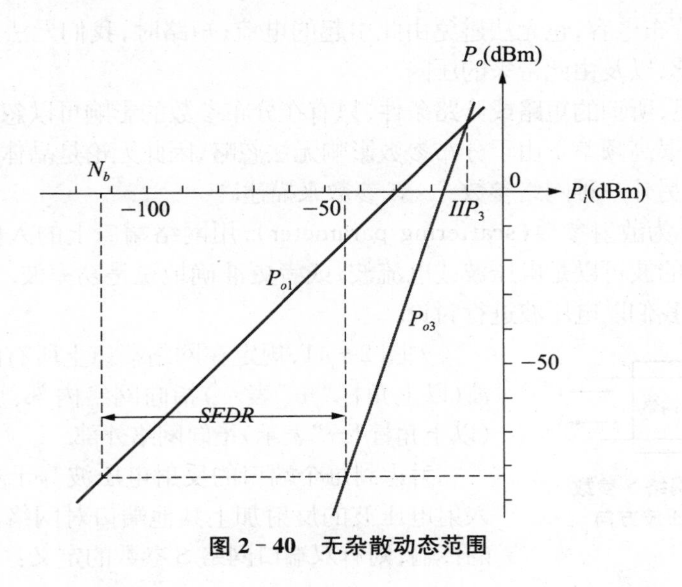

图 2-40　无杂散动态范围

知此时一定有 $a_1 V_{im} = \frac{3}{4} a_3 V_{im}^3$，所以三阶截点对应的输入信号幅度为

$$V_{im(IP_3)} = \sqrt{\frac{4}{3}\left|\frac{a_1}{a_3}\right|} \tag{2.119}$$

由(2.114)式已知 $V_{im(-1\,\mathrm{dB})} = \sqrt{0.145\left|\frac{a_1}{a_3}\right|}$，所以

$$\frac{V_{im(-1\,\mathrm{dB})}}{V_{im(IP_3)}} = \sqrt{\frac{0.145}{4/3}} \approx -9.6(\mathrm{dB}) \tag{2.120}$$

即 1 dB 增益压缩点的输入电平要比三阶截点对应的输入电平低 10 dB 左右. 在实际的放大器中，两者大致相差 10～15 dB，频率低时差值大些，频率高时差值接近 10 dB.

附录　用 S 参数分析小信号放大器

本章前面讨论了 4 种网络参数，并以此展开放大器的讨论. 但是当频率很高时，前面描述的网络参数将难以测试，原因如下：这些参数测试时要求输入端或输出端开路或短路，但此条件在高频情况下无法实现. 开路时，我们无法避免两个端点之间存在分布电容,也无法避免由此引起的电流;短路时,我们无法避免短路线存在分布电感,以及由此带来的压降.

由此可见,所谓的短路或开路条件,只有在分布参数的影响可以忽略的条件下才能成立.在很高频率下由于分布参数影响无法忽略,因此无论是晶体管还是其他网络,通常用另外一种网络参数——S参数来描述.

S参数称为散射参数(scattering parameter),用网络端口上的入射波和反射波表示.这里的波可以是电压波或电流波,或者更准确地说是功率波.为了便于读者理解,下面我们以电压波进行讨论.

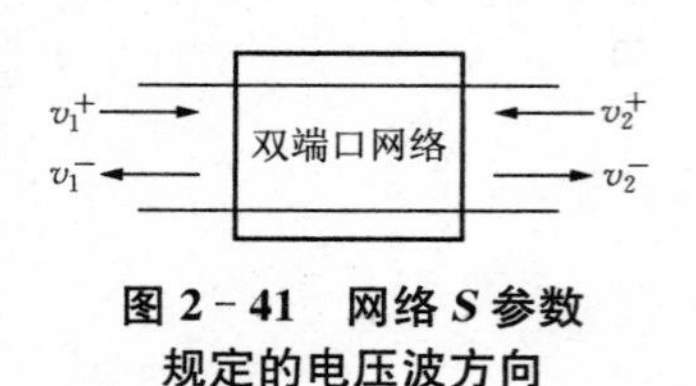

图 2-41 网络 S 参数规定的电压波方向

如图 2-41,规定在网络端口上所有的入射电压波(以上角标"+"表示)指向网络内部,反射电压波(以上角标"-"表示)指向网络外部.

考虑到每个端口的反射电压波等于本端口对于入射电压波的反射加上其他端口对网络入射电压波的传输,则有双端口网络S参数的定义:

$$\begin{bmatrix} v_1^- \\ v_2^- \end{bmatrix} = \begin{bmatrix} S_{11} & S_{12} \\ S_{21} & S_{22} \end{bmatrix} \begin{bmatrix} v_1^+ \\ v_2^+ \end{bmatrix} \tag{2.121}$$

其中,$S_{11} = \left.\dfrac{v_1^-}{v_1^+}\right|_{v_2^+=0}$ 表示当端口 2 的入射电压波为 0 时,端口 1 的反射电压波与入射电压波之比.

由于测量S_{11}时端口 2 无源,端口 2 的入射电压波实际是端口 1 的电压传输到端口 2 再反射回来的,因此条件"端口 2 的入射电压波为 0"实际上就是要求端口 2 无反射,也就是要求端口 2 与负载匹配.所以S_{11}的定义可表述为端口 2 与外部负载匹配条件下端口 1 的反射系数.

同样,我们可以得到其余 3 个S参数的定义:

$S_{22} = \left.\dfrac{v_2^-}{v_2^+}\right|_{v_1^+=0}$,端口 1 匹配时,端口 2 的反射系数;

$S_{21} = \left.\dfrac{v_2^-}{v_1^+}\right|_{v_2^+=0}$,端口 2 匹配时,端口 1 向端口 2 的正向传输系数;

$S_{12} = \left.\dfrac{v_1^-}{v_2^+}\right|_{v_1^+=0}$,端口 1 匹配时,端口 2 向端口 1 的反向传输系数.

实际测量S参数时,将待测的网络或晶体管的两个端口用已知特性阻抗Z_0

的传输线接至信号源和负载，通常信号源及负载与传输线是匹配的，所以它们之间无反射. 这样若存在反射，就一定是待测的网络与传输线之间产生的. 然后在输入端或输出端用定向耦合器分开入射波与反射波并分别测量，就得到了 S 参数的值.

由此可见，S 参数具有如下特点：

(1) 参数值跟传输线特征阻抗 Z_0 相联系；

(2) 测量时要求信号源与传输线阻抗匹配、负载与传输线阻抗匹配.

显然在频率很高的情况下，这两个条件比其他参数要求的短路与开路条件容易实现.

S 参数的物理意义很清晰：

S_{11} 和 S_{22} 是两个端口与特征阻抗 Z_o 的传输线之间的反射系数. 由于反射系数与端口的阻抗有关，因此 S_{11} 和 S_{22} 也间接反映了网络的输入阻抗和输出阻抗.

S_{21} 和 S_{12} 是端口之间的增益或衰减. 根据 S_{21} 的定义，它是当输出端口匹配时网络的输出电压波与输入电压波的比. 若网络的端口与传输线匹配，则输入电压与输出电压均无反射，此时 S_{21} 就是输出电压与输入电压之比. 所以 S_{21} 就是网络输入输出均匹配时的正向电压传输系数，其平方就是正向功率传输系数. S_{12} 有类似的物理意义.

S 参数的变量是电压波，但若根据第 1 章有关传输线的讨论，我们有如下关系：

$$V^{+}=\frac{1}{2}(V+Z_0I),\ V^{-}=\frac{1}{2}(V-Z_0I) \tag{2.122}$$

将此关系代入(2.121)式，则有

$$\begin{bmatrix}(V_1-Z_0I_1)\\(V_2-Z_0I_2)\end{bmatrix}=\begin{bmatrix}S_{11} & S_{12}\\S_{21} & S_{22}\end{bmatrix}\begin{bmatrix}(V_1+Z_0I_1)\\(V_2+Z_0I_2)\end{bmatrix} \tag{2.123}$$

根据这个定义我们可以看到，S 参数的变量不仅可以是电压波，也可以是电流波. 如果将(2.123)式两边除以 $\sqrt{Z_0}$，则还可以写成

$$\begin{bmatrix}\left(\dfrac{V_1}{\sqrt{Z_0}}-\sqrt{Z_0}\,I_1\right)\\\left(\dfrac{V_2}{\sqrt{Z_0}}-\sqrt{Z_0}\,I_2\right)\end{bmatrix}=\begin{bmatrix}S_{11} & S_{12}\\S_{21} & S_{22}\end{bmatrix}\begin{bmatrix}\left(\dfrac{V_1}{\sqrt{Z_0}}+\sqrt{Z_0}\,I_1\right)\\\left(\dfrac{V_2}{\sqrt{Z_0}}+\sqrt{Z_0}\,I_2\right)\end{bmatrix} \tag{2.124}$$

(2.124)式中两边都与功率 $P=\dfrac{V^2}{Z_0}=Z_0I^2$ 有关，所以 S 参数的变量实质上是功率波.

由于 S 参数也是一种网络参数,因此对于同一个网络(如晶体管),S 参数与前面讨论的 y, z 等网络参数应该可以相互转换. 下面我们给出 S 参数和前面介绍的其他网络参数的变换关系.

S 参数和其他网络参数的变换可以根据(2.122)式或(2.123)式进行. 由于 S 参数与传输线特性阻抗有关,因此在转换时需对 Z_0 进行归一化处理. 表 2-7 和表 2-8 分别给出 S 参数和其他 4 个网络参数的变换关系. 其中 Δy, Δz, Δh, ΔA 和 ΔS 分别表示与相应矩阵对应的行列式,即 $\Delta y = y_{11}y_{22} - y_{12}y_{21}$, 其余类推.

表 2-7　*S* 参数到 *y*, *z*, *h*, *A* 参数之间的变换关系

$[y]$	$y_{11} = \frac{1}{Z_0} \cdot \frac{1 - S_{11} + S_{22} - \Delta S}{1 + S_{11} + S_{22} + \Delta S}$	$y_{12} = \frac{1}{Z_0} \cdot \frac{-2S_{12}}{1 + S_{11} + S_{22} + \Delta S}$
	$y_{21} = \frac{1}{Z_0} \cdot \frac{-2S_{21}}{1 + S_{11} + S_{22} + \Delta S}$	$y_{22} = \frac{1}{Z_0} \cdot \frac{1 + S_{11} - S_{22} - \Delta S}{1 + S_{11} + S_{22} + \Delta S}$
$[z]$	$z_{11} = Z_0 \cdot \frac{1 + S_{11} - S_{22} - \Delta S}{1 - S_{11} - S_{22} + \Delta S}$	$z_{12} = Z_0 \cdot \frac{2S_{12}}{1 - S_{11} - S_{22} + \Delta S}$
	$z_{21} = Z_0 \cdot \frac{2S_{21}}{1 - S_{11} - S_{22} + \Delta S}$	$z_{22} = Z_0 \cdot \frac{1 - S_{11} + S_{22} - \Delta S}{1 - S_{11} - S_{22} + \Delta S}$
$[h]$	$h_{11} = Z_0 \cdot \frac{1 + S_{11} + S_{22} + \Delta S}{1 - S_{11} + S_{22} - \Delta S}$	$h_{12} = \frac{2S_{12}}{1 - S_{11} + S_{22} - \Delta S}$
	$h_{21} = \frac{-2S_{21}}{1 - S_{11} + S_{22} - \Delta S}$	$h_{22} = \frac{1}{Z_0} \cdot \frac{1 - S_{11} - S_{22} + \Delta S}{1 - S_{11} + S_{22} - \Delta S}$
$[A]$	$A_{11} = \frac{1 + S_{11} - S_{22} - \Delta S}{2S_{21}}$	$A_{12} = Z_0 \cdot \frac{1 + S_{11} + S_{22} + \Delta S}{2S_{21}}$
	$A_{21} = \frac{1}{Z_0} \cdot \frac{1 - S_{11} - S_{22} + \Delta S}{2S_{21}}$	$A_{22} = \frac{1 - S_{11} + S_{22} - \Delta S}{2S_{21}}$

表 2-8　*y*, *z*, *h*, *A* 参数到 *S* 参数之间的变换关系

$[y]$	$S_{11} = \frac{1 - Z_0 y_{11} + Z_0 y_{22} - Z_0^2 \Delta y}{1 + Z_0 y_{11} + Z_0 y_{22} + Z_0^2 \Delta y}$	$S_{12} = \frac{-2Z_0 y_{12}}{1 + Z_0 y_{11} + Z_0 y_{22} + Z_0^2 \Delta y}$
	$S_{21} = \frac{-2Z_0 y_{21}}{1 + Z_0 y_{11} + Z_0 y_{22} + Z_0^2 \Delta y}$	$S_{22} = \frac{1 + Z_0 y_{11} - Z_0 y_{22} - Z_0^2 \Delta y}{1 + Z_0 y_{11} + Z_0 y_{22} + Z_0^2 \Delta y}$
$[z]$	$S_{11} = \frac{-Z_0^2 + Z_0 z_{11} - Z_0 z_{22} + \Delta z}{Z_0^2 + Z_0 z_{11} + Z_0 z_{22} + \Delta z}$	$S_{12} = \frac{2Z_0 z_{12}}{Z_0^2 + Z_0 z_{11} + Z_0 z_{22} + \Delta z}$
	$S_{21} = \frac{2Z_0 z_{21}}{Z_0^2 + Z_0 z_{11} + Z_0 z_{22} + \Delta z}$	$S_{22} = \frac{-Z_0^2 - Z_0 z_{11} + Z_0 z_{22} + \Delta z}{Z_0^2 + Z_0 z_{11} + Z_0 z_{22} + \Delta z}$

（续表）

$[h]$	$S_{11}=\dfrac{-1+h_{11}/Z_0-h_{22}Z_0+\Delta h}{1+h_{11}/Z_0+h_{22}Z_0+\Delta h}$ $S_{21}=\dfrac{-2h_{21}}{1+h_{11}/Z_0+h_{22}Z_0+\Delta h}$	$S_{12}=\dfrac{2h_{12}}{1+h_{11}/Z_0+h_{22}Z_0+\Delta h}$ $S_{22}=\dfrac{1+h_{11}/Z_0-h_{22}Z_0-\Delta h}{1+h_{11}/Z_0+h_{22}Z_0+\Delta h}$
$[A]$	$S_{11}=\dfrac{A_{11}+A_{12}/Z_0-A_{21}Z_0-A_{22}}{A_{11}+A_{12}/Z_0+A_{21}Z_0+A_{22}}$ $S_{21}=\dfrac{2}{A_{11}+A_{12}/Z_0+A_{21}Z_0+A_{22}}$	$S_{12}=\dfrac{2\Delta A}{A_{11}+A_{12}/Z_0+A_{21}Z_0+A_{22}}$ $S_{22}=\dfrac{-A_{11}+A_{12}/Z_0-A_{21}Z_0+A_{22}}{A_{11}+A_{12}/Z_0+A_{21}Z_0+A_{22}}$

对高频电路的分析既可以用前面讨论的 y, z 等网络参数进行，也可以用 S 参数进行. 在本章中，我们主要应用 y 参数进行晶体管的等效以及电路分析，这种分析适用于频率不是很高、采用集总参数元件的情况. 当频率很高、采用传输线等分布参数元件的情况时，则必须采用 S 参数进行电路分析. 考虑到现在晶体管高频参数都倾向于以 S 参数给出，下面给出一些用 S 参数进行晶体管小信号放大器分析的简要结果.

一、放大器的增益分析

我们在前面用 y 参数描述晶体管及其与输入、输出的匹配情况，并以此得到了放大器的增益描述，下面我们简要地讨论用 S 参数描述晶体管的放大器增益关系.

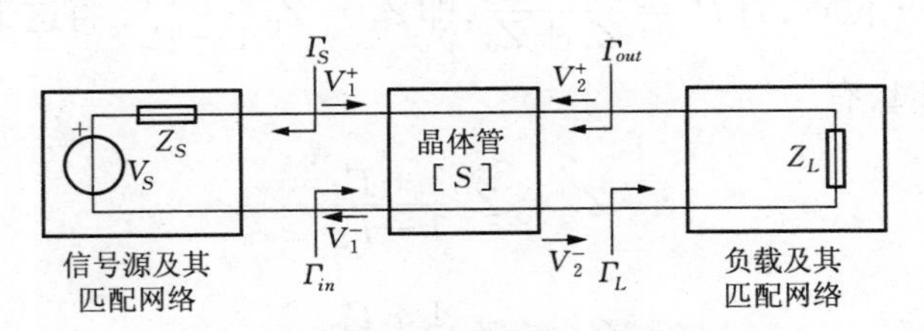

图 2-42　用 S 参数讨论晶体管放大器

图 2-42 是一个晶体管放大器的结构，其中将信号源与其匹配网络合在一起，负载与其匹配网络合在一起，所以 3 个模块之间的连线并不表示传输线，即所有参量均在一个界面上观察. 例如，V_1 既是晶体管输入端的电压，同时也是信号源网络的输出电压；V_2 既是晶体管输出端的电压，同时也是负载网络的输入电压.

参照图 2-41，定义 V_1^+ 为晶体管输入端的入射电压波，V_1^- 为晶体管输入端的反射电压波；V_2^+ 为晶体管输出端的入射电压波，V_2^- 为晶体管输出端的反射电压波,则有 $V_1 = V_1^+ + V_1^-$ 和 $V_2 = V_2^+ + V_2^-$.

进一步的讨论可以将端口的反射系数 Γ_{in} 和 Γ_{out} 与 S 参数联系起来. 下面我们以 Γ_{in} 为例进行讨论:考虑到 S_{11} 是晶体管输出匹配情况下的反射系数,但是当输出不匹配时,由于 S_{12} 不等于 0,输出端的反射波会传输到输入端口,因此 Γ_{in} 不仅与 S_{11} 有关,还与其他 S 参数以及负载的反射系数 Γ_L 有关. 晶体管输出电压波为 V_2^-,这个电压波就是负载的入射电压波,所以负载的反射波就是 $\Gamma_L V_2^-$. 而这个负载的反射波又恰恰是晶体管输出端得到的反射电压波 V_2^+,即 $V_2^+ = \Gamma_L V_2^-$. 将这个关系代入方程(2.121)并消去 V_2^-,得到

$$V_1^- = \left(S_{11} + \frac{S_{21}S_{12}\Gamma_L}{1 - S_{22}\Gamma_L}\right) \cdot V_1^+ \tag{2.126}$$

这样,根据反射系数的定义可得晶体管输入端的反射系数为

$$\Gamma_{in} = \frac{V_1^-}{V_1^+} = S_{11} + \frac{S_{21}S_{12}\Gamma_L}{1 - S_{22}\Gamma_L} \tag{2.127}$$

对于晶体管输出端,我们可以作同样的分析,可得晶体管输出端的反射系数为

$$\Gamma_{out} = S_{22} + \frac{S_{12}S_{21}\Gamma_S}{1 - S_{11}\Gamma_S} \tag{2.128}$$

最后我们将图 2-42 中的端口阻抗与网络的反射系数联系起来. 根据第 1 章的讨论,在任一 x 位置,有 $\Gamma_x = \dfrac{Z_x - Z_0}{Z_x + Z_0}$,即 $Z_x = Z_0 \dfrac{1 + \Gamma_x}{1 - \Gamma_x}$,将这个关系应用于图 2-42 中的端口 1,有

$$Z_S = Z_0 \frac{1 + \Gamma_S}{1 - \Gamma_S} \tag{2.129}$$

$$Z_{in} = Z_0 \frac{1 + \Gamma_{in}}{1 - \Gamma_{in}} \tag{2.130}$$

下面我们在观察界面上考虑晶体管的输入输出功率关系,下列各式中的电压 V 和电流 I 均为其有效值,并且认为 Z_0 是一个实阻抗.

根据传输线理论(1.91)式以及普通的分压关系,在晶体管输入端有

$$V_1 = V_1^+(1 + \Gamma_{in}) = V_S \frac{Z_{in}}{Z_S + Z_{in}} \tag{2.131}$$

将 (2.129) 式、(2.130)式代入(2.131)式,化简后有

$$V_1^+ = \frac{V_S}{2} \cdot \frac{1-\Gamma_S}{1-\Gamma_S\Gamma_{\text{in}}} \tag{2.132}$$

$$|V_1^+|^2 = \frac{|V_S|^2}{4} \cdot \frac{|1-\Gamma_S|^2}{|1-\Gamma_S\Gamma_{\text{in}}|^2} \tag{2.133}$$

根据 (1.91)式,在晶体管输入端还有

$$I_1 = \frac{V_1^+}{Z_0}(1-\Gamma_{\text{in}}) \tag{2.134}$$

根据电路理论,有功功率 $P=\text{Re}\{VI^*\}$,将上面诸式代入,则有晶体管输入功率为

$$\begin{aligned} P_{\text{in}} &= \text{Re}\{V_1 I_1^*\} = \text{Re}\left\{[V_1^+(1+\Gamma_{\text{in}})]\cdot\left[\frac{V_1^+}{Z_0}(1-\Gamma_{\text{in}})\right]^*\right\} = \frac{|V_1^+|^2}{Z_0}(1-|\Gamma_{\text{in}}|^2) \\ &= \frac{|V_S|^2}{4Z_0}\cdot\frac{|1-\Gamma_S|^2}{|1-\Gamma_S\Gamma_{\text{in}}|^2}(1-|\Gamma_{\text{in}}|^2) \end{aligned} \tag{2.135}$$

当晶体管输入阻抗与信号源输出阻抗共轭(即 $\Gamma_{\text{in}}=\Gamma_S^*$)时,可以得到最大输入功率,此功率即为信号源的额定输出功率. 将 $\Gamma_{\text{in}}=\Gamma_S^*$ 代入(2.135)式,可以得到

$$P_{S(\max)} = \frac{|V_S|^2}{4Z_0}\cdot\frac{|1-\Gamma_S|^2}{1-|\Gamma_S|^2} \tag{2.136}$$

所以晶体管输入功率还可以写为

$$P_{\text{in}} = \frac{(1-|\Gamma_{\text{in}}|^2)(1-|\Gamma_S|^2)}{|1-\Gamma_S\Gamma_{\text{in}}|^2}\cdot P_{S(\max)} \tag{2.137}$$

下面考虑晶体管的输出端口,显然有 $V_2=V_2^-(1+\Gamma_L)$, $I_2=\frac{V_2^-}{Z_0}(1-\Gamma_L)$,所以晶体管的输出功率为

$$P_{\text{out}} = \text{Re}\{V_2 I_2^*\} = \frac{|V_2^-|^2}{Z_0}(1-|\Gamma_L|^2) \tag{2.138}$$

根据(2.125)式, $V_2^-=S_{21}V_1^+ + \Gamma_{\text{out}}V_2^+$. 又从图 2-42 可显见 $V_2^+=\Gamma_L V_2^-$,所以有

$$V_2^- = \frac{S_{21}}{1-\Gamma_{\text{out}}\Gamma_L}V_1^+ \tag{2.139}$$

将(2.139)式代入(2.138)式,有

$$P_{\text{out}}=\frac{1-|\Gamma_L|^2}{|1-\Gamma_{\text{out}}\Gamma_L|^2}\cdot|S_{21}|^2\cdot\frac{|V_1^+|^2}{Z_0}\tag{2.140}$$

综合(2.135)式和(2.137)式,有 $|V_1^+|^2=P_{\text{in}}\dfrac{Z_0}{1-|\Gamma_{\text{in}}|^2}=\dfrac{1-|\Gamma_S|^2}{|1-\Gamma_S\Gamma_{\text{in}}|^2}P_{S(\max)}Z_0$,代入(2.140)式整理后,就有晶体管放大器的功率增益为

$$G_P=\frac{P_{\text{out}}}{P_{S(\max)}}=\frac{1-|\Gamma_S|^2}{|1-\Gamma_{\text{in}}\Gamma_S|^2}\cdot|S_{21}|^2\cdot\frac{1-|\Gamma_L|^2}{|1-\Gamma_{\text{out}}\Gamma_L|^2}\tag{2.141}$$

这个功率增益表达式定义为晶体管输出功率相对于信号源额定输出功率的增益,在一些文献上称为转换器功率增益(transducer power gain).

若晶体管的反向传输系数很小(即 $|S_{12}|\approx 0$),放大器可以作单向化近似.此时根据(2.127)式和(2.128)式,$\Gamma_{\text{in}}\approx S_{11}$,$\Gamma_{\text{out}}\approx S_{22}$,将此关系代入(2.141)式,得到放大器的单向化功率增益为

$$G_{PU}=\frac{1-|\Gamma_S|^2}{|1-S_{11}\Gamma_S|^2}\cdot|S_{21}|^2\cdot\frac{1-|\Gamma_L|^2}{|1-S_{22}\Gamma_L|^2}\tag{2.142}$$

(2.141)式和(2.142)式均由3项组成,其中前后两项是阻抗匹配网络引入的功率增益,中间一项 $|S_{21}|^2$ 则是晶体管引入的功率增益.由于在大部分情况下单向化功率增益与实际增益相差很小,所以(2.142)式是一个常用的公式.

利用(2.141)式和(2.142)式,可以导出各种匹配情况下的放大器功率增益.例如,当晶体管与输入网络共轭匹配(即 $\Gamma_{\text{in}}=\Gamma_S^*$)时,放大器的功率增益为

$$G_P\bigg|_{\Gamma_{\text{in}}=\Gamma_S^*}=\frac{1-|\Gamma_L|^2}{(1-|\Gamma_S|^2)\cdot|1-\Gamma_{\text{out}}\Gamma_L|^2}\cdot|S_{21}|^2\tag{2.143}$$

此式也表示放大器的输出端功率与放大器的输入端功率之比.

当晶体管与输出网络共轭匹配(即 $\Gamma_{\text{out}}=\Gamma_L^*$)时,放大器的功率增益为

$$G_P\bigg|_{\Gamma_{\text{out}}=\Gamma_L^*}=\frac{1-|\Gamma_S|^2}{|1-\Gamma_{\text{in}}\Gamma_S|^2\cdot(1-|\Gamma_L|^2)}\cdot|S_{21}|^2\tag{2.144}$$

此式表示的是放大器可能的最大输出功率与信号源可能的最大输出功率之比,所以也被称为额定功率增益.

若晶体管与输入输出网络均共轭匹配,其功率增益为

$$G_{PU}\bigg|_{\Gamma_{\text{in}}=\Gamma_S^*,\ \Gamma_{\text{out}}=\Gamma_L^*}=\frac{|S_{21}|^2}{(1-|\Gamma_S|^2)\cdot(1-|\Gamma_L|^2)}\tag{2.145}$$

此式是放大器能够达到的最大功率增益.

例 2-10　晶体管 MRF134 部分 S 参数如表 2-9 所示 ($Z_0 = 50\ \Omega$). 假定用该晶体管制作一个放大器,信号源内阻为 50 Ω,负载阻抗为 75 Ω,试求在 27 MHz 和 450 MHz 两种频率该放大器的功率增益.

表 2-9　MRF134 的 S 参数(部分)

f(MHz)	S_{11}	S_{21}	S_{12}	S_{22}
30	$0.965\angle -30°$	$10.66\angle 159°$	$0.039\angle 69°$	$0.918\angle -26°$
100	$0.833\angle -70°$	$7.808\angle 128°$	$0.096\angle 40°$	$0.785\angle -74°$
300	$0.673\angle -117°$	$4.219\angle 89°$	$0.141\angle 14°$	$0.750\angle -117°$
450	$0.638\angle -131°$	$3.048\angle 72°$	$0.141\angle 6.0°$	$0.783\angle -125°$
600	$0.625\angle -140°$	$2.408\angle 60°$	$0.129\angle 5.0°$	$0.814\angle -128°$
1 000	$0.590\angle -171°$	$1.551\angle 37°$	$0.107\angle 28°$	$0.863\angle -137°$

解　根据 $R_L = 75\ \Omega$,可知 $\Gamma_L = \dfrac{75-50}{75+50} = 0.2$. 由于 $R_S = 50\ \Omega$,与传输线匹配,故 $\Gamma_S = 0$. 将它们代入(2.129)式和(2.130)式,得到 $\Gamma_{\text{in}} = S_{11} + \dfrac{0.2(S_{21}S_{12})}{1-0.2S_{22}}$ 和 $\Gamma_{\text{out}} = S_{22}$.

将上述 Γ_S, Γ_L, Γ_{in}, Γ_{out} 以及晶体管 S 参数一起代入(2.143)式(参数表没有给出 27 MHz 的参数值,我们用 30 MHz 的参数来近似),便可得到该放大器的功率增益. 由于都是复数运算,手工计算比较繁复,最好用计算机完成上述计算. 结果如下:27 MHz 时, $G_P = 155(= 21.9\ \text{dB})$; 450 MHz 时, $G_P = 7.41(= 8.7\ \text{dB})$. 由此可见,当频率升高后,晶体管放大器的功率增益急剧下降.

我们还可以通过例 2-10 比较单向化增益与实际增益的误差. 实际上,将所有参数代入(2.142)式后得到的结果与上面得到的结果几乎一样. 究其原因是由于信号源是匹配的,因此 $\Gamma_{\text{out}} = S_{22}$. 第二个原因是由于 S_{12} 并不是很大,所以 Γ_{in} 和 S_{11} 的差别并不大,例如,在 30 MHz 时, $\Gamma_{\text{in}} = 0.94\angle -35.8°$, 这个值与 S_{11} 很接近.

一个值得注意的地方是上述 Γ_L 为 75 Ω 的负载接在放大器的输出端情况下的结果. 若负载用特征阻抗为 75 Ω 的传输线连到放大器输出端,在不考虑传输线的损耗条件下,在放大器输出端看到的负载阻抗仍然是 75 Ω,所以上述结果没有变化. 但是若用特征阻抗为 50 Ω 的传输线连到放大器输出端(这是最常见的情况),则由于负载与传输线不匹配,上述 Γ_L 是在传输线与负载连接处的反射系数,而在放大器输出端看到的 Γ_L 将不是上述结果,它还与传输线的电长度 βd 有关. 根据传输线理论,在放大器输出端看到的 Γ_L 将是 $\Gamma_L=\Gamma_{L0}\mathrm{e}^{-2\mathrm{j}\beta d}$,其中 Γ_{L0} 就是传输线与负载连接处的反射系数. 在这种情况下,不仅 Γ_L 发生了变化,相应的 Γ_{in} 也发生了变化,所以晶体管放大器的功率增益将发生变化. 在下面的讨论中我们还会看到,放大器的稳定性也会随之发生改变.

例 2-10 提醒我们在连接高频设备时,必须注意连接电缆的特性阻抗.

二、放大器的稳定性分析

我们还是用图 2-42 来讨论. 图 2-42 中将晶体管放大器视为一个双口网络,Γ_{in} 和 Γ_{out} 分别是晶体管的输入端反射系数和输出端反射系数,而 Γ_S 和 Γ_L 分别是信号源和负载(包含各自的阻抗匹配网络)的反射系数. 显然,若上述 4 个反射系数的模均小于 1,即 $|\Gamma_S|<1$, $|\Gamma_L|<1$, $|\Gamma_{\mathrm{in}}|<1$, $|\Gamma_{\mathrm{out}}|<1$, 则所有反射信号幅度只会越来越小,系统肯定是稳定的.

根据(2.127)式和(2.128)式,Γ_{in} 可以用晶体管 S 参数及负载的反射系数 Γ_L 来描述,Γ_{out} 可以用晶体管 S 参数及信号源的反射系数 Γ_S 描述. 当晶体管及其工作条件确定后,晶体管的 S 参数也随之确定,所以此时放大器的稳定问题取决于信号源和负载(包含各自的阻抗匹配网络)的反射系数.

根据(2.127)式,Γ_{in} 与 Γ_L 有关,所以放大器的稳定性分析就是要确定一个 Γ_L 的范围,在此范围内能够同时满足 $|\Gamma_L|<1$ 和 $|\Gamma_{\mathrm{in}}|<1$. 同样地,根据(2.128)式,放大器的稳定性分析也需要确定一个 Γ_S 的范围,在此范围内能够同时满足 $|\Gamma_S|<1$ 和 $|\Gamma_{\mathrm{out}}|<1$.

下面分析负载的反射系数 Γ_L 对于放大器稳定性的影响,为此建立一个 Γ_L 复平面,显然,满足 $|\Gamma_L|<1$ 的范围是在 Γ_L 复平面上的一个单位圆内.

由于 Γ_{in} 与 Γ_L 有关,因此我们要将 $|\Gamma_{\mathrm{in}}|<1$ 的条件映射到 Γ_L 复平面上,这个条件与 $|\Gamma_L|=1$ 的单位圆重叠的范围就是能够同时满足 $|\Gamma_L|<1$ 和 $|\Gamma_{\mathrm{in}}|<1$ 的 Γ_L 的范围.

根据(2.127)式,我们列出 $|\Gamma_{\mathrm{in}}|=1$ 的关系如下:

$$|\Gamma_{\mathrm{in}}|=\left|S_{11}+\frac{S_{21}S_{12}\Gamma_L}{1-S_{22}\Gamma_L}\right|=1 \tag{2.146}$$

将 $S_{11}=S_{11}^r+\mathrm{j}S_{11}^i$, $S_{12}=S_{12}^r+\mathrm{j}S_{12}^i$, $S_{21}=S_{21}^r+\mathrm{j}S_{21}^i$, $S_{22}=S_{22}^r+\mathrm{j}S_{22}^i$ 及 $\Gamma_L=\Gamma_L^r+\mathrm{j}\Gamma_L^i$ 代入(2.146)式,整理后可以得到在 Γ_L 复平面上 $|\Gamma_{\mathrm{in}}|=1$ 的表达式如下:

$$(\Gamma_L^r-c_{\mathrm{out}}^r)^2+(\Gamma_L^i-c_{\mathrm{out}}^i)^2=r_{\mathrm{out}}^2 \tag{2.147}$$

其中 $c_{\text{out}} = c_{\text{out}}^r + \mathrm{j}c_{\text{out}}^i = \dfrac{[S_{22} - S_{11}^*(\Delta S)]^*}{|S_{22}|^2 - |\Delta S|^2}$，$r_{\text{out}} = \dfrac{|S_{12}S_{21}|}{||S_{22}|^2 - |\Delta S|^2|}$，$\Delta S = S_{11}S_{22} - S_{12}S_{21}$.

显然，(2.147)式是一个圆方程，c_{out}是圆心，r_{out}是圆半径。此圆称为晶体管输出端口的稳定性判定圆. 将此圆与$|\Gamma_L| = 1$的单位圆一起画在Γ_L复平面上，接下来的问题是找出能够同时满足$|\Gamma_L| < 1$和$|\Gamma_{\text{in}}| < 1$的重叠范围.

满足$|\Gamma_L| < 1$的范围很显然就在单位圆内，但是(2.147)式只是方程$|\Gamma_{\text{in}}| = 1$的解，满足$|\Gamma_{\text{in}}| < 1$的范围可能在$|\Gamma_{\text{in}}| = 1$的圆内，也可能在$|\Gamma_{\text{in}}| = 1$的圆外. 为了确定$|\Gamma_{\text{in}}| < 1$的范围，可以考察Γ_L复平面的原点$\Gamma_L = 0$，由(2.127)式可知，对于此点有$\Gamma_{\text{in}} = S_{11}$. 由于稳定性要求$|\Gamma_{\text{in}}| < 1$，因此，若$|S_{11}| < 1$，原点是稳定点；若$|S_{11}| > 1$，原点是非稳定点.

由此可知，当$|S_{11}| < 1$时，若Γ_L复平面原点$\Gamma_L = 0$落在由(2.147)式表达的稳定性判定圆内，则该稳定性判定圆内是可能的稳定区域(即$|\Gamma_{\text{in}}| < 1$的区域)；若原点落在稳定性判定圆外，则稳定性判定圆外是可能的稳定区域. 当$|S_{11}| > 1$时，情况与上述结果恰好颠倒过来.

上述可能的稳定区域与$|\Gamma_L| = 1$的单位圆内重叠的部分，就是晶体管输出端口的稳定范围.

图2-43清晰地显示了上面这段文字表述的意义. 例如，图2-43(a)中深灰色部分就是$|S_{11}| < 1$且原点O不包含在稳定性判定圆内情况下的稳定范围，浅灰色部分则是$|S_{11}| > 1$且原点O不包含在稳定性判定圆内时的稳定范围.

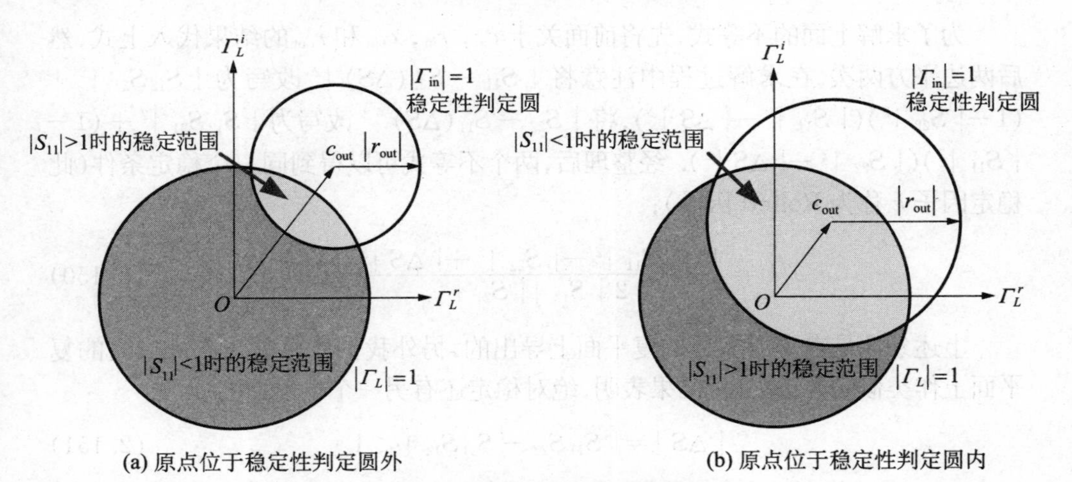

(a) 原点位于稳定性判定圆外　　(b) 原点位于稳定性判定圆内

图2-43　Γ_L复平面上的稳定性判定

以完全相同的方法,可以分析信号源的反射系数 Γ_S 对于放大器稳定性的影响,其结果也是类似的.只要将图 2-43 中的 Γ_L 换成 Γ_S, Γ_{in} 换成 Γ_{out}, c_{out} 换成 c_{in}, r_{out} 换成 r_{in}, $|S_{11}|$ 换成 $|S_{22}|$ 即可,此时晶体管输入端口的稳定性判定圆如下:

$$(\Gamma_S^r - c_{in}^r)^2 + (\Gamma_S^i - c_{in}^i)^2 = r_{in}^2 \tag{2.148}$$

其中 $c_{in} = c_{in}^r + \mathrm{j}c_{in}^i = \dfrac{[S_{11} - S_{22}^*(\Delta S)]^*}{|S_{11}|^2 - |\Delta S|^2}$, $r_{in} = \dfrac{|S_{12}S_{21}|}{||S_{11}|^2 - |\Delta S|^2|}$, $\Delta S = S_{11}S_{22} - S_{12}S_{21}$.

Γ_S 或 Γ_L 复平面上的单位圆就是信号源内阻或负载阻抗的 Smith 圆(注意因为测量 S 参数是在 50 Ω 的条件下进行的,所以此 Smith 圆图的中心阻抗是 50 Ω).按照上面的过程在 Smith 圆图上作出稳定性判定圆后,就可以知道能够使系统稳定的信号源内阻或负载阻抗的范围.放大器在这个范围内的稳定被称为条件稳定.

下面我们研究晶体管放大器的绝对稳定条件.所谓绝对稳定,就是放大器对于任何信号源内阻和任何负载阻抗都是稳定的.显然,这个要求就是 Γ_S 和 Γ_L 的整个 Smith 圆都处于稳定区内.

对于大部分晶体管来说,有 $|S_{11}| < 1$ 和 $|S_{22}| < 1$. 在这种情况下由图 2-43 可知,当稳定性判定圆完全位于 Smith 圆外或者稳定性判定圆完全将 Smith 圆包围时,放大器绝对稳定.这个条件用数学式表示就是

$$\begin{cases} ||c_{in}| - |r_{in}|| > 1 \\ ||c_{out}| - |r_{out}|| > 1 \end{cases} \tag{2.149}$$

为了求解上面的不等式,先将前面关于 c_{in}, r_{in}, c_{out} 和 r_{out} 的结果代入上式,然后两边平方两次,在求解过程中注意将 $|S_{11} - S_{22}^*(\Delta S)|^2$ 改写为 $|S_{12}S_{21}|^2 + (1 - |S_{22}|^2)(|S_{11}|^2 - |\Delta S|^2)$,将 $|S_{22} - S_{11}^*(\Delta S)|^2$ 改写为 $|S_{12}S_{21}|^2 + (1 - |S_{11}|^2)(|S_{22}|^2 - |\Delta S|^2)$. 经整理后,两个不等式可以得到同一个稳定条件(此稳定因子 k 称为 Rollett 因子):

$$k = \frac{1 - |S_{11}|^2 - |S_{22}|^2 + |\Delta S|^2}{2|S_{12}||S_{21}|} > 1 \tag{2.150}$$

上述条件是在 Γ_S 和 Γ_L 的复平面上导出的,另外我们还可以在 Γ_{in} 和 Γ_{out} 的复平面上作类似的分析.分析结果表明,绝对稳定还有另一个条件:

$$|\Delta S| = |S_{11}S_{22} - S_{21}S_{12}| < 1 \tag{2.151}$$

因此,晶体管放大器的绝对稳定条件就是当 $|S_{11}| < 1$ 和 $|S_{22}| < 1$ 时,所有

S 参数能够同时满足(2.150)式和(2.151)式.

例 2-11　判断例 2-10 放大器的稳定性.

解　晶体管 MRF134 在两种频率下都有 $|S_{11}|<1$ 和 $|S_{22}|<1$, 经计算, 例 2-10 放大器在 30 MHz 时, $k=0.0066<1$; 450 MHz 时, $k=0.033<1$, 所以在两种频率下放大器都是条件稳定.

在图 2-44 中标出了例 2-10 放大器的稳定性判定圆, 稳定范围都在稳定性判定圆外. 同时标出了放大器的源阻抗和负载阻抗, 由于它们都位于稳定区, 因此放大器在两种频率下都是稳定的.

但从图 2-44 中也明显看到, 不同频率下放大器的稳定程度是不同的. 在 30 MHz 时, Z_S 和 Z_L 离稳定性判定圆很近, 故稳定性较差; 而 450 MHz 时则比较远, 所以更稳定些.

在例 2-10 中我们曾讨论过, 如果负载不等于 50 Ω, 那么它通过一个 50 Ω 电缆连接到放大器输出端的话, 将会影响放大器的稳定性. 在图 2-44 中画出了这种情况, 通过 Z_L 的那个等驻波比圆(虚线), 就是负载连接不同长度的 50 Ω 电缆后在放大器输出端看到的负载阻抗的轨迹. 显然, 在 450 MHz 条件下, 此轨迹永远在 c_{out} 的圆外, 所以不会影响放大器的稳定性; 但是在 30 MHz 条件下, 此轨迹的一部分在 c_{out} 的圆内, 这表明用某些长度的 50 Ω 电缆连接时放大器是不稳定的.

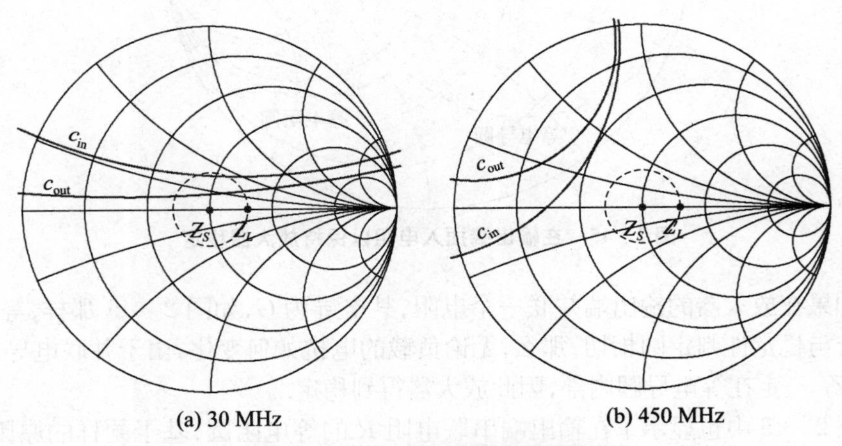

图 2-44　例 2-10 的稳定性判定圆

以图 2-44 为例, 可以定性解释采用 LC 谐振回路作为选频网络的放大器稳定性问题. 在 LC 谐振回路的中心频率上, 其阻抗是一个纯电阻, 此时放大器的 Z_S 和 Z_L 如同图 2-44 一样, 位于 Smith 圆的实轴上. 但是当频率偏离中心频率之后,

LC 谐振回路的阻抗将带有感抗或容抗,此时放大器的 Z_S 和 Z_L 就开始移动(注意并不是按等驻波比圆移动,并联谐振回路大致按等电导圆移动,串联谐振回路大致按等电阻圆移动). 若其中一个移到非稳定区域,且此时放大器的增益还大于1,就会产生自激振荡.

在 2.3.2 节中曾提到,在晶体管输入端或输出端插入合适的电阻后可以稳定放大器,用稳定性判定圆可以解释其原理,并可以估计插入多大的电阻是合适的.

假定某放大器的输出端稳定性判定圆如图 2-45 所示,稳定区在稳定圆外,图中 c_{out} 下方都是稳定区. 但是如果 Z_L 带有感抗,则有可能进入非稳定区.

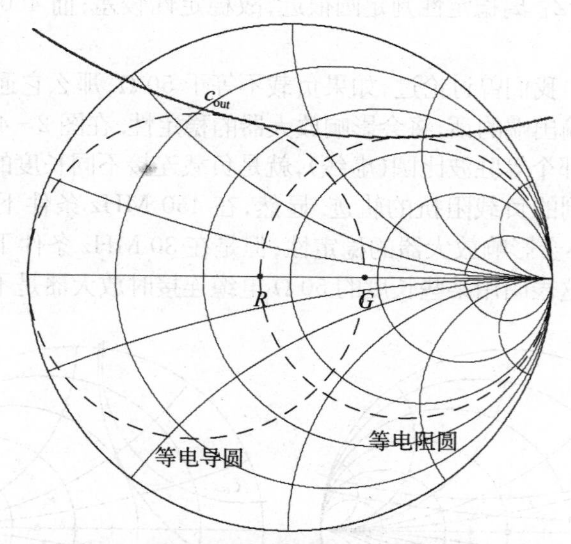

图 2-45　在输出端插入电阻以保持放大器稳定

如果在放大器的输出端并联一个电阻,其电导为 G,如图 2-45 那样,等电导圆恰恰与稳定性判定圆相切,那么,无论负载的电抗如何变化,由于并联电导 G 的影响,Z_L 一定在等电导圆内部,因此放大器得到稳定.

图 2-45 中也显示了在输出端串联电阻 R 的等电阻圆,基于同样的原因,Z_L 被限制在等电阻圆内部,放大器也一定是稳定的.

同样的分析也可以在晶体管的输入端口进行. 由于放大器输入输出端口的相互影响,通常只要在某一端口插入电阻即可. 若考虑到电阻的噪声影响的话,以在晶体管输出端口插入电阻为佳.

习题与思考题

2.1 试根据网络参数定义证明:两个网络串联后的 z 参数矩阵是其中各个网络的 z 参数矩阵之和,即 $[\boldsymbol{z}]=[\boldsymbol{z}_A]+[\boldsymbol{z}_B]$; 两个网络并联后的 y 参数矩阵是其中各个网络的 y 参数矩阵之和,即 $[\boldsymbol{y}]=[\boldsymbol{y}_A]+[\boldsymbol{y}_B]$; 两个网络级联后的 A 参数矩阵是其中各个网络的 A 参数矩阵之积,即 $[\boldsymbol{A}]=[\boldsymbol{A}_A][\boldsymbol{A}_B]$ (串联、并联与级联关系参见下图).

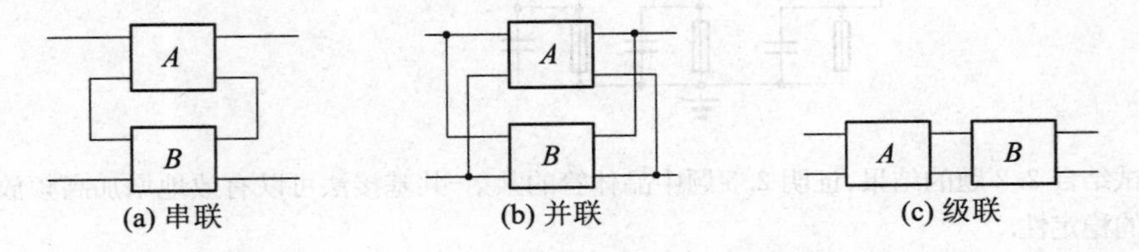

(a) 串联　(b) 并联　(c) 级联

2.2 已知两个网络的 y 参数矩阵分别为 $[\boldsymbol{y}_A]$ 和 $[\boldsymbol{y}_B]$,试求这两个网络级联后的 y 参数矩阵 $[\boldsymbol{y}_{AB}]$.

2.3 某调谐放大器如下图所示, $f_0=6.5$ MHz. 中频变压器 $L_{13}=5.8\ \mu$H, $Q_0=80$, $N_{13}=20$ T, $N_{23}=8$ T, $N_{45}=5$ T, 初次级为紧耦合. 两级晶体管的工作点相同,在工作点和工作频率上测得它们的参数为 $g_{ie}=2\ 860\ \mu$S, $C_{ie}=32$ pF, $g_{oe}=200\ \mu$S, $C_{oe}=2$ pF, $|y_{fe}|=45$ mS, y_{re} 可忽略. 试画出其高频小信号等效电路,并计算谐振电容 C 的值、通频带 BW 和放大器的功率增益 $G_P=P_{i2}/P_{i1}$. 上述计算中可忽略偏置电阻的影响.

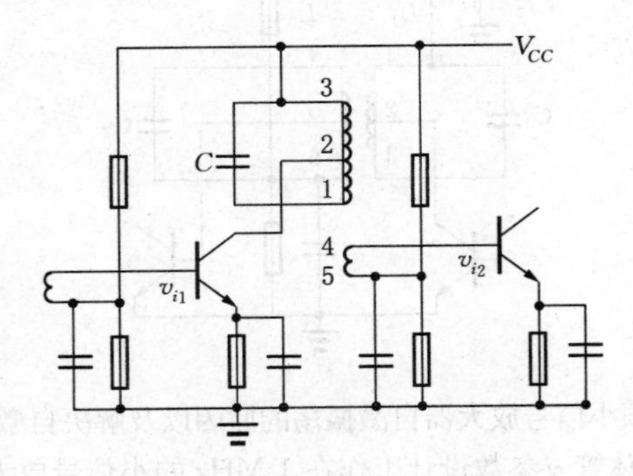

2.4 若用 3 个如 2.3 题所示的相同放大器组合成三级放大器,试求三级放大器的总通频带和总功率增益. 若要求保持三级放大器的通频带与原来的一级放大器相同,则单级的通频带要加宽多少? 三级放大器的总功率增益是多少?

2.5 下图为共射-共基结构的晶体管谐振放大器(这种接法可以有效地增加高频放大器的稳定性). 已知其中两个晶体管的参数相同: $y_{ie}=(0.4+\mathrm{j}0.75)$mS, $y_{fe}=50$ mS, $y_{re}=-\mathrm{j}0.75$ mS, $y_{oe}=\mathrm{j}2.8$ mS. 输出中频变压器的中心频率为 $f_0=30$ MHz, $L=280$ nH,

$Q_0=80$,初次级紧耦合,匝数比为10∶3. 负载$R_L=1\,\text{k}\Omega$. 试计算放大器的功率增益与带宽(所有偏置电阻与旁路电容均可忽略).

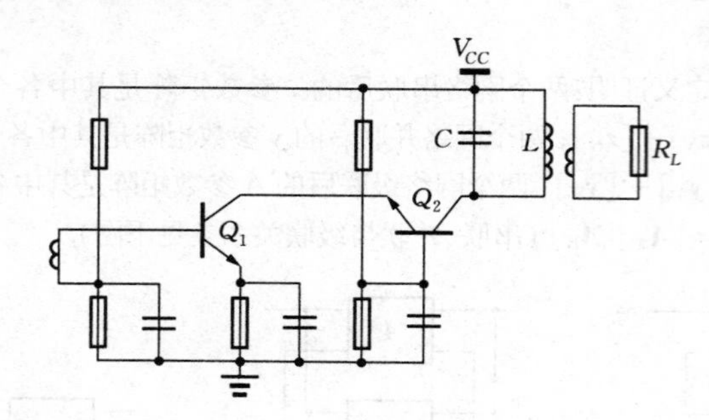

2.6 试结合2.2题的结果,证明2.5题中晶体管的共射-共基接法可以有效地增加高频放大器的稳定性.

2.7 下图为一高频谐振放大器的局部电路,其中互感谐振回路设计在临界耦合状态,谐振频率$f_0=1.5\,\text{MHz}$,3 dB带宽$BW=100\,\text{kHz}$。已知$L_1=L_2=110\,\mu\text{H}$,电感固有Q值为$Q_0=100$,高频晶体管的参数为$g_{ie}=1\,\text{mS}$,$C_{ie}=32\,\text{pF}$,$g_{oe}=200\,\mu\text{S}$,$C_{oe}=2\,\text{pF}$,y_{re}可以不加考虑。试求电感初次级的接入系数$p_1=\dfrac{n_{12}}{n_{13}}$,$p_2=\dfrac{n_{56}}{n_{46}}$,以及谐振回路电容$C_1$和$C_2$的值。其余电阻电容为退耦以及偏置电路,在分析时可忽略。

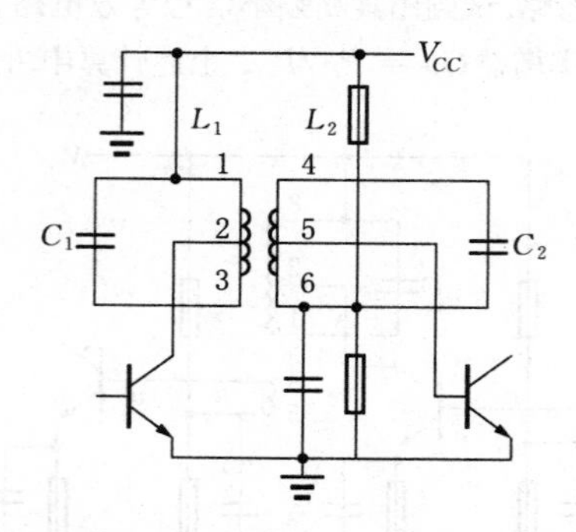

2.8 请简要说明引起高频小信号放大器自激振荡的原因以及解决自激振荡的方法.

2.9 若按照例2-1的晶体管y参数设计工作在1 MHz的小信号放大器,要求稳定系数等于5,试求满足此条件的功率增益(假设输入输出均匹配).

2.10 若2.3题使用的晶体管$|y_{re}|=50\,\mu\text{S}$,则该放大器的稳定性如何?若在放大器的输出谐振回路两端并联一个电阻,使它的稳定系数等于4. 试计算:

(1) 该并联电阻的值;

(2) 放大器的通频带;

(3) 放大器的功率增益.

2.11　有一种被称为中和法的消除放大器自激的电路如下图所示，其中 C_μ 为晶体管内部的结电容. 试根据图中标示的电压电流关系证明：当满足 $C_N=\frac{n_{12}}{n_{23}}C_\mu$ 时，外接的电容 C_N 可以消除晶体管内反馈的影响.

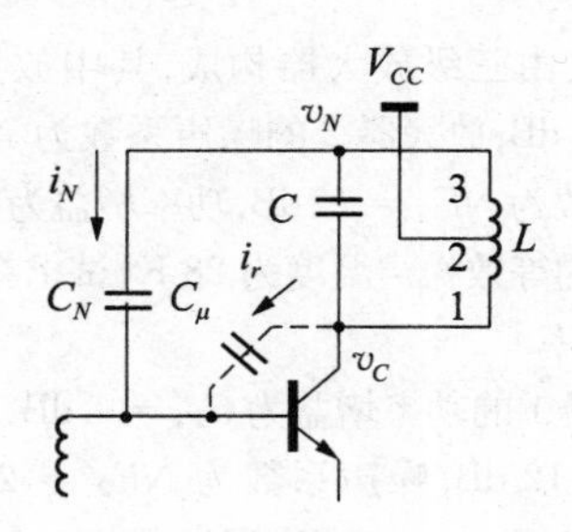

2.12　一种利用自动增益控制原理提高放大器线性的电路如下图所示，其中包络检波器的功能是检出信号的幅度. 试分析此电路的工作原理.

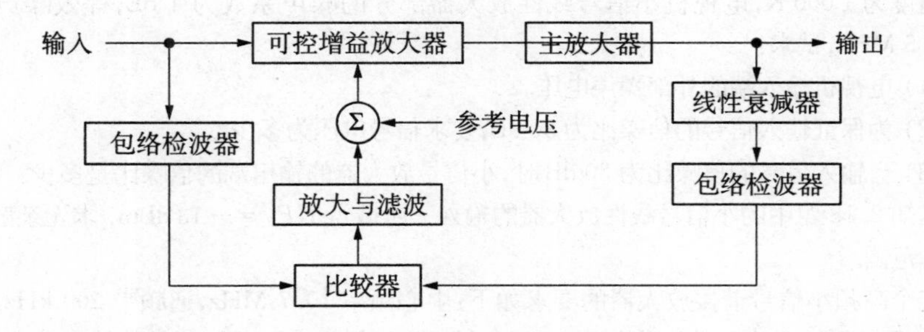

2.13　已知一个延迟 AGC 系统的输入输出特性如下图所示，试求：

(1) 该系统的起控阈值 $V_{i(TH)}$；

(2) 可控增益放大器的电压增益表达式.

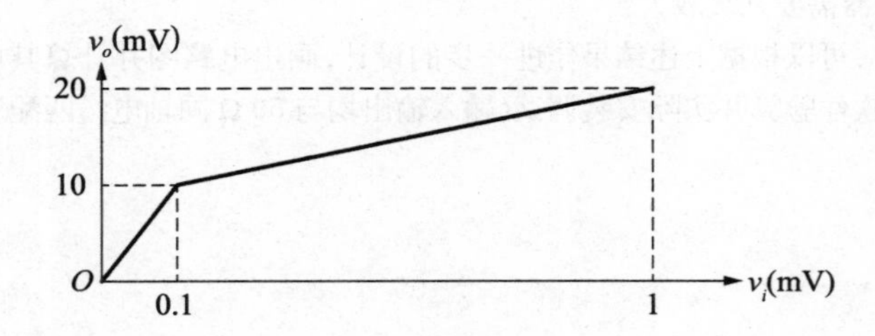

2.14　从信噪比观点出发，信号源的内阻是低一些有利还是高一些有利？为什么？

2.15　一种称为增益法的测量放大器噪声系数的方法如下：首先测定放大器的额定功率增益

G_p,然后用频谱分析仪测定放大器的输出噪声功率谱密度(即单位频率下的输出噪声功率)P_{no}. 若 G_p 以 dB 表示,P_{no} 以 dBm/Hz 表示,则噪声系数可以表示为

$$NF(\mathrm{dB}) = P_{no}(\mathrm{dBm/Hz}) + 174(\mathrm{dBm/Hz}) - G_p(\mathrm{dB})$$

试证明上式.

2.16 已知某接收机的前端放大由三级放大器构成,其中放大器 1 的输入等效噪声温度为 20 K,功率增益为 $G_{P1}=25$ dB;放大器 2 的噪声系数为 $NF_2=6$ dB,功率增益为 $G_{P2}=20$ dB;放大器 3 的噪声系数为 $NF_3=12$ dB,功率增益为 $G_{P3}=40$ dB. 放大器的总噪声带宽为 5 MHz. 若接收天线的等效噪声温度为 28 K,试求在满足输出信噪比为 20 dB 条件下天线所需获得的信号功率.

2.17 有 3 个匹配放大器,放大器 1 的功率增益为 $G_{P1}=6$ dB,噪声系数为 $NF_1=1.7$ dB;放大器 2 的功率增益为 $G_{P2}=12$ dB,噪声系数为 $NF_2=2.6$ dB;放大器 3 的功率增益为 $G_{P3}=20$ dB,噪声系数为 $NF_3=4.0$ dB. 现欲用此 3 个放大器构成一个三级放大器,问如何连接才能使总噪声系数最小?其值几何?

2.18 一根辐射电阻为 300 Ω 的天线接到输入阻抗为 300 Ω 的电视机上. 已知天线的等效噪声温度为 1 000 K,电视机小信号线性放大器部分的噪声系数为 4 dB,等效噪声带宽为 6.5 MHz,试求:

(1) 电视机输入端的外部噪声电压.

(2) 为保证输入信号的信噪比为 30 dB,要求信号电压为多少?

(3) 当输入信号的信噪比为 30 dB 时,小信号放大器的输出端的信噪比是多少?

2.19 已知 2.18 题中的小信号线性放大器的输入三阶截点 $IIP_3=-13$ dBm,求无杂散输入动态范围.

2.20 某个高频小信号谐振放大器的要求如下:中心频率 10.7 MHz,通频带 200 kHz,矩形系数不大于 3.0,功率增益不小于 40 dB,工作稳定. 假定电路采用的晶体管主要参数如下:$g_{ie}\approx 0.39$ mS, $C_{ie}\approx 25$ pF, $g_{oe}\approx 15\,\mu$S, $C_{oe}\approx 1.3$ pF, $|y_{fe}|\approx 38$ mS, $|y_{re}|\approx 87\,\mu$S,又假定电路中采用 LC 谐振回路的空载 Q 值为 90. 试根据上述条件估算:

(1) 该放大器需要几个调谐回路?各是什么类型?

(2) 该放大器需要几级放大?

如果有条件,可以根据上述结果作进一步的设计,画出电路图并计算其中所有元件的参数,用仿真软件验算并实际安装调试(输入输出均与 50 Ω 同轴电缆匹配).

第 3 章　高频功率放大器

在需要获得足够大的高频功率输出的场合，例如电台等高频信号发射设备、某些高频工业设备、实验与测量仪器、医疗仪器等，都需要高频功率放大器.

高频功率放大器与低频功率放大器相比，其相同点有输出功率、电源效率、功率增益、阻抗匹配等指标或要求，也有不同的要求（如谐波抑制度等）. 它的工作状态除了低频功率放大器所使用的 A 类和 B 类外，更多地工作在 C 类状态，近来还发展了工作在开关状态的 D 类、E 类和 F 类高频功率放大器. 这些放大器的电路形式与 A 类、B 类有很大的不同，而且一般都工作在相对较窄的频带内. 本章的内容以常见的 C 类和 D 类高频功率放大器为主，也简单地介绍了功率合成和宽带放大器.

§3.1　C 类谐振功率放大器

3.1.1　导通角与集电极效率

我们在低频电子线路中已经讨论过 A 类和 B 类功率放大器. 这两类放大器的主要区别就是其中晶体管的导通情况不同：A 类放大器在整个信号周期内晶体管都处于导通状态，对信号进行放大；而 B 类放大器则只在信号的半个周期内导通，所以需要两个晶体管进行推挽式工作，轮流对半个周期的信号进行放大，以期在负载上得到完整的输出信号. 若我们将输出信号定义为余弦信号，那么 A 类放大器的导通角度为 $-180°$ 到 $180°$，B 类放大器的导通角度为 $-90°$ 到 $90°$. 这个角度称为放大器的导通角.

若进一步减小导通角，则晶体管的输出电流波形将是余弦波形顶上的一部分，称此为尖顶余弦脉冲电流，工作在此状态下的放大器称为 C 类放大器（class C amplifier）. 图 3 - 1 显示了这 3 种放大器导通角度和输出电流波形的区别.

我们已经知道，A 类放大器和 B 类放大器的另一个重要区别是它们的集电极效率是不同的，B 类放大器的效率高于 A 类放大器. 显然，这与它们具有不同的导通角有关系. 下面我们研究导通角与集电极效率的关系.

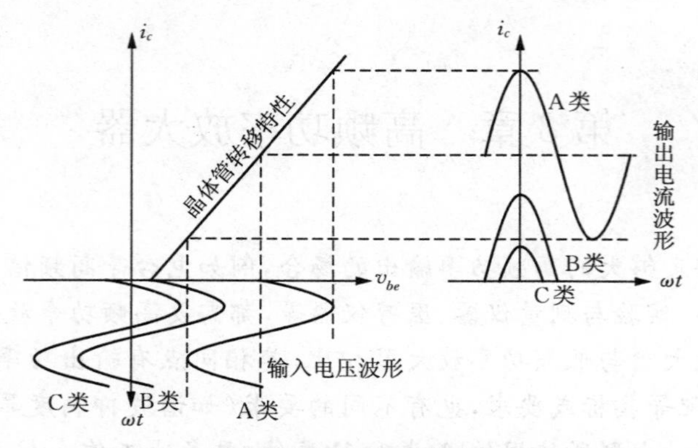

图 3-1 放大器的导通角与输出波形的关系

讨论尖顶余弦脉冲电流的波形图见图 3-2. 为不失一般性,我们画出了整个余弦波形,其中虚线以上的部分是晶体管导通以后输出的集电极尖顶余弦脉冲电流波形,虚线以下的实际集电极电流为 0. 图 3-2 中的情况是导通角小于 90°,但下面的讨论不局限于此.

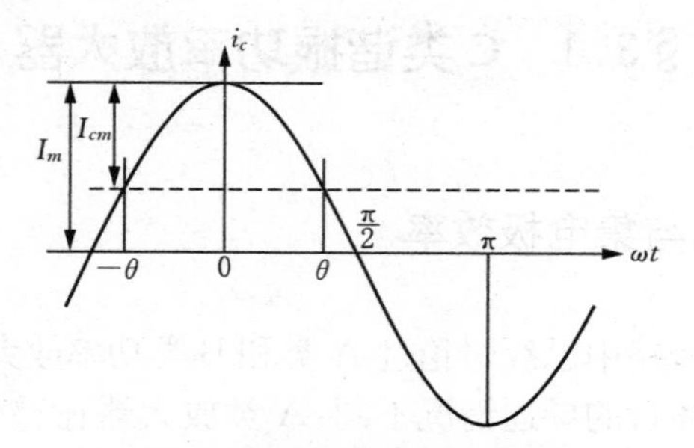

图 3-2 尖顶余弦脉冲电流

由图 3-2 可以写出尖顶余弦脉冲电流表达式:

$$\begin{cases} i_c = I_m \cos \omega t - I_m \cos \theta = I_m(\cos \omega t - \cos \theta) \\ I_{cm} = I_m(1 - \cos \theta) \end{cases} \tag{3.1}$$

所以

$$i_c = I_{cm} \frac{\cos \omega t - \cos \theta}{1 - \cos \theta} \tag{3.2}$$

将(3.2)式进行傅立叶分解,有

$$i_c = \sum_n I_{cmn} \cos n\omega t = \sum_n \alpha_n(\theta) \cdot I_{cm} \cos n\omega t \tag{3.3}$$

其系数称为尖顶余弦脉冲分解系数：

$$\begin{cases}\alpha_0(\theta)=\dfrac{\sin\theta-\theta\cos\theta}{\pi(1-\cos\theta)}\\ \alpha_1(\theta)=\dfrac{\theta-\sin\theta\cos\theta}{\pi(1-\cos\theta)}\\ \alpha_n(\theta)=\dfrac{2}{\pi}\cdot\dfrac{\sin n\theta\cos\theta-n\cos n\theta\sin\theta}{n(n^2-1)(1-\cos\theta)}\quad(n\geqslant 2)\end{cases}\tag{3.4}$$

图 3－3 画出了前几个尖顶余弦脉冲分解系数随导通角变化的关系. 其中最重要的是 α_0 和 α_1，前者表示了尖顶余弦脉冲电流中的直流分量大小，后者表示了尖顶余弦脉冲电流中基频分量的大小.

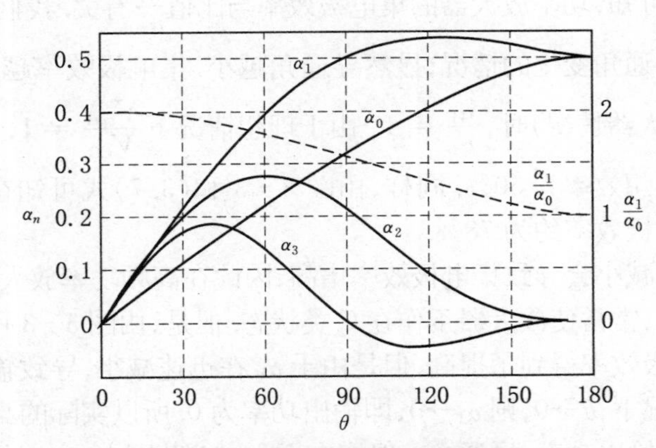

图 3－3　尖顶余弦脉冲分解系数

表 3－1 给出了一些常用的尖顶余弦脉冲分解系数.

表 3－1　尖顶余弦脉冲分解系数表

θ	α_0	α_1	α_2	θ	α_0	α_1	α_2	θ	α_0	α_1	α_2
50°	0.183	0.339	0.267	64°	0.232	0.410	0.274	78°	0.279	0.466	0.251
52°	0.190	0.350	0.270	66°	0.239	0.419	0.273	80°	0.286	0.472	0.245
54°	0.197	0.360	0.272	68°	0.246	0.427	0.270	82°	0.293	0.478	0.239
56°	0.204	0.371	0.274	70°	0.253	0.436	0.267	84°	0.299	0.484	0.238
58°	0.211	0.381	0.275	72°	0.259	0.444	0.264	86°	0.305	0.490	0.226
60°	0.218	0.391	0.276	74°	0.266	0.452	0.260	88°	0.312	0.496	0.219
62°	0.225	0.400	0.275	76°	0.273	0.459	0.256	90°	0.319	0.500	0.212

若我们定义尖顶余弦脉冲电流中的基频成分作为输出,则输出功率为

$$P_{o1} = \frac{1}{2} I_{cm1} V_{cm1} \tag{3.5}$$

而电源提供的直流输入功率为

$$P_{DC} = I_{cm0} V_{CC} \tag{3.6}$$

由此得到功率放大器的集电极效率为

$$\eta = \frac{P_{o1}}{P_{DC}} = \frac{1}{2} \cdot \frac{I_{cm1} V_{cm1}}{I_{cm0} V_{CC}} = \frac{1}{2} \cdot \frac{V_{cm1}}{V_{CC}} \cdot \frac{\alpha_1}{\alpha_0} \tag{3.7}$$

由(3.7)式可知,功率放大器的集电极效率与比值$\frac{\alpha_1}{\alpha_0}$有关. 我们在图 3－3 中画出了此比值随导通角变化的情况,显然导通角越小、集电极效率越高. 当导通角为 180°(即 A 类放大器情况)时,$\frac{\alpha_1}{\alpha_0} = 1$. 由于理想情况下$\frac{V_{cm1}}{V_{CC}} = 1$,由(3.7)式可知 A 类放大器的理想效率为 50%. 同样,由图 3－3 和(3.7)式可知在理想情况下 B 类放大器的集电极效率约为 78%.

由于导通角减小会导致集电极效率增高,因此在高频功率放大器中,为了追求得到更高的效率,常常使放大器工作在 C 类状态. 但是,由图 3－3 可知当导通角减小时,尽管集电极效率得到了提高,但是由于 α_1 在迅速减小,导致输出功率也越来越小. 在极端情况下,$\theta \to 0$,则 $\alpha_1 \to 0$,即输出功率为 0. 所以实际的高频功率放大器需要权衡效率与输出功率,导通角一般取在 60°～90°范围内,也有些高频功率放大器为了得到更高的输出功率而将导通角增加到大于 90°.

3.1.2 C 类功率放大器的工作原理

由于 C 类放大器的输出电流不是一个完整的余弦波,也没有像 B 类放大器那样用两个晶体管互相补偿得到完整的输出波形,所以,C 类放大器必须依赖无源滤波网络从晶体管输出的尖顶余弦脉冲电流中取出其中的基频分量. 图 3－4 就是高频 C 类功率放大器的原理电路. 其中 V_{CC},V_{BB} 分别提供晶体管集电极和基极偏置电压(注意图 3－4 中 V_{BB} 的接法是反的,下面我们的分析均以此方向为准),与它们并联的电容提供交流旁路. LC 谐振回路则起到滤波和阻抗变换作用.

高频 C 类功率放大器通常总是工作在大信号、非线性状态,不能用类似第 2 章的小信号分析方法进行分析. 我们常常用图解分析方法进行 C 类功率放大器工

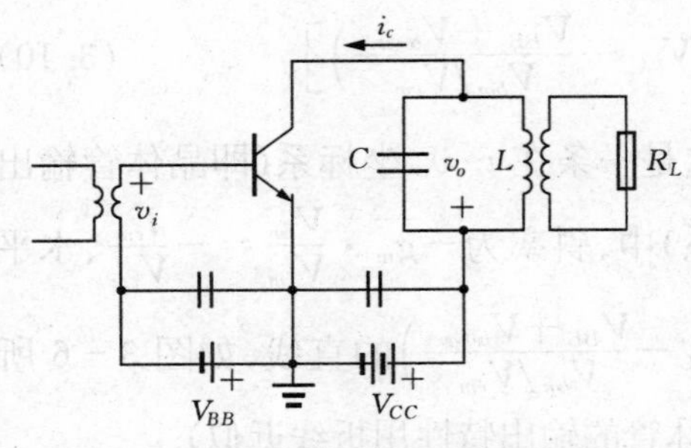

图 3-4 高频谐振功率放大器原理电路

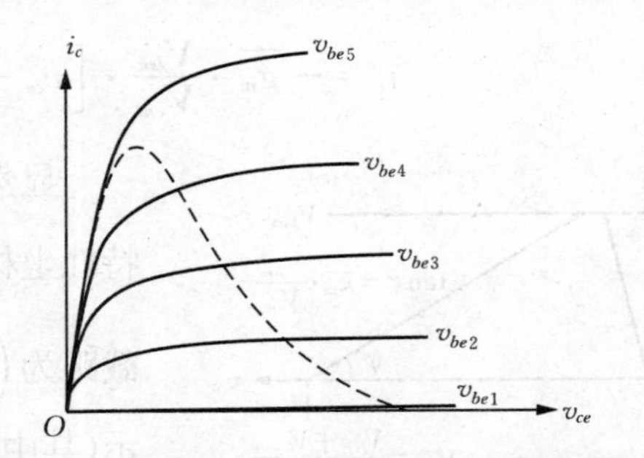

图 3-5 高频谐振功率放大器的动态负载线

作状态的分析.

图 3-5 中的虚线是高频谐振功率放大器的动态负载线. 所谓动态负载线,就是在一个输入信号周期内,晶体管集电极电流 i_c 与集电极电压 v_{ce} 共同确定的动态工作点的运动轨迹,所以动态负载线由晶体管特性曲线和外电路方程共同确定. 由于晶体管特性曲线是非线性的,因此实际的动态负载线不是一条直线. 精确描绘动态负载线比较困难,在不需要精确计算的场合常常用折线近似的方法. 下面我们的分析采用折线近似.

通常在分析高频功率放大器时,与低频电路中的输出特性曲线采用 i_b 作为参变量略有不同,晶体管输出特性曲线采用 v_{be} 作为参变量,即 $i_c = f(v_{ce}, v_{be})$. 为了近似分析晶体管在放大区的输出电流变化情况,我们将晶体管转移特性作线性近似,即认为在大信号输入情况下,晶体管在放大区的集电极电流与基极电压近似线性关系. 设大信号平均跨导为 $\overline{g_m}$,则有

$$i_c = \overline{g_m}(v_{be} - V_{be(on)}) \tag{3.8}$$

外电路方程描述的是集电极电压与集电极电流的关系. 根据图 3-4,可以列出集电极电压与输出电压、基极电压与输入电压之间的关系. 由于谐振功率放大器的负载是 LC 谐振回路,它具有滤波作用,在理想情况下输出电压 v_o 始终为简谐波, $v_o = V_{cm}\cos\omega t$, 不会出现由于晶体管饱和或截止引起的输出电压削顶现象. 这一点与电阻负载情况下的低频放大器完全不同. 所以外电路方程为

$$\begin{cases} v_{ce} = V_{CC} - v_o = V_{CC} - V_{cm}\cos\omega t \\ v_{be} = -V_{BB} + v_i = -V_{BB} + V_{bm}\cos\omega t \end{cases} \tag{3.9}$$

其中 $v_o = i_c r_e$, r_e 为带负载的 LC 谐振回路的等效电阻.

由(3.8)式和(3.9)式,可以解得

$$i_c = -\overline{g_m} \cdot \frac{V_{bm}}{V_{cm}} \cdot \left[v_{ce} - \left(V_{CC} - \frac{V_{BB} + V_{be(on)}}{V_{bm}/V_{cm}} \right) \right] \tag{3.10}$$

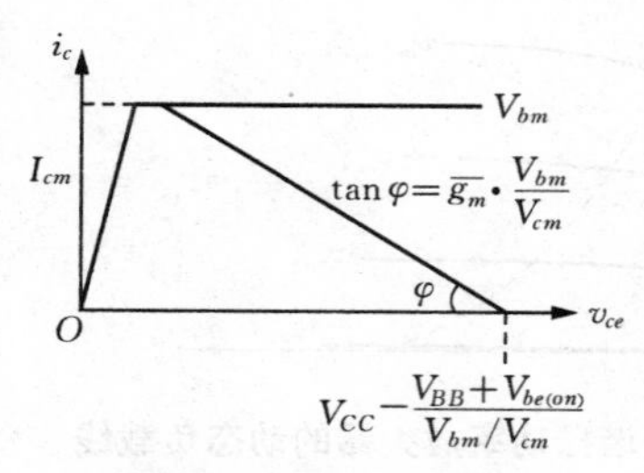

图 3-6 高频谐振功率放大器的动态负载线

显然这是一条在 i_c-v_{ce} 坐标系(即晶体管输出特性坐标系)中,斜率为 $-\overline{g_m} \cdot \frac{V_{bm}}{V_{cm}} = -\frac{I_{cm}}{V_{cm}}$、水平截距为 $\left(V_{CC} - \frac{V_{BB}+V_{be(on)}}{V_{bm}/V_{cm}}\right)$ 的直线,如图 3-6 所示(其中晶体管的输出特性用折线近似).

在上面分析动态负载线的过程中,(3.8)式是一个关键的近似过程,它表示晶体管在放大区的集电极电流与基极电压近似满足线性关系. 由此得到:①图 3-6 中的动态负载线为直线;②此动态负载线只能应用于晶体管的放大区. 进入饱和区(场效应管的可变电阻区)后的动态负载线我们将在下面讨论.

下面讨论 C 类放大器在输入电压 V_{bm} 发生改变时其工作状态的变化. 我们以图 3-7 说明这种变化过程.

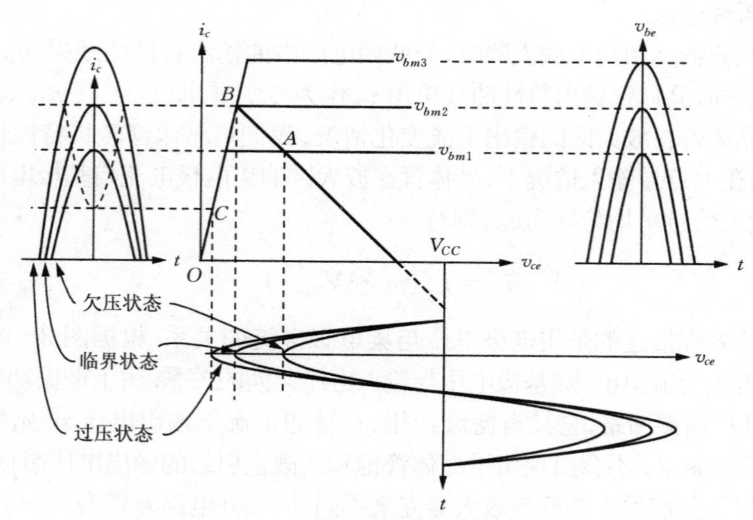

图 3-7 高频谐振功率放大器的工作状态

对于工作在 C 类的放大器,尽管输入电压 v_{be} 是一个完整的余弦波,但是只有当输入幅度大到一定程度,晶体管才进入导通状态(图 3-7 中只画出了晶体管导通后的输入电压波形). 一旦晶体管进入导通状态,随着输入电压 v_{be} 幅度增加,晶体管的动态工作点沿动态负载线上升，输出电流开始增加.

若输入电压的峰值较低，在达到最大值 V_{bm} 时晶体管尚未进入饱和，如图 3-7 中 A 点，则晶体管始终工作在放大区，输出电流为尖顶余弦脉冲，此工作状态被称为欠压状态(under voltage state).

这里需要说明一下集电极电压 v_{ce}.

当集电极电流增加时，v_{ce} 下降，这是没有问题的. 然而，当输入电压位于导通角之外，晶体管处于截止状态时，$i_c = 0$. 若是电阻负载的放大器，此时输出波形将出现削峰. 但对于采用谐振回路作为负载的谐振放大器来说，情况完全不同. 由于谐振回路自身的惯性，LC 回路两端的输出电压并不会出现削峰，而是按照简谐振荡的轨迹发展，即始终输出一个简谐波. 由于 $v_{ce} = V_{CC} - v_o$，因此集电极电压 v_{ce} 也是一个简谐波. 又由于 v_o 的平均值为 0，因此集电极电压 v_{ce} 的中心值为 V_{CC}. 这就是图 3-7 中下方 v_{ce} 波形的成因.

从图 3-7 下方 v_{ce} 的波形，我们可以知道 C 类放大器中晶体管承受的最大集电极电压大于电源电压，其值为

$$V_{ce(\max)} = V_{CC} + V_{cm} \tag{3.11}$$

在极端情况下，此电压可能是电源电压的 2 倍.

下面继续讨论工作状态的变化.

若输入电压 v_{be} 的峰值较大，使得在最大输入电压时晶体管进入临界饱和，如图 3-7 中 B 点，则晶体管可以最大限度地利用放大区进行工作. 此时输出电流也为尖顶余弦脉冲且达到最大，此工作状态被称为临界状态(critical state).

若输入电压 v_{be} 的峰值进一步增大，使得在最大输入电压时晶体管进入饱和，如图 3-7 中 v_{bm3}，则情况开始发生变化.

我们知道，若是电阻负载放大器(如低频放大器)，在晶体管进入饱和状态时输出电压将出现削顶. 但是，如同前面已经讨论的那样，由于高频放大器采用的 LC 谐振回路自身的惯性，其电压不会被削顶，而是继续按照简谐振荡的轨迹发展，因此即使进入饱和区，晶体管输出电压幅度 V_{cm} 也会继续上升. 但是不管怎样，晶体管的动态工作点还必须满足晶体管输出特性的限制. 由于此时晶体管进入饱和，v_{bm} 对应的集电极电流输出特性曲线下降，因此进入饱和区后动态负载线出现转折(图 3-7 中的 B-C 段)，集电极电流在到达最大值(近似为 B 点)后反而减小，顶部出现凹陷. 此工作状态称为过压状态(over voltage state).

综上所述，当改变输入激励信号的幅度 V_{bm} 时，放大器的输出变化如下：

输入电压幅度 V_{bm} 较小时，放大器工作在欠压状态，输出的基波电压和基波电

流均随输入幅度改变而改变,输出功率也随之改变. 但是由于导通角的变化,此改变是非线性的.

若输入电压幅度V_{bm}增加并达到临界状态时,输出的基波电压、基波电流和输出功率的增加趋势达到最大.

一旦输入信号幅度V_{bm}过大、导致放大器进入过压状态,由于晶体管饱和,输出电压的增加趋势变缓,输出电流则由于出现顶部凹陷,导致其基波电流分量也趋于不变,因此输出功率虽然仍随输入信号幅度增加而有所增加,但增加的速度大幅度下降,或者说输出功率趋于不变.

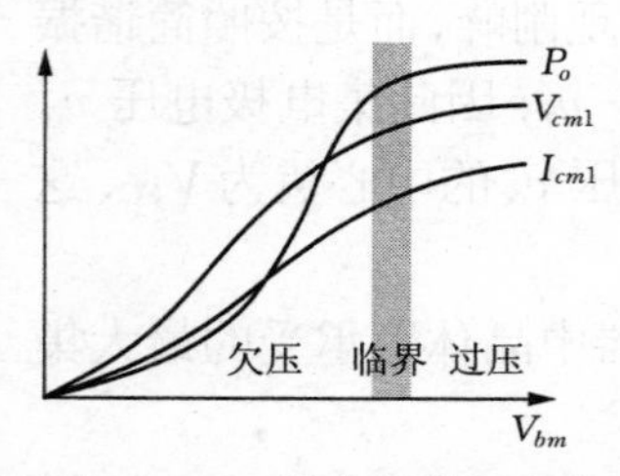

图 3-8 C 类高频谐振功率放大器的放大特性

上述总的变化趋势如图 3-8 所示. 由于该图表示了输出功率以及输出电压、电流随输入幅度变化的情况,因此称为放大器的放大特性.

由图 3-8 可以看到,当 C 类放大器工作到过压状态后,由于输出功率几乎不变而输入继续增加,因此其功率增益下降. 而在欠压状态则输出功率较低. 所以比较理想的工作状态应该在临界状态附近. 要注意的是:由于 C 类放大器导通角小于 90°,因此无论在哪种状态,放大器的输出与输入的关系都不是线性关系.

由图 3-7 还可以讨论其他各种参数变化对于晶体管 C 类放大器输出的影响.

首先讨论集电极等效负载电阻r_e变化的影响.

参见图 3-6,动态负载线与晶体管输出特性横坐标轴的斜率为

$$\tan\varphi = \overline{g_m}\cdot\frac{V_{bm}}{V_{cm}} = \frac{I_{cm}}{V_{cm}}$$

而$I_{cm} = \dfrac{V_{cm}}{\alpha_1(\theta)r_{eq}}$,所以

$$\tan\varphi = \frac{1}{\alpha_1(\theta)r_{eq}} \tag{3.12}$$

若近似认为改变r_{eq}时导通角不变,即$\alpha_1(\theta)$不变,则此斜率与r_{eq}成反比. 所以等效负载阻抗变化后的动态负载线变化情况如图 3-9 所示.

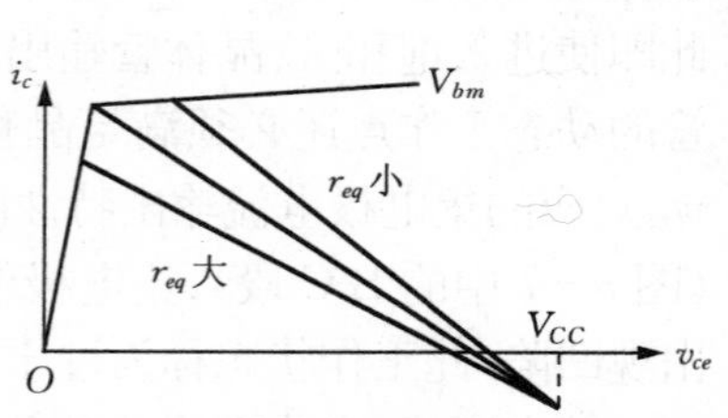

图 3-9 动态负载线随集电极等效负载阻抗变动的情况

根据图 3-9,当其他条件不变时,等效负载阻抗变小,工作状态向欠压状态移动;负载阻抗变大,工作状态向过压状态移动. 工作状

态向欠压状态移动时，集电极输出电压的峰值（也就是基波电压峰值）迅速变小，但是集电极电流的变化很小，近似恒流源，输出功率则迅速变小. 工作状态向过压状态移动时，集电极输出电压的峰值变化很小，近似恒压源，但是集电极电流变小并出现顶部凹陷，导致其中基频成分变小，输出功率也迅速变小. 所以，无论等效负载阻抗如何变化，只有工作状态在临界状态才具有最高的输出功率. 由于负载变化并不改变输入功率，因此只有在临界状态附近集电极效率最高. 图 3 - 10 是负载变化引起的上述各种影响的示意图.

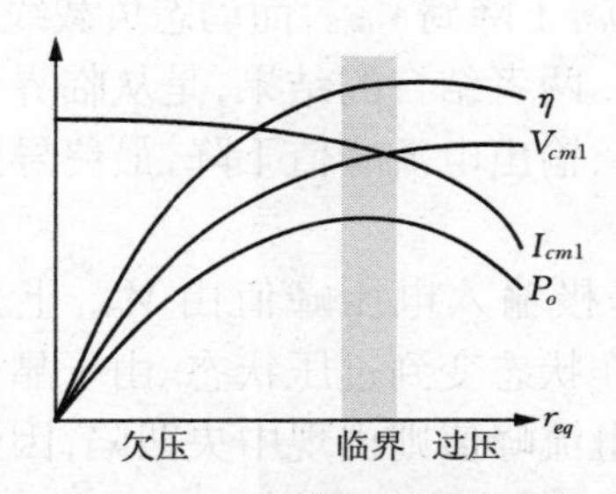

图 3 - 10　C 类高频谐振功率放大器的负载特性示意

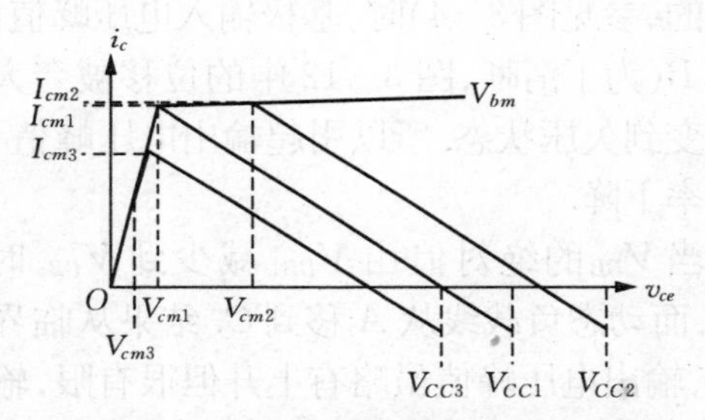

图 3 - 11　集电极电压变化对 C 类高频谐振功率放大器的影响

下面讨论集电极电压 V_{CC} 变化的影响.

根据(3.10)式，集电极电压 V_{CC} 只影响动态负载线的横截距，所以集电极电压变化引起放大器工作状态的变化可以用图 3 - 11 进行分析.

显然，在图 3 - 11 中 V_{CC1} 使得放大器工作在临界状态，V_{CC2} 使得放大器工作在欠压状态，而 V_{CC3} 使得放大器工作在过压状态.

当集电极电压升高到 V_{CC2}，使得放大器工作在欠压状态时，集电极电流的变化很小. 由于动态负载线的斜率不变，只是横向移动了一段距离，因此输出电压的峰值 $V_{om} = V_{CC2} - V_{cm2}$ 不变. 这样，进入欠压状态后，集电极电压变化引起的输出功率变化很小. 但是集电极电压升高后引起直流功耗增加，因此集电极效率下降. 同时，由于集电极电压升高，还导致集电极承受的最大电压升高.

当集电极电压降低到 V_{CC3}，使得放大器工作在过压状态时，集电极电流变小，并且出现中央凹陷，这使得其中的基频成分电流更小. 而由于晶体管进入饱和，输出电压的峰值 $V_{om} = V_{CC3} - V_{cm3}$ 相对临界状态变小. 所以，进入过压状态后，放大器的输出功率受到集电极电压的严重影响，即通过改变集电极电压可以改变输出功率，集电极电压升高则输出功率上升，反之则输出功率下降. 以后我们将讲到，这种通过改变一个参数影响另一个参数的过程称为调制，这里的这种情况称为 C 类放大器的集电极调制. 集电极调制必须让 C 类放大器工作在过压状态才能实现.

下面再讨论基极偏置电压 V_{BB} 变化的影响.

基极偏置电压 V_{BB} 变化会引起两个变动:①由于 $v_{be}=v_i-V_{BB}$,V_{BB} 变化直接影响基极电压峰值;②根据(3.10)式,基极电压 V_{BB} 变化将引起动态负载线截距的变化. 图 3-12 为这两个影响的示意图.

图 3-12 中,V_{BB1} 是使得放大器工作在临界状态的偏置电压. 由图 3-12 可见,当 V_{BB} 的绝对值由 V_{BB1} 增加到 V_{BB2}(注意 C 类放大器的基极偏置电压一般是负向的,参见图 3-4)时,基极输入电压峰值由 V_{bm1} 下降到 V_{bm2},而动态负载线从 A 移到 B(为了清晰,图 3-12 中的位移被夸大了). 两者结合的结果,是从临界工作状态变到欠压状态. 所以引起输出电压峰值下降、输出电流峰值下降,最终导致输出功率下降.

当 V_{BB} 的绝对值由 V_{BB1} 减少到 V_{BB3} 时,基极输入电压峰值由 V_{bm1} 上升到 V_{bm3},而动态负载线从 A 移到 C. 结果从临界工作状态变到过压状态. 由于晶体管饱和,输出电压峰值虽略有上升但很有限,输出电流峰值则出现中央凹陷,因此输出功率出现很有限的上升.

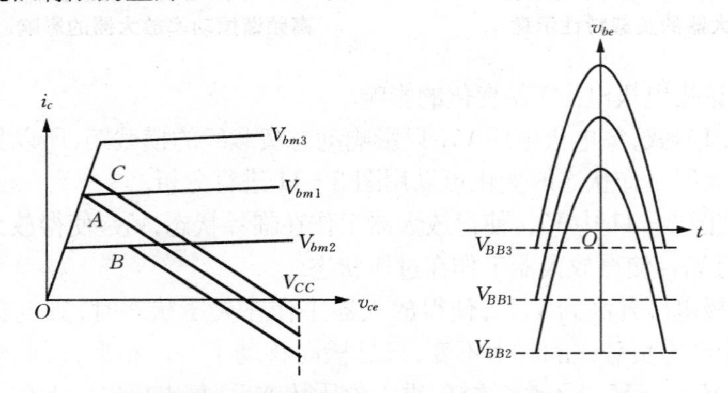

图 3-12 基极偏置电压变化对 C 类高频谐振功率放大器的影响

综上所述,在过压状态,基极偏置电压 V_{BB} 变化几乎不会引起输出变化. 但是在欠压状态,基极偏置电压 V_{BB} 的变化可以引起输出功率的变化,类似集电极调制,这种现象称为基极调制.

由前面对于 C 类放大器的分析,我们看到综合各种条件后,除了需要调制的情况外(该情况我们还要在后面的章节继续讨论),处于临界状态的 C 类放大器具有输出功率大、集电极效率高等一系列优点,所以大多 C 类功率放大器工作在临界状态或接近临界的弱过压状态. 下面分析临界状态下的 C 类放大器.

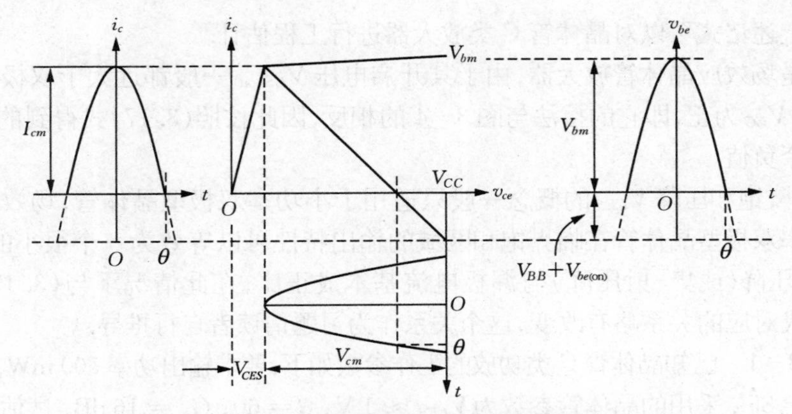

图 3-13　临界状态下的 C 类放大器分析

图 3-13 是用折线近似的晶体管输出特性以及动态负载线. 其中集电极输出电压只画出了一半. 集电极电流除了画出导通后的尖顶余弦脉冲波形外,为了便于理解还用虚线画出了余弦波形上半周的其余部分,这部分电流实际上并不存在.

由图 3-13 可以写出下面的关系:

在临界状态下,集电极输出电压的峰值(也就是基波电压峰值)为

$$V_{cm}=V_{cm1}=V_{CC}-V_{CES} \tag{3.13}$$

基波集电极电流峰值为

$$I_{cm1}=\alpha_1(\theta)I_{cm} \tag{3.14}$$

所以,临界状态下集电极输出的基波功率为

$$P_{o1}=\frac{1}{2}I_{cm1}V_{cm1}=\frac{1}{2}\alpha_1(\theta)I_{cm}(V_{CC}-V_{CES}) \tag{3.15}$$

集电极谐振负载电阻为

$$r_e=\frac{V_{cm1}}{I_{cm1}}=\frac{V_{CC}-V_{CES}}{\alpha_1(\theta)I_{cm}} \tag{3.16}$$

基极电压峰值与偏置电压的关系为

$$V_{bm}\cos\theta=(V_{BB}+V_{be(on)})(1-\cos\theta) \tag{3.17}$$

基极电压基波峰值为

$$V_{bm1}=\alpha_1(\theta)V_{bm} \tag{3.18}$$

由上述诸式可以对晶体管C类放大器进行工程估计.

若是场效应晶体管放大器,由于其开启电压$V_{GS(on)}$一般都远大于双极型晶体管,通常V_{GG}为正,即它的接法与图3-4的相反,因此按照(3.17)式得到的V_{GG}可能是一个负值.

另外,饱和压降V_{CES}的概念一般只适用于小功率双极型晶体管,场效应管以及大功率双极型晶体管在临界饱和区域的输出特性可以等效为一个很小的电阻,其漏-源压降(或集-射压降)与漏极电流基本成正比,在此情况下与(3.13)式至(3.16)式对应的关系略有改变,这个关系作为习题请读者自行推导.

例3-1 已知晶体管C类功放的工作参数如下:要求输出功率500 mW, $V_{CC}=9\text{ V}$, $\theta=85°$. 采用的晶体管参数为$V_{CES}\approx 1\text{ V}$, $\beta=60$, $G_p=16\text{ dB}$. 试估计在临界状态下放大器的等效集电极负载电阻、电源消耗功率以及基极偏置电压.

解 输出电压峰值为

$$V_{cm}=V_{CC}-V_{CES}=9-1=8(\text{V})$$

已知$\theta=85°$,即$\theta=\frac{85}{180}\pi=1.48(\text{rad})$,所以

$$\alpha_0(\theta)=\frac{\sin\theta-\theta\cos\theta}{\pi(1-\cos\theta)}=0.302$$

$$\alpha_1(\theta)=\frac{\theta-\sin\theta\cos\theta}{\pi(1-\cos\theta)}=0.487$$

已知放大器输出功率为500 mW,根据(3.15)式有

$$I_{cm}=\frac{2P_1}{\alpha_1(\theta)V_{cm}}=\frac{2\times 0.5}{0.487\times 8}=257(\text{mA})$$

集电极等效负载电阻为

$$r_e=\frac{V_{cm1}}{I_{cm1}}=\frac{V_{cm}}{\alpha_1(\theta)I_{cm}}=64(\Omega)$$

电源直流消耗功率为

$$P_0=\alpha_0(\theta)I_{cm}V_{CC}=0.302\times 0.257\times 9=698(\text{mW})$$

计算基极偏置时首先计算基极信号大小:

$$P_b=\frac{P_c}{G_p}=\frac{0.5}{40}=12.5(\text{mW})$$

$$I_{bm1}=\alpha_1(\theta)I_{bm}=\alpha_1(\theta)\frac{I_{cm}}{\beta}=0.487\times\frac{257}{60}=2.08(\text{mA})$$

$$V_{bm1}=\frac{2P_b}{I_{bm1}}=\frac{2\times 12.5}{2.08}=12(\text{V})$$

根据(3.17)式和(3.18)式,若晶体管导通阈值按 0.7 V 计算,有

$$V_{BB}=\frac{V_{bm1}}{\alpha_1(\theta)}\cdot\frac{\cos\theta}{1-\cos\theta}-V_{be(\text{on})}=\frac{12}{0.487}\times\frac{\cos(85°)}{1-\cos(85°)}-0.7=1.65(\text{V})$$

实际工作中,可以根据上述结果大致确定电路以及电路元件的合理性. 例如,可以根据 I_{cm} 大致确定选用晶体管的最大集电极电流,又可根据电源直流消耗功率与放大器输出功率之差大致确定晶体管集电极耗散功率,根据 V_{CC} 和 V_{cm} 估计晶体管最大集电极电压,从而选择合适的晶体管,等等.

需要说明的是,对于晶体管 C 类放大器来说,折线近似是一个比较粗略的近似. 但是由于晶体管的离散性较大以及下面还要提到的晶体管高频应用方面的原因,实际上较难进行很精确的计算. 上述计算只是提供设计前的参考,实际结果往往需要通过仿真计算以及在实际电路中调整.

3.1.3　C 类功率放大器的实际电路

前面讨论了 C 类功率放大器的工作原理以及各种参数的影响,本节讨论 C 类功率放大器的实际电路.

一、高频功率放大器的总体结构

对于一个功率放大器来说,输出功率是其最大的指标. 为了达到一定的输出功率,同时还要兼顾电源效率、频率特性等指标,常常采用图 3 - 14 的结构形式.

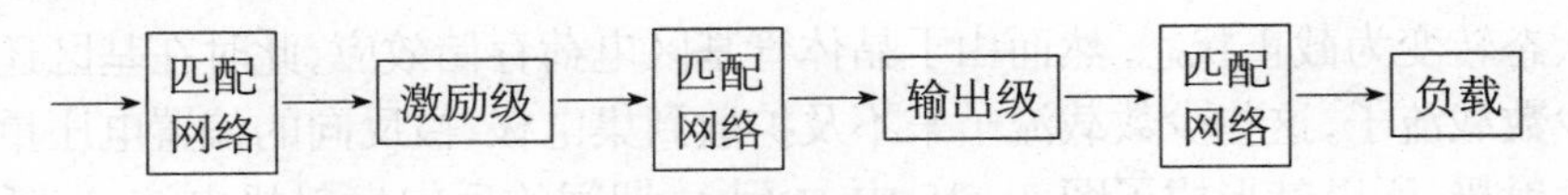

图 3 - 14　高频功率放大器的一般结构

为了达到尽可能大的功率输出,图 3 - 14 中的输出级晶体管通常总是工作在其额定输出功率状态. 由下面要讨论的内容可知,对于工作在额定输出功率状态的晶体管具有一个最佳负载阻抗,因此输出级与负载之间的匹配网络的作用就是要将负载阻抗变换到输出级晶体管所要求的最佳负载阻抗.

另一方面,对于输出级晶体管来说,工作在额定输出功率状态下,其功率增益基本是一个定值,而且大功率晶体管的输入阻抗一般都很小(额定功率越大则阻抗越小),所以常常需要激励级为它提供足够的激励功率. 激励级与输出级之间的匹配网络则要完成激励级晶体管的输出阻抗和输出级晶体管的输入阻抗匹配的任务,激励级前面的匹配网络则完成将激励级晶体管的输入阻抗与系统所要求的输入阻抗(大部分情况下系统要求 50 Ω 的阻抗,以便与同轴电缆匹配)相匹配.

所有的匹配网络同时还必须满足系统频率特性的要求.

另外还有一些具体结构在图 3-14 中尚未表示,它们是给晶体管提供供电通路的馈电网络、为了防止干扰(包括受到外界的干扰和通过电磁发射引起的对外界的干扰)所必须的退耦和屏蔽等.

二、大功率晶体管的高频特性

前一节我们提到,在估算晶体管 C 类高频放大器时,折线近似是一个比较粗略的近似. 实际上,由于折线近似中我们应用的是晶体管的静态特性曲线,因此只适用于工作频率较低的场合. 当工作频率较高时,需要考虑各种晶体管高频效应的影响. 这些影响有基区载流子存储效应的影响、基区电阻的影响、饱和压降的影响等.

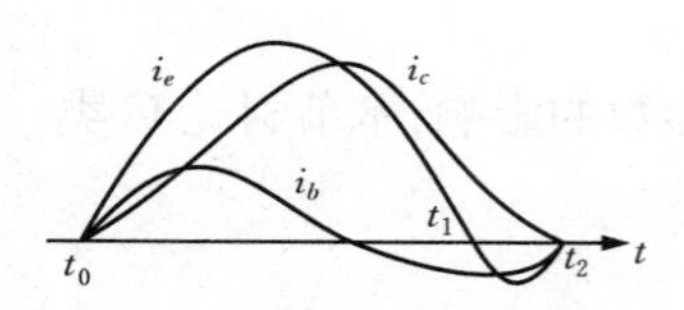

图 3-15 晶体管在高频大信号情况下的电流波形

基区载流子存储效应的影响可以参见图 3-15. 当工作频率升高后,集电极电流和发射极电流的波形将出现明显畸变,不再是原来的尖顶余弦脉冲,而变成如图 3-15 所示的形状. 形成此电流波形的原因如下:

在输入电压 v_{be} 作用下,晶体管发射结正向偏置时,发射极发射载流子越过基区到达集电极形成集电极电流. 当输入电压下降导致晶体管发射结偏置由正向转为反向时,晶体管应该由导通状态转变为截止状态. 然而由于晶体管基区电荷存储效应,此时在基区还存有部分少数载流子,这些少数载流子来不及扩散到集电极,被反向的偏置电压重新推回到发射极,所以就形成了图 3-15 中 t_1 到 t_2 期间的反向发射极电流. 在低频情况下这个反向电流只占整个电流的极小部分,所以不会构成很大的问题,但是在高频情况下,随着频率的提高它的比例越来越高,就造成图 3-15 所示的畸变电流.

由于同样的原因,晶体管集电极电流也出现畸变,峰值电流位置后移且电流值下降.

基极电流波形是上述两个波形之差,所以,基极电流也不再是尖顶余弦脉冲,而带有反向电流. 这导致基极电流的平均值变小.

根据上述电流的变化可以看到,当频率升高以后,由于晶体管基区载流子存储效应的影响,集电极电流的导通角变大,但是输出功率反而下降.

由第 2 章关于晶体管的物理模型可知,无论是双极型还是场效应晶体管,其输入阻抗和输出阻抗中都具有电容成分. 在高频条件下,这些电容的容抗变得大大低于与它并联的电阻分量,所以高频大功率晶体管有一个显著的特点:输入阻抗和输出阻抗基本上都是以容抗为主.

由于输入阻抗以容抗为主,随着工作频率的升高,输入阻抗 z_i 迅速下降. 此时与它串联的基区电阻(或场效应管的栅极电阻)的影响则明显增加. 所以在激励功率不变的条件下,由于基区电阻的影响,频率升高后晶体管有效输入功率下降,导致功率增益下降.

另外,高频条件下晶体管的输出特性也会发生较大的改变,其中比较明显的就是饱和压降增加. 它直接导致最大输出电压下降,结果是输出功率下降.

所有上述高频效应的综合后果就是:随着频率的升高,晶体管的输出功率下降、功率增益下降. 所以,工作频率大约在低于晶体管截止频率 0.5 倍以下时,用前一小节的折线近似方法可以得到比较可靠的结果,而高于此限后再运用折线近似方法得到的结果往往误差较大. 尤其是当频率很高时,晶体管内部的电极引线电感也开始产生影响,由此导致两个结果:一是输入和输出阻抗由容性向感性变化,二是引线电感导致晶体管的内部耦合和反馈,使得输出功率和功率增益下降得更迅速(作为例子,可以参考表 3-2 中晶体管 RD70HVF1,它给出了两个不同测试频率下的参数).

事实上,为了获得最大的功率输出,大功率晶体管总是工作在接近极限的状态. 由于晶体管极限参数的限制,在此状态下晶体管的额定输出功率、功率增益、额定激励功率等几乎都是确定的,因此晶体管生产厂商会对每种型号的功率晶体管提供其最高工作频率,以及在此频率下的额定输出功率、功率增益、输入阻抗、输出阻抗等一组参数. 这些参数一般都经过测试,具有很高的实用性. 作为例子,表 3-2 列举了几个不同厂商生产的几种高频晶体管的主要参数.

表 3-2 几种高频功率晶体管的主要参数表

型 号	类型	测试频率 (MHz)	测试电压 (V)	输出功率 (W)	功率增益 (dB)	输入阻抗 (Ω)	输出阻抗 (Ω)	生产厂商
MRF166C	nMOS	500	28	20	13.5	2.09−j2.77	4.87−j2.63	Motorola
MRF137	nMOS	150	28	30	13	1.77−j7.46	5.75−j3.02	Motorola

(续表)

型　号	类型	测试频率(MHz)	测试电压(V)	输出功率(W)	功率增益(dB)	输入阻抗(Ω)	输出阻抗(Ω)	生产厂商
MRF150	nMOS	30	50	150	17	2.0−j2.6	7.3−j2.7	Motorola
RD06HHF1	nMOS	30	12.5	6	16	65−j151	8.75−j4.92	Mitsubishi
RD16HHF1	nMOS	30	12.5	16	16	20.02−j89.42	2.99−j3.66	Mitsubishi
RD70HHF1	nMOS	30	12.5	70	13	5.28−j20.08	0.77−j0.22	Mitsubishi
RD70HVF1	nMOS	175	12.5	70	10.6	0.55−j2.53	0.72−j0.36	Mitsubishi
		520	12.5	55	7	1.04+j0.63	0.93+j1.62	
ARF463	nMOS	81	125	100	15	0.46−j2.0	4.2−j10.7	APT
ARF448	nMOS	40	150	250	15	0.31−j0.5	9.9−j19.2	APT
2SC3133	npn	27	12	13	14	1.8−j2.5	7.0−j3.5	Mitsubishi
2SC2290	npn	28	12.5	60	11.8	1.02−j0.17	0.86−j0.21	Toshiba
2SC2879	npn	28	12.5	100	13	1.45−j0.95	1.45−j1.0	Toshiba

在实际的功率放大器设计过程中,通常总是先确定放大器的工作频率和输出功率等要求,然后根据厂商提供的参数选择合适的晶体管,再根据这些参数确定电路方案,进而设计具体电路.

例 3-2　要求设计一个高频 C 类功放,工作频率为 27 MHz,输出功率为 47 dBm(50 W),输入功率不大于 26 dBm(400 mW),输入阻抗和负载阻抗均为 50 Ω. 试从表 3-2 中选择合适的晶体管进行方案设计.

解　根据要求的工作频率和输出功率,表 3-2 中合适的晶体管有 RD70HHF1 和 2SC2290 两种. 若选用 RD70HHF1,则根据其功率增益为 13 dB = 20,可知需要激励功率为 2.5 W. 由于系统要求输入功率不大于400 mW,因此在输出级前应该有激励级. 激励级的输出功率不小于2.5 W,功率增益不小于 $10\lg\frac{2\,500}{400}=8(\mathrm{dB})$. 再查表 3-2,其中功率增益大于 8 dB、输出功率大于 2.5 W 的晶体管有 RD06HHF1. 所以一个可能的方案就是采用图 3-14 的结构,晶体管 RD06HHF1 作为激励级,晶体管 RD70HHF1 作为输出级.

可能读者会产生一个问题:上述选择结果似乎过于"浪费":实际系统要求输出 50 W,总增益要求 21 dB,而 RD70HHF1 可以输出 70 W,两个晶体管的总增益为 29 dB,均大大超过系统需求. 然而我们在上述需求分析中没有计及阻抗匹配网络的插入损耗.在实际的功率放大器中,除了阻抗匹配网络外,为了抑制高次谐波还常常在输出端插入一个高阶的LC低通滤波器,所以在例3-2中一共有4个LC网络.考虑它们的插入损耗后,这个方案的设计功率余量并不大.

另外,许多厂商给出的晶体管参数都是在最佳工作条件下的参数,若实际工作条件有所改变时,往往难以达到厂商数据手册上提供的结果.例如,为了防止自激振荡,往往需要在晶体管放大器中加入一定的负反馈,此时其最大输出功率和功率增益都会下降.这是在设计时必须注意的.

图3-14中3个阻抗匹配网络则必须根据上述系统要求和晶体管参数进行设计:输出端的阻抗匹配网络,完成晶体管RD70HHF1的输出阻抗到50 Ω负载阻抗之间的匹配,输入端的阻抗匹配网络,将晶体管RD06HHF1的输入阻抗变换到50 Ω,而中间的阻抗匹配网络负责完成RD06HHF1的输出阻抗与RD70HHF1的输入阻抗之间的阻抗匹配.具体的设计过程在后面还会进一步阐述.

三、直流馈电与偏置

集电极(漏极)直流馈电网络的作用,是给晶体管提供直流电源.此网络可以采用串联馈电(series feed)方式,也可以采用并联馈电(parallel feed)方式.

所谓串联馈电方式,就是负载(或者通过阻抗匹配网络反射到晶体管的等效负载)串联在直流供电回路中,图3-16是串联馈电的结构示意图.图3-16中在电源端加接LC退耦网络的目的是为了避免寄生耦合.

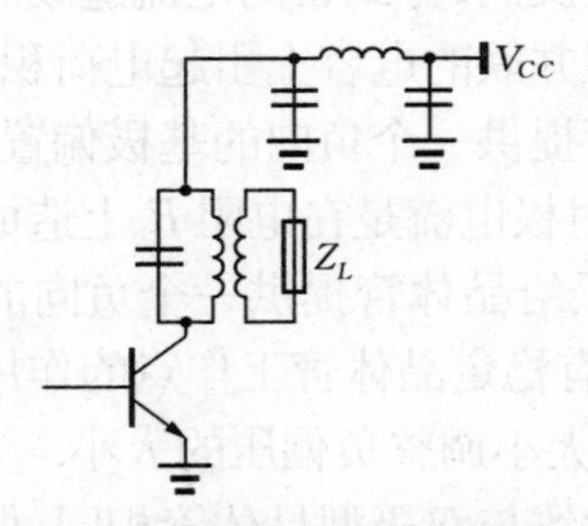

图3-16　集电极串联馈电

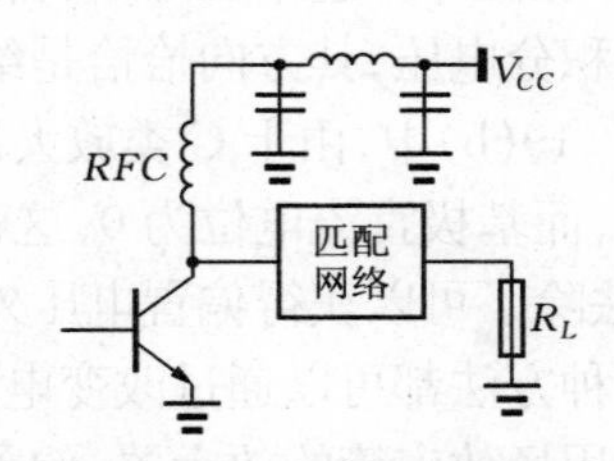

图3-17　集电极并联馈电

所谓并联馈电方式,就是负载与直流供电回路构成并联关系.大多数并联馈电方式通过一个称为高频扼流圈RFC(radio-frequency chock)的电感将电源提供给晶体管,如图3-17所示.此扼流圈要求在工作频段内的阻抗远大于晶体管等效负载阻抗.不过由于高频功率放大器的等效负载阻抗一般都很小,很容易实现上述要求.同样,为了避免寄生耦合在电源端加接了LC退耦网络.

基极馈电网络的作用是要给基极提供偏置电压. 同样也可以分为串联馈电和并联馈电两类,但是因为基极电流较小,所以具体形式比较多样.

最直截了当的方式是由专门的电路产生偏置电压,然后通过一个 RFC 对基极进行并联馈电. 此方式的好处是可以独立调整偏置电压,容易满足放大器设计的导通角要求,缺点是需要增加独立的偏置电压发生电路.

另外还有其他几种基极馈电方式.

一种是零偏置,即基极通过匹配网络中的电感(或高频扼流圈)直接接地,如图 3-18 所示. 此方式的缺点是放大器的导通角完全由晶体管的导通阈值确定,几乎没有调节的余地.

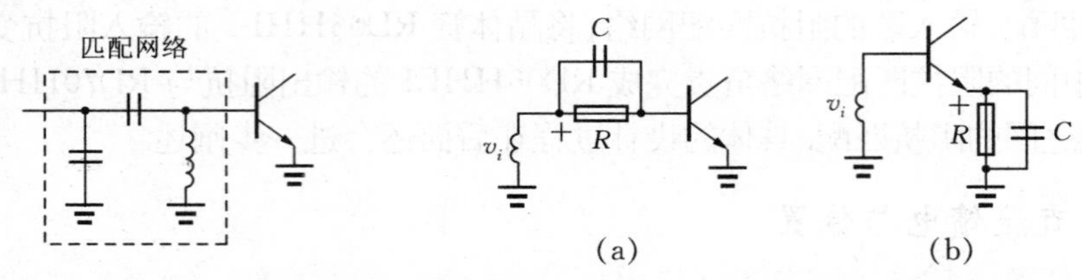

图 3-18 基极零偏置 **图 3-19 通过电阻上的直流压降提供基极偏置**

还有一种是通过电阻上的直流压降提供偏置电压. 根据电阻位置的不同,大致有图 3-19 所示的两种偏置方式.

在图 3-19(a)中,由于晶体管输入特性的非线性,电阻 R 上的压降是不平衡的. 在一个信号周期中基极电流总是正向大于反向,导致正向电流造成的压降大于反向电流造成的压降. 这个压降差将在与电阻并联的电容上引起电荷积累,最终在电容上形成积分电压,其方向恰恰是给晶体管提供一个负向的基极偏置电压.

在图 3-19(b)中,由于 C 类放大器的发射极电流是在电阻 R 上造成的压降总是上正下负,而基极直流电位为 0,这就相当于给晶体管提供一个负向的基极偏置电压. 此方法除了可以获得偏置电压外,还具有稳定晶体管工作点的作用.

上述两种方法都可以通过改变电阻 R 的大小调整负偏压的大小.

对于采用场效应管的放大器,偏置方式大致与双极型晶体管相同. 但由于增强型 nMOS 场效应管的开启电压比较高,因此在要求导通角较大情况下,可能要求栅极加正偏压. 这种情况下一般只能采用通过 RFC 并联馈电方式提供栅极偏压,此正偏压可以直接从电源通过电阻分压得到.

四、阻抗匹配网络

阻抗匹配网络是功率放大器的重要组成部分. 阻抗匹配网络是否恰当对整个

功率放大器的影响是巨大的，只有正确设计和调试阻抗匹配网络，才能使放大器达到最佳的工作状态，输出额定功率.

高频功率放大器中采用的阻抗匹配网络可以是第1章介绍的LC谐振回路、LC梯形阻抗变换网络、微带线阻抗变换网络以及传输线变压器等.

通常LC梯形阻抗变换网络和微带线阻抗变换网络用于窄带放大器，而传输线变压器则可以用于宽带系统. 关于LC梯形阻抗变换网络和微带线阻抗变换网络的电路形式及其计算，可以参见第1章的相关内容，传输线变压器的内容我们将在后面介绍. 下面就功率放大器中的几种阻抗匹配网络进行分析讨论.

首先讨论输出级与负载之间的阻抗匹配网络，此网络要求将负载阻抗变换到输出级晶体管所要求的最佳负载阻抗.

在发射机中，负载为发射天线，此时输出匹配回路多采用LC谐振回路或LC谐振回路和其他形式的匹配网络构成复合型的阻抗匹配网络. 图3-20就是一个短波发射机的输出放大器，它采用互感耦合形式的LC谐振回路作为输出阻抗匹配网络，其中L_1C_1构成并联谐振，L_2C_2构成串联谐振，L_3则用于补偿天线的电容分量(天线的阻抗一般可以等效为一个电阻与一个电容串联的网络)，C_3是输出耦合电容(隔断直流). 由于晶体管的输出阻抗太低，因此用一个阻抗比1∶4的传输线变压器T先进行阻抗变换后再与LC谐振回路耦合，此传输线变压器同时又是晶体管的馈电网络(串联馈电).

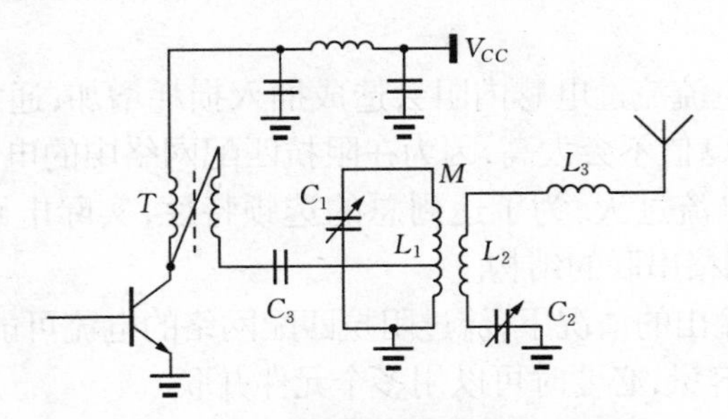

图3-20 短波发射机的输出放大器

参考第1章的有关内容，上述复合型的阻抗匹配网络的计算过程如下：

设天线的等效阻抗为$r_A - jx_A$，首先使L_3补偿天线的电容分量(即$\omega_0 L_3 = x_A$)，则互感线圈次级的负载为r_A. 调整C_2使得它与L_2谐振在工作频率ω_0后，根据(1.61)式，天线反射到初级的阻抗为$Z_{12} = \dfrac{(\omega_0 M)^2}{r_A}$，此阻抗与$L_1$串联. 若$L_1$固有的串联损耗电阻为$r_1$，则总损耗电阻为$r_L = r_1 + z_{12} = r_1 + \dfrac{(\omega_0 M)^2}{r_A}$. 再调整$C_1$

使得它与 L_1 谐振在工作频率 ω_0,根据(1.36)式,L_1C_1 两端的等效电阻为

$$r_{LC}=\frac{(\omega_0 L_1)^2}{r_L}=\frac{L_1/C_1}{r_1+\dfrac{(\omega_0 M)^2}{r_A}} \tag{3.19}$$

此值乘以 L_1 抽头的接入系数平方以及传输线变压器的阻抗比,即可变换为需要的集电极等效负载阻抗.

复合型的阻抗匹配网络可以通过改变互感系数 M 改变集电极等效负载阻抗. 另外,由于输出通过互感耦合,即使天线开路(断裂)或短路也不容易造成晶体管的损坏,在移动通信设备中这一点特别重要.

在其他一些高频设备中,也常常采用 LC 梯形阻抗变换网络或微带线阻抗变换网络作为输出级和负载之间的阻抗匹配网络. 关于这种网络的形式和计算我们已经在第 1 章讨论过,具体的电路下面将通过实际电路介绍,这里只想指出几个注意点:

(1) 输出级阻抗匹配网络中的阻抗匹配概念与小信号放大器中的阻抗匹配概念有所不同. 由于功率输出级工作于大信号状态,实际的输出阻抗随工作点的变动而变动,因此不能以小信号放大器中的阻抗匹配概念来看待. 输出级阻抗匹配概念是:在特定测试条件(集电极电压、导通角、激励功率)下能够使晶体管达到额定输出功率就算达到阻抗匹配. 晶体管手册中给出的输出阻抗就是这样一个典型最佳值.

(2) 考虑到大电流流过电感内阻会造成插入损耗增加,通常大功率输出级阻抗匹配网络的有载 Q 值不会太高,因为在阻抗匹配网络中的电流是输出电流的 Q 倍,若 Q 值太高则电流过大. 为了达到总的选频特性,实际电路中常常采用多级 LC 梯形阻抗变换网络串联的结构.

(3) 在大功率输出的情况下,流过阻抗匹配网络的电流可能很大,所以必须注意所用元件的电流容量,必要时可以用多个元件并联.

下面讨论激励级与输出级之间的阻抗匹配网络和激励级前面的阻抗匹配网络. 这两种阻抗匹配网络要完成的任务大致相同,都是使前级输出阻抗与后级输入阻抗完成匹配,结构也大致相同,多采用 LC 梯形阻抗变换网络或微带线阻抗变换网络.

如前所述,输出级的工作点变动很大,这导致其实际输入阻抗也不是一个定值. 所以激励级与输出级之间的阻抗匹配网络稍有其特殊性. 由前面对 C 类放大器的负载特性的分析可知,过压状态的输出功率受负载变化的影响较小,所以为了不使输出级的输入阻抗变化影响整个系统的增益,通常要求激励级工作在过压状态.

五、实际电路举例

图 3-21 是一个 28 MHz 的晶体管 C 类功率放大器电路. 选用的晶体管为 2SC2510,输出功率 150 W. 电路中 C_1, C_2 和 L_1 构成带通型 T 形阻抗匹配网络作为输入匹配,C_3, C_4 和 L_2 构成带通型 T 形阻抗匹配网络作为输出匹配. 集电极采用并联馈电,基极采用电阻分压式并联馈电,R_1 和二极管 D 提供 V_{BB},同时兼有热稳定作用.

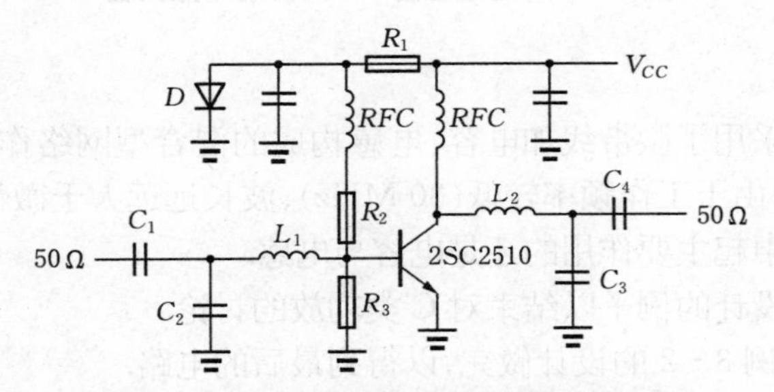

图 3-21 晶体管 28 MHz 功率放大器

图 3-22 是一个频带为 140～180 MHz 的功率放大器. 为了获得比较宽的频带,其输入输出的匹配网络都采用了多级 LC 阻抗变换网络. 集电极采用并联馈电方式,基极则采用零偏置方式馈电.

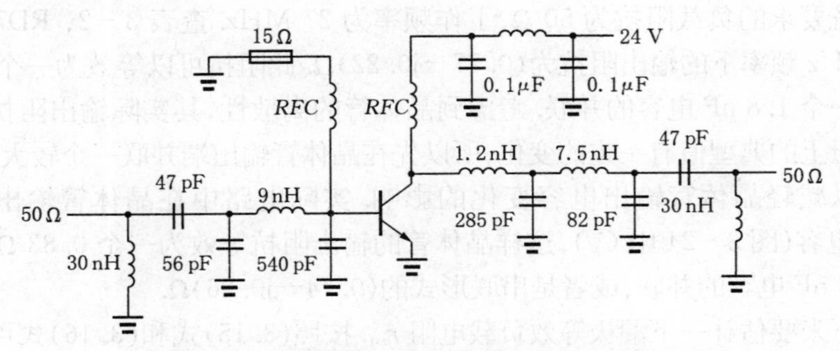

图 3-22 晶体管 140～180 MHz 功率放大器

图 3-23 是采用场效应管的高频功率放大器. 如前所述,增强型场效应管一般需要在栅极加正向偏置,所以本电路中用几个电阻构成分压式栅极偏置电路. 电阻 R_4 的加入是为了减小输出级晶体管输入阻抗的变化对阻抗匹配网络的影响,具有增加稳定性的作用. 当然由于此电阻要增加插入损耗,所以在这种结构中必须加大

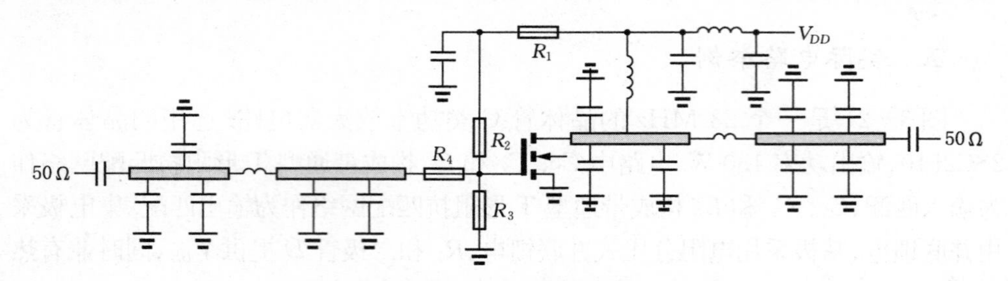

图 3-23 场效应管 30 MHz 功率放大器

激励功率.

这个电路中采用了微带线加电容、电感构成的混合型网络作为输入和输出阻抗匹配网络. 然而由于工作频率较低(30 MHz),波长远远大于微带线的长度,因此在阻抗匹配网络中起主要作用的还是电容与电感.

最后举一个设计的例子以结束对 C 类功放的讨论.

例 3-3 将例 3-2 的设计做完,以得到最后的电路.

解 例 3-2 要求设计高频 C 类功放,工作频率为 27 MHz,输出功率为 47 dBm(50 W),输入功率不大于 26 dBm(400 mW),输入阻抗和负载阻抗均为 50 Ω. 在例 3-2 中已经完成方案设计,采用图 3-14 的结构,晶体管 RD06HHF1 作为激励级,晶体管 RD70HHF1 作为输出级. 下面我们继续完成电路设计.

首先考虑输出端的阻抗匹配网络.

系统要求的负载阻抗为 50 Ω,工作频率为 27 MHz. 查表 3-2, RD70HHF1 在 30 MHz 频率下的输出阻抗为(0.77－j0.22)Ω. 此阻抗可以等效为一个 0.83 Ω 电阻与一个 1.8 nF 电容的并联. 考虑到晶体管的离散性,其实际输出阻抗可能与数据手册上的典型值有一定的变化,所以先在晶体管输出端并联一个较大的电容,这样可以减轻晶体管输出电容变化的影响. 实际电路中在晶体管输出端并联 700 pF 电容(图 3-24 中 C_8),这样晶体管的输出阻抗等效为一个 0.83 Ω 电阻与一个 2.5 nF 电容的并联,或者是串联形式的(0.74－j0.26)Ω.

接下来要估计一下漏极等效负载电阻 r_{eq}. 按照(3.15)式和(3.16)式可以确定处于临界状态下晶体管输出功率 P_o、漏极有效电压 $V_{DD(eff)}$ 以及漏极等效负载电阻 r_{eq} 的关系为

$$P_o = \frac{1}{2} \cdot \frac{V_{DD(eff)}^2}{r_{eq}}$$

由于漏极电源电压取为 13 V,若估计晶体管的压降不超过 1.5 V,则漏极有效

电压 $V_{DD(\mathrm{eff})}$ 至少为 11.5 V，由上面的公式可知，若 r_{eq} 取得等于晶体管的输出阻抗(并联形式)中的电阻 0.83 Ω，则输出功率可达 80 W 左右，大大超过要求的 50 W，所以下面直接按照阻抗匹配的关系进行设计.

采用如图 3-24 所示的网络完成输出端的阻抗匹配，将 50 Ω 负载阻抗变换到晶体管输出阻抗的共轭阻抗(0.74+j0.26)Ω. 可以算得结果为 $C_9 = 960$ pF，$L_3 = 37$ nH.

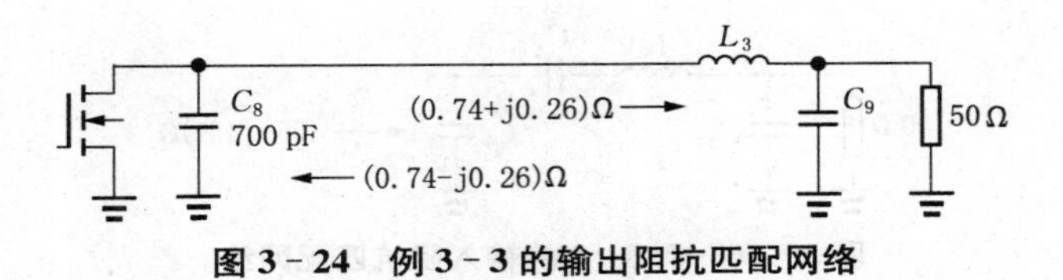

图 3-24 例 3-3 的输出阻抗匹配网络

实际电路中，考虑到电感中的电流很大，且由于趋肤效应只在表面流动，采用直径 2 mm 的漆包线绕制. 电容 C_9 以及晶体管输出端并联的电容 C_8 均选用多个贴片电容并联，这样做的另外一个好处是在晶体管的输出阻抗与设计值不一致时，可以很方便地通过增减电容的方法进行微调.

为了减小高次谐波输出，在输出端还加入一个截止频率约为 28.5 MHz、带内波动 1 dB 的 5 阶切比雪夫 LC 低通滤波器(图 3-27 中的 L_4，L_5，C_{11}，C_{12}，C_{13}，其中 $C_{11} = C_{13} = 238$ pF，$C_{12} = 335$ pF，$L_4 = L_5 = 300$ nH).

下面设计激励级与输出级之间的阻抗匹配网络.

与小信号放大器可能自激一样，功率放大器也有稳定问题，解决稳定问题的一个方法是在晶体管输入端串联一个小电阻，为此在输出级晶体管输入端串联一个 1 Ω 电阻(图 3-27 中 R_{10}). 查表 3-2，RD06HHF1 的输出阻抗为(8.75−j4.92)Ω，输出级晶体管 RD70HHF1 的输入阻抗为(5.28−j20.08)Ω. 这两个阻抗的实部已经非常接近. 加上串联的电阻可以认为激励级与输出级之间的电阻已经近似匹配，所以匹配网络只需要一个电感用以抵消回路中的所有容抗即可. 具体电路可参见图 3-25，其中 1 nF 电容为级间耦合电容，电感 $L_2 = 182$ nH.

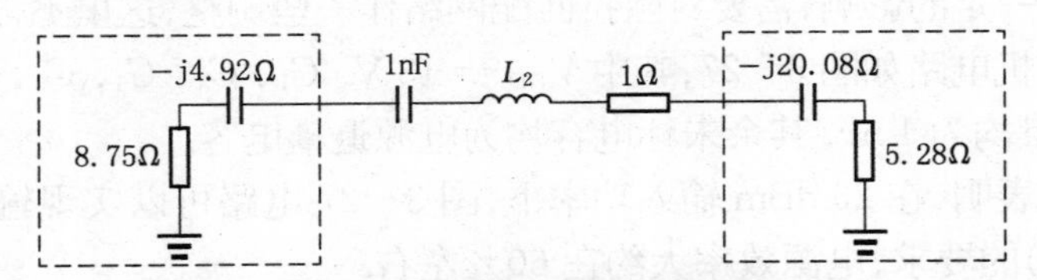

图 3-25 例 3-3 的激励级阻抗匹配网络

下面继续设计输入阻抗匹配网络.

RD06HHF1 的输入阻抗为(65－j151)Ω. 与输出级一样,为了放大器稳定,在晶体管输入端串入一个 2.7 Ω 小电阻(图 3－27 中 R_4). 采用 Π 形网络将晶体管的等效输入电阻(67.7－j151)Ω 与输入电阻 50 Ω 共轭匹配,电路如图 3－26,其中 C_3 是隔直电容,容量较大,可不计入匹配网络. 取 $C_2 = 47$ pF,可以算得 $L_1 = 840$ nH, $C_4 = 43$ pF.

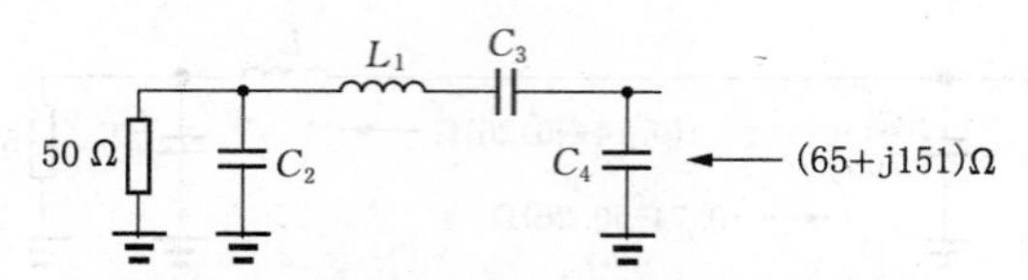

图 3－26 例 3－3 的输入阻抗匹配网络

考虑到晶体管的输入阻抗可能不稳定,为了不使整机的输入阻抗过多地受到晶体管输入阻抗变化的影响,在输入阻抗匹配网络前面接入由 3 个电阻构成的匹配衰减器(图 3－27 中 R_1, R_2, R_3). 该衰减器的衰减量越大,晶体管输入阻抗的变化对于整机输入阻抗的影响越小,综合考虑后在本设计中为 3 dB,此时 $R_1 = R_3 = 300$ Ω, $R_2 = 18$ Ω.

另外,两级晶体管都加入了电压负反馈,这有助于进一步提高晶体管输入输出阻抗的稳定,放大器不容易自激振荡. 激励级的负反馈电阻 $R_5 = 390$ Ω,输出级的负反馈电阻 $R_{11} = 330$ Ω.

最后设计晶体管馈电网络.

对于采用 LC 梯形阻抗匹配网络的结构,大多用并联馈电方式. 集电极电流较大,故采用 *RFC*(输出级电感量大于 300 nH,激励级大于 800 nH)对晶体管馈电;栅极电流很小,故采用电阻(输出级 $R_{12} = 33$ Ω,激励级 $R_6 = 180$ Ω) 网络馈电. 为了便于调整,栅极馈电用了两个可变电阻加以调节. 由于希望激励级工作在过压状态,可以通过改变 V_{GG}改变激励电压峰值,使其满足过压状态的要求. 同时可以改变输出级的导通角以满足输出功率的要求. 由于馈电网络的加入对晶体管的输入输出阻抗均有一定的影响,需要对阻抗匹配网络作一些调整,这里不再详述.

最后的整机电路如图 3－27,其中 $V_{DD} = 13$ V. C_1, C_3, C_5, C_6, C_7, C_{10} 均为隔直电容,容量均为 1 nF. 其余未标电容均为电源退耦电容.

实际测量表明,在 26 dBm 输入功率下,图 3－27 电路可以实现输出功率等于 47 dBm(50 W)的要求,电源效率大约在 60%左右.

最后要提醒一点,由于功率放大器的输出功率大,集电极损耗也大,因此在实

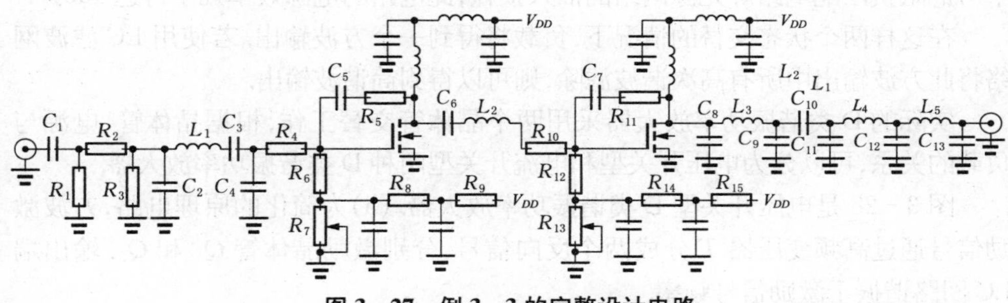

图 3－27　例 3－3 的完整设计电路

际放大器的制作中，保证功率管有良好的散热条件是十分必要的. 通常应该将晶体管安装在散热板上，散热板应该有足够大的面积，必要时还应该用风扇给予强制冷却，否则极可能烧毁晶体管.

§3.2　D 类谐振功率放大器

3.2.1　D 类功率放大器的工作原理

C 类放大器提高电源效率的原理是减小导通角. 尽管从理论上讲，当导通角为 0 时可以有 100％的效率，但是由于那时的输出功率为 0，因此实际上 C 类放大器的导通角不可能取得太小，否则会限制放大器效率的进一步提高.

从理论上说，电源提供的能量可以分为 3 个部分：一部分提供给负载，另一部分消耗在阻抗匹配电路等无源网络中(插入损耗)，其余的则消耗在晶体管上. 晶体管中消耗的能量可以用一个信号周期内集电极电流 i_c 与集电极电压 v_{ce} 乘积的积分表示. 若能够使上述积分值为 0，则将大大提高功率放大器的电源效率.

D 类放大器正是从这个角度来设法提高电源效率. 它设法使晶体管、供电电源、负载三者构成串联关系，并以方波激励晶体管使它工作在开关状态，则晶体管将轮流工作在导通和截止状态. 当晶体管处于完全导通状态时，可以认为电源全部加在负载上，此状态下流过晶体管的集电极电流 i_c 很大，但是集电极电压 v_{ce} 很小，所以消耗在晶体管上的功率很小. 当晶体管处于截止状态时，集电极电流 i_c 几乎为 0，负载上没有电源供给，尽管此时 v_{ce} 很大，但是集电极电流 i_c 与集电极电压 v_{ce} 的乘积几乎为 0. 所以在这种电路中，若不考虑晶体管开关过渡时间内的损耗，一个信号周期内集电极电流 i_c 与集电极电压 v_{ce} 乘积的积分几乎为 0，也就是说，若不考虑阻抗匹配电路等无源网络的插入损耗,此电路的电源效率几乎可达100%.

在这样两个状态交替的情况下,负载将得到一个方波输出.若使用LC滤波网络将此方波输出中所有高次谐波滤除,则可以得到简谐波输出.

实际的D类谐振功率放大器采用两个晶体管交替工作,根据晶体管、电源与负载的关系,可以分为电压开关型和电流开关型两种D类谐振功率放大器.

图3-28是电压开关型D类谐振功率放大器.(a)为简化的原理电路,方波激励信号通过高频变压器T分成两个反向信号,分别激励晶体管Q_1和Q_2.输出端LC回路谐振于激励信号频率.

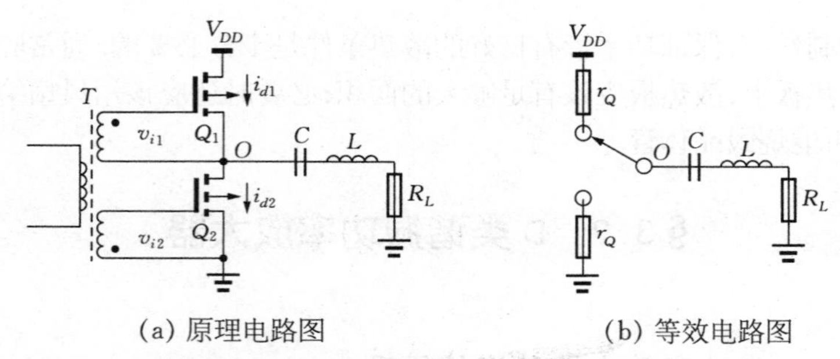

(a) 原理电路图　　(b) 等效电路图

图3-28　电压开关型D类谐振功率放大器

晶体管Q_1Q_2在方波电压激励下轮流导通,等效于一个单刀双掷的开关如图3-28(b).当晶体管Q_1导通时,电源经过Q_1向LC回路和负载提供能量,若不考虑晶体管内阻,则O点电压等于V_{DD};当晶体管Q_2导通时,LC回路通过Q_2回流谐振电流,不考虑晶体管内阻,则O点电压等于0.所以图3-28电路各点电压电流波形如图3-29所示:

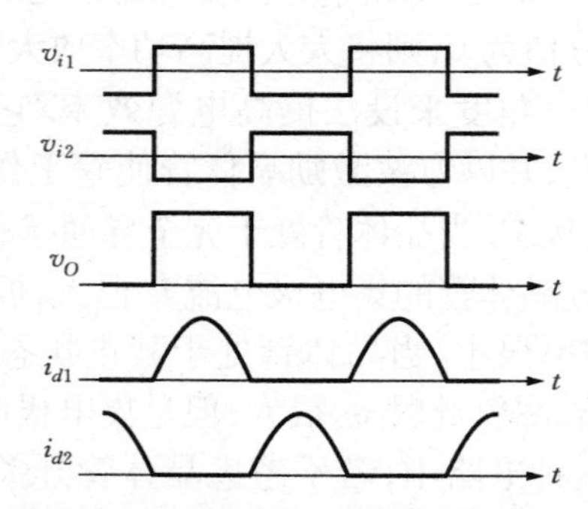

图3-29　电压开关型D类谐振功率放大器电压电流波形

在晶体管输出(O 点)的方波输出电压经过 LC 串联谐振回路的选频后，在负载电阻 R_L 上输出正弦信号.

若不考虑 LC 谐振回路的插入损耗，考虑晶体管内阻 r_Q 后，晶体管输出的方波电压振幅为 $\frac{V_{DD}}{2}\cdot\frac{R_L}{r_Q+R_L}$. 此方波中的基频分量就是经过 LC 回路选频后的输出正弦信号. 对晶体管输出的方波电压进行傅立叶展开，得到输出正弦电压振幅为

$$V_{om}=\frac{2}{\pi}\int_0^{\pi}\frac{V_{DD}}{2}\cdot\frac{R_L}{r_Q+R_L}\sin(\omega t)\mathrm{d}(\omega t)=\frac{2}{\pi}V_{DD}\frac{R_L}{r_Q+R_L} \tag{3.20}$$

所以负载上得到的基频分量输出功率为

$$P_o=\frac{V_{om}^2}{2R_L}=\frac{2}{\pi^2}\cdot\frac{R_L}{(r_Q+R_L)^2}V_{DD}^2\approx 0.2\frac{R_L}{(r_Q+R_L)^2}V_{DD}^2 \tag{3.21}$$

由于 LC 选频网络的作用，输出电流为正弦波电流，流过晶体管的漏极电流为正弦半波电流，其平均值为

$$I_{DD}=\frac{1}{2\pi}\int_0^{\pi}\frac{2V_{DD}}{\pi(r_Q+R_L)}\sin(\omega t)\mathrm{d}(\omega t)=\frac{2V_{DD}}{\pi^2(r_Q+R_L)}\approx 0.2\frac{V_{DD}}{r_Q+R_L} \tag{3.22}$$

由于流过晶体管 Q_1 的电流就是电源供给的电流，因此电源提供的功率为

$$P_{DC}=V_{DD}I_{DD}=\frac{2V_{DD}^2}{\pi^2(r_Q+R_L)} \tag{3.23}$$

集电极效率为

$$\eta=\frac{P_o}{P_{DC}}=1-\frac{r_Q}{r_Q+R_L} \tag{3.24}$$

图 3 - 30 是电流开关型 D 类谐振功率放大器. 与电压型电路一样，晶体管 Q_1 和 Q_2 在方波电压激励下轮流导通，输出电流交替激励 LC 并联谐振回路，在谐振回路的选频作用下输出正弦信号. 直流供电电源通过一个高频扼流圈接到谐振回路电感线圈的中点 M，当高频扼流圈电感较大时，其中的电流基本恒定，等效电路如图 3 - 30(b).

由于高频扼流圈中的电流基本恒定，直流输入功率为

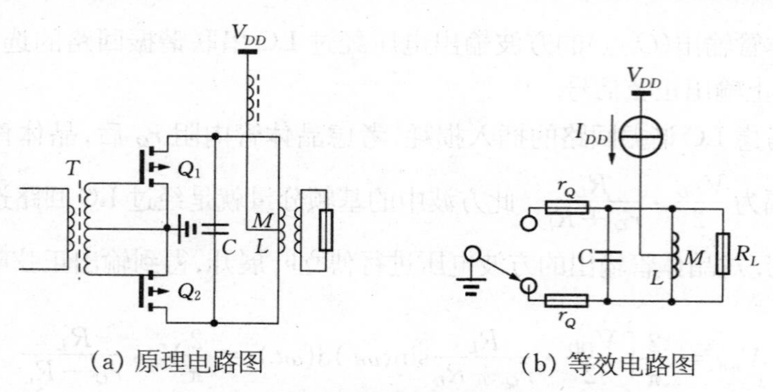

图 3-30 电流开关型 D 类谐振功率放大器

$$P_{DC} = V_{DD} I_{DD} \tag{3.25}$$

另一方面,流过每个晶体管的电流为峰值等于 I_{DD} 的方波,考虑内阻 r_Q 后,晶体管导通时的电压降为 $I_{DD} r_Q$. 由于任何时刻总有一个晶体管处于导通状态,因此在晶体管上损耗的总功率为

$$P_Q = I_{DD}^2 r_Q \tag{3.26}$$

若不考虑选频网络的插入损耗,根据能量守恒,直流输入功率与晶体管损耗功率之差就是此电路的输出功率:

$$P_o = P_{DC} - P_Q = V_{DD} I_{DD} - I_{DD}{}^2 r_Q \tag{3.27}$$

由此得到集电极效率为

$$\eta = \frac{P_o}{P_{DC}} = 1 - \frac{I_{DD} r_Q}{V_{DD}} \tag{3.28}$$

下面分析各点电压波形以及输出功率与负载的关系.

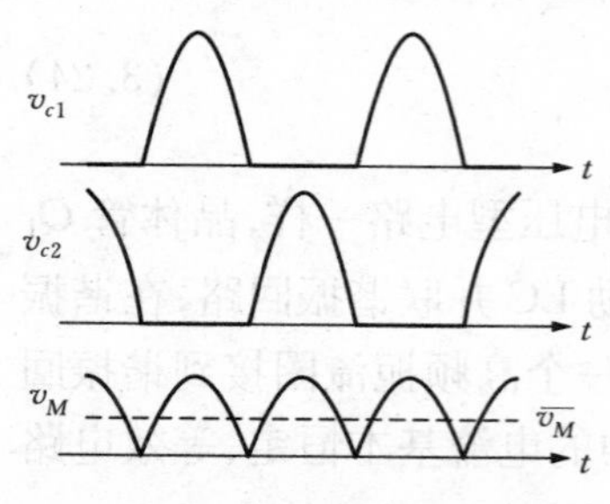

图 3-31 电流开关型 D 类谐振功率放大器的电压波形

假设某半个高频信号周期内晶体管 Q_2 导通,则等效电路如图 3-30(b),开关倒向下方. 若忽略晶体管的内阻,则 LC 谐振回路下端电位为 0,而 LC 谐振回路上端(晶体管 Q_1 集电极)则由于谐振作用呈现正弦半波波形. 在另外半个周期则情况颠倒. 所以,无论哪半个周期,相对于参考电位(地电位)来说,谐振线圈中点 M 的电压波形始终呈现正弦半波波形. 上述波形如图 3-31 所示.

设 LC 谐振回路两端高频电压峰值为 V_p,则谐振线圈中点的电压峰值为 $V_p/2$. 但是,因为谐振线圈中点 M 是接在电源上的,所以在不考虑晶体管内阻的情况下,M 点电压的平均值就是直流电压 V_{DD},考虑正弦信号峰值与平均值的关系,有 $V_p \approx \pi V_{DD}$. 而在考虑了晶体管的压降以后,有 $V_p = \pi(V_{DD} - I_{DD}r_Q)$.

假设 LC 回路两端的等效负载电阻为 R_L,则有

$$R_L = \frac{V_p^2}{2P_o} = \frac{\pi^2}{2P_o}(V_{DD} - I_{DD}r_Q)^2 = \frac{(\pi V_{DD})^2}{2P_o}\eta^2 \tag{3.29}$$

以上各式可以作为设计时的参考.

由(3.24)式和(3.28)式可见,无论哪种 D 类放大器,当晶体管内阻趋于 0 时,集电极效率都趋于 100%. 然而实际的 D 类放大器中,不仅要考虑晶体管内阻,还要考虑晶体管导通和截止的过渡时间引起的损耗和 LC 滤波网络的插入损耗,所以电源效率不可能达到 100%. 在工作频率不很高的条件下,采用低内阻的场效应管,实际的 D 类放大器可以达到 90%以上的电源效率.

3.2.2 D类功率放大器的实际电路

D 类功率放大器工作在开关状态,理想的工作过程应该是晶体管导通时管压降为 0,截止时电流为 0,而这两个状态的过渡应该是瞬时完成的. 一般来说,晶体管截止时的漏电流很小,可以认为满足理想条件;而关于晶体管导通时内阻的影响,我们已经在前面的分析中加以考虑了. 下面我们重点分析影响 D 类放大器效率的一个重要因素:晶体管的导通和截止过渡时间.

任何物理过程在宏观上都是连续的,所以晶体管在导通和截止两个状态转换时,需要一定的过渡时间. 引起这个过渡过程的是晶体管的极间电容(双极型晶体管的基区电荷存储效应也可以等效为结电容的影响). 以 EMOS 场效应管为例,专门应用于高频功放的大功率场效应管的输入电容大致是 10 pF 到几十皮法,输出电容大致是几十到几百皮法,反向传输电容大致是几皮法. 在晶体管从截止状态转换到导通状态时,输入信号必须对这些电容充电;而在晶体管从导通状态转换到截止状态时,这些电容中存储的电荷又必须通过外电路放电. 由于充放电回路中必然存在电阻,这些电容的充放电就会遵循 RC 充放电规律,即按照 e 指数规律进行,其过程大致如图 3－32 所示.

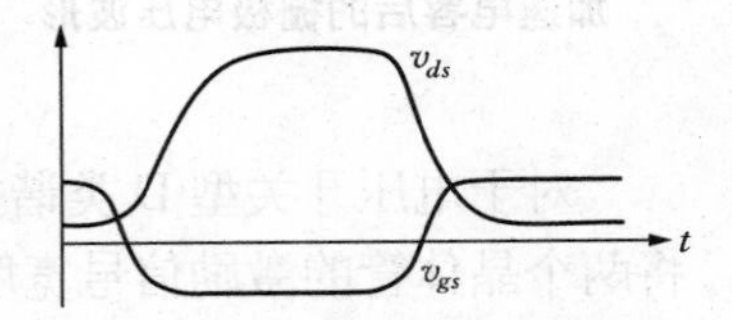

图 3－32 D 类谐振功率放大器导通-截止转换过程

在晶体管状态转换的过渡时间内,晶体管上的压降不为0,同时又有电流流过,所以就形成了漏极损耗. 对于特定的电路,过渡时间基本不变,工作频率越高,过渡时间在整个周期内占的比重越高,电路的效率就越低. 所以,D类放大器在频率较低时可以获得较高的电源效率(典型值在90%以上),而随着工作频率的升高,其电源效率迅速下降,也就失去了D类放大器的优势. 从这个角度来看,电压开关型D类谐振功率放大器要比电流开关型谐振放大器好一些. 这是因为电压开关型放大器的漏极电流为半波正弦波形,在状态转换期间漏极电流基本为0;而电流开关型谐振放大器的漏极电流为方波,在状态转换期间漏极电流较大,所以造成更大的损耗.

但是,电压开关型D类谐振功率放大器也有一个严重的问题. 由于电压开关型电路的两个晶体管串联接在电源两端,所以在转换期间有可能出现两个晶体管同时导通,在这个瞬间电源电流将直接流过两个晶体管,造成一个较大的电流尖脉冲,不仅造成电源效率下降,更严重的是若此段时间过大很可能会造成晶体管烧毁.

所以无论哪个类型的D类放大器,状态转换的过渡过程都会造成电源效率下降. 为了提高电源效率,就要设法降低晶体管的转换时间. 除了选择极间电容小的晶体管外,实际电路中还常常需要在外电路上加入一些措施.

提高输入电压可以加快电容充放电速度,所以这是一个常见的措施. 不过这个办法受到晶体管栅-源击穿电压的限制,不能无限加大电压,另外,它导致激励功率上升、功率增益下降.

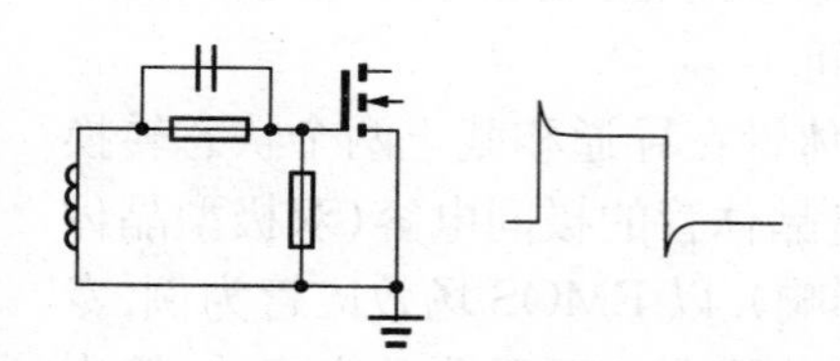

图3-33 栅极加速电容以及采用加速电容后的栅极电压波形

还有一个常见的方法是采用加速电容如图3-33. 激励电压在正半周对加速电容充电,其方向为左正右负,晶体管导通. 当下半周开始时,激励电压变负,此时加速电容上的电压与之方向相同,所以在激励电压转换瞬间形成两个电压叠加,利用此电容上的电荷去中和晶体管栅极电容上的电压,可以有效提高晶体管转换速度.

对于电压开关型D类谐振功率放大器,为了防止两个晶体管同时导通,有时将两个晶体管的激励信号宽度都设计得略小于半个信号周期,那样两个晶体管在转换瞬间就不可能出现同时导通的状态. 这种方法的效果优于其他方法,缺点是激励电路稍复杂一些.

下面举一个D类放大器设计的例子.

例 3-4　设计一个D类功率放大器电路,要求如下:工作频率 $f_0 = 1\,\text{MHz}$,在 20 Ω 负载上的输出功率为 100 W.

解　根据要求,在负载上的电压为 $V_o = \sqrt{100 \times 20} = 44.7(\text{V})$,电流为 $I_o = \sqrt{\frac{100}{20}} = 2.24(\text{A})$. 若采用电压开关型D类放大器,并假设晶体管的内阻为 0.4 Ω,则根据(3.20)式可得

$$V_{DD} = \frac{\pi}{2} \cdot \frac{r_Q + R_L}{R_L} \cdot V_{om} = \frac{\pi}{\sqrt{2}} \cdot \frac{r_Q + R_L}{R_L} \cdot V_o \approx 2.22\,\frac{r_Q + R_L}{R_L} \cdot V_o = 101(\text{V})$$

但是(3.20)式中并没有考虑LC滤波网络的插入损耗,在实际电路设计中则必须考虑. 考虑插入损耗的方法可以将损耗计入晶体管内阻,即等同于晶体管内阻提高,也可以根据经验直接将电源电压提高. 以例 3-4 来说,大约将电源电压提高10%则可确保输出指标完成,所以可以选择 $V_{DD} = 110\,\text{V}$.

根据(3.22)式,流过晶体管的电流平均值为

$$I_{DD} = 0.2\,\frac{V_{DD}}{r_Q + R_L} \approx 0.45\,\frac{V_o}{R_L} = 0.45 I_o = 1(\text{A})$$

根据此结果选择晶体管,要求晶体管的漏-源耐压大于 V_{DD},最大漏极电流大于 I_{DD}. 实际工作中为了安全必须给予一定的余量,所以可以选择漏-源耐压不小于 150 V、最大漏极电流不小于 2 A 的晶体管. 为了提高开关速度,在满足上述极限值要求的晶体管中,要挑选极间电容小的. 例 3-4 中实际选择 IRF710,该晶体管的主要参数如下:漏-源耐压 400 V,最大漏极电流 2 A,内阻 0.36 Ω,输入电容 170 pF,输出电容 34 pF.

下面计算输出滤波匹配网络.

电压开关型D类放大器的输出滤波匹配网络可以如图 3-28 采用LC串联谐振回路,也可以选用更复杂的LC阻抗变换网络. 由于输出电压接近方波,要滤除的成分主要是3次以上的高次谐波,因此必须选用带通型或低通型网络. 假设我们选用图 1-30 中的T形低通网络,则在选定 Q 值后可以计算LC参数. 例如,选定 $Q = 5$,则可以算得 $L_1 = L_2 = 7.96\,\text{mH}$, $C = 6.12\,\text{nF}$. 由于电感中流过的电流等于输出电流的 Q 倍,因此绕制电感的漆包铜线必须足够粗. 实际制作采用了 1.5 mm 直径的漆包线在磁芯材料上绕制.

例 3-4 采用的T形网络是两侧对称的,所以在晶体管侧看到的等效负载仍然为 20 Ω. 若采用不对称结构,则可以进行阻抗变换,这样在选择合适的晶体管时就可以有较大的挑选余地. 还要说明的是这个例子直接以 20 Ω 负载设计最后的匹

配网络是一种特例,一般的设计总是按照 50 Ω 阻抗设计输出匹配网络,然后再采用一个阻抗变换网络将输出与实际负载联系起来. 因为几乎所有的电缆、接插件、仪表等都是按照 50 Ω 阻抗设计的,所以这样做就可以方便地使用商品化的电缆和各种测试仪表进行输出功率的传输和测量.

综合后的电路如图 3 - 34.

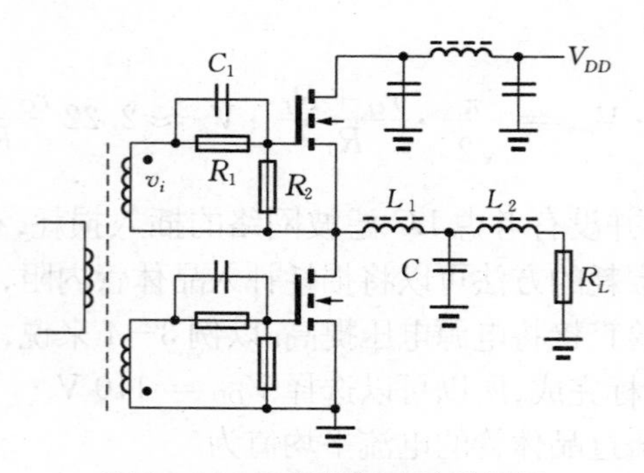

图 3 - 34　D 类谐振功放的例子

激励电压、栅极电阻和加速电容可以按照下列几个原则选取:激励电压 v_i 大致等于晶体管开启电压的 3 到 10 倍,经过电阻分压后能够满足最大输出电流对应的栅极驱动电压要求; $R_1C_1 \approx R_2C_i$ 且 $R_2C_i \ll 1/f_0$; 无论如何 v_{gs} 都不能超过栅极击穿电压.

对于例 3 - 4,晶体管 IRF710 的典型开启电压约为 3 V,栅极击穿电压为±20 V, C_i=170 pF,当 $I_D = 2$ A 时对应的栅极驱动电压为 6 V. 根据上述原则,实际电路中选择 $v_i = 12$ V, $R_1 = 10\ \Omega$, $R_2 = 15\ \Omega$, $C_1 = 220$ pF.

按照上述电路实现的功放,实际测量其电源效率可以达到 90%以上.

§3.3　功率分配与功率合成

当一个高频信号需要驱动多个负载的时候(例如闭路电视系统中要将信号送到各家各户),需要考虑信号源与负载之间的阻抗匹配,还需要考虑一旦某个负载故障(开路或短路)时不会影响其他负载正常得到信号,所以一般不能直接将负载进行串联或并联到信号源上,而要采用功率分配的方式将信号功率分配到各个负载.

另外,由于晶体管工艺的限制,晶体管功率放大器的额定输出功率是有限的. 在需要很大输出功率的场合,有可能输出功率超出了功率放大器的额定输出功率,此时可以将几个功率放大器的输出功率叠加起来输出. 这种技术称为功率合成(power combine). 同样在进行功率合成时,也要考虑功率放大器与负载之间的阻抗匹配关系以及放大器故障等因素,所以一般也不是将功率放大器的输出直接并联或串联,而是通过功率合成模块进行合成.

图 3-35 是采用功率合成方式的功率放大器的结构,其中每个菱形表示一个功率分配或功率合成模块.

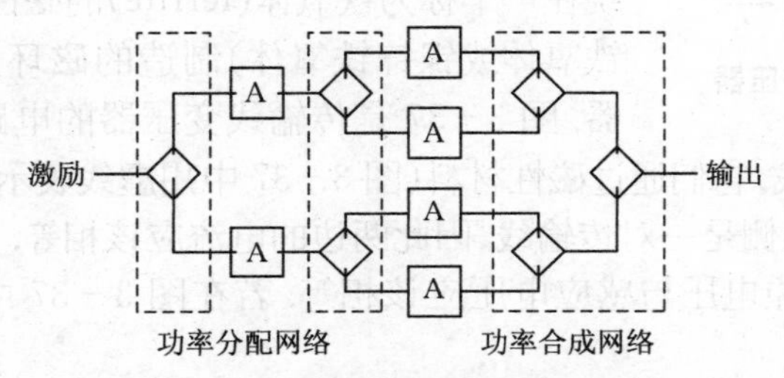

图 3-35　功率分配与功率合成

3.3.1　传输线变压器

一、传输线变压器的结构与特点

第 1 章我们已经讨论过,变压器能够完成信号的传输,同时具有阻抗变换功能.

然而,普通变压器具有很大的局限性. 普通变压器的等效电路可以用图 3-36 表示,其中 L_0 表示变压器初级的自感,L_1 和 L_2 分别表示变压器初次级的漏感,r_1 和 r_2 分别表示变压器初次级的损耗电阻,C_1 和 C_2 分别表示变压器初次级的分布电容.

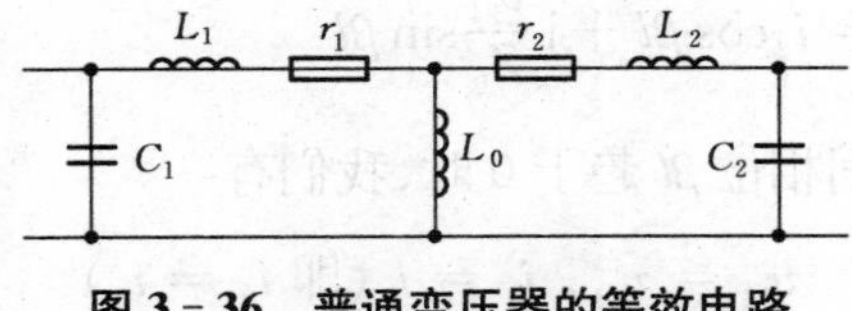

图 3-36　普通变压器的等效电路

由图 3-36 可以看到,普通变压器的频率特性受到以下几个约束:在低频端,变压器初级自感 L_0 的分流作用引起传输特性下降;在高频端,分布电容的分流作用引起传输特性下降. 所以,普通变压器的通频带比较窄.

另外,由于普通变压器通过绕在一个磁性材料上的两个线圈的互感来完成信号传输,为了避免磁性材料出现磁饱和现象,在大功率情况下不得不增大磁性材料的截面积,导致变压器体积和质量都增加.

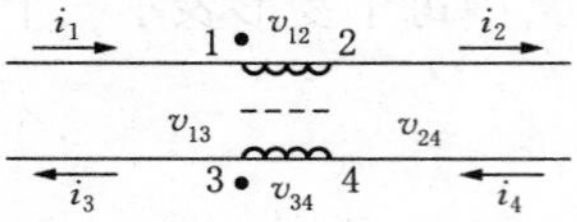

图 3 - 37 传输线变压器

传输线变压器(transmission-line transformer)的结构是将一对传输线(常见的是双绞线或同轴线)均匀绕在一个称为铁氧体(ferrite)的磁性材料(通常是锰锌铁氧体或镍锌铁氧体)制造的磁环上,构成一个变压器. 图 3 - 37 是传输线变压器的电路图. 其中 1 - 2 和 3 - 4 是一对传输线,它们通过磁性材料(图 3 - 37 中用虚线表示)构成变压器.

由于变压器两侧是一对传输线,因此两边的电流应该相等. 又因为变压器两侧的匝数完全一样,原电压与感应电压应该相等. 若在图 3 - 37 中 1 和 3 端为同名端,则有

$$\begin{cases} i_3 = i_1,\ i_4 = i_2 \\ v_{12} = v_{34} \end{cases} \tag{3.30}$$

若图 3 - 37 中传输线长度为 l、特征阻抗为 Z_0,并假定传输线无损耗. 定义 2 和 4 端的空间坐标为 0,根据传输线的电压电流关系(1.81)式和(1.82)式,可以写出

$$\begin{aligned} v_{13} &= V^+ e^{j\beta l} + V^- e^{-j\beta l} \\ &= (V^+ + V^-)\cos\beta l + j(V^+ - V^-)\sin\beta l \\ &= v_{24}\cos\beta l + j i_2 Z_0 \sin\beta l \end{aligned} \tag{3.31}$$

$$\begin{aligned} i_1 &= \frac{1}{Z_0}(V^+ e^{j\beta l} - V^- e^{-j\beta l}) \\ &= \frac{(V^+ - V^-)}{Z_0}\cos\beta l + j\,\frac{(V^+ + V^-)}{Z_0}\sin\beta l \\ &= i_2\cos\beta l + j\,\frac{v_{24}}{Z_0}\sin\beta l \end{aligned} \tag{3.32}$$

显然,当传输线空间相位 βl 趋于 0 时,我们有

$$v_{13} = v_{24},\ i_1 = i_2 (\text{即 } i_3 = i_4) \tag{3.33}$$

通常情况下,传输线变压器的传输线长度总是比较小的,能够满足空间相位近似为 0 的条件. 所以传输线变压器的特点是:传输线两端的电压相等、变压器两侧的电压相等,两根传输线中电流大小相同且方向相反.

当传输线达到阻抗匹配条件时,理论上它具有无限大的频带宽度,所以传输线变压器的频率特性大大优于普通变压器. 又由于传输线变压器中,两根传输线中的电流大小相同且方向相反,所以在磁性材料中的磁通密度相同. 相互抵消的结果使得磁性材料中的总磁通密度大大降低,所以可以用很小的磁芯制作很大功率的传输线变压器.

由于上述特点,传输线变压器在高频电路中得到广泛应用.

二、传输线变压器的应用

一种传输线变压器的基本应用电路如图 3-38.

据图 3-38 可以写出: $v_i = v_{13} = v_{43}$, $v_o = v_{24} + v_{43}$. 根据传输线变压器的特点, $v_{13} = v_{24}$, 所以可以得到 $v_o = 2v_i$. 另外,由图 3-38 可知, $i_i = i_1 + i_2$, $i_o = i_1$. 根据传输线变压器的特点, $i_1 = i_2$, 所以 $i_o = \frac{1}{2}i_i$. 综上所述,图 3-38 电路有下列关系:

$$\begin{cases} v_o = 2v_i, \ i_o = \dfrac{1}{2}i_i \\ Z_o = \dfrac{v_o}{i_o} = 4Z_i \end{cases} \tag{3.34}$$

所以图 3-38 电路称为 1∶4 传输线变压器电路. 若将它倒过来使用,就成了 4∶1 传输线变压器电路了.

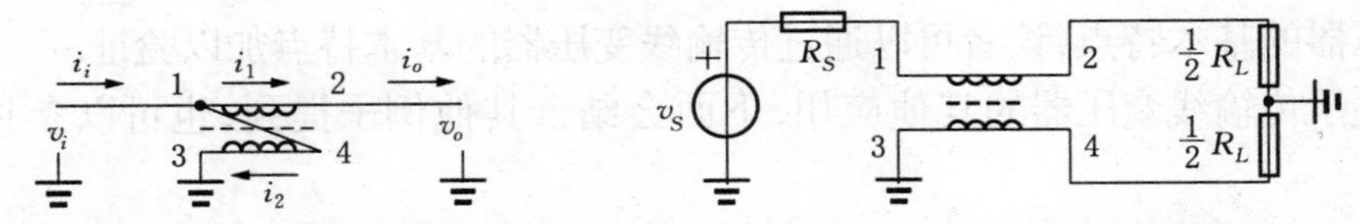

图 3-38 1∶4 传输线变压器 **图 3-39 非平衡-平衡变换电路**

1∶4 传输线变压器是传输线变压器的一个基本应用电路,许多传输线变压器应用电路都是由 1∶4 传输线变压器电路演化而来.

另一种传输线变压器的基本应用电路如图 3-39.

在图 3-39 中应用传输线变压器的基本特点 $v_{13} = v_{24}$, 易知在负载电阻 R_L 上的电压等于输入电压,即 $v_{24} = v_i$. 但是这个电路有一个特殊的地方:它的输入端和输出端的地电位是不同的. 输入端的地电位在输入电压的一侧,所以是一个单端输入(非平衡输入). 而输出端的接地点在负载的中点,所以有 $v_2 = +\frac{1}{2}v_i$, $v_4 =$

$-\frac{1}{2}v_i$. 也就是说,输入电压在做简谐振动时,此电路的两个输出端是正负对称地摆动的. 这种方式我们称为平衡信号. 所以,这个电路是非平衡-平衡变换电路.

显然,若将图 3-39 电路右端 2 点接地,如图 3-40 所示,则成为反相变换电路,即输出信号与输入信号互为反相. 这也是传输线变压器的一个基本应用电路.

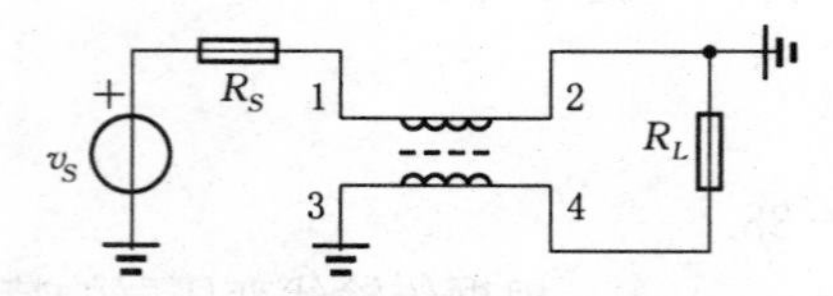

图 3-40　反相变换电路

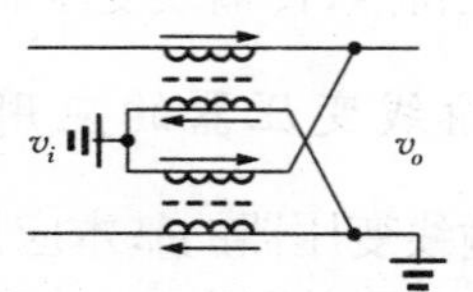

图 3-41　带阻抗变换的平衡-非平衡变换电路

将上述几个基本电路组合,可以形成各种传输线变压器的应用电路,下面举一个例子.

图 3-41 是由两个传输线变压器构成的电路. 由图 3-41 可以直观地看出,由于两个传输线变压器的输入端是串联的而输出端是并联的,因此输出电压是输入电压的一半,输出电流是输入电流的 2 倍. 所以这个电路也是一个 4∶1 结构的传输线变压器电路.

然而,由于此电路的输入信号在中央接地,因此是平衡输入. 输出信号单端接地,所以是非平衡输出. 由此可见,图 3-41 电路是一个 4∶1 阻抗变换、平衡-非平衡变换的传输线变压器电路. 尽管上述结论是通过直接观察得到的,但它符合传输线变压器的基本特点,读者可以通过传输线变压器的基本特点加以验证.

关于传输线变压器的其他应用,下面会结合其他例子提到,也可以参见本章习题.

三、传输线变压器的阻抗匹配条件和插入损耗

前面曾说过,传输线达到阻抗匹配条件时具有很大的频宽. 下面分析传输线变压器中传输线的阻抗匹配条件.

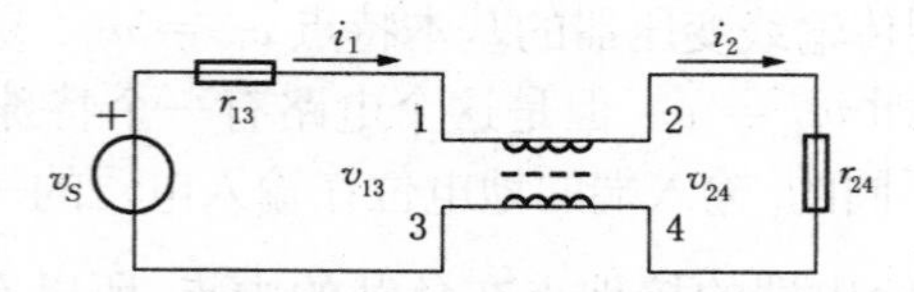

图 3-42　分析传输线变压器的阻抗匹配条件

图3-42是一个用传输线变压器连接信号源与负载的一般电路，据图3-42可写出

$$\begin{cases} v_S = i_1 r_{13} + v_{13} \\ v_{24} = i_2 r_{24} \end{cases} \tag{3.35}$$

又根据(3.31)式和(3.32)式可以写出：

$$\begin{cases} v_{13} = v_{24}\cos\beta l + \mathrm{j} i_2 Z_0 \sin\beta l \\ i_1 = i_2\cos\beta l + \mathrm{j}\dfrac{v_{24}}{Z_0}\sin\beta l \end{cases} \tag{3.36}$$

由(3.36)式和(3.35)式，得到输出电流与信号源电压的关系：

$$i_2 = \frac{1}{(r_{13}+r_{24})\cos\beta l + \mathrm{j}\left(\dfrac{r_{13}r_{24}}{Z_0}+Z_0\right)\sin\beta l}\cdot v_S \tag{3.37}$$

所以输出功率为

$$P_o = |i_2|^2 r_{24} = \frac{v_S^2 r_{24}}{(r_{13}+r_{24})^2\cos^2\beta l + \left(\dfrac{r_{13}r_{24}}{Z_0}+Z_0\right)^2\sin^2\beta l} \tag{3.38}$$

因为我们要讨论传输线的阻抗匹配问题，考虑到(3.38)式中只有分母含有传输线的特征阻抗 Z_0，为使输出功率最大，应该有极值条件

$$\frac{\mathrm{d}}{\mathrm{d}Z_0}\left(\frac{r_{13}r_{24}}{Z_0}+Z_0\right)=0 \tag{3.39}$$

由上式解出传输线变压器匹配的传输线特征阻抗为

$$Z_0 = \sqrt{r_{13}\cdot r_{24}} \tag{3.40}$$

其中 r_{13} 是在传输线变压器1和3端看到的外部阻抗，r_{24} 是在2和4端看到的外部阻抗.

通常情况下，传输线两端总是阻抗匹配的，即总有 $r_{13}=r_{24}$，在这种情况下，传输线的匹配阻抗与其两端的阻抗一致，即要求匹配的传输线阻抗可以用传输线两端的电压(v_{13}或 v_{24})除以流过传输线的电流(i_1 或 i_2)得到.

下面我们分析传输线变压器的插入损耗.

一般情况下，传输线变压器总是由传输线和变压器两种能量传递方式共同组

成的. 在传输线方式下(例如图 3-42 电路),插入损耗仅仅由于传输线本身的损耗引起. 而在两种能量传递方式共存的情况下,除了传输线的损耗,还有变压器磁芯的损耗. 即使不考虑传输线和变压器磁芯的损耗,由于传输线长度造成的相移仍然会导入插入损耗. 下面我们以 1∶4 传输线变压器为例讨论该插入损耗.

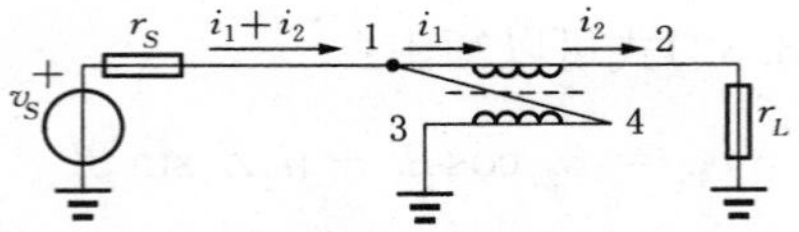

图 3-43 分析传输线变压器的插入损耗

在图 3-43 中,我们可以写出

$$\begin{cases} v_S = (i_1 + i_2) r_S + v_{13} \\ v_{13} = -v_{24} + i_2 r_L \end{cases} \tag{3.41}$$

将(3.41)式与(3.31)式和(3.32)式联立,可得

$$i_2 = \frac{1 + \cos\beta l}{r_L \cos\beta l + 2r_S(1 + \cos\beta l) + \mathrm{j}\left(\frac{r_S r_L}{Z_0} + Z_0\right)\sin\beta l} \cdot v_S \tag{3.42}$$

所以输出功率为

$$P_o = |\, i_2 \,|^2 r_L = \frac{(1 + \cos\beta l)^2}{[r_L \cos\beta l + 2r_S(1 + \cos\beta l)]^2 + \left(\frac{r_S r_L}{Z_0} + Z_0\right)^2 \sin^2\beta l} \cdot v_S^2 r_L \tag{3.43}$$

由于信号源的额定输出功率为 $P_{S(\max)} = \frac{v_S^2}{4r_S}$,再考虑到阻抗匹配条件 $r_L = 4r_S$,可以由此得到传输线变压器的插入损耗为

$$IL = 10\lg\frac{P_{S(\max)}}{P_o} = 10\lg\frac{4(1 + 3\cos\beta l)^2 + \left(\frac{4r_S}{Z_0} + \frac{Z_0}{r_S}\right)^2 \sin^2\beta l}{16(1 + \cos\beta l)^2} \tag{3.44}$$

另外,可以导出这个传输线变压器中传输线的匹配阻抗应该是 $Z_0 = \sqrt{r_S r_L} = 2r_S$. 将各种不同的传输线阻抗代入(3.44)式,可以得到 1∶4 传输线变压器插入损耗理论计算值如图 3-44. 由图 3-44 可以看到,当传输线阻抗不符合匹配要求时,插入损耗将迅速增加. 然而即使传输线阻抗符合匹配要求,当传输线长度增加

后,插入损耗也将迅速增加.所以,一般要求传输线变压器中传输线长度不超过最短波长的1/8.

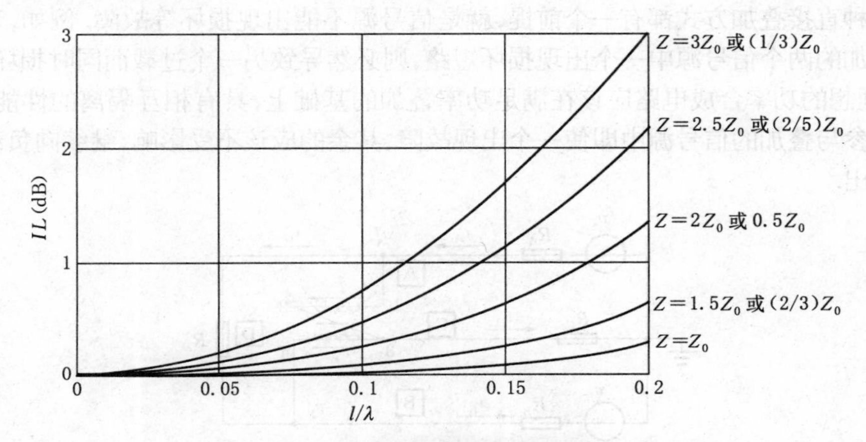

图3-44 1∶4传输线变压器的插入损耗

但是不是传输线变压器中传输线长度越短越好呢?答案是否定的.原因是传输线变压器是由传输线和变压器两种能量传递方式共同组成的.从传输线方面说,当然是传输线越短越好,然而从变压器方面说,它需要有一定的自感与互感才能完成能量传递.可以图3-40的反相变换为例说明这个问题.图3-40中的传输线变压器两个线圈都有一端接地,如果线圈没有自感,则信号源和负载都被短路,也就不存在反相变换.由于存在自感与互感,因此才有此变压器两侧的电压相等、电流值相等,传输线变压器必须保证有一定的自感.由于电感随频率变低而下降,考虑传输线变压器的自感时,通常要求在最低的工作频率下,感抗大于变压器输入阻抗的3倍以上.

所以,传输线变压器中传输线的长度要能够同时满足不超过最短波长的1/8和感抗大于变压器输入阻抗的3倍以上这两个条件.如果是大功率的传输线变压器,还要保证变压器的磁芯不能出现磁饱和现象.上述几个条件是具体设计传输线变压器过程中的重要约束关系,它们决定了如何选择传输线变压器磁芯的材料与体积、绕制匝数等工艺参数,并最终决定了传输线变压器的工作频带宽度与最大允许传输功率.

3.3.2 功率合成电路

前面介绍了传输线变压器,下面我们回到功率合成问题.

功率合成的目的是要将几个功率放大器的输出功率叠加到同一个负载上去.我们知道,普通信号源的叠加原则一般是电压源串联叠加、电流源并联叠加.但是,这两种直接叠加方式都有一个前提,就是信号源不能出现损坏等故障.例如,若并联叠加的两个信号源中一个出现损坏短路,则必然导致另一个过载而同时损坏.所以,理想的功率合成电路应该在满足功率叠加的基础上,具有相互隔离的性能,即几个参与叠加的信号源中即使一个出现故障,其余的应该不受影响,继续向负载提供输出.

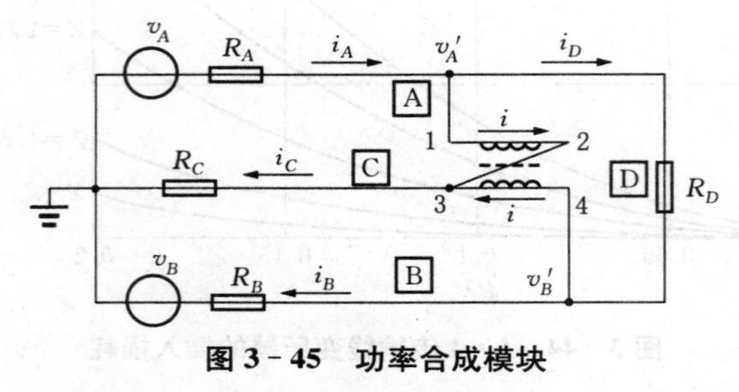

图 3-45 功率合成模块

一种能够满足上述要求的以传输线变压器构成的功率合成模块见图 3-45.它由一个 4∶1 传输线变压器以及 ABCD 4 条臂构成,A 臂与 B 臂上的电阻为信号源内阻,C 臂与 D 臂上的电阻为负载电阻或平衡假负载电阻.其中传输线变压器的特性阻抗为 Z_0,它与 4 条臂上电阻的关系为

$$\begin{cases} R_A = R_B = z_0 \\ R_C = z_0/2 \\ R_D = 2z_0 \end{cases} \tag{3.45}$$

根据图 3-45,可以列出节点电流方程:

$$\begin{cases} i_A = i + i_D \\ i_D = i + i_B \\ i_C = 2i \end{cases} \tag{3.46}$$

在上述方程中消去 i,则有

$$\begin{cases} i_C = i_A - i_B \\ i_D = \dfrac{1}{2}(i_A + i_B) \end{cases} \tag{3.47}$$

用上述功率合成模块构成功率合成电路时,根据两个信号源的相位关系,可以

有同相合成和反相合成两种方式. 反相合成电路如图 3 - 46 所示. 在这种方式中,两个信号源为反相信号,C 臂接假负载电阻,D 臂接负载电阻.

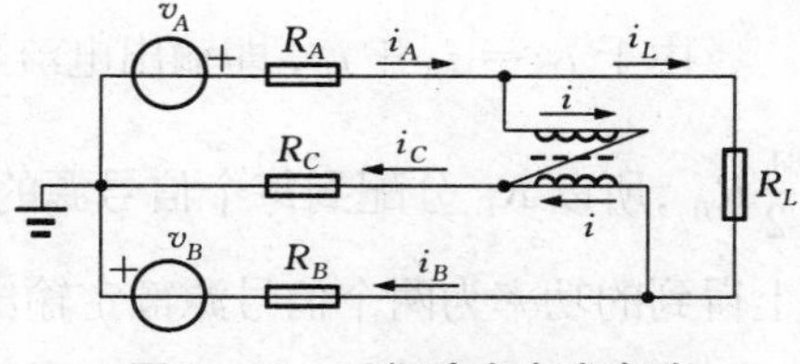

图 3 - 46 反相功率合成电路

根据(3.46)式和(3.47)式不难得出结论,当两个信号源提供相同功率时,由于 $i_A = i_B$,因此 $i_C = 0$, $i = 0$,即:在假负载 R_C 上无功率消耗,在传输线变压器内无电流,而 $i_L = i_A = i_B$.

根据(3.45) 式,$R_L = 2Z_0 = R_A + R_B$, 所以

$$i_L = i_A = i_B = \frac{v_A + v_B}{R_A + R_B + R_L} = \frac{v_A}{R_L} = \frac{v_A}{2R_A} \tag{3.48}$$

此式表明,对于每个信号源来说,其等效负载为 $r_e = \frac{v_A}{i_A} = 2R_A$. 此值说明负载阻抗 R_L 分配到每个信号源后恰好等于信号源内阻 R_A,实现了阻抗匹配. 所以负载上得到的功率为两个信号源额定输出功率之和:

$$P_L = \frac{v_A^2}{4R_A} + \frac{v_B^2}{4R_B} = \frac{v_A^2}{2R_A} = \frac{v_A^2}{R_L} \tag{3.49}$$

值得注意的是,这个网络在反相合成后获得的输出功率信号对地浮空(没有接地端),是一种平衡输出. 所以在需要单端输出的场合,往往在后面还要加一个平衡-非平衡转换的传输线变压器.

同相合成电路如图 3 - 47 所示. 在这种方式中,两个信号源为同相信号,C 臂接负载电阻,D 臂接假负载电阻.

图 3 - 47 中信号源 B 的方向与图 3 - 45 中的相反. 将(3.47)式中的 i_B 取负,则有 $i_L = i_A + i_B$, $i_D = 0$, 即在假负载 R_D 上无功率消耗,在传输线变压器上无压降.

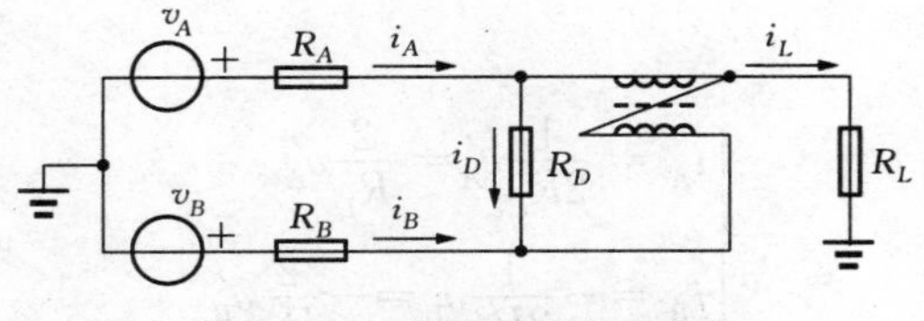

图 3 - 47 同相功率合成电路

由于 $i_L = i_A + i_B$，即输出电流是两个信号源电流之和. 考虑到 $R_L = \frac{1}{2}R_A = \frac{1}{2}R_B$，所以 R_L 分配到每个信号源的负载为 R_A 或 R_B，即与信号源内阻匹配，负载上得到的功率为两个信号源额定输出功率之和：

$$P_L = \frac{v_A^2}{4R_A} + \frac{v_B^2}{4R_B} = \frac{v_A^2}{2R_A} = \frac{v_A^2}{4R_L} \tag{3.50}$$

下面我们证明：无论是反相合成还是同相合成，图 3 - 45 的功率合成模块都具有隔离功能. 根据图 3 - 45 可写出

$$\begin{cases} v'_A = i_C R_C + v_{13} \\ v'_B = i_C R_C + v_{42} \\ v'_A - v'_B = i_D R_D \end{cases} \tag{3.51}$$

由于传输线变压器中总有 $v_{13} = v_{24}$，而在图 3 - 45 中有 $v'_A - v'_B = v_{13} + v_{24}$，再根据(3.47)式有 $i_C = i_A - i_B$，$i_D = \frac{1}{2}(i_A + i_B)$，因此(3.51)式可改写为

$$\begin{cases} v'_A = (i_A - i_B)R_C + \frac{i_A + i_B}{4}R_D = \left(R_C + \frac{R_D}{4}\right)i_A - \left(R_C - \frac{R_D}{4}\right)i_B \\ v'_B = (i_A - i_B)R_C - \frac{i_A + i_B}{4}R_D = \left(R_C - \frac{R_D}{4}\right)i_A - \left(R_C + \frac{R_D}{4}\right)i_B \end{cases} \tag{3.52}$$

由上式可解得

$$\begin{cases} i_A = \frac{R_C + R_D/4}{R_C R_D}v'_A - \frac{R_C - R_D/4}{R_C R_D}v'_B \\ i_B = \frac{R_C - R_D/4}{R_C R_D}v'_A - \frac{R_C + R_D/4}{R_C R_D}v'_B \end{cases} \tag{3.53}$$

由于功率合成模块 4 条臂的电阻值关系有 $R_D = 4R_C$，将此关系代入(3.53)式，则有

$$\begin{cases} i_A = \frac{1}{2R_C}v'_A = \frac{2}{R_D}v'_A \\ i_B = -\frac{1}{2R_C}v'_B = -\frac{2}{R_D}v'_B \end{cases} \tag{3.54}$$

由此可知,i_A 与 v_B'无关,i_B 与 v_A'无关.从图 3-45 中 A 臂或 B 臂看负载,其等效电阻均为 $2R_C$ 或 $\frac{R_D}{2}$.所以,在 $R_D=4R_C$ 条件下此模块满足隔离要求.当两个信号源不等时,输出功率将按照(3.53)式进行分配.极端情况下,当一个信号源损坏后,另一个单独提供输出,此功率将在负载和假负载上平均分配,负载上得到的功率是原来的1/4.

若将前面介绍的功率合成电路倒过来使用,则成为功率分配电路.同样,根据信号源接入位置的不同,有同相分配和反相分配两种不同的接法.

同相分配器的信号源接在 C 点与地之间(即功率分配时 R_L 的位置),在 A 点与 B 点得到同相的两个对地输出.反相分配器的信号源接在 A 点与 B 点之间(浮空,没有接地端),也在 A 点与 B 点得到相位相反的两个对地输出.

上面分析的功率合成或分配电路在不考虑传输线变压器损耗时,按照能量守恒,负载上的总功率和信号源的总功率应该相等.但是在实际的功率合成或分配电路中由于传输线变压器的损耗,输出功率总是小于输入功率.具体的损耗计算可以参照前面关于传输线变压器的损耗的讨论.

用传输线变压器构成的功率分配器和功率合成器具有宽带、功率容量大等优点,常用于大功率放大器,在实用电路中有时还会根据实际情况对原理电路进行一些变形和简化.

下面举一个使用传输线变压器进行功率合成的实际电路例子,见图 3-48.

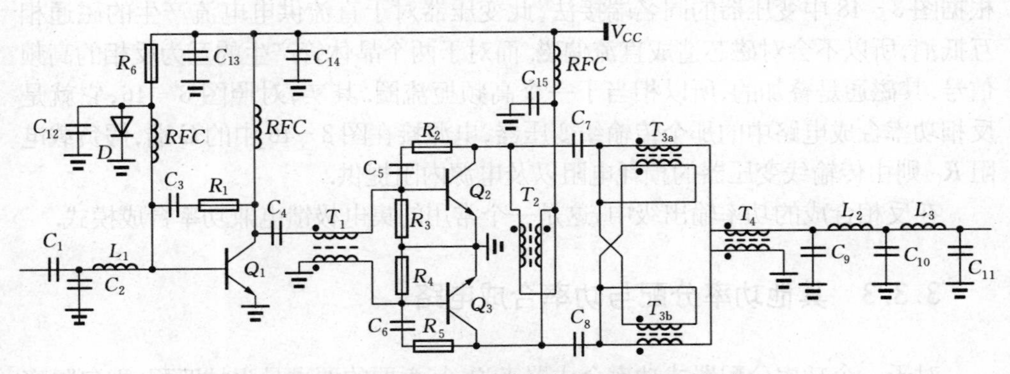

图 3-48 采用功率合成的高频功放实际电路

该电路由激励级和功率输出级组成. Q_1 是激励级晶体管, C_1, C_2, L_1 构成输入阻抗匹配网络. R_6, D, RFC 构成基极并联馈电, R_1 和 C_3 构成电压负反馈.此级的导通角较大,工作在接近 B 类的状态.

传输线变压器 T_1 是一个非平衡-平衡转换电路,在这里担当反相功率分配网络,它将 Q_1 的单端输出转换为平衡输出,由于其负载 R_3 和 R_4 中点接地,因此形成两个反相信号,提供输出级 Q_2 和 Q_3 的激励. 由于激励级采用电压负反馈后输出阻抗降低,已经可以直接与输出级匹配,因此没有采用其他阻抗匹配网络.

输出级 Q_2 和 Q_3 采用基极零偏置方式工作在 C 类模式. R_3 和 R_4 的电阻值较小,除了提供基极零偏置外,还在输出级晶体管截止期间给前级提供负载. 由于输出级晶体管的实际输入阻抗随动态工作点的变化会产生很大变化,因此这两个电阻很必要,它们可以减小激励级的负载变化,从而保证整机的功率增益不会有太大的变动. 同样,R_2, C_5 和 R_5, C_6 构成的电压负反馈也起到稳定整机功率增益的作用.

由于输出功率较大,输出级的最佳负载阻抗很低(在这个实际电路中只有几欧姆). 为了将输出阻抗提高到 50 Ω,采用了由两个传输线变压器 T_{3a} 和 T_{3b} 构成的 1∶9 阻抗变换网络,再用一个传输线变压器 T_4 构成平衡-非平衡变换,最后通过一个 5 阶 LC 低通滤波器(C_9, L_2, C_{10}, L_3, C_{11})输出. 此 LC 低通滤波器可以消除输出中的高次谐波成分,还具有一定的隔离作用,可以减轻负载变化对放大器输出的影响. 一般情况下,C 类或 D 类功率放大器的输出端都有一个类似的滤波器. 我们在本章前面介绍的一些具体电路中也多有这样的滤波器,只是为了讨论的方便,许多地方没有将它画出来而已.

T_2 是以一个传输线变压器构成的输出级晶体管 Q_2 和 Q_3 的集电极馈电网络. 根据图 3 - 48 中变压器的同名端接法,此变压器对于直流供电电流产生的磁通相互抵消,所以不会对磁芯造成直流偏磁. 而对于两个晶体管产生的互为反相的高频信号,其磁通是叠加的,所以相当于一个高频扼流圈. 其实,对照图 3 - 46,它就是反相功率合成电路中的那个传输线变压器,电源接在图 3 - 46 中的 C 端,假负载电阻 R_C 则由传输线变压器的损耗电阻以及电源内阻提供.

在反相合成的功率输出级中,这是一个常用的集电极馈电兼功率合成模式.

3.3.3 其他功率分配与功率合成电路

对于一个功率分配器或功率合成器来说,其主要的要求是阻抗匹配、端口隔离和低插入损耗. 前面已经讨论了用传输线变压器构成的合成模块能够满足这 3 条要求. 然而除了以传输线变压器为基础的功率合成器外,实用中还有多种其他电路可以满足上述要求.

有一大类功率分配器是基于传输线结构的,它们的共同特点是利用信号在传输线中传输时的相位变化,在某些点上可以叠加、在另外一些点上可以抵消的原理,使得几个端口达到阻抗匹配和端口隔离要求.

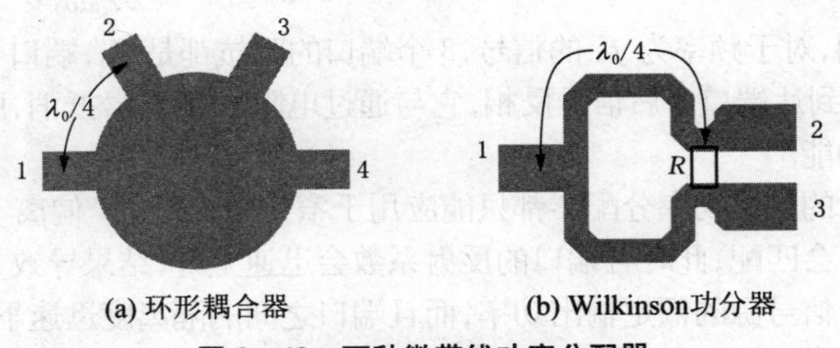

(a) 环形耦合器　　(b) Wilkinson功分器

图 3-49　两种微带线功率分配器

图 3-49 显示了两种微带线功率分配器.

图 3-49(a)所示的环形耦合器用作功率分配器时,信号可以从端口 1 或 2 输入. 从端口 1 输入时,到达端口 3 有两路信号:一路经过$\frac{\lambda_0}{2}$长度的传输线,另一路经过 λ_0 长度的传输线. 若信号频率为 f_0,则它们的相位恰恰相反,所以在端口 3 相互抵消而没有输出. 到达端口 2 和 4 的信号则是同相叠加的,所以这两个端口都有输出. 但是由于路径长度不同,这两个输出反相,构成反向分配器.

同理可证,从端口 2 输入时,端口 4 由于两路信号抵消而没有输出,端口 1 和 3 则都有输出,且两个输出同相构成同相分配器.

由此可见在这种结构中,端口 1 和 3 相互隔离,端口 2 和 4 也相互隔离. 所以将两个同相信号从端口 1 和 3 输入,端口 4 接入匹配电阻,在端口 2 就得到它们的混合信号,构成同相合成器. 同理,信号从端口 2 和 4 输入,可以构成反相合成器.

图 3-49(b)所示的 Wilkinson 功分器的工作原理与此类似. 用作分配器时信号从端口 1 输入,在端口 2 和 3 得到同相输出. 反之,在端口 2 和 3 输入同相信号,可以在端口 1 得到合成输出. 端口 2 和 3 的隔离功能是通过传输线和电阻 R 共同实现的. 若只有端口 2 输入,在端口 3 看到的信号有两路:一路是通过$\frac{\lambda_0}{2}$长度的传输线过来的反相信号,还有一路是电阻过来的同相信号,它们相互抵消.

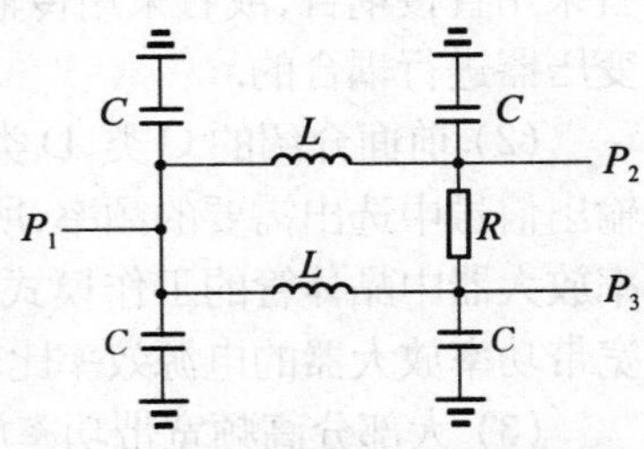

图 3-50　LC 结构的 Wilkinson 功分器

关于这几个微带线电路的数学分析可以参见第 6 章的附录.

也可以用 LC 回路模拟微带线而构成类似的功率分配器. 例如,图 3-50 就是一种 LC 结构的 Wilkinson 功分器,其中 $L=\sqrt{2}\,\frac{Z_0}{\omega_0}$, $C=\frac{1}{\sqrt{2}Z_0\omega_0}$, $R=2Z_0$. 通过计算可以表明,对于频率为 f_0 的信号,3 个端口的阻抗都是 Z_0,端口 2 的输入经过两组 LC 网络到达端口 3 后信号反相,它与通过电阻 R 的信号抵消,所以这两个端口具有隔离功能.

以上讨论的这些功率分配器都只能应用于窄带信号. 当 f 偏离 f_0 后,所有端口的阻抗都不会匹配,此时各端口的反射系数会迅速上升,结果导致负载上得到的总功率将小于信号源的额定输出功率,而且端口之间的隔离度迅速下降. 一般情况下,它们的适用频率范围不宜超过中心频率的±10%. 这是上述功率分配器与前面介绍的传输线变压器构成的功率分配器之间的重要区别.

§3.4 高频宽带功率放大器

前面我们讨论的功率放大器都是窄带放大器. 但是随着现代通信技术的发展,高速跳频技术、扩频技术、正交频分多址技术等都要求功率放大器具有较宽的频带宽度,闭路电视系统的中继放大器等也需要宽带放大器. 最近几年发展很快的超宽带(ultra wide band)技术也对放大器的频带宽度提出了很高的要求.

高频宽带功率放大器有以下几个特点:

(1) 由于高频宽带功率放大器的通频带上限频率与下限频率之比一般要达到几倍到十几倍,这远远大于一般谐振回路的带宽,所以第 1 章所讨论的阻抗匹配网络基本上都不适用于宽带高频功率放大器. 高频宽带功率放大器前后级的耦合或者采用直接耦合,或者采用传输线变压器进行阻抗变换,也有采用精心设计的高频变压器进行耦合的.

(2) 前面介绍的 C 类、D 类放大器的输出不是简谐波,都需要通过选频网络从输出信号中选出需要的频率,所以显然不适用于高频宽带功率放大器. 高频宽带功率放大器中晶体管的工作模式应该采用 A 类或 AB 类推挽模式. 正因如此,高频宽带功率放大器的电源效率比较低,通常只有 20%~30%甚至更低.

(3) 大部分高频宽带功率放大器要求放大器具有良好的线性. 但即使是 A 类或 AB 类放大器,非线性失真也难以避免. 在低频放大器中一般采用深度负反馈来降低放大器的非线性失真,但是这个方法一般并不适合于高频放大器,主要原因就是在高频条件下难以保证深度负反馈放大器的稳定性(非深度负反馈还是可以用在高频放大器中). 解决高频放大器的线性问题一般有几种途径:一个是使放大的信号低于 1 dB 压缩点 6～10 dB 以减小非线性失真，称为功率回退法，这实际上是牺牲晶体管的放大能力来换取保真度. 还有就是采用一些补偿措施来减少非线性失真，有预失真法、前馈补偿法等.

下面我们通过几个实际例子介绍高频宽带放大器的一般结构及其特点.

第一个宽带放大器的例子见图 3－51. 这个电路有两级放大，由于是宽带放大器，因此都工作在 A 类. 电阻 R_3，R_4，R_5 以及 R_9，R_{10}，R_{11} 分别为两级放大器提供稳定的偏置；为了获得更好的宽频带特性，每级放大器都加了负反馈网络：激励级是 R_6 和 R_2，输出级是 R_{12} 和 R_8. 这个电路的级间耦合方式是电容耦合，为了达到前后级的阻抗匹配，在两级放大器之间采用了 16∶1 的传输线变压器，而在输出端则采用了 4∶1 的传输线变压器与负载匹配.

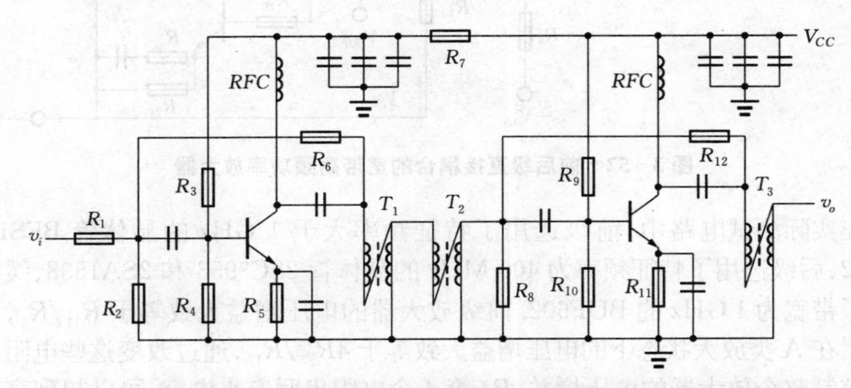

图 3－51　以传输线变压器作为阻抗匹配网络的宽带高频功率放大器

在采用的晶体管具有足够高的频率响应的前提下，这个电路的带宽实际上取决于两个传输线变压器的频宽. 例如，在某个实际测试电路中采用了 VHF 频段(175 MHz)的晶体管，但是由于传输线变压器制作不很理想，其－3 dB 通频带经实测仅仅达到 5～25 MHz.

另一个高频宽带放大器的例子见图 3－52，这是一个采用互补晶体管作推拉式驱动的两级放大电路. Q_1 和 Q_2 构成激励电路，Q_3～Q_6 构成共发射极推拉式驱动电路(为了图面的简洁，没有将电源以及退耦电路等画出).

此电路的特点是前级采用共基电路，后级采用带发射极负反馈电阻的共发射极电路. 前级电路除了起到放大作用以外，还兼有电平移动作用. 为了减轻两级电路之间的相互影响和信号源的影响，采用了 3 个集成高频缓冲器作为隔离. 由于这几种电路都具有很好的频率响应特性，整个电路的频响和输出动态范围等指标均相当优异.

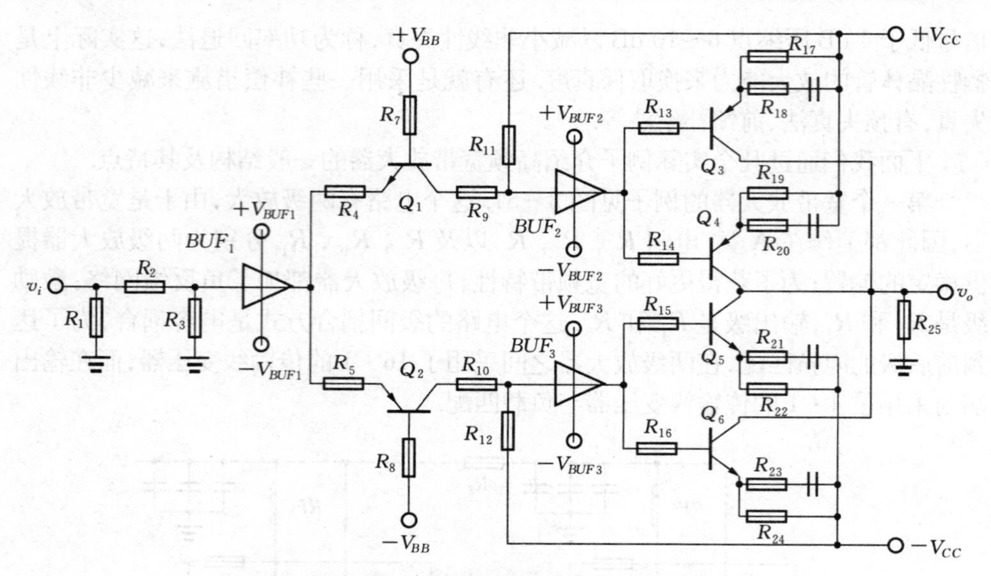

图 3-52　前后级直接耦合的宽带高频功率放大器

在实际测试电路中,前级选用了特征频率大于 1 GHz 的晶体管 BFS17 和 BFT92,后级选用了特征频率为 400 MHz 的晶体管 2SC3953 和 2SA1538,缓冲器选用了带宽为 1 GHz 的 BUF602. 前级放大器的电压增益大致等于 R_{11}/R_4,后级放大器在 A 类放大状态下的电压增益大致等于 $4R_{25}/R_{17}$,通过改变这些电阻的值可以控制整个放大器的电压增益. R_{18} 等 4 个电阻串联有小电容,可以起到高频补偿作用. 当负载电阻 R_{25} 等于 50 Ω 时,通过调节电阻使整个放大器的功率增益等于 10 dB. 当输入信号功率在 −30 dBm～+3 dBm 范围内时,放大器的 −1 dB 带宽约为 DC～30 MHz, −3 dB 带宽大于 60 MHz. 当信号频率为 30 MHz 时,1 dB 压缩点输出功率大约为 25 dBm. 通过调节后级发射极电阻的补偿电容,还可以在保持放大器的输出动态范围不变的条件下将信号频率扩展到 60 MHz 以上.

第三个例子是一个大功率宽带脉冲放大器. 该放大器的原理电路见图 3-53,工作频率为 0.6～10 MHz,输出脉冲功率达 1 200 W,输入功率为 20～21 dBm,功率增益约为 40 dB.

整个放大器分为 3 级,分别采用 IRF510, IRF530 和 MRF157 晶体管. 由于低频端的高次谐波在工作频带以内,要求放大器具有很高的线性度,所以三级放大器均采用 AB 类推挽模式以降低谐波失真. 栅极偏置采用电位器调整以满足 AB 类偏置要求. 在功率输出级还采用了负反馈技术以展宽频带. 级间耦合采用的传输线变压器宽带匹配技术. 此传输线变压器经过精心设计,保证了前后级晶体管的阻抗

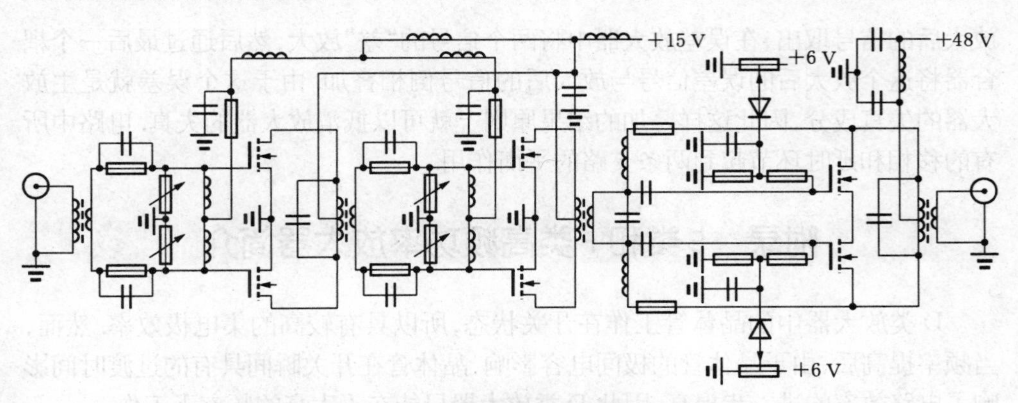

图 3-53 1 200 W 宽带高频脉冲功率放大器

匹配要求. 其初级或次级并联的电容不是谐振在工作频率范围之内,所以不是谐振回路,只是一种频率补偿. 安装元件的印制板上的走线也经过计算机仿真,保证阻抗匹配良好.

最后举两个例子说明宽带放大器的线性设计问题.

一个例子是一个 500 W 输出的大功率宽带放大器. 该放大器的工作频带为 20～100 MHz,输出功率是(57±1)dBm. 为了在整个工作频带内达到平坦的增益,该放大器采用 8 个在 175 MHz 时额定输出功率高达 300 W 的大功率场效应晶体管 MRF141G 构成末级输出放大器,采用传输线变压器作为功率分配和功率合成器件. 在充分考虑功率合成网络的损耗后,每个晶体管的实际输出功率不到 100 W,比额定输出功率降低了 5 dB,是一种典型的功率回退法的设计.

另一个例子是利用前馈补偿技术降低非线性失真的放大器. 该放大器的工作频带为 30～512 MHz,功率输出级和激励级均采用大功率场效应晶体管,工作在 AB 类,用传输线变压器和微带混合电路作为级间的宽带匹配网络. 该电路采用前馈补偿技术,在全部工作频率范围内实测输出(40±0.5)dBm.

前馈补偿技术的原理如图 3-54 所示,主放大器前后的耦合器将输入信号和

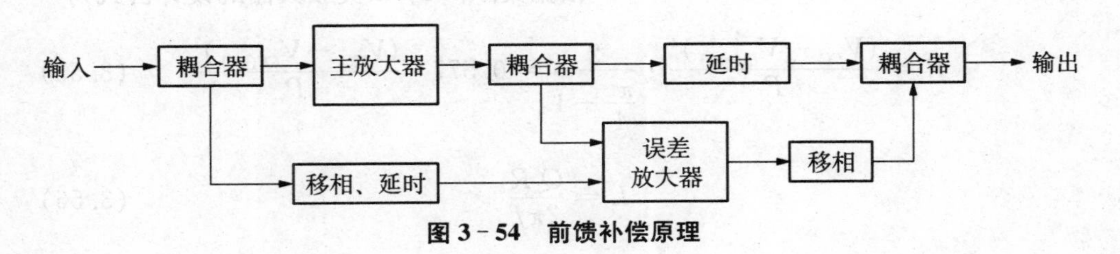

图 3-54 前馈补偿原理

放大后的信号取出,在误差放大器中将两个信号的“差”放大,然后通过最后一个耦合器将这个放大后的误差信号与放大后的信号倒相叠加. 由于这个误差就是主放大器的失真成分,因此这样叠加的结果原则上就可以抵消放大器的失真. 电路中所有的移相和延时环节起到两条支路的平衡作用.

附录 E类和F类高频功率放大器简介

D类放大器中的晶体管工作在开关状态,所以具有较高的集电极效率. 然而,当频率提高后,由于晶体管的极间电容影响,晶体管在开关瞬间具有的过渡时间影响了电路效率的进一步提高,因此D类放大器只能在不太高的频率下工作.

为了解决这个问题,许多学者和工程技术人员提出了一系列改进型电路,包括E类和F类放大器. 这些电路的基本想法是:理想D类放大器中的晶体管集电极电压为方波(电压开关型)或集电极电流为方波(电流开关型),而晶体管极间电容的影响表现为晶体管集电极电压或集电极电流偏离方波. 若能够通过其他手段利用或抵消晶体管极间电容的影响,使晶体管集电极电压或电流波形保持为方波,则必然可以提高集电极效率.

一、E类放大器

E类放大器的电路如图3-55. 它在晶体管输出与负载之间接入一个高阶电抗网络,并利用该网络来改变晶体管集电极的电压电流波形. 可以注意到电容 C_1 恰巧与晶体管输出并联,所以晶体管的任何输出电容都可以等效到这个电容中去. 选择合适的电容和电感,可以使得晶体管开关导通瞬间其集电极电压的值及其斜率均为0,这样就有效地降低了晶体管导通时刻的损耗.

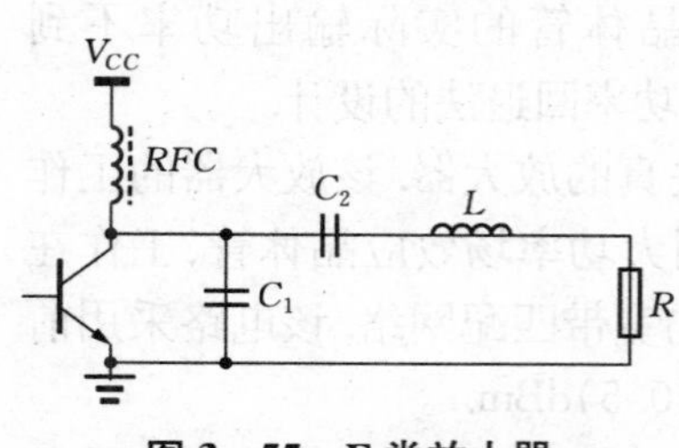

图3-55 E类放大器

根据文献[14],E类放大器的设计公式为

$$R=\frac{(V_{CC}-V_{CE(\mathrm{sat})})^2}{P}\cdot\frac{2}{\frac{\pi^2}{4}+1}=0.577\cdot\frac{(V_{CC}-V_{CE(\mathrm{sat})})^2}{P} \tag{3.55}$$

$$L=\frac{Q_L R}{2\pi f} \tag{3.56}$$

$$C_1 = \frac{1}{2\pi f R\left(\frac{\pi^2}{4}+1\right)\cdot\frac{\pi}{2}} \approx \frac{1}{2\pi f\cdot 5.447R} \tag{3.57}$$

$$C_2 \approx \left(\frac{1}{(2\pi f)^2 L}\right)\left(1+\frac{1.42}{Q_L-2.08}\right) = C_1\left(\frac{5.447}{Q_L}\right)\left(1+\frac{1.42}{Q_L-2.08}\right) \tag{3.58}$$

其中 Q_L 是根据带宽要求确定的有载 Q 值.

E 类放大器的优点是设计相对简单,只要按照上述公式进行设计,一般都能够正常工作.缺点是它只考虑了晶体管导通瞬间的电压为 0,而对于晶体管截止瞬间的过渡过程没有任何帮助.

二、F 类放大器

F 类放大器与 E 类放大器类似,也通过输出端与负载之间的电抗网络达到晶体管的输出电压或电流保持为方波.设法使晶体管集电极电压波形保持为方波的称为 F 类放大器(class F amplifier),使晶体管集电极电流波形保持为方波的称为逆 F 类放大器(inverse class F amplifier).下面我们以 F 类放大器为例,说明如何实现集电极电压波形保持为方波.

我们知道,方波的傅立叶展开是基频加上各奇次谐波,若能够使集电极电压按照方波的傅立叶展开系数使所有的基频和奇次谐波叠加,则集电极电压波形就是方波.在图 3－56 中,若滤波网络起到如下的作用:在晶体管看来,其等效负载 r_e 与频率有关,对基频 f_0 的负载电阻为 R_L、对所有奇次谐波的负载电阻为∞、而对其余偶次谐波的负载电阻为 0.即:滤波网络让基频电流通过、阻止所有的奇次谐波电流通过、所有的偶次谐波短路.在这个条件下,在晶体管漏极看到的电压波形将是基频在负载电阻 R_L 上的压降加上漏极电流中所有奇次谐波电流在晶体管上的压降.如果这些谐波的系数能够满足方波傅立叶展开后的系数要求,显然晶体管漏极电压波形就可以是方波.

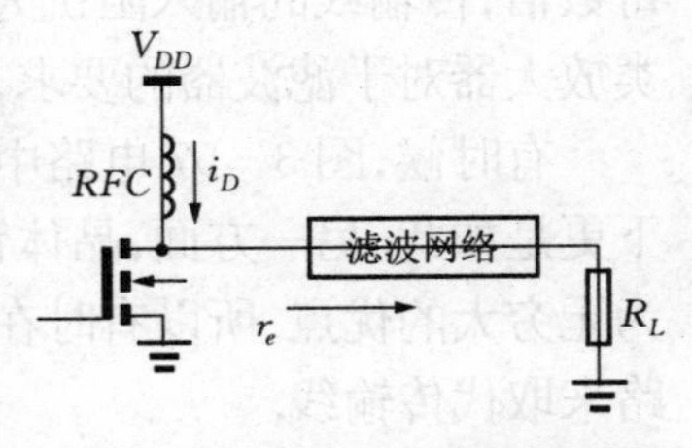

图 3－56　F 类放大器原理图

在实际的 F 类放大器中,滤波网络的实现可以是 LC 谐振网络,也可以是传输线.一个用传输线构成滤波网络的 F 类放大器见图 3－57.其中传输线特征阻抗等于负载电阻,传输线长度等于基频 f_0 波长的 1/4, LC 谐振回路谐振在基频 f_0.

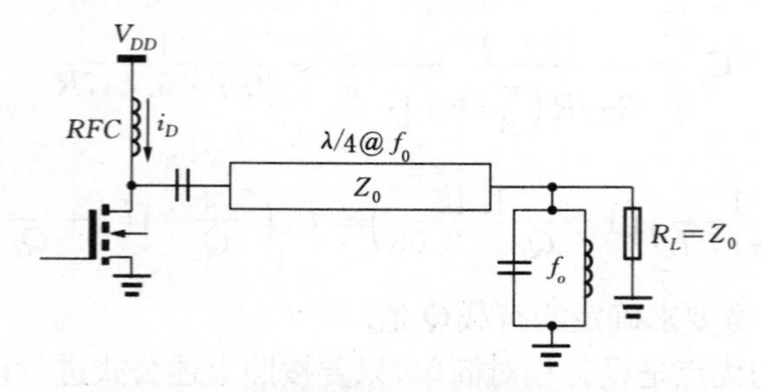

图 3-57 用传输线实现的 F 类高频放大器

由第 1 章关于传输线的理论可知,1/4 波长传输线的输入阻抗 $Z_i=\dfrac{Z_0^2}{Z_L}$. 在图 3-57 电路中传输线特征阻抗等于负载阻抗,所以对于基频 f_0 来说,晶体管的等效负载就是 R_L. 对于高于基频的所有谐波,与负载并联的 LC 回路失谐,可以视为短路. 所以对于所有谐波频率,图 3-57 电路中的传输线是一根终端短路的传输线. 对于偶次谐波,此传输线的长度为半波长的整数倍,由(1.96)式或图 1-37 可知,此时传输线的输入阻抗为 0. 而对于奇次谐波,此传输线的长度为 1/4 波长的奇数倍,传输线的输入阻抗为无穷大. 所以,图 3-57 电路中的传输线可以满足 F 类放大器对于滤波器的要求,从而在晶体管漏极得到方波电压.

有时候,图 3-57 电路中传输线的长度可能是个问题,尤其在频率较低的情况下更是如此. 另一方面,晶体管输出电容也会抵消对于奇次谐波传输线的输入阻抗为无穷大的优点,所以有时在 F 类放大器中采用集总参数元件构成的 LC 谐振回路来取代传输线.

用 LC 谐振网络实现的 F 类放大器电路见图 3-58. 其中 L_1C_1 构成的并联谐振网络谐振在 3 次谐波,而 L_2C_2 构成的并联谐振网络谐振在基频. 这样,晶体管漏极电压波形就是基频和 3 次谐波的叠加. 而由于两个网络都不谐振在偶次谐波上,

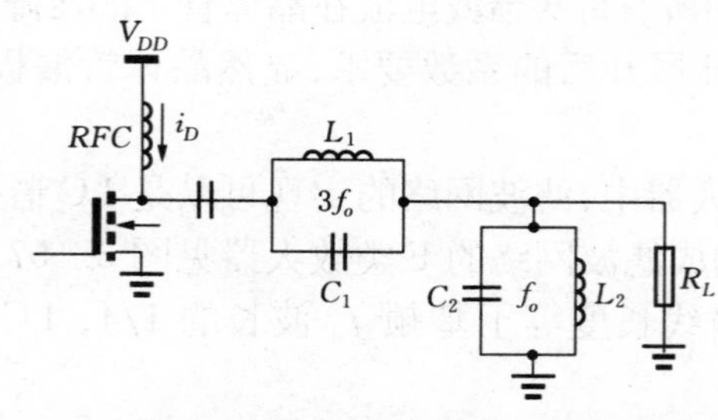

图 3-58 用 LC 谐振网络实现的 F 类高频放大器

因此偶次谐波被短路. 尽管这个电路在漏极上的电压波形还不是方波,但是已经可以大大提高效率. 当然也可以在中间再加入谐振在5次、7次等奇次谐波的LC滤波网络,使得漏极电压波形更接近方波. 但是那样无疑会提高电路的复杂程度,而且对于提高效率并无很明显的作用,所以在由LC滤波网络实现的F类放大器中,极少用5次以上谐波的滤波器.

有关F类放大器的进一步设计可参阅参考文献[16].

习题与思考题

3.1 高频功放可以采用C类、D类甚至F类来提高集电极效率,你认为低频功放是否也可以采用此种技术? 为什么?

3.2 高频功放是否可以工作在A类、AB类或B类? 如果可以,请说明其主要用途;如果不可以,请说明理由.

3.3 简要说明高频C类功放采用谐振回路作为负载的理由.

3.4 C类功率放大电路的欠压、临界、过压状态是如何区分的? 各有什么主要特点?

3.5 已知高频C类功率放大电路工作在欠压状态,现欲将它调整到临界状态,可以通过改变哪些外界因素来实现? 变化方向如何? 调整过程中集电极基频输出功率 P_1 如何变化? 集电极平均电流 I_{C0} 如何变化?

3.6 在某个C类谐振功放实验中,3位学生用电流表测量集电极平均电流 I_{C0}、基极平均电流 I_{B0} 和输出回路高频电流 I_K. 在调整电路(每次调整时只改变一个物理量)时发现各电流发生如下变化:

甲:增大基极高频激励电压 V_{bm},发现 I_{C0} 和 I_K 均随之增加,并基本呈现线性关系;

乙:增大集电极偏置电压 V_{CC},发现 I_{C0} 和 I_K 迅速增大;

丙:改变基极偏置电压 V_{BB},发现 I_{B0} 随之增加,但 I_{C0} 和 I_K 在开始时略有增加,后来就几乎不再增加.

问上述3位学生的功放各工作在什么状态? 为什么?

3.7 在调试某个高频C类功放时,在功放的输出端接有功率计(兼驻波比表)和50 Ω假负载,输入端接有高频信号源(输出频率和输出幅度可调),稳压电源供电(可显示供电电流),栅极偏置可调. 假定功放的输入端已经与高频信号源完成阻抗匹配,功放的漏极电压已经调整到规定值,现在需要调整的是:

(1) 要求晶体管的导通角在90°附近;

(2) 要求晶体管输出阻抗与假负载尽量达到阻抗匹配,输出端的LC匹配网络谐振在工作频率上.

试问如何利用上述设备进行调整? 写出调整步骤并说明理由.

3.8 一般而言,饱和压降 V_{CES} 的概念只适用于双极型晶体管. 场效应管在饱和区域的输出特性可以近似为一个很小的电阻 r_{DS}. 请据此推导场效应管C类放大器在临界状态下漏极输出电压峰值、漏极输出基波功率与漏极谐振负载电阻的表达式(即与(3.13)式至(3.16)式相对应的关系).

3.9 已知某高频C类功率放大器集电极等效负载电阻 $r_{eq}=100\ \Omega$, $V_{CC}=12\ \text{V}$, $I_{cm}=220\ \text{mA}$, $\theta=90°$. 试求输出功率与集电极效率.

3.10 测量某高频C类功率放大电路结果如下:电源电压为12 V,集电极直流电流0.6 A. 在集电极用示波器观察到正弦电压波形峰值为10 V. 集电极通过滤波与阻抗匹配网络连接到负载,在负载上用功率计测得高频功率 $P_o=5$ W. 假设阻抗匹配网络是理想的,试求:

(1) 集电极等效负载电阻;

(2) 晶体管导通角;

(3) 集电极效率.

3.11 已知一个晶体管C类功放工作在临界状态,输出功率为3 W,电源电压 $V_{CC}=15$ V,电源电流 $I_{CC}=260$ mA. 假设晶体管的 $V_{CES}\approx 1$ V,试估计此放大器的输出电压峰值 V_{cm}、输出电流峰值 I_{cm} 以及等效集电极负载电阻 r_{eq}.

3.12 下图为一个高频功放的输出部分框图. 已知晶体管的输出阻抗为(5−j10)Ω,负载电阻为50 Ω,工作频率为27 MHz. 试计算阻抗匹配网络 L, C 的值.

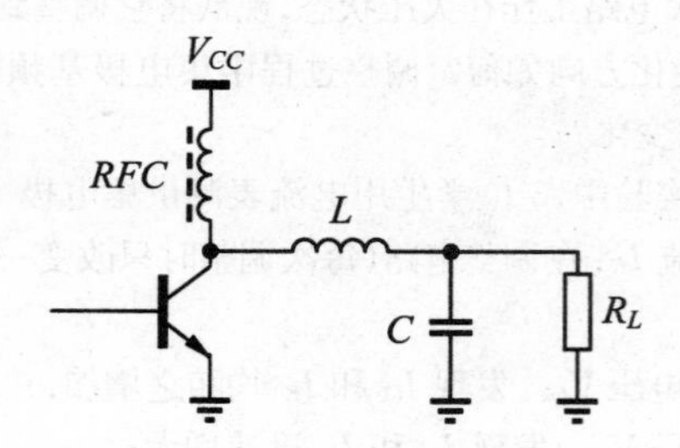

3.13 已知下图C类高频功放的输出功率为5 W. 负载电阻为50 Ω,工作频率为40.68 MHz,电源电压 $V_{DD}=18$ V. 假设晶体管工作在临界状态,晶体管进入临界状态后的内阻较低,估算时可忽略其压降. 若要求阻抗变换网络的综合 Q 值在16左右,试计算阻抗匹配网络元件 C_1, C_2 和 L 的值(图中未标编号的电容均为耦合与退耦元件).

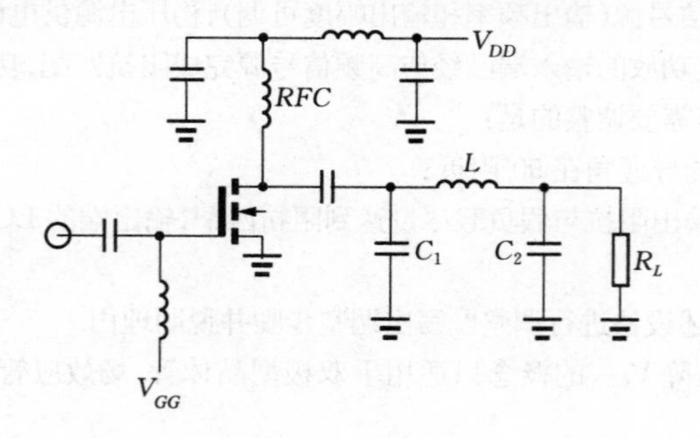

3.14 下图是一个实际的功放电路,包括输出级与激励级.请简要分析:级间耦合与阻抗匹配电路由哪些元件构成?供电与偏置电路由哪些元件构成?各元件的作用如何?各级的工作状态如何?

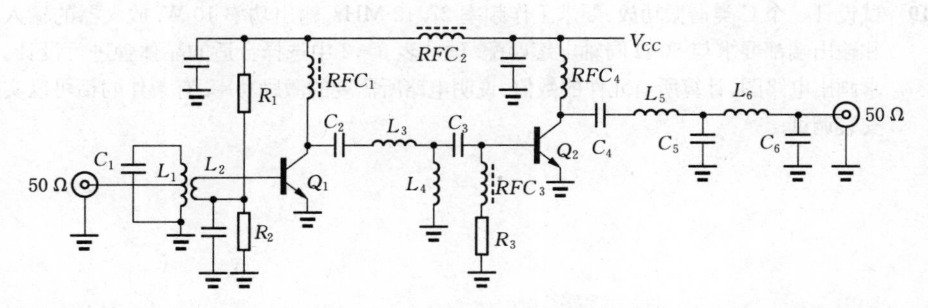

3.15 若要求高频D类功放输出高频功率20 W.已知等效到晶体管的负载电阻为10 Ω,晶体管的内阻为0.2 Ω,试求采用电压开关型和电流开关型两种形式电路时,其电源电压分别至少为多少?晶体管内流过的最大漏极电流分别是多少?以上计算均不考虑滤波网络的插入损耗.

3.16 试证明图3-48中T_{3a}和T_{3b}构成的传输线变压器的阻抗比为9∶1,并计算其中传输线特性阻抗与负载阻抗的关系.

3.17 试求下图各传输线变压器的阻抗比以及其中传输线的特性阻抗.

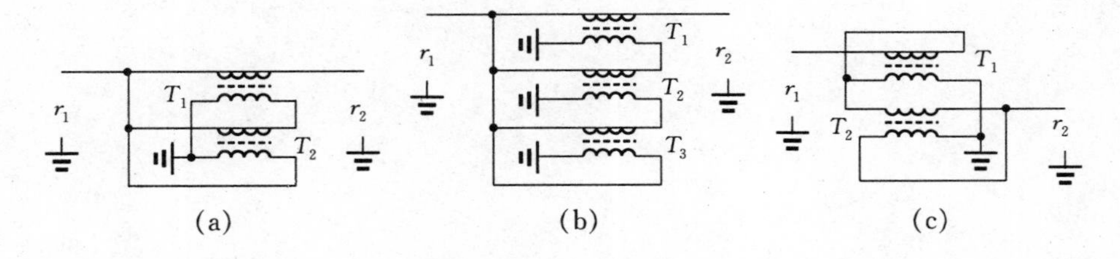

3.18 下图是一个功率合成放大器,输入输出均与50 Ω电缆匹配.试说明:

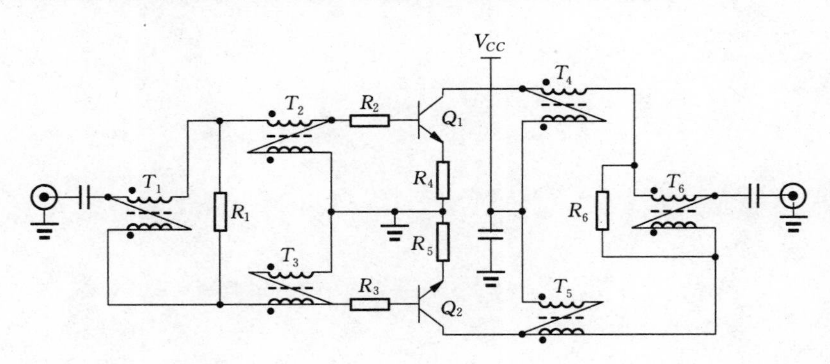

(1) 这是同相合成还是反相合成?

(2) 图中各个传输线变压器的作用;

(3) 电阻 R_1 和 R_6 的作用.

3.19 试设计一个C类谐振功放,要求工作频率27.12 MHz,输出功率10 W. 放大器的输入端和输出端都要求与50 Ω同轴电缆匹配. 试从表3-2中选择合适的晶体管进行设计,要求画出电路图,计算所有元件的数值,说明电路所需要的激励功率. 有条件的话可以实际安装调试.

第 4 章　高频振荡器

高频振荡器是高频设备中常用的一种信号源，它能够产生持续稳定的高频信号. 例如，在无线电发射机、超外差接收机等高频通信设备中都需要一个稳定的高频信号源. 在介质加热、感应加热等工业设备或家用电器中，高频信号源则是其核心部件.

按照输出的信号波形，高频振荡器可以分为简谐振荡器和多谐振荡器两大类.

简谐振荡器产生简谐波. 按照谐振元件的不同，有 RC 振荡器、LC 振荡器、石英晶体振荡器等几类，还可以利用其他物理现象实现简谐振荡.

多谐振荡器产生的信号含有丰富的高次谐波，通常为方波，但也可以输出三角波、锯齿波等非正弦波形，也可以有多种产生振荡的方法.

本章主要介绍在高频电路中比较普遍的 LC 振荡器、石英晶体振荡器及其应用电路，对于其他类型的振荡器则略作介绍.

§4.1　晶体管 LC 振荡器

4.1.1　LC 振荡器原理

为了讨论 LC 振荡器(LC oscillator)，我们先来观察图 4-1 的 RLC 电路.

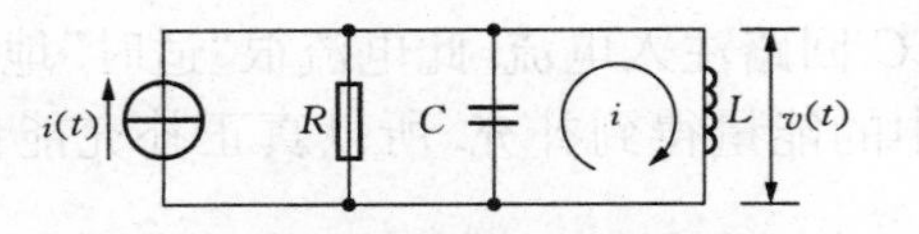

图 4-1　带激励源的 LC 谐振回路

根据电路理论，图 4-1 的 RLC 电路对于冲击电流 $i(t)=\delta(t)$ 的响应为

$$v(t)=\frac{1}{C}\cdot\frac{1}{\sqrt{1-\xi^2}}\mathrm{e}^{-\xi\omega_0 t}\sin(\sqrt{1-\xi^2}\,\omega_0 t+\varphi+\pi) \tag{4.1}$$

其中 $\omega_0=\dfrac{1}{\sqrt{LC}}$，$\xi=\dfrac{1}{2R}\sqrt{\dfrac{L}{C}}=\dfrac{1}{2Q}$，$\varphi=\arctan\dfrac{\sqrt{1-\xi^2}}{\xi}$.

由(4.1)式可见,图4-1的RLC电路在冲击电流作用下,LC回路两端的电压为一个角频率为 $\sqrt{1-\xi^2}\,\omega_0$ 的衰减振荡.电路的Q值越高则衰减越慢,若$R\to\infty$即$Q\to\infty$,则电路将持续振荡.此时电路中的振荡电流i如图4-1所示,将在L和C之间流动,电路中的能量将在电容中存储的电场能量和电感中存储的磁场能量之间不断转换.

由于实际上总存在损耗,因此R不可能为无穷大.但是,如果我们能够在合适的时刻给电路提供能量的补充(如给予周期性的冲击电流),则可能使此电路的振荡状态一直维持下去.

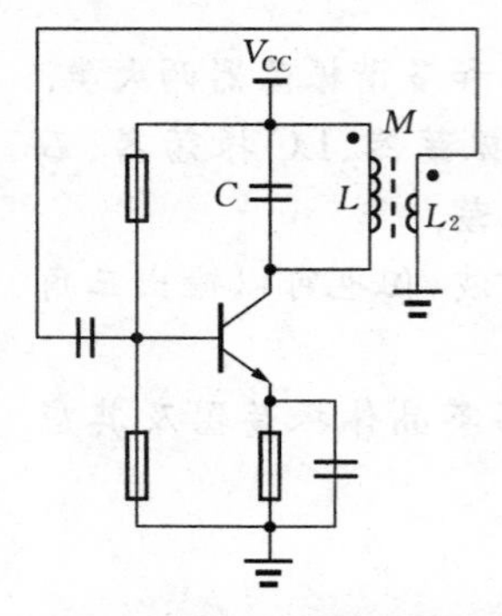

图4-2　互感耦合型LC振荡器

所以,一个振荡器必须由以下几个部分构成:能量存储与转换的元件,提供补充能量的能量来源,控制能量补充过程的控制元件.

图4-2是LC振荡器的一种常见形式——互感耦合型LC振荡器.其中L和C是能量存储与转换的元件,电源V_{CC}负责提供补充能量,而晶体管及其外围电路则负责控制能量的补充过程.

在这一类振荡器电路中,关键的问题是能量补充过程的适时性.只有在合适的时刻补充能量,能量的转换过程才能够持续.

众所周知,在图4-2电路中存在正反馈,但是需要明白的是:正反馈不是用来补充能量的,而是控制补充能量的适时性的.例如,在某个瞬时图4-2电路的电感中的电流开始向下流(即由标有同名端符号的一端流入线圈),根据电磁感应关系,L_2中的感应电流此时应该由标有同名端符号的一端流出,即电流指向晶体管基极方向.此电流驱动晶体管趋于导通,所以集电极电流增加,电源V_{CC}开始向LC回路注入电流.此电流很“适时”地加强了流过电感的电流,从而使LC回路中的能量得到补充.所以真正补充能量的是电源而不是正反馈.

可以设想一下,若线圈L_2更改一下方向,则电源电流的注入将发生在电感中的电流开始“向上流”(实际电流不可能向上流,所谓“向上流”就是流过L的电流开始减少,相当于有一个向上的电流抵消了原来的电流)的时刻.这样,增加的注入电流将开始“帮倒忙”,结果当然是永远无法振荡.这就是大家熟悉的负反馈情况.

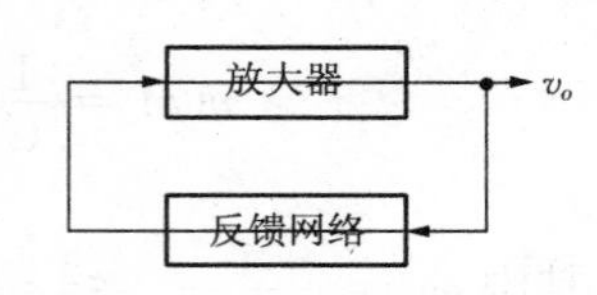

图4-3　反馈振荡器框图

这种由正反馈构成补充能量控制过程的振荡器称为反馈振荡器.反馈振荡器的结构框图见图4-3.通常在

高频电路中放大器由晶体管组成,且常常工作在非线性状态;反馈网络常常由 LC 网络构成,具有滤波作用,并总可以认为是线性的.

下面我们分析反馈振荡器的工作条件.

一、反馈振荡器的起振过程与起振条件

假设放大器的正向电压增益为 $G_v(\mathrm{j}\omega)$,其反向传输系数可以不考虑(或合并到反馈网络中);反馈网络的电压反馈系数为 $F(\mathrm{j}\omega)$,定义环路电压增益 $T(\mathrm{j}\omega)=G_v(\mathrm{j}\omega)F(\mathrm{j}\omega)$.

在达到平衡之前,振荡器经历了一个起振过程:由于上电过程中的瞬时电流以及电路中存在的热噪声电流均包含极丰富的谐波成分,其中必然存在符合正反馈条件的频率成分,这些频率成分能够形成正反馈. 若在起振过程中环路电压增益 $T(\mathrm{j}\omega)$大于 1,则谐振频率的信号将不断增强,最终形成振荡. 所以,反馈振荡器的起振条件为

$$|T(\mathrm{j}\omega)|_{v_o\to 0}>1 \tag{4.2}$$

由于开始起振时信号幅度极小,振荡电路中晶体管一定工作在 A 类状态,此时(4.2)式中放大器的电压增益$|G_v(\mathrm{j}\omega)|$可以用晶体管的线性跨导计算,即 $|G_v(\mathrm{j}\omega)|=|y_{fe}|R_L$.

二、反馈振荡器的稳定过程、平衡条件和稳定条件

随着振荡幅度的加大,晶体管的输入输出幅度也逐渐加大. 当幅度超过晶体管的线性动态范围以后,晶体管输出电流的正负半周波形将出现不对称. 由于对振荡有贡献的只是放大器电压增益中的基频成分,而基频成分在不对称波形中占的比例将减小,因此通常情况下这时有效的电压增益将开始减小.

如果振荡幅度进一步增大,则在输出电流的负半周晶体管将进入截止状态,即放大器进入 C 类放大状态,其导通角将随着振荡幅度的加大而减小,此时放大器的非线性十分强烈,其电压增益完全不能用线性跨导计算. 但我们知道,在 C 类放大状态,当晶体管导通角小于 90°后,其输出电流中的基频分量将迅速减小,此时放大器的有效电压增益将随振荡幅度增加而迅速下降.

总之,振荡器在起振时是一个小信号放大系统,环路增益 $T(\mathrm{j}\omega)>1$. 但是随着振荡幅度的增加,晶体管的非线性越来越强,通常情况下其有效电压增益随之下降. 而电路的反馈系数一般很少改变,所以环路增益 $T(\mathrm{j}\omega)$亦随之下降. 这就是反馈振荡器的稳定过程的一般情况.

假定图 4-3 电路中放大器的输入为 v_i，则可以写出反馈振荡器的输出为 $v_o=G_v v_i$，放大器的输入为 $v_i=Fv_o$. 显然，若环路电压增益 $T=G_vF=1$，则输出 v_o 将维持不变，所以称 $T(\mathrm{j}\omega)=1$ 为反馈振荡器的平衡条件.

由于 $T(\mathrm{j}\omega)$是角频率的函数，可以用模和相角表示，所以反馈振荡器的平衡条件可以表示为

$$\begin{cases}|T(\mathrm{j}\omega)|=1\\ \varphi_T(\omega)=\angle T(\mathrm{j}\omega)=2n\pi\end{cases}\tag{4.3}$$

可分别称为反馈振荡器的幅度平衡条件和相位平衡条件. 根据幅度平衡条件可以确定振荡器的输出幅度，根据相位平衡条件可以确定振荡器的振荡频率.

由于 $|T(\mathrm{j}\omega)|=\sqrt{\mathrm{Re}[T(\mathrm{j}\omega)]^2+\mathrm{Im}[T(\mathrm{j}\omega)]^2}$，$\varphi_T(\omega)=\arctan\left(\dfrac{\mathrm{Im}[T(\mathrm{j}\omega)]}{\mathrm{Re}[T(\mathrm{j}\omega)]}\right)$，因此反馈振荡器的平衡条件亦可以表示为

$$\begin{cases}\mathrm{Re}[T(\mathrm{j}\omega)]=1\\ \mathrm{Im}[T(\mathrm{j}\omega)]=0\end{cases}\tag{4.4}$$

(4.3)式和(4.4)式对于任何反馈振荡器都是适用的.

前面的分析说明了反馈振荡器在起振时刻必须有较大的环路增益，才能使电路中微弱的骚动电流最终发展成振荡电流. 而最后要达到稳定振荡，又必须使环路增益减小到 1. 所以要使反馈振荡器最终能够稳定，其环路增益必须是可变的.

从广义的平衡概念讲，平衡可以分为稳定平衡和非稳定平衡两种. 稳定平衡是指当平衡被某种外来因素破坏后，系统能够自动恢复平衡的状态. 非稳定平衡是当平衡被破坏后就无法恢复的状态. 例如，一个小球放在碗里是一种稳定平衡，而一个鸡蛋竖在桌上就是非稳定平衡.

回到振荡器的稳定问题，$T(\mathrm{j}\omega)=1$ 是平衡条件，但是它没有解决稳定问题. 振荡器达到平衡状态后，若由于某种原因平衡状态被破坏，它应该能够自动恢复，即振荡器的平衡应该是一种稳定平衡. 下面从振幅和相位两方面来讨论振荡器的稳定问题.

首先讨论振幅稳定问题. 若振荡器的平衡被某种原因破坏，输出电压低于平衡电压，显然此时恢复平衡的条件是环路增益应该大于 1，从而使得输出升高. 反之，若输出电压高于平衡电压，则环路增益应该小于 1，使得输出下降. 所以振荡器的振幅稳定条件应该是：在平衡点附近，环路增益随输出幅度的增加而减小，即在平衡点附近有

$$\left.\frac{\partial |T|}{\partial v_o}\right|_{v_o = v_B} < 0 \tag{4.5}$$

当反馈网络满足线性条件,即 F 为线性函数时,(4.5)式的条件等效于

$$\left.\frac{\partial |G_v|}{\partial v_o}\right|_{v_o = v_B} < 0 \tag{4.6}$$

一般情况下,晶体管 LC 振荡器的环路增益随输出幅度的变化曲线如图 4-4 描述,是一个单调下降的曲线,其中 v_B 表示平衡点的输出电压. 因此它们满足反馈振荡器的幅度稳定条件.

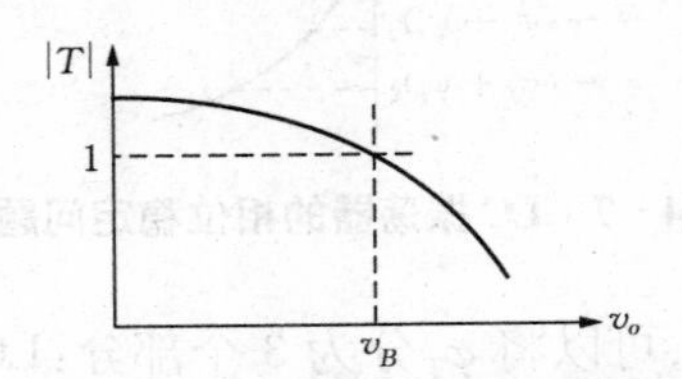

图 4-4 反馈振荡器振幅稳定条件

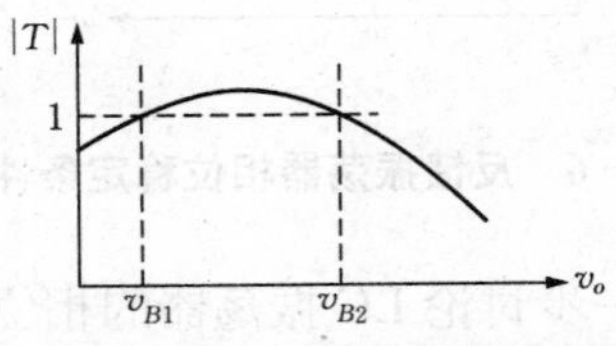

图 4-5 出现两个平衡点的反馈振荡器

但也有例外的情况. 当振荡器设计不当时,例如,因反馈系数太小、静态工作点设置太低、晶体管在集电极电流很小时其放大系数下降等原因,环路增益随输出电压变化的规律可能出现类似图 4-5 的情况.

图 4-5 存在两个平衡点,其中 v_{B2} 是稳定平衡点,v_{B1} 则是非稳定平衡点. 这种情况下起振时 $|T(j\omega)| < 1$,所以振荡器通常无法自动起振. 若外界给予一个称为硬激励(hard excitation)的强烈触发,使振荡器的输出幅度超过第一个非稳定平衡点后,由于此时环路增益的斜率为正,振荡器的输出幅度会越来越大,直至到达曲线的顶点. 然后振荡器的环路增益随振幅增加而减小,最后在第二个稳定平衡点正常工作. 由于出现两个平衡点的振荡器不能自动起振,因此通常要避免出现这种情况.

下面讨论相位稳定问题. 我们知道 $\omega = \frac{d\varphi}{dt}$,所以讨论相位问题与讨论频率问题是一致的. 在振荡器达到平衡情况下,若由于某种原因使得相位平衡被破坏,使 φ_T 产生超前的增量,则通过反馈将使得输出信号周期缩短,也就是输出信号频率升高. 相位稳定的要求应当是能够通过反馈环路的调整使得 φ_T 有落后的趋势,从而使输出信号恢复原来的频率. 上述要求就是:当输出信号频率升高时要求反馈环路的相位 φ_T 下降,反之亦然. 所以振荡器的相位稳定条件为

$$\left.\frac{\partial \varphi_T(\omega)}{\partial \omega}\right|_{\omega=\omega_0} < 0 \tag{4.7}$$

用图形表示的相位稳定条件如图 4-6 所示. 由第 1 章的内容可知,LC 谐振回路的相频特性与图 4-6 的要求一致,在谐振点附近的斜率为负. 所以在 LC 振荡器中,LC 谐振回路是满足振荡器振荡频率稳定的重要因素.

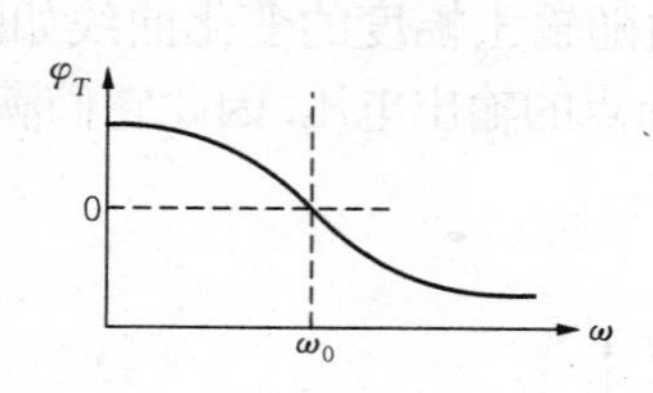

图 4-6 反馈振荡器相位稳定条件

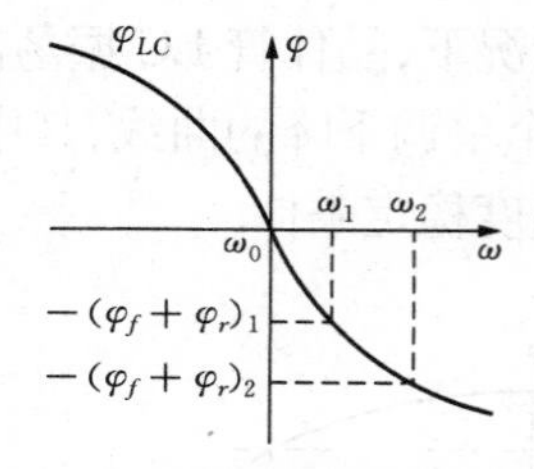

图 4-7 LC 振荡器的相位稳定问题

若进一步讨论 LC 振荡器的相位稳定问题,可以将 φ_T 分为 3 个部分:LC 谐振回路的相移 φ_{LC}、晶体管正向转移特性的相移 φ_f 以及反馈系数的相移 φ_r, $\varphi_T = \varphi_{LC} + \varphi_f + \varphi_r$. 这样,相位平衡条件 $\varphi_T = 0$ 可改写为

$$\varphi_{LC} = -(\varphi_f + \varphi_r) \tag{4.8}$$

在图 4-7 中,我们画出一个具有一定 Q 值的 LC 谐振回路的相频特性曲线,该曲线的中心频率为 ω_0. 根据(4.8)式,相位平衡时,LC 谐振回路的相位必须与晶体管正向转移特性以及反馈系数的总相移 $-(\varphi_f + \varphi_r)$ 相同. 假设晶体管正向转移特性以及反馈系数的总相移为 $-(\varphi_f + \varphi_r)_1$,如图 4-7 所示,振荡器平衡时的频率为 ω_1. 若晶体管正向转移特性以及反馈系数的总相移增大到 $-(\varphi_f + \varphi_r)_2$,则振荡器的振荡频率将改变为 ω_2.

由于晶体管正向转移特性以及反馈系数总存在一定的相移,所以一般情况下,振荡器的振荡频率并不等于 LC 谐振回路的中心频率 ω_0.

由图 4-7 显见,在谐振点附近 LC 谐振回路的相频特性越陡,则振荡器的频率越稳定. 根据(1.33)式,LC 谐振回路在谐振点的相频特性有 $\left.\frac{\mathrm{d}\varphi}{\mathrm{d}\omega}\right|_{\omega=\omega_0} = -\frac{2Q}{\omega_0}$,所以 LC 回路的 Q 值越高,振荡器的频率就越稳定.

另外,若 LC 谐振回路的参数发生变化,引起其中心频率 ω_0 发生变化,则不言而喻,最终的振荡频率一定会发生变化.

综上所述,要稳定 LC 振荡器的频率需要从以下几个方面加以考虑:

首先必须保证 LC 值的稳定. 由于 LC 的数值变化大多由温度变化引起,因此可以采用温度系数小的电容器以及采用热膨胀系数小的材料制作电感骨架,以保证它们不受温度的影响.

其次是尽量提高 LC 谐振回路的 Q 值以及不使 Q 值变化. 为此要在电路中尽量减轻 LC 回路负载,提高 Q_L 值. 由于晶体管参数变化会影响 φ_f 和 Q_L,因此稳定晶体管的工作点有利于稳定振荡频率. 采用 f_T 高的晶体管以减小极间电容,也可以降低晶体管参数对于振荡频率的影响.

上面的讨论定性分析了反馈振荡器的起振过程以及起振条件、稳定条件以及平衡条件. 但是由于振荡器平衡时晶体管一定工作在非线性状态,(4.3)式和(4.4)式尽管在理论上成立,但实际上严格讨论平衡条件是困难的. 尤其是当晶体管工作在很强烈的非线性状态时,电路中某个元件参数的微弱变化可能导致最后平衡状态完全改变,也可能出现多个不同的平衡状态并存等非线性现象.

但是,因为起振时晶体管尚工作在线性状态,一般可以用(4.2)式进行分析,其中晶体管可以运用其小信号参数模型. 所以,一般可以从起振条件开始设计晶体管反馈振荡器,然后根据其他的估算结果对振荡器作一定的修正.

下面我们讨论几种常见的晶体管 LC 振荡器.

4.1.2 互感耦合型 LC 振荡器

互感耦合型 LC 振荡电路的电路见图 4-2. 根据前面的讨论结果,我们分析它的起振条件和振荡频率.

由于振荡器起振时信号很小,放大器的正向电压增益 $|G_v(\mathrm{j}\omega)|$ 可以近似用晶体管的线性跨导计算,对于图 4-2 的电路来说,忽略偏置电阻和 L_2 的损耗(一般较小;若需要计算,可以归并到晶体管的输入导纳 y_{ie} 中),再忽略晶体管的反向传输导纳 y_{re} 后,可以列出其交流小信号等效电路如图 4-8,其中 r 是 L 的损耗电阻.

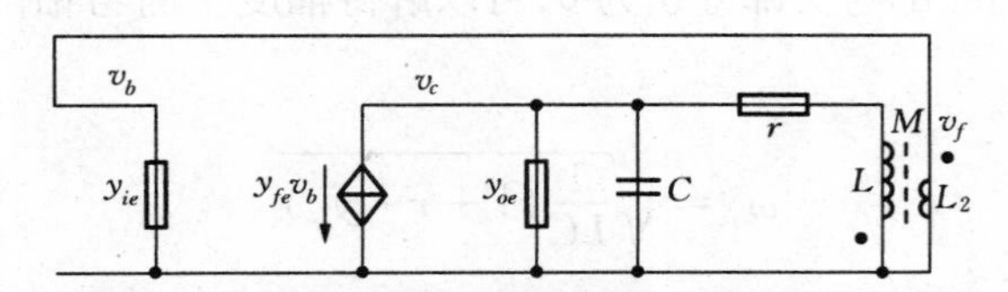

图 4-8 讨论互感耦合型晶体管 LC 振荡器的小信号等效电路

根据图 4-8 可以写出放大器的电压增益为

$$G_v(\mathrm{j}\omega)=\frac{v_c}{v_b}=-\frac{y_{fe}}{y_c}=-\frac{y_{fe}}{y_{oe}+\mathrm{j}\omega C+\dfrac{1}{r+\mathrm{j}\omega L+Z_{21}}} \tag{4.9}$$

其中 y_c 是在晶体管集电极看到的负载导纳, $Z_{21}=\dfrac{(\omega M)^2}{\mathrm{j}\omega L_2+1/y_{ie}}$ 是互感耦合的次级负载反射到初级的串联阻抗(参见(1.61)式).

反馈系数为

$$F(\mathrm{j}\omega)=\frac{v_f}{v_c}=-\frac{\mathrm{j}\omega M i_1}{v_c}=-\frac{\mathrm{j}\omega M}{r+\mathrm{j}\omega L+z_{21}} \tag{4.10}$$

这样,环路电压增益为

$$T(\mathrm{j}\omega)=G_v(\mathrm{j}\omega)F(\mathrm{j}\omega)=\frac{y_{fe}}{y_{oe}+\mathrm{j}\omega C+\dfrac{1}{r+\mathrm{j}\omega L+z_{21}}}\cdot\frac{\mathrm{j}\omega M}{r+\mathrm{j}\omega L+z_{21}} \tag{4.11}$$

下面根据环路电压增益分析此电路的起振条件和振荡频率. 为了简化运算过程并突出主要因素,作如下假设:

(1) 晶体管的 y 参数中均没有相移,即 y_{fe}, y_{ie}, y_{oe} 等均为实数,此假设实际上是以晶体管的低频参数代替实际振荡频率下的晶体管参数;

(2) 互感耦合次级对初级的影响较小, $(r+j\omega L+z_{21})\approx(r+\mathrm{j}\omega L)$.

以此假设条件代入上述环路增益表达式(4.11)式,则有

$$T(\mathrm{j}\omega)\approx\frac{\mathrm{j}\omega M}{(r+\mathrm{j}\omega L)(y_{oe}+\mathrm{j}\omega C)+1}y_{fe} \tag{4.12}$$

令 $T(\mathrm{j}\omega)=1$,得到振荡器的平衡条件为

$$(r+\mathrm{j}\omega L)(y_{oe}+\mathrm{j}\omega C)+1-\mathrm{j}\omega M\cdot y_{fe}=0 \tag{4.13}$$

令(4.13)式的虚部与实部分别为 0,可以解得幅度平衡与相位平衡条件:振荡频率为

$$\omega_0=\sqrt{\frac{1}{LC}(1+r\cdot y_{oe})} \tag{4.14}$$

由此可见,此振荡器的振荡频率并不等于 LC 谐振回路的谐振频率. 当 r 很小(即 LC 谐振回路具有高 Q 值)时,振荡器的振荡频率 $\omega_0\approx\sqrt{\dfrac{1}{LC}}$.

振幅平衡条件为

$$y_{fe}=\frac{L}{M}\left(r\frac{C}{L}+y_{oe}\right)=\frac{L}{M}\left(\frac{1}{Q^2r}+y_{oe}\right) \tag{4.15}$$

所以此振荡器的起振条件为

$$|y_{fe}|>\frac{L}{M}\left(\frac{1}{Q^2r}+|y_{oe}|\right) \tag{4.16}$$

若图4-2的电路中两个电感紧耦合，则$M=\sqrt{LL_2}$，此时起振条件简化为

$$|y_{fe}|>\sqrt{\frac{L}{L_2}}\left(\frac{1}{Q^2r}+|y_{oe}|\right)=\frac{n}{n_2}\left(\frac{1}{Q^2r}+|y_{oe}|\right) \tag{4.17}$$

其中n和n_2分别是初次级电感的匝数.

由于$|y_{fe}|\approx\frac{I_{CQ}}{V_T}$，再综合(4.16)式、(4.17)式可知，互感耦合型振荡器的起振条件可以通过改变晶体管静态工作点电流、改变两个电感的互感系数或匝数比等多项因素进行调整.

由于前面的计算中我们忽略了晶体管的反相传输导纳y_{re}、晶体管y参数的相位，以及互感耦合次级的影响，因此实际的振荡频率表达式要比(4.14)式复杂，实际的起振条件要比(4.16)式复杂，然而这两个式子显示出影响振荡器最主要的因素.

例4-1 若图4-2振荡电路采用例2-1的晶体管，振荡频率为100 MHz，试分析晶体管y参数对于起振条件与实际振荡频率的影响.

解 例2-1的晶体管参数中，y_{fe}从低频到高频的变化很小，其模等于38 mS几乎不变，辐角仅改变6°左右，故以低频y_{fe}参数计算起振条件与振荡频率是可信的. 注意到y_{fe}基本上就是晶体管的跨导$g_m=I_{CQ}/V_T$，所以此振荡器的静态工作电流在1 mA左右.

y_{oe}对于实际振荡频率的影响体现在(4.14)式中，为了估计它的影响，需要知道r的值. r的值可以这样估计：将100 MHz代入$\omega_0\approx\sqrt{\frac{1}{LC}}$，可知$LC\approx 2.53\times 10^{-18}$，比较符合实际的一种设计是$C=30$ pF和$L=84$ nH. 假设线圈$Q=100$，则可算得$r=0.5\ \Omega$. 在100 MHz时，晶体管的$y_{oe}=(0.1+\mathrm{j}3.1)\times 10^{-3}$，由于$r\cdot y_{oe}\ll 1$可以忽略，因此对实际振荡频率没有影响.

y_{oe}对于起振条件的影响体现在(4.16)式或(4.17)式中，由于$|y_{oe}|\approx 3.1\times$

10^{-3}，此值远大于 $\frac{1}{Q^2 r}=2\times10^{-4}$，因此它对于起振条件有决定性的影响. 将它代入(4.16)式和(4.17)式，可以得到起振条件为 $M>7.3\,\text{nH}$ 或 $n_2/n>1/11.5$. 实际电路中两个电感常取紧耦合方式，此时可以取 $n_2/n=0.1$，$L_2\approx0.84\,\text{nH}$，$M=8.4\,\text{nH}$.

y_{ie} 在(4.14)式、(4.16)式或(4.17)式中均未出现，实际上它包含在 z_{21} 中而被忽略. 为了估计它的影响，需要知道 z_{21} 的大小. 在例 4-1 情况下，$y_{ie}\approx \text{j}5.1\,\text{mS}$，$z_{21}\approx(\omega M)^2\cdot y_{ie}\approx \text{j}0.14(\Omega)$，此值远小于 $\text{j}\omega L=\text{j}53(\Omega)$，由此可证，假设 $(r+\text{j}\omega L+z_{21})\approx(r+\text{j}\omega L)$ 是合理的.

由于在图 4-8 中没有计入 y_{re}，我们以另外一种方法估计它的影响.

例 2-1 中给出在 100 MHz 时，$|y_{re}|=2.3\,\text{mS}$，$\angle y_{re}=-92.9°$，由此可知它基本上可等效为一个跨接在晶体管 c 和 b 之间的电容，经计算其容量为 0.37 pF. 此电容可以用米勒定理等效到晶体管的基极与集电极. 由于反馈网络的电压增益 $n_2/n=0.1$，因此平衡时晶体管的电压增益 $G_v=10$，由此可得 y_{re} 用米勒定理等效后的电容 $C_{be}\approx4\,\text{pF}$ 和 $C_{ce}\approx0.4\,\text{pF}$. 这两个电容都可以等效为与振荡回路电容 C 并联，其中 C_{ce} 为直接并联，C_{be} 要乘以接入系数平方 $(n_2/n)^2=0.01$，其值为 0.04 pF. 由于 $C=30\,\text{pF}$，这两个电容之和大约是 C 的 1.5%，可见它会稍稍影响实际振荡频率，但是影响并不大.

由此可见，尽管我们在前面的分析中设定了许多假设条件，但最后的结果还是很符合实际情况的. 这个晶体管的特征频率 $f_T=300\,\text{MHz}$，这里的振荡频率为 $f_T/3$，大致就是晶体管 LC 振荡器的上限工作频率.

4.1.3 三点式 LC 振荡器

除了前面讨论的互感耦合型振荡器外，高频 LC 振荡器更多地采用三点式振荡器形式. 所谓三点式 LC 振荡器，就是在晶体管的每两个电极之间接入一个电抗元件，共计 3 个电抗元件，与晶体管构成反馈网络，如图 4-9.

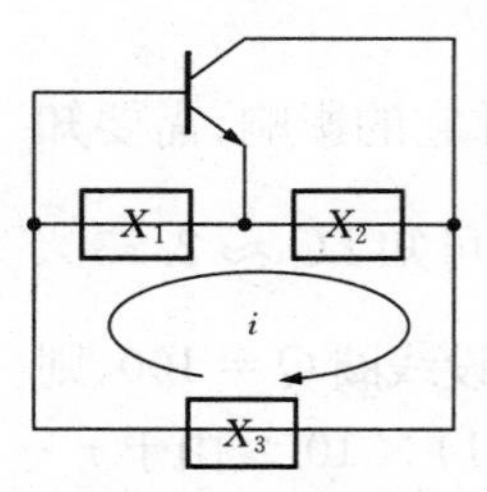

图 4-9 三点式振荡器的构成

我们假设图 4-9 中的晶体管没有相移，或者说晶体管中的所有电抗分量都等效到 3 个电抗元件中去，那么确定 3 个电抗元件的条件有以下两个：

(1) 在谐振频率上，所有电抗元件的电抗值之矢量和为 0，即 $\dot{X}_1+\dot{X}_2+\dot{X}_3=0$；

(2) 由于晶体管的 v_b 与 v_c 反相,根据振荡器的正反馈条件,要求 $v_{be}=-kv_{ce}$,其中 k 是一个实常数. 若某个瞬时流过 X_1, X_2, X_3 这 3 个电抗元件的电流如图 4-9 所示,那么上述条件就是要求 $i\cdot\dot{X}_1=k\cdot i\cdot\dot{X}_2$,也就是要求 X_1 与 X_2 为同性质的电抗,即都是电容或者都是电感.

综合上述两个条件,可以得到晶体管三点式振荡器的一般构成法则如下:在发射极上连接的两个电抗为同性质电抗,另一个为异性质电抗.

根据发射极连接的是电容还是电感,三点式振荡器分为两大类:电容三点式振荡器和电感三点式振荡器.

一、电容三点式振荡器

电容三点式振荡器的原理电路见图 4-10(a). 其中 L, C_1, C_2 构成 LC 谐振回路,晶体管基极通过旁路电容交流接地,而电源 V_{CC} 与地对于交流信号同电位,所以其简化的交流回路如图 4-10(b)所示. 此交流回路完全符合晶体管三点式振荡器的一般构成法则,所以它满足振荡所需的相位条件. 这种振荡器在国外文献中通称为 Colpitts 振荡器.

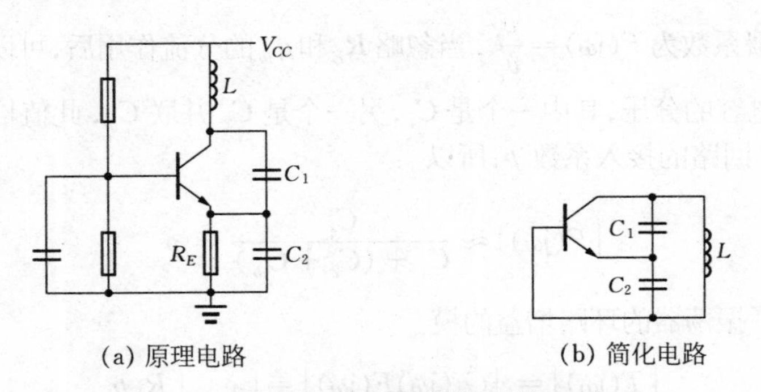

(a) 原理电路　　(b) 简化电路

图 4-10　电容三点式振荡器及其原理电路

为了分析图 4-10 电路的起振条件,需要画出其交流小信号等效电路如图 4-11. 其中晶体管用 y 参数模型:y_{fb} 是晶体管共基小信号正向传输跨导,g_{ib} 和 C_{ib} 构成晶体管输入导纳 y_{ib}, g_{ob} 和 C_{ob} 构成晶体管输出导纳 y_{ob}, y_{rb} 被忽略,g_0 是 LC 回路的损耗电导.

根据图 4-11 可以计算反馈振荡器的环路增益 $T(j\omega)$. 为了突出影响振荡器起振的主要因素,我们对此进行工程估算如下:

在谐振频率上,晶体管电压增益 $|G_v(j\omega)|=\dfrac{v_c}{v_e}=g_{fb}R_L$, R_L 是在晶体管集电

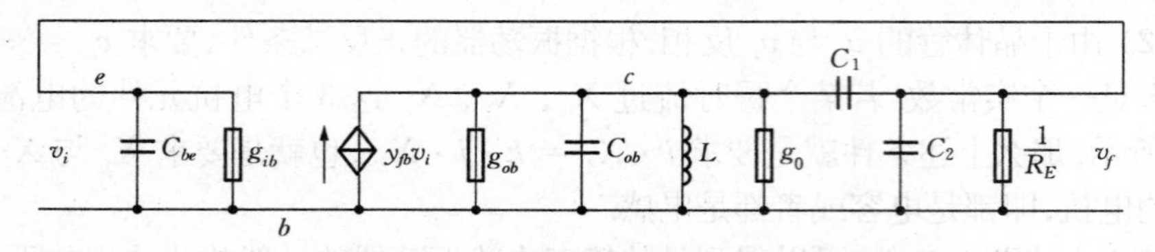

图 4-11 电容三点式振荡器的小信号等效电路

极看到的所有负载,除了 g_{ob}和 g_0 外,还有负载电导 $1/R_E$和晶体管输入电导 g_{ib}. 由于负载电导 $1/R_E$和晶体管输入电导 g_{ib}是部分接入的,当 LC 回路具有高 Q 值条件时,它们可以用接入系数 $p=\dfrac{v_{C_2}}{v_C}=\dfrac{C_1}{C_1+(C_2+C_{ib})}$ 等效到 LC 回路两端,即 $\dfrac{1}{R_L}=g_{ob}+g_0+p^2\left(g_{ib}+\dfrac{1}{R_E}\right)$,所以

$$|G_v(\mathrm{j}\omega)|=\frac{v_c}{v_e}\approx\frac{g_m}{g_{ob}+g_0+p^2\left(g_{ib}+\dfrac{1}{R_E}\right)} \tag{4.18}$$

系统反馈系数为 $F(\mathrm{j}\omega)=\dfrac{v_e}{v_c}$. 当忽略 R_E和 g_{ib}的分流作用后,可以认为反馈电压就是两个电容的分压,其中一个是 C_1,另一个是 C_2 并联 C_{ib}. 此值恰恰就是高 Q 值条件下 LC 回路的接入系数 p,所以

$$|F(\mathrm{j}\omega)|\approx\frac{C_1}{C_1+(C_2+C_{ib})}=p \tag{4.19}$$

这样就得到了振荡器的环路增益的模

$$|T(\mathrm{j}\omega)|=|G_v(\mathrm{j}\omega)F(\mathrm{j}\omega)|=|\,g_{fb}\,|R_Lp \tag{4.20}$$

由于要求起振时环路增益的模大于 1,因此由上式可以得到电容三点式振荡器的起振条件为 $|\,g_{fb}\,|R_Lp>1$,或写为

$$|\,g_{fb}\,|>\frac{1}{R_Lp}=\left[g_{ob}+g_0+p^2\left(g_{ib}+\frac{1}{R_E}\right)\right]\frac{1}{p}=\frac{1}{p}(g_{ob}+g_0)+p\left(g_{ib}+\frac{1}{R_E}\right) \tag{4.21}$$

由此可见,电容三点式振荡器的起振条件与两个电容的分压比 p 有关. 根据经验,此值取 0.1～0.5 之间比较合适,取得小一些有利于减小输出波形失真.

在高 Q 值条件下,若忽略晶体管正向传输导纳 y_{fb} 的相移以及电路中其他电阻引起的相移,则环路增益的相位将完全由电路中的 LC 回路确定. 在图 4-11 中可见,与电感 L 一起参与谐振的电容有 4 个,其中 C_{ob} 直接与 L 并联,C_{ib} 先与 C_2 并联后再与 C_1 串联,然后与 L 并联. 所以图 4-10 电路的振荡频率为

$$\omega_0 \approx \frac{1}{\sqrt{L\left[C_{ob} + \frac{C_1(C_2 + C_{ib})}{C_1 + C_2 + C_{ib}}\right]}} \tag{4.22}$$

由于振荡器电路中存在晶体管正向传输跨导 y_{fb} 的相移,电路中其他电阻也会引起附加相移,因此实际的电容三点式振荡器的振荡频率略高于(4.22)式.

这种振荡器最后的振荡信号幅度与其平衡条件有关. 前面已经说过,严格讨论振荡器的平衡条件是困难的,所以严格确定其振荡幅度也是困难的. 有文献[31]指出,在晶体管不进入饱和区的条件下,LC 振荡器的集电极电流波形一般总是一个尖顶余弦脉冲,LC 回路两端的振荡电压幅度近似有

$$V_o = 1.1 \cdot p_1 \frac{\alpha_1(\theta)}{\alpha_0(\theta)} \cdot I_{CQ} \cdot R_p \tag{4.23}$$

其中"1.1"是经验系数,p_1 是晶体管 $c-e$ 结对于 LC 回路两端的接入系数,I_{CQ} 是晶体管静态工作点电流,R_p 是等效到 LC 回路两端的所有损耗电阻,$\alpha_1(\theta)$和 $\alpha_0(\theta)$是尖顶余弦脉冲分解系数,其中导通角 θ 可由下列方程确定:

$$G_vF = \frac{1}{\alpha_1(\theta) \cdot (1-\cos\theta)} = \frac{\pi}{\theta - \sin\theta\cos\theta} \tag{4.24}$$

其中 G_vF 是电路起振时的小信号环路电压增益. 直接由方程(4.24)求解 θ 比较困难,但是可以通过计算机作出 G_vF 与 θ 的关系曲线进行图解.

最后要说明一点,尽管图 4-11 和(4.21)式都是用晶体管共基组态的 y 参数,但并不是说图 4-10 电路中的晶体管是共基组态,只是在分析计算时以基极作为参考点而已. 由于在反馈振荡器中整个电路构成一个闭合的环,振荡器的起振、平衡等均与此环的环路增益 $T(\mathrm{j}\omega)$有关,无论以哪一点作为参考点,对于同一个电路来说其环路增益一定是一致的. 所以在反馈振荡器的分析中参考点的选取无关紧要,不存在晶体管的组态问题. 若选取其他电极作为参考点,则可以采用晶体管其他组态的形式参数进行分析计算,但最后的结果一定是一致的.

例 4-2 电容三点式振荡电路如图 4-10,其中 $R_E=1\ \mathrm{k}\Omega$, $C_1=110$ pF, $C_2=130$ pF, $L=440$ nH,空载品质因数 $Q_0=220$. 晶体管参数如下:$C_\mu=2$ pF, $C_\pi=97$ pF, g_{ob}很小可忽略. 试求振荡频率以及能够起振的最小集电极电流.

解 估算振荡频率以及起振条件可以根据(4.21)式和(4.22)式进行,但是例

4-2 没有给出相关的共基组态 y 参数,所以需要根据已知条件进行一些推导与估计.

先估计 y_{ob}. 根据表 2-2 和(2.8)式,

$$y_{ob} = y_{oe} = \frac{1}{r_{ce}} + \frac{1 + r_b(y_{be} + g_m)}{1 + r_b(y_{be} + y_{bc})} y_{bc}$$

通常晶体管的 r_b 较小,为了简化运算,可以假设 $|r_b(y_{be} + y_{bc})| \ll 1$ 和 $|r_b(y_{be} + g_m)| \ll 1$, 这样就得到 y_{ob} 的近似估计关系为

$$y_{ob} \approx \frac{1}{r_{ce}} + y_{bc} = \frac{1}{r_{ce}} + \frac{1}{r_\mu} + \mathrm{j}\omega C_\mu$$

通常又有 $\frac{1}{r_{ce}} \gg \frac{1}{r_\mu}$,所以进一步的近似为 $y_{ob} \approx \frac{1}{r_{ce}} + \mathrm{j}\omega C_\mu$, 也就是

$$\begin{cases} g_{ob} \approx 1/r_{ce} \\ C_{ob} \approx C_\mu \end{cases} \tag{4.25}$$

再估计 y_{ib}. 根据表 2-2,有 $y_{ib} = y_{ie} + y_{oe} + y_{fe} + y_{re}$. 同样,在 r_b 较小的条件下,近似估计 $y_{ib} \approx g_m + \frac{1}{r_{ce}} + \frac{1}{r_\pi} + \mathrm{j}\omega C_\pi$. 由于一般情况下, $g_m \gg \frac{1}{r_{ce}}$, $g_m \gg \frac{1}{r_\pi}$,所以还可以进一步近似为 $y_{ib} \approx g_m + \mathrm{j}\omega C_\pi$, 即

$$\begin{cases} g_{ib} \approx g_m \\ C_{ib} \approx C_\pi \end{cases} \tag{4.26}$$

根据表 2-2, $y_{fb} = -(y_{fe} + y_{oe})$,由于通常总有 $y_{fe} \gg y_{oe}$,因此 $y_{fb} \approx -y_{fe}$. 又由于 y_{fe} 几乎总是等于 g_m,所以

$$y_{fb} \approx -g_m \tag{4.27}$$

这样,(4.22)式可以改写为

$$\omega_0 \approx \frac{1}{\sqrt{L\left[C_\mu + \frac{C_1(C_2 + C_\pi)}{C_1 + C_2 + C_\pi}\right]}} \tag{4.28}$$

代入本题的参数,可以得到 $f_0 \approx 27.5\ \mathrm{MHz}$.

(4.21)式可以近似改写为 $g_m > \frac{1}{p}\left(\frac{1}{r_{ce}} + g_0\right) + p\left(g_m + \frac{1}{R_E}\right)$, 即起振条件可用下式估计:

$$g_m > \frac{1}{(1-p)p}\left(\frac{1}{r_{ce}} + g_0\right) + \frac{p}{(1-p)} \cdot \frac{1}{R_E} \tag{4.29}$$

本题中，$g_0 = \frac{1}{2\pi f_0 Q_0 L} = 5.8 \times 10^{-5}$，$p = \frac{C_1}{C_1 + (C_2 + C_\pi)} = 0.33$，$g_{ob} = \frac{1}{r_{ce}}$ 可以忽略不计，所以起振条件为

$$g_m > 7.48 \times 10^{-4}(\mathrm{S})$$

起振电流为

$$I_C = g_m V_T \approx 20(\mu\mathrm{A})$$

此电路经实际测量，振荡频率与计算值基本一致，但起振电流误差较大. 实际起振电流大约为 50～60 μA. 其主要原因是上述估算中忽略了许多实际因素，(4.25)式、(4.26)式和(4.27)式都经过大幅度的近似，计算值与实际值之间有较大的偏差. 通常为了保证振荡器正常工作，实际的工作电流总是比上述计算值要大许多. 例如，例 4－2 可以取静态工作点为 0.2～0.3 mA.

二、电感三点式振荡器

电感三点式振荡器在国外文献中通称为 Hartley 振荡器，其基本电路见图 4－12(a).

由图 4－12(b)可见，此电路与电容三点式结构基本一致，只是电容与电感互换位置. 其小信号等效电路如图 4－13.

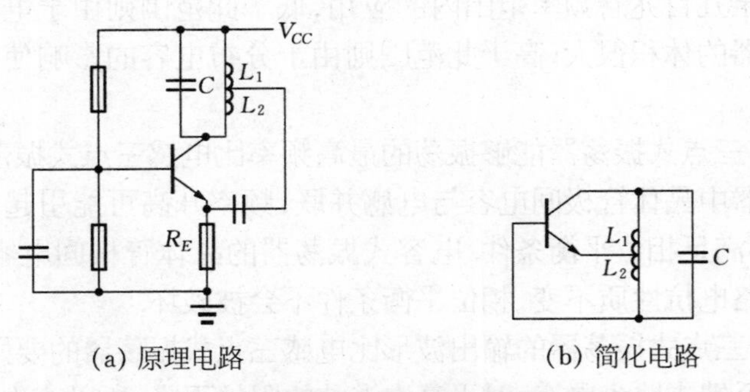

图 4－12　电感三点式振荡器及其原理电路

此电路的分析过程与电容三点式电路大同小异. 通常在电感三点式振荡器中，两个电感总是紧耦合的，所以接入系数 $p = \frac{v_{L_1}}{v_L} = \frac{n_1}{n}$，其中 n_1 和 n 分别表示电感

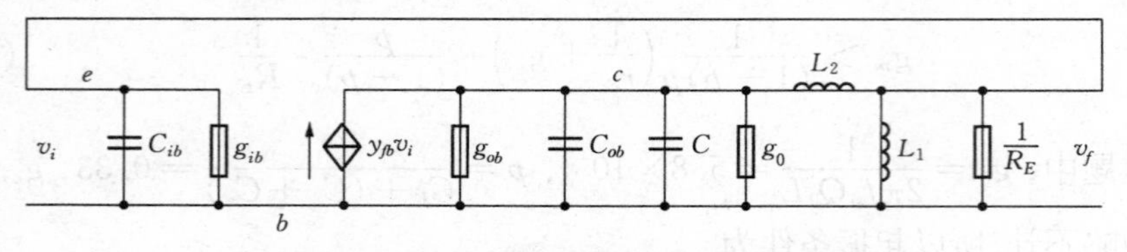

图 4-13 电感三点式振荡器的小信号等效电路

L_1 的匝数和 L_1+L_2 的总匝数. 若电感 L_1 和 L_2 的总电感量为 L,则由图 4-13 可得电感三点式振荡器的起振条件和振荡频率分别为

$$|g_{fb}|>\frac{1}{p}(g_{ob}+g_0)+p\left(g_{ib}+\frac{1}{R_E}\right) \tag{4.30}$$

$$\omega_0\approx\frac{1}{\sqrt{L[C+C_{ob}+p^2C_{ib}]}} \tag{4.31}$$

同样,由于振荡器电路晶体管的相移和电路中其他附加相移的影响,实际的电感三点式振荡器的振荡频率比(4.31)式的计算值略低.

若将(4.25)式、(4.26)式和(4.27)式代入上面两式,也可以得到与(4.28)式、(4.29)式类似的近似关系式.

上述电容三点式振荡器和电感三点式振荡器是两种基本的三点式 LC 振荡器. 它们的共同特点是电路简单,通过改变电容的比值或电感的抽头位置可以方便地改变反馈系数,使起振容易. 实际的电容三点式或电感三点式振荡器电路通常适用于几百千赫至几百兆赫频率范围内的应用,低于此范围则由于电感和电容的值很大导致振荡器的体积很大,高于此范围则由于分布电容的影响使得振荡频率不易稳定.

通常,电容三点式振荡器能够振荡的最高频率比电感三点式振荡器的高. 原因是电感式振荡器中晶体管极间电容与电感并联,频率升高可能引起支路的电抗性质改变,从而不满足相位平衡条件. 电容式振荡器的晶体管极间电容与电容并联,频率升高时支路电抗性质不变,相位平衡条件不会被破坏.

另外,电容三点式振荡器的输出波形比电感三点式振荡器的要好. 原因是电容三点式电路的反馈支路为电容,对于高次谐波的阻抗下降,所以高次谐波的反馈减弱,导致输出波形中高次谐波成分较少. 而电感三点式电路恰恰相反,所以输出波形中谐波成分较多.

电感三点式振荡器的一个优点是可以通过改变电容值比较方便地调节频率,而不影响反馈系数. 但电容三点式振荡器要做到这一点则稍困难.

由于上述原因,在要求振荡频率较高的时候,一般总是优先考虑电容三点式振荡器. 而在需要大范围改变振荡器振荡频率的地方(如超外差收音机中的本机振荡电路)常常采用电感三点式振荡器.

在实际设计三点式振荡器时,常用一些经验数据来确定电路参数. 通常选择晶体管的特征频率 $f_T>(3\sim5)f_{\max}$,特征频率高的晶体管其结电容也小,对 LC 回路的影响小一些. 起振时的环路电压增益为 3～5,反馈系数通常取为 0.1～0.5. 反馈系数大一些,则环路电压增益也大,电路容易起振. 但环路增益大了,到达平衡时晶体管的导通角就变小,集电极电流的高次谐波增多,导致输出波形失真增大. 所以环路增益和反馈系数的取值均不宜过大.

确定上述参数后即可以计算 LC 回路参数以及晶体管的静态工作点,小功率振荡器中晶体管的静态工作点通常为亚毫安数量级.

三、改进型的电容三点式振荡器

电容三点式振荡器的基本电路有一些重要的缺陷. 其一,电容三点式电路中的两个电容的取值不能太小,否则受晶体管极间电容的影响太大,频率精度将大大下降. 这导致其最高振荡频率受到限制. 其二,电容三点式振荡器因为反馈系数由电容分压确定,所以难以通过改变电容来改变频率. 针对这些缺陷,在实用中常常使用一些改进型电路.

图 4-14 的电路称为 Clapp 振荡器,是电容三点式振荡器的一个改型. 其主要改动是在 LC 谐振回路中增加了一个电容 C_3 与电感 L 串联. 由于在基本型电路(图 4-10)中集电极电源是通过 L 提供的,增加电容 C_3 后将隔断直流回路,所以将 C_3 与 L 的串联支路的另一端改为接地,同时又增加集电极电阻为晶体管提供集电极电源.

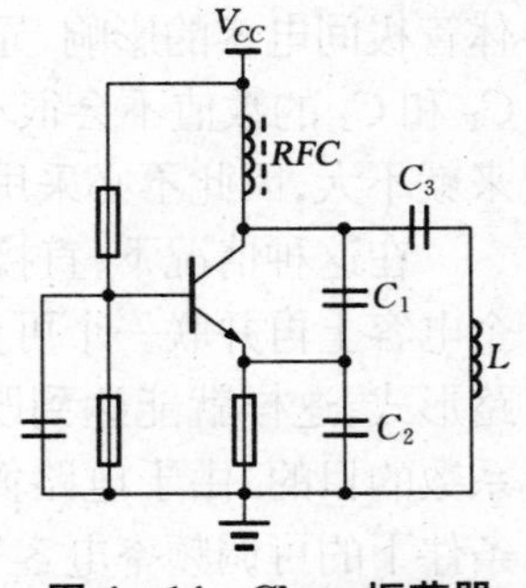

图 4-14 Clapp 振荡器

在 Clapp 振荡器中,谐振回路由 L 和 C_1, C_2, C_3 这 3 个电容的串联构成,若不考虑晶体管的分布电容与相移,其振荡频率可用 LC 回路的谐振频率近似:

$$f_0\approx\frac{1}{2\pi\sqrt{L\dfrac{C_1C_2C_3}{C_1C_2+C_1C_3+C_2C_3}}} \tag{4.32}$$

由(4.32)式可见,当需要较高的振荡频率时,可以使 C_3 取较小的电容值,而

C_1 和 C_2 取较大的电容值.这样既可以达到较高的振荡频率,又由于 C_1 和 C_2 较大而避免了振荡频率受晶体管极间电容的影响.

由于集电极电阻增加了 LC 回路的损耗,因此 Clapp 振荡器起振条件中的 $|y_{fb}|$ 要比基本型电容三点式振荡器(图 4-10)的高一些.

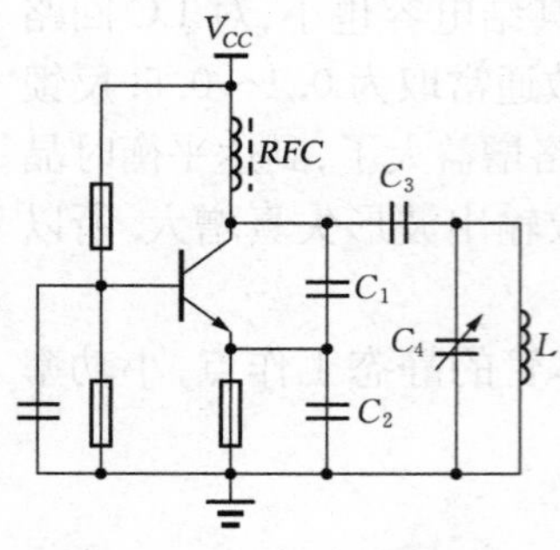

图 4-15 Seiler 振荡器

另一种改进型电路称为 Seiler 振荡器,如图 4-15. 它在 Clapp 振荡器的基础上再增加一个可变电容 C_4,其目的主要是为了改善调节频率的方便性.改变 C_4 可以改变此电路的工作频率,然而由于 C_1 和 C_2 不变,振荡器的反馈系数不会随之改变,较好地保证了振荡器的稳定性.

若不考虑晶体管的分布电容与相移,图 4-15 电路的振荡频率近似为

$$f_0 \approx \frac{1}{2\pi\sqrt{L\left(C_4+\frac{C_1C_2C_3}{C_1C_2+C_1C_3+C_2C_3}\right)}} \tag{4.33}$$

由于在 Seiler 振荡器中 C_3 可以取得较小、C_1 和 C_2 取得较大,因此它能够在较高频段工作时减小晶体管极间电容的影响.显然,若工作频率不高时,由于 C_1 和 C_2 的数值不会很小,晶体管极间电容的影响本来就不大,因此不必采用图 4-15 的电路形式.

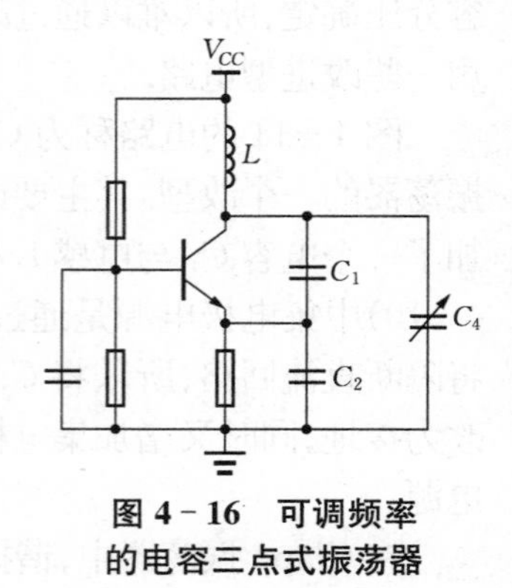

图 4-16 可调频率的电容三点式振荡器

在这种情况下,直接在图 4-10 基本型电路的两个电容上再并联一个可变电容,形成如图 4-16 的电路形式,这样就能达到既可调节频率、又不影响反馈系数的目的.由于电路简单可靠,故这是频率不很高条件下的可调频率电容三点式振荡器的常见形式.

4.1.4 差分电路 LC 振荡器

图 4-17(a)是一种在集成电路中广泛使用的 LC 振荡器(亦称 Sony 振荡器).图 4-17(b)是这种电路的等效交流电路.可以看到,差分放大器实际构成一个共集-共基结构的组合放大器,LC 并联谐振回路就是该放大器的谐振负载.共集-共

基放大器通过 Q_2 集电极到 Q_1 基极的连线构成正反馈，而 LC 谐振回路构成选频网络. 由第 1 章的讨论可知，LC 并联谐振回路在谐振频率附近具有负斜率的相频特性，所以它能够满足反馈振荡器的相位平衡条件.

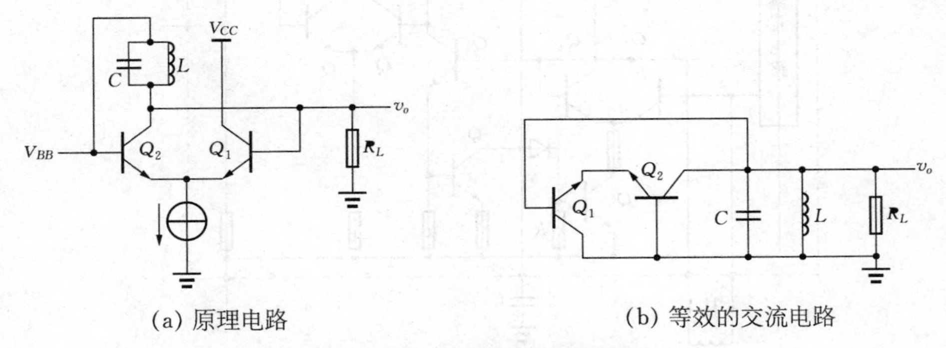

(a) 原理电路　　(b) 等效的交流电路

图 4－17　差分电路 LC 振荡器

振荡器的幅度平衡条件可以由差分放大器的大信号传输特性确定，即：振荡幅度增大后，差分放大器的平均跨导下降，导致整个放大器增益下降，最终满足振荡器的平衡条件. 在实际振荡器中，为了得到更好的输出波形，另外加入自动增益控制电路以达到平衡，详见下面实际振荡器电路的说明.

图 4－18 是一个实际的基于差分电路 LC 振荡器构成的实际集成振荡器电路(MC1648，图中作了适当的简化). 在此电路中，Q_1和 Q_2以及外接的 LC 回路构成差分电路 LC 振荡器，Q_3是差分放大器的偏置电流源. 振荡信号由 Q_4，Q_6，Q_7以及 Q_8构成的多级放大器放大后输出.

由于 Q_2的基极与集电极的直流电位是相同的，因此差分电路 LC 振荡器有个振荡幅度的限制. 若完全依赖晶体管的非线性来达到平衡，则可能由于振荡幅度过大而导致 Q_2进入饱和区. 一旦 Q_2进入饱和，则由于 LC 回路两端等效负载电阻下降，其有载 Q 值下降，将导致输出信号的频谱宽度和频率稳定度大大下降.

所以在这个振荡器电路中，由 Q_5 和 C_1 以及二极管、电阻等元件构成自动增益控制电路来控制振荡器的环路增益. 其工作原理是：振荡信号由 Q_4 缓冲后加至 Q_5 基极，当信号幅度很小时，Q_5 基本处于截止状态，电容 C_1 上的电压由电阻 R_1 和 R_2 的分压关系确定. 当振荡信号幅度增大后，Q_5 在正半周开始导通，振荡幅度越大则导通程度越大，因此 C_1 上的电压将下降，下降的程度与振荡幅度相关. C_1 上的电压下降引起 Q_3 的基极直流电位下降，导致 Q_3 的集电极电流下降，从而使得差分放大器的增益下降，这就满足了振荡器幅度平衡所要求的环路增益对输出

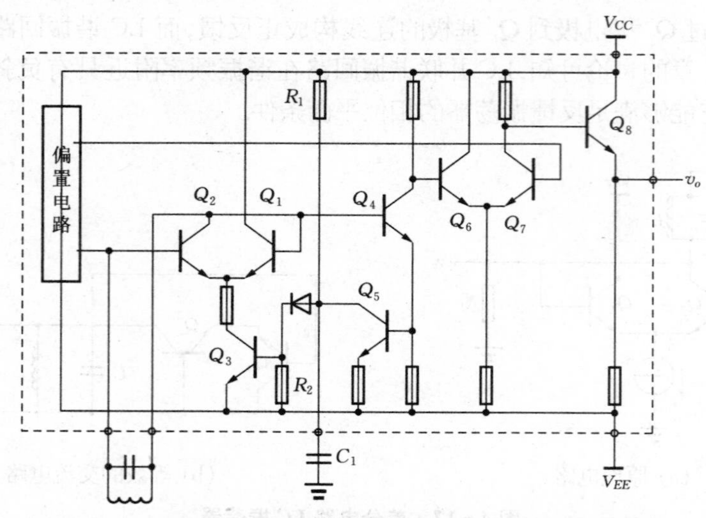

图 4-18 基于差分电路 LC 振荡器结构的集成振荡器电路

幅度的负斜率关系. 选择合适的初始增益,可以使得振荡器达到平衡时的输出幅度保持在一个较小的值,以避免输出信号的质量变坏.

§4.2 石英晶体振荡器

前面我们介绍了 LC 振荡器. 由于受到 LC 元件参数的制约,LC 谐振回路的频率稳定性远不如第 1 章介绍的石英晶体谐振器,因此在要求高稳定性的振荡器电路中,普遍采用石英晶体谐振器作为电路中的谐振元件,构成石英晶体振荡器.

我们在第 1 章讨论了石英晶体谐振器的电抗特性:在频率 f_g 表现为一个串联谐振回路,在频率 f_o 表现为并联谐振回路,在一个极窄的频率范围内 ($f_g < f < f_o$) 呈现为感抗特性,在其余频率上均呈现为容抗特性. 图 1-17 显示了上述特性. 利用石英谐振器的电抗特性,可以构成石英晶体振荡器. 将石英谐振器等效成电感,与外接的电容并联,可以构成并联型振荡器;将石英谐振器等效成串联谐振回路,可以构成串联型振荡器.

图 4-19 是两种并联型石英晶体振荡器的原理结构. 这两种结构都将石英谐振器等效成一个电感,其中(a)构成电容三点式振荡器,称为 Pierce 振荡器;(b)构成电感三点式振荡器,称为 Miller 振荡器. 由于石英谐振器只在 f_g 到 f_o 之间呈现感抗特性,因此振荡器的振荡频率局限在 f_g 到 f_o 之间.

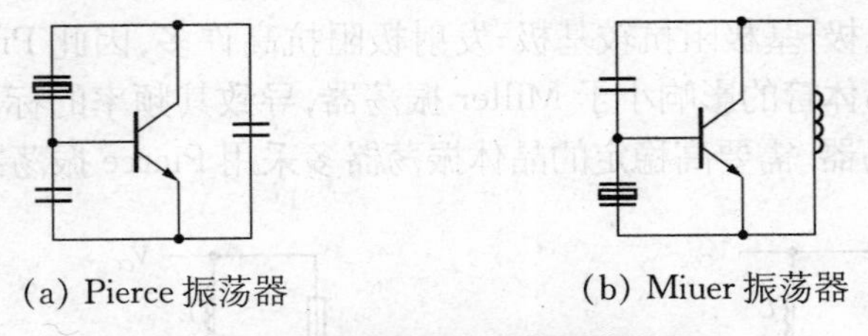
(a) Pierce 振荡器　(b) Miuer 振荡器

图 4-19　并联型石英晶体振荡器原理

图 4-20 是一种实际的 Pierce 振荡器电路. 可以看到,它与电容三点式振荡器的电路几乎完全一样,只是用石英谐振器 $XTAL$ 代替了电感. 振荡器的振荡频率取决于石英谐振器,电容 C_1和 C_2 仅决定振荡器的反馈系数,几乎与振荡频率无关.

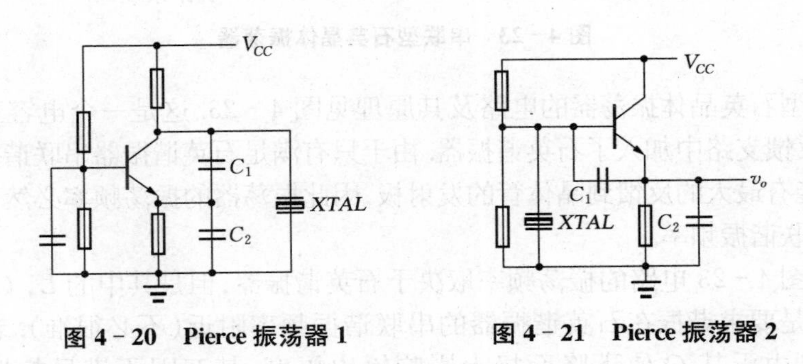

图 4-20　Pierce 振荡器 1　**图 4-21　Pierce 振荡器 2**

图 4-21 是另一种形式的 Pierce 振荡器实际电路. 它将石英谐振器接地的一端改接到晶体管的基极,而晶体管集电极直接接电源. 与图 4-20 电路相比,两种接法的交流信号回路是一致的.

图 4-22 是一种 Miller 振荡器的实际电路. 与图 4-19(b)对比可知,L 和 C_2 构成的并联谐振回路应该呈现感抗特性,所以它的谐振频率应该略高于振荡器的实际振荡频率. 通常在这种电路中,L 和 C_2 两个元件中有一个是可以微调的,调整此元件的数值可以使振荡器满足起振条件. 另外,在振荡频率较高的时候,此电路有时还省略了电容 C_1,直接利用晶体管的 b-c 极间电容来满足振荡条件.

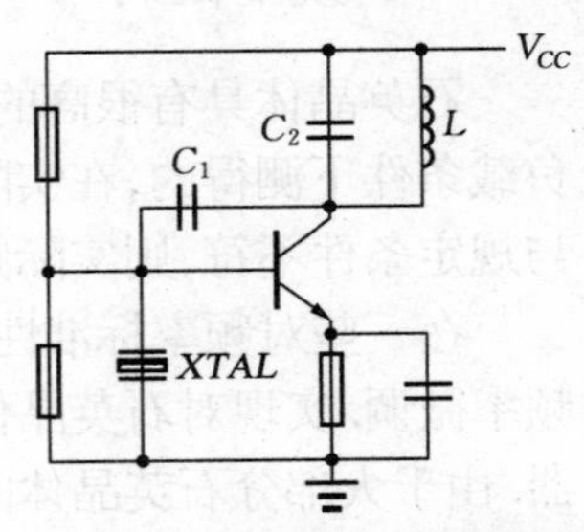

图 4-22　Miller 振荡器

与 Pierce 振荡器相比,Miller 振荡器中的石英谐振器接在晶体管的基极与发射极之间,而 Pierce 振荡器中的石英谐振器接在晶体管的集电极与基极之间.

由于晶体管集电极-基极阻抗较基极-发射极阻抗高许多,因此 Pierce 振荡器中的石英谐振器受晶体管的影响小于 Miller 振荡器,导致其频率的标准性和稳定度亦高于 Miller 振荡器. 需要高稳定的晶体振荡器多采用 Pierce 振荡器形式.

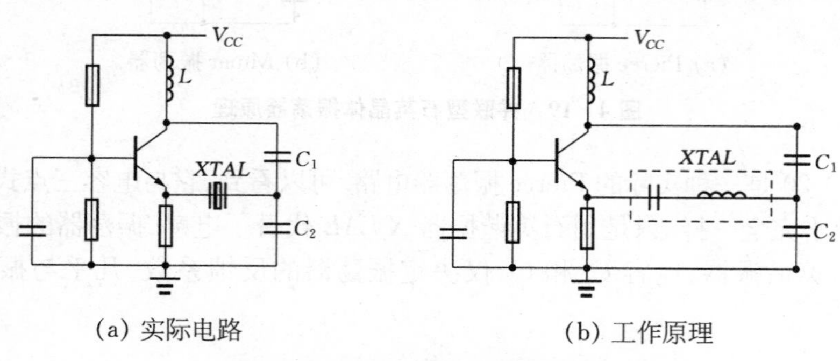

(a) 实际电路　　(b) 工作原理

图 4-23　串联型石英晶体振荡器

串联型石英晶体振荡器的电路及其原理见图 4-23. 这是一个电容三点式振荡器,在反馈支路中加入了石英谐振器. 由于只有满足石英谐振器串联谐振频率的信号,才能有最大的反馈到晶体管的发射极,因此振荡器的振荡频率必然是石英谐振器的串联谐振频率.

尽管图 4-23 电路的振荡频率取决于石英谐振器,但是其中的 L, C_1, C_2 谐振回路还是要求谐振在石英谐振器的串联谐振频率附近(不必很准). 若频率偏离太远,则由于其 Q 值下降而极大影响输出幅度,甚至因不满足起振条件而停振.

由于石英谐振器具有很高的频率稳定性,石英晶体振荡器在实际应用中相当普遍. 但在实际应用中必须考虑石英谐振器的具体特性,才能设计出完善的电路. 下面就几个石英晶体振荡器中的常见问题作简单讨论.

一、频率微调

石英晶体具有很高的频率标准性和频率稳定度. 但是其标称频率是在规定的负载条件下测得的,在实际使用中若不符合此负载条件,尤其是负载中的电容分量与规定条件不符,则实际频率将偏离标称频率.

在一些对频率标准性要求较高的的应用中,其中的晶体振荡器通常都要设置频率微调. 实现对石英晶体的频率微调的方法是在石英晶体上串联一个微调电容器. 由于大部分石英晶体的负载电容为 30 pF,因此一般可以串联一个 5～30 pF 的微调电容. 调整此电容可以调整振荡器的振荡频率.

二、泛音晶体

由于受到体积和机械强度的双重限制,目前常见的石英谐振器的谐振基频大概在 1.5～40 MHz 之间(也有达到 50 MHz 的). 但在实际应用中有时需要超出此频率上限的石英谐振器,这种谐振器一般是泛音(overtone)谐振器.

所谓泛音谐振器,就是石英谐振器的标称频率不是其石英晶体的基频,而是其高次谐波,常见的是 3 次谐波或 5 次谐波. 如果选用了泛音谐振器而又不在电路中采用任何措施,则振荡器的输出将是石英谐振器的基频而不是其标称频率. 为了在振荡器中得到其标称频率(即高次谐波的输出)、抑制基频输出,需要在振荡器电路中增加一个选频网络.

图 4-24 是采用泛音晶体的振荡器的例子. 它是一个 Pierce 振荡器,其中 L 和 C_1 构成并联谐振回路,其谐振频率略低于需要输出的泛音频率.

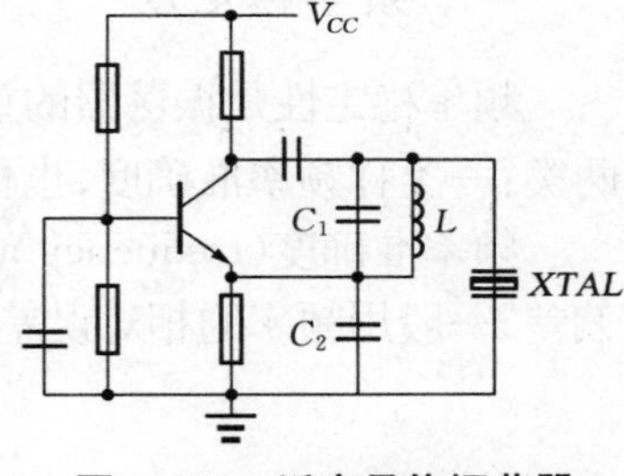

图 4-24 泛音晶体振荡器

由第 1 章的讨论可知,LC 并联谐振回路在高于其谐振频率 ω_0 时可以等效为电容,低于 ω_0 时可以等效为电感. 而 Pierce 振荡器在此位置上必须是电容才能满足振荡的相位条件,所以若图 4-24 电路中的石英晶体是一个 3 次泛音晶体,LC_1 并联谐振回路的谐振频率 ω_0 略低于 3 次泛音频率,对于基频及 2 次谐波它表现为一个电感,不满足起振条件;对于 3 次泛音频率它是电容,可以正常起振;而对于更高的泛音频率,虽然它也表现为电容,但是由于石英晶体的输出随泛音次数增加而下降,因此不满足振荡的幅度条件,这样最后输出的一定是 3 次泛音频率.

三、激励功率

石英谐振器中的石英晶体是一个薄片,当交变电信号加在其上时,它即产生弹性形变. 与所有材料都有额定的机械强度一样,它也有能够承受的极限机械强度,若激励功率超出其额定功率,轻者造成其输出谐波增加,严重者可能造成晶体破碎的后果.

一般石英谐振器的最大激励功率为 100 μW～1 mW. 体积大的谐振器允许的激励功率大一些,体积小的就小一些. 尤其是一些频率很低的谐振器(如手表用的谐振器,频率为 16 384 Hz),由于体积的限制,其机械结构为音叉结构,能够承受的最大激励功率不得超过 10 μW. 所以在设计石英晶体振荡器时,必须考虑石英谐振器的额定功率问题. 一般情况下(采用普通的谐振器,电源电压为 10 V 左右)都可以满足谐振器允许的激励功率要求，但是若电源电压过高或采用允许激励功率很小的谐振器等场合，就必须采取一定的措施以保护谐振器. 例如，可以对振荡器局部电路采用降低电源电压、控制振荡幅度等措施.

§4.3 振荡器的一些实际问题与现象

前面我们讨论了振荡器的基本工作原理以及一些原理性的应用电路. 但在振荡器的设计、调试和使用中，经常会遇到一些实际问题与现象. 下面我们就一些振荡器的实际问题和实际现象展开讨论.

一、频率稳定度

频率稳定性是振荡器的重要指标. 评价一个振荡器的频率指标通常可以分为两类：一类称频率准确度，也称频率标准性；另一类为频率稳定度.

频率准确度(frequency accuracy)是指振荡器的实际频率与标称频率之间的偏差，一般用频率的相对误差表述为

$$\frac{\Delta f}{f_0}=\frac{f-f_0}{f_0} \tag{4.34}$$

显然，对于不同的应用有不同的频率准确度要求. 例如，通常电子手表内振荡器的频率准确度大约为 10^{-8}，卫星通信中的振荡器则要求有优于 10^{-10} 的频率准确度，而作为时间基准的铯原子钟其频率准确度可达 6×10^{-15}.

频率稳定度(frequency stability)描述了在一定时间间隔内频率准确度的变化，按照时间间隔的长短，可以分为长期稳定度、短期稳定度和瞬时稳定度.

长期稳定度的时间间隔为一天甚至一年，短期稳定度的时间间隔一般在一天以内. 通常长期稳定度用来评价计时设备的稳定性，而其他的测量仪器、通信设备等用短期稳定度来评价其中振荡器的稳定性.

影响长期稳定度的主要因素是元器件的实际参数随时间的缓慢变化，引起这种变化的原因是器件的老化现象. 由于任何器件在制造过程中不可避免受到机械力的作用，所以在器件中留有机械应力，这些应力随时间的消逝会慢慢释放，最终的结果就是器件的参数发生变化，使得振荡器的振荡频率产生改变. 所以为了提高长期稳定度，应该对制造完成的振荡器进行必要的老化处理以提前消除机械应力.

短期稳定度也称之为频率漂移. 影响短期稳定度的主要因素是外部环境的变化，其中最重要的是温度变化. 在常用的商业或工业温度范围内，LC 振荡器的频

率稳定度大致是 10^{-3},而石英谐振器的频率稳定度通常为 10^{-5}.

提高 LC 振荡器的频率稳定度的措施已经在前面(4.1.1 节)介绍过,这里不再赘述.而若要求石英晶体振荡器的频率稳定度达到 10^{-6} 或者 10^{-7},最重要的措施是设法稳定温度,通常可以在振荡器中设立恒温槽来实现温度稳定.一些商品化的温度补偿石英晶体振荡器就是采用此方法达到高稳定度的.

振荡器中晶体管及其负载的变动会影响最终的输出频率,所以要得到高的频率稳定度,要设法减轻振荡器的负载,例如,选择在晶体管的发射极输出、采用输出缓冲放大器等措施.另外,电源电压的改变也会引起频率漂移,所以要降低漂移,要求振荡器的供电电源保持稳定.

除了上述措施外,还可以在振荡器电路中增加自动增益控制措施稳定其振荡幅度,即不让振荡器中的晶体管进入深度非线性区.晶体管工作在小信号放大区,有利于提高振荡器的输出信号的频谱纯度,同时也提高了频率稳定性.

瞬时稳定度是指在振荡器工作过程中频率的瞬时抖动.由于频率的瞬时抖动表现为振荡波形相位的前后抖动,所以也称之为相位抖动.频率的瞬时抖动使得输出信号的频谱不再是一根单一的谱线,而是在中心频率附近形成一个频带,因此这个现象也可以认为是振荡器的输出除了中心频率外还存在噪声.

引起相位抖动的原因主要是电子线路中的噪声与干扰,它与器件老化或外部温度无关.但是,反馈振荡器的初始动力又恰恰来自电子线路中的噪声,从这一点来说,完全杜绝反馈振荡器中的相位抖动是不可能的,只能设法降低相位抖动.

降低相位抖动的措施,一方面可以选用低噪声的元器件,只要振荡器的初始增益足够大,那么很低的噪声也足以形成最后的振荡输出,但是低噪声的元器件可以减小振荡器稳定后的噪声.

另一方面,可以认为反馈振荡器中的选频网络是一个从噪声中滤出振荡频率的滤波器,该选频网络的 Q 值越高,则其带宽越窄,最后得到的振荡频率的频谱就越纯,所以提高反馈振荡器中选频网络的 Q 值,可以有效降低输出信号的相位抖动.石英晶体振荡器的相位抖动大大低于 LC 振荡器的相位抖动也可以由此得到解释.

除了振荡器内部的噪声之外,振荡器外部的噪声和干扰会增加振荡器的输出噪声,该噪声完全可以避免,所以在要求很高的振荡器电路中应当采取隔离、屏蔽等措施以避免外界的噪声和干扰进入振荡器电路.

二、自生偏压与间歇振荡

间歇振荡(intermittent oscillation)是振荡器的一种不正常振荡现象,表现为振荡信号时有时无,其波形示意如图 4-25.

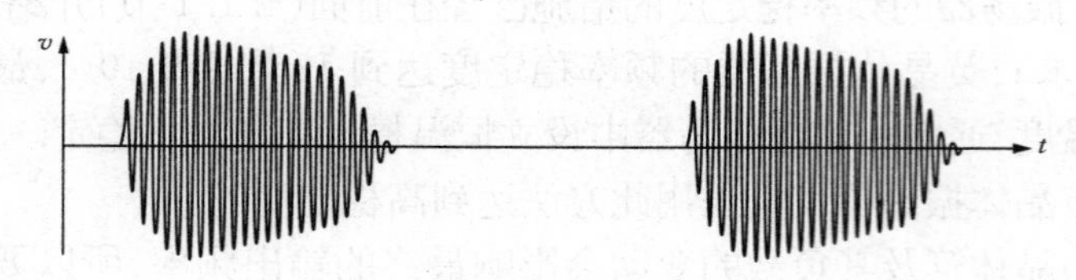

图 4-25　间歇振荡

引起间歇振荡的原因是振荡电路中振荡建立速度与自生偏压建立速度不匹配. 振荡建立速度是指振荡幅度达到平衡的速度,它与谐振回路的有载品质因数 Q_L 值有关. Q_L 小则速度快,Q_L 大则速度慢. 随着振荡幅度的加大,晶体管各电极的电流波形出现不对称. 若晶体管偏置电路中存在 RC 回路,由于不对称的电流流过电容,将在电容上产生附加的压降,从而改变晶体管的偏置状态,这种现象称为自生偏压.

前面已经讨论过,振荡器在起振时的环路增益 $|T|>1$,而在到达平衡状态后 $|T|=1$,环路增益的改变主要是由于晶体管的非线性造成的. 但是,若随着自生偏压的建立,晶体管的工作点将随振荡幅度改变而改变,这种改变将影响晶体管的工作状态。也就是说,环路增益的改变将受到晶体管非线性与晶体管工作点的双重作用. 若最终达到稳定的动态平衡,则振荡器进入正常工作状态;若不能达到稳定的动态平衡,则可能产生间歇振荡.

下面我们以图 4-26 的电容三点式振荡器为例,分析晶体管的自生偏压建立过程以及产生间歇振荡的原因.

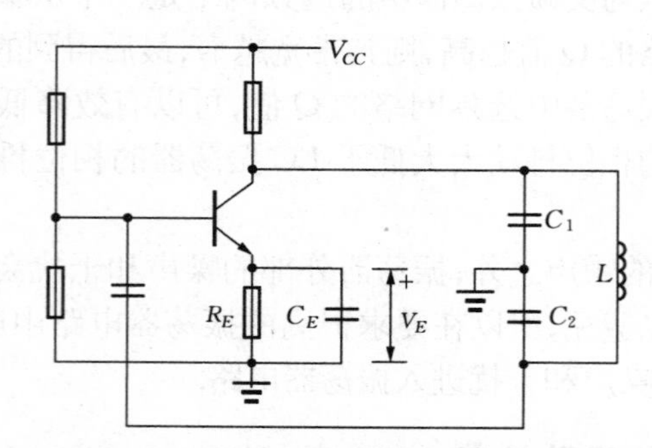

图 4-26　分析振荡器自生偏压建立过程的电路

在开始起振时，假设晶体管的发射极电流为 I_{EQ}，则晶体管静态发射极电压 $V_{EQ}=I_{EQ}R_E$，基极静态电压 $V_{BQ}=V_{EQ}+V_{BE}$.

起振后，C_2 上的交流振荡电压将叠加到晶体管基极，引起晶体管发射极电流的变动. 当振荡电压较小时，晶体管工作在 A 类，发射极电压只是在静态电压的基础上有一个很小的上下振荡，所以平均电压几乎不变. 晶体管的平均工作电流也不变，增益维持在起振时环路增益大于 1 的状态.

随着振荡幅度的加大，基极电压叠加的振荡幅度也越来越大. 在 C_2 上的交流振荡电压的负半周，V_B 变低，V_{BE}变小，晶体管趋于截止，正半周则晶体管导通. 晶体管的工作状态将从 A 类转变为 B 或 C 类，此时发射极电流是尖顶余弦脉冲.

在尖顶余弦脉冲电流作用下，晶体管导通时，发射极电流对 C_E 充电；晶体管截止时，电容 C_E 上的电荷将通过电阻 R_E 放电. 但是由于晶体管导通时的等效内阻远低于电阻 R_E，因此充放电过程是不对称的，充电速度大于放电速度. 此不对称的充放电过程在 C_E 上产生附加压降，导致晶体管发射极电位上升.

在环路增益大于 1 的情况下，随着振荡幅度不断增加，C_E 上的附加压降不断增加，发射极平均电位 V_E 将持续上升. 但是由于晶体管基极电流很小，基极平均电位 V_B 基本上由两个偏置电阻的分压关系确定而不变，此时晶体管偏置电压 V_{BE} 将下降. 晶体管导通角在振荡幅度加大和晶体管偏置电压下降双重作用下进一步下降，环路增益随之下降.

一个比较有趣的现象是：由于发射极平均电流等于 V_E/R_E，因此振荡开始后尽管晶体管偏置电压 V_{BE}下降，但是发射极平均电流反而上升，这反映了在晶体管导通期间集电极电流脉冲幅度增加得很快.

在正常情况下，偏置电压建立速度高于振荡幅度加大的速度，即前述的不对称充放电过程在一个振荡周期内就可以达到自动平衡. 所以当振荡幅度增大到平衡状态对应的幅度时，晶体管偏置电压也同步到达与此对应的动态平衡电压，环路增益下降到 1，振荡器也随之到达平衡状态.

但是，若电容 C_E 很大，在上述过程中偏置电压建立速度将低于振荡幅度加大的速度. 当振荡幅度加大到平衡状态对应的幅度时，晶体管的偏置电压 V_{BE}尚未下降到环路增益为 1 对应的电压，即此刻的环路增益尚大于 1，所以振荡幅度将继续增大.

当环路增益下降到等于 1 时，振荡幅度已经远大于平衡状态对应的幅度，由于 LC 回路的高 Q 值特性，此振荡要维持一段时间，此期间它对发射极电容的充电过程还在继续. 这样，随着时间的推移，晶体管的偏置电压 V_{BE} 以及导通角将继续下降，环路增益将因此而下降到小于 1 的状态，最终将进入衰减振荡过程. 在形成衰减振荡后,由于正反馈的作用,振荡幅度将进一步衰减并最终导致停振.

一旦振荡器停振,则电容 C_E 上的电荷将通过 R_E 慢慢释放. 经过一段时间后恢复到初始状态,则又在热骚动的作用下起振. 周而复始就形成间歇振荡.

所以,间歇振荡的形成原因就是自生偏压建立速度小于振荡幅度建立速度. 由于振荡幅度建立速度与谐振回路的有载 Q 值有关,自生偏压建立速度与直流偏置电路 RC 时间常数有关,所以消除间歇振荡的方法,一是提高谐振回路的有载 Q 值,二是降低直流偏置电路 RC 时间常数.

三、寄生振荡

寄生振荡(parasitic oscillation)是在振荡器的输出中除了需要的振荡频率外其他不需要的频率. 频率高于正常频率的称为高频寄生振荡,低于正常频率的称为低频寄生振荡. 图 4－27 是振荡器寄生振荡的两种典型波形:高频寄生振荡发生在振荡幅度最大值附近,低频寄生振荡则对正常振荡波形产生了调制.

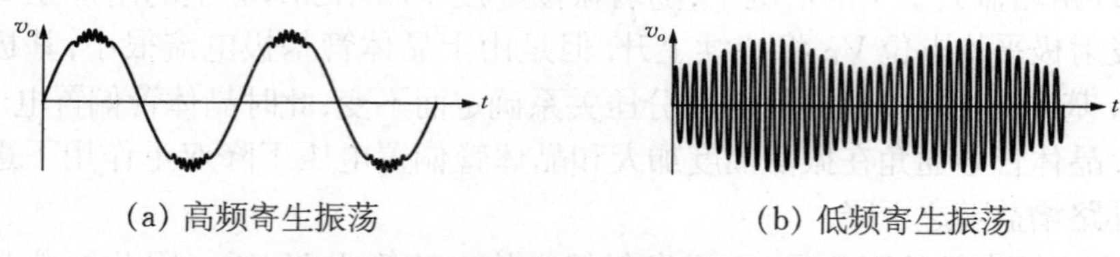

(a) 高频寄生振荡　　(b) 低频寄生振荡

图 4－27　振荡器产生寄生振荡的典型波形

需要指出的是,寄生振荡不仅在振荡器内可以发生,在放大器中也可能发生,此时的寄生振荡一般称为自激振荡. 在第 2 章,我们讨论过自激振荡,但是那是从放大器的增益角度讨论的,并没有涉及由于寄生参数引起的自激振荡.

引起寄生振荡的原因是由于电路中的一些寄生参数,使得电路在某个寄生频率满足了振荡的起振条件. 由于寄生参数的多样性,使得寄生振荡具有很大的随机性和多样化. 根据理论分析和实际经验,可以指出以下一些容易引起寄生振荡的原因及其消除方法.

一种引起寄生振荡的原因是由寄生耦合引起的寄生反馈.

所谓寄生耦合,就是原来不应当耦合的地方由于寄生参数形成了耦合. 例如,由于晶体管的极间电容引起的寄生耦合,其实就是在第 2 章所讨论的晶体管的内反馈. 但是除了晶体管内反馈外,如果在电路设计或制作中处理不当,外围器件也可能引起寄生耦合.

例如,若在制作中将功率放大器与其前级的小信号放大器靠近,而又没有加以适当的隔离与屏蔽,则功率放大器的输出将通过电场(杂散电容)或磁场(杂散电感)耦合到小信号放大器,结果形成反馈,引起高频寄生振荡. 所以在高频放大器的制作中一般要注意级间的屏蔽,越是大功率或越是小信号就越要注意.

又如,在振荡器制作中若不加注意,除了正常的反馈外,由于接线过长或绕圈,可能形成寄生互感耦合或寄生电容耦合,结果引起高频寄生振荡.

还有一种情况是由于电路中的扼流圈与其他电容构成了谐振回路,若此回路的 Q 值足够高且又有反馈存在,则可能引起低频寄生振荡. 消除这种低频寄生振荡的方法就是降低扼流圈的 Q 值。例如,可以在扼流圈上并联电阻,在基极回路中则可用电阻代替电感.

还有一种常见的寄生耦合是由于电源与接地引起的. 由于所有放大器都要接到电源与地线,若其中存在公共连线,这些连线的分布电感和分布电阻就构成了寄生反馈的来源. 这种寄生反馈既可能引起高频寄生振荡,也可能引起低频寄生振荡. 所以通常在设计高频电路时,在每级放大器或其他电路的电源供电回路、偏置供电回路等,都必须设计有 LC 或 RC 退耦网络,退耦网络中的退耦电容要就近接地,地线通常要求大面积接地以降低接地阻抗.

另一种引起寄生振荡的原因是由晶体管的负阻特性引起的.

当振荡器的振荡幅度过大导致晶体管进入反向击穿区或饱和区后,可能会出现高频寄生振荡. 当晶体管瞬间进入反向击穿时,由于击穿电流的雪崩效应,电流有一个瞬间的增加而管压降反而减小,形成瞬间的负阻. 此负阻与电路中的杂散电抗配合,就可能引起高频寄生振荡. 在晶体管进入饱和状态后,bc 结有一个瞬间正偏过程,使得集电极与基极之间呈现低阻,造成反馈电流突然增大,同样也可以引起高频寄生振荡. 这两种寄生振荡一般发生在输出波形的最大值附近,图 4-27(a)是这种寄生振荡的典型波形,消除方法就是设法控制放大器的增益、限制输出幅度.

第三种引起寄生振荡的原因是由于晶体管极间电容的非线性引起的.

由于晶体管的 PN 结的结电容随着叠加在其上的高频电压有微小的变化,导致实际的振荡波形产生失真,例如波形上部变尖、下部变圆. 这种变形在大部分情况下并不严重,用示波器难以观察到,但是用频谱分析仪可以观察到在振荡频率的二倍频、三倍频等频率上存在输出,所以也可以认为是一种寄生振荡,其特点是寄生频率一定是振荡基频的倍频. 减轻这种寄生振荡效应的方法主要是降低反馈系数,使得振荡器中晶体管的激励电压幅度下降,限制输出幅度. 若在放大器电路中则可以加入适当的负反馈以降低增益.

除了以上讨论的各种寄生振荡现象外,还有一种类似低频寄生振荡的情况,那就是在交流供电的电路中由于电源滤波不干净或其他原因,造成 50 Hz 的工频信号进入电路,由于电路中晶体管等元件的非线性而形成调制. 这其实并不是寄生振荡而是一种干扰,但其结果与低频寄生振荡相当接近. 若在测量中发现低频寄生振荡的频率为 50 Hz 或 50 Hz 的整数倍(主要是 100 Hz,由全波整流引起),则可大致判断其原因就是工频干扰. 消除此干扰的方法就是给电路提供“干净”的电源以及减少外部的干扰输入.

总之,为了避免出现寄生振荡,在高频电路包括高频振荡器设计之初就应该考虑此问题. 例如,选择合适的晶体管、良好的电源退耦网络、合适的扼流圈电感及其 Q 值,在晶体管的基极或发射极串联小电阻以降低寄生振荡回路的 Q 值,加入适当的负反馈以控制放大器的增益,等等. 而在电路制作中必须很重视电路的结构与工艺,连线必须尽可能短且直,必要的屏蔽隔离措施不能少,尽量避免不必要的寄生耦合,等等.

四、频率占据现象

频率占据是这样一种现象:向一个振荡器电路注入一个频率为 f_S 的信号,当 f_S 接近此振荡器的振荡频率 f_0 时,振荡器会受外加信号的影响,振荡频率向 f_S 靠拢;当 f_S 进一步接近 f_0 时,振荡频率甚至会等于 f_S,产生强迫同步现象. 当 f_S 逐渐离开 f_0 时,则发生相反的变化过程.

引起频率占据的原因是外加的信号频率落在振荡器中谐振回路的带宽以内时,将改变振荡器的相位平衡条件,从而使振荡器在一个偏离 f_0 的频率上满足相位平衡条件. 可以证明,频率占据的带宽为

$$\frac{2\Delta f}{f_0} \approx \frac{v_S}{Q_L \cdot v_f} \tag{4.35}$$

式中 v_S 为注入信号的电压(等效到振荡器的输入端),v_f 为振荡器的反馈电压(在振荡器的输入端测量). 由(4.35)式可知,Q_L 大的回路不容易产生频率占据现象.

五、频率拖曳现象

频率拖曳现象发生在振荡回路存在电感耦合回路(双调谐回路)的情况下,例如,通过互感耦合将 LC 振荡器的输出电压送到负载. 若由于负载变化的原因,使得其中次级回路的自谐振频率改变,而此自谐振频率又接近振荡器的振荡频率,则振荡器的振荡频率会随之变化,并具有非单值的变化规律. 如图 4-28 所示,其中 f_{01} 是振荡器 LC 回路的自谐振频率,f_{02} 是次级回路的自谐振频率.

引起频率拖曳现象的原因在于次级回路在初级回路中引入一个反射阻抗. 若

两个回路的自谐振频率接近且达到紧耦合时，根据第1章关于耦合谐振回路的讨论，其谐振阻抗特性将出现双峰，且此双峰的频率都可能满足振荡器的稳定条件. 振荡器上电后，系统可能振荡在 ω_1，也可能振荡在 ω_2. 此时若改变次级的谐振频率，则振荡器的振荡频率发生改变. 当次级的谐振频率改变太多后，可能由于频率改变太大而不再满足稳定条件，则振荡器自动跳到另一个频率上继续振荡.

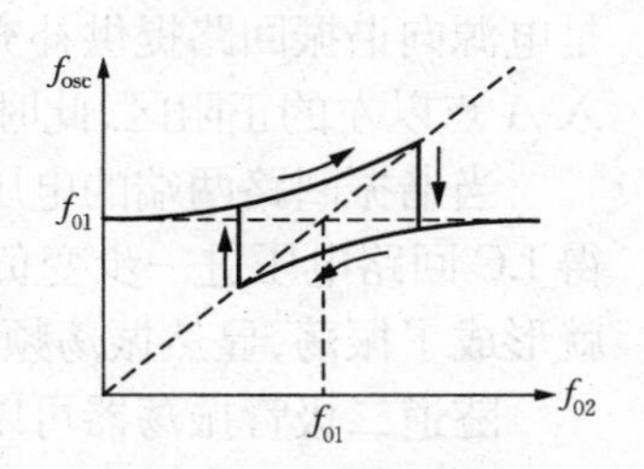

图 4-28 频率拖曳现象

所以，消除频率拖曳现象的根本措施在于不让次级的自谐振频率接近振荡器的振荡频率. 另外，减小耦合系数、降低次级回路 Q 值等措施也可降低发生频率拖曳现象的可能.

§4.4 其他形式的振荡器简介

4.4.1 负阻振荡器

负阻振荡器(negative resistance oscillator)是利用负阻器件的负阻特性工作的振荡器，在高频振荡器中最常见的负阻器件是隧道二极管(tunnel diode).

隧道二极管的伏安特性见图 4-29，在 A 点到 B 点之间有一段负阻区. 用隧道二极管构成的负阻振荡器电路见图 4-30. 其中 R_1 和 R_2 构成电源分压电路，C_1 是旁路电容；D 为隧道二极管；L 和 C 为谐振回路. R_1，R_2 以及 C_1 构成的电源与隧道二极管、谐振回路三者串联，其中电源电压保证隧道二极管的静态工作点位于负阻区(图 4-29 中 A 与 B 之间).

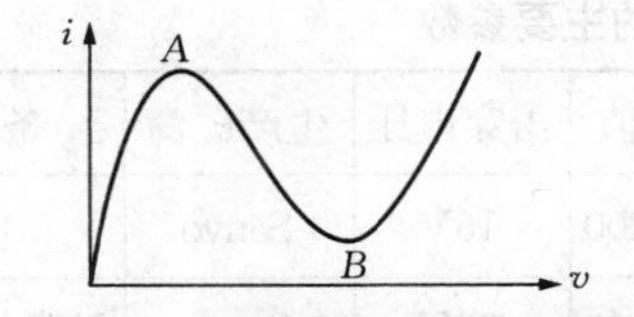

图 4-29 隧道二极管的伏安特性

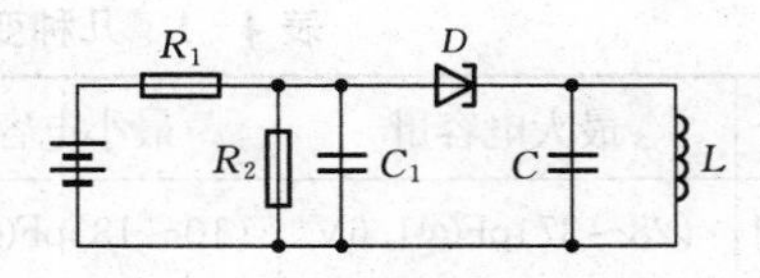

图 4-30 隧道二极管负阻振荡器

开始振荡时，电源通过二极管向 LC 回路充电，使得谐振回路的电压上升，此时隧道二极管上的压降减小，但是由于它的负阻特性，此时流过它的电流反而增加，所以这时电源流向谐振回路的电流增加，促使谐振回路的电压更加提高，也就是电源向谐振回路提供补充的能量,直到谐振回路的电压上升到使隧道二极管进入 A 点以左的正阻区,此时振荡幅度由于能量消耗而下降.

当谐振回路两端的电压向反向增加时,隧道二极管又一次进入负阻区,同样使得 LC 回路电压进一步变负,直到其工作点进入 B 点右边的正阻区. 这样周而复始就形成了振荡,显然振荡频率由 LC 回路确定.

隧道二极管振荡器可以工作在很高的频率上(可达 10 GHz),且具有噪声低、抗干扰能力强等优点,常常用于极高频波段的信号发生器中. 输出功率小是其主要的缺点.

另外要指出的一点是:前面讨论的反馈振荡器如果从能量的角度去看的话,LC 回路中的损耗是由于回路中的电阻产生的,而晶体管通过反馈不断给 LC 回路补充能量,所以晶体管也可以认为是一种负阻元件.

4.4.2 压控振荡器

压控振荡器(voltage controlled oscillator)简称 VCO,是一种可变频率的振荡器。它由一个外加的控制电压改变电路中某个元件的参数,使得振荡器的振荡频率发生改变. 压控振荡器在高频电路中有许多应用,例如调频电路、锁相环电路等.

压控振荡器有多种实现方式,本节主要介绍基于变容二极管(varactor diode)的压控振荡器.

变容二极管是一种利用 PN 结的势垒电容工作的二极管,它总是工作在反偏状态. 表 4-1 列出了几种变容二极管的主要参数. 其中变容二极管 1SV257 的结电容-电压特性如图 4-31。当反偏电压增加时,由于 PN 结的势垒区加宽,结电容量减小,反之则结电容量增加.

表 4-1 几种变容二极管的主要参数

型 号	最大电容量	最小电容量	Q值	击穿电压	生产厂商	备 注
SVC201	(28～37)pF@1.6V	(10～13)pF@7.5V	>200	16V	Sanyo	
SVC211	(37～42)pF@3V	(15～18)pF@25V	>100	32V	Sanyo	双管背靠背型
SVC321	(388～459)pF@1.2V	(20～27)pF@8V	>200	16V	Sanyo	
1SV257	(14～16)pF@2V	(5.5～6.5)pF@10V		15V	TOSHIBA	

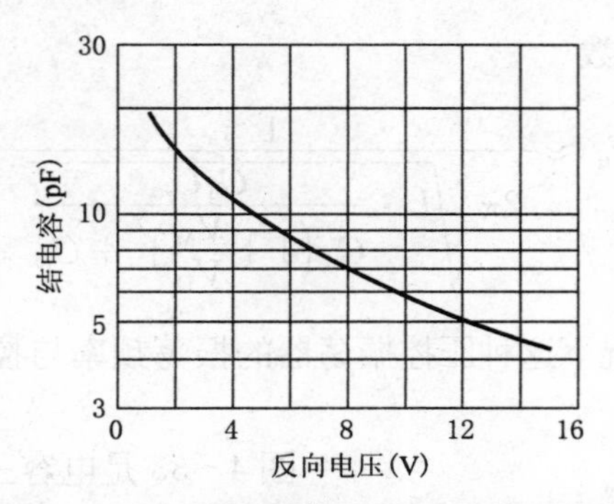

图 4-31 变容二极管 1SV257 的容-压特性

理论分析和实际测量都表明,变容二极管的容压特性可以用如下的等式描述:

$$C_j = \frac{C_{j0}}{\left(1+\frac{V}{V_D}\right)^{\gamma}} \tag{4.36}$$

其中,C_{j0}是二极管在零偏压时的结电容,V 是加在二极管两端的反向电压,V_D 是二极管 PN 结的势垒电压,γ 是变容二极管的变容指数,普通缓变结 $\gamma = 1/3$,突变结 $\gamma = 1/2$,超突变结 $\gamma = 1 \sim 5$.

用变容二极管代替或部分代替三点式振荡器中的电容,再用一个控制电压去改变变容二极管的反向偏置电压,则振荡器的频率将受此控制电压控制. 电感三点式振荡器和电容三点式振荡器都可以如此构成压控振荡器.

图 4-32 是电感三点式压控振荡器的原理图. 其中电感 L 和变容二极管 D 的结电容 C_j 构成谐振回路. C_1是为了防止电源 V_{CC} 经过控制回路短路的隔直电容,也可以是谐振电容的一部分. C_2 是耦合电容. V_M 是控制电压,R 为一个大阻值电阻,用以防止高频信号短路. 其余电容都是隔直或旁路电容.

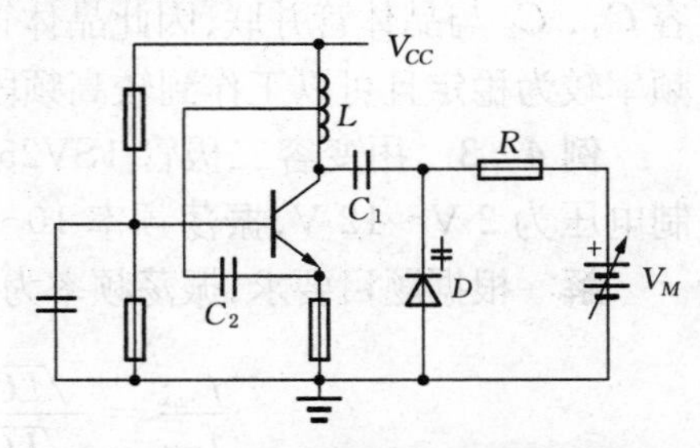

图 4-32 电感三点式压控振荡器

若不考虑晶体管的分布电容与相移,此电路的振荡频率近似为

$$f_0 \approx \frac{1}{2\pi\sqrt{L\cdot\frac{C_1C_j}{C_1+C_j}}} \tag{4.37}$$

或者写成控制电压的函数

$$f_0 \approx \frac{1}{2\pi\sqrt{L \cdot \dfrac{C_1 C_{j0}}{C_1\left(1+\dfrac{V_M}{V_D}\right)^{\gamma}+C_{j0}}}} \tag{4.38}$$

由此可见,一般情况下这种压控振荡器的振荡频率与控制电压的关系是非线性的.

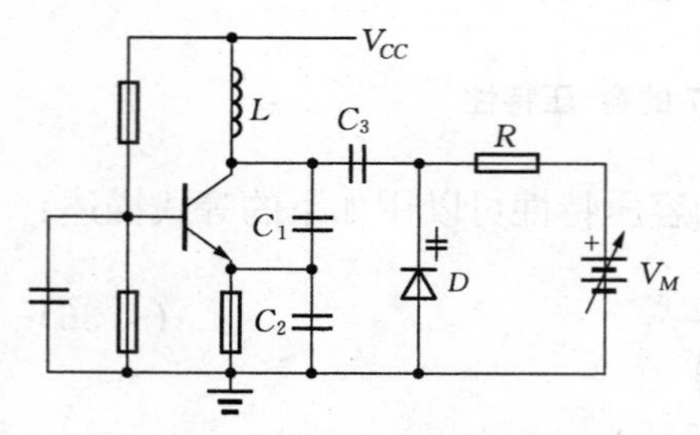

图 4-33 电容三点式压控振荡器

图 4-33 是电容三点式压控振荡器的原理图.其中电感 L 和电容 C_1, C_2 构成基本的电容三点式振荡器,变容二极管 D 的结电容 C_j 与电容 C_3 串联后再与电容 C_1, C_2 并联. C_3 兼有隔直电容作用,也可以是谐振电容的一部分.

根据图 4-33 可写出忽略晶体管的分布电容与相移后此电路的振荡频率表达式

$$f_0 \approx \frac{1}{2\pi\sqrt{L \cdot \left(\dfrac{C_1 C_2}{C_1+C_2}+\dfrac{C_3 C_j}{C_3+C_j}\right)}} \tag{4.39}$$

与电感三点式压控振荡器相比,电容三点式压控振荡器由于有较大容量的电容 C_1, C_2 与晶体管并联,因此晶体管极间分布电容对于振荡器的影响较小,振荡频率较为稳定且可以工作到较高频段.在实际应用中采用此电路者较多.

例 4-3 用变容二极管 1SV257 设计电感三点式压控振荡器,要求如下:控制电压为 2 V~12 V,振荡频率 10~15 MHz.试计算谐振回路参数.

解 根据题目要求,振荡频率为 10~15 MHz,因为

$$\frac{f_{\max}}{f_{\min}}=\frac{\sqrt{LC_{\max}}}{\sqrt{LC_{\min}}}=\sqrt{\frac{C_{\max}}{C_{\min}}}=1.5$$

所以要求

$$\frac{C_{\max}}{C_{\min}}=1.5^2=2.25.$$

用图 4-32 的电感三点式压控振荡器设计,根据(4.37)式及 $\dfrac{C_{\max}}{C_{\min}}=2.25$, 要求

$$\frac{C_1C_{j\max}}{C_1+C_{j\max}}=2.25\cdot\frac{C_1C_{j\min}}{C_1+C_{j\min}}$$

根据图4-31,变容二极管1SV257在反向电压为2 V时的结电容约为15 pF、12 V时的结电容约为5 pF,代入上述方程,可以解出$C_1=25$ pF,并可解出$L=27\ \mu$H. 实际电路中考虑分布参数影响以及元件参数的误差,C_1可采用20 pF固定电容并联2~7 pF的可调电容,通过实际调整达到设计目的.

在实际的用变容二极管构成的压控振荡器中,变容二极管上的电压除了控制电压外,实际上还有高频振荡电压. 若考虑到变容二极管上的高频振荡电压也会引起变容二极管的容量变化,则高频振荡电压的波形必然会有非正弦的成分,也就是具有谐波成分. 这种现象称为寄生调制效应,它大大影响输出信号的频谱纯度.

为了减轻寄生调制效应的影响,可以使用两个相同的变容二极管作一个"背靠背"形式的连接,如图4-34所示. 其谐振回路由L_1, C_1, C_2, C_3以及两个变容二极管组成. 对于振荡频率,两个RFC的感抗较大,均可以认为开路,所以两个变容二极管相当于串联. 这样,高频电压在两个变容二极管上的极性始终是一个为正向,另一个为反向. 当其中一个二极管的电容量变大时,另一个则变小,它们相互补偿,使得寄生调制效应大大减小.

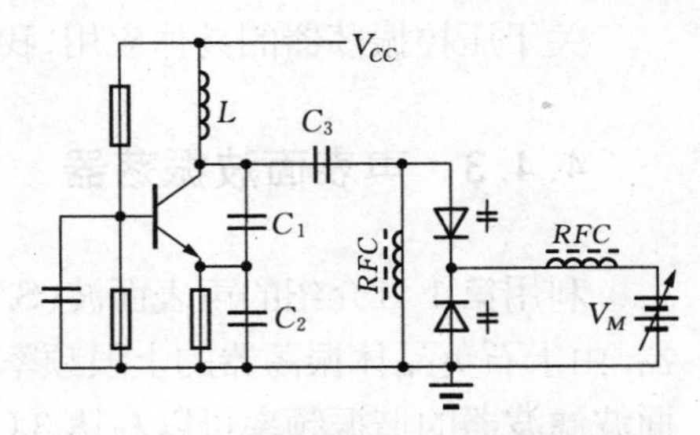

图4-34 减轻寄生调制效应的压控振荡器

而对于控制电压V_M, RFC的电抗很小,两个变容二极管相当于并联,所以振荡器频率变化规律依然与(4.39)式相同,只是由于两个变容二极管对于高频信号来说是串联形式,故实际电容量下降为单个二极管的一半而已.

表4-1中的SVC211就是一种这样的变容二极管,由于其中两个变容二极管的特性一致,因此能获得更优良的补偿性能.

除了LC回路外,用石英晶体和变容二极管组合,也可以构成压控振荡器. 图4-35电路就是一个采用石英晶体的压控振荡器.

若不看变容二极管,图4-35电路就是一个Pierce振荡器. 我们知道在Pierce振荡器中,石英晶体是作为高Q值电感使用的. 所以,该振荡器的振荡频率一定在石英晶体的两个谐振频率f_g和f_o之间,具体振荡在哪个频率则取决于谐振回路中的电容. 在图4-35电路中,谐振回路中的电容包括C_1、C_2和C_j,显然当C_j的容量在控制电压v_M的作用下发生变化时,振荡频率就发生相应的变化.

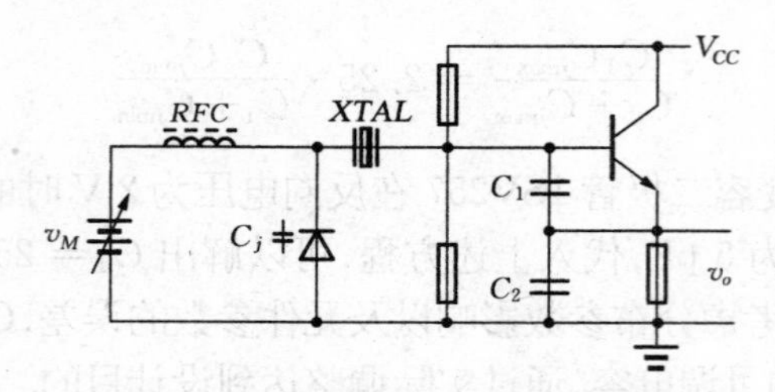

图 4-35 采用石英晶体的压控振荡器

由于晶体的频率稳定度很高,因此此振荡器的中心频率 f_0 很稳定,远远好于 LC 振荡器. 然而,由于石英晶体的两个谐振频率 f_g 和 f_o 相当接近,因此此电路的频率变化范围远远低于 LC 型的压控振荡器,一般情况下 $\Delta f < 10^{-4} f_0$.

关于压控振荡器的具体应用,我们将在以后章节中继续介绍.

4.4.3 声表面波振荡器

利用第 1 章介绍的声表面波(SAW)器件,可以构成结构简单可靠的高频振荡器. 由于石英晶体振荡器的上限频率(泛音振荡器)大约在 200 MHz 左右,而声表面波滤波器的谐振频率可以高达 3 GHz,许多 200 MHz 以上的振荡器采用声表面波结构.

声表面波滤波器的高频等效电路和频率特性基本上与石英晶体相似,有一个串联谐振频率和一个并联谐振频率,器件的标称频率通常是它的串联谐振频率,在振荡器中利用它的串联谐振来构成串联振荡器.

图 4-36 是一个声表面波振荡器的实用电路,使用了 433.92 MHz 的声表面波滤波器. 其中 C_2, C_3, C_4, C_5, L_1 和 L_2 构成 LC 谐振回路, L_2 同时还是无线发射的环形天线,其电感量大约在 40～50 nH.

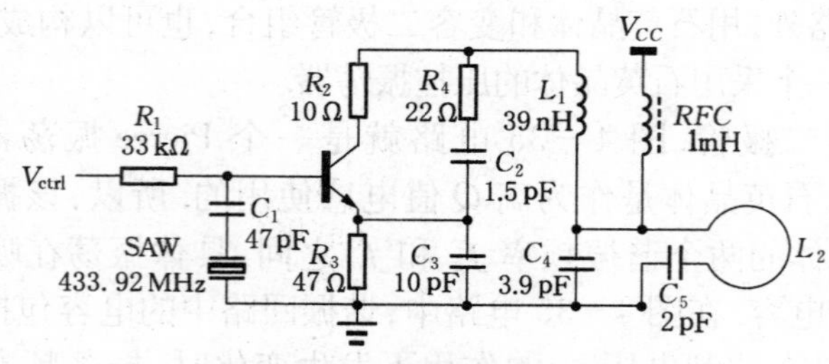

图 4-36 声表面波振荡器

忽略 R_2 和 R_4 后，可以看到这是一个电容三点式振荡器：谐振回路中的 C_2 和 C_3 构成反馈的分压电容，其余电容、电感可以等效为一个电感，总的谐振频率在 SAW 的串联谐振频率附近. 其中 C_4 还可以起到旁路高次谐波的作用，使得送到天线 L_2 中的电流基本上都是基频电流.

由于这个三点式振荡器的基极通过 SAW 接地，因此只有在 SAW 的串联谐振频率上才可能工作，也就是说 SAW 起到稳频作用.

晶体管的基极偏置通过 V_{ctrl} 提供，所以此振荡器的工作可以由外部控制，通常通过一个外部的微处理器进行控制，可以实现 OOK 方式的无线通信（关于 OOK 方式请参见本书第 8 章）.

4.4.4 多谐振荡器

多谐振荡器（multivibrator）是一种非正弦振荡器，产生的波形通常是方波. 在多谐振荡器中，通常不是利用谐振回路确定振荡频率，而是利用电容充放电、器件延时等定时器件确定振荡周期.

多谐振荡器有相当多的电路形式，下面介绍两种常用于高频电路的多谐振荡器.

图 4-37 电路是射极耦合多谐振荡器. 在这个电路中，Q_1 和 Q_2 通过 Q_3 和 Q_4（射极跟随器）构成正反馈环. I_Q 提供晶体管静态工作点电流，$I_1 = I_2 = I_{ref}$ 是控制电流.

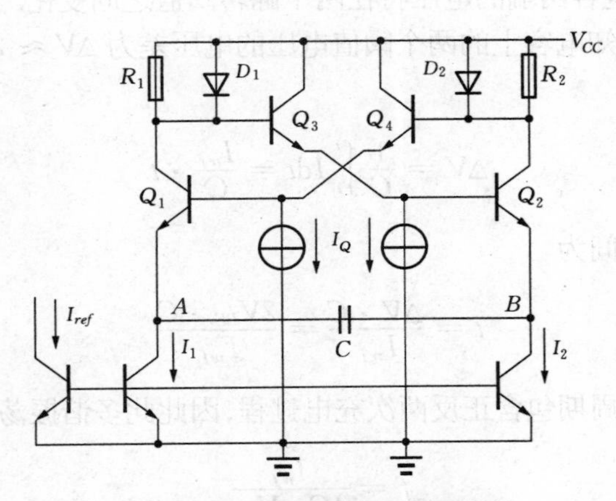

图 4-37 射极耦合多谐振荡器

假定开始时由于某种不对称,Q_1首先进入导通状态. 一旦Q_1开始导通,Q_1集电极电位将下降,也就是Q_3基极电位下降,导致其发射极电位下降,这又导致Q_2发射极(B点)电位下降,由于电容上电压不能突变,B点电位下降就导致A点电位下降,而A点电位下降更促使晶体管Q_1导通. 这一连串的正反馈过程最终导致Q_1进入导通状态、Q_2进入截止状态. 在这个状态下,几个主要节点的电位如下:

Q_1 发射极(A点)电位为$V_A = V_{CC} - V_{R2} - V_{BE4} - V_{BE1}$,其中$V_{R2}$是电阻$R_2$两端的压降. 由于$Q_2$截止,$Q_4$的基极电流又很小,因此$R_2$上的压降很小,可以将$A$点的电位近似为$V_A \approx V_{CC} - V_{BE4} - V_{BE1} = V_{CC} - 2V_{BE}$.

由于Q_1导通,流过R_1的电流较大,其压降也较大. 但是由于D_1的钳位作用,R_1上的压降被钳位在一个 PN 结的压降V_D. Q_2基极电位为$V_{CC} - V_D - V_{BE3} \approx V_{CC} - 2V_{BE}$.

Q_1导通后,流过Q_1的发射极电流I_{E1}包含两部分:一是控制电流I_1,二是通过电容C的电流,此电流等于控制电流I_2且对C充电,充电电压是左正右负. 由于Q_1导通后,其发射极(A点)电位恒等于$V_{CC} - 2V_{BE}$,所以随着充电进行,B点电位逐渐降低. 当B点电位降低到比Q_2基极电位低一个V_{BE}(即大致等于$V_{CC} - 3V_{BE}$)时,Q_2进入导通状态. 这时,由于正反馈的作用,Q_2迅速进入导通状态,Q_1进入截止状态,整个振荡器的状态翻转.

当振荡器状态翻转后,B点电位将由$V_{CC} - 3V_{BE}$迅速上升到$V_{CC} - 2V_{BE}$,而A点电位则由于电容上电压不能突变而上升到$V_{CC} - V_{BE}$,所以对电容的充电过程将以反方向进行,直至下一次状态翻转. 因此,这个振荡器的振荡过程就是反复对电容的充放电过程,电容两端的电压将在两个翻转阈值之间变化.

由前面分析可知电容上的两个阈值电压的电压差为$\Delta V \approx 2V_{BE}$. 已知对电容恒流充电时有

$$\Delta V = \frac{1}{C}\int_0^t I \mathrm{d}t = \frac{I_{ref}}{C} \cdot t$$

所以每次充电的时间为

$$t = \frac{\Delta V \cdot C}{I_{ref}} = \frac{2V_{BE} \cdot C}{I_{ref}}$$

由于一个振荡周期包含正反两次充电过程,因此此多谐振荡器的振荡频率为

$$f = \frac{I_{ref}}{4C \cdot V_{BE}} \tag{4.40}$$

显然此振荡器的振荡频率与控制电流I_{ref}成正比. 实际上它就是某集成电路

中的一个压控振荡器. 在电容两端形成的电压波形是锯齿波. 若从 Q_1 或 Q_2 的集电极输出，则输出波形将是方波.

图 4-38 是另一种形式的多谐振荡器，它由奇数个数字集成电路反相器首尾环接而成，所以称为环形振荡器.

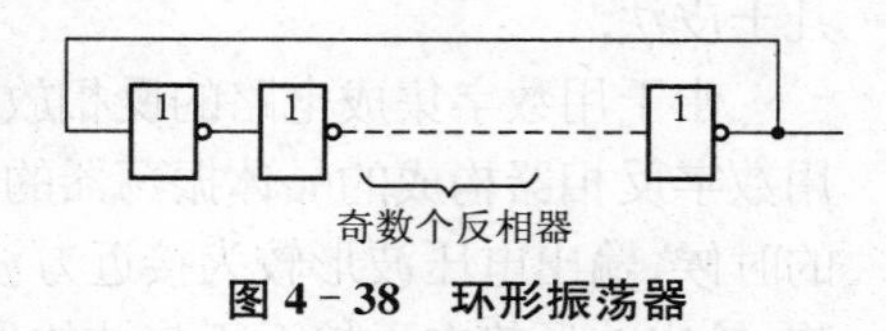

图 4-38 环形振荡器

由于奇数个反相器环接后始终处于不稳定状态，因此这种振荡器相当容易起振，其振荡频率与每个反相器的延时时间有关. 若振荡器由 n 个反相器构成，它们具有相同的延时时间 τ，则其振荡频率为

$$f = \frac{I}{2n\tau},\ n\text{为奇数} \tag{4.41}$$

由于在 CMOS 数字集成电路中，反相器的延时时间与反相器输出端的 RC 时间常数有关，其中 C 为分布电容，等效电阻 R 是反相器的输出电阻. 由于场效应管的输出电阻与漏极电流有关，因此可以通过控制场效应管漏极电流的方法来构成环形振荡器形式的压控振荡器. 由于这种压控振荡器的结构简单，能够产生很高的振荡频率(最高可达吉赫)，而且所有工艺与 CMOS 集成电路的生产工艺兼容，因此在 CMOS 数字集成电路的时钟电路(时钟锁相环)中得到广泛的应用. 其输出波形一般为方波，在频率很高时则由于分布电容等参数的影响，输出波形前后沿变差，趋向于接近正弦波.

4.4.5 数字集成电路构成的晶体振荡器

出于集成电路工艺的需要，在数字集成电路中一般不会设计模拟放大器，然而数字电路中通常需要一个高度稳定的时钟信号，该时钟信号需要直接由数字电路构成晶体振荡器. 由于数字电路中的反相器(非门)可以看作一个电压增益极高的反相放大器，所以利用反相器可以构成晶体振荡器.

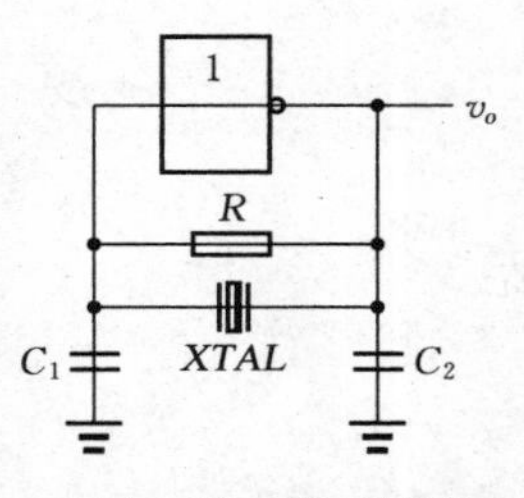

图 4-39 用 CMOS 集成电路构成的石英晶体振荡器

图 4-39 是用 CMOS 数字集成电路反相器构成的晶体振荡器. 其中电阻 R 提供负反馈，使得反相器能够工作在线性区，成为一个高增益的反相放大器.

将图 4-39 电路中的反相器与电阻合起来看成一个反相放大器，对照图 4-19，可以看到图 4-39 电路实际是一种 Pierce 振荡器,石英晶体工作在电感模式,与电容 C_1 和 C_2 一起构成谐振和反馈网络. 通常,电阻 R 的取值在 1 MΩ 到几兆欧之间,电容 C_1 和 C_2 的取值一般为几十皮法.

由于用数字集成电路的反相放大器的电压增益极高,而非线性相当强烈,因此用数字反相器构成的晶体振荡器的输出波形含有大量的高次谐波. 在频率比较低的时候,输出电压波形较为接近方波. 而在频率比较高的时候,由于分布参数的影响,输出波形趋向于接近正弦波的形状.

附录　用 S 参数分析振荡器

前面讨论的集总参数元件构成的振荡器一般只能工作在几百兆赫以下,在更高的频率下,由于元件分布参数的影响,集总参数振荡器很难稳定工作,因此要采用分布参数元件(如微带线、谐振腔等)结构. 同时,在这样高的频率下,晶体管参数也只能采用 S 参数描述. 本节简要介绍用 S 参数分析晶体管振荡器的过程.

在第 2 章的附录中,我们曾经讨论过晶体管放大器的稳定条件是稳定系数 $k>1$,而在振荡器中,情况恰恰相反,晶体管振荡器正常工作的必要条件是

$$k=\frac{1-|S_{11}|^2-|S_{22}|^2+|\Delta S|^2}{2|S_{12}||S_{21}|}<1 \tag{4.42}$$

但是,(4.42)式仅仅是一个必要条件,还不是振荡器工作的充分条件. 我们在分析反馈振荡器时得到振荡器的平衡条件为 $T(j\omega)=1$. 这个条件真正的物理意义是:反馈的能量与消耗的能量平衡. 下面我们来看一个分布参数元件构成的振荡器的结构,并从中得到类似的振荡器平衡条件.

图 4-40 是分布参数振荡器的一般结构,其中的匹配网络不是为了达到阻抗匹配,而是为了达到振荡器的平衡.

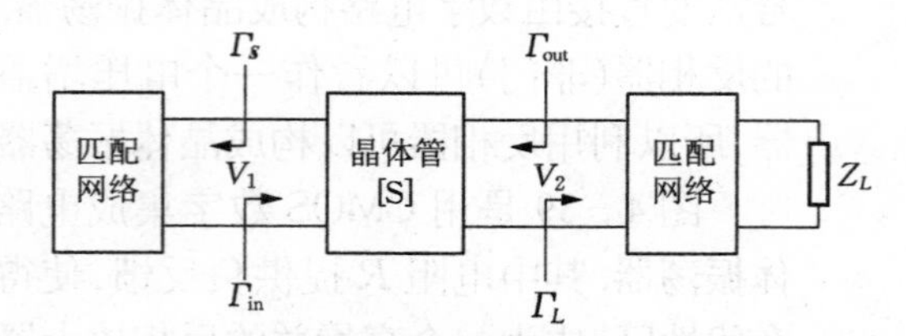

图 4-40　晶体管振荡器的结构

为了分析的需要,我们先假设在某个匹配网络中有信号源 V_S. 在第 2 章,我们

从类似的结构出发，得到了晶体管输入电压波表达式(2.132)式.通过类似的计算，我们也可以得到晶体管输入端的反射电压波与源电压波的关系为

$$V_1^- = \frac{\Gamma_{in}/2}{1-\Gamma_S\Gamma_{in}} \cdot V_S \tag{4.43}$$

然而，对于振荡器来说，源电压波显然是不存在的.当上式中的分母为0时，源电压波 V_S 将趋于0，这正是振荡器要求的反馈能量与消耗能量平衡的条件.所以，图4-39振荡器的平衡条件为

$$\Gamma_S\Gamma_{in} = 1 \tag{4.44}$$

在晶体管的输出端进行类似的分析，可以得到振荡器平衡条件的另一种表述，

$$\Gamma_L\Gamma_{out} = 1 \tag{4.45}$$

另外，根据(2.129)式和(2.130)式，还可以推得(4.44)式的另外一种表述：

$$Z_S + Z_{in} = 0 \tag{4.46}$$

同样，(4.45)式的另外一种表述为

$$Z_L + Z_{out} = 0 \tag{4.47}$$

由于晶体管两个端口相互影响，根据(2.127)式和(2.128)式，通过计算可以证明，(4.44)式和(4.45)式中任何一个成立，则另一个一定成立，所以振荡器的平衡条件只要满足上述4个式子中的任何一个即可.

振荡器平衡条件的(4.44)式至(4.47)式都是复数方程，由此可以得到振荡器的幅度平衡条件和相位平衡条件，并由此确定振荡器的振荡频率.

由于外部阻抗 Z_S 和 Z_L 一定具有正实部，从(4.46)式和(4.47)式可以看到，能够振荡的晶体管的输入阻抗或输出阻抗的实部一定为负值.从这个意义上来说，它是一个负阻振荡器.

负阻振荡器的起振条件是负载消耗的能量要小于晶体管(负阻)提供的能量，即匹配网络阻抗的实部与晶体管的端口阻抗的实部之和为一个负值，在晶体管的两个端口就有

$$\begin{cases} \mathrm{Re}\{Z_S\} + \mathrm{Re}\{Z_{in}\} < 0 \\ \mathrm{Re}\{Z_L\} + \mathrm{Re}\{Z_{out}\} < 0 \end{cases} \tag{4.48}$$

当振荡器起振后，随着振荡幅度的加大，晶体管的 S 参数将由小信号 S 参数逐渐向大信号 S 参数变化，其负阻会自动减小，直到最后平衡.

以上(4.42)式、(4.44)式至(4.48)诸式就是用 S 参数分析振荡器的基本公式.

下面通过一个例子介绍用 S 参数分析计算分布参数振荡器的全过程. 图 4-41 是一个分布参数振荡器,振荡频率为 10 GHz. 其中 TL_1 至 TL_4 均为特征阻抗 50 Ω 的传输线(微带线). 电感与电容为晶体管提供直流偏置和隔直,在分析中可以忽略它们的副作用.

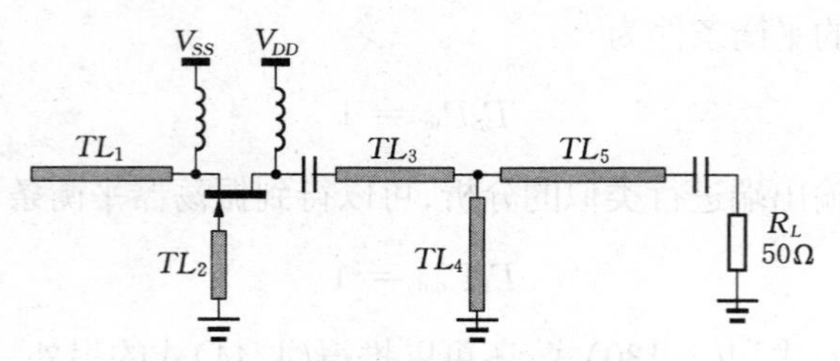

图 4-41 晶体管分布参数振荡器

我们从晶体管的稳定性开始分析上述电路. 该电路使用的场效应晶体管在 10 GHz 频率上的共栅极 S 参数如下:

$$S_{11} = 0.37\angle -176^\circ,\ S_{21} = 1.37\angle -20.7^\circ,$$
$$S_{12} = 0.17\angle -19.8^\circ,\ S_{22} = 0.90\angle -25.6^\circ$$

根据上述 S 参数,可以算得稳定系数

$$k = \frac{1-|S_{11}|^2-|S_{22}|^2+|\Delta S|^2}{2|S_{12}||S_{21}|} = 0.776$$

虽然这个值已经小于 1,但从下面的分析可以看到其不稳定区域较小,为了振荡器的工作更加可靠,应该适当增加正反馈以增加其不稳定性.

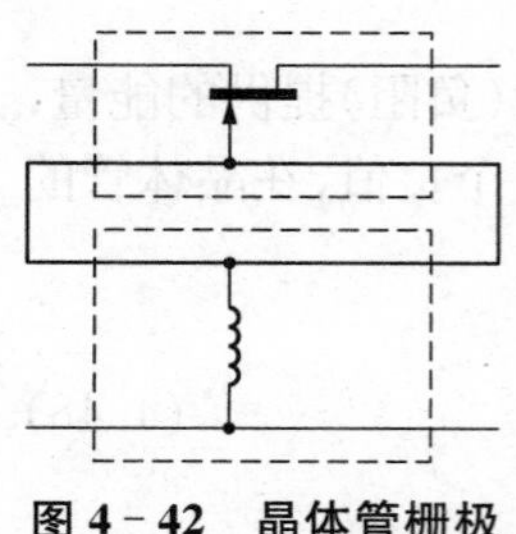

图 4-42 晶体管栅极接入电感

在共基极(共栅)接法的电路中,在晶体管基极(栅极)接入电感是一个正反馈电路,可以使得电路趋于不稳定. 为了得到合适的电感量,应当计算接入电感后的晶体管网络的 S 参数以及稳定系数. 计算的方法是将接入的电感也看作一个四端网络,它与晶体管构成串联结构如图 4-42. 将晶体管的 S 参数转换为 z 参数,然后与电感的 z 参数矩阵相加,最后再将 z 参数转回 S 参数,就可以据此分析正反馈的效果(这个过程涉及大量复数运算,最好由计算机完成).

经过计算,上述晶体管在接入的电感量为 0.9 nH 时,其稳定系数最小(为 $k=-0.98$). 考虑到这个电感量极小,一小段导线就可能有这些电感量,所以不可能用集总参数元件实现. 由于一段终端短路的传输线在其长度小于 $\lambda/4$ 时呈现感性,这里用 50 Ω 传输线 TL_2 实现这个电感,该段传输线的电长度为 $\beta d = \arctan\left(\frac{\omega L}{Z_0}\right) = 48.5°$,即长度为 $d = 0.135\lambda$.

栅极接入电感后,晶体管(包括电感)的 S 参数变为

$$S_{11} = 1.01\angle 169°,\ S_{21} = 2.04\angle -33°,\ S_{12} = 0.29\angle 148°,\ S_{22} = 1.36\angle -34°$$

根据上述参数得到的输入和输出端口的稳定性判定圆如图 4 - 43 所示. 其中 c_{in}和 c_{out}(实线)是栅极接入电感后的稳定性判定圆,由于$|S_{11}|>1$, $|S_{22}|>1$,两个稳定性判定圆又都将 Smith 圆的中心包围了,所以稳定性判定圆内部是非稳定区. 由图 4 - 43 可见,加入正反馈后,晶体管输入端口的谐振网络的反射系数 Γ_S 几乎可以是任意值,而输出端反射系数的选择余地也很大.

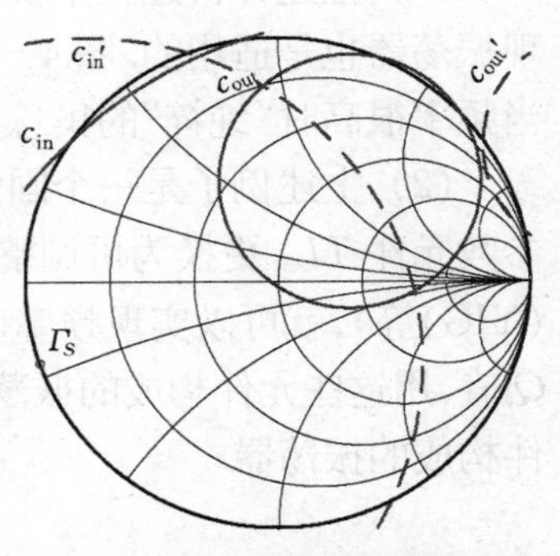

图 4 - 43 晶体管振荡器的稳定性判定圆

作为比较,图 4 - 43 同时显示了原来无正反馈的晶体管的稳定性判定圆(如图 4 - 43 中虚线所示). 对于输入端口来说,由于稳定性判定圆 c_{in}'包围原点,且$|S_{22}|<1$,因此稳定性判定圆的外面是非稳定区. 对于输出端口来说,由于稳定性判定圆 c_{out}'不包围原点,且$|S_{11}|<1$,稳定性判定圆的里面是非稳定区. 由图 4 - 43 可以看到,这两个非稳定区都非常狭窄. 由此可见,原来的晶体管适合于作为放大器,作为振荡器就需要增加正反馈.

在设计振荡器时,可以根据图 4 - 43 在非稳定区内选择合适的源反射系数 Γ_S,然后根据(4.44)式得到 Γ_{in},再根据(2.127)式得到 Γ_L. 或者选定合适的源反射系数 Γ_S 后,根据(2.128)式得到 Γ_{out},再根据(4.45)式计算 Γ_L. 这两种算法是等价的. 最后由 Γ_S 和 Γ_L 就可以计算图 4 - 40 中晶体管两侧网络中的元件参数.

当然也可以反过来,先选择负载反射系数 Γ_L,然后再通过(4.44)式、(4.45)式、(2.127)式以及(2.128)式得到 Γ_S.

实际电路中选择 $\Gamma_S = 1\angle -160°$ (图 4 - 43 中 Γ_S 位置). 由于它很接近 S_{11}^{-1},根据(2.128)式可以得到比较大的 Γ_{out}. 另外,它是一个纯电抗,不会在晶体管输入端消耗能量且容易实现. 此 Γ_S 对应的阻抗为 $Z_S = -\text{j}8.8\ \Omega$, 它是一个电容. 实际电路中以一段 50 Ω 的终端开路传输线 TL_1 实现,传输线的电长度为 $\beta d =$

80°($d=0.222\lambda$).

根据(2.128)式由上述Γ_S可以得到$\Gamma_{out}=4.18\angle 26.7°$. 由于(4.45)式等价于(4.47)式,可以算出Γ_{out}对应的$Z_{out}=(-74.8+j17.1)\Omega$(注意负阻出现了!). 根据(4.47)式,从晶体管漏极看出去要求的负载是$Z_L=(74.8-j17.1)\Omega$,这就是振荡器的平衡条件.

实际电路中根据振荡器的起振条件,选择Z_L的实部略小于平衡值(不能过小,否则会影响振荡频率的准确度),取$Z_L=(70-j17.1)\Omega$. 传输线TL_3, TL_4和TL_5就是将50 Ω的终端负载变换为$(70-j17.1)\Omega$,计算方法可以参考例1-14,这里不再赘述. TL_3的实际长度为$d=0.186\lambda$, TL_4的实际长度为$d=0.189\lambda$, TL_5长度不限.

最后需要说明两点:

(1) 上述分析过程不仅对分布参数适用,对于用电感、电容等集总参数元件实现振荡器也是适用的. 图4-40中两个匹配网络也可以用集总参数元件实现,只是当频率很高时"纯粹"的集总参数元件很难实现而已.

(2) 上述例子是一个固定频率振荡器. 依照同样的方法,将调谐回路中的分布参数元件TL_1更换为可调整的电抗元件(如变容二极管、可调谐振腔、钇铁石榴石(YIG)等),就可以实现频率调整. 由于可调谐振腔、钇铁石榴石等元件具有很高的Q值,用这些元件构成的振荡器的频率稳定度和频谱纯度,均远远高于仅用电抗元件构成的振荡器.

习题与思考题

4.1 晶体管振荡器在起振与平衡时的工作状态有何不同?能不能将推导起振条件的方法与参数用于分析振荡器的平衡状态?

4.2 反馈式振荡器在晶体管的某两个电极之间接有反馈元件. 试问:若不接此反馈元件是否有可能构成振荡器?为什么?

4.3 试证明对于图4-10电路,若将参考点选为晶体管的发射极,得到的起振条件与(4.29)式一致(为了简化,证明过程中可忽略晶体管基极电阻r_b、集电结电容C_{bc},以及集电极输出电导g_{cb}与g_{ce}).

4.4 在下列电路中,标有符号的元件与振荡回路有关,其余元件除晶体管外均为偏置与耦合电路. 试问哪些电路可能产生高频振荡?哪些不可能振荡?请说明理由,并以最小的改动使不能振荡的电路能够振荡.

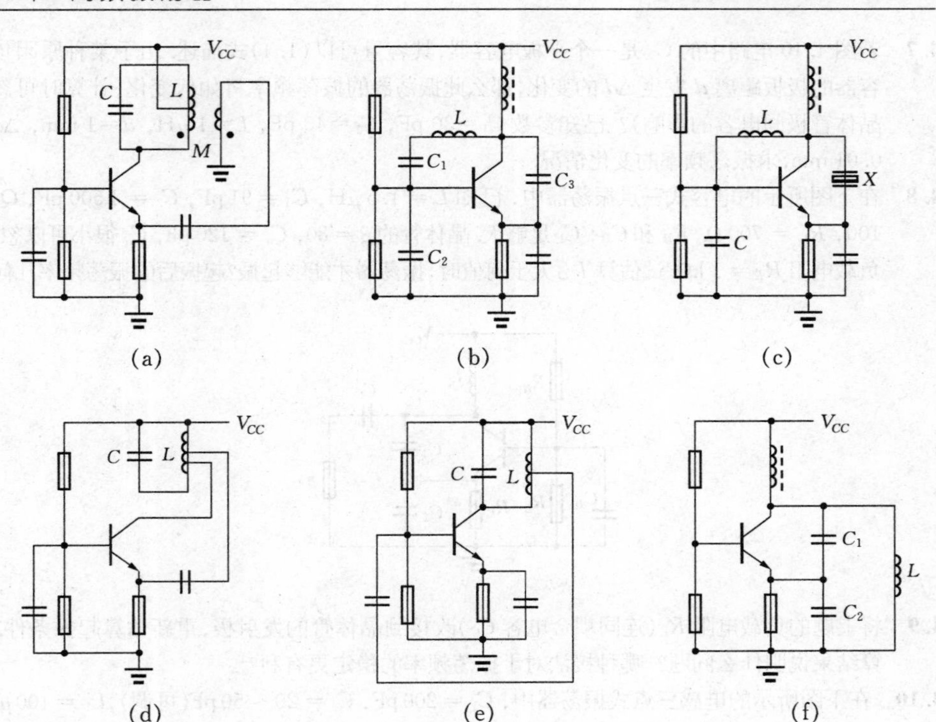

4.5 在下图所示的振荡器电路中，标有符号的元件与振荡回路有关，其中 $C_1 = 100$ pF, $C_2 =$ 300 pF, $L_1 = 100\ \mu$H, $L_2 = 300\ \mu$H. 其余元件除晶体管外，均为偏置电路与耦合电容等. 假设晶体管极间电容等分布参数均可忽略，试问：

(1) 从相位条件考虑，此电路能否振荡？若能振荡请计算振荡频率；若不能振荡请说明理由.

(2) 若 $C_1 = 1\ 000$ pF, 重复上述问题.

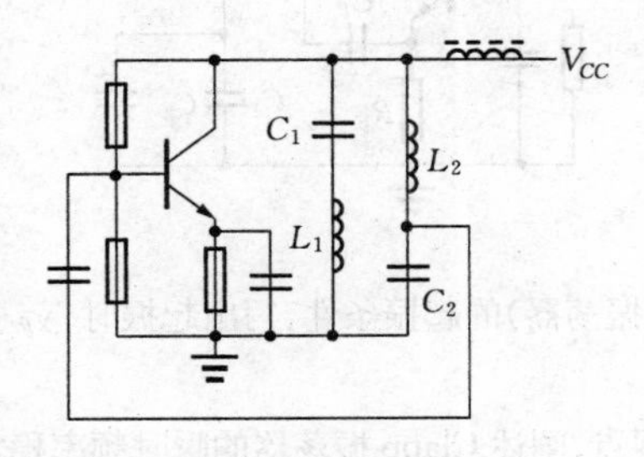

4.6 试根据反馈振荡器的起振条件与平衡条件，推导图 4－17 差分电路 LC 振荡器的起振条件和振荡频率的表达式.

4.7 若图 4.10 电路中的 C_2 是一个平板电容器,其容量可以(1.4)式描述. 由于某种原因该电容器的极板距离 d 发生 Δd 的变化,那么此振荡器的振荡频率将如何变化(计算时可忽略晶体管极间电容的影响)? 已知参数 $C_1=30$ pF, $C_2=40$ pF, $L=1$ μH, $d=1$ mm, $\Delta d=0.01$ mm,求振荡频率的变化情况.

4.8 在下图所示的电容式三点振荡器中,已知 $L=1.5$ μH, $C_1=91$ pF, $C_2=1\,500$ pF, $Q_0=100$, $R_E=700$ Ω. R_B 和 C_B, C_C足够大. 晶体管的 $\beta=80$, $C_\pi=120$ pF, C_μ 很小可以忽略. 负载电阻 $R_L=1$ kΩ. 试估算 I_{CQ}大于何值时,振荡器才能够起振?起振后的振荡频率几何?

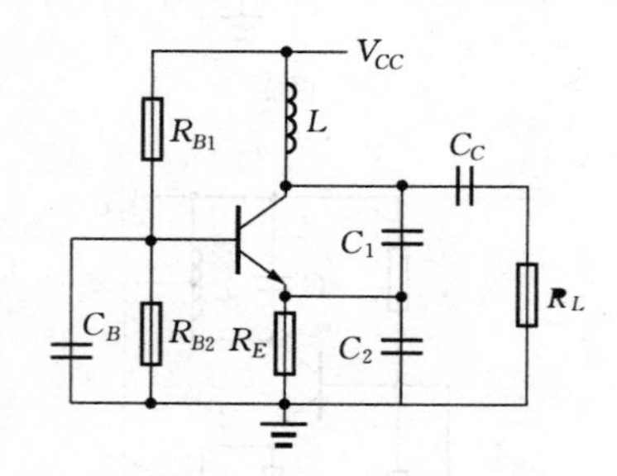

4.9 将上题的负载电阻 R_L(连同耦合电容 C_C)改接到晶体管的发射极,重新估算起振条件. 计算结果说明什么问题? 哪种接法对于振荡频率的稳定更有利?

4.10 在下图所示的电感三点式振荡器中,$C_1=200$ pF, $C_2=20\sim50$ pF(可调),$L_1=100$ μH, $Q_0=150$, $n_1=10$, $n_2=40$. L_1 与 L_2 紧耦合,$n_3=2$,负载电阻 $R_L=50$ Ω. 晶体管参数 $C_\pi=4.5$ pF, $C_\mu=3.6$ pF, $r_{ce}=120$ kΩ. $R_E=330$ Ω, R_B 和C_B, C_E 足够大. 试估算振荡频率的范围以及能够起振的最小 I_{CQ} 值.

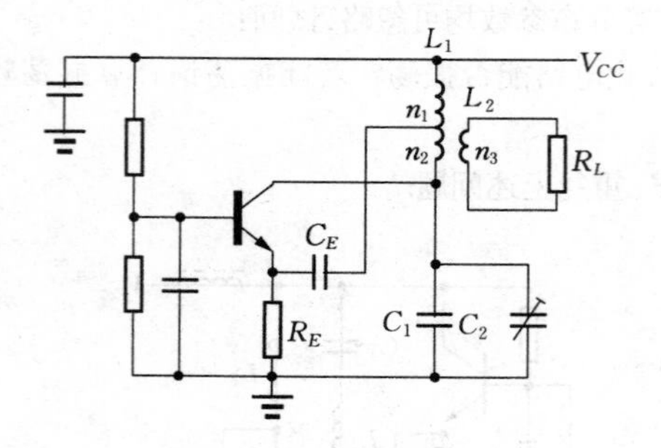

4.11 试分析图 4-14(Clapp 振荡器)的起振条件,写出起振时$|y_{fb}|$的表达式(假设可以忽略晶体管的结电容影响).

4.12 试用选频网络的 Q 值观点,阐述 Clapp 振荡器的瞬时频率稳定性优于 Colpitts 振荡器.

4.13 试设计一个电容三点式振荡器,要求输出频率为 27.12 MHz,负载阻抗 50 Ω. 画出电路图,计算所有元件的参数. 有条件时可以实际安装调试.

4.14 在实际的反馈振荡器中,图 4-2 和图 4-26 等电路比较容易发生间歇振荡,而图 4-10 和图 4-12 等电路不容易发生间歇振荡. 试从间歇振荡发生的原理入手解释上述现象.

4.15 下图是一种利用间歇振荡进行工作的很古老的无线电接收电路(称为超再生接收电路),其中 L_1 是谐振电感,L_2 和 L_3 都是高频扼流圈. 输出 v_o 不是高频信号,而是间歇振荡造成的波包的幅度. 试说明:

(1) 它是哪一种 LC 振荡电路(提示:由于反馈电容 C_2 容量很小,晶体管的结电容不可忽略)? 振荡频率大约是多少?

(2) 主要是哪些元件影响间歇振荡周期?

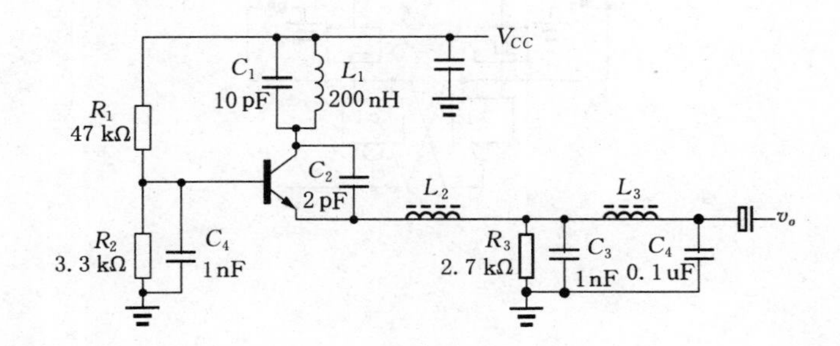

4.16 工业上常用一种称为接近开关的位置传感器,其内部电路有一个 LC 振荡器. 当线圈 L 靠近导体时,振荡器会停振,电路通过检测振荡器晶体管的集电极电流大小变化,判断振荡器是否停振,进而判断传感器是否靠近预定位置. 试解释上述工作过程依据的原理.

4.17 下图为一石英晶体振荡器. 其中 X 的标称频率为 50 MHz, $C_1 = 20$ pF, $C_2 = 33$ pF, $C_3 = 20 \sim 30$ pF(可调整), $C_4 = C_5 = 1$ nF, $L = 470$ nH, $R_1 = 20$ kΩ, $R_2 = 5.6$ kΩ, $R_3 = 2.7$ kΩ, $R_4 = 1.5$ kΩ.

(1) 计算 C_2 与 L 构成的并联谐振回路的谐振频率,说明此回路在振荡器中的作用.

(2) 说明 C_3 的作用.

(3) 说明晶体管 Q_2 的作用.

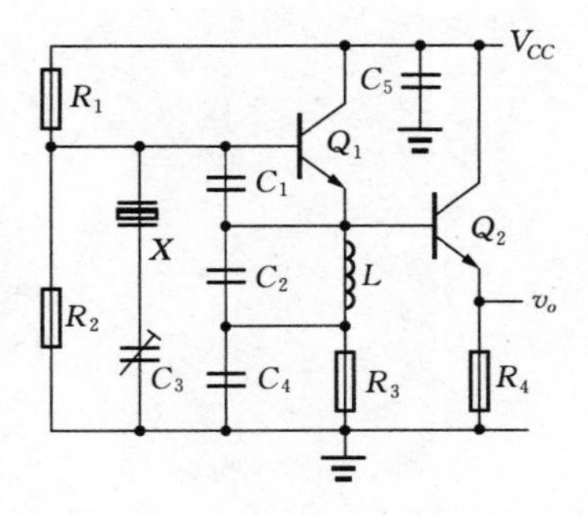

4.18 试设计一个石英晶体压控振荡器,要求如下:中心频率 100 MHz,输出频率最大变化为

±10 kHz. 画出电路图,计算所有元件的参数. 有条件时可以实际安装调试.

4.19 下图为一种多谐振荡器,其中晶体管 $T_1 \sim T_4$ 均工作在开关模式,输出频率 f_o 受输入电流 i_i 控制. 试分析其工作原理,并写出振荡频率的表达式.

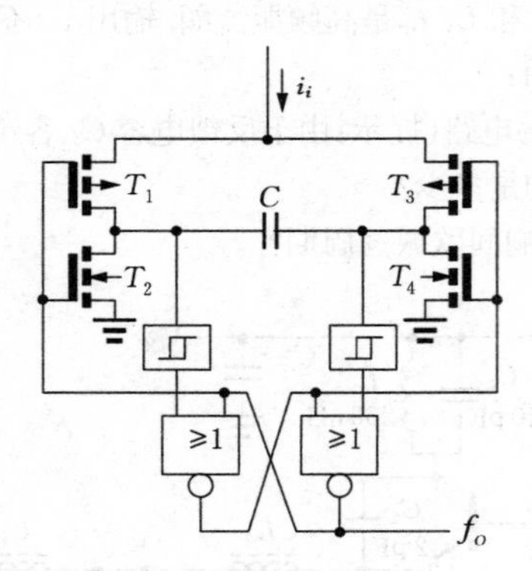

第5章 锁相环与频率合成

锁相环是现代电子工程中一个重要环节,它依据负反馈原理进行工作.

电子学中的反馈控制可以按照控制对象的不同而分为3种:对信号的幅度进行检测和控制,称为自动增益控制或自动电平控制;对信号的频率进行检测和控制,称为自动频率控制;对信号的相位进行检测和控制,称为自动相位控制.锁相环电路是一种自动相位控制电路.由于锁相环电路具有锁定后无剩余频差,具有良好的跟踪性能,用它构成锁相放大器可以检出深埋在噪声中的信号等,所以在通信、测量、计算机、空间技术、军事技术等许多方面得到广泛应用.

锁相环有模数混合锁相环、纯数字锁相环、软件锁相环等多种类型,本书以模数混合锁相环为基础讨论锁相环的基本原理,对其他类型的锁相环只作简单介绍,有兴趣的读者可以自行阅读相关参考文献.

§5.1 锁相环的结构与工作原理

锁相环(phase lock loop,简称PLL)的输入是一个外部的交流信号,输出是锁相环自己产生的交流信号.与其他许多信号处理电路不同,锁相环不是一种处理输入信号的电路,而是一个复现输入信号中相位信息的电路.

锁相环的一般结构可用图5-1描述,它是由鉴相器(phase detector,简称PD)、环路滤波器(loop filter,简称LF)和压控振荡器(voltage controlled oscillator,简称VCO)等环节构成的一个反馈控制系统.

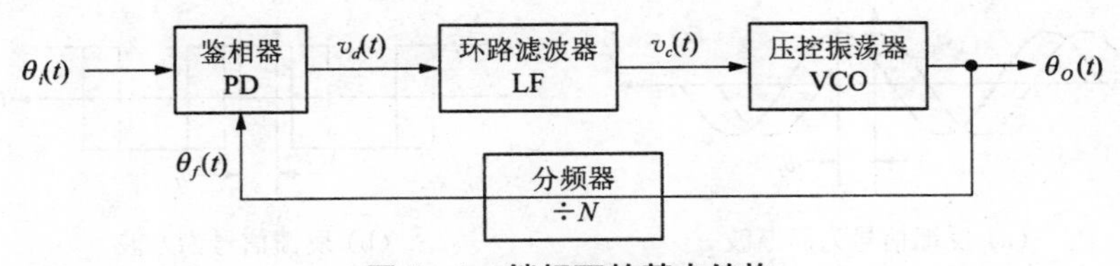

图5-1 锁相环的基本结构

锁相环的基本工作原理如下:鉴相器比较两个信号的相位误差$\theta_e=\theta_i-\theta_f$,并产生一个与相位误差有关的电压信号$v_d$.这个误差信号通过环路滤波器滤除不需要的成分后,其中的控制成分 v_c 被送到压控振荡器去改变振荡器的输出频率.由于交流信号的相位是其频率的积分,因此改变压控振荡器的输出信号频率就同时改变了其相位.当输入信号相对于反馈信号的相位提前时,误差信号增加,鉴相器的输出电压升高,其结果将使压控振荡器的频率增加,从而使得反馈信号的相位提前以缩小相位差;若发生相反的情况,则压控振荡器的频率下降,同样也是缩小相位差.所以锁相环是一个利用负反馈原理工作的相位自动控制系统,其控制作用的结果总是使得输出信号的相位逼近输入信号的相位.

5.1.1 鉴相器

鉴相器比较输入信号与输出信号的相位,输出的误差信号通常是电压.锁相环常采用的鉴相器形式有乘积型鉴相器、异或门鉴相器以及边沿触发的鉴相器等.下面分别对这几种常用的鉴相器进行讨论.

一、第1类鉴相器:乘积型鉴相器

乘积型鉴相器的基本结构是一个模拟信号乘法器.关于乘法器的电路结构我们将在第6章详细介绍,这里先讨论它的鉴相特性.

乘积型鉴相器的输入信号通常为正弦信号,反馈信号可以是简谐信号,也可以是方波信号.输入信号与反馈信号频率相同、相互正交,且具有一定的附加相位差(相位误差).如图5-2所示,其中 v_i 为锁相环输入信号,v_f 为反馈信号.

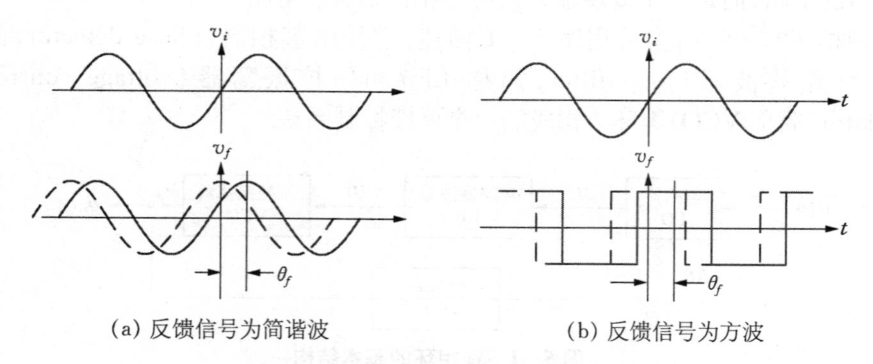

(a) 反馈信号为简谐波 (b) 反馈信号为方波

图5-2 乘积型鉴相器的输入输出波形

为分析方便,假设输入信号的相位 $\theta_i=0$,而反馈信号的相位 $\theta_f\neq0$(图5-2中虚线为 $\theta_f=0$ 的反馈信号),两个信号的附加相位差 $\theta_e=\theta_i-\theta_f=-\theta_f$.

对于图 5-2(a)反馈信号为简谐波的情形,有

$$\begin{cases} v_i = V_i \sin(\omega t) \\ v_f = V_f \cos(\omega t - \theta_f) \end{cases} \tag{5.1}$$

乘积型鉴相器对这两个信号进行乘法运算,输出电压为

$$v_d = \frac{1}{2} k V_i V_f [\sin\theta_e + \sin(2\omega t + \theta_e)] \tag{5.2}$$

对于图 5-2(b)反馈信号是方波的情形,根据傅立叶展开,有

$$v_f = \frac{4}{\pi} V_f \left[\cos(\omega t - \theta_f) + \frac{1}{3}\cos(3\omega t - 3\theta_f) + \cdots\cdots\right] \tag{5.3}$$

将此信号与输入的正弦信号相乘后可得

$$v_d = \frac{2}{\pi} k V_i V_f \left[\sin\theta_e + \sin(2\omega t + \theta_e) - \frac{1}{3}\sin(2\omega t + 3\theta_e) + \cdots\cdots\right] \tag{5.4}$$

可以看到,不管哪种情况,乘积型鉴相器输出电压中均包含两种不同频率的成分:一种仅与两个信号的相位误差 θ_e 有关,另一种则与信号频率 ω 有关. 通常,两个信号的相位误差 θ_e 随时间变化的速率要比信号频率 ω 低许多,而在锁相环中控制压控振荡器并最终构成反馈的正是这个频率比较低的分量. 所以我们考虑锁相环鉴相器的鉴相特性时,只要考虑此分量即可,于是,乘积型鉴相器输出电压可以写为

$$\overline{v_d}(t) = K_d \sin[\theta_e(t)] \tag{5.5}$$

其中 K_d 是鉴相器的增益(鉴相灵敏度),单位为 V/rad.

(5.5)式给出的就是乘积型鉴相器的鉴相特性,它具有正弦特性,如图 5-3 所示. 但是考虑到鉴相器的输出电压与压控振荡器的频率关系后,只有在 $-\pi/2 \sim +\pi/2$ 范围内整个锁相环才构成负反馈,所以乘积型鉴相器的有效鉴相范围为 $-\frac{\pi}{2} < \theta_e < +\frac{\pi}{2}$.

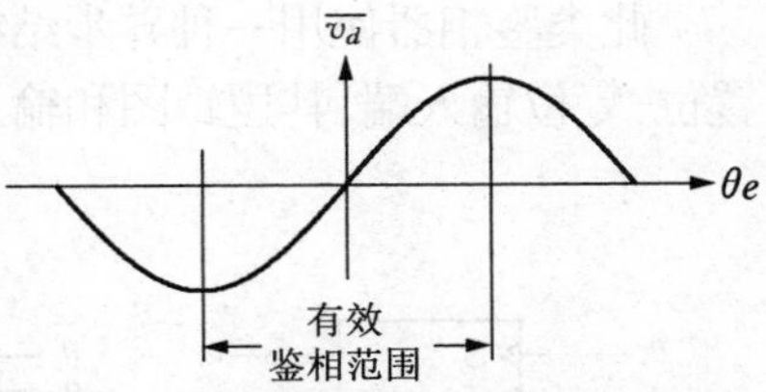

图 5-3　乘积型鉴相器的鉴相特性

二、第 2 类鉴相器:异或门鉴相器

若将高频信号整形成方波,并让它们通过一个异或门,类似乘积型鉴相器那

样,定义两个输入信号的相位具有固定的$\frac{\pi}{2}$相移(相互正交),相位误差 θ_e 是在此基础上叠加的附加相移,则输出波形的占空比将与两个输入的相位差成正比.通过低通滤波器将输出的平均电压取出,则它将与输入信号的相位差成正比.图 5-4 画出了异或门鉴相器的波形图,其中输出波形中的虚线表示平均输出电压.

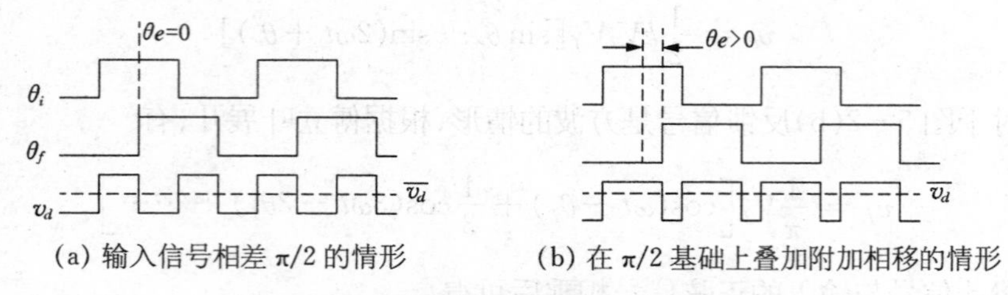

图 5-4 异或门鉴相器的输入输出波形

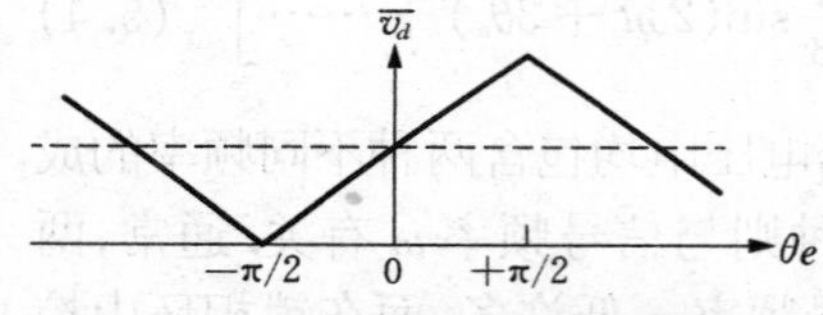

图 5-5 异或门鉴相器的鉴相特性

异或门的鉴相特性见图 5-5,图 5-5 中虚线是相位误差 θ_e 为 0 时的平均输出电压.若以此电压作为输出电压参考零点,异或门鉴相器的平均输出电压与有效鉴相范围可以表示为

$$\begin{cases} \overline{v_d}(t) = K_d[\theta_i(t) - \theta_f(t)] = K_d\theta_e(t) \\ -\frac{\pi}{2} < \theta_e < +\frac{\pi}{2} \end{cases} \tag{5.6}$$

三、第 3 类鉴相器:边沿触发的置位-复位触发器构成的鉴相器

此类鉴相器使用一种异步结构的触发器构成,该触发器具有两个边沿触发的置位-复位输入端,其逻辑图和输入输出波形见图 5-6.

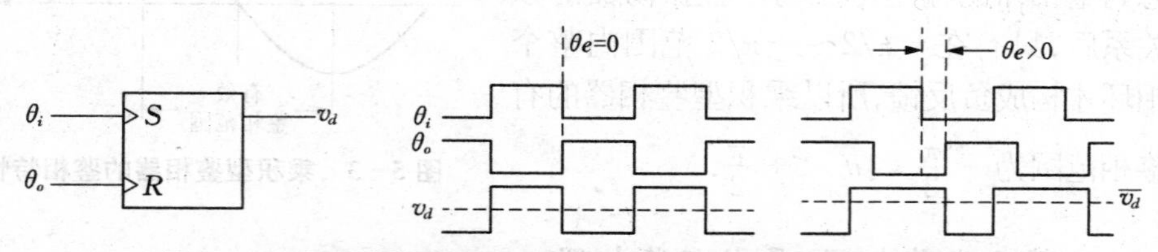

图 5-6 边沿触发置位-复位触发器构成的鉴相器结构及其波形

显然,若定义两个输入信号具有固定的相移 π,相位误差是在这个固定相移基

础上叠加的附加相移，则此鉴相器的鉴相特性如图 5-7.

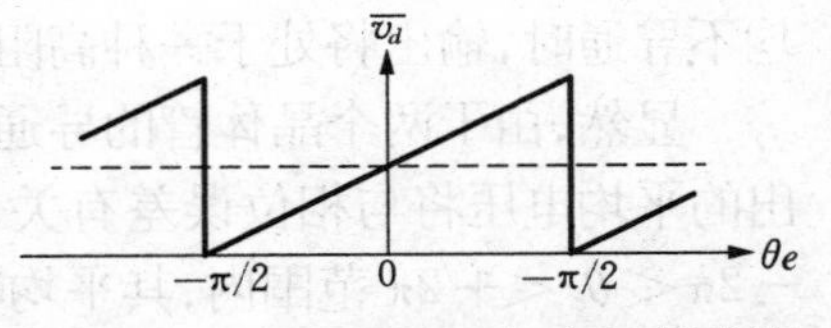

图 5-7　边沿触发置位-复位触发器构成的鉴相器的鉴相特性

以相位误差为 0 时的输出为零点，边沿触发的置位-复位触发器构成的鉴相器的平均输出电压与有效鉴相范围可表示为

$$\begin{cases}\overline{v_d}(t)=K_d[\theta_i(t)-\theta_f(t)]=K_d\theta_e(t)\\ -\pi<\theta_e<+\pi\end{cases}\tag{5.7}$$

四、第 4 类鉴相器：边沿触发的鉴相-鉴频器

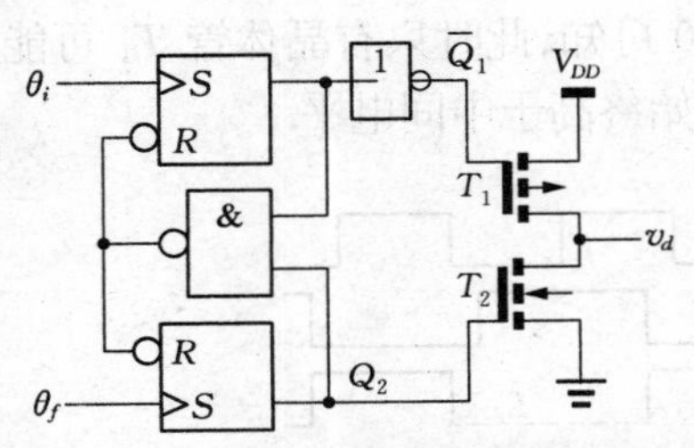

图 5-8　边沿触发的鉴相-鉴频器结构

边沿触发的鉴相-鉴频器结构见图 5-8. 其中 SR 触发器的 S 端（置位端）是边沿触发的，而 R 端（复位端）是电平触发的. 两个触发器的输出分别驱动两个场效应管.

当两个输入信号具有相位差时，由于触发器翻转时间的差异，导致两个晶体管的导通情况不同，其波形见图 5-9. 其中图(a)是 θ_i 超前于 θ_f，结果触发器 Q_1 先行置位，而等到触发器 Q_2 置位时，由于满足复位条件，两个触发器同时被复位，故只有 T_1 可能导通，且导通时间与两个输入信号的相位差有关. 图(b)则反映了 θ_i 落后于 θ_f 的情况，此时触发器 Q_2 先行置位，所以只有 T_2 可能导通.

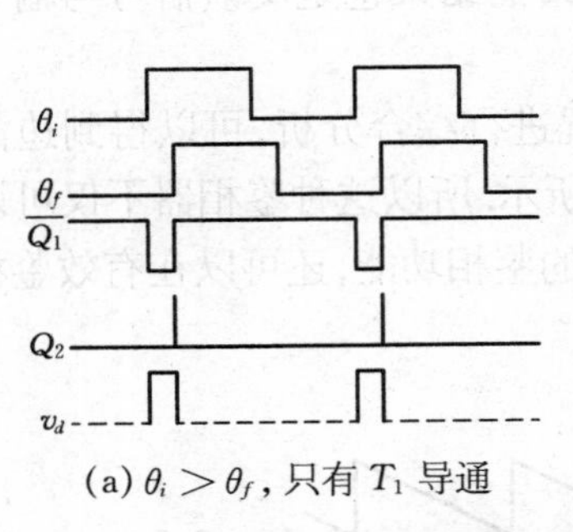

(a) $\theta_i>\theta_f$，只有 T_1 导通

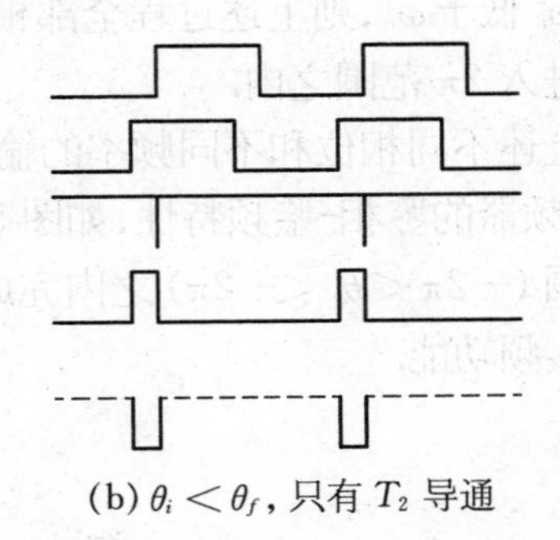

(b) $\theta_i<\theta_f$，只有 T_2 导通

图 5-9　边沿触发的鉴频-鉴相器的输入输出波形

当 T_1 导通后，输出为高电平；当 T_2 导通后，输出为低电平. 当两个场效应管

均不导通时,输出将处于一种高阻状态(图 5-9 中以虚线表示).

显然,由于两个晶体管的导通时间宽度与两个输入信号的相位差有关,因此输出的平均电压将与相位误差有关,即这个电路可以完成鉴相功能. 在相位误差为 $-2\pi < \theta_e < +2\pi$ 范围内,其平均输出电压可表示为

$$\begin{cases}\overline{v_d}(t) = K_d[\theta_i(t) - \theta_f(t)] = K_d\theta_e(t) \\ -2\pi < \theta_e < +2\pi\end{cases} \tag{5.8}$$

然而,此电路与前面介绍的几种鉴相器有一个很大的不同:当两个输入信号的相位误差超出 $-2\pi \sim +2\pi$ 范围后,其平均输出电压并不是简单的周期重复.

为了说明这个现象,图 5-10 举了一个相位误差超出 2π 范围的例子,此例中 $\theta_i - \theta_f > 2\pi$. 实际上,当两个输入信号的相位误差超出 $-2\pi \sim +2\pi$ 范围后,它们已经不是同频信号,在此例中 ω_i 高于 ω_f. 由图 5-10 可知,此时只有晶体管 T_1 可能导通,所以输出电压永远只有高电平,其平均电平始终高于中间电平.

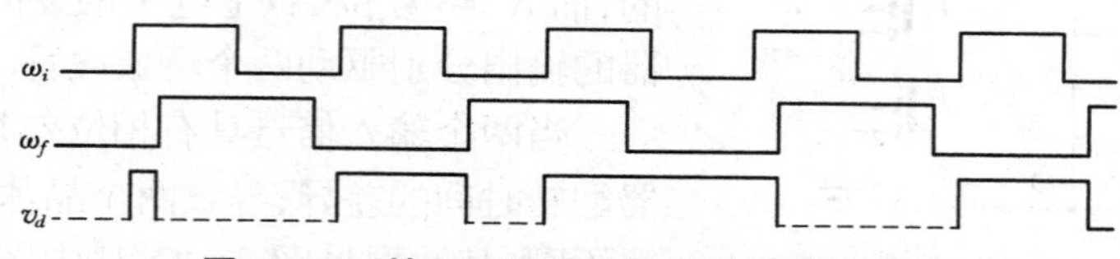

图 5-10 输入不同频率信号时的输出波形

由于输出电压始终只有高电平,最终输出的平均电压肯定大于中间电平,压控振荡器在这个控制电压的作用下,频率将不断升高,直至最后反馈信号频率与输入信号频率一致,相位误差进入 2π 范围之内,鉴相器开始正常的鉴相过程.

若 ω_i 低于 ω_o,则上述过程全部相反,最终的结果也是反馈信号与输入信号的相位差进入 2π 范围之内.

对上述不同相位和不同频率的输入情况进行综合分析,可以得到边沿触发的鉴相-鉴频器的鉴相-鉴频特性,如图 5-11 所示. 所以这种鉴相器不仅可以在有效鉴相范围 $(-2\pi < \theta_e < +2\pi)$ 之内完成正常的鉴相功能,还可以在有效鉴相范围之外完成鉴频功能.

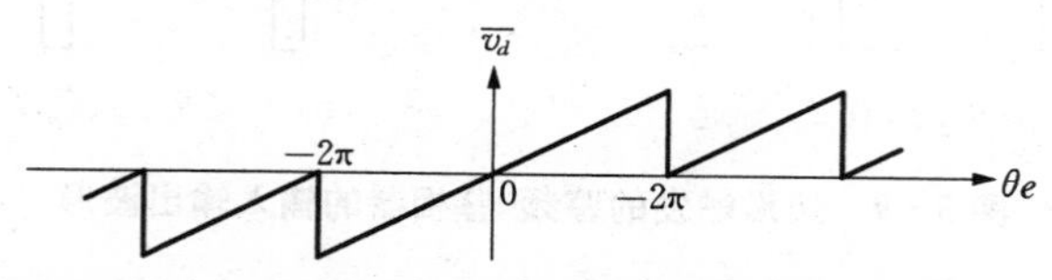

图 5-11 边沿触发的鉴相-鉴频器的鉴相-鉴频特性

最后还要指出的是:两种边沿触发的鉴相器(置位-复位型、鉴相-鉴频型)由于内部电路的不对称,它们是有极性的,即两个输入端 θ_i 与 θ_f 不对称. 在信号接入时不能搞错,否则它们的鉴相特性会颠倒,最后将导致锁相环的反馈极性颠倒. 而两种电平型鉴相器(乘积型、异或门)的输入端是对称的,所以它们是无极性的,无论两个输入如何接,都会自动调整到正常的鉴相状态(有些实际的乘法器电路两个输入端设计成能够接受不同幅度的信号,所以也会有不对称,但不会导致锁相环的反馈极性颠倒). 在构成实际的锁相环时,要特别注意它们的异同.

5.1.2 环路滤波器

环路滤波器通常是一个具有低通特性的滤波器. 它的作用主要是将鉴相器的输出电压中与相位差有关的分量取出来,形成一个压控振荡器的控制电压 $v_c(t)$. 由于不同结构的环路滤波器可以具有不同的传递函数,从而影响整个锁相环的传递函数,因此它是锁相环中一个极其重要的环节.

图 5-12 是 3 种常见的环路滤波器结构,分别称为简单 RC 电路、RC 超前-滞后电路和比例积分电路.

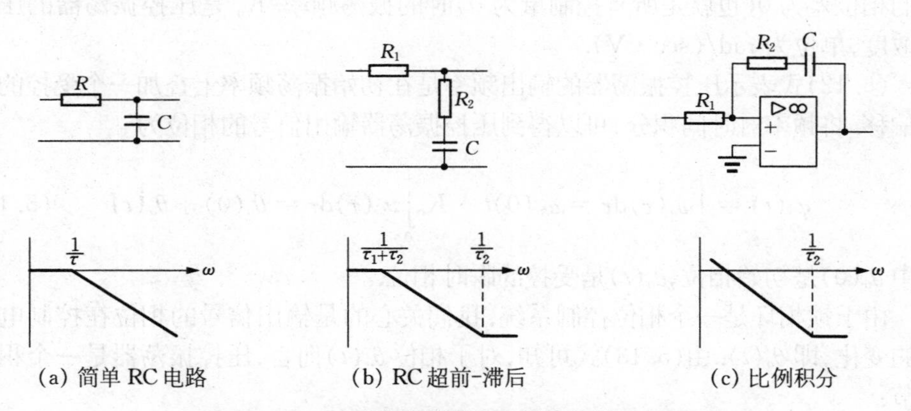

图 5-12 环路滤波器结构以及它们的 Bode 图

对于简单 RC 电路来说,其传递函数为

$$K_f(s) = \frac{1}{1+sRC} = \frac{1}{1+s\tau} \tag{5.9}$$

对于 RC 超前-滞后电路来说,其传递函数为

$$K_f(s)=\frac{1+sR_2C}{1+s(R_1+R_2)C}=\frac{1+s\tau_2}{1+s(\tau_1+\tau_2)} \tag{5.10}$$

对于比例积分电路来说,其传递函数为

$$K_f(s)=\frac{1+sR_2C}{sR_1C}=\frac{1+s\tau_2}{s\tau_1} \tag{5.11}$$

由于鉴相器输出电压中与相位差有关分量的频率总是低于输入信号频率,这3种环路滤波器的传递函数均具有低通特性.

5.1.3 压控振荡器

我们已经在第4章讨论过压控振荡器的电路,这里不再赘述.在大部分锁相环应用电路中,可以认为压控振荡器的输出信号频率与输入控制电压的关系是线性的,即有

$$\omega_o(t)=\omega_o(0)+K_o v_C(t) \tag{5.12}$$

其中 $\omega_o(0)$ 是压控振荡器的初始振荡频率(或称固有振荡频率),即锁相环输入信号的相位差为0(也就是所有控制量为0)时的振荡频率. K_o 是压控振荡器的压控灵敏度,单位为 rad/(sec · V).

(5.12)式表示压控振荡器的输出频率是在初始振荡频率上叠加一个受控的频率偏移.将频率对时间积分,可以得到压控振荡器输出信号的相位为

$$\varphi_o(t)=\int_0^t\omega_o(\tau)\mathrm{d}\tau=\omega_o(0)t+K_o\int_0^t v_C(\tau)\mathrm{d}\tau=\theta_o(0)+\theta_o(t) \tag{5.13}$$

其中 $\theta_o(0)$ 是初始相位, $\theta_o(t)$ 是受控的瞬时相位.

由于锁相环是一个相位控制系统,我们关心的是输出信号的相位在控制电压下的变化,即 $\theta_o(t)$. 由(5.13)式可知,对于相位 $\theta_o(t)$ 而言,压控振荡器是一个积分环节:

$$\theta_o(t)=K_o\int_0^t v_C(\tau)\mathrm{d}\tau \tag{5.14}$$

5.1.4 反馈信号分频

图5.1是锁相环的一般结构,在这种结构中,压控振荡器的输出经过 N 分频

后反馈到鉴相器. 由于相位是频率的积分，频率被 N 分频后，相位亦减小为原来的 N 分之一，即

$$\omega_f = \frac{\omega_o}{N},\ \theta_f = \frac{\theta_o}{N} \tag{5.15}$$

然而在许多应用中，压控振荡器的输出直接反馈到鉴相器，这种情况相当于 $N=1$，此时有 $\omega_f = \omega_o,\ \theta_f = \theta_o$.

5.1.5　锁相环的控制过程

上面我们分别讨论了锁相环中各环节的输出输入关系的数学表达，下面对锁相环的整体数学模型进行讨论. 为简明起见，讨论中以乘积型鉴相器为代表，并且不计算反馈分频(分频系数为1).

若以算子 p 代表微分运算，则乘积型鉴相器、环路滤波器、压控振荡器对于相位 θ 的数学运算表达式，可以分别表示为 $K_d\sin[\,]$，$K_f(p)$ 和 $\frac{K_o}{p}$. 所以，锁相环的数学模型如图 5 - 13.

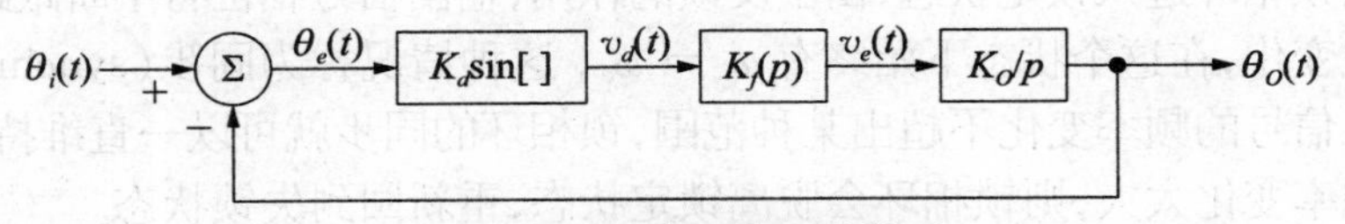

图 5 - 13　锁相环的数学模型

根据图 5 - 13，可以写出下列方程：

$$\theta_e(t) = \theta_i(t) - \theta_o(t) = \theta_i(t) - K_d\sin\theta_e(t)\cdot K_f(p)\cdot\frac{K_o}{p} \tag{5.16}$$

将(5.16)式两边求导，可得到锁相环的环路状态方程

$$p\theta_e(t) = p\theta_i(t) - K_d\cdot K_o\cdot K_f(p)\cdot\sin\theta_e(t) \tag{5.17}$$

上述环路状态方程左边为 $p\theta_e(t) = \frac{\mathrm{d}\theta_e(t)}{\mathrm{d}t} = \Delta\omega_e(t) = \omega_i(t) - \omega_o(t)$，显然它表示的是锁相环的输入与输出信号之间的瞬时频差.

方程右边第 1 项为 $p\theta_i(t) = \frac{\mathrm{d}\theta_i(t)}{\mathrm{d}t} = \Delta\omega_i(t) = \omega_i(t) - \omega_o(0)$，由于 $\omega_o(0)$ 是锁相环中压控振荡器的固有振荡频率，因此该项表示的是输入与锁相环固有振荡

频率之间的差值,即固有频差.

方程右边第 2 项为 $K_d K_o K_f(p)\sin\theta_e(t) = K_o v_c(t) = \omega_o(t) - \omega_o(0)$,它表示在控制电压作用下锁相环的输出频率与固有频率之间的差值,即控制频差.

所以,锁相环状态方程的意义是

$$\text{瞬时频差} = \text{固有频差} - \text{控制频差}$$

下面讨论锁相环的反馈控制过程.

一般而言,锁相环开始工作的时候总是存在瞬时频差,即 $\omega_i \neq \omega_o$,这种情况称为失锁(un-locked). 在失锁状态下锁相环的瞬时相差 $\theta_e(t) = \theta_i(t) - \theta_o(t)$ 必然不是常数. 此时 θ_e 的变化将引起鉴相器输出 v_d 变化,继而引起 v_c 变化,使得 ω_o 变化. 若条件合适,ω_o 变化使得瞬时频差 $\Delta\omega = \omega_i - \omega_o$ 逐步变小,这个动态过程称为捕捉(capture).

若捕捉成功,最终可使得进入鉴相器的两个信号的瞬时相位差落入鉴相器的有效鉴相范围之内. 根据前面的讨论,此时鉴相器的输出将使得压控振荡器的输出信号相位不断逼近输入信号的相位,最后到达动态平衡时,θ_e 将等于某个常数. 由于瞬时频差 $\Delta\omega(t) = \mathrm{d}\theta_e(t)/\mathrm{d}t$,因此 θ_e 等于某个常数,就是 $\omega_i = \omega_o$,即输入输出无频差. 此时称为锁相环被锁定(locked).

一旦锁相环进入锁定状态,由于反馈的作用,输出信号相位将不断跟踪输入信号的相位变化,在这个状态下始终有 $\omega_i = \omega_o$,这种情况称为同步(synchronism). 只要输入信号的频率变化不超出某种范围,锁相环的同步就可以一直维持. 若输入信号的频率变化太大,则锁相环会脱离锁定状态,重新回到失锁状态.

由此可见,锁相环有锁定和失锁两个基本状态. 由失锁进入锁定的动态过程是捕捉过程,而进入锁定后的过程是跟踪过程. 在锁定状态,锁相环的输出信号与输入信号之间可以有相位差,但是没有频率差,这是锁相环最重要的特性.

§5.2 锁定状态下的锁相环

锁相环进入锁定状态后,输出信号的频率(相位)不断跟踪输入信号的频率(相位)变化,若输入信号的频率(相位)变化不大,则锁相环将一直维持在锁定状态,本节要讨论的就是这种情况.

5.2.1 锁相环的线性化传递函数

由(5.17)式可知,锁相环的状态方程是一个非线性方程,其非线性主要来自乘积型鉴相器. 在实际的锁相环中,其他部分(如放大器、滤波器以及压控振荡器等)一般也存在非线性. 但是与鉴相器的非线性相比,它们的非线性往往可以忽略不计.

对于本节要讨论的相位误差较小的情况,一般总可以将状态方程作线性化近似. 从前面的讨论可知,采用异或门鉴相器以及边沿触发的鉴相器时,在其有效鉴相范围内,鉴相器的特性是线性的,$v_d(t) = K_d\theta_e(t)$. 而对于乘积型鉴相器来说,若相位误差 θ_e 很小,那么也可以对鉴相器的鉴相特性作线性化近似,即 $v_d(t) = K_d\sin[\theta_e(t)] \approx K_d\theta_e(t)$. 这样,状态方程(5.17)式线性化近似后为

$$p\theta_e(t) = p\theta_i(t) - p\theta_o(t) = p\theta_i(t) - K_dK_oK_f(p)\cdot\theta_e(t) \tag{5.18}$$

或写成复频域方程

$$s\theta_e(s) = s\theta_i(s) - s\theta_o(s) = s\theta_i(s) - K_dK_oK_f(s)\cdot\theta_e(s) \tag{5.19}$$

其中 $K_f(s)$是环路滤波器的传递函数.

根据(5.19)式,可以写出下列关系:

$$\begin{cases} \theta_o(s) = \dfrac{K_dK_oK_f(s)}{s}\cdot\theta_e(s) \\ \theta_i(s) = \left(1 + \dfrac{K_dK_oK_f(s)}{s}\right)\cdot\theta_e(s) \end{cases} \tag{5.20}$$

定义闭环传递函数为输出与输入的比值,锁相环的闭环传递函数为

$$\Phi(s) = \frac{\theta_o(s)}{\theta_i(s)} = \frac{K_dK_oK_f(s)}{s + K_dK_oK_f(s)} \tag{5.21}$$

定义误差传递函数为误差与输入的比值,锁相环的误差传递函数为

$$E(s) = \frac{\theta_e(s)}{\theta_i(s)} = \frac{s}{s + K_dK_oK_f(s)} \tag{5.22}$$

注意上述所有传递函数均没有考虑反馈分频. 若考虑反馈分频系数 N,则(5.16)式应改为 $\theta_e(t) = \theta_i(t) - \dfrac{\theta_o(t)}{N}$,而一般在那种情况下定义 $\Phi(s) = \dfrac{\theta_f(s)}{\theta_i(s)}$,所以考虑反馈分频后锁相环的闭环传递函数和误差传递函数分别为

$$\Phi(s) = \frac{\theta_f(s)}{\theta_i(s)} = \frac{K_dK_oK_f(s)/N}{s + K_dK_oK_f(s)/N} \tag{5.23}$$

$$E(s) = \frac{\theta_e(s)}{\theta_i(s)} = \frac{s}{s + K_dK_oK_f(s)/N} \tag{5.24}$$

可以看到,只要将压控振荡器的灵敏度 K_o 换成 K_o/N,就可以得到考虑反馈分频后的传递函数,所以我们在后面的讨论中除非特别必要,一般都不再考虑反馈分频.

显然,上述所有传递函数均与环路滤波器的传递函数 $K_f(s)$ 有关. 根据前面的介绍,锁相环中常用的环路滤波器有简单 RC、RC 超前-滞后和比例积分几种. 下面针对不同环路滤波器的情况,写出锁相环的线性化传递函数.

一、以简单 RC 电路为环路滤波器的锁相环

其环路滤波器的传递函数由(5.9)式表示. 将它代入(5.21)式和(5.22)式,可得锁相环的闭环传递函数与误差传递函数分别为

$$\Phi(s)=\frac{\dfrac{K_dK_o}{\tau}}{s^2+\dfrac{s}{\tau}+\dfrac{K_dK_o}{\tau}}=\frac{\omega_n^2}{s^2+2\zeta\omega_n s+\omega_n^2} \tag{5.25}$$

$$E(s)=\frac{s^2+\dfrac{s}{\tau}}{s^2+\dfrac{s}{\tau}+\dfrac{K_dK_o}{\tau}}=\frac{s^2+2\zeta\omega_n s}{s^2+2\zeta\omega_n s+\omega_n^2} \tag{5.26}$$

其中

$$\tau=RC,\ \omega_n=\sqrt{\frac{K_dK_o}{\tau}},\ \zeta=\frac{1}{2\omega_n\tau}$$

上式中传递函数最后以 ω_n 和 ζ 表述. ω_n 称为自然频率(natural frequency),描述了系统中相位变化的自由振荡频率. ζ 称为阻尼因子(damping factor),描述了系统在振荡时受到的阻尼大小. 在电路理论和自动控制理论中,这种表述被称为传递函数的标准表达形式. 在锁相环的所有讨论中,也总是将各种特性参数转化为用自然频率和阻尼因子表达的形式,所以这两个参数是锁相环的基本参数.

二、以 RC 超前-滞后电路为环路滤波器的锁相环

其环路滤波器的传递函数由(5.10)式表示. 将它代入(5.21)式和(5.22)式,可得锁相环的闭环传递函数与误差传递函数分别为

$$\Phi(s)=\frac{K_dK_o\dfrac{1+s\tau_2}{\tau_1+\tau_2}}{s^2+\dfrac{1+K_dK_o\tau_2}{\tau_1+\tau_2}s+\dfrac{K_dK_o}{\tau_1+\tau_2}}=\frac{\left(2\zeta\omega_n-\dfrac{\omega_n^2}{K_dK_o}\right)s+\omega_n^2}{s^2+2\zeta\omega_n s+\omega_n^2} \tag{5.27}$$

$$E(s)=\frac{s^2+\dfrac{s}{\tau_1+\tau_2}}{s^2+\dfrac{1+K_dK_o\tau_2}{\tau_1+\tau_2}s+\dfrac{K_dK_o}{\tau_1+\tau_2}}=\frac{s^2+\dfrac{\omega_n^2}{K_dK_o}s}{s^2+2\zeta\omega_ns+\omega_n^2} \tag{5.28}$$

其中

$$\tau_1=R_1C,\ \tau_2=R_2C,\ \omega_n=\sqrt{\frac{K_dK_o}{\tau_1+\tau_2}},\ \zeta=\frac{\omega_n}{2}\left(\tau_2+\frac{1}{K_dK_o}\right)$$

三、以比例积分电路为环路滤波器的锁相环

其环路滤波器的传递函数由(5.11)式表示. 将它代入(5.21)式和(5.22)式,可得锁相环的闭环传递函数与误差传递函数分别为

$$\Phi(s)=\frac{K_dK_o\dfrac{\tau_2}{\tau_1}s+\dfrac{K_dK_o}{\tau_1}}{s^2+K_dK_o\dfrac{\tau_2}{\tau_1}s+\dfrac{K_dK_o}{\tau_1}}=\frac{2\zeta\omega_ns+\omega_n^2}{s^2+2\zeta\omega_ns+\omega_n^2} \tag{5.29}$$

$$E(s)=\frac{s^2}{s^2+K_dK_o\dfrac{\tau_2}{\tau_1}s+\dfrac{K_dK_o}{\tau_1}}=\frac{s^2}{s^2+2\zeta\omega_ns+\omega_n^2} \tag{5.30}$$

其中

$$\tau_1=R_1C,\ \tau_2=R_2C,\ \omega_n=\sqrt{\frac{K_dK_o}{\tau_1}},\ \zeta=\frac{1}{2}\omega_n\tau_2$$

我们注意到,尽管上述3种锁相环采用的环路滤波器不同,但是所有传递函数的分母(特征多项式)相同,均为二次多项式 $s^2+2\zeta\omega_ns+\omega_n^2$,所以这几个锁相环均为二阶锁相环. 二阶锁相环是最常见的锁相环. 在本书中我们也将仅讨论二阶锁相环.

5.2.2　锁相环的稳态响应

锁相环的稳态响应特性指的是当输入信号的相位或频率按照正弦规律变化(调制)时,锁相环的输出信号相位变化量对于输入信号相位变化量的比值.

根据电路理论,一个正弦信号通过一个线性系统后频率不发生变化,其模与幅角可能发生变化. 假定输入信号的相位按照角频率 Ω 变化,那么通过 s 到 $\mathrm{j}\Omega$ 的转

换,我们可以将锁相环的闭环传递函数 $\Phi(s)=\frac{\theta_o(s)}{\theta_i(s)}$ 转换为频率特性 $\Phi(\mathrm{j}\Omega)=\frac{\theta_o(\mathrm{j}\Omega)}{\theta_i(\mathrm{j}\Omega)}$.

这正是锁相环的稳态响应特性,其中 Ω 是输入信号中相位(或频率)变化的角频率. 在锁相环稳态分析中,最为关心的是稳态响应的模

$$|\Phi(\mathrm{j}\Omega)|=\frac{|\theta_o(\mathrm{j}\Omega)|}{|\theta_i(\mathrm{j}\Omega)|} \tag{5.31}$$

由于环路滤波器的不同造成锁相环的闭环传递函数不同,因此,它们的稳态响应特性也是不同的. 采用简单 RC 电路作为环路滤波器的锁相环,闭环传递函数为(5.25)式所示,其稳态响应特性的模为

$$|\Phi(\mathrm{j}\Omega)|=1/\sqrt{\left[1-\left(\frac{\Omega}{\omega_n}\right)^2\right]^2+\left(2\zeta\frac{\Omega}{\omega_n}\right)^2} \tag{5.32}$$

根据上式可以画出其归一化稳态响应特性如图 5-14.

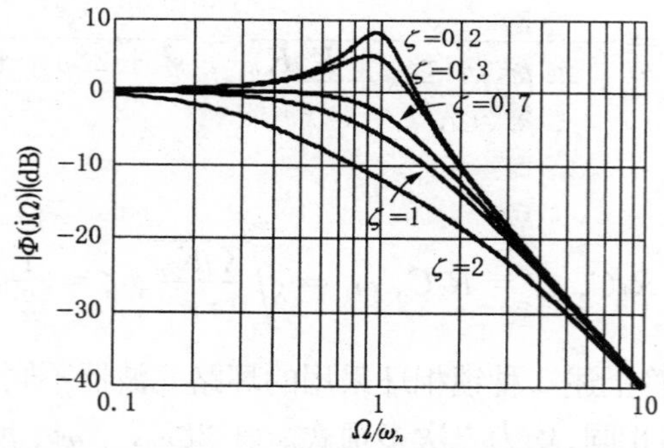

图 5-14 采用简单 RC 滤波器的锁相环的稳态响应特性

采用 RC 超前-滞后电路作为环路滤波器的锁相环,其闭环传递函数为(5.27)式所示,其稳态响应特性的模如下:

$$|\Phi(\mathrm{j}\Omega)|=\sqrt{\left\{1+\left[\left(2\zeta-\frac{\omega_n}{K_dK_o}\right)\frac{\Omega}{\omega_n}\right]^2\right\}\Big/\left\{\left[1-\left(\frac{\Omega}{\omega_n}\right)^2\right]^2+\left[2\zeta\frac{\Omega}{\omega_n}\right]^2\right\}} \tag{5.33}$$

采用比例积分电路作为环路滤波器的锁相环,其闭环传递函数为(5.29)式所示,其稳态响应特性的模如下:

$$|\Phi(j\Omega)|=\sqrt{\left\{1+\left[2\zeta\frac{\Omega}{\omega_n}\right]^2\right\}\Big/\left\{\left[1-\left(\frac{\Omega}{\omega_n}\right)^2\right]^2+\left[2\zeta\frac{\Omega}{\omega_n}\right]^2\right\}} \tag{5.34}$$

显然它们具有类似的稳态响应特性.根据(5.34)式可以画出其归一化稳态响应特性如图5-15.

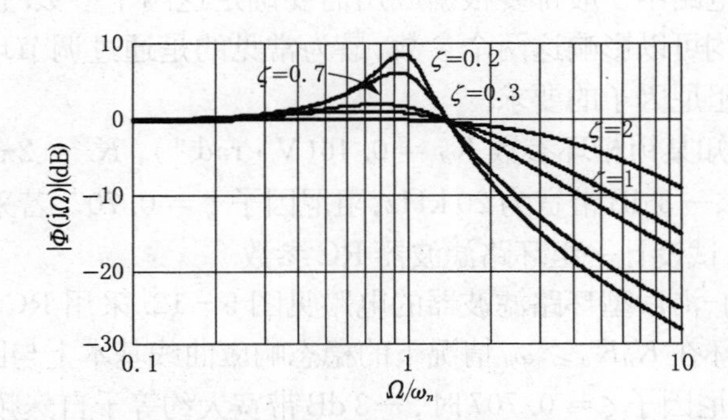

图5-15　采用比例积分滤波器的锁相环的稳态响应特性

由上面两个稳态响应特性曲线,可以看到二阶锁相环对于输入信号相位变化频率Ω(即调制频率)的响应关系.

要强调的是,(5.31)式、图5-14和图5-15所描述的模不是一般电路分析中的电压或电流幅度的比值,而是输出与输入两个信号相位变化的幅度之比.

当输入信号受到正弦调制后,其相位(或频率)以正弦规律变化,在变化频率Ω远小于自然频率ω_n的范围内,稳态响应特性曲线的模是0 dB,即输出信号的相位变化幅度与输入信号的相位变化幅度相同.换句话说,在这种情况下锁相环的输出信号相位将跟随输入信号的相位变化而变化.这种工作状态称为调制跟踪状态.

在输入信号相位(或频率)的变化频率Ω远大于自然频率ω_n的范围内,稳态响应特性曲线的模以-20 dB/sec的规律下降,输出信号的相位变化幅度将随着调制频率的升高而逐渐趋于0,这意味着输出信号的相位将趋于一个稳定的不变化的值.由于输出信号中的频率变动部分是输出信号相位对时间的导数,因此输出频率变动部分将趋于0,或者说输入信号的频率将趋于一个常数而与输入信号频率的变化无关.这种工作状态称为载波跟踪状态.

在锁相环的许多应用领域中,上述两种工作状态都有实际应用的例子.

另一方面,从输入信号相位变化频率Ω的角度来看,锁相环类似一个低通滤波器,其转折频率大致就在自然频率ω_n附近,所以常常将自然频率ω_n称为锁相环的环路带宽.

当阻尼因子小于1时,锁相环对于突变输入的响应将会有振荡,而阻尼因子大于1时,锁相环对于突变输入的响应是单调的.所以将阻尼因子等于1称为临界阻尼状态.在实际应用中,常常将阻尼因子的值取在0.707附近.

以后我们会看到,自然频率和阻尼因子将影响锁相环电路的大部分性能,因此在实用的锁相环电路中一般都要根据应用需要确定这两个参数.锁相环电路中各环节的多个参数均可以影响这两个参数,最为常见的是通过调节环路滤波器的参数来满足带宽与阻尼因子的要求.

例5-1 已知某锁相环参数 $K_d = 0.46(\mathrm{V \cdot rad^{-1}})$, $K_o = 2\pi\times 6\times 10^7(\mathrm{rad \cdot sec^{-1} \cdot V^{-1}})$,要求 -3 dB带宽为20 kHz,阻尼因子 $\zeta = 0.707$.若采用RC超前-滞后型环路滤波器,试设计一组环路滤波器RC参数.

解 RC超前-滞后型环路滤波器的电路见图5-12.采用RC超前-滞后型环路滤波器的锁相环在 $K_dK_o \geqslant \omega_n$ 情况下的稳态响应曲线基本上与图5-15一致.由图5-15可知,阻尼因子 $\zeta = 0.707$ 时,-3 dB带宽大约等于自然频率的2倍,所以题目要求的锁相环的自然频率应该是 $\omega_n = 2\pi\cdot\dfrac{20\,000}{2} = 6.28\times 10^4$.

已知采用RC超前-滞后型环路滤波器的锁相环的自然频率为 $\omega_n = \sqrt{\dfrac{K_dK_o}{\tau_1+\tau_2}}$,阻尼因子 $\zeta = \dfrac{\omega_n}{2}\left(\tau_2 + \dfrac{1}{K_dK_o}\right)$,时间常数 $\tau_1 = R_1C$, $\tau_2 = R_2C$,据此可以进行设计,有

$$\tau_1+\tau_2 = (R_1+R_2)C = \frac{K_dK_o}{\omega_n^2} = \frac{0.46\times 2\pi\times 6\times 10^7}{(6.28\times 10^4)^2} = 4.4\times 10^{-2}$$

$$\tau_2 = R_2C = \frac{2\zeta}{\omega_n} - \frac{1}{K_dK_o} = \frac{2\times 0.707}{6.28\times 10^4} - \frac{1}{0.46\times 2\pi\times 6\times 10^7} = 2.2\times 10^{-5}$$

由于超前-滞后型环路滤波器包含有3个RC元件,故上述方程有无穷多个解.实际设计中通常是先确定一个元件,然后再计算其余元件的值.例如,在例5-1中可以先选定 $C = 1\,\mu\mathrm{F}$,则其余两个电阻的值分别为 $R_1 = 44\,\mathrm{k\Omega}$(实际可用标称值为43 kΩ的电阻),$R_2 = 22\,\Omega$.

由例5-1也可以看到,通常情况下超前-滞后型环路滤波器中 τ_1 比 τ_2 要大得多,所以采用RC超前-滞后型环路滤波器的锁相环常常将自然频率近似为 $\omega_n \approx \sqrt{\dfrac{K_dK_o}{\tau_1}}$.另一方面,大部分锁相环有 $K_dK_o \geqslant \omega_n$,这种锁相环称为高增益环.对于采用RC超前-滞后型环路滤波器的高增益环来说,有近似关系 $\zeta \approx \dfrac{\omega_n\tau_2}{2}$.也就是

说,高增益环中 RC 超前-滞后型环路滤波器的两个时间常数分别确定自然频率与阻尼因子,这将为设计带来许多便利.

5.2.3 锁相环的瞬态响应

当相位或频率突变信号输入锁相环后,系统经历一个从稳态到变化再到新的稳态的过程.在这个过程中,相位误差开始时发生一个跳变,然后在反馈作用下经过一个过渡过程后达到新的相位误差.研究锁相环的瞬态响应就要研究输入发生突变后输出的跟踪过程,常见的输入信号如下:

(1) 相位突变信号 $\theta_i(t) = \Delta\theta \cdot 1(t)$,其中 $1(t)$ 表示单位阶跃信号,即 $1(t) = \begin{cases} 0, & t < 0, \\ 1, & t \geqslant 0. \end{cases}$ 信号经过拉普拉斯变换后为

$$\theta_i(s) = \frac{\Delta\theta}{s} \tag{5.35}$$

(2) 频率突变信号 $\omega_i(t) = \omega_0 + \Delta\omega \cdot 1(t)$,其中频率变动部分 $\Delta\omega \cdot 1(t)$ 的积分就是输入端的相位变化,所以 $\theta_i(t) = \Delta\omega \cdot t$,即输入相位是一个斜升信号,拉普拉斯变换后为

$$\theta_i(s) = \frac{\Delta\omega}{s^2} \tag{5.36}$$

(3) 频率斜升信号 $\omega_i(t) = \omega_0 + \left(\frac{\Delta\omega}{\Delta t}\right)t$,此信号中 $\left(\frac{\Delta\omega}{\Delta t}\right)t$ 是一个斜升的频率变化信号,$\left(\frac{\Delta\omega}{\Delta t}\right)$ 是其斜率,相应的相位变化为 $\theta_i(t) = \left(\frac{\Delta\omega}{\Delta t}\right) \cdot \frac{t^2}{2}$,拉普拉斯变换后为

$$\theta_i(s) = \frac{\Delta\omega/\Delta t}{s^3} \tag{5.37}$$

可以根据误差传递函数研究系统在输入变化后的瞬态响应过程.将输入信号代入系统的误差方程并求解,可以得到误差函数对时间的关系,即

$$\theta_e(t) = E(t) \cdot \theta_i(t) \tag{5.38}$$

通常在复频域求解(5.38)式,然后用拉普拉斯反变换回到时域.

例如,对于采用简单 RC 滤波器的锁相环电路,其误差传递函数由(5.27)式表

示. 当输入相位突变信号时,输入信号为 $\theta_i(s)=\frac{\Delta\theta}{s}$,所以

$$\theta_e(s)=E(s)\cdot\theta_i(s)=\frac{s^2+2\zeta\omega_n s}{s^2+2\zeta\omega_n s+\omega_n^2}\cdot\frac{\Delta\theta}{s} \tag{5.39}$$

对上式进行拉普拉斯反变换后,可以得到误差信号的时域表达式. 在锁相环中最常见的欠阻尼($0<\zeta<1$)情况下,有

$$\theta_e(t)=\Delta\theta\cdot e^{-\zeta\omega_n t}\left[\frac{-\zeta}{\sqrt{1-\zeta^2}}\sin(\sqrt{1-\zeta^2}\,\omega_n t)+\cos(\sqrt{1-\zeta^2}\,\omega_n t)\right] \tag{5.40}$$

图 5-16 是(5.40)式的归一化响应曲线.

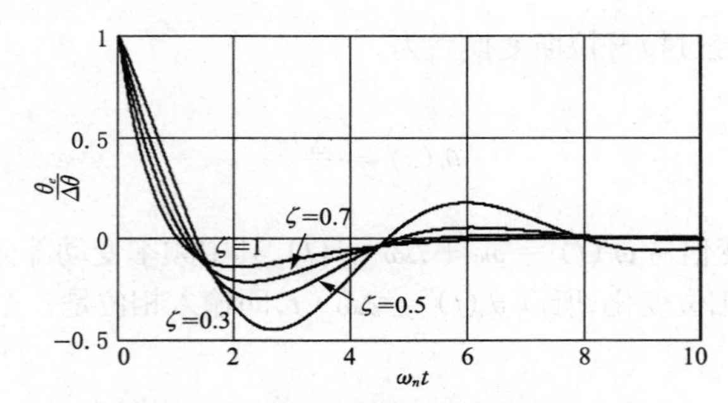

图 5-16 二阶锁相环的相位阶跃响应过程

由图 5-16 可见,输入一个相位突变信号后,系统的瞬态相位误差将从初始的 $\Delta\theta$ 开始,以一个带有指数衰减的简谐振荡过程衰减,当时间 t 趋于无穷大时相位误差将趋于 0.

当输入频率突变信号时,输入信号为 $\theta_i(s)=\frac{\Delta\omega}{s^2}$,所以

$$\theta_e(s)=E(s)\cdot\theta_i(s)=\frac{s^2+2\zeta\omega_n s}{s^2+2\zeta\omega_n s+\omega_n^2}\cdot\frac{\Delta\omega}{s^2} \tag{5.41}$$

在锁相环最为常见的欠阻尼($0<\zeta<1$)情况下,其时域表达式为

$$\theta_e(t)=2\zeta\frac{\Delta\omega}{\omega_n}\left\{e^{-\zeta\omega_n t}\left[\frac{1-2\zeta}{2\zeta\sqrt{1-\zeta^2}}\sin(\sqrt{1-\zeta^2}\,\omega_n t)-\cos(\sqrt{1-\zeta^2}\,\omega_n t)\right]+1\right\} \tag{5.42}$$

图 5-17 是(5.42)式的归一化响应曲线.

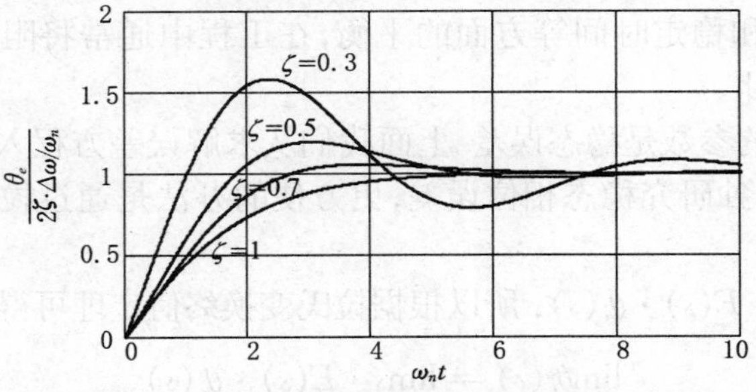

图 5－17　二阶锁相环的频率阶跃响应过程

由此可见，二阶锁相环对于频率阶跃输入的瞬态响应分为两部分：第一部分是一个带有指数衰减的简谐振荡过程，表示系统对于输入的瞬态响应过渡过程，当时间 t 趋于无穷大时该响应趋于 0；第二部分是一项常量 $\theta_e(\infty)=2\zeta\dfrac{\Delta\omega}{\omega_n}$，表示系统在过渡过程结束到达新稳态后的相位误差的改变量，即稳态相位误差.

由上面两种情况可见，一个二阶锁相环输入突变信号后，在欠阻尼($0<\zeta<1$)条件下其输出均为一个衰减的简谐振荡过程，而最后的相位误差可能为 0，也可能不为 0. 下面讨论几个在锁相环的实际应用中比较重要的参数.

第一个是稳定时间. 一般把图 5－16 和图 5－17 曲线中从 $t=0$ 至输出到达稳态误差的某个小比值 δ 所需要的时刻称为稳定时间，由于严格计算衰减的简谐振荡过程比较繁琐且实用价值并不高，一般以图中曲线的包络代替.

由(5.40)式和(5.42)式可知，二阶锁相环瞬态响应曲线的包络均具有 $e^{-\zeta\omega_n t}$ 的形式. 令此包络等于 δ，即 $e^{-\zeta\omega_n t}=\delta$，可得稳定时间的近似表达式为

$$t_s\approx-\frac{\ln\delta}{\zeta\omega_n}\tag{5.43}$$

实用中常常取 $\delta=5\%$ 或 $\delta=2\%$，此时有 $t_s\approx\dfrac{3\sim4}{\zeta\omega_n}$.

另外我们也看到，二阶锁相环的瞬态响应过程中带有过冲，过冲主要由阻尼因子决定，阻尼因子 ζ 越小，过冲越高. 此过冲的最大值就是最大瞬态相位误差. 我们讨论锁相环跟踪特性的前提是输入的信号变化很小以致可以用线性近似来讨论，但是若这个瞬态相位误差很大，则可能使锁相环进入非线性工作区域，那时锁相环的状态将发生变化，也可能失锁. 同时若 ζ 过小，稳定时间也要加长. 所以一般情况下阻尼因子 ζ 不宜过小. 但是 ζ 也不宜过大，因为若 ζ 大于 1，锁相环的瞬态响应将

是一个单调的指数过程,此时的稳定时间也要加长. 这就是前面介绍的为了兼顾最大瞬态相位误差和稳定时间等方面的平衡,在工程中通常将阻尼因子的值取在0.707附近的原因.

第二个重要的参数是稳态误差. 上面我们从求解误差方程入手得到了稳态相位误差值. 若要单独研究稳态相位误差,更方便的办法是通过拉普拉斯终值定理求解.

因为 $\theta_e(s) = E(s) \cdot \theta_i(s)$,所以根据拉氏变换终值定理可得稳态误差为

$$\lim_{t\to\infty}\theta_e(t) = \lim_{s\to 0} s \cdot E(s) \cdot \theta_i(s) \tag{5.44}$$

由(5.44)式可知,锁相环的稳态相位误差与系统误差传递函数以及输入信号相位变化的形式有关. 将(5.35)式、(5.36)式和(5.37)式描述的不同输入信号以及(5.27)式、(5.29)式和(5.31)式描述的不同环路滤波器情况下锁相环的误差传递函数代入(5.44)式,可以得到它们组合后的稳态相位误差表达式如表5-1所示.

表5-1 二阶锁相环的稳态相位误差

输入信号	环路滤波器	
	简单RC和RC超前-滞后	比例积分
相位阶跃 $\Delta\theta$	0	0
频率阶跃 $\Delta\omega$	$\dfrac{\Delta\omega}{K_d K_o}$	0
频率斜升 $\dfrac{\Delta\omega}{\Delta t}t$	∞	$\dfrac{\Delta\omega/\Delta t}{\omega_n^2}$

稳态相位误差是锁相环在经历调整过程后新的误差. 显然,若此误差超出鉴相器的有效鉴相范围,锁相环将肯定无法重新进入稳定的跟踪状态而失锁.

即使不超出鉴相器的有效鉴相范围,也不一定能够稳定工作. 例如,对于表5-1中稳态相位误差为0的组合,表面上看似乎无论输入如何变化,最后都一定能够重新锁定. 但是不能忘记的是,我们这个跟踪误差分析是以锁相环中各环节都处于线性工作状态为前提的. 如果输入信号的变动范围太大,使得锁相环中的某一环节进入非线性,譬如由于误差信号的过冲使得它超过鉴相器的有效鉴相范围,又譬如频率变化幅度太大使得压控振荡器的输出超出其控制范围,等等,那么整个分析的基础就没有了,此时的锁相环将进入非锁定状态. 至于此时锁相环是否还能继续回到锁定状态,取决于非锁定状态下锁相环的特性. 我们将在5.3节展开非锁定状态下锁相环特性的分析.

所以有必要重申,我们前面的所有分析,都基于小相位误差的假设,任何输入情况都必须符合此假设.

例 5-2 如图 5-18 所示的锁相环中带有电压增益为 K 的放大器,假设鉴相器是线性的,其鉴相增益为 $K_d=25\ \mathrm{mV/rad}$,压控振荡器 VCO 的增益 $K_o=1\,000\ \mathrm{rad/s\cdot V}$. 当输入信号的频率发生突变 $\Delta\omega_i=100\ \mathrm{rad/s}$ 时,若要求环路的稳态相位误差为 0.1 rad,试计算放大器电压增益 K 的值.

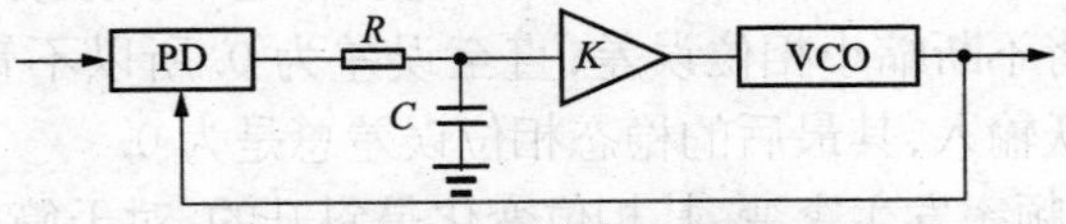

PD R C K VCO

图 5-18 例 5-2 的锁相环结构

解 已知该锁相环采用简单 RC 环路滤波器.

若将图 5-18 锁相环中放大器 K 看作压控振荡器的一部分,则压控振荡器的增益为 K_oK. 这样就有

$$\omega_n=\sqrt{\frac{K_dK_oK}{RC}},\ \zeta=\frac{1}{2}\frac{1}{\sqrt{K_dK_oKRC}}$$

输入频率突变信号时的稳态误差为

$$\theta_e(\infty)=\frac{2\zeta}{\omega_n}\Delta\omega$$

将自然频率与阻尼因子代入

$$\theta_e(\infty)=\frac{\sqrt{\dfrac{1}{K_dK_oKRC}}}{\sqrt{\dfrac{K_dK_oK}{RC}}}\Delta\omega=\frac{1}{K_dK_oK}\Delta\omega$$

要求环路稳态相位误差 $\theta_e(\infty)=0.1\ \mathrm{rad}$,所以

$$K=\frac{\Delta\omega}{K_dK_o\theta_e(\infty)}=\frac{100}{25\times10^{-3}\times1\,000\times0.1}=40$$

最后介绍一下锁相环的型的概念.

由表 5-1 可以看到一个规律,就是输入信号依此从相位阶跃、频率阶跃到频率斜升,采用简单 RC 环路滤波器和 RC 超前-滞后环路滤波器的锁相环的稳态相位误差从 0、有限值再到发散. 但是对于采用比例积分环路滤波器的锁相环的稳态

相位误差,则在输入相位阶跃和频率阶跃情况下都是0,输入频率斜升信号才变为有限值.

造成这种区别的原因在于这两种锁相环的状态方程中含有的积分环节个数不同.

在锁相环状态方程的一般表达式(5.16)式中,方程右边有一个积分项K_o/p,这是压控振荡器的描述.所以,不管环路滤波器的性质如何,锁相环的状态方程中至少有一个积分项.当输入信号的相位发生突变后,这个积分项将对相位误差不断积分,通过反馈后将不断缩小相位误差,直至误差为0.所以不管采用何种环路滤波器,对于相位阶跃输入,其最后的稳态相位误差总是为0.

若输入信号的频率发生突变,其相位变化是斜升的.对于简单RC环路滤波器和RC超前-滞后环路滤波器来说,其环路滤波器传递函数中没有积分项,即这两种环路滤波器的锁相环的状态方程中只有压控振荡器一个积分项,而这个积分项只能对相位积分,不能对频率积分,所以在频率阶跃输入情况下,其最后的稳态相位误差将是一个有限值.

但是对于采用比例积分环路滤波器的锁相环来说,由于环路滤波器中还有一个积分,这个积分项可以将频率误差不断累加反馈,即使在频率阶跃情况下,采用比例积分环路滤波器的锁相环最后的稳态相位误差还是0.

我们将状态方程中具有的积分个数称为该锁相环的"型",采用简单RC环路滤波器和RC超前-滞后环路滤波器的锁相环都是Ⅰ型锁相环,采用比例积分环路滤波器的锁相环为Ⅱ型锁相环.

5.2.4 噪声对于锁相环的影响

与任何电子电路一样,锁相环也不可避免地受到噪声的影响.当锁相环进入锁定状态后,噪声影响主要表现为输出信号的相位抖动.

锁相环中噪声的来源主要有以下几个方面:首先是输入信号中的噪声,其次是锁相环内部电路产生的噪声,包含鉴相器、环路滤波器以及压控振荡器等产生的噪声.由于这些噪声在锁相环的加入位置不同,它们对于锁相环输出的影响是不同的.然而在许多应用尤其是通信应用中,输入信号中的噪声影响远大于锁相环内部噪声的影响.我们在这里仅就输入信号中的噪声影响问题作简单的讨论.

由于输入信号中叠加有噪声,输入信号本身就有相位抖动.与电压噪声类似,讨论相位噪声时可以用它的均方值描述噪声功率.可以证明,在输入噪声为白噪声条件下,若输入信号的信噪比为$(S/N)_i$,相位噪声的均方值为

$$\overline{\theta_{ni}^2} = \frac{1}{2(S/N)_i} = \frac{P_{ni}}{2P_{si}} \tag{5.45}$$

通常,输入信号在进入锁相环前总有滤波器或者放大器之类的环节,这些环节将输入信号的噪声限制在某个信号带宽 B_i 内.对于白噪声来说,其噪声谱密度应该是 P_{ni}/B_i.但是这个噪声谱密度是在电压谱内定义的,电压谱是一个双边谱.而锁相环的相位谱是一个单边谱,考虑锁相环的相位噪声时要将此功率谱映射到锁相环的相位谱内.图 5-19 表示了这两种谱的关系,信号带宽 B_i 映射到相位谱后其宽度要减半.

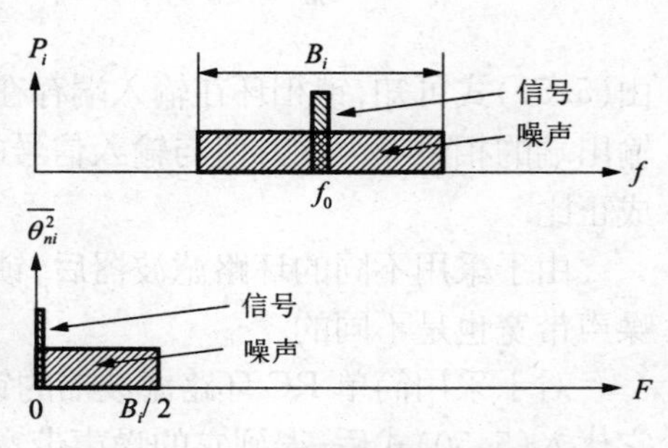

图 5-19 电压谱到相位谱的转换

因此在输入噪声为白噪声条件下,锁相环输入端的相位噪声谱密度(单位频率宽度内相位噪声的均方值)为

$$\overline{\theta_{ni}^2(f)} = \frac{\overline{\theta_{ni}^2}}{B_i/2} = \frac{1}{(S/N)_i \cdot B_i} \tag{5.46}$$

此相位噪声通过锁相环后在锁相环的输出端形成噪声,根据前面的讨论,其传递函数就是锁相环的闭环传递函数 $\Phi(s)$,所以锁相环输出端的相位噪声密度为

$$\overline{\theta_{no}^2(f)} = |\Phi(jf)|^2 \cdot \overline{\theta_{ni}^2(f)} \tag{5.47}$$

锁相环输出端的相位噪声均方值应该是此噪声密度的积分,

$$\overline{\theta_{no}^2} = \int_0^{\infty} \overline{\theta_{no}^2(f)}\,\mathrm{d}f \tag{5.48}$$

在白噪声条件下,输入端的相位噪声密度为一个常数,所以可以将上式改写为

$$\overline{\theta_{no}^2} = \overline{\theta_{ni}^2(f)} \cdot \int_0^{\infty} |\Phi(2\pi f)|^2\,\mathrm{d}f \tag{5.49}$$

定义锁相环的噪声带宽 B_n 为

$$B_n = \int_0^{\infty} |\Phi(2\pi f)|^2\,\mathrm{d}f \tag{5.50}$$

则锁相环输出端的相位噪声均方值可以写为

$$\overline{\theta_{no}^2}=\overline{\theta_{ni}^2(f)}\cdot B_n=\frac{1}{(S/N)_i}\cdot\frac{B_n}{B_i}=\frac{P_{ni}}{P_{si}}\cdot\frac{B_n}{B_i}\tag{5.51}$$

由(5.51)式可知,锁相环在输入端存在白噪声且忽略锁相环内部噪声的条件下,其输出端的相位噪声均方值与输入信号的带宽、信噪比成反比,与锁相环的噪声带宽成正比.

由于采用不同的环路滤波器后,锁相环的闭环传递函数是不同的,因此它们的噪声带宽也是不同的.

对于采用简单 RC 环路滤波器的锁相环来说,其闭环传递函数见(5.25)式,将它代入(5.50)式后,得到它的噪声带宽为

$$B_n=\frac{\omega_n}{2}\cdot\frac{1}{4\zeta}\tag{5.52}$$

对于采用 RC 超前-滞后环路滤波器的锁相环,闭环传递函数见(5.27)式,噪声带宽为

$$B_n=\frac{\omega_n}{2}\cdot\left[\zeta-\frac{\omega_n}{K_dK_o}+\frac{1+(\omega_n/K_dK_o)}{4\zeta}\right]\tag{5.53}$$

对于采用比例积分环路滤波器的锁相环,闭环传递函数见(5.29)式,噪声带宽为

$$B_n=\frac{\omega_n}{2}\cdot\left(\zeta+\frac{1}{4\zeta}\right)\tag{5.54}$$

注意到由于(5.50)式对频率 f 积分,因此在(5.52)式、(5.53)式和(5.54)式中,环路带宽 ω_n 的单位是 rad/sec,而噪声带宽 B_n 的单位是 Hz.

图 5-20 为锁相环噪声带宽与自然频率、阻尼因子的关系,3 种不同环路滤波器构成的锁相环的噪声带宽都已经标示在图 5-20 中.采用 RC 超前-滞后环路滤波器的锁相环的噪声带宽与比值 ω_n/K_dK_o 有关,若 $K_dK_o\geqslant\omega_n$,则其噪声带宽将与采用比例积分环路滤波器的锁相环一致.由于大部分锁相环都是高增益环且多采用 RC 超前-滞后环路滤波器,因此图 5-20 中比例积分曲线是最为常见的噪声带宽曲线.

根据(5.50)式可知,较小的噪声带宽可以得到较小的输出相位噪声.在图 5-20 中我们看到,常见的比例积分锁相环噪声带宽曲线在阻尼因子 $\zeta=0.5$ 处有一个极小值,对于采用 RC 超前-滞后环路滤波器的锁相环来说则位于 $\zeta>0.5$ 处.所

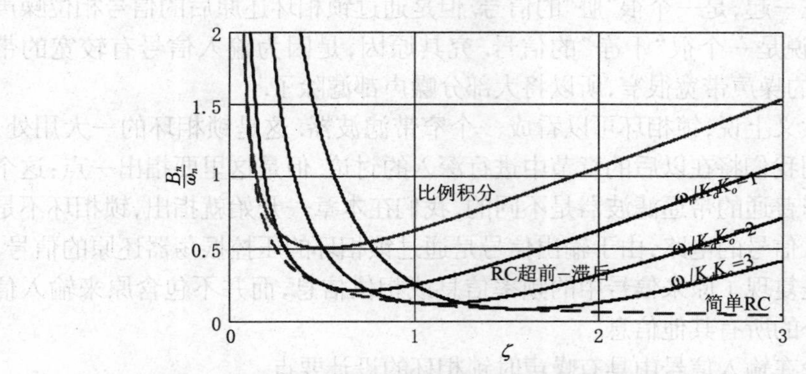

图 5-20　锁相环的噪声带宽与自然频率和阻尼因子的关系

以通常取值 $\zeta=0.707$,对于减小锁相环的噪声带宽也是合适的.

例 5-3　已知某锁相环的鉴相器灵敏度为 $K_d=2.4\,\text{V}\cdot\text{rad}^{-1}$,压控振荡器灵敏度为 $K_o=2\pi\times5\times10^2\,\text{rad}\cdot\text{V}^{-1}\cdot\text{sec}^{-1}$, RC 超前-滞后环路滤波器,$\omega_n=2\pi\times1.58\times10^2\,\text{rad/sec}$, $\zeta=2$. 输入信号带宽 $B_i=2.1\times10^5\,\text{Hz}$、信噪比 $(S/N)_i=0.25$. 试计算此锁相环在输入噪声影响下的输出相位平均抖动量.

解　将本题参数代入采用 RC 超前-滞后环路滤波器的锁相环的噪声带宽(5.52)式,有

$$B_n=\frac{\omega_n}{2}\cdot\left[\zeta-\frac{\omega_n}{K_dK_o}+\frac{1+(\omega_n/K_dK_o)}{4\zeta}\right]$$

$$=\frac{2\pi\times1.58\times10^2}{2}\cdot\left[2-\frac{2\pi\times1.58\times10^2}{2.4\times2\pi\times5\times10^2}+\frac{1+\dfrac{2\pi\times1.58\times10^2}{2.4\times2\pi\times5\times10^2}}{4\times2}\right]$$

$$=998(\text{Hz})$$

所以锁相环输出端的相位噪声均方值为

$$\overline{\theta_{no}^2}=\frac{1}{(S/N)_i}\cdot\frac{B_n}{B_i}=\frac{1}{0.25}\times\frac{998}{2.1\times10^5}=1.9\times10^{-2}$$

由于噪声的随机性,我们可以用输出相位噪声的均方根描述其平均抖动量,

$$\sqrt{\overline{\theta_{no}^2}}\approx1.38\times10^{-1}(\text{rad})\approx8^\circ$$

输出相位噪声只有 8°是一个比较好的结果.

例 5-3 输入端的噪声很大,噪声功率是信号功率的 4 倍,在这种情况下,信号

与噪声混杂在一起,是一个很“脏”的信号. 但是通过锁相环还原后的信号相位噪声只有 8°,可以说是一个很“干净”的信号. 究其原因,是因为输入信号有较宽的带宽,而锁相环的噪声带宽很窄,所以将大部分噪声都滤除了.

从这个意义上说,锁相环可以看成一个窄带滤波器. 这是锁相环的一大用处,关于它的应用我们将在以后的章节中进行深入的讨论. 但是这里要指出一点:这个窄带滤波器与普通的带通滤波器是不同的,我们在本章一开始就指出,锁相环不是一种处理输入信号的电路,由于输出信号是通过锁相环的压控振荡器还原的信号,因此它仅仅是复现了原来信号中的频率信息或相位信息,而并不包含原来输入信号中除此之外的所有其他信息.

下面讨论在输入信号中具有噪声时锁相环的设计要点.

由于噪声是无规则的信号,在实际的情况下,处于噪声输入条件下的锁相环很可能在噪声峰值出现的时刻失锁. 但是只要这种失锁情况出现的几率很低,那么在瞬时失锁过后锁相环又可以马上进入锁定,所以不会影响它的实际应用. 实践证明对于二阶锁相环来说,若输出相位噪声大于 40°,则完全不能锁定,所以有一个经验规则要求输出相位噪声均方根值 $\sqrt{\overline{\theta_{no}^2}}$ 小于 20°(或 0. 35 rad). 可以据此要求确定锁相环的噪声带宽,进而确定锁相环的其他参数.

另外,本节的讨论均针对采用乘积型鉴相器的锁相环. 本章介绍了 4 种鉴相器,其中第 1 类乘积型鉴相器和第 2 类异或门鉴相器都是电平型鉴相器,而第 3 类边沿触发的置位-复位触发器和第 4 类边沿触发的鉴频-鉴相器都是边沿型鉴相器. 电平型和边沿型这两种类型的鉴相器对于噪声的敏感程度显然是不同的,电平型鉴相器对于噪声的敏感程度要比边沿型鉴相器低得多. 所以在输入信号的信噪比较差的情况下,一般总是采用乘积型鉴相器来构成锁相环.

§5.3 非锁定状态下的锁相环

本节要讨论的是锁相环在非锁定状态下的各种特性. 包括由失锁状态进入锁定状态的动态过程,以及由锁定状态进入失锁状态的动态过程. 由于这两种过程都涉及很大的频率差,因此在非锁定状态下,锁相环的状态方程不能再作线性近似,必须考虑其中各环节可能进入的各种非线性情况.

5.3.1 锁相环的捕捉过程

锁相环从失锁状态下进入锁定状态的过渡过程称为捕捉. 下面简单地说明锁

相环的捕捉过程.

捕捉过程与鉴相器的类型有关,乘积型鉴相器、异或门鉴相器以及边沿触发的置位-复位鉴相器有类似的捕捉过程,而鉴相-鉴频器属于另一类.

先讨论采用乘积型鉴相器的锁相环. 假定输入信号频率为 ω_i(可认为是一个常量),压控振荡器振荡频率为 $\omega_o(t)$,且 $\omega_i > \omega_o$. 忽略初始相位差后,鉴相器的输出电压为

$$v_d(t) = K_d \sin[(\omega_i - \omega_o(t)) \cdot t] = K_d \sin[\Delta\omega(t) \cdot t] \tag{5.55}$$

这个电压经过环路滤波器加到压控振荡器的控制端. 假设 $\Delta\omega(t) = \omega_i - \omega_o(t)$ 足够大,在此情况下环路滤波器的频率特性可以近似为一个常数 K_f,则压控振荡器的输出频率为

$$\omega_o(t) = K_d \cdot K_f \cdot K_o \cdot \sin[\Delta\omega(t) \cdot t] \tag{5.56}$$

显然 $\omega_0(t)$ 是一个准周期函数,其角频率为 $\Delta\omega(t)$,此角频率是时间的函数,在一个周期内是不同的,其平均值为 $\overline{\Delta\omega} = \omega_i - \overline{\omega_o(t)}$.

在 $\omega_0(t)$ 的前半个周期,即 $\Delta\omega(t) \cdot t = (0 \sim \pi)$ 区间,$\sin[\Delta\omega(t) \cdot t] > 0$,这使得压控振荡器的输出频率增加,平均频率 $\overline{\omega_{01}(t)}$ 将大于 $\overline{\omega_o(t)}$. 记前半个周期内的平均角频率为 $\overline{\Delta\omega_1}$,则一定有 $\overline{\Delta\omega_1} = \omega_i - \overline{\omega_{01}(t)} < \overline{\Delta\omega}$. 而在后半个周期,即 $\Delta\omega \cdot t = (\pi \sim 2\pi)$ 区间,$\sin(\Delta\omega \cdot t) < 0$,平均频率将小于 $\overline{\omega_o(t)}$,记后半个周期内的平均角频率为 $\overline{\Delta\omega_2}$,一定有 $\overline{\Delta\omega_2} > \overline{\Delta\omega}$. 因此,在一个周期内一定有 $\overline{\Delta\omega_1} < \overline{\Delta\omega_2}$.

对于一个周期函数,总有 $T = 2\pi / \overline{\Delta\omega}$. $\Delta\omega(t) \cdot t = (0 \sim \pi)$ 区间(前半个周期)的时间为 $\frac{1}{2} \cdot \frac{2\pi}{\overline{\Delta\omega_1}}$, $\Delta\omega(t) \cdot t = (\pi \sim 2\pi)$ 区间(后半个周期)的时间为 $\frac{1}{2} \cdot \frac{2\pi}{\overline{\Delta\omega_2}}$,由于 $\overline{\Delta\omega_1} < \overline{\Delta\omega_2}$,故一定有

$$\frac{1}{2} \cdot \frac{2\pi}{\overline{\Delta\omega_1}} > \frac{1}{2} \cdot \frac{2\pi}{\overline{\Delta\omega_2}} \tag{5.57}$$

也就是说,乘积型鉴相器的输出电压在输入信号存在频率差的情况下,其输出是一个不对称的准周期信号,前半周期的耗时大于后半周期的耗时.

图 5-21 为乘积型鉴相器的输出示意图,其中 v_d 为正的是在 $\Delta\omega(t) \cdot t = (0 \sim \pi)$ 的前半个周期,v_d 为负的是在 $\Delta\omega(t) \cdot t = (\pi \sim 2\pi)$ 的后半个周期.

由于 v_d 输出不对称,因此其平均电压(图 5-21 中的虚线所示)不为 0. 此电压使得每经过一个 $\Delta\omega(t)$ 周期,压控振荡器的频率 ω_o 就升高一点,即压控振荡器的

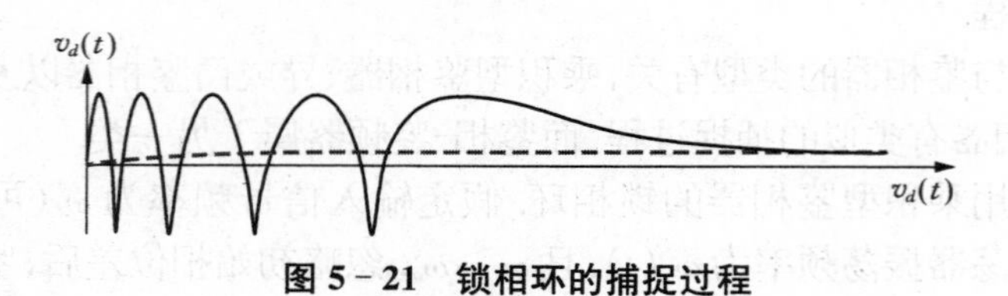

图 5-21 锁相环的捕捉过程

输出频率具有增加的趋势，称此为锁相环的牵引作用. 如果 $\omega_i < \omega_o$，则上述不对称的情况全部反过来，同样也可以完成锁相环的牵引作用.

异或门鉴相器以及边沿触发的置位-复位型鉴相器，尽管与乘积型鉴相器的特性不同，但是都有在前半个周期输出为正、后半个周期输出为负的特征，所以(5.57)式对它们同样适用，牵引过程也与乘积型鉴相器相同.

至于边沿触发的鉴相-鉴频器，由于它本身的鉴频作用，当输入频率大于反馈频率时其输出电压一直为正，反之则一直为负，因此一定具有牵引作用.

在锁相环的牵引作用下，压控振荡器的输出频率逐渐向输入频率靠拢. 若初始频差不大，有可能在一个 $\Delta\omega$ 周期内 ω_o 就追上 ω_i，锁相环进入锁定. 这种情况称为快捕，能完成快捕的最大频差称为快捕带. 由于在快捕带内锁相环基本上总是处于锁定状态，也称之为锁定范围(lock range).

如果初始频差比较大，则一个 $\Delta\omega$ 周期内 ω_o 不能追上 ω_i，但由于牵引作用，每个 $\Delta\omega$ 周期都可能使 ω_o 更接近 ω_i. 如果经过若干周期后 ω_o 能够追上 ω_i，锁相环进入锁定，就完成了捕捉过程. 能够实现捕捉的最大输入频差称为锁相环的捕捉带(capture band)，捕捉带也称锁相环的牵引范围(pull range). 从开始捕捉到最后锁定的时间差称为捕捉时间. 由于需要多周期捕捉，而且随着 ω_o 更接近 ω_i，$\Delta\omega$ 周期会变得越来越长，捕捉时间比快捕时间长得多.

然而，如果初始频差大于捕捉带，由于锁相环特性的限制，v_d 的平均电压将不可能使压控振荡器的输出频率等于输入频率，锁相环无法完成捕捉.

对于捕捉过程来说，最重要的参数是快捕带、快捕时间、捕捉带和捕捉时间.

一、二阶锁相环的快捕带 $\Delta\omega_L$ 和快捕时间 T_L

我们从锁相环的基本结构图 5-13 开始讨论快捕带.

假定锁相环采用乘积型鉴相器，输入的两个信号具有 $\Delta\omega$ 的频差，由图 5-13 可以得到压控振荡器的控制电压为

$$v_c(t) = K_d \sin(\Delta\omega \cdot t) \cdot |K_f(\Delta\omega)| \tag{5.58}$$

其中$|K_f(\Delta\omega)|$是环路滤波器关于差频频率$\Delta\omega$的幅频特性.

由于(5.58)式中正弦函数的最大值为1,压控振荡器的最大输出频率变化为

$$\Delta\omega_{o(\max)} = K_d K_o \cdot |K_f(\Delta\omega)| \tag{5.59}$$

显然,若初始频差小于上述最大频率变化值,锁相环将在一个$\Delta\omega$周期内锁定,所以对于采用乘积型鉴相器的锁相环,快捕带为

$$\Delta\omega_L = K_d K_o \cdot |K_f(\Delta\omega)| \tag{5.60}$$

依据类似的分析,可得下述结论:

(1) 采用异或门鉴相器的锁相环有

$$\Delta\omega_L = \frac{\pi}{2} K_d K_o \cdot |K_f(\Delta\omega)| \tag{5.61}$$

(2) 采用置位-复位触发器型鉴相器的锁相环有

$$\Delta\omega_L = \pi K_d K_o \cdot |K_f(\Delta\omega)| \tag{5.62}$$

(3) 采用鉴相-鉴频器的锁相环有

$$\Delta\omega_L = 2\pi K_d K_o \cdot |K_f(\Delta\omega)| \tag{5.63}$$

上面诸式中,环路滤波器关于差频频率$\Delta\omega$的幅频特性$|K_f(\Delta\omega)|$并未给出具体形式.不同的环路滤波器有不同的形式:

对于简单RC电路来说,其传递函数见(5.9)式.考虑到一般情况下,快捕带$\Delta\omega_L$总是大于$1/\tau$,所以幅频特性可以线性近似如下:

$$|K_f(\Delta\omega_L)| = \frac{1}{\sqrt{1+(\Delta\omega_L)^2\tau^2}} \approx \frac{1}{\Delta\omega_L\tau} \tag{5.64}$$

根据相同的理由,一般情况下快捕带$\Delta\omega_L$大于$1/\tau_2$,RC超前-滞后电路的幅频特性可以线性近似为

$$|K_f(\Delta\omega_L)| \approx \frac{\tau_2}{\tau_1+\tau_2} \tag{5.65}$$

比例积分电路的幅频特性可以线性近似为

$$|K_f(\Delta\omega_L)| \approx \frac{\tau_2}{\tau_1} \tag{5.66}$$

将(5.64)式至(5.66)式代入(5.60)式至(5.63)式,便可得到各种组合情况下

锁相环的快捕带. 表 5 - 2 列出了所有的结果.

显然,由于分析过程中进行了简化,上述结果只是一些近似值.

下面讨论快捕时间. 由于快捕过程能够在一个周期内完成,输入频差不会很大,这样我们可以用前面曾经讨论过的锁相环的瞬态响应来近似快捕过程.

将快捕过程近似为一个频率阶跃输入,由(5.42)式可知,当二阶锁相环的阻尼因子小于1时,其输出是一个阻尼振荡过程,振荡角频率近似为 ω_n. 快捕过程能够在一个振荡周期内锁定,所以快捕时间可以近似为

$$T_L \approx \frac{2\pi}{\omega_n} \tag{5.67}$$

这个近似结果适用于各种不同组合类型下的锁相环.

表 5 - 2 二阶锁相环的快捕带 $\Delta\omega_L$

鉴相器类型	环路滤波器类型		
	简单 RC	RC 超前-滞后	比例积分
乘积型鉴相器	ω_n	$2\zeta\omega_n - \dfrac{\omega_n^2}{K_d K_o}$	$2\zeta\omega_n$
异或门	$\dfrac{\pi}{2}\omega_n$	$\dfrac{\pi}{2}\left(2\zeta\omega_n - \dfrac{\omega_n^2}{K_d K_o}\right)$	$\pi\zeta\omega_n$
置位-复位触发器	$\pi\omega_n$	$\pi\left(2\zeta\omega_n - \dfrac{\omega_n^2}{K_d K_o}\right)$	$2\pi\zeta\omega_n$
鉴相-鉴频器	$2\pi\omega_n$	$2\pi\left(2\zeta\omega_n - \dfrac{\omega_n^2}{K_d K_o}\right)$	$4\pi\zeta\omega_n$

二、二阶锁相环的捕捉带 $\Delta\omega_P$ 与捕捉时间 T_P

与快捕过程不同,捕捉过程经历了复杂的过渡过程. 由于锁相环的状态方程是一个非线性方程,严格求解捕捉带是困难的. 一般情况下都是将锁相环系统作一定的近似后求出一个近似解,不同的研究者可能有不同的近似方式,导致出现不同的结果表达. 但是在工程方面,大部分结果都具有足够的实用性.

表 5 - 3 给出了一种对不同结构下锁相环捕捉带的近似分析结果. 在该结果的分析过程中,假设初始频差 $\Delta\omega_P$ 足够大,然后在此条件下对环路滤波器的频率特性进行近似处理,所得到的结果都是近似关系. 但是作为工程应用,这个结果已经足够精确.

表 5-3　二阶锁相环的捕捉带 $\Delta\omega_P$

鉴相器类型	环路滤波器类型		
	简单 RC	RC 超前-滞后	比例积分
乘积型鉴相器	$\frac{3}{\sqrt[3]{\pi^2}}\omega_n\cdot\sqrt[3]{\frac{K_dK_o}{\omega_n}}$	$\frac{4}{\pi}\omega_n\cdot\sqrt{2\zeta\frac{K_dK_o}{\omega_n}-1}$	∞
异或门	$\frac{3\sqrt[3]{\pi^2}}{4}\omega_n\cdot\sqrt[3]{\frac{K_dK_o}{\omega_n}}$	$\frac{\pi}{2}\omega_n\cdot\sqrt{2\zeta\frac{K_dK_o}{\omega_n}-1}$	∞
置位-复位触发器	$\frac{3\sqrt[3]{\pi^2}}{2\sqrt[3]{2}}\omega_n\cdot\sqrt[3]{\frac{K_dK_o}{\omega_n}}$	$\pi\omega_n\cdot\sqrt{2\zeta\frac{K_dK_o}{\omega_n}-1}$	∞
鉴相-鉴频器	∞	∞	∞

关于表 5-3 还有一些说明如下：

(1) 采用鉴相-鉴频器的锁相环，理论上的捕捉带为无穷大，因为在有输入频差的时候，通过鉴相-鉴频器的鉴频功能，理论上总可以完成频率牵引过程而进入锁定. 但是实际锁相环有其他环节的动态范围限制，最主要的是压控振荡器的振荡频率范围限制，若初始频差大于此限制，锁相环永远无法进入锁定状态. 其他还可能有各种放大器、电流源以及电源电压的限制等.

(2) 采用比例积分电路作为环路滤波器的Ⅱ型锁相环，理论上可以通过对频率误差的不断积分直至最后消除误差，所以捕捉带为无穷大. 但是与(1)的情况相同，实际锁相环中的种种限制(最主要的也是压控振荡器的振荡频率范围限制)也限定了捕捉带有一个极限值.

与捕捉带一样，严格求解捕捉时间也是极其困难的.

表 5-4 给出一种二阶锁相环的捕捉时间的近似分析结果. 该结果在分析过程中将环路滤波器的传递函数在合理的误差范围内作一些近似，从而将关于捕捉时间的非线性微分方程近似为一个可以求解的微分方程，最后得到表 5-4 中的解.

表 5-4　二阶锁相环的捕捉时间 T_P

鉴相器类型	环路滤波器类型		
	简单 RC	RC 超前-滞后	比例积分
乘积型鉴相器	$\frac{\pi^2}{12\omega_n^4}(\Delta\omega_0)^3$	$\frac{\pi^2}{16\zeta\omega_n^3}(\Delta\omega_0)^2$	$\frac{\pi^2}{16\zeta\omega_n^3}(\Delta\omega_0)^2$
异或门	$\frac{16}{3\pi^2\omega_n^4}(\Delta\omega_0)^3$	$\frac{4}{\pi^2\zeta\omega_n^3}(\Delta\omega_0)^2$	$\frac{4}{\pi^2\zeta\omega_n^3}(\Delta\omega_0)^2$

(续表)

鉴相器类型	环路滤波器类型		
	简单 RC	RC 超前-滞后	比例积分
置位-复位触发器	$\frac{4}{3\pi^2\omega_n^4}(\Delta\omega_0)^3$	$\frac{1}{\pi^2\zeta\omega_n^3}(\Delta\omega_0)^2$	$\frac{1}{\pi^2\zeta\omega_n^3}(\Delta\omega_0)^2$
鉴相-鉴频器	$2\tau\ln\frac{1}{1-\frac{2\Delta\omega_0}{V_H K_o}}$	$2(\tau_1+\tau_2)\ln\frac{1}{1-\frac{2\Delta\omega_0}{V_H K_o}}$	$4\tau_1\frac{\Delta\omega_0}{V_H K_o}$

注:"鉴相-鉴频器"一栏中的"V_H"是鉴相-鉴频器的输出高电平,且其输出低电平默认为 0.

由于这个结果的分析过程中进行了近似处理,这样就引起一定的误差,但是在大部分情况下误差低于 10%.

5.3.2 锁相环的失锁过程

锁相环在锁定后,若输入信号的频率变动超出一定范围,则锁相环会失锁. 这种引起失锁的频率范围随着输入信号频率的变化速率不同而不同,下面讨论两种极端的情况.

一、二阶锁相环的同步带 $\Delta\omega_H$

一种情况是锁相环输入信号的频率以极其缓慢的速率变化,在最后引起失锁前,可以在相当大的频率范围内保持其锁定状态. 这个锁相环能够保持锁定状态的频率范围称为同步带(synchronizing band)或保持范围(hold range).

这种情况与前面研究锁定状态下的锁相环稳态特性的主要区别是:前面研究锁相环稳态特性是输入信号在不同变化速率下锁相环的跟踪过程. 在输入信号频率或相位变化的情况下,VCO 的输出(即反馈到鉴相器的信号)的相位将落后于输入信号的相位,而且这个落后的程度将随着输入信号的变化速率而改变,锁相环稳态特性反映的就是这种情况. 但是这一研究的前提就是锁相环都在其线性范围内工作,即输入的变化不能太大.

现在研究锁相环的同步带问题,是研究输入信号的中心频率(载频)由于某种原因(如温度飘移或多普勒效应等)发生的缓慢变化,是一种准静态的过程. 如果输入范围很小,那么这个情况就是稳态特性中输入变化频率 Ω 趋于 0 的情况. 但是同步带要研究的是输入变化范围的极限,所以是一个从锁定到失锁的过程,锁相环内所有的变动量(相位差 $\theta_e(t)$、鉴相器的输出电压 $v_d(t)$、环路滤波器输出的控制

电压 $v_c(t)$以及压控振荡器的输出频率 $\omega_o(t)$等)都在大范围内变化,锁相环内所有环节都可能进入极限状态. 而只要其中任何一个环节的输入或输出越出其动态范围,锁相环就由锁定状态进入失锁状态. 所以分析锁相环的同步范围时,必须在准静态条件下考虑每个环节的动态范围,且由于信号的大范围变化,所有环节均不能作线性近似.

下面将以乘积型鉴相器的动态相位范围为例说明分析过程.

假设锁相环的其他环节均为理想环节,具有足够大的动态范围. 在此假设下采用乘积型鉴相器的锁相环的特征方程为

$$p\theta_e(t) = p\theta_i(t) - K_d K_o \cdot K_f(p) \cdot \sin\theta_e(t) \tag{5.68}$$

由于锁相环锁定后, $p\theta_e(t) = 0$, $p\theta_i(t) = \Delta\omega_i$,所以有

$$K_d K_o \cdot K_f(p) \cdot \sin\theta_e(t) = \Delta\omega_i \tag{5.69}$$

考虑同步过程是在锁定状态下的准静态过程,对于环路滤波器而言,其传递函数可以用其在直流状态下的传递函数 $K_f(0)$代替,所以在锁定状态下的状态方程为

$$K_d K_o K_f(0) \sin\theta_e(t) = \Delta\omega_i \tag{5.70}$$

为了进一步求解上述锁定后的状态方程,需要以实际的环路滤波器传递函数代入. 对于采用简单 RC 和 RC 超前-滞后型环路滤波器的锁相环,根据(5.9)式和(5.10)式,它们的直流传递函数都是 1,所以状态方程为

$$K_d K_o \cdot \sin\theta_e(t) = \Delta\omega_i \tag{5.71}$$

显然由于上式中正弦函数的最大值只能是 1,此情况下同步带为

$$\Delta\omega_H < K_d K_o \tag{5.72}$$

这个限制正是乘积型鉴相器的有效相位动态范围的限制. 所以,从乘积型鉴相器的角度考虑,采用简单 RC 电路和 RC 超前-滞后环路滤波器的锁相环的同步带就是由(5.72)式表示的范围. 再考虑到 $\Delta\omega_i = |\omega_i - \omega_o(0)|$,其中 $\omega_o(0)$是压控振荡器的中心振荡频率(也就是鉴相器的相位误差为 0 时的振荡频率),还可以进一步写出输入信号的同步频率范围为

$$\omega_o(0) - K_d K_o < \omega_H < \omega_o(0) + K_d K_o \tag{5.73}$$

实际上,对于采用乘积型鉴相器的 I 型锁相环,若仅从鉴相器的动态相位范围考虑,其同步范围一定是(5.73)式的结果. 同样地,当采用简单 RC 电路和 RC 超

前-滞后电路作为环路滤波器时,由非乘积型鉴相器构成的锁相环的同步范围也取决于鉴相器的有效相位动态范围,如表 5-5 所示.

对于采用比例积分电路作为环路滤波器的电路,它们是Ⅱ型锁相环,其环路滤波器中含有积分环节,即具有 $K_f(p)=f(p)/p$ 形式.将此环路滤波器表达式代入锁相环的特征方程后,可以得到

$$K_d K_o \cdot f(p) \cdot \sin\theta_e(t) = p(\Delta\omega_i) = 0 \tag{5.74}$$

由此方程可解得 $\theta_e(t) \equiv 0$. 此结果有以下两个意义:

(1) 在Ⅱ型锁相环中,只要进入锁定状态,那么输入信号与输出信号之间将没有相位差.也就是说,Ⅱ型系统在锁定状态是一个无频差、无相差的系统.

(2) 既然Ⅱ型锁相环锁定后无相差,似乎系统永远不会失锁,即同步带为无穷大(表 5-5 中标示的就是这个理想值).然而要注意的是,此结论仅考虑了鉴相器的有效相位动态范围限制,并没有考虑锁相环中其他环节的有效动态范围限制,所以实际的Ⅱ型锁相环的同步带虽然不受鉴相器的有效相位动态范围限制,但受到其余环节限制而有某个确定的范围,此范围确定于其余环节中动态范围最小者(最主要的是压控振荡器的振荡频率范围).

表 5-5 二阶锁相环的同步带 $\Delta\omega_H$

鉴相器类型	环路滤波器类型	
	简单 RC、RC 超前-滞后	比例积分
乘积型鉴相器	$K_d K_o$	∞
异或门	$\frac{\pi}{2} K_d K_o$	∞
置位-复位触发器	$\pi K_d K_o$	∞
鉴相-鉴频器	$2\pi K_d K_o$	∞

要注意的是,表 5-5 只是考虑了鉴相器的有效动态范围所得到的结果,并没有考虑压控振荡器等环节的有效动态范围.如果锁相环中其他环节的有效动态范围要小于表 5-5 的结果,实际的同步带将是那个更小的范围.

另外,在实际电路中压控振荡器的压控系数 K_o 一般总是输出频率的函数,所以即使是同样的锁相环电路,在不同的工作频率下其同步带大小也是不同的.

二、二阶锁相环的失步带 $\Delta\omega_M$

另一种情况是锁相环在锁定状态下输入一个频率阶跃信号,若频率变化足够

大,则可能引起锁相环失锁,这个临界的频率变化范围称为失步带或失锁范围(pull out range).

这种情况与前面研究锁定状态下的锁相环瞬态特性的主要区别是:前面研究瞬态过程的输入变化很小,锁相环基本都在其线性范围内工作;现在研究的是频率变化的极限,锁相环在此时一定进入非线性状态,所以不能用前面的线性方程解决.

这个情况与前面研究同步带的情况也不同.在研究同步带时假定输入缓慢变化,所以在整个过程中锁相环一直处于跟踪状态.但是现在研究一个频率突变输入,实际上在输入变化的瞬间,锁相环一定处于一种暂时失锁状态,随后由于锁相环内部的反馈作用而重新进入跟踪状态.如果输入频率变化过大,锁相环就完全失锁.这个可以重新进入跟踪状态的范围就是失步带.

正因为这个过程是一个失锁-重新锁定的过程,所以一定是个非线性过程.完全解决锁相环的非线性问题极其困难,所以有研究者就采用计算机仿真的办法,得到了二阶锁相环失步带的近似解,如表 5-6 所示.

表 5-6　二阶锁相环的失步带 $\Delta\omega_M$

鉴相器类型	乘积型	异或门	置位-复位触发器	鉴相-鉴频器
失步带	$1.8\omega_n(\zeta+1)$	$2.46\omega_n(\zeta+0.65)$	$5.78\omega_n(\zeta+0.5)$	$11.55\omega_n(\zeta+0.5)$

本节讨论了锁相环在非锁定状态下的几个重要频率极限范围.

快捕带是锁相环常用的正常工作频率范围,在此频率范围内,即使由于噪声或其他因素的影响而导致锁相环暂时失锁,也会很快回到锁定状态,因此基本上总是处于锁定状态.失步带是输入频率阶跃变化条件下维持锁定的极限频率范围,一旦输入频率动态地超出此范围,锁相环将失锁.尽管如果失锁后的频率尚在捕捉带内时,也可以重新进入锁定,但是会有一个较长的捕捉过程.所以快捕带和失步带是动态条件下的锁定和失锁范围.

捕捉带是一个能够进入锁定的频率极限,同步带是维持锁定的频率极限,但是这两个极限都只有在输入信号的频率缓慢变化时才能到达,所以捕捉带与同步带是准静态条件下的捕捉和失锁范围.

在二阶锁相环中,一般总有以下关系:

$$\text{快捕带} < \text{失步带} < \text{捕捉带} < \text{同步带}$$

图 5-22 就是这几个频率极限范围的示意.

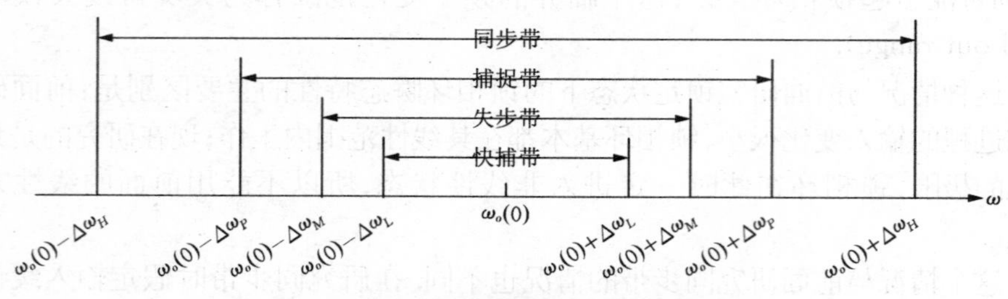

图 5-22 二阶锁相环的几个频率极限

§5.4 数字锁相环简介

前面讨论的锁相环中包含了许多模拟器件(如电阻、电容、乘法器、放大器等),也包含了数字器件(如异或门、触发器等),所以是一种混合结构的锁相环.由于这种混合有数字和模拟器件的电路在集成工艺上比数字集成电路更为复杂,随着大规模数字集成电路的发展,锁相环也逐步向纯数字电路方向发展.

纯数字锁相环(all-digital PLL)的总体结构及工作原理与前面介绍的锁相环是一致的,由鉴相器、环路滤波器和数控振荡器(digital controlled oscillator,简称DCO)构成负反馈环,但是具体到每个部件上就会有许多不同,由此形成多种不同的结构.这里简单介绍两种比较典型的结构.

一、含数字乘法器以及数字滤波器的数字锁相环

一种很容易想到的结构是:将输入信号通过一个高速采样的模数转换器(ADC)转换为一个 n 位的数字信号流,然后通过数字鉴相器、数字滤波器以及数控振荡器构成环路,就可以实现纯数字锁相环.

在这种结构中,数字鉴相器可以用 n 位的数字乘法器实现,其鉴相特性与模拟乘法器一样是正弦鉴相特性.

也可以将输入信号经过一个 Hilbert 转换滤波器分解成两个正交分量,然后与反馈信号(通常直接就是数字量)的两个正交分量分别交叉相乘叠加后得到 $\cos\theta_e$ 和 $\sin\theta_e$ 两个分量,最后直接得到 θ_e,这样可以得到线性鉴相特性.这种鉴相器的结构如图 5-23,各信号关系已经标示在图 5-23 中.

环路滤波器可以根据需要的传递函数直接设计成 FIR 或 IIR 数字滤波器.有关数字滤波器的知识可以参考有数字信号处理内容的各种教科书,这里不再赘述.

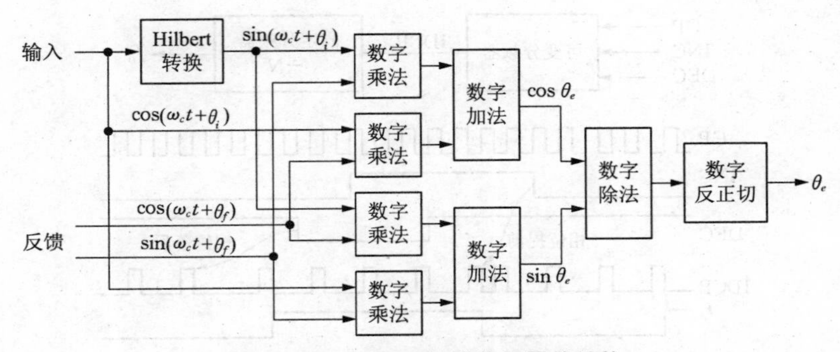

图 5-23　Hilbert 转换鉴相器的结构

数控振荡器可以对一个高速时钟计数(分频),然后根据环路滤波器的输出直接改变计数值,实现频率可控的方波输出. 也可以采用数字直接合成技术(见本章附录)或类似的方法,得到频率可控的简谐波输出.

这种结构的好处是可以直接利用模拟电路锁相环的所有理论研究结果,对输入信号的波形没有要求;缺点是电路稍为复杂,直接用数字电路实现时具有一定的困难. 但是在现代的软件无线电中,用软件实现上述结构的数字锁相环已经相当容易.

二、含加减计数器式数控振荡器的数字锁相环

另一种全数字电路结构的锁相环相对简单一些.

这种锁相环中的数控振荡器的结构与波形如图 5-24 所示. 其中有一个可变分频器,它对另一个高速时钟 CP 进行可变分频产生一个时钟 IDCP,在正常情况下 IDCP 是 CP 信号的 2 分频. 可变分频器有 INC 和 DEC 两个控制输入:每个 INC 的上升沿引起 IDCP 提前一个 CP 周期,每个 DEC 的上升沿导致 IDCP 落后一个 CP 周期. 由于 IDCP 经过 N 分频(在图 5-24 中是 8 分频)是振荡器的输出,上述 IDCP 的改变就引起振荡器输出的相位提前或落后. 这种数控振荡器被称为加减计数器式数控振荡器.

针对加减计数器式数控振荡器的控制方式,环路滤波器要能够在锁相环的输出信号对输入信号的相位落后或相位超前时,按照某种环路滤波器的传递函数关系,向数控振荡器输出 INC 或 DEC 信号. 一种这样的数字环路滤波器称为 K 计数器式环路滤波器,图 5-25 显示了它的结构与波形.

在 K 计数器式环路滤波器中有两个模 K 的计数器(在图 5-25 中 $K=8$),它

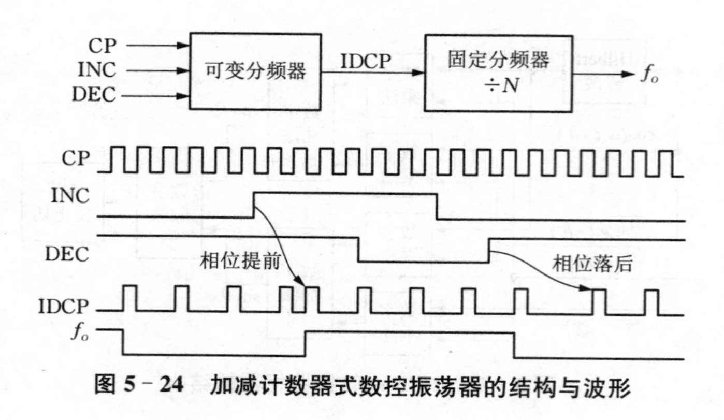

图 5-24 加减计数器式数控振荡器的结构与波形

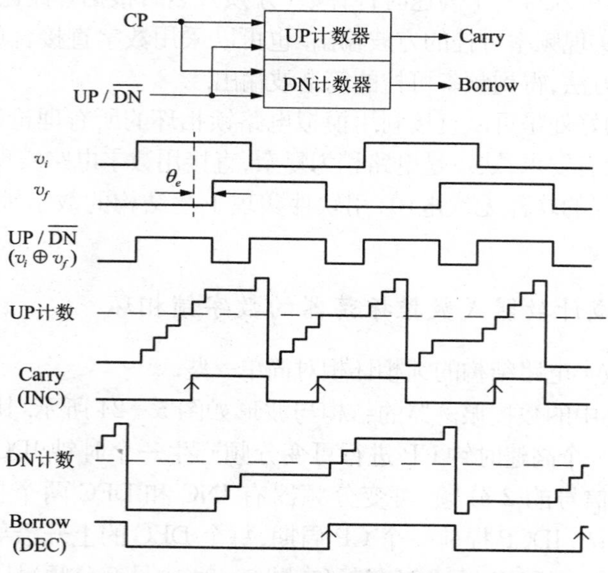

图 5-25 K 计数器式环路滤波器的结构与波形

们在输入控制信号 UP/$\overline{\text{DN}}$控制下分别对时钟 CP(图 5-25 中未画出此时钟信号)计数. 当 UP/$\overline{\text{DN}}$为 1 时允许 UP 计数器计数,为 0 时允许 DN 计数器计数(在一些实际的锁相环电路中这个信号的定义与此相反,但是不影响这里的讨论). 注意图 5-25 中用阶梯表示这两个计数器的计数值,并不是电压波形. 当这两个计数器的计数值超过 $K/2$(图 5-25 中用虚线表示此阈值)时,分别输出"Carry"与"Borrow"信号,这两个信号就是数控振荡器的 INC 和 DEC 信号.

一般情况下,控制信号 UP/$\overline{\text{DN}}$就是异或门鉴相器的输出. 从本章开始时对异或门鉴相器的分析可知,当锁相环的反馈信号与输入信号之间的相位误差 $\theta_e=0$ 时,异或门鉴相器的输出是一个对称的方波,此时 UP 和$\overline{\text{DN}}$的时间是相等的,UP 计数器和 DN 计数器的平均计数时间是相等的,INC 和 DEC 信号的平均出现周期也是相等的,所以尽管此时数控振荡器中的加减计数器会出现相位改变,但是总的输出信号并不会改变.

一旦反馈信号与输入信号之间的相位误差 $\theta_e\neq0$,则 UP 和$\overline{\text{DN}}$的时间将不相等. 图 5 - 25 中显示的就是反馈信号落后于输入信号的情形,此时 UP 的时间大于$\overline{\text{DN}}$的时间,所以 UP 计数器的平均计数时间大于 DN 计数器的平均计数时间,在一段时间内 INC 信号个数将多于 DEC 信号个数(图 5 - 25 中带箭头的上升沿是有效的信号边沿). 这样,最后锁相环的输出信号相位将不断前移,直到相位误差 $\theta_e=0$ 时这个过程才会停止.

从以上的分析也可以看到,UP 计数器和 DN 计数器的不断计数,实际上相当于对相位误差的不断积分,所以这个数字环路滤波器等同于模拟积分滤波器,这样构成的锁相环是一个Ⅱ型环.

以上介绍的是两类纯数字锁相环的大致结构,实际的纯数字锁相环还不止这些,感兴趣的读者可以参阅有关的参考文献.

§5.5　频率合成

锁相环在锁定后输入输出无频差,具有很好的跟踪性能. 随着集成电路的发展,集成锁相环的品种也越来越多,性能越来越完善. 所以在现代电子学中锁相环得到广泛的应用. 本节简要介绍锁相环在频率合成(frequency synthesis)中的应用,在后面的章节中还将介绍锁相环在测量、通信等方面的应用.

一、数字频率合成器

在许多领域需要一个频率方便可变,但又具有高度频率准确度和稳定性的信号源. 前面曾介绍过的石英晶体振荡器具有很高的频率准确度和稳定性,但是只适用于固定频率振荡器;LC 或 RC 振荡器改变频率很方便,但是频率准确度和稳定性较差,所以它们都不适合上述要求的应用. 而利用锁相环构成的频率合成信号源却可以完成上述任务.

常见的用锁相环构成的频率合成器是数字式合成器,其基本电路见图 5 - 26. 作为频率参考源的石英晶体振荡器产生参考频率 f_r,此频率信号经过一个分频系

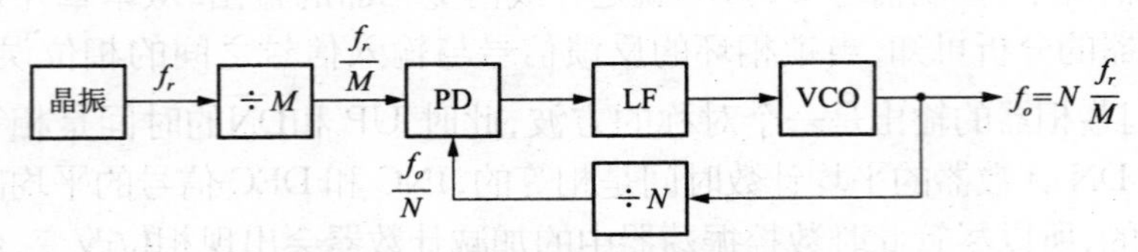

图 5-26　数字频率合成器的基本结构

数为 M 的分频器后送入锁相环. 另外,锁相环的输出经过 N 分频后送回鉴相器. 根据锁相环在锁定状态下无频差的特点,显然应该有 $\frac{f_r}{M}=\frac{f_o}{N}$,所以输出频率为

$$f_o = N\cdot\frac{f_r}{M} \tag{5.75}$$

由上式可知,通过改变分频系数 M 和 N 可以获得不同的输出频率,而由于作为信号源的石英振荡器具有很高的频率准确度和稳定度,锁相环的输出也具有很高的频率准确度和稳定度,这就满足了本节开始时提出的高准确、高稳定又频率可变的信号源的要求.

通常在这种结构的频率合成器中,分频系数 M 是一个固定值,而 N 是可变的. 当 N 变化时,输出频率将以 $\frac{f_r}{M}$ 为倍数变化,即 $\frac{f_r}{M}$ 是这种频率合成器的最小频率间隔.

例 5-4　设计一个图 5-26 结构的频率合成器,要求输出频率范围为 1～2 MHz,频率间隔 10 kHz. 假设采用的晶体振荡器频率为 5 MHz,试计算各分频器的分频系数值,以及合适的锁相环参数 ω_n 和 ζ.

解　由于要求频率间隔为 10 kHz, f_r=5 MHz,故

$$M=\frac{f_r}{\Delta f_o}=\frac{5}{0.01}=500$$

这是一个固定分频器.

由频率间隔为 10 kHz、输出频率范围为 1～2 MHz,可得

$$N=\frac{f_o}{\Delta f_o}=\frac{1\sim 2}{0.01}=100\sim 200$$

这是一个可变分频器,可以由其他部件(如键盘开关或嵌入式计算机)进行控制.

确定频率合成器中锁相环阻尼因子 ζ,要考虑到分频系数的影响. 例如,采用

RC 超前-滞后型环路滤波器,在考虑反馈分频后,$\zeta=\frac{1}{2}\left(\omega_n\tau_2+\frac{N\omega_n}{K_dK_o}\right)\approx\frac{\omega_n\tau_2}{2}$,而 $\omega_n=\sqrt{\frac{K_dK_o}{N(\tau_1+\tau_2)}}$,因此有 $\frac{\zeta_{\max}}{\zeta_{\min}}\approx\sqrt{\frac{N_{\max}}{N_{\min}}}$,要考虑在不同的分频系数下 ζ 是否都合适.

由图 5-17 可见,当 $\zeta=0.5\sim1.0$ 时,频率阶跃下的过冲不大,所以一般都将阻尼因子取在这个范围内. 回到例 5-4,若确定在 $N=\sqrt{N_{\min}\cdot N_{\max}}$ 时 $\zeta=0.7$,可以算得 $\zeta_{\min}=0.59$, $\zeta_{\max}=0.83$,都是比较合适的选择.

确定频率合成器中锁相环的自然频率 ω_n,要从阶跃响应入手. 在频率合成器的分频系数改变瞬间,由于压控振荡器的输出不能瞬时改变,因此反馈到鉴相器的频率有个突变,这相当于输入一个频率阶跃信号. 对频率合成器的基本要求是在这种情况下不能失步,否则会由于重新捕捉而产生很长的过渡时间. 所以,这个频率阶跃变化范围必须小于失步带.

要注意的是,在图 5-22 中,所有极限范围都是在压控振荡器的中心频率 $\omega_o(0)$ 两侧展开的,即针对反馈分频系数为 1 的情况. 而如果考虑反馈系数不等于 1,则图 5-22 中所有的频率都应该是在鉴相器输入端看到的频率. 在例 5-4 中,分频系数为 200 时的输出频率为 2 MHz,反馈信号频率为 10 kHz. 如果分频系数由 200 突变到 100,则反馈信号频率在此瞬间会变到 20 kHz,相当于输入突变 10 kHz. 可以验证这是此合成器的最大输入突变.

如果锁相环中的鉴相器选用鉴相-鉴频器,则其失步带为 $\Delta\omega_M\approx11.55\omega_n(\zeta+0.5)$. 由于分频系数由 200 突变到 100,相当于从输出的一个极端突变到另一个极端,反馈到鉴相器的频率突变最大值为 10 kHz,应该小于 $2\frac{\Delta\omega_M}{2\pi}$,即有

$$2\Delta\omega_M=2\times11.55\omega_n(\zeta+0.5)\geqslant2\pi\times10\times10^3$$

将阻尼因子以中间值 0.7 代入,可以得到

$$\omega_n\geqslant\frac{2\pi\times10\times10^3}{2\times11.55\times(0.7+0.5)}=2\,267$$

实际设计中可以选取一个大于上述结果的值. 但是要注意,在锁相环设计中一般都将自然频率 ω_n 设计得远小于输入频率 ω_i. 这是因为如果自然频率太高,会由于噪声带宽的增加而导致锁相环的稳定性变差,因此常常选取自然频率低于输入频率的 1/20 甚至更低. 对于例 5-4,输入频率 $\omega_i=2\pi\times10^4$,取自然频率在 3 000 左右是合适的.

结合例 5 - 4,还可以讨论一些锁相环的具体设计问题.

(1) 一般情况下,确定设计指标后,锁相环的第一步设计是压控振荡器的中心振荡频率和可控频率范围.

在频率合成器中主要关心的是可控频率范围,它显然应该大于最后要求输出的频率范围. 例如,在例 5 - 4 中压控振荡器的可控频率范围不应小于 1～2 MHz.

但是一般情况下也不宜将压控振荡器的振荡频率范围取得太大,因为那样的话,压控振荡器的灵敏度 K_o 会很高,这就使得压控振荡器的工作稳定性降低,任何一点扰动都会使压控振荡器的输出频率改变,也就是输出信号的相位噪声会增加. 此噪声与前面曾讨论过的输入信号中的噪声不同,它不能依靠减小锁相环的噪声带宽来抑制. 通过简单的分析可以证明,二阶锁相环对于这个噪声的表现类似一个高通滤波器,所有高于环路带宽的噪声都会全部输出.

(2) 其次是选择一个合适的鉴相器.

前面曾说过,在输入信号信噪比较差的情况下,一般选择使用乘积型鉴相器,所以在锁相接收等小信号输入的场合总是采用乘积型鉴相器.

但是,在频率合成器中的锁相环一般不能使用乘积型鉴相器或者异或门鉴相器,这是因为这两种鉴相器有可能使锁相环锁定在输入频率的高次谐波上.

还是以例 5 - 4 来说明. 输入频率为 10 kHz,若在分频系数为 200 时正常锁定,则输出频率为 2 MHz,反馈频率是 10 kHz. 现在假定分频系数由 200 突变到 100,则反馈频率在此瞬间会变到 20 kHz,即输入频率的 2 倍. 若采用乘积型鉴相器,则此时鉴相器的输出总可以写成

$$v_d = k\sin(\omega_i t) \cdot \cos(2\omega_i t + \theta_e) = \frac{k}{2}[\sin(3\omega_i t + \theta_e) - \sin(\omega_i t + \theta_e)]$$

显然此输出全部都是高频成分,经过后面环路滤波器低通滤波后,送到压控振荡器的误差电压为 0! 所以在这种情况下,压控振荡器会误认为没有产生误差而不改变原来的频率,结果以两倍于需要的频率输出.

在频率合成器中一般都采用边沿触发的鉴相器,最常见的是鉴相-鉴频器,因为它可以得到最大的捕捉带,有利于开机时的大范围捕捉.

(3) 然后是环路滤波器的选择.

尽管在本书中列出了简单 RC 电路,但是由于该电路难以兼顾自然频率与阻尼因子,在实际的锁相环应用中较少采用. 实际电路中最为常见的是 RC 超前-滞后型电路,它的电路简单,适应性强,在频率合成器中的锁相环常常采用这种电路.

频率合成器中的锁相环有时也采用比例积分型环路滤波器,但由于放大器引

入的噪声会增加压控振荡器的相位噪声，因此较少使用有源滤波器，而采用另外一种由电流源输出的鉴相-鉴频器构成积分滤波器(详见本节后面将介绍的集成锁相环电路 ADF4360-0 的内部结构). 实际上，比例积分电路在一些要求稳态相位误差为 0 或者要求保持误差电压的应用中更为适用，具体例子我们将在以后的章节中介绍.

(4) 最后的步骤就是计算锁相环各环节的参数.

首先确定锁相环的主要指标(如噪声带宽、捕捉时间、失步带宽等). 在一般情况下不可能同时满足多个指标的要求，所以要根据具体的应用目标确定主要指标. 在指标确立后，就可以计算合适的自然频率和阻尼因子，接下来就可以计算锁相环各环节的参数. 一般情况下鉴相器灵敏度 K_d 和压控振荡器灵敏度 K_o 在前面的设计过程中已经确定，所以这里主要就是计算环路滤波器中各元件的参数.

二、数字频率合成器的改进

回到图 5-26 结构的频率合成器，它有以下几方面的限制或缺陷:

第一，输出频率只能是最小频率间隔的整数倍，这是显见的.

第二，最小频率间隔 Δf_o 由于锁相环的限制不能太小. 其原因在于：最小频率间隔 Δf_o 就是鉴频器的输入频率，若此频率太低，自然频率 ω_n 就必须更低，这将导致锁相环的捕捉带变得很窄，捕捉时间变长，捕捉过程就会发生问题.

第三，若要求输出频率很高，又同时有较小的频率间隔 Δf_o，反馈回路分频器的分频系数 N 就会很大. 由于锁相环的环路增益要除以 N，N 越大则环路增益越低. 为了维持锁相环性能不变，只能增大压控振荡器的增益 K_o，但是这样就使得相位噪声增大.

为了解决这些问题，有以下一些改进方法.

1. 吞脉冲法数字式频率合成器

一种可以实现小数分频的频率合成器结构如图 5-27，称为吞脉冲法数字式频率合成器. 它与图 5-26 结构频率合成器的主要差别是反馈回路中的分频器由两部分构成，除了原有的 N 分频器外，增加一个模 M 计数器. 该计数器对 N 分频器的输出计数，每计满 M 次产生一个负脉冲，使得与门关闭一拍(一个 f_o 周期).

吞脉冲计数器在模 M 计数器不产生负脉冲时，N 分频器正常分频. 在模 M 计数器产生负脉冲的那一拍内，N 分频器的输入脉冲由于与门的关闭而少一个(此即“吞脉冲”的由来)，即在此循环内将成为 $N+1$ 分频. 这样，在一个完整的循环中将包含 $M-1$ 次 N 分频和 1 次 $N+1$ 分频，即 $f_F=\dfrac{M}{(M-1)N+(N+1)}f_o$，所以

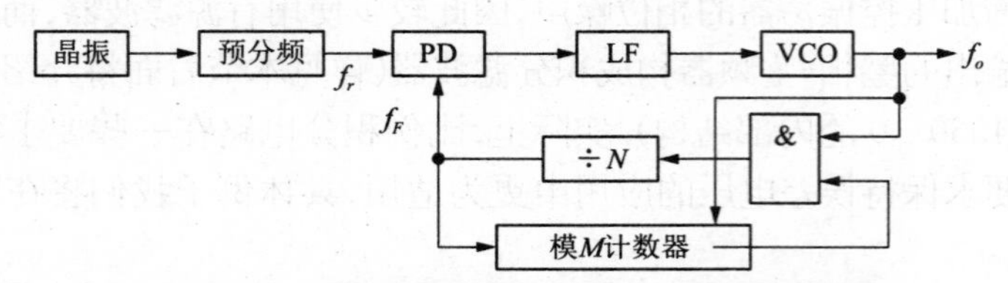

图 5-27 吞脉冲法数字式频率合成器的基本结构

输出频率实现了小数分频,为

$$f_o = \left(N + \frac{1}{M}\right) f_r \tag{5.76}$$

显然,(5.76)式表明吞脉冲法频率合成器可以在参考频率 f_r 比较高的情况下获得比较小的输出频率分辨率.

吞脉冲法频率合成的主要问题是反馈信号 f_F 不是一个严格的周期信号,这就造成所谓的寄生调制现象,表现为输出信号的频谱不纯. 另外,它与基本的频率合成器一样,分频系数 N 不能取得很大.

2. 双环式数字频率合成器

另一个改善高输出频率与小频率间隔之间矛盾的方法是将输出频率分为两个部分:一部分为主值,另一部分为尾值,用两个锁相环分别合成输出频率的主值和尾值,然后将两个结果通过混频器合并,这种结构称为双环式频率合成器.

图 5-28 是一个双环式数字频率合成器的结构框图. 其中混频器的结构与工作原理我们将在第 6 章展开讨论,这里先提一下它可以实现两个输入信号的频率相加或相减.

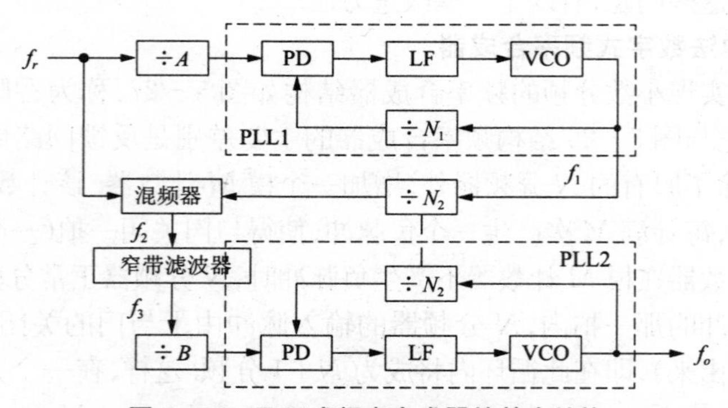

图 5-28 双环式频率合成器的基本结构

根据图 5-28 可以写出各主要点的频率关系：PLL1 的输出为 $f_1 = N_1 f_r / A$；混频器的输出为 $f_2 = f_r \pm (f_1/N_2)$；假设窄带滤波器取出其中的频率之和分量，则 $f_3 = f_r + (f_1/N_2)$；PLL2 的输出为 $f_o = N_2 f_3 / B$. 将上述关系整理后有

$$f_o = \left(N_2 + \frac{N_1}{A}\right) \cdot \frac{f_r}{B} \tag{5.77}$$

通常分频系数 A 和 B 是一个固定值，而 N_1 和 N_2 是可变的. 由(5.77)式可知，分频系数 N_2 确定了输出频率的主值，而分频系数 N_1 确定了输出频率的尾数. 其最低输出频率为

$$f_{o\min} = \left(N_{2\min} + \frac{N_{1\min}}{A}\right) \cdot \frac{f_r}{B} \tag{5.78}$$

最高输出频率为

$$f_{o\max} = \left(N_{2\max} + \frac{N_{1\max}}{A}\right) \cdot \frac{f_r}{B} \tag{5.79}$$

最小频率间隔是分频系数 N_1 变化 1 时的输出频率变化值，即

$$\Delta f_o = \frac{f_r}{AB} \tag{5.80}$$

例如，在上述电路中取 $f_r = 1\,\text{MHz}$, $A = 100$, $B = 10$, $N_1 = 501 \sim 600$, $N_2 = 95 \sim 294$，则最低输出频率为 $f_{o\min} = 10.001\,\text{MHz}$，最高输出频率为 $f_{o\max} = 30.000\,\text{MHz}$，频率间隔为 $\Delta f_o = 1\,\text{kHz}$. 而此时 PLL1 的鉴相器输入频率为 10 kHz，环路增益下降倍数为 501 ～ 600；PLL2 的鉴相器输入频率约为 100 kHz，环路增益下降倍数为 95 ～ 294. 可见并没有出现鉴相器频率过低以及环路增益下降太多的问题.

根据同样的办法，还可以构成三环或多环的频率合成器，这里不再赘述.

3. 用于频率合成的锁相环集成电路

由于在通信领域、计算机领域、电子测量领域以及许多其他领域，频率合成技术都是一个不可或缺的部分，集成电路生产商设计生产了许多商品化的用于频率合成的锁相环集成电路. 例如，Motorola 公司生产的 MC14515x 系列，ADI 公司生产的 ADF4360-x 系列等. 下面以 ADI 公司的 ADF4360-0 为例，介绍这类集成锁相环电路的内部结构.

图 5-29 是 ADF4360-0 的简化内部结构. 由图 5-29 可见，这是一个完整的锁相环电路，内部集成了鉴相器、压控振荡器以及输入和反馈信号的分频器.

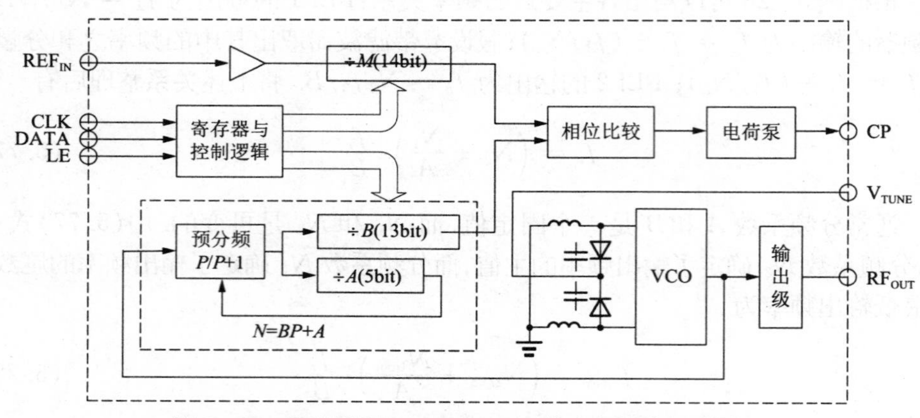

图 5-29 集成锁相环 ADF4360-0 的内部结构(已简化)

鉴相器电路是带电荷泵的边沿触发鉴相-鉴频器. 该鉴相器与本章前面介绍的第 4 类鉴相-鉴频器工作原理相同,但输出略有不同,它不是电压型的而是电流型的,如图 5-30 所示. 其平均输出电流与有效鉴相范围为

$$\begin{cases} \overline{i_d}(t) = K_d\theta_e(t) \\ -2\pi < \theta_e < +2\pi \end{cases} \tag{5.81}$$

这种鉴相器后面接上电阻电容作为环路滤波器后,环路滤波器的传递函数也与前面介绍的第 4 类鉴相-鉴频器有所不同. 由图 5-27 可以写出

$$v_c(s) = \frac{1+RCs}{Cs}\overline{i_d}(s) \tag{5.82}$$

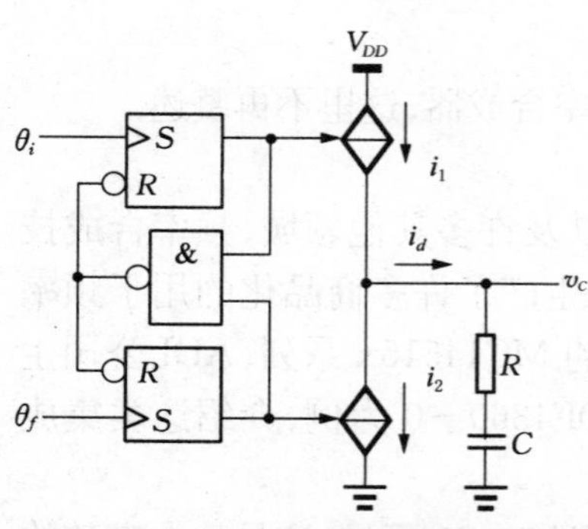

图 5-30 电流输出的鉴相-鉴频器

由此可见,尽管带电荷泵的边沿触发鉴相-鉴频器后面的环路滤波器是一个简单的 RC 电路,但是其传递函数却是一个比例积分传递函数,所以采用这种鉴相器的锁相环是一个Ⅱ型系统,在分析其特性时必须注意这一点.

压控振荡器是采用变容二极管作为调谐元件的 LC 振荡器,由于该锁相环的工作频率高达 2.4~2.7 GHz, LC 数值甚小,故电感 L 被集成在电路内部.

电路内有多个分频器. 输入的参考信号 f_r 经过 M 分频后送到鉴相器,所以该电路的输出

频率步进值就是 $\frac{f_r}{M}$.

压控振荡器的反馈信号经过一个双模分频器分频后反馈到鉴相器,该分频器的工作原理如下:

预分频器可以有两种分频系数:P 和 $P+1$,具体执行哪个分频系数受主分频器的控制.

主分频器的分频系数为 B,并将此分频过程分成两段:A 和 $B-A$. 其中 A 个计数控制预分频器的分频系数为 $P+1$,其余 $B-A$ 个计数则控制预分频器的分频系数为 P. 这样总的分频系数为

$$N=(B-A)\cdot P+A\cdot(P+1)=PB+A \tag{5.83}$$

最后的输出频率为

$$f_o=(PB+A)\frac{f_r}{M} \tag{5.84}$$

两组分频器的分频系数(M, P, A, B)均可以通过数字接口(CLK, DATA, LE)由外部的计算机加以改变.

实际使用时,在电荷泵输出端(CP)与压控振荡器控制端(V_{TUNE})之间接入环路滤波器,参考输入端(REF_{IN})接入由晶体振荡器产生的标准参考频率,计算机接口接入计算机并输入需要的参数,就可以在射频输出端得到需要的高频时钟信号.

最后要说明的是:频率合成有多种方法,上面介绍的称为间接合成法. 其他还有直接合成法、直接数字合成等. 间接合成法也不止上述几种. 有兴趣的读者可以参阅其他文献. 我们在本章附录中简单介绍直接数字合成,其最大的优点是便于集成、使用方便、频率间隔可以做到极小,目前已经大量应用在各种测试仪器、信号发生器等. 但是直接数字合成在噪声、频率上限等指标上目前仍然无法与由锁相环构成的频率合成器相比,所以有时采用直接数字合成与锁相环结合的方法构成高质量的频率合成器.

附录　数字直接合成

前面我们介绍了建立在锁相环基础上的频率合成技术,但自从集成电路迅速发展以后,一种称为数字直接合成(digital direct synthesis,简称 DDS)的技术得到长足的发展. 应用 DDS 集成电路芯片,可以设计高精度、高稳定度、大频率范围的信号发生器. 既可以输出正弦波,也可以输出方波等非正弦信号,还可以完成信号

调制等功能.

我们知道,一个连续的正弦信号可以通过模拟-数字转换(analog-digital convertion,简称ADC)离散化为一个数字系列.同样,这个数字系列也可以通过数字-模拟转换(digital-analog convertion,简称DAC)还原为一串在时间和幅度方面都离散的模拟信号.根据采样定理,只要这串信号的数量足够多(采样频率足够高),它就可以通过一个合适的滤波器还原出原来的正弦信号.

若在一个数字存储器内预先存储了正弦信号一个周期的数字序列,然后通过一个频率十分精确的时钟(例如由石英晶体振荡器产生的时钟信号)将它按顺序周而复始地重复读出,并通过DAC还原为模拟信号,显然可以得到一个正弦波输出.由于读出时钟频率十分精确,此正弦波的频率亦十分精确.

如果在上述过程中,对预先存储的正弦信号不是完全按顺序读出,而是按某个固定的间隔读出,则输出的正弦信号周期将改变.例如,按照每次隔一个数据读一个的顺序(即按照1, 3, 5, 7, 9……的顺序)读出数据,则输出正弦信号的周期是原来的一半,也就是正弦信号的频率将提高一倍.然而由于时钟信号的准确度和稳定度不变,此时正弦输出的频率依然十分精确.

按照以上想法就可以在保证具有足够高的频率准确度和稳定度条件下输出各种不同频率的信号,这就是数字直接合成技术的关键.图5-31就是上述数字直接合成系统的结构描述.

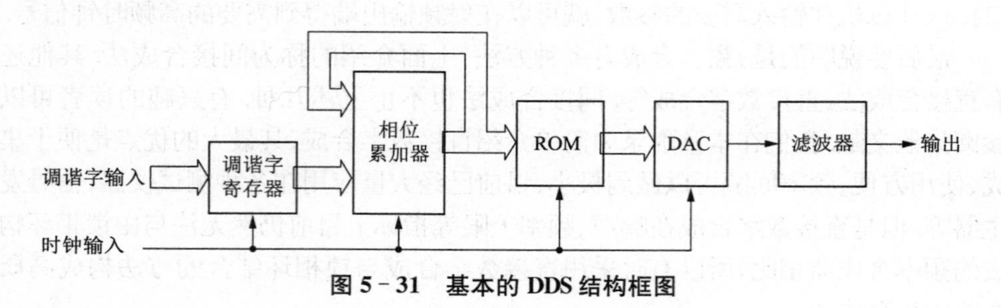

图5-31 基本的DDS结构框图

在图5-31中,只读存储器(ROM)内存储了一个正弦波周期的离散化数据,相位累加器产生其读出地址,在时钟驱动下,读出的数据送DAC和滤波器转换成模拟信号输出.

相位累加器是DDS的关键.在每个时钟脉冲作用下,它将ROM的当前地址与调谐字寄存器内的内容相加,作为ROM的下一个地址.显然,若调谐字寄存器内的内容等于1,那就是顺序读出数据的情形;若调谐字寄存器内的内容不等于1,那就是前面描述的按照某种间隔读出数据的情形.

由于每个 ROM 地址都表示了一个正弦信号的不同相位，当前地址与下一个地址之差就是正弦信号的相位差，因此产生 ROM 地址的单元称为相位累加器. 而调谐字寄存器的内容就决定了两次时钟脉冲之间输出正弦信号的相位增量.

设调谐字寄存器决定的相位增量为 $\Delta\theta$(rad)，每经过一个时钟周期 Δt，相位累加器都在以前已经累加的相位 $\theta(t)$ 上增加一个 $\Delta\theta$，所以输出正弦信号的相位增加速率为 $\frac{\Delta\theta}{\Delta t}=\Delta\theta\cdot f_{\mathrm{CLK}}$. 由于角频率与相位的关系是 $\omega=\frac{\Delta\theta}{\Delta t}$，输出正弦信号的频率为

$$f_o=\frac{\omega}{2\pi}=\frac{\Delta\theta}{2\pi}\cdot f_{\mathrm{CLK}} \tag{5.85}$$

由此可见，时钟频率给定后，DDS 输出信号的频率正比于调谐字寄存器决定的相位增量 $\Delta\theta$(rad). 显然，相位增量 $\Delta\theta$ 越小，则输出信号的频率分辨率越高.

假定 TR 是调谐字寄存器内容；N 是相位累加器的二进制数据位数(字长)，2^N 为其最大计数值. 由于相位累加器最终要将相位累加到 2π，代表相位增量 $\Delta\theta$ 的调谐字寄存器内容 TR 与相位增量的关系为

$$\Delta\theta=2\pi\cdot\frac{TR}{2^N} \tag{5.86}$$

由(5.85)式和(5.86)式可以得到 DDS 输出信号频率为

$$f_o=\frac{TR}{2^N}\cdot f_{\mathrm{CLK}} \tag{5.87}$$

显然，在时钟频率一定的条件下，最小的输出信号频率改变量为 $\frac{1}{2^N}\cdot f_{\mathrm{CLK}}$，所以 DDS 输出信号的频率分辨率取决于相位累加器字长.

另一方面，ROM 内存储的数据数目越多，则两个数据之间的相位差就越小，所以 DDS 输出信号的相位分辨率取决于 ROM 容量大小，其地址线位数越多，则相位分辨率越高.

由此可见，相位累加器字长和 ROM 容量大小是决定 DDS 性能的两个重要指标. 现在商品化的 DDS 芯片，其相位累加器最大的已经达到 48 bit，ROM 的地址达到 19 bit. 即相位增量可以小至 $\frac{2\pi}{2^{48}}$ rad，相位分辨率可以小至 $\frac{2\pi}{2^{19}}$ rad.

DDS 的另一个主要指标是最高时钟频率. DDS 的输出信号频率受时钟频率的限制，时钟频率越高，则 DDS 可能输出的信号频率越高. 根据采样定理，输出的信

号频率不可能高于时钟频率的1/2. 在实际应用中为了兼顾其他指标,一般将输出信号频率控制在不超过时钟频率的1/5～1/10. 目前商品化的DDS芯片已经可以达到时钟频率等于1 GHz.

还有一个重要指标是DAC的位宽或分辨率. 由于DAC的输出幅度是量化的,其输出呈现一个个台阶状,因此就有量化噪声. DAC的位数越多,表示其量化密度越大,形象地说就是台阶更密集,也就更接近模拟信号的连续状态,量化噪声就更低. 目前商品化DDS芯片中的DAC有10 bit到14 bit的各种不同等级.

DDS有如下优点:

(1) 频率准确度和稳定度高,仅取决于时钟信号的频率准确度和稳定度;

(2) 频率分辨率高;

(3) 频率切换速度快,且频率切换时相位连续;

(4) 若相位累加器的输出同时驱动多个ROM, DAC和滤波器,则可以同时输出多个相关信号(如一个正弦信号、另一个余弦信号等);

(5) 可以产生任意波形,只要在ROM内存放该波形的相应数据即可;

(6) 除了滤波器外,可以全数字化实现,便于集成,体积小,重量轻.

DDS的主要缺点如下:

(1) 由于受时钟频率的限制,目前用DDS构成的信号发生器还不能产生很高频率的信号;

(2) 由于DDS的输出是DAC产生的,量化噪声比较大.

由于上述特点,现在许多需要动态改变频率的场合已大量采用DDS芯片. 下面介绍一个用DDS芯片AD9831构成的信号发生器电路,以便读者了解DDS芯片的应用.

图5-32是DDS芯片AD9831的结构框图. 由图5-32可见该芯片的相位累加器字长为32 bit, ROM地址宽度为12 bit, DAC分辨率为10 bit. 另由数据手册可知其最大时钟频率为25 MHz.

该芯片在DDS基本结构基础上略有改进:

(1) 调谐字寄存器(该芯片称为频率寄存器)由一个增加为两个,并可由一个控制端(FSELECT)进行选择. 此举的目的是使得输出信号可以在两个预定的频率之间迅速切换,其应用背景是FSK调制.

(2) 增加了4个相位寄存器(PHASE0～PHASE3 REG),此举可使输出信号相位在4个预定值之间迅速切换,应用背景是PSK调制.

除了上述改进外,此芯片的其余部分与图5-31的基本结构完全一致. 其中所有寄存器的数据通过一个16 bit的并行数据端口写入,由于频率寄存器的字长为

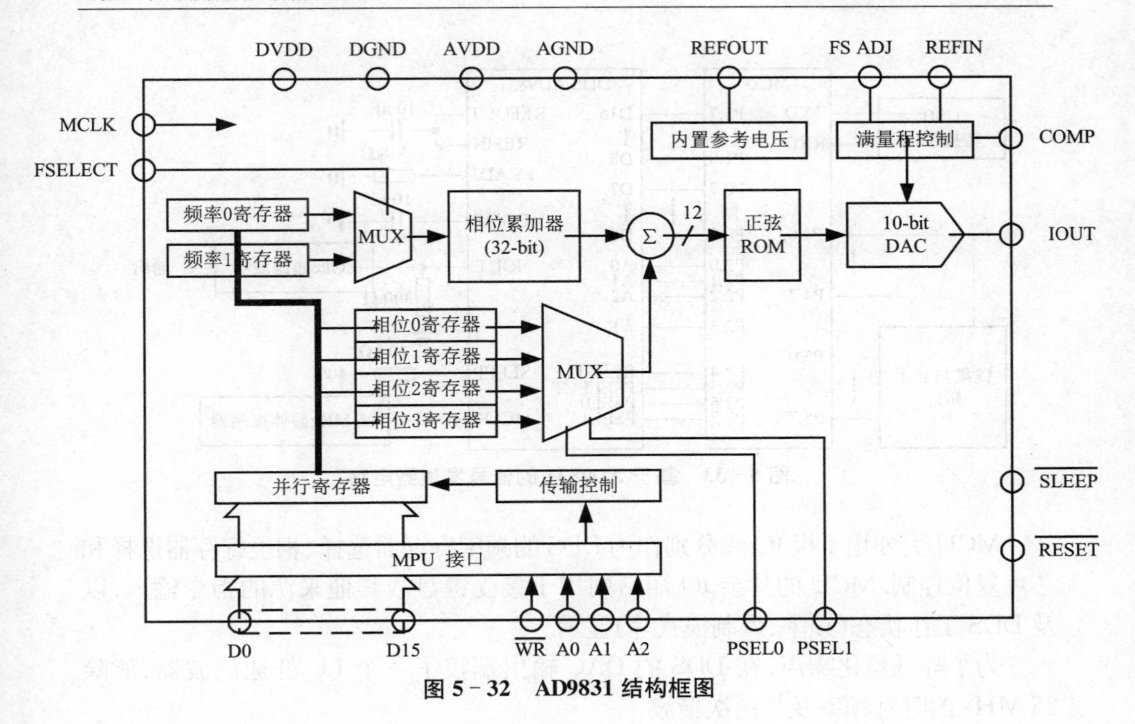

图 5-32 AD9831 结构框图

32 bit,每个寄存器需要写入两次. 芯片提供写线($\overline{WR}$)和 3 根地址线(A0～A2)以便与微处理器连接.

为了使用方便,芯片内还集成了 DAC 所必须的参考电压发生器,通过引脚 REFOUT 输出. 将它接到 DAC 模块的 REFIN 端就可以使用.

图 5-33 就是基于 AD9831 的信号发生器电路,其中 MCU 作为控制器,向 DDS 芯片写入各寄存器的数值. 为了突出 MCU 如何控制 DDS,对其中部分电路作了简化处理或只用功能框图表示.

由于 MCU 是以 8 bit 端口方式工作,而 DDS 芯片的寄存器输入是以 16 bit 数据总线方式工作,因此用 MCU 的两个 8 bit 的 I/O 端口模拟 16 bit 数据总线,用 4 根 I/O 线模拟写线($\overline{WR}$)和 A0～A2 共 3 根地址线. 工作时先在两个模拟 16 bit 数据总线的 I/O 端口内写入 DDS 某寄存器的值,3 根地址线置成该寄存器的对应地址,然后将$\overline{WR}$线做一个先置低再置高的动作,将该寄存器的值写入 DDS 芯片.

DDS 的时钟频率为 25 MHz,相位累加器字长为 32 bit,根据(5.87)式可以得到 DDS 输出信号频率为 $f_o=\frac{TR}{2^{32}}\times 25(\text{MHz})$,$TR$ 是频率寄存器的值. 注意该值是 32 bit 的,要写入两次才能完成一个寄存器的配置.

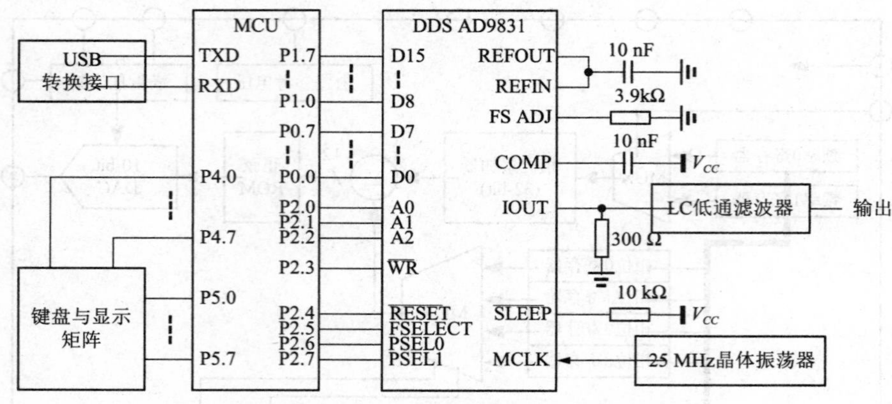

图 5-33 基于 AD9831 的信号发生器电路

MCU 另外用 4 根 IO 线分别作为 DDS 的频率寄存器选择、相位寄存器选择和芯片复位控制. MCU 的其余 IO 端口则用于接受键盘或其他来源的指令输入,以及 DDS 工作状态(频率、调制模式等)显示.

为了降低量化噪声,在 DDS 的 DAC 输出端接了一个 LC 低通滤波器,滤除 25 MHz 的时钟频率及其高次谐波.

习题与思考题

5.1 为什么在输入信号频率突变后,Ⅰ型锁相环只能做到无频差,而Ⅱ型锁相环不仅可以无频差,还可以无相差?请从锁相环的工作原理出发解释上述问题.

5.2 锁相环的捕捉带、快捕带、同步带和失步带分别表示什么含义?在二阶锁相环中它们的大小如何排序?

5.2 同步带与失步带都是锁相环的频率跟踪范围. 除了外部输入信号的变化速率不同外,锁相环内部哪些因素造成了这两个范围有很大差异?

5.4 某同学设计了一个锁相环,输入信号的频率 $f(t)$在中心频率 f_0 附近变动,$f(t)$的最大变化为 Δf, $f(t)$的变动频率为 F. 在调试中发现如下现象:当 F 与 Δf 均很小时,锁相环的输出能够很稳定地跟踪输入的变化. 然而将 F 逐渐加大(Δf 不变)时,发现 F 增加到某个数值后锁相环就失锁了;如果 F 不变而加大 Δf,也会出现类似情况. 请从锁相环的工作原理出发解释上述现象.

5.5 简要说明锁相环工作在调制跟踪状态与载波跟踪状态有什么不同?如何在锁相环电路中实现这种不同?

5.6 在什么意义上可以认为锁相环是一个窄带滤波器?它与通常意义上的窄带滤波器有什么

根本的不同?

5.7 如果有两个频率同为 f_0 但是相位不同的信号 $\theta_1=\theta_0+\Delta\theta$, $\theta_2=\theta_0-\Delta\theta$ 交替输入锁相环，交替的频率 $F\leqslant f_0$, $\Delta\theta=\pi/4$. 假定锁相环采用乘积型鉴相器. 试问锁相环能否锁定在 f_0 上且相位不变?如果能够锁定，那么对于锁相环的什么参数有要求?假定锁相环是 Ⅱ 型系统，那么 VCO 输出信号的相位是什么?

5.8 如果有两个频率不同的信号 $f_1=f_0+\Delta f$, $f_2=f_0-\Delta f$ 交替输入锁相环，交替的频率为 F，且有 $f_0\geqslant F$, $\Delta f\geqslant F$. 试问锁相环能否锁定在 f_0 上?为什么?

5.9 试用波形图说明，采用异或门鉴相器的锁相环，输出有可能锁定在输入的 2 倍频和 3 倍频.

5.10 有一种环路滤波器如下图所示，称为有源超前-滞后型环路滤波器. 试写出此滤波器的传递函数，以及采用这种环路滤波器的锁相环的闭环传递函数.

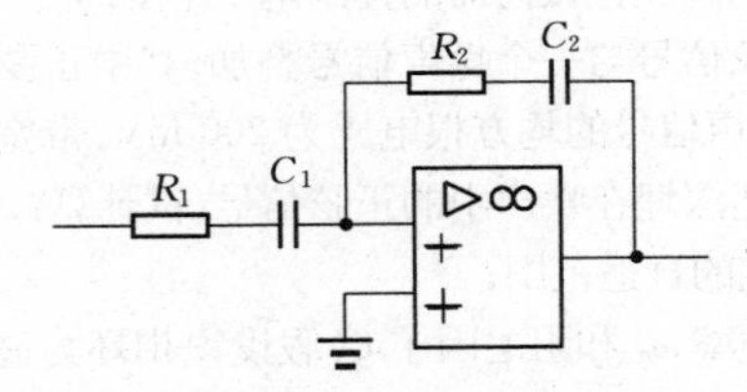

5.11 什么是锁相环中压控振荡器的中心频率(或称固有频率)? 若某锁相环鉴相器的输出高电平为 5 V、低电平为 0 V，那么压控振荡器输出频率等于其中心频率时，其控制端的电压是多少?

5.12 试证明：对于采用简单 RC 或 RC 超前-滞后型环路滤波器的锁相环，若输入信号的频率与压控振荡器的中心频率存在频率差 $\Delta\omega$，则在锁定后锁相环的输出与输入之间除了鉴相器的固有相位差以外，存在附加的相位差 $\Delta\theta=\dfrac{\Delta\omega}{K_dK_o}$.

5.13 如下图所示的锁相环电路中滤波器时间常数为 $\tau=\dfrac{1}{10\pi}(\text{sec})$, $K_dK_o=5\pi(1/\text{sec})$，试求环路带宽 ω_n. 现在反馈支路中插入二分频器. 假设 K_dK_o 不变，试问要保证环路带宽不变，τ 应如何变化?

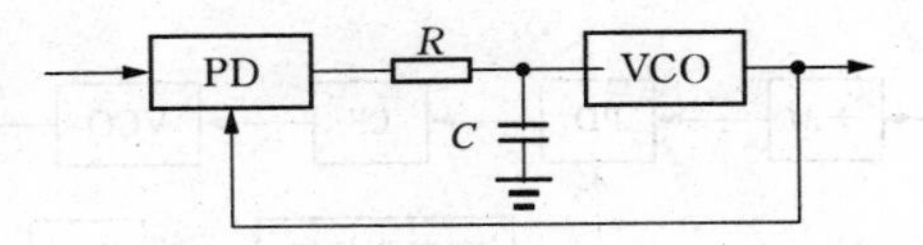

5.14 已知某集成锁相环电路中鉴相器的灵敏度为 $K_d=0.46$; VCO 的灵敏度为 $K_o=6f_0$(f_0 为 VCO 输出的中心频率); 内置的环路滤波器电阻为 $R=1.3\,\text{k}\Omega$. 现欲用该电路构建一个调制跟踪电路，输入信号频率以 1.2 MHz 为中心变化，变化速率为 20 kHz，最大的频率变化幅度为 ±100 kHz. 假定采用简单 RC 环路滤波器，请计算环路滤波器电容 C 的可能数值.

5.15 已知某锁相环采用比例积分型环路滤波器，$\omega_n = 2\,000$ rad/sec，$\zeta = 0.7$. 输入信号功率 $P_{si} = -20$ dBm，输入噪声功率 $P_{ni} = -10$ dBm，输入带宽 $BW_i = 200$ kHz. 试计算此锁相环在输入噪声影响下的输出相位平均抖动量.

5.16 压控振荡器由于某种扰动造成的输出频率改变，可以看作在压控振荡器输出端叠加有一个噪声信号. 试证明：二阶锁相环对于这个噪声的表现类似一个高通滤波器，所有高于环路带宽的噪声都会全部输出.

5.17 在某种锁相环应用中，输入信号会间断地出现（输入中断时的电平保持在高电平或低电平），但是要求锁相环保持输出信号的连续性. 采用异或门鉴相器构成的锁相环在一些特定条件下可以满足上述要求. 试讨论该锁相环在这种输入情况下的工作状态，并指出其工作条件的局限性.（提示：当输入信号消失时，输出的反馈仍然存在，保持输出信号连续就是要保证在这段时间内压控振荡器的控制电压不变.）

5.18 某输入信号为一个正弦信号与一个噪声信号叠加，其中正弦信号的频率为 1 MHz，幅度（有效值）为 10 mV；噪声信号的均方根电压为 200 mV，带宽大于 5 MHz. 若设计一个锁相环电路能够跟踪上述深埋在噪声中的正弦信号，试计算：

(1) 该锁相环噪声带宽的合适范围；

(2) 该锁相环的自然频率 ω_n 和阻尼因子 ζ（假设锁相环为高增益环）. 若有条件，可进行全部电路的设计，并实际制作与测试.

5.19 如下图是用锁相环构成的频率合成电路，通过改变分频电路的分频系数可以改变输出频率. 试求输出信号的频率范围（最低频率和最高频率）.

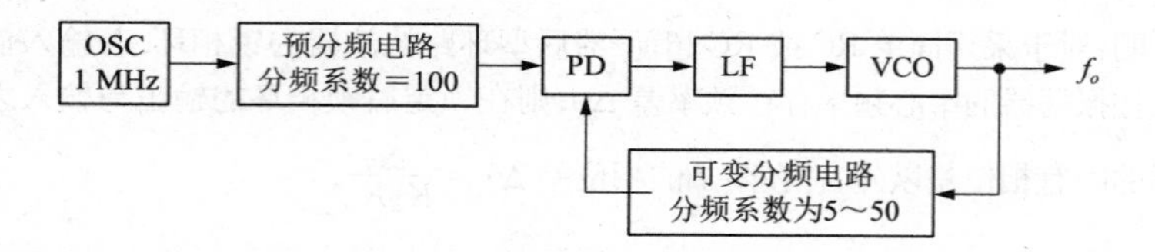

5.20 下图是用锁相环构成的频率合成电路，若要求输出信号的频率范围为 10～160 MHz，最小频率步进单位为 0.1 MHz，试求其中各分频器的分频系数 M, N 以及可变分频器的分频系数范围.

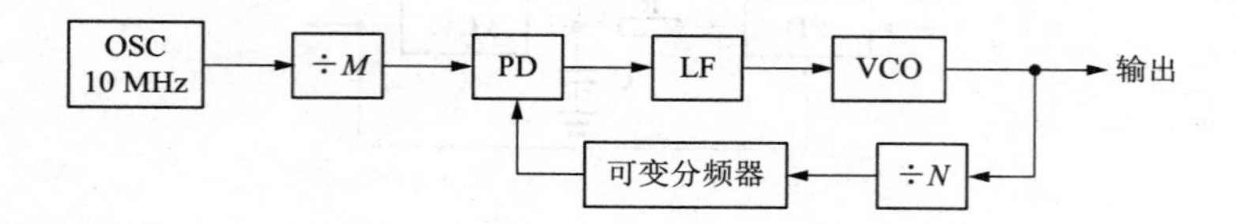

5.21 在如图 5-25 所示的双环式数字频率合成器中，若窄带滤波器取出混频后的差频分量，则最低和最高输出频率的表达式如何？是否能据此设计一个输出频率为 5～20 MHz，最小频率间隔为 1 kHz 的频率合成器？

第6章 混 频 器

在高频电路中，除了前面已经讨论过的放大器外，更重要的组成部分是频谱变换电路. 频谱变换电路的功能是在保持输入信号中包含的信息不变的条件下，改变信号的频谱，以获得所需频谱的输出信号.

频谱变换电路可分为频谱线性变换电路和频谱非线性变换电路. 前者只是改变信号的中心频率，而有用信息的频谱形状不变，包括调幅波的调制与解调电路、混频电路等. 后者则不仅改变信号的中心频率，而且有用信息的频谱形状也发生改变，包括调频波和调相波的调制与解调电路等. 本章介绍混频电路，调制与解调则在后续的章节中讨论.

§6.1 混 频 原 理

6.1.1 频谱变换

在高频通信电路、高频仪器以及其他利用高频电信号进行工作的高频设备中，变频(convertion)是一个常见的信号频谱变换过程.

变频的作用是将某一个频率的信号在不改变其频谱形状的前提下搬移到另一个频率上去. 通常，变频电路除了输入需要变频的有用信号外，还需要输入一个参考信号来确定变换后的频率，所以也称为混频器(mixer).

混频的目的是为了更好地进行信号的放大或进行其他处理. 例如，在接收机(如收音机)中，众多电台具有不同频率，其接收频率范围很宽，但接收的信号很微弱. 若直接进行放大则需要放大器具有较宽的频带，这样既增加了放大器的制作难度，又不利于提高选择性. 所以通常需要将输入信号统一变换成一个称为中频(intermediate frequency，简称 IF)的中间频率，然后对中频信号进行放大.

图 6-1 是一个普通收音机的结构框图. 输入信号的频率为 f_{RF}，经过混频后信号频率下降到中频 f_{IF}，然后进行中频放大. 由于通过混频实现了对不同频率的输入信号以同一个频率进行放大，从而可以满足收音机对于增益、带宽、选择性(矩形系数)等一系列指标要求. 这种结构的接收机称为超外差式接收机(superheterodyne receiver).

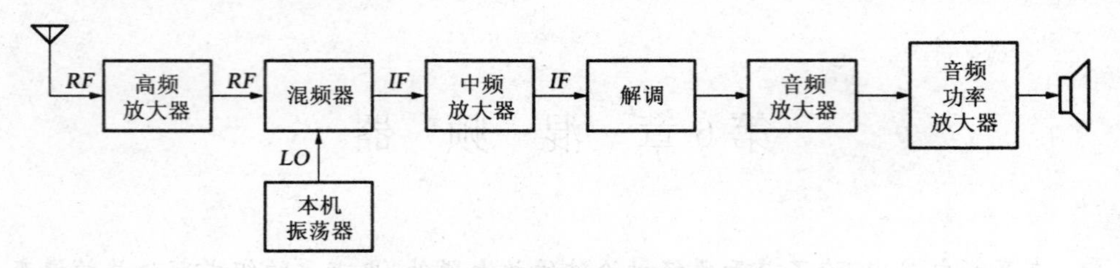

图 6-1　收音机的结构框图

又如在发射设备中,常常将信号的处理(调制、滤波等)在较低的中频进行,而通过混频将信号变换到最后的发射频率.这样由于处理的频率较低,对于信号处理电路的要求降低,可以获得更好的处理结果.

从信号频率的角度看来,混频是进行了一次频谱变换.若在频谱变换过程中保持原来信息信号的频谱形状不变,则称为频谱的线性搬移,否则就是频谱的非线性搬移.显然,变频需要的是频谱线性搬移.其频谱变换过程如图 6-2.通常将频率低的信号搬移到高频端的称为上变频(up-convertion),反之称为下变频(down-convertion).

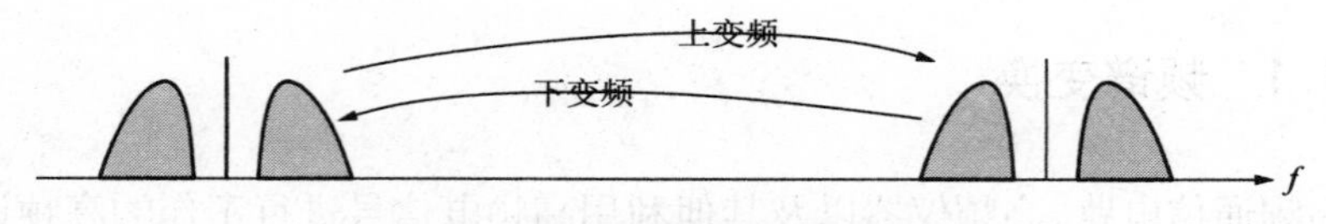

图 6-2　变频的频谱变换示意图

在发射设备中,混频主要是要将处理后的信息信号频率提高到发射频率,所以以上变频为多见.在接收设备中则相反,以下变频多见.而在其他应用(如高频仪器)中,上变频和下变频根据需要都会出现.不管在何种应用中,在混频过程中都不改变信号频谱的形状.

6.1.2　频谱变换的一般原理

假设需要变频的信号角频率为 ω_1,另一个参考信号角频率为 ω_2,若一个电路能够实现频率的加减运算,将此两个信号同时送入该电路,则输出的信号角频率为

$$\omega_o=\begin{cases}\omega_1+\omega_2\\ |\omega_1-\omega_2|\end{cases}\tag{6.1}$$

显然,无论是频率相加还是频率相减,最后输出的信号频率都从原来频率位置

移动了一段距离，实现了变频的目的.

但是，能够实现频率加减运算的电路一定不是线性电路. 不失一般性，我们假设两个输入信号都是简谐信号：$V_1\cos\omega_1 t$ 和 $V_2\cos\omega_2 t$，若它们叠加后通过一个线性放大器，考虑到放大器具有一定的频率特性，对不同频率的信号可能有不同的增益和相移，所以输出信号将为 $v_0 = aV_1\cos(\omega_1 t+\varphi_1)+bV_2\cos(\omega_2 t+\varphi_2)$，其中 a 和 b 是电压增益，φ_1 和 φ_2 是信号通过放大器后的相移. 由此可见，信号通过线性电路后幅度被改变了，相位也可能有改变，但是信号频率没有变，还是 ω_1 和 ω_2，并没有产生频率的和或差.

由三角函数的基本性质

$$\cos\omega_1 t\cdot\cos\omega_2 t=\frac{1}{2}[\cos(\omega_1+\omega_2)t+\cos(\omega_1-\omega_2)t] \tag{6.2}$$

可知一个系统的输出信号中若存在两个输入信号之频率的和或差，则该系统一定在输入信号之间进行了乘法运算. 乘法运算能够实现频谱的线性搬移.

能够实现乘法运算的电路一定是一个非线性电路. 非线性电路利用元件的非线性工作. 所谓非线性(non-linear)，是指其电特性(如伏-安特性)不能用一个线性方程(代数方程或微分方程)进行描述. 对于非线性电路，叠加定理不再适用. 其特点之一就是信号通过非线性电路后能够产生新的频率，这也是非线性电路与线性电路的主要区别之一.

严格地说，任何元器件都具有一定的非线性. 但是电阻器、电容器一类的无源元件，在正常使用时其非线性极其微弱，所以一般并不考虑其非线性因素. 而二极管、晶体管、场效应管等有源元件，其非线性相当明显. 在讨论以晶体管为基础的放大器的时候，通常对它作线性化近似，条件是允许其输出信号中含有一定幅度的失真. 然而当用晶体管构成频谱变换电路时，与放大器相反，恰恰要利用非线性元件的非线性，对信号实现乘法运算，从而得到频谱变换的结果.

分析非线性电路的频谱变换作用，一般需要知道非线性元件的特性的数学表达式. 作为一般的分析方法，下面采用幂级数展开来分析非线性电路的特点.

假设元件的跨导特性 $i_o=f(v_i)$ 是非线性的，在此元件的输入端加有3个信号：一个是静态工作点 V_0，另两个是输入信号 v_1 和 v_2，即 $v_i=V_0+v_1+v_2$. 将元件的非线性转移特性在工作点 V_0 附近作幂级数展开，有

$$i_o=\sum_{n=0}^{\infty}a_n(v_i-V_0)^n=\sum_{n=0}^{\infty}a_n(v_1+v_2)^n \tag{6.3}$$

显然，(6.3)式中包含了直流输出 a_0 和线性输出 $a_1(v_1+v_2)$，而所有 $n\geqslant 2$ 的

$a_n(v_1+v_2)^n$ 项都是非线性输出. 当 v_1 和 v_2 都是简谐信号,即 $v_1=V_1\cos\omega_1 t$, $v_2=V_2\cos\omega_2 t$ 时,用二项式定理以及三角函数转换,可以将输出信号写为下式(其中 $p+q=n$):

$$\begin{aligned} i_o &= \sum_{n=0}^{\infty} a_n(V_1\cos\omega_1 t+V_2\cos\omega_2 t)^n \\ &= \sum_{n=0}^{\infty}\sum_{p=0}^{n}\frac{n!}{p!(n-p)!}a_n(V_1\cos\omega_1 t)^p(V_2\cos\omega_2 t)^{n-p} \\ &= \sum_{p=-\infty}^{\infty}\sum_{q=-\infty}^{\infty} I_{p,q}\cos[(p\omega_1+q\omega_2)t] \end{aligned} \tag{6.4}$$

(6.4)式表示,当两个信号 v_1 和 v_2 在一个非线性元件中叠加后,在输出的 $(v_1+v_2)^n$ 项中出现了两个信号的乘方项和交叉乘积项,这些项中将出现输入信号中所没有的新的频率成分,称为组合频率输出信号. 考虑到实际信号中不可能出现负频率,n 次幂产生的组合频率可以有下列组合:

$$\omega_{(n)}=|p\omega_1\pm q\omega_2|_{p+q=n} \tag{6.5}$$

例如 $n=2$,则输出中包含 $2\omega_1$, $2\omega_2$, $\omega_1+\omega_2$, $|\omega_1-\omega_2|$ 共4种组合频率成分,其中混频器需要的就是 $|\omega_1\pm\omega_2|$ 成分.

当只有一个输入信号(即 $v_1=v_2=v_i$)时,$a_n(v_1+v_2)^n$ 项退化为 $a_n v_i^n$,此时的输出信号中含有频率为 $n\omega_i$ 的成分,即输入信号的 n 次倍频信号.

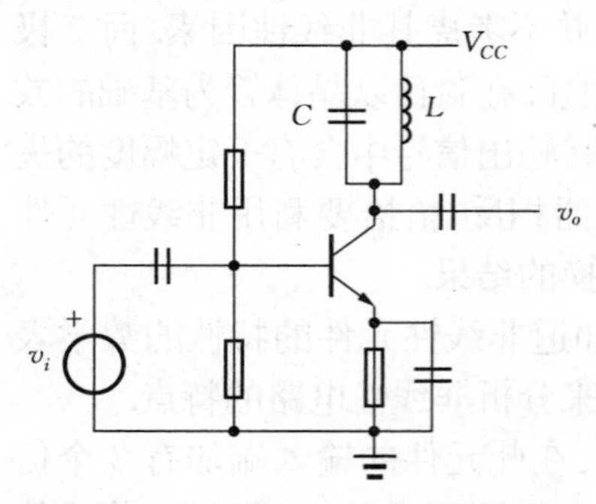

图 6-3 分析元件非线性的电路例子

例 6-1 已知图 6-3 电路中,晶体管的转移特性为 $I_C=I_S\exp\left(\frac{V_{BE}}{V_T}\right)$,试求下列两种情况下电路输出电压的表达式(展开到二次项).

(1) $v_i(t)=V_m\cos\omega t$, LC 回路谐振在 2ω 上,回路谐振阻抗为 R_L;

(2) $v_i(t)=V_{1m}\cos\omega_1 t+V_{2m}\cos\omega_2 t$, LC 回路谐振在 $\omega_1+\omega_2$ 上,回路谐振阻抗为 R_L.

解 由于 $V_{BE}=V_{BB}+v_i$(其中 V_{BB} 是由偏置电阻确定的偏置电压),因此将 I_C 在工作点附近展开到二次项后,有

$$\begin{aligned} i_C(t) &= a_0+a_1(v_{BE}-V_{BB})+a_2(v_{BE}+V_{BB})^2 \\ &= I_s\exp\left(\frac{V_{BB}}{V_T}\right)+\frac{1}{V_T}\cdot I_s\exp\left(\frac{V_{BB}}{V_T}\right)\cdot v_i(t)+\frac{1}{2}\left(\frac{1}{V_T}\right)^2 I_s\exp\left(\frac{V_{BB}}{V_T}\right)\cdot v_i^2(t) \end{aligned}$$

$$= I_{CQ} + \frac{I_{CQ}}{V_T} \cdot v_i(t) + \frac{I_{CQ}}{2V_T^2} \cdot v_i^2(t)$$

$$= I_{CQ} + g_m v_i(t) + \frac{g_m}{2V_T} \cdot v_i^2(t)$$

其中 0 次项是静态工作点,1 次项是线性项 $g_m v_i(t)$,而 2 次项是非线性项.需要指出,实际的输出应该还有其余高次项,例 6-1 中为了说明主要问题,考虑到其余的高次项的系数越来越小,所以将它们忽略了.

对于问题(1),将 $v_i(t) = V_m \cos \omega t$ 代入 $i_C(t)$ 表达式,有

$$i_C(t) = I_{CQ} + g_m V_m \cos \omega t + g_m \frac{1}{2V_T} V_m^2 \cos^2 \omega t$$

$$= I_{CQ} + g_m V_m \cos \omega t + \frac{g_m}{4V_T} V_m^2 + \frac{g_m}{4V_T} V_m^2 \cos 2\omega t$$

由于输出回路谐振在 2ω 上,上面结果中前 3 项无输出.最后一项的输出电压为

$$v_0 = \frac{g_m R_L}{4V_T} \cdot V_m^2 \cos 2\omega t$$

所以这是一个倍频电路.

对于问题(2),将 $v_i(t) = V_{1m} \cos \omega_1 t + V_{2m} \cos \omega_2 t$ 代入 $i_C(t)$ 表达式,有

$$i_C(t) = I_{CQ} + g_m (V_{1m} \cos \omega_1 t + V_{2m} \cos \omega_2 t) + \frac{g_m}{2V_T} (V_{1m} \cos \omega_1 t + V_{2m} \cos \omega_2 t)^2$$

$$= I_{CQ} + g_m V_{1m} \cos \omega_1 t + g_m V_{2m} \cos \omega_2 t + \frac{g_m}{2V_T} (V_{1m} \cos \omega_1 t)^2 + \frac{g_m}{2V_T} (V_{2m} \cos \omega_2 t)^2$$

$$+ \frac{g_m}{2V_T} V_{1m} V_{2m} \cos(\omega_1 + \omega_2) t + \frac{g_m}{2V_T} V_{1m} V_{2m} \cos(\omega_1 - \omega_2) t$$

由于输出 LC 回路谐振在 $\omega_1 + \omega_2$ 上,输出电流中只有频率为 $\omega_1 + \omega_2$ 的成分可以输出,即

$$i_o(t) = \frac{g_m}{2V_T} V_{1m} V_{2m} \cos(\omega_1 + \omega_2) t$$

输出电压为

$$v_o(t) = \frac{g_m}{2V_T} V_{1m} V_{2m} R_L \cos(\omega_1 + \omega_2) t$$

显然,这是一个混频电路,由于输出频率高于参考频率,因此是一个上变频电路.

6.1.3 非线性元件的线性时变工作状态

上面讨论的是非线性元件的一般工作状态,在理论上说,输入非线性元件的两个信号产生的组合频率分量有无穷多个.显然,其中只有 $n=2$ 的交叉乘积项中含有的和频或差频分量是混频器需要的,其他所有组合频率分量都是无用输出.

为了阻止无用输出,实际的混频器在以下几方面采取措施:①在输出端用滤波器取出需要的频率成分,抑制无用输出;②在电路结构上采取一定的抵消、补偿等手段消除无用输出;③改变非线性器件工作状态.这3条措施中的前两条我们将在介绍混频器电路时讨论,下面讨论非线性元件的工作状态对于组合频率的影响.

如果作用在非线性元件上的两个信号中,有一个为小信号,信号幅度小到在其变化的动态范围内可以忽略元件的非线性(线性化近似),而认为元件对于小信号的伏安特性是线性的,其线性参量(如跨导)根据偏置电压或偏置电流确定.加在非线性元件上的另一个信号为大信号,由于此信号的作用,元件的实际工作状态是变化的.可以认为此大信号为元件提供一个时变偏置,在此时变偏置下,元件的工作点是在变化的(时变工作点).这样,对于小信号输入来说,尽管其伏安特性近似为线性,但其线性参量是随时间变化的(时变参量),故称此状态为线性时变(linear time-varying)状态.满足线性时变状态的电路称为线性时变电路.

与分析非线性元件的一般工作状态类似,我们假设线性时变电路中非线性元件的转移特性为 $i_o=f(v_i)$,其输入电压为3个电压的叠加:$v_i=V_0+v_L+v_S$,其中 V_0 为静态偏置电压,另两个分别为大信号输入电压 $v_L=V_L\cos\omega_L t$ 和小信号输入电压 $v_S=V_S\cos\omega_S t$.

该非线性元件的输出电流应该包含两部分:一部分是由静态工作点电压 V_0 和大信号输入电压 v_L 确定的时变工作点电流,另一部分是在时变工作点电流上叠加的由小信号输入电压 v_S 确定的混频输出电流.

由 v_L 确定的时变工作点电流为

$$i_Q(t)=f[V_0+v_L(t)]=f[V_0+V_L\cos(\omega_L t)] \tag{6.6}$$

根据前面的讨论,这个电流中含有频率为 $n\omega_L$ 的成分,即

$$i_Q(t)=\sum_{n=0}^{\infty}I_{Q_n}\cos(n\omega_L t) \tag{6.7}$$

由于 v_S 是小信号,可以作线性近似,因此小信号输入引起的混频输出电流为

$$i_S(t)=g_m(t)v_S(t)=g_m(t)\cdot V_S\cos\omega_S t \tag{6.8}$$

其中时变跨导 $g_m(t)$是在时变工作点 $i_Q(t)$附近的非线性元件转移特性 $i_o=f(v_i)$ 的斜率:

$$g_m(t)=\left.\frac{\partial i_o}{\partial v_i}\right|_{i_o=i_Q(t)} \tag{6.9}$$

显然,时变跨导 $g_m(t)$与输入 $v_L(t)$有关,可能包含 ω_L 的各高次谐波成分,所以可以形成我们感兴趣的组合频率成分输出. 将函数 $g_m(t)$对 ω_L 作傅立叶展开:

$$g_n=\begin{cases}\dfrac{1}{2\pi}\displaystyle\int_{-\pi}^{\pi}g_m(t)\mathrm{d}(\omega_L t) & (n=0)\\ \dfrac{1}{\pi}\displaystyle\int_{-\pi}^{\pi}g_m(t)\cos(n\omega_L t)\mathrm{d}(\omega_L t) & (n\geqslant 1)\end{cases} \tag{6.10}$$

则函数 $g_m(t)$可以写成

$$g_m(t)=g_0+g_1\cos\omega_L t+g_2\cos 2\omega_L t+\cdots \tag{6.11}$$

这样,混频输出电流可以分解为

$$\begin{aligned}i_S(t)&=(g_0+g_1\cos\omega_L t+g_2\cos 2\omega_L t+\cdots)\cdot V_S\cos\omega_S t\\&=\sum_{n=0}^{\infty}\frac{1}{2}g_nV_S[\cos(n\omega_L-\omega_S)t+\cos(n\omega_L+\omega_S)t]\end{aligned} \tag{6.12}$$

由于非线性元件的总输出电流为 $i_o(t)=i_Q(t)+i_S(t)$,由(6.7) 式和(6.12)式综合可知,线性时变电路的输出信号为

$$i_o(t)=\sum_{n=0}^{\infty}\left\{I_{Qn}\cos(n\omega_L t)+\frac{1}{2}g_nV_S[\cos(n\omega_L-\omega_S)t+\cos(n\omega_L+\omega_S)t]\right\} \tag{6.13}$$

将此式与(6.4)式比较,可以看到线性时变电路的输出中无用的组合频率输出减少了许多,因此线性时变状态是混频器一个常见的工作状态.

注意到 (6.12)式中 $n=1$ 的分量包含了混频器所要求的中频输出分量,即

$$i_{S1}(t)=\frac{1}{2}g_1V_S[\cos(\omega_L-\omega_S)t+\cos(\omega_L+\omega_S)t] \tag{6.14}$$

实际输出的中频电流仅是(6.14)式中的和频分量或差频分量,其幅度为 $\frac{1}{2}g_1V_S$. 通常定义中频输出电流幅度与小信号输入电压幅度之比为混频跨导,所以线性时变电路的混频跨导为

$$g_C = \frac{1}{2}g_1 = \frac{1}{2\pi}\int_{-\pi}^{\pi} g_m(t)\cos(\omega_L t)\mathrm{d}(\omega_L t) \tag{6.15}$$

例 6-2 已知场效应管的转移特性为 $i_D = \beta(V_{GS} - V_{TH})^2$,其中 β 是由场效应管的材料与结构确定的一个系数,V_{TH} 是开启电压. 试求它工作在线性时变状态下的输出电流 $i_D(t)$ 表达式.

解 在线性时变状态下场效应管的输出电流 $i_D(t)$ 包含时变工作点电流和线性时变电流. 根据(6.6)式,时变工作点电流为

$$\begin{aligned} i_Q(t) &= f(V_0 + v_L) = \beta(V_0 + V_L\cos\omega_L t - V_{TH})^2 \\ &= \beta[(V_0 - V_{TH})^2 + (V_0 - V_{TH})V_{LO}\cos\omega_L t + V_L^2\cos^2(\omega_L t)] \\ &= I_{Q0} + I_{Q1}\cos\omega_L t + I_{Q2}\cos(2\omega_L t) \end{aligned}$$

根据(6.9)式,场效应管的时变跨导为

$$g_m(t) = \frac{\partial i_D}{\partial v_{GS}}\bigg|_{v_{GS}=V_0+v_L} = 2\beta(V_0 + V_L\cos\omega_L t - V_{TH})$$

由于上式已按 $\cos\ \omega_L t$ 展开,故毋需再作傅立叶展开,各项系数为 $g_0 = 2\beta(V_0 - V_{TH})$, $g_1 = 2\beta V_L$,其余高阶项系数均为 0.

所以,在线性时变状态下的线性时变输出电流 $i_S(t)$ 表达式为

$$\begin{aligned} i_S(t) &= g_m(t)\cdot V_S\cos\omega_S t = (g_0 + g_1\cos\omega_L t)\cdot V_S\cos\omega_S t \\ &= I_{S0}\cos\omega_s t + I_{S1}[\cos(\omega_L + \omega_S)t + \cos(|\omega_L - \omega_S|t)] \end{aligned}$$

总的输出电流为

$$\begin{aligned} i_D(t) &= i_Q(t) + i_S(t) \\ &= I_{Q0} + I_{Q1}\cos\omega_L t + I_{Q2}\cos(2\omega_L t) + I_{S0}\cos\omega_s t + I_{S1}[\cos(\omega_L + \omega_S)t + \\ &\quad \cos(|\omega_L - \omega_S|t)] \end{aligned}$$

由上式可知,在线性时变状态下场效应管的输出电流中包含 ω_L, $2\omega_L$, ω_S 和 $|\omega_L \pm \omega_S|$ 诸频率成分,没有高阶组合频率成分. 实际场效应管的特性并不是理想的平方律特性,所以仍有少许高阶组合频率成分输出,但这些分量的比重很低.

线性时变电路的另一个特点是,由于线性时变电路中对于小信号输入的元件

参量近似线性,因此若同时有多个小信号(以及一个大信号)输入,这多个小信号之间满足叠加原理.

若在线性时变电路中,大信号输入的幅度进一步加大,使得作线性放大的元件(如晶体管或放大器)进入某种开关状态(如晶体管的饱和与截止状态),则线性时变电路进入一种特定的模式,即下面介绍的开关状态模式.

在这种工作模式下,输入的两个信号中一个信号可以进行某种形式的线性放大.但是作线性放大的元件(如晶体管或放大器)具有两个状态,这两个状态分别对应两个不同的线性参量.例如,晶体管可以有处于正常放大和截止两个状态,放大状态时对于输入的小信号有相对固定的放大倍数,但截止时的放大倍数为0.又如差分放大器的两个输出,它们对于小信号输入的线性参量绝对值相同但符号相反.

另一个输入信号的作用是驱动电路进入上述两个不同状态.例如,对于晶体管放大器,它的幅度大到能够驱动晶体管进入截止状态,对于两个放大器的情况,此信号又可以使得另一个输入信号可以在两个放大器之间转换,等等.

图6-4是这类电路的原理示意图. v_i 到 v_o 的两个信号通道都是线性的,但被 v_L 所控制的开关在两个通道之间转换,所以称为开关状态的线性时变电路.又因为线性输入的小信号受到大信号的开关作用后,其输出波形将被切割,所以也称为斩波型调制解调电路.

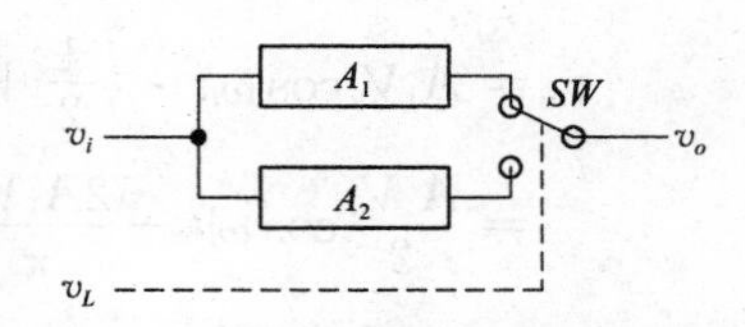

图6-4 工作在开关状态的线性时变电路的原理示意

假设在图6-4中 $v_L>0$ 时开关倒向上方, $v_L<0$ 时开关倒向下方,则可以写出这类电路的输出信号表达式:

$$v_o=\begin{cases}A_1 v_i,\ v_L>0\\ A_2 v_i,\ v_L<0\end{cases} \tag{6.16}$$

一般情况下,增益 A_2 常常取0或 $-A_1$.当增益 A_2 取0时,输出信号为

$$v_o=\begin{cases}A_1 v_i,\ v_L>0\\ 0,\ v_L<0\end{cases} \tag{6.17}$$

若引入开关函数 $S(\omega_L t)$,

$$S(\omega_L t)=\begin{cases}1,\ \left(2n\pi-\dfrac{\pi}{2}\right)\leqslant\omega_L t<\left(2n\pi+\dfrac{\pi}{2}\right)\\ 0,\ \left(2n\pi+\dfrac{\pi}{2}\right)\leqslant\omega_L t<\left(2n\pi+\dfrac{3\pi}{2}\right)\end{cases} \tag{6.18}$$

则输出信号可写为

$$v_o = A_1 v_i \cdot S(\omega_L t) \tag{6.19}$$

同理,当增益 A_2 取为 $-A_1$ 时,输出信号可写为

$$v_o = A_1 v_i \cdot S_2(\omega_L t) \tag{6.20}$$

其中 $S_2(\omega_L t)$为双向开关函数, $S_2(\omega_L t) = 2\left[S(\omega_L t) - \frac{1}{2}\right]$.

开关函数 $S(\omega_L t)$ 和 $S_2(\omega_L t)$ 的傅立叶展开为

$$S(\omega_L t) = \frac{1}{2} + \frac{2}{\pi}\cos\omega_L t - \frac{2}{3\pi}\cos 3\omega_L t + \frac{2}{5\pi}\cos 5\omega_L t + \cdots \tag{6.21}$$

$$S_2(\omega_L t) = \frac{4}{\pi}\cos\omega_L t - \frac{4}{3\pi}\cos 3\omega_L t + \frac{4}{5\pi}\cos 5\omega_L t + \cdots \tag{6.22}$$

若 $v_i = V_i \cos\omega_i t$,代入(6.19)式,得到采用单向开关函数结构的输出信号为

$$\begin{aligned} v_o &= A_1 V_i \cos\omega_i t \cdot \left\{\frac{1}{2} + \frac{2}{\pi}\cos\omega_L t - \frac{2}{3\pi}\cos 3\omega_L t + \cdots\right\} \\ &= \frac{A_1 V_i}{2}\cos\omega_i t + \frac{2A_1 V_i}{\pi}\cos\omega_i t \cdot \cos\omega_L t - \frac{2A_1 V_i}{3\pi}\cos\omega_i t \cdot \cos 3\omega_L t \end{aligned} \tag{6.23}$$

代入(6.20)式,得到采用双向开关函数结构的输出信号为

$$\begin{aligned} v_o &= A_1 V_i \cos\omega_i t \cdot \left\{\frac{4}{\pi}\cos\omega_L t - \frac{4}{3\pi}\cos 3\omega_L t + \cdots\right\} \\ &= \frac{4A_1 V_i}{\pi}\cos\omega_i t \cdot \cos\omega_L t - \frac{4A_1 V_i}{3\pi}\cos\omega_i t \cdot \cos 3\omega_L t \end{aligned} \tag{6.24}$$

(6.23)式和(6.24)式就是这两种开关型线性时变电路的输出,对照(6.7)式和(6.12)式可知,它们在保留了主要的$(\omega_L \pm \omega_i)$频率基础上,比非开关型的线性时变电路少了 p 为偶数的$|p\omega_L \pm \omega_i|$组合频率,从而使得后续的滤波网络更容易实现.

例 6-3 图 6-5 是一种集成电路芯片 AD630 的电路等效结构框图,试写出其输出电压的表达式.

解 该电路是一种开关型线性时变电路,其中放大器 A_1, A_2, A_3 以及开关 SW 构成一个极性可变的放大器.

当 SW 倒向 A_1 时,A_1 和 A_3 构成深度负反馈的同相放大器,由于 A_1 输入端的虚短路作用,R_1 无电流可视为开路,电压放大倍数为 $G_{v+} = 1 + \frac{R_f}{R_2}$.

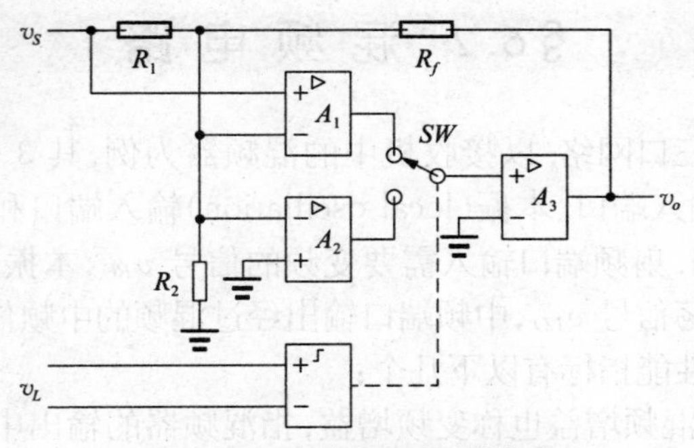

图 6-5 AD630 电路结构框图

当 SW 倒向 A_2 时，A_2 和 A_3 构成深度负反馈的反相放大器. 此时由于 A_2 输入端的虚短路作用，R_2 无电流可视为开路，电压放大倍数为 $G_{v-}=-\dfrac{R_f}{R_1}$.

当 $R_1=R_2R_f/(R_2+R_f)$ 时，$G_v=G_{v+}=|G_{v-}|$，由输入 v_L 控制的开关函数为 $S_2(\omega_L t)$，电路的输出可以写成

$$v_o(t)=G_v v_S(t)\cdot S_2(\omega_L t)$$

图 6-6 显示了这个电路的输入输出波形.

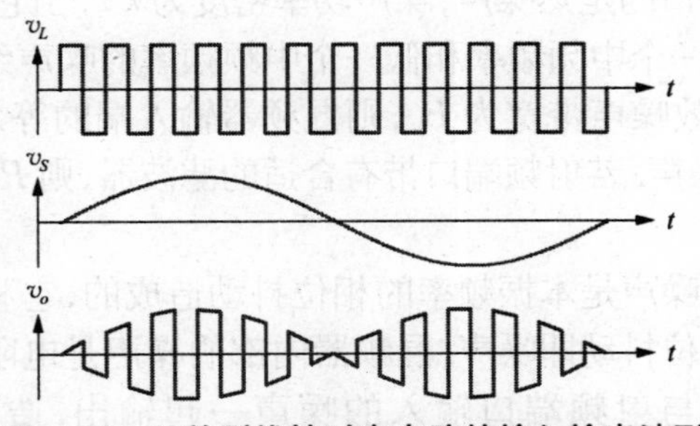

图 6-6 开关型线性时变电路的输入输出波形

需要指出的是，当频率很高时，由于分布参数的影响，开关型线性时变状态很难实现，或者说开关型线性时变电路只能工作于不太高的频率范围内(如例 6-3 中的 AD630 的工作频率上限低于 1 MHz)，因此混频器中的非线性元件常见的是工作在介于开关型与非开关型之间的线性时变状态. 此时 p 为偶数的 $|p\omega_L\pm\omega_i|$ 组合频率不会完全消除.

§6.2 混频电路

混频器是一个三口网络. 以接收机中的混频器为例,其 3 个端口分别为射频(radio frequency)输入端口、本振(local oscillation)输入端口和中频(intermediate frequency)输出端口. 射频端口输入需要变频的信号 v_{RF},本振端口输入作为混频参考频率的本机振荡信号 v_{LO},中频端口输出经过混频的中频信号 v_{IF}.

混频器的主要性能指标有以下几个:

(1) 混频增益. 混频增益也称变频增益,指混频器的输出中频信号 v_{IF} 与输入射频信号 v_{RF} 之间的增益,可以用混频功率增益 $G_{PC}(\text{dB}) = 10\lg \dfrac{P_{IF}}{P_{RF}}$ 表示,也常常用混频电压增益 $G_{VC}(\text{dB}) = 20\lg \dfrac{v_{IF}}{v_{RF}}$ 表示.

(2) 噪声系数. 混频器的噪声系数描述混频器内部产生的噪声功率,用射频输入端口的信噪比与中频输出端口的信噪比的比值表示,即 $N_F(\text{dB}) = 10\lg \dfrac{(S/N)_{RF}}{(S/N)_{IF}}$.

混频器中频输出端口的噪声包括:来自射频端口的输入噪声、来自本振端口的本振相位噪声以及混频器内部的噪声.

通常来自射频端口的是热噪声,噪声功率密度为 kT. 当它通过混频器时,要考虑比本振频率 f_{LO} 高一个中频频率和低一个中频频率的噪声经过混频后都可以输出. 假定混频器的有效噪声带宽为 B_n,则混频器输入端的等效噪声功率为 $P_{ni} = 2kTB_n$,称为双边带噪声. 若射频端口带有合适的滤波器,则 $P_{ni} = kTB_n$,称为单边带噪声.

来自本振端口的噪声是本振频率的相位抖动造成的,它和射频输入信号混频后引起中频信号的相位抖动即噪声. 混频器内部的噪声是电阻的热噪声以及晶体管的噪声. 这些噪声与射频端口输入的噪声一起输出,造成输出端的信噪比 $(S/N)_{IF}$ 下降.

(3) 线性动态范围. 能够保持混频器的输出信号与输入信号成正比的输入信号范围. 通常将混频器输入端的等效噪声功率 P_{ni} 作为本底噪声,以本底噪声乘以某个系数作为线性动态范围的下限. 而线性动态范围的上限通常是混频功率增益的 1 dB 压缩点.

(4) 非线性失真. 混频本质上是依靠元件的非线性完成的. 在混频过程中由于非线性造成的干扰是混频器非线性失真的主要来源,主要有干扰哨声、交调失真、互调失真、倒易混频等.

(5) 隔离度. 混频器是一个三端口元件,要求3个口之间的信号互相隔离,隔离不好会引起串扰.

在接收机中,如果本振至输入的隔离度不好,本振功率可能从接收机信号端反向辐射或从天线反发射(称为本振泄漏),造成对其他电设备干扰,使电磁兼容指标达不到要求,而电磁兼容是当今工业产品的一项重要指标.

在发送设备中,混频器是上变频器,本振至射频端口的隔离度要求更高. 这是因为上变频器中通常本振功率要比中频功率高10 dB以上才能得到较好的线性变频,如果隔离度不好,泄漏的本振将和有用的射频信号相等,甚至淹没了有用信号.

信号至中频的隔离度指标在低中频系统中影响不大,但是在宽频带系统中是个重要因素. 因为当输入信号和中频信号都是很宽的频带时,两个频带可能边沿靠近,甚至频带交叠,这时如果隔离度不好,就会造成直接泄漏干扰.

下面我们就混频器电路展开讨论. 需要指出的是,这些电路及其讨论结果,不仅适用于混频器,也适用于一切需要进行频谱变换的场合.

6.2.1 单管混频器

顾名思义,单管混频器以一个晶体管实现混频功能,其中晶体管可以是混频二极管、双极型晶体管或场效应晶体管.

用混频二极管构成的混频器中,为了获得必要的隔离度,通常将信号电压与本振电压通过单向耦合器叠加到二极管上,流过二极管的电流中将产生各种组合频率成分. 其优点是工作频率可以比较高,噪声较小,缺点是混频增益小于1.

用双极型晶体管或场效应晶体管构成的单管混频器中,信号电压与本振电压叠加在晶体管的基极-发射极(或栅极-源极)之间,可以在同一个电极注入,也可以在两个电极分别注入. 在同一电极注入时要充分考虑两个信号的隔离,通常要在各自的信号通道中插入相应的滤波器,由两个电极注入时可以利用晶体管的隔离作用,所以隔离度要高于同一电极注入方式的电路.

图6-7是一个双极型晶体管单管混频器的例子,它是常见的收音机中的混频器. 其中C_1, C_1'和T_1的初级电感谐振在所要接收的信号频率f_{RF},对输入信号进行选择. 其中C_1是一个电容量可变的电容器,称为可变电容器,输入回路主要依靠它改变谐振频率. C_2和T_2谐振在中频f_{IF},使得混频后只有等于中频的信号能够进入下级放大. 本机振荡器产生的本振信号,通常在收音机中其频率为$f_{LO}=f_{RF}+f_{IF}$. 由于此频率也必须随输入谐振回路同步改变,因此在本机振荡器中也

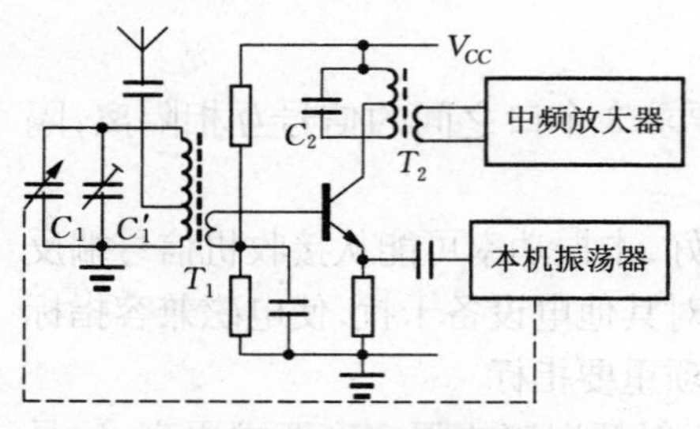

图 6-7 晶体管单管混频器

采用一个可变电容器作为振荡器的 LC 谐振回路中的电容,此电容器与输入回路中的可变电容器同步改变容量,在图 6-7 中用一根虚线表示它们的同步关系.上述可变电容器也可以用变容二极管构成,此时的调谐由一个可以改变的调谐电压完成.

信号电压与本振电压由两个电极注入以获得必要的隔离度.另外,本振、信号与中频的 3 个谐振回路对于自身频率以外的频率都是失谐的,这也增加了它们之间的隔离度.

也可以用场效应管构成类似的混频器,电路结构几乎完全一样,但是场效应管的高次谐波成分少于双极性晶体管,可以获得更优良的混频特性.

下面讨论用双极型晶体管构成的混频器的混频增益(以场效应管构成的混频增益可以参见例 6-2).

通常由于接收机输入信号的幅度极小,而本机振荡产生的信号幅度很大,因此混频器总是工作在线性时变状态.晶体管的时变工作点随着本振信号变化,其时变跨导为

$$g_m(t)=\left.\frac{\partial i_C}{\partial v_{BE}}\right|_{v_{BE}=V_0+v_{LO}} = \frac{I_{CQ}}{V_T}\exp\frac{V_{LO}\cos\omega_{LO}t}{V_T}=g_{mQ}\exp\frac{V_{LO}\cos\omega_{LO}t}{V_T} \tag{6.25}$$

其中 $g_{mQ}=I_{CQ}/V_T$ 是直流工作点对应的跨导.

将上式中的时变跨导 $g_m(t)$按照(6.10)式进行傅立叶分解,求出其中的 g_1,则可以得到混频跨导 g_C,即

$$g_C=\frac{1}{2}g_1=\frac{g_{mQ}}{2\pi}\int_{-\pi}^{\pi}\exp\left[\frac{V_{LO}}{V_T}\cos(\omega_{LO}t)\right]\cdot\cos(\omega_{LO}t)\mathrm{d}(\omega_{LO}t) \tag{6.26}$$

这个积分的结果为

$$g_C=g_{mQ}\cdot I_1\left(\frac{V_{LO}}{V_T}\right)=\frac{I_{CQ}}{V_T}\cdot I_1\left(\frac{V_{LO}}{V_T}\right) \tag{6.27}$$

其中 $I_1(x)$是变形第一类贝塞尔函数(modified Bessel function of the first kind).

由(6.27)式可知,混频跨导与直流工作点 I_{CQ} 有关,也与本机振荡电压幅度

V_{LO}有关. 由于变形第一类贝塞尔函数具有指数增长规律,按照(6.27)式,随着输入电压V_{LO}的增加,混频跨导g_C开始很小,后来会迅速增加.

然而,实际电路中由于双极型晶体管内部体电阻等影响,在电流较小时,集电极电流与发射结电压之间近似为指数关系,而电流较大后,集电极电流与发射结电压的关系近似为线性,如图6-8(a)所示.

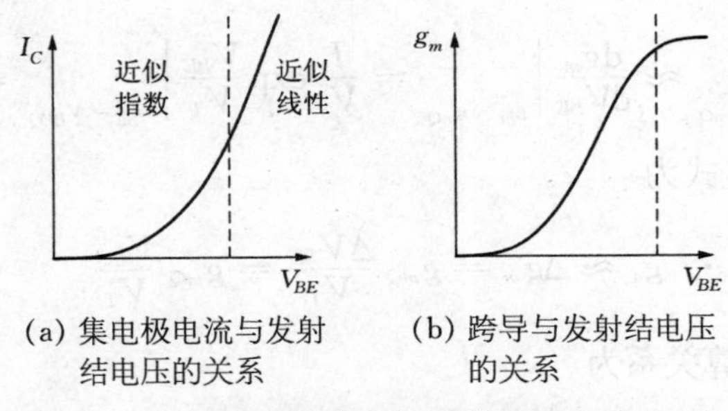

(a) 集电极电流与发射结电压的关系　(b) 跨导与发射结电压的关系

图6-8　双极型晶体管的转移特性与跨导的变化

(6.26)式的积分要求时变工作点始终处在指数关系的区域,所以双极型晶体管的混频跨导只在工作点电流较小时才比较符合(6.27)式. 由于工作点电流较小时跨导$g_{mQ}=I_Q/V_T$很小,使得小电流状态下晶体管的混频跨导g_C不可能很大.

当电流增大以后,(6.26)式表示的关系已经不能成立. 此时由于集电极电流与发射结电压的关系趋于线性,晶体管的跨导逐渐趋于一个定值,故跨导随V_{BE}变化的规律将如图6-8(b)所示.

下面我们估计在这种情况下的最大混频跨导. 作为近似估算,假设在本振电压变化范围内,我们可以将晶体管的跨导变化线性化,即用图6-9中的折线来近似图6-8(b)中的曲线. 在本机振荡电压的驱动下,时变工作点在静态工作点周围摆动,跨导也随之变化. 根据(6.11)式,时变跨导一定可以写成

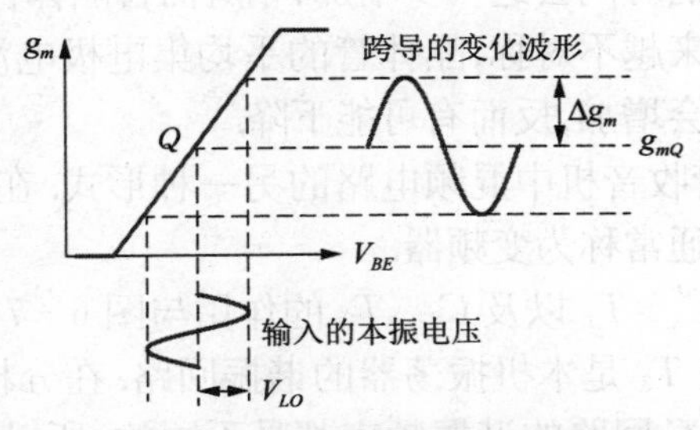

图6-9　双极型晶体管混频器中的时变跨导

$$g_m(t) = g_0 + g_1 \sin(\omega_{LO} t) + g_2 \sin(2\omega_{LO} t) + \cdots \tag{6.28}$$

对照图 6-9,显然可知上式中的 $g_0 = g_{mQ}$. 由于我们作了线性近似,(6.29)式中的高阶项被忽略,跨导的变化波形被近似为正弦波,这样 g_1 就是跨导的变化波形的幅度,即 $g_1 \approx \Delta g_m$.

假设在静态工作点附近的跨导仍然可以用 $g_m = \frac{I_s}{V_T} \exp \frac{V_{BE}}{V_T}$ 表示,则有

$$\left.\frac{\Delta g_m}{\Delta V_{BE}}\right|_{g_m = g_{mQ}} \approx \left.\frac{\mathrm{d}g_m}{\mathrm{d}V_{BE}}\right|_{g_m = g_{mQ}} = \left.\frac{I_s}{V_T^2} \exp \frac{V_{BE}}{V_T}\right|_{V_{BE} = V_{BEQ}} = \frac{1}{V_T} g_{mQ} \tag{6.29}$$

此时 g_1 的近似表达式为

$$g_1 \approx \Delta g_m = g_{mQ} \frac{\Delta V_{BE}}{V_T} = g_{mQ} \frac{V_{LO}}{V_T} \tag{6.30}$$

混频跨导的近似估算关系为

$$g_C = \frac{1}{2} g_1 \approx \frac{1}{2} g_{mQ} \frac{V_{LO}}{V_T} = \frac{I_{CQ} V_{LO}}{2V_T^2} \tag{6.31}$$

由此可见,当静态工作点较高时,混频跨导的最大值与本机振荡电压成正比.

然而,由于静态工作点较高时晶体管的转移特性很陡,在这种情况下本机振荡电压的大小实际上受限制. 对于硅晶体管来说, $I_C = I_s \exp \frac{V_{BE}}{V_T}$, 其中饱和漏电流 I_s 大约为 10^{-14} A,热电势 $V_T = 26\,\mathrm{mV}$. 由此可以估算出 V_{BE} 每变化 60 mV, I_C 大约变化 10 倍. V_{BE} 在 500～600 mV 左右是一个转折点,V_{BE} 低于 500 mV 时的集电极电流很小,跨导也很小,V_{BE} 高于 600 mV 后则集电极电流迅速增加.

通常晶体管混频器的静态工作点在亚毫安到毫安数量级,此时 V_{BE} 大致就在 600 mV 左右,这种情况下只要本机振荡电压幅度大于 100 mV,在一个周期内就有部分时间要进入截止区. 若本机振荡幅度进一步增大,由于晶体管的自生偏压作用,晶体管进入截止区的时间会进一步增加,相对而言晶体管处于导通的时间则很少增加,所以两者会越来越不对称,晶体管的平均集电极电流也会减小. 在这种情况下,混频跨导不仅不会增加,反而有可能下降.

图 6-10 是晶体管收音机中混频电路的另一种形式. 在这种电路中晶体管兼混频和本机振荡作用,通常称为变频器.

在此电路中,C_1, C_1', T_1 以及 C_2, T_2 的作用与图 6-7 电路中的作用是一样的,而 C_3, C_3', C_3'' 以及 T_3 是本机振荡器的谐振回路. 在分析此电路时,考虑到接入晶体管 3 个电极的 LC 回路的谐振频率都是不同的,所以可以认为 3 部分电路

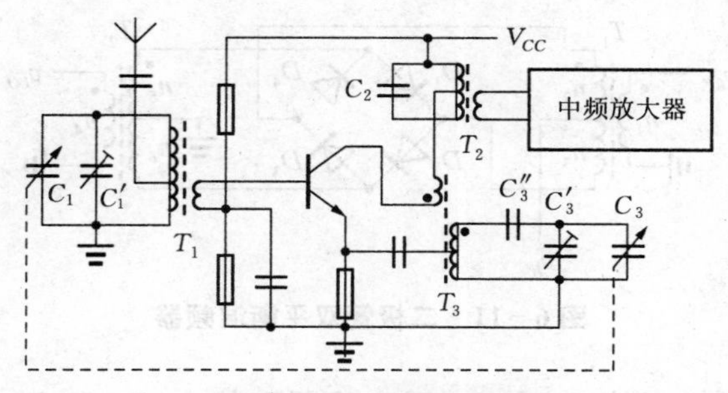

图 6-10 晶体管变频器

是相互独立的. 例如,分析振荡器的时候,由于晶体管的基极和集电极的 LC 回路对于本机振荡频率都处于失谐状态,故可认为都是交流接地. 这样,图 6-10 电路中晶体管构成的振荡器部分是一种互感耦合型的反馈振荡器,振荡频率取决于 C_3, C_3', C_3''以及 T_3 初级的电感量.

由于在这个电路中本机振荡器和混频器合用一个晶体管,因此它的隔离度没有图 6-7 电路好. 但是因为电路简单,它常常被用在简易型的晶体管收音机中.

总体说来,单管混频器的特点是电路简单,但是在隔离度、噪声系数等一些主要指标方面比其他形式的混频电路差,所以一般只应用在要求不高之处.

6.2.2 平衡混频器

平衡混频器将一个输入信号通过两个通道与另一个输入信号进行混频,然后将结果叠加. 在两个通道相位不同的条件下可以抵消(平衡)某些组合频率分量. 平衡混频器的电路形式很多,下面通过几个典型电路介绍这类混频器的工作原理.

一、二极管双平衡混频器

图 6-11 是二极管双平衡混频器(double balanced mixer),它由 4 个混频二极管构成的电桥以及两个高频变压器构成,通常变压器的 3 个绕组匝数相等且紧耦合. 由于采用了变压器作为耦合器件,可在很宽的频率范围内获得很好的混频性能.

用图 6-11 电路作为混频器时,v_{RF}是一个小信号输入,本振输入 v_{LO}则是一个大幅度信号,所以它工作在线性时变状态. 为了说明方便,下面假设 v_{LO}远大于 $V_{D(on)}$,使二极管工作在开关状态,具体的工作过程如下:

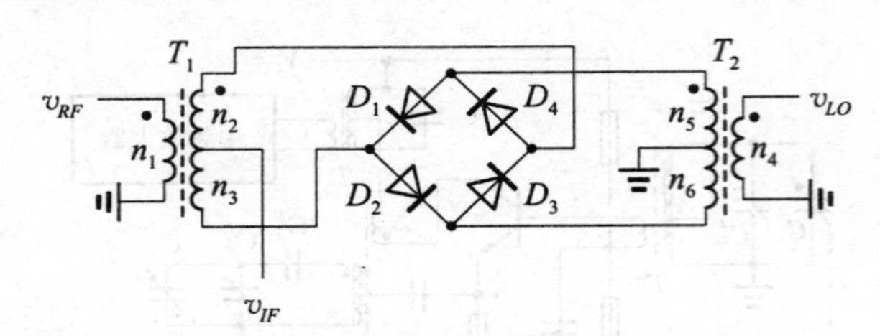

图 6-11　二极管双平衡混频器

当 $v_{LO}>0$ 时,二极管 D_3 和 D_4 反向偏置而截止,D_1 和 D_2 则由于得到正向电压而导通. 此时对于输入 v_{RF} 来说,绕组 n_2 的信号不通,绕组 n_3 的信号可以通过 D_1 和 D_2、绕组 n_5、n_6 以及中频负载构成回路,根据变压器 T_1 的同名端接法可知,v_{IF} 的极性与 v_{RF} 相同. 考虑到二极管以及变压器的损耗,输出电压可写为

$$v_{IF}=\rho v_{RF} \tag{6.32}$$

其中 ρ 是损耗系数.

当 $v_{LO}<0$ 时,情况反过来,二极管 D_1 和 D_2 截止、D_3 和 D_4 导通. 此时绕组 n_3 的信号不通,绕组 n_2 的信号可以输出,所以 v_{IF} 的极性与 v_{RF} 相反,即有

$$v_{IF}=-\rho v_{RF} \tag{6.33}$$

综上所述,这是一个双向开关电路,由(6.32)式和(6.33)式表达的输出电压可以写为

$$v_{IF}=\rho v_{RF}\cdot S_2(\omega_{LO}t) \tag{6.34}$$

设 $v_{RF}=V_{RF}\cos\omega_{RF}t$,根据(6.24)式可得输出为

$$\begin{aligned} v_{IF}=&\frac{2}{\pi}\cdot\rho V_{RF}[\cos(\omega_{LO}+\omega_{RF})t+\cos(\omega_{LO}-\omega_{RF})t] \\ &-\frac{2}{3\pi}\cdot\rho V_{RF}[\cos(3\omega_{LO}+\omega_{RF})t+\cos(3\omega_{LO}-\omega_{RF})t]+\cdots \end{aligned} \tag{6.35}$$

尽管(6.35)式是二极管双平衡混频器工作在开关模式时的输出,实际工作的线性时变状态不完全是开关模式,但此电路的实际输出组合频率仅为$|p\omega_{LO}\pm\omega_{RF}|$,与本振频率有关的各次谐波分量 $n\omega_{LO}$ 均被消除,射频输入的基频 ω_{RF} 也被消除.

通过观察图 6-11 可知,二极管双平衡混频器的输出组合频率之所以有上述特点,是因为该电路为一个对称结构,变压器 T_1 及其中心抽头与 4 个二极管组成一个电桥,不管哪两个二极管导通,中频输出与本振输入总是位于这个电桥的两组对角线上.由电路理论可知,若电桥完全对称,则其两组对角线之间的串扰为0,所以本振端口与中频端口有较高的隔离度,本振信号不会在中频信号端口输出.也因为如此,v_{LO}中的噪声也被抵消而不会输出.

同样,本振信号与射频信号位于4个二极管构成的电桥对角线上,所以本振信号与射频信号之间也不会有串扰,即这两个端口有较高的隔离度.

在实际应用中,二极管双平衡混频器只有在具有良好的对称性时才能获得上述各种优点,因此在元件选择与制作工艺上都需要注意电路的对称性问题.4个二极管必须有尽量相同的特性,最好是选用专用于二极管混频器电路的二极管组件,这种组件是采用集成电路工艺在一个硅片上同时制作的4个二极管,具有极好的对称性.变压器必须采用传输线变压器结构(三线并绕方式)制作,以保持绕组的高度对称性.一般情况下,二极管双平衡调制解调电路的变频损耗可以做到10 dB以下,3个端口之间的隔离度可以达到30 dB以上,工作频率范围可达2～3个十倍频程.

二、二极管平衡混频器

图6-12是二极管平衡混频器(balanced mixer),它由微带分支线3 dB定向耦合器、阻抗匹配网络以及两个混频二极管构成.

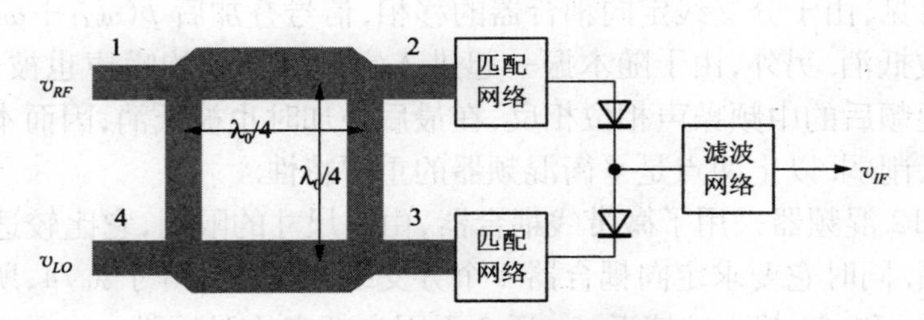

图6-12 二极管平衡混频器

有关微带分支线3 dB定向耦合器的分析可以参见本章附录,这里简单说明这种耦合器的特点如下:由于4根支线的长度都是$\lambda_0/4$,在每个端口都没有反射的条件下,输入信号每经过一个支线都落后90°,因此端口1输入的信号在端口2落后90°,到端口3则落后180°.端口4输入的信号在端口3落后90°,到端口2则落后180°.端口1和端口4之间的信号有两路,一路落后90°,另一路落后270°,它们相位相反,所以被抵消.

假定端口1输入射频信号$V_{RF}\cos(\omega_{RF}t)$,端口4输入本振信号$V_{LO}\cos(\omega_{LO}t)$,则根据这个耦合器的特点,其输出为

$$\begin{cases} v_2 = V_{LO}\cos(\omega_{LO}t - \pi) + V_{RF}\cos\left(\omega_{RF}t - \dfrac{\pi}{2}\right) \\ v_3 = V_{LO}\cos\left(\omega_{LO}t - \dfrac{\pi}{2}\right) + V_{RF}\cos(\omega_{RF}t - \pi) \end{cases} \tag{6.36}$$

这两个信号分别加在两个二极管上.当本振信号幅度大而射频信号幅度很小时,形成线性时变工作状态,此时二极管的时变跨导由加在二极管上的本振信号幅度确定.根据(6.12)式,可知流过两个二极管的混频电流为

$$\begin{cases} i_2(t) = \sum\limits_{n=0}^{\infty} \dfrac{1}{2} g_n V_{RF}\left[\cos\left(n\omega_{LO}t + \omega_{RF}t - \dfrac{3\pi}{2}\right) + \cos\left(n\omega_{LO}t - \omega_{RF}t - \dfrac{\pi}{2}\right)\right] \\ i_3(t) = \sum\limits_{n=0}^{\infty} \dfrac{1}{2} g_n V_{RF}\left[\cos\left(n\omega_{LO}t + \omega_{RF}t - \dfrac{3\pi}{2}\right) + \cos\left(n\omega_{LO}t - \omega_{RF}t + \dfrac{\pi}{2}\right)\right] \end{cases} \tag{6.37}$$

这两个电流在输出端合成,总的混频输出电流为

$$i_o(t) = i_2(t) - i_3(t) = \sum_{n=0}^{\infty} g_n V_{RF}\cos\left[(n\omega_{LO} - \omega_{RF})t - \frac{\pi}{2}\right] \tag{6.38}$$

其中 $\omega_{IF} = \omega_{LO} - \omega_{RF}$ 的组合频率信号为最后输出的中频信号.

由此可见,由于分支线定向耦合器的移相,信号叠加后 $p(\omega_{LO} + \omega_{RF})$ 的组合频率成分被抵消.另外,由于随本振一起进入定向耦合器的噪声也被分成两路,它们经过混频后的中频噪声相位相反,在最后叠加时也被抵消,因而本振噪声的影响被大大削弱.以上两点是平衡混频器的重要特性.

图 6-12 混频器采用了微带线耦合器,由于尺寸的限制,它比较适合于制作微波混频器.同时它要求定向耦合器 4 个分支线的长度都等于 $\lambda_0/4$,所以这种混频器要求 f_{RF} 和 f_{LO} 都比较接近 f_0,适合于固定频率的混频器.

由于二极管混频器没有放大能力,因此一般用混频损耗概念衡量中频输出与射频输入的功率关系.混频损耗由混频二极管的插入损耗、端口的失配损耗以及二极管的非线性变频跨导 3 部分组成,通常可以低于 10 dB.

信号端口与本振端口的隔离度主要取决于微带线定向耦合器的制作精度以及端口的匹配程度.只有在定向耦合器 4 个分支线的长度严格等于 $\lambda/4$ 且 4 个端口都完全匹配时,端口 1 和端口 4 之间才是完全隔离的.若不满足上述条件,则端口的反射将影响到两个输入端口的隔离度.由于 f_{RF} 和 f_{LO} 是不同的频率,分支线长度只能近似等于 $\lambda/4$;由于二极管输入阻抗也是非线性的,两个输出端口只能近似匹配.在这些因素的影响下,图 6-12 二极管平衡混频器两个输入端

口的隔离度一般在 30 dB 以下.

三、晶体管平衡混频器

晶体管平衡混频器是基于差分放大器的一种有源混频电路,在频谱变换集成电路中得到广泛应用. 为了说明晶体管平衡混频器的工作原理,我们首先分析差分放大器的伏安特性.

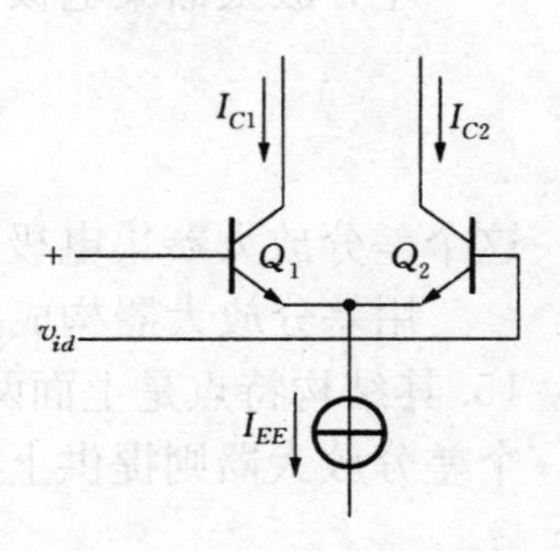

图 6-13 差分放大器

图 6-13 是一个基于双极型晶体管的差分放大器电路,可以写出其集电极电流、发射极电流以及差分输入电压之间的关系如下:

$$\begin{cases} I_{C1} = I_s \exp\left(\frac{V_{BE1}}{V_T}\right), \qquad I_{C2} = I_s \exp\left(\frac{V_{BE2}}{V_T}\right) \\ I_{EE} \approx I_{C1} + I_{C2} \\ v_{id} = V_{BE1} - V_{BE2} \end{cases} \tag{6.39}$$

将上式变换后,有 I_{C1} 和 I_{C2} 的表达式如下:

$$\begin{cases} I_{C1} = \frac{I_{EE}}{1 + e^{-\frac{v_{id}}{V_T}}} = \frac{1}{2} I_{EE} \left[1 + \frac{e^{\frac{v_{id}}{V_T}} - 1}{e^{\frac{v_{id}}{V_T}} + 1}\right] = \frac{1}{2} I_{EE} \left(1 + \text{th}\,\frac{v_{id}}{2V_T}\right) \\ I_{C2} = \frac{I_{EE}}{1 + e^{\frac{v_{id}}{V_T}}} = \frac{1}{2} I_{EE} \left[1 - \frac{e^{\frac{v_{id}}{V_T}} - 1}{e^{\frac{v_{id}}{V_T}} + 1}\right] = \frac{1}{2} I_{EE} \left(1 - \text{th}\,\frac{v_{id}}{2V_T}\right) \end{cases} \tag{6.40}$$

差分放大器的差分转移特性如图 6-14.

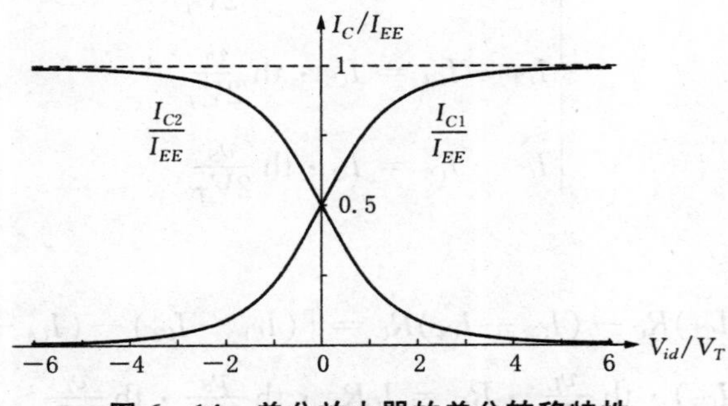

图 6-14 差分放大器的差分转移特性

差分放大器集电极电流之差为

$$\Delta I = I_{C1} - I_{C2} = I_{EE} th \frac{v_{id}}{2V_T} \tag{6.41}$$

这个差分放大器集电极电流差的关系是分析晶体管平衡混频器的基础.

用差分放大器构成晶体管平衡混频器(通常又称为 Gilbert 乘法器)如图 6-15. 其结构特点是上面两个差分放大器的输入输出交叉连接成一个电桥,下面一个差分放大器则提供上面两个差分放大器的静态工作点.

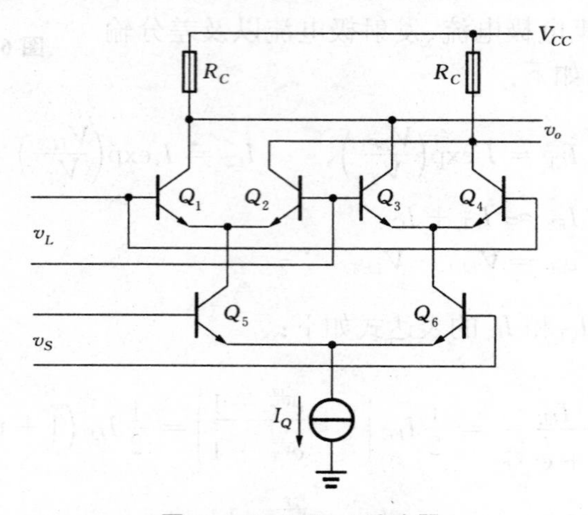

图 6-15 Gilbert 乘法器

根据(6.41)式,很容易写出 Gilbert 乘法器中 3 个差分放大器输出电流差的表达式:

$$\begin{cases} I_{C1} - I_{C2} = I_{C5} \cdot \text{th} \dfrac{v_L}{2V_T} \\ I_{C4} - I_{C3} = I_{C6} \cdot \text{th} \dfrac{v_L}{2V_T} \\ I_{C5} - I_{C6} = I_Q \cdot \text{th} \dfrac{v_S}{2V_T} \end{cases} \tag{6.42}$$

输出电压为

$$\begin{aligned} v_o &= (I_{C1} + I_{C3})R_C - (I_{C2} + I_{C4})R_C = [(I_{C1} - I_{C2}) - (I_{C4} - I_{C3})]R_C \\ &= (I_{C5} - I_{C6}) \cdot \text{th} \frac{v_L}{2V_T} \cdot R_C = I_Q R_C \cdot \text{th} \frac{v_S}{2V_T} \cdot \text{th} \frac{v_L}{2V_T} \end{aligned} \tag{6.43}$$

所以，Gilbert 乘法器的输出是两个输入的双曲正切的乘积. 当两个输入均很小($v \ll V_T$)时，由于 $x \ll 1$ 时 $\text{th}\, x \approx x$，输入满足乘法运算，这也是被称为乘法器的原因.

下面讨论 Gilbert 乘法器作为混频器时的工作状态与特性.

通常混频器总是工作在线性时变状态. 假设在图 6-15 电路中 v_S 是一个小信号简谐波，v_L 是一个大信号简谐波，则(6.43)式近似为

$$v_o \approx I_Q R_C \,\text{th}\, \frac{v_L}{2V_T} \cdot \left(\frac{v_S}{2V_T}\right) = \frac{I_Q R_C}{2V_T} \text{th}\, \frac{V_L \cos \omega_L t}{2V_T} \cdot (V_S \cos \omega_S t) \tag{6.44}$$

将上式中的时变因子进行傅立叶分解，可以将输出电压改写为

$$\begin{aligned} v_o &= \frac{I_Q R_C}{2V_T} \sum_{n=0}^{\infty} \left[\frac{1}{\pi} \int_{-\pi}^{\pi} \text{th}\, \frac{V_L \cos \omega_L t}{2V_T} \cos(n\omega_L t)\, \text{d}(\omega_L t)\right] \cdot \cos(n\omega_L t) \cdot V_S \cos \omega_S t \\ &= \frac{I_Q R_C}{2V_T} \sum_{n=0}^{\infty} G_n V_S \{\cos[(n\omega_L + \omega_S)t] + \cos[\,|\, n\omega_L - \omega_S \,|\, t]\} \end{aligned} \tag{6.45}$$

其中 G_n 是各组合频率分量的电压增益：

$$G_n = \frac{1}{2\pi} \int_{-\pi}^{\pi} \text{th}\, \frac{V_L \cos \omega_L t}{2V_T} \cos(n\omega_L t)\, \text{d}(\omega_L t) \tag{6.46}$$

前几个 G_n 与 V_L 的关系曲线见图 6-16.

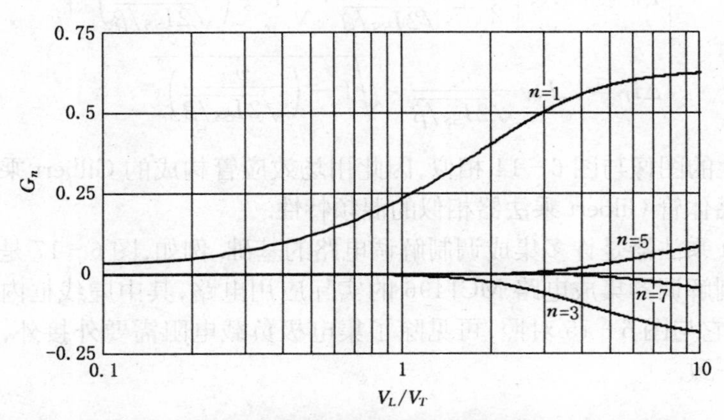

图 6-16 Gilbert 乘法器组合频率分量的电压增益与 V_L 的关系

由图 6 - 16 可见,当时变输入电压较小($V_L < V_T$)时,除了 G_1 以外,其余各阶增益几乎都为 0. 这一点也可以从图 6 - 14 得到印证:当差分放大器的输入较小时,其转移特性(曲线的中央部分)几乎是一根直线,所以时变电压引起的时变电流中几乎没有谐波成分. 这意味着在这种情况下组合频率中无用的高阶分量很小.

当时变输入电压很大($V_L \gg V_T$)时,G_n 将趋于一个常数. 事实上,由图 6 - 14 可知此时差分放大器的两个晶体管将进入一个饱和而另一个截止的状态,即差分放大器将处于开关状态,此时的输出

$$v_o = \frac{I_Q R_C}{2V_T} \cdot S_2(\omega_L t) \cdot V_S \cos \omega_S t \tag{6.47}$$

此时的 G_n 值是 $S_2(\omega_L t)$傅立叶分解后各组合频率项的系数.

当 n 为偶数时,(6. 46)式的积分值为 0,这意味着 Gilbert 乘法器在线性时变状态下的输出不存在 n 为偶数的$|n\omega_L \pm \omega_S|$频率分量.

从(6. 45)式也可以看到,在输出中不存在 $n\omega_L$ 的组合频率,其原因是可以将 $Q_1 \sim Q_4$ 的 4 个晶体管看作一个电桥,v_L 输入与 IF 输出正好在电桥的两组对角线上,当电桥平衡时它们互不干扰,因此有较高的隔离度.

另外,由于 v_L 输入与 v_S 输入在两组不同的差分放大器上,有较高的隔离度.

Gilbert 乘法器也可以用场效应管构成,其差分转移特性为

$$\begin{cases} I_{D1,2} = I_{SS}\left[\dfrac{1}{2} \pm \dfrac{v_{id}}{\sqrt{2I_{SS}/\beta}} \cdot \sqrt{1 - \left(\dfrac{v_{id}}{\sqrt{2I_{SS}/\beta}}\right)^2}\right] \\ \Delta I_D = 2I_{SS}\dfrac{v_{id}}{\sqrt{2I_{SS}/\beta}} \cdot \sqrt{1 - \left(\dfrac{v_{id}}{\sqrt{2I_{SS}/\beta}}\right)^2} \end{cases} \tag{6.48}$$

该特性的图像与图 6 - 14 相似,因此用场效应管构成的 Gilbert 乘法器也有与双极型晶体管 Gilbert 乘法器相似的混频特性.

Gilbert 乘法器是许多集成调制解调电路的基础. 例如,图 6 - 17 是一个常用的平衡调制解调器集成电路 MC1496 的实际应用电路,其中虚线框内是它的内部结构,将它与图 6 - 15 对照,可见除了集电极负载电阻需要外接外,其余部分几乎完全一致.

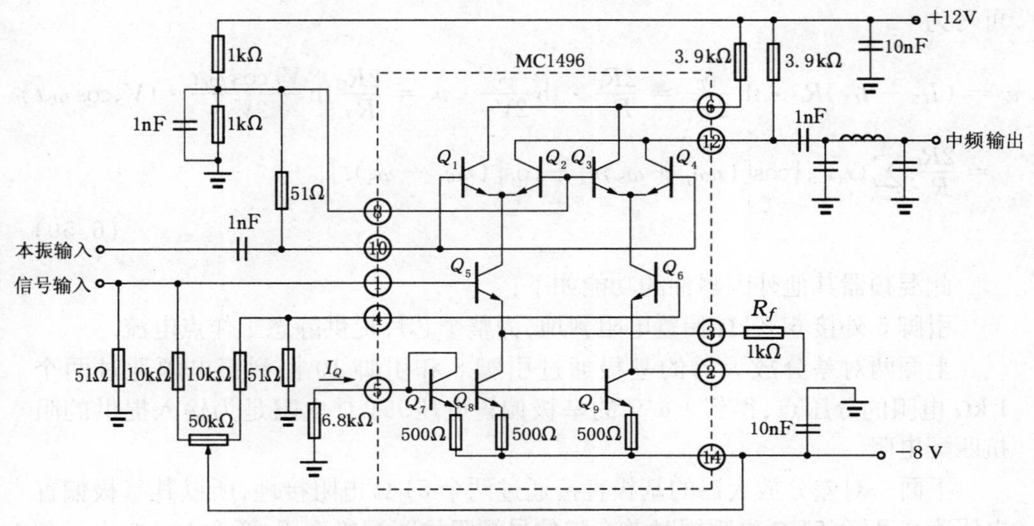

图 6-17　用平衡调制解调器电路 MC1496 构成的混频器

由图 6-17 可见,此电路的本振输入就是前面讨论的 Gilbert 乘法器的大信号输入,它使电路工作在线性时变状态.

Q_5 和 Q_6 差分放大器的信号输入就是前面讨论的小信号输入. 按照前面的分析,在 Gilbert 乘法器中此信号必须小到可以忽略晶体管的非线性影响,在双极型晶体管差分放大器中一般要求它远小于 V_T 才能满足此线性关系.

然而在图 6-17 电路中,在 Q_5 和 Q_6 这个差分放大器的发射极增加一个负反馈电阻 R_f,同时将发射极的偏置电流源拆分为对称的两个(Q_8 和 Q_9). 增加负反馈电阻后,Q_5 和 Q_6 差分放大器的输出电流可以写为

$$i_{R_E}=\frac{v_{id}}{r_{e5}+R_f+r_{e6}},\ I_{C5}=I_Q+i_{R_E},\ I_{C6}=I_Q-i_{R_E}$$

$$I_{C5}-I_{C6}=\frac{2v_{id}}{R_f+2r_e} \tag{6.49}$$

其中 $r_e=\dfrac{V_T}{I_Q}$ 是晶体管的发射结动态内阻.

当 $R_f\geqslant r_e$ 时(深度负反馈),$I_{C5}-I_{C6}\approx\dfrac{2}{R_f}v_{id}$. 这个结果表明,由于深度负反馈的作用,这时输入信号不存在必须远小于 V_T 的限制,它始终是一个线性函数. 由此可见此电路在加入负反馈后可以保证工作在线性时变状态,其输出电压

可写为

$$v_o=(I_{C5}-I_{C6})R_C\cdot \text{th}\frac{v_L}{2V_T}=\frac{2R_C}{R_f}\cdot \text{th}\frac{v_L}{2V_T}\cdot v_S=\frac{2R_C}{R_f}\text{th}\frac{V_L\cos\omega_L t}{2V_T}\cdot(V_S\cos\omega_S t)$$
$$=\frac{2R_C}{R_f}\sum_{n=0}^{\infty}G_n V_S\{\cos[(n\omega_L+\omega_S)t]+\cos[(n\omega_L-\omega_S)t]\} \tag{6.50}$$

此混频器其他外围器件的功能如下：

引脚 5 外接 6.8 kΩ 偏置电阻到地，为整个芯片提供静态工作点电流.

上面两对差分放大器的基极通过引脚 8 和引脚 10 接到正电源通过两个 1 kΩ 电阻的分压点，得到 +6 V 的基极偏置电压. 51 Ω 电阻是为输入提供的阻抗匹配电阻.

下面一对差分放大器的基极直接通过两个 51 Ω 电阻接地，所以其基极偏置电压为 0. 两个 51 Ω 电阻同时兼有与信号源阻抗匹配的作用. 两个 10 kΩ 电阻和一个 50 kΩ 电位器提供差分放大器的平衡调节功能.

混频后的信号从引脚 12 输出. 两个 3.9 kΩ 的电阻为负载电阻，最后的 π 形低通滤波网络滤出需要的中频信号.

相对前面的由二极管组成的混频器，晶体管平衡混频器的优点是它具有一定的混频增益，同时因没有变压器而制造相对简单，也容易构成集成混频器.

四、模拟乘法器

前面说到，若在 Gilbert 乘法器的下面一对差分放大器加入负反馈电阻 R_f，由于深度负反馈，可以保证电路工作在线性时变状态，即对于输入 v_S 实现完全的线性化，但是另一个输入是一个双曲函数.

那么是否可以对另一个输入也直接施加深度负反馈从而实现线性化呢？回答是否定的. 原因很简单：若两个输入都是线性的，整个电路就是线性电路，而线性电路是无法实现乘法运算的.

然而在实际的应用中，对两个输入信号进行纯粹的乘法运算是十分有用的，为此发展了一种这样的电路，称为模拟乘法器.

模拟乘法器的结构框图如图 6-18 所示. 由图 6-18 可知，它在带深度负反馈的 Gilbert 乘法器(即前面的平衡调制解调器)基础上，将上面的差分对(图 6-15 中的 v_L 输入)由直接输入改为通过另一个电路输入，增加的电路由带深度负反馈的差分放大器与反双曲正切函数电路构成.

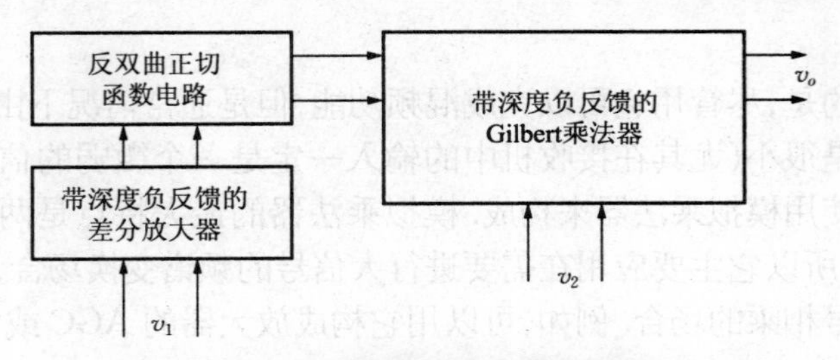

图 6-18 双平衡模拟乘法器的结构框图

显然,由于反双曲正切函数电路的加入,它与 Gilbert 乘法器中的双曲正切电路形成互补. 这样,在 v_1 的输入端看来,它由于加入深度负反馈而形成一个线性输入关系,然后通过反双曲正切电路将线性输入转换为反双曲正切函数信号后再送到 Gilbert 乘法器,所以 Gilbert 乘法器依然保留了双曲正切电路的非线性关系,仍然可以完成乘法运算. 整个电路就既满足了输入的线性,又满足了乘法器的需要.

实际的模拟乘法器电路的简化内部结构如图 6-19,其中 Q_7 和 Q_8 是带深度负反馈的差分输入电路,Q_9 和 Q_{10} 是反双曲正切函数电路.

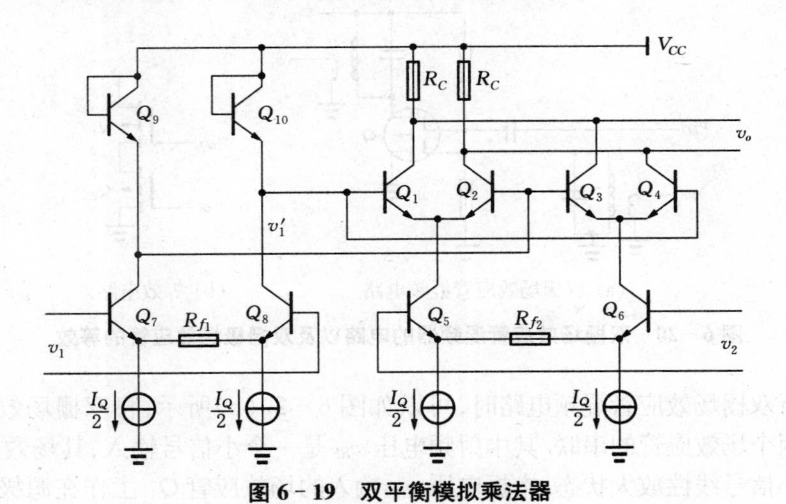

图 6-19 双平衡模拟乘法器

整个电路的输出为

$$v_o = \frac{2R_C}{R_{f2}} \cdot v_2 \cdot \mathrm{th}\frac{v_1'}{2V_T} = \frac{2R_C}{R_{f2}} \cdot v_2 \cdot \frac{2v_1}{I_Q R_{f1}} = \frac{4R_C}{I_Q R_{f1} R_{f2}} \cdot v_1 \cdot v_2 \quad (6.51)$$

由于深度负反馈的加入,模拟乘法器实现了两个输入信号的相乘运算,且对于输入信号没有幅度和极性的限制,是一个四象限乘法器(four-quadrant multiplier).

需要说明的是,尽管用它可以完成混频功能,但是通常情况下由于混频信号中的输入信号总是很小(尤其在接收机中的输入一定是一个微弱的信号),因此实际的混频器较少使用模拟乘法器来构成. 模拟乘法器的最大特点是两个输入都可以是较大的信号,所以它主要应用在需要进行大信号的频谱变换场合,也可以应用在需要进行大信号相乘的场合. 例如,可以用它构成放大器的 AGC 或 ALC 电路.

6.2.3 其他形式的混频器

一、双栅场效应管混频电路

双栅场效应管是一种特殊的场效应管,它具有两个栅极. 用双栅场效应管可以构成各种调制与解调电路、混频器以及自动增益控制(AGC)电路等. 图 6-20(a)是一个用双栅场效应管构成的实际混频器.

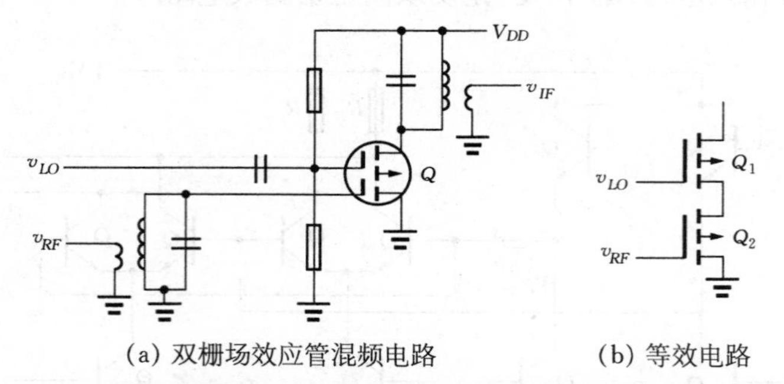

(a) 双栅场效应管混频电路　　(b) 等效电路

图 6-20　双栅场效应管混频器的电路以及双栅极场效应管的等效

分析双栅场效应管混频电路时,可以如图 6-20(b)所示,将双栅场效应管 Q 等效为两个场效应管的串联. 其中射频电压 v_{RF} 是一个小信号输入,其场效应管Q_2工作在小信号线性放大状态. 本振电压 v_{LO} 输入的场效应管 Q_1 工作在源极跟随器状态,其源极与小信号放大晶体管 Q_2的漏极相连. 这样,上述电路就等效于小信号放大器场效应管 Q_2的漏源电压 V_{DS}被本振电压所控制.

此电路的关键在于:①控制场效应管 Q_1 的静态工作点,使得场效应管 Q_2的漏-源电压 V_{DS}很小;②控制本振电压 v_{LO}的幅度为一个很小的值.

当场效应管的 V_{DS}很小时,它工作在可变电阻区. 半导体物理的理论和实践都证明,处在可变电阻区的场效应管的转移特性为

$$I_D = \beta[2(V_{GS} - V_{TH})V_{DS} - V_{DS}^2] \tag{6.52}$$

其中 $\beta = \frac{1}{2}\mu C \frac{W}{L}$，与场效应管的材料与结构尺寸有关.

由于场效应管 Q_2 的 V_{DS} 很小，因此它工作在可变电阻区. 又因为此时场效应管 Q_2 的 V_{DS} 受本振电压 v_{LO} 幅度的控制，v_{LO} 的幅度又很小，所以有近似关系

$$I_{D2} \approx 2\beta(V_{GS} - V_{TH})V_{DS} = 2\beta(v_{RF} - V_{TH})v_{LO} \tag{6.53}$$

显然，此电路实现了两个信号的乘法运算. 对于信号输入 v_{RF}（就是 V_{GS}）而言，场效应管 Q_2 之跨导为

$$g_m = \frac{\partial I_{D2}}{\partial V_{GS}} = 2\beta V_{DS} = 2\beta v_{LO} \tag{6.54}$$

由此可以写出此电路的输出电流表达式

$$i_d = g_m(t)v_{RF} = 2\beta V_{LO}\cos\omega_{LO}t \cdot V_{RF}\cos\omega_{RF}t \tag{6.55}$$

其中 $V_{LO}\cos\omega_{LO}t$ 是本振电压，$V_{RF}\cos\omega_{RF}t$ 是射频输入电压.

假设作为下变频器，输出频率为 $(\omega_{LO} - \omega_{RF})$，则输出信号为

$$i_d = \beta V_{LO}V_{RF}\cos(\omega_{LO} - \omega_{RF})t \tag{6.56}$$

所以，此电路的混频跨导为

$$g_C = \beta V_{LO} \tag{6.57}$$

由于场效应管的特性近似为二次特性，因此用双栅场效应管构成的混频器在适当控制本振电压的幅度后可以获得很优良的混频特性.

二、集成电路混频器

目前可以作为混频器的集成电路芯片很多，但从工作原理上说，不外乎线性时变电路和模拟乘法器两大类. 一般将线性时变电路称为调制解调器（modulator/demodulator）.

用集成电路芯片构成混频器比较简单. 通常每种芯片都有特定的使用频率范围、混频增益、三阶截点、噪声系数、电源电压等指标，设计者根据系统的总体要求，选择合适的芯片后，按照芯片说明辅以适当的外围器件，一般就可以得到预定的目标.

前面已经举过一个平衡调制解调器芯片 MC1496 做混频器的例子. MC1496 是一款比较早期的调制解调器芯片，其适用的频率不是很高. 现在已经有多种高频

率范围的芯片,表 6-1 再介绍几款混频器集成电路的主要性能参数.

表 6-1 几款混频器电路参数

型 号	适用频率 (GHz)	变频增益 (dB)	三阶截点 (dBm)	噪声系数 (dB)	生产厂商
AD8342	LF~2.4	3	24	12	Analog Device Instrument
AD8343	DC~2.5	7	16.5	14	Analog Device Instrument
AD8344	0.4~1.2	4.5	24	10	Analog Device Instrument
LT5512	0.1~3	1	17	14	Linear Technology
LT5526	0.1~2	0.4	14.1	13.7	Linear Technology
LT5557	0.4~3.8	3.3	25.6	10.6	Linear Technology
BGA2022	0.9~2.4	6	7	12	Philips

三、变容二极管混频器

从原理上说,利用无源器件的非线性特性总可以完成混频作用. 能够在频率变换电路中应用的非线性无源器件特性有二极管的非线性电阻特性,变容二极管的非线性电容特性,还有带磁芯的电感的非线性电感特性. 通常情况下,用带磁芯的电感的非线性电感特性构成的混频器比较少见,我们这里也不讨论.

图 6-21 是利用变容二极管的非线性电容特性构成的参量混频器(parameter mixer)的电路例子.

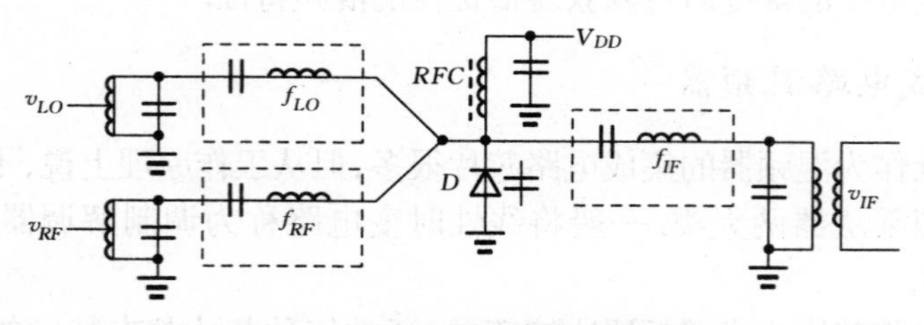

图 6-21 变容二极管参量混频器

在参量混频器中,本振信号 v_{LO}、射频信号 v_{RF} 和中频信号 v_{IF} 同时接到变容二极管,3 个虚线框内是各自的滤波器. 假设滤波器是理想的,则各自的输入或输出只能是各自的频率,但是在变容二极管上是所有输入频率的信号电流的叠加.

设有两个不同频率的信号电流流过变容二极管,即 $i_D = I_1\cos\omega_1 t + I_2\cos\omega_2 t$,

则变容二极管上的电荷为 $q_D=\int i_D \mathrm{d}t=\frac{I_1}{\omega_1}\cos\omega_1 t+\frac{I_2}{\omega_2}\cos\omega_2 t$. 然而,由于变容二极管的伏-库特性 $v_D=f(q_D)$ 是非线性的,因此变容二极管两端的电压将产生非线性畸变,即产生两个输入信号的各种组合频率成分. 由于滤波器的作用,每个端口上只能输入或输出各自相应的频率信号,因此在 v_I 输出端口上一定可以出现频率为 f_I 的信号,完成混频功能.

若认为变容二极管是理想的电抗元件,则它本身不消耗任何能量. 所以参量混频器中的非线性元件只是起到能量的交换作用.

可以证明,若图 6－21 电路中 $f_{IF}=f_{LO}+f_{RF}$, 则

$$P_{IF}=\frac{f_{IF}}{f_{LO}}P_{LO}=\frac{f_{IF}}{f_{RF}}P_{RF} \tag{6.58}$$

所以混频功率增益为

$$G_{PC}(\mathrm{dB})=10\lg\frac{P_{IF}}{P_{RF}}=10\lg\frac{f_{IF}}{f_{RF}} \tag{6.59}$$

§6.3 混频器中的失真与干扰

由于混频器本质上是一个非线性电路,因此不可避免会产生许多高阶的组合频率成分. 若这些组合频率成分不是我们需要的而又能够通过后级的放大,就形成了失真或干扰. 我们以接收机的混频电路为例,分析混频电路中的失真与干扰情况.

在接收机中,进入混频电路的信号可以有 4 种:接收信号 v_S、本振信号 v_L、干扰信号 v_d、噪声信号 v_n. 在混频器输出的组合频率中,只有接收信号与本振信号混频后产生的中频信号是有用信号,其余的都是干扰信号. 但是在考虑可能产生的干扰时,必须注意下面两点:①由于混频级后面的中频放大器具有很强的选择性,因此形成的干扰频率一定在中频放大器的频带范围内;②由于在混频器中本振信号是一个大信号,因此所有能够形成的干扰一定受到本振信号的调制,或者说最终形成干扰的组合频率中一定有本振频率参与. 根据这两点,能够形成干扰的情况有以下几种:

(1) 单个干扰信号与本振的组合频率直接落入中频信号频带范围之内,进入后级放大(副波道干扰).

(2) 两个输入信号的组合频率再和本振信号混频后产生的信号落在中频信号

频带范围之内,进入后级. 这种组合共有 3 个信号参与,两个输入信号可能是接收信号和干扰信号的组合(交调失真),也可能是两个干扰信号的组合(互调失真).

为了研究混频器的干扰,我们先看一下由于元件非线性造成的组合频率的形式.

设混频器输入两个信号: $v_i = V_1\cos\omega_1 t + V_2\cos\omega_2 t$, 混频器的非线性特性经幂级数展开为 $f(v_i) = a_0 + a_1 v_i + a_2 v_i^2 + a_3 v_i^3 + \cdots$. 若只计及非线性特性的三次项(通常高于三次的成分其幅度迅速减小,可不予考虑),则输出组合频率 $|p\omega_1 \pm q\omega_2|$ 成分中,包含有这两个信号的基频分量、二阶组合频率分量和三阶组合频率分量.

基频成分由非线性特性的一次项和三次项形成,为

$$\left(a_1 V_p + \frac{3}{4}a_3 V_p^3 + \frac{3}{2}a_3 V_p V_q^2\right)\cos\omega_p t\,\Big|_{(p,\,q)=(1,\,2)\text{or}(2,\,1)} \tag{6.60}$$

二阶组合频率成分由二次项产生,为

$$a_2 V_1 V_2 \cos(\omega_1 \pm \omega_2)t \tag{6.61}$$

三阶组合频率成分由三次项产生,为

$$\frac{3}{4}a_3 V_p^2 V_q \cos(2\omega_p \pm \omega_q)t\,\Big|_{(p,\,q)=(1,\,2)\text{or}(2,\,1)} \tag{6.62}$$

这些组合频率成分中,除了接收信号与本振信号混频后产生的有用信号外,其他的就是形成干扰的可能原因.

6.3.1 副波道干扰

副波道干扰是由于输入的干扰信号与本振相互作用产生的. 它可以是二阶干扰产物,也可以是三阶干扰产物. 只要这些产物的频率接近于中频(在中频放大器的通频带内),就能够形成干扰. 由于二阶组合频率为 $|f_L \pm f_d|$, 三阶组合频率为 $|2f_L \pm f_d|$ 或 $|f_L \pm 2f_d|$, 因此副波道干扰的条件是

$$\begin{cases} |f_L \pm f_d| \approx f_I \\ |2f_L \pm f_d| \approx f_I \\ |f_L \pm 2f_d| \approx f_I \end{cases} \tag{6.63}$$

例如,假设收音机的中频为 $f_I = f_L - f_S$, 在接收频率为 f_S 的信号时,若有一

个干扰信号的频率为 $f_d = \frac{1}{2}f_S$，则此干扰信号与本振之间三阶产物中的 $f_L - 2f_d$ 成分一定等于中频,成为干扰输出.

又如,假设收音机的中频为 $f_I = f_L - f_S$，在接收频率为 f_S 的信号时,若有一个干扰信号,其频率为 $f_d = f_L + f_I$，则此信号与本振产生的二阶组合信号中频率为 $f_d - f_L = f_I$ 的信号一定能够通过中频放大器成为干扰. 由于此时接收频率 $f_S = f_L - f_I$，这个干扰频率与正常接收的信号频率位于本振频率两侧对称点上,故称为镜像频率(image frequency)干扰.

例 6-4 某超外差收音机,中频为 465 kHz. 已知当地有一个频率为 7.2 MHz 的短波广播电台. 但是该收音机除了能够在频率刻度为 7.2 MHz 处收听到该电台外,还能够在频率刻度为 6.27 MHz 处收听到该电台,另外在频率刻度 14.4 MHz 处也能够收听该电台的广播,但音质较差. 试解释上述两个现象的原因.

解 收音机频率刻度指示的是欲接收的信号频率 f_S. 当收音机频率刻度为 f_S 时,其内部的本振频率应该为 $f_S + f_I$ 或 $f_S - f_I$（目前收音机多为 $f_S + f_I$，即 $f_I = f_L - f_S$）. 若收音机的频率刻度不在欲接收的信号频率上而接收到了该信号,实际上该信号是作为干扰信号输入系统的.

根据(6.63)式,可以反推镜像频率以及三阶干扰频率与信号频率、本振频率的关系:

镜像频率 $f_d = f_S \pm 2f_I$，其中的加减号根据收音机的本振频率是否高于信号频率而定. 常见的情况是本振频率高于信号频率,此时镜像频率 $f_d = f_S + 2f_I$.

根据(6.63)式中的后两个式子,可以推得三阶干扰频率有 $f_d = f_I - 2f_L$，$f_d = 2f_L \pm f_I$ 以及 $f_d = \frac{1}{2}(f_I - f_L)$，$f_d = \frac{1}{2}(f_L \pm f_I)$ 等多个. 但是考虑到实际收音机中的中频频率总是低于本振频率,可能的三阶干扰频率为 $f_d = 2f_L \pm f_I$ 和 $f_d = \frac{1}{2}(f_L \pm f_I)$.

根据上述讨论,回到例 6-4. 首先看第一种情况,在频率刻度为 6.27 MHz 处收听到频率为 7.2 MHz 的电台. 由于此时正常的信号频率为 6.27 MHz, 7.2 MHz 的频率是干扰频率, 7.2 MHz = 6.27 MHz + 2×465 kHz, 因此可以确定这是镜像频率干扰. 由于干扰频率比信号频率高 2 个中频,因此该收音机的本振频率高于信号频率,即 $f_L = f_S + f_I$.

在频率刻度为 14.4 MHz 处,收音机内本振频率为 14.4 MHz + 465 kHz = 14.865 MHz. 干扰频率仍然是 7.2 MHz,它满足 7.2 MHz = 0.5 × (14.865 MHz − 465 kHz) 条件,所以它是三阶干扰. 由于三阶组合频率的系数 a_3 很小,因此信号变小,信噪比变差,音质变坏.

6.3.2 交调、堵塞与互调

交调(cross-modulation)是指一个有用的接收信号,一个干扰信号以及本振信号 3 个信号进行交叉调制.

我们先研究接收信号 v_S 和干扰信号 v_d 在混频器中产生的三阶组合信号,它们是

$$\begin{cases}\frac{3}{2}a_3V_SV_d^2\cos\omega_St\\ \frac{3}{4}a_3V_S^2V_d\cos(2\omega_S\pm\omega_d)t\\ \frac{3}{4}a_3V_SV_d^2\cos(2\omega_d\pm\omega_S)t\end{cases}\tag{6.64}$$

注意,上述三阶信号中第 1 个的频率就是接收信号的频率(与干扰信号的频率无关),但其幅度受到了干扰信号的调制.它与本振信号混频后,频率为 $|\omega_L\pm\omega_S|$,其中必然有一个是中频,所以只要干扰信号有足够的幅度,任何干扰频率都可能形成干扰.

对于后两种组合频率,要满足频率关系 $|f_L\pm2f_S\pm f_d|=f_I$ 或 $|f_L\pm f_S\pm2f_d|=f_I$,才可能形成干扰.所以,交调干扰主要由第 1 种三阶组合频率形成.

交调干扰的特点是:由于引起干扰的组合频率是干扰信号与接收信号的非线性产物,因此两者同时出现.接收信号一旦消失,干扰信号亦同时消失.

一种特别情况为干扰信号是一个幅度极大的信号.此时,输出电流中的接收信号基频分量为

$$\begin{aligned}i_O&=\left(a_1V_S+\frac{3}{4}a_3V_S^3+\frac{3}{2}a_3V_SV_d^2\right)\cos\omega_St\\&\approx\left(a_1V_S+\frac{3}{2}a_3V_SV_d^2\right)\cos\omega_St=\left(a_1+\frac{3}{2}a_3V_d^2\right)\cdot v_S\end{aligned}\tag{6.65}$$

可以将(6.65)式中输入 v_S 前面的系数看作混频器件的平均跨导,$\overline{g_m}=a_1+\frac{3}{2}a_3V_d^2$. 通常情况下,器件特性 $a_3<0$. 当干扰信号幅度 V_d 很大的时候,器件的平均跨导极度减小,导致正常信号无法接收,这种情况称为堵塞(blocking).在接收

机附近存在强发射源的时候就会出现这种现象.

互调(intermodulation)是在混频器内,同时输入的两个干扰信号 v_{d1} 和 v_{d2} 产生各种组合干扰信号频率 $(pf_{d1} \pm qf_{d2})$,主要的是三阶干扰频率 $(2f_{d1} - f_{d2})$ 和 $(2f_{d2} - f_{d1})$. 若其中某频率满足

$$\begin{cases} |\, f_L \pm (2f_{d1} - f_{d2})\,| \approx f_I \\ |\, f_L \pm (2f_{d2} - f_{d1})\,| \approx f_I \end{cases} \tag{6.66}$$

则它与本振混频后产生的信号能够通过中频放大,形成干扰.

互调与交调的主要区别是:互调是两个干扰信号相互作用后形成的干扰,与接收信号无关.

例 6-5 某超外差收音机,其输入回路调谐在 900 kHz, −20 dB 带宽为 500 kHz;中频为 465 kHz,中放带宽为 20 kHz;本振频率为 1 365 kHz. 已知天线上拾取的信号除了 900 kHz 的接收频率外,尚有 810 kHz, 855 kHz, 1 296 kHz 等多个. 若考虑到混频电路的三阶失真,且认为输入信号在衰减 20 dB 后难以构成干扰,试问在输出端可能存在哪些干扰信号? 若将其输入回路的 −20 dB 带宽改变为 80 kHz,则哪些干扰信号将消失?

解 在输入回路调谐在 900 kHz, −20 dB 带宽为 500 kHz 的情况下,能够进入混频器的频率范围为 $900 - \frac{500}{2} = 650\,(\text{kHz})$ 到 $900 + \frac{500}{2} = 1\,150\,(\text{kHz})$,所以上述天线上拾取的信号中,能够引起干扰的只有 $f_{d1} = 810\,\text{kHz}$ 和 $f_{d2} = 855\,\text{kHz}$ 两个.

根据前面的讨论,干扰输出可以有以下几类:

(1) 副波道干扰,干扰信号的频率要满足(6.63)式的要求. 其中 $|\, f_L \pm f_d\,| \approx f_I$ 的为镜像频率干扰, $|\, 2f_L \pm f_d\,| \approx f_I$ 和 $|\, f_L \pm 2f_d\,| \approx f_I$ 的干扰为三阶副波道干扰.

将例 6-5 的两个可能引起干扰的频率和本振频率分别代入(6.63)式,可以看到所有输出都远离中频,所以例 6-5 不存在副波道干扰.

(2) 交调. 交调干扰的频率关系由(6.64)式确定,但是(6.64)式中的第 1 式与干扰频率无关,所以任何频率只要进入混频器都可能形成交调干扰. 在例 6-5 中,进入混频器的 810 kHz 和 855 kHz 两个干扰信号都可能引起交调干扰.

(3) 互调. 互调干扰的频率关系由(6.66)式确定,将两个可能引起干扰的频率和本振频率分别代入(6.66)式,可以得到 $f_L - (2f_{d2} - f_{d1}) = 465\,\text{kHz}$,所以在例 6-5 中可能存在互调干扰.

当输入回路的 −20 dB 带宽改为 80 kHz 后,能够进入混频器的干扰信号只剩

下 855 kHz 一个. 这样,互调干扰就不可能存在了,但是交调干扰的可能性仍然存在.

6.3.3 干扰哨声

上面讨论的干扰情况都是由于干扰信号与本振信号的组合频率等于中频而产生的. 但是若混频器的非线性强烈,正常接收信号也会产生干扰.

假设混频器在正常接收某个信号的同时,除了产生正常的中频信号 $f_I = f_L - f_S$ 外,由于混频器强烈的非线性,使得输入信号或本振信号的高次谐波形成另外的近似中频的组合频率 $|pf_L \pm qf_S| = f_I \pm F$, 其中 F 是一个人耳可闻的频率. 结果,这个频率与正常的中频输出均可以通过中频放大电路. 由于后续的检波电路的非线性,使得这两个输出电压再产生一次混频,结果产生人耳可听到频率为 F 的干扰哨声.

例如,某收音机欲接收正常信号 $f_S = 930\,\text{kHz}$, 当本振频率为 $f_L = 1\,394.5\,\text{kHz}$ 时,正常的混频输出为 $f_L - f_S = 1\,394.5 - 930 = 464.5\,(\text{kHz})$. 此输出频率十分接近中频 $f_I = 465\,\text{kHz}$, 所以能够通过中频放大.

但是若混频器的非线性失真过大,则高阶产物有 $2f_S - f_L = 2 \times 930 - 1\,394.5 = 465.5\,(\text{kHz})$, 此频率也十分接近中频,所以也能够通过中频放大. 结果两个频率在检波器(二极管)上产生混频,最后输出它们的差频 1 kHz 信号,形成哨声.

另外,若在接收正常信号的同时,又有一个干扰信号能够与本振信号混频产生近似中频 $|pf_L \pm qf_d| = f_I \pm F$, 也会产生干扰哨声.

由于干扰哨声只有在混频器的非线性十分强烈时才可能出现,通常比较少见.

6.3.4 倒易混频

在混频电路中,如果本振信号的频谱不纯,则还可能产生一种被称为倒易混频的干扰.

如果在欲接收的信号频率附近存在一个干扰信号,这个干扰信号与本振信号中的某个噪声频率分量混频后产生的频率恰恰为中频频率,则同时接收到两个信号,其中一个就是倒易混频的产物.

例如,要接收的正常信号 $f_S = 15\,000\,\text{kHz}$、本振频率为 $f_L = 15\,465\,\text{kHz}$ 时,正常的混频输出为 465 kHz. 但是若本振信号的频谱不纯,在$(15\,465 \pm 200)\,\text{kHz}$ 范围都有较大的噪声输出,而在 f_S 附近有一个干扰信号 $f_d = 15\,100\,\text{kHz}$, 则本振

的噪声 15 565 kHz 与这个干扰信号混频后的频率也是 465 kHz,所以一定可以通过中频放大器输出.

显然,要避免倒易混频就必须提高本振信号的频谱纯度.

6.3.5 混频器的非线性与干扰的关系

从前面的讨论可知,混频器的所有干扰中,除了镜像频率干扰外,几乎都是由于三阶组合频率引起的,所以在衡量一个混频器的质量时,很重要的一个指标就是它的三阶截点.三阶截点高的电路其干扰与失真小.下面以一个例题说明如何通过三阶截点估计混频器三阶产物的影响.

例 6-6 某混频器的混频功率增益为 15 dB,输出三阶截点 $OIP_3 = 25$ dBm,问输入两个干扰信号的功率为−20 dBm 时的三阶互调输出功率.

解 混频增益是中频输出功率与输入功率的线性增益,而三阶信号的输出功率按输入功率的 3 次方成正比.在对数坐标(即按分贝计算的坐标系)中,前者的斜率为 1,而后者为 3,两者在三阶截点相交.按照这个原则,可以画出例 6-6 的混频输出功率和三阶输出功率的关系如图 6-22.

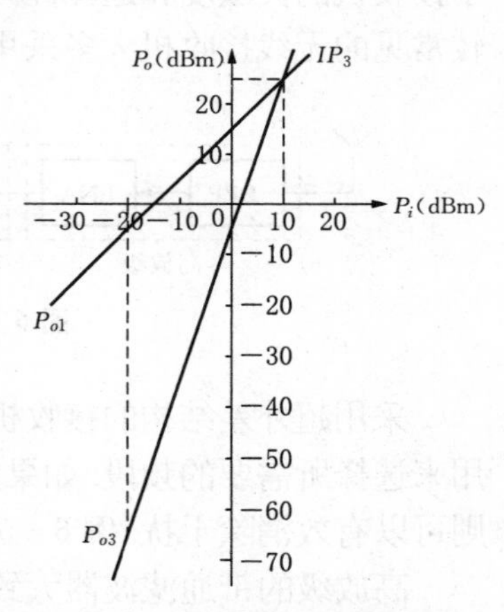

图 6-22 例 6-6 的混频增益与三阶增益曲线

图 6-22 中三阶截点处的输出功率为 25 dBm,对应的输入功率可以从混频增益计算得到,为 $25 - 15 = 10$(dBm).

当输入为−20 dBm,即从三阶截点下降 30 dB 时,混频输出按照线性下降,此时的输出为−5 dBm.而三阶输出则下降 90 dB,即此时的三阶互调输出功率为−65 dBm.

显然,若混频器的三阶截点高,则图 6-22 中表示三阶输出的那条直线将右移,在相同的干扰输入作用下,其三阶输出功率将下降.所以抑制三阶组合频率成分成为解决混频器的干扰与失真问题的一个重要方向.在具体的做法上,可以采用具有二次特性的场效应管混频电路、采用平衡混频电路或双平衡二极管混频电路等.这些电路都具有一个共同的特点,就是其中的三阶成分极小.

6.4 无线接收机中的混频电路

6.4.1 超外差结构

无线接收机的目的是从众多的无线电波中遴选出需要的信号,经过放大、解调后取出其中包含的信息.由于空中的无线电波中包含各种可能成为干扰的信号,这些干扰信号的强度有时甚至超过有用信号,有用信号有时又很微弱,因此对于接收机而言,重要的问题就是如何在强烈的干扰信号背景下取出微弱的有用信号,即要求接收机具有高的接收灵敏度和选择性.

除了6.3节讨论的混频器的非线性因素外,接收机中射频部分的电路结构对于接收机的灵敏度和选择性具有重要的影响.这部分电路可以有多种结构形式,比较常见的无线接收机大多采用图6-23所示的超外差结构.

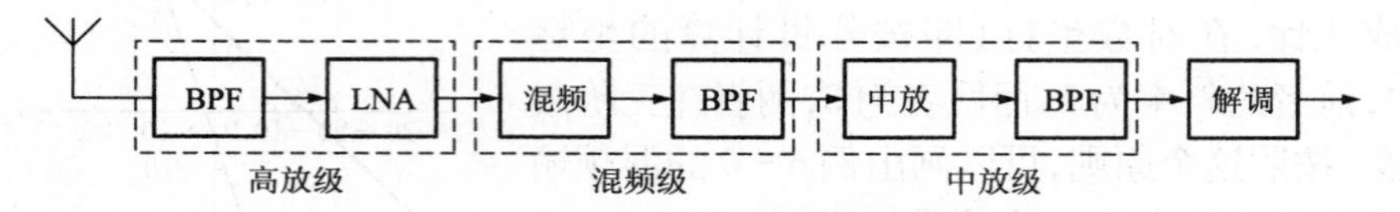

图6-23 超外差接收机的结构框图

采用超外差结构的接收机,其高放级的带通滤波器一般由谐振回路实现,主要用来选择所需要的频段.如果此滤波器能够将干扰频率的信号幅度衰减到足够小,则可以有效消除干扰.例6-5已经显示了这方面的例子.

高放级的带通滤波器大致上有两种具体实现方案,一种是固定式谐振回路结构,另一种是可调谐的谐振回路结构.

例如,在GSM移动通信(手机)中采用的是固定式谐振回路结构,其谐振频率涵盖了GSM移动通信的接收频段(935~960)MHz这个频率范围.

普通的收音机、电视机等接收设备中则采用可调谐的谐振回路结构.图6-24就是一个带调谐高放的收音机的部分电路.由图6-24可见,其调谐高放是一个小信号高频放大器,但是出于调谐的需要,其输入和输出谐振回路的谐振频率是可变的(需要谐振在欲接收的信号频率上),所以图6-24中采用了一组同步的可变电容器来调节这两个谐振回路的谐振频率.由于这组电容器中还包括了本机振荡器的谐振回路所需要的电容器,因此一共有3个可变电容器在同步改变容量.这3个同步改变容量的可变电容器以前都是机械同步的,通常制造成同轴结构以便可以用一个旋钮进行调节. 现在基本上都采用变容二极管,同步改变加在3个变容二极管上的偏置电压,就可以完成同步调谐. 由于调谐放大器具有两个谐振回路,且输出谐振回路的Q值比较高,因此接收信号的幅度大大提高而干扰信号被大幅度削减,这样就比较好地解决了混频器中的干扰问题.

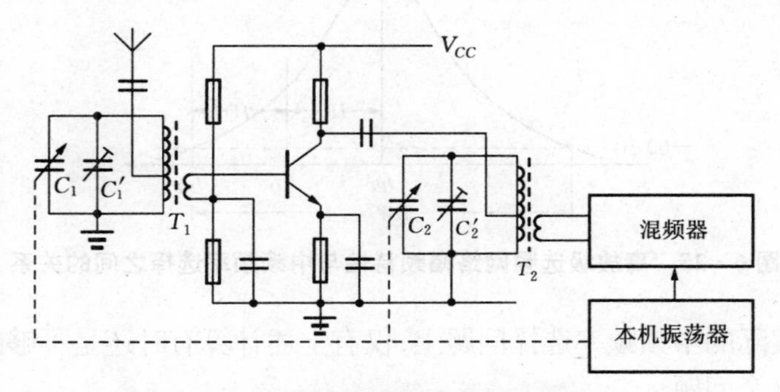

图6-24 带调谐高放的收音机的部分电路

高放级的放大器是一个低噪声放大器. 由于混频器的噪声系数一般都比较大,因此在混频之前增加一级低噪声放大器可以大幅度提高整机的信噪比. 但是此级的增益不能太高,因为其后的混频级是一个非线性器件,若由于此级的增益过大而导致进入混频器的信号强度太大,反而会产生许多不需要的高阶非线性分量.

在一些简单的超外差式接收机(例如廉价的收音机)中也可以没有高放,天线接收的信号经过一个LC调谐回路后直接进入混频器. 由于一般情况下天线回路的Q值不会太高,因此这个调谐回路的选择性不强,其抗干扰能力和灵敏度均不如带调谐高放的接收机.

6.4.2 中频频率的选择

超外差接收机的另一个重要的参数是中频频率.

前面已经讨论过,提高接收机的抗干扰能力可以从两方面入手:一是降低混频器的三阶非线性分量,二是依靠高放级的带通滤波器滤除干扰信号. 但是,由于镜像频率干扰不是由于元件的三阶组合频率引起的,因此降低三阶分量的方法对它无效,只能依靠高放级的带通滤波器不让镜像频率信号进入系统.

在高放级选频网络已经确定的情况下,能够抗拒镜像频率干扰的中频频率的选择可以用图6-25说明. 由于镜像频率与接收频率之间一定存在2倍中频间隔关系,因此若要求镜像频率信号在通过高放级选频网络后衰减到一定程度(在图

6-25 中为衰减 60 dB),则中频频率必须大于高放级选频网络在该衰减程度上的带宽的 1/4.

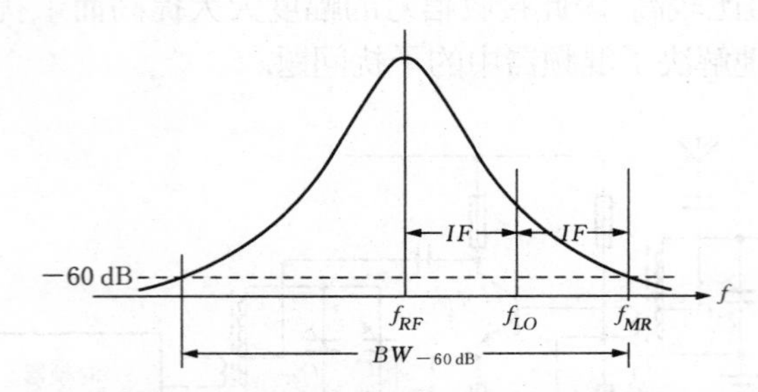

图 6-25　高放级选频网络幅频特性与中频频率选择之间的关系

但是在实际的中频频率选择问题上,仅有上述计算有时还是不够的.下面的例子可以说明这个问题.

例 6-7　在调幅广播接收机中,接收频率范围为 535 kHz～22 MHz.假定接收机采用的是图 6-24 的高放级结构且其中两个谐振回路具有相同幅频特性,有载 Q 值均为 80.若要求镜像频率信号在通过高放级选频网络后衰减 60 dB,试问选取什么中频频率可以满足上述要求?此中频频率是否合适?

解　根据第 1 章和第 2 章的讨论,可以知道两级相同的单调谐回路的综合幅频特性为

$$|H(j\omega)|_{\Sigma}=\frac{1}{|1+j\xi|^{2}}$$

而

$$BW=\xi\frac{f_{0}}{Q_{L}}$$

根据要求衰减 60 dB,即 $|1+j\xi|^{2}=1\,000$,可解出 $\xi=\sqrt{999}=31.6$.再将 $Q_L=80$ 以及最高频率 $f_0=22$ MHz 代入,则 $BW_{-60\text{ dB}}=8.7$ MHz.所以若按照图 6-25 的关系选择中频频率应该不小于 2.2 MHz.

但是实际的收音机中并不选择如此高的中频频率而是选择 465 kHz.其中的原因有许多,有一个原因就是 2.2 MHz 落在要接收的整个频带范围(535 kHz～22 MHz)之内.这时,若有一个频率等于中频频率的无线电信号,它将可能绕过混频级直接进入中频放大器,即此信号将不经过变频而直接放大,反而成为更大的干扰.所以此中频频率并不是一个合适的频率.

由上述例子可知,在实际确定一个系统的中频时,不仅要考虑使镜像频率在通过高放级的滤波网络时具有足够的衰减,还要保证此中频频率不会落到接收频带以内.

在接收频带比较窄的系统中,上述两个条件比较容易同时得到满足,此时为了提高镜像频率抗拒能力,可以选择比较高的中频.然而过高的中频会对中频放大器提出过高的要求.为了解决这个问题,可以采用二次混频的方案,即先用一个混频器将信号变到一个较高的中频,经过适当放大以后再次变频到一个低的中频,这样可以在放大器的性能和制造难度方面得到一个合理的平衡.

图 6-26 是移动通信接收机的框图.由于 GSM 移动通信的接收频段为(935~960)MHz,相对频带比较窄,因此其第一中频取得比较高(为 240 MHz).在这个中频频率下,最低的镜像频率为 $(935+2\times240)=1\,415$ MHz,只要高放级的选频网络在 1 415 MHz 频率上具有足够的衰减,就可以有效地抑制镜像频率的干扰输入.由于 1 415 MHz 距离接收频带较远,因此高放级的选频网络容易满足抗拒镜像频率干扰的要求.

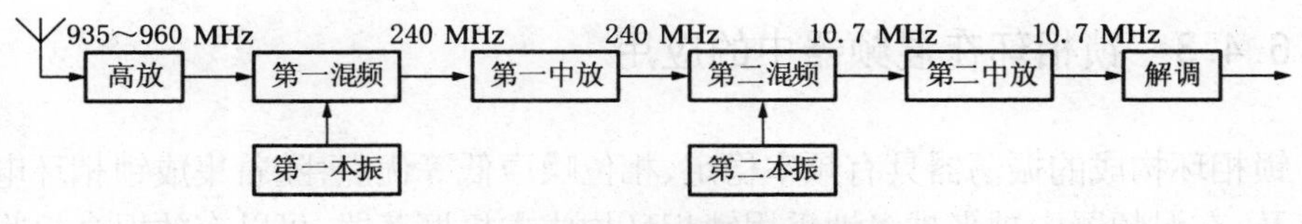

图 6-26　二次混频接收机框图

但是中频频率升高后,如果仅用第一中频,将难以满足系统的选择性要求.还是以移动通信为例,其接收频带为(935~960)MHz,其中包含 124 个信道,每个信道的频宽仅为 200 kHz.接收机只接收其中某一个信道的信号,信道的选择是依靠中频放大器的选频网络实现的.若直接用 240 MHz 中频实现信道选择,则很容易算出要求中频滤波器的综合 Q 值为 1 200,显然这个 Q 值较高而难以实现.其次,由于 240 MHz 的频率也比较高,在这个频率上实现高增益的中频放大,对于放大器的稳定性等要求也比较高.因此在实际电路中,往往采用图 6-26 所示的二次混频方案.通过二次混频,将频率降低到 10.7 MHz 后,对于同样的带宽,滤波器的总 Q 值只要 54 即可.显然这样的中频放大器在实现上要容易得多.所以在这种二次混频的接收机结构中,两次混频的功能分工很明确:第一次混频的目标是解决镜像频率干扰,第二次混频后的二次中放解决整机的选择性.

还有一种可以抗拒镜像频率干扰的结构是零中频(zero-IF)结构.

所谓零中频结构,就是将本振频率设计得与欲接收的频率一致,这样经过混频器后,输出的低频分量就是调制信号频率,其高频成分为 0,所以称为零中频.显然,采用零中频结构后不存在什么镜像频率干扰的问题.另外,由于混频后的信号就是调制信号,所以只要用低通滤波器就可以完成信道的选择,这就使得接收机的集成化更加容易.

零中频结构的主要问题是:若混频器的隔离度不高,本振信号可能通过射频输入口窜到高放级.对于超外差结构来说,由于高放级的滤波网络能够滤除本振信号,因此一般不会形成什么大问题.然而对于零中频结构来说,高放级的滤波网络对于具有相同频率的本振信号根本就没有抗拒能力,所以本振信号可能通过天线反向发射出去.这种情况称为本振泄漏.

本振泄漏造成的影响,一个是对于其他临近频道的信号形成干扰,另一个是它能够通过环境的反射再次返回放大器,然后再与本振信号混频,结果使输出出现直流分量,若原来的有用信号中就有直流或准直流成分,则这种影响将难以消除.若外环境的反射是多径的或移动的,则反射回来的信号还会有频率变化,结果输出出现虚假的交流信号,它比前面所说的直流成分更加难以处理.

6.4.3 锁相环在混频器中的应用

锁相环构成的振荡器具有频率稳定、相位噪声低等优点,随着集成锁相环电路的普及,在混频器中越来越多地采用锁相环构成本机振荡器,可以有效提高接收系统的稳定性和降低混频器的噪声系数.

根据工作环境的不同,用锁相环构成混频器单元的本机振荡器大致有两种模式.

一种模式是混频器中的本机振荡器有一个或多个固定的频率.例如,收音机接收广播电台的过程中,广播电台的发射频率十分精确与稳定,所以收音机也只要有一个精确稳定的本机振荡器即可.利用石英晶体振荡器的高稳定性,可以方便地构成稳定可靠的单频信号源.在需要多个固定的本振频率的场合,就必须用锁相环构成频率合成器作为混频器的本机振荡器.

例 6-8 我国的中波广播频率范围为 535～1 605 kHz,电台频率必须能够被 9 kHz 整除,即为 540 kHz, 549 kHz, …, 1 602 kHz.接收机的中频频率为 465 kHz,一般情况下,接收机内的本机振荡器频率要比信号频率高一个中频.试设计一个频率合成器作为接收机的本机振荡器.

解 按照题意,中波接收机的本机振荡器频率应该是 1 005 kHz, 1 014 kHz, …, 2 067 kHz.容易看出,按照第 5 章关于频率合成的介绍,可以用图 5-26 结构的频率合成器作为中波接收机的本机振荡器.其输出频率范围不应小于 1 000～

2 070 kHz,最小频率间隔为 9 kHz.

但是例 6 - 8 有个特殊之处,就是 1 005 kHz, 1 014 kHz, …, 2 067 kHz 这些频率并不能被 9 整除,所以直接按图 5 - 26 结构且令 $\frac{f_r}{M} = 9$ kHz 将无法得到需要的频率. 为此可以略加变通,令输入鉴相器的参考频率 $\frac{f_r}{M} = 3$ kHz, 反馈分频系数 N 从 335 变到 689,且每次加 3,即 $N = 335, 338, \cdots, 689$, 就可以得到稳定的本机振荡频率. 其余的设计过程已经在第 5 章讨论过,这里不再展开.

另一种用锁相环构成混频器单元的本机振荡器的模式与上述不同:当发送端与接收端之间有速度比较高的相对运动,例如,接收航天器或卫星的信号时,由于多普勒效应,在接收端看到的信号频率会发生漂移. 由于接收到的信号频率是变化的,因此若在接收端还是用一个固定的频率作为本机振荡信号时,混频后的中频信号频率一定会发生变化,中频放大器的带宽势必做得较宽以满足其频率变化的要求. 然而类似卫星这样的信号,一定非常微弱,它的信噪比一定很差. 如果中频放大器的带宽较宽,则信号将完全“淹没”在噪声中,因此不可能以例 6 - 8 那样用一个具有固定频率的合成器来承担本机振荡器的任务.

在这种情况下,最好的解决方案是本机振荡器的频率可以跟随输入频率的变化同步改变,使得中频频率保持不变,这样就可以利用中频放大器的选频网络将信号从噪声中分离出来. 能够完成这个任务的电路称为锁相接收器,图 6 - 27 便是它的结构.

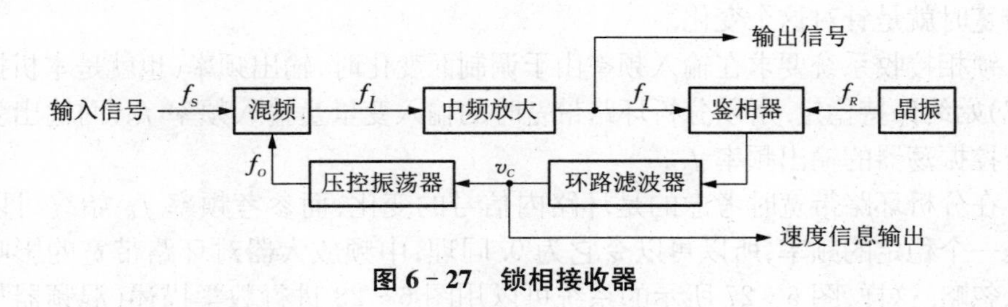

图 6 - 27 锁相接收器

该电路的关键是将混频器与中频放大器都作为锁相环的一部分,中频输出频率 f_I 作为锁相环的反馈频率,与一个设计要求的中频频率 f_R 进行比较. 根据锁相环锁定后无频差的特点,锁定后混频器的中频频率必然与设计值 f_R 一致. 若因为多普勒频移造成 f_S 偏移,则通过反馈压控振荡器的输出频率 f_O 也将随之偏移,而保证进入中放的中心频率不变. 也就是说,输入信号频率的任何变化都会通过锁相环路引起锁相环压控振荡器频率的相应变化,即本机振荡频率将忠实地跟踪输入频率的变化.

在具体设计锁相接收电路时,由于在整个锁相环内包含混频等环节,必须考虑它们对于锁相环的影响.

首先考虑整个反馈系统的极性.

由于在接收机中多采用下变频,图 6-27 中混频器的输出可以是 $f_I = f_S - f_O$,也可以是 $f_I = f_O - f_S$. 但不管哪种情况,在输入信号的中心频率变化时,都要求通过反馈使得压控振荡器的输出频率 f_O 跟随频率 f_S 变化以保证中频不变. 例如,输入信号中心频率 f_S 升高,就要求压控振荡器的输出频率 f_O 也升高.

我们用负反馈中的瞬时极性法来判断整个反馈系统的极性. 现假定混频器输出频率为 $f_I = f_O - f_S$,在输入信号频率 f_S 升高瞬时,由于 f_O 不变,因此 f_I 降低,即 θ_I 滞后. 因为鉴相器的输出电压 $v_d = K_d(\theta_i - \theta_f)$,要求压控振荡器的输出频率升高就要求 v_d 增加,所以为了获得正确的反馈极性,必须将中频信号接到鉴相器的反馈信号端,而将参考频率接到鉴相器的输入信号端. 若混频器输出为 $f_I = f_S - f_O$,则上述接法要反过来.

由于乘积型和异或门鉴相器无极性,可以不必注意上述问题;但是若采用边沿触发的鉴相器时,极性接错将无法实现锁相接收.

下面再考虑锁相接收的环路带宽要求.

在锁相接收电路中,输入信号有两种不同的频率变化:一种是由于多普勒效应引起的中心频率(载频)的缓慢变化,前面分析反馈系统极性时就是针对这种缓慢变化;还有一种是由于包含了信息所造成的频率变化(调制),我们分析锁相环的环路带宽时就是针对这个变化.

锁相接收系统要求在输入频率由于调制而变化时,输出频率(也就是本机振荡频率)始终保持稳定. 所以分析环路带宽时的输入变量是输入频率 f_S,而输出变量是压控振荡器的输出频率 f_O.

在分析环路带宽时考虑的是环路内信号的变化,而参考频率 f_R 始终可以认为是一个稳定的频率,所以可以令它为 0. 同理,中频放大器对环路带宽的影响也可以忽略. 这样,图 6-27 所示的系统可以用图 6-28 进行数学描述(混频器与鉴相器的正确极性已经标在图 6-28 中,这里也可以看出两者的极性搭配与整个系统的反馈极性的关系). 由于混频器比较的是频率,因此将压控振荡器中的积分环节移到混频之后.

根据图 6-28 可以写出此环路的闭环传递函数如下:

$$\Phi(s) = \frac{\omega_O(s)}{\omega_S(s)} = \frac{K_d K_f(s) K_o}{s + K_d K_f(s) K_o} \tag{6.67}$$

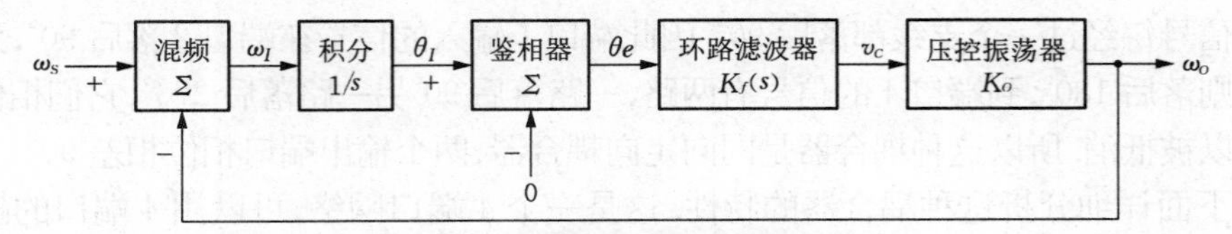

图 6-28 锁相接收器的数学模型

比较此式与第 5 章的(5.21)式,我们发现它们完全一样. 所以可以得到一个结论:锁相接收器中混频器对于锁相环的传递函数没有影响.

已知锁相环有两种跟踪模式:载波跟踪与调制跟踪. 对于此电路来说,它要跟踪的是输入信号的中心频率,所以是一种载波跟踪. 在载波跟踪模式,锁相环的环路带宽应该远小于输入信号的调制频率. 然而此电路的输出又必须跟踪载波的缓慢变化,环路带宽又必须远大于输入载波的多普勒频移的变化频率. 一般情况下这两种频率相差极大,所以总可以得到一个合适的环路带宽.

最后要指出,锁相接收电路中压控振荡器控制电压的变化,反映了输入信号 f_S 的频率缓变,它是一个准直流(飘移)信号. 若假定发送端的参考频率和接收端的参考频率都具有足够的稳定性(一般情况下这个假设均能成立),则这个飘移就是由于发送端与接收端的相对位移引起的多普勒频移,将此电压引出可以得到两者的相对速度信息. 实际上许多测速装置都采用了类似的原理.

附录 微带线耦合器

在微波波段的混频器中常常使用微带线耦合器. 微带线耦合器的种类较多,下面介绍几个微带线耦合器(包括前面在高频功率放大器一章中曾介绍过的 Wilkinson 功率分配器)的工作原理. 用微带线耦合器构成的混频器只介绍了用分支线耦合器构成的二极管平衡混频器,读者根据其原理应该能够理解用其他耦合器构成混频器的原则,故不再展开.

一、分支线耦合器

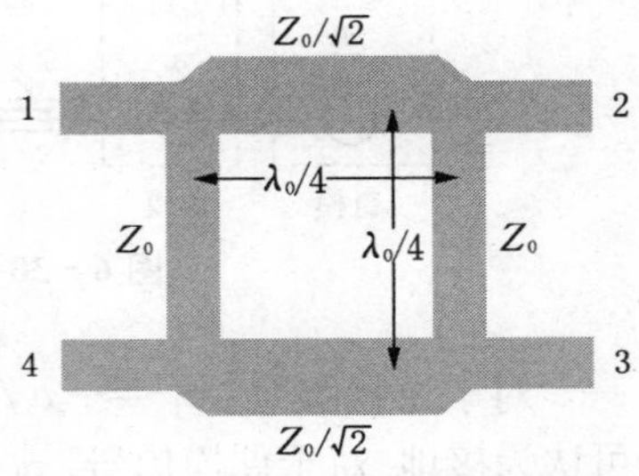

图 6-29 分支线定向耦合器

图 6-29 是分支线耦合器,它由两根主支线与两根分支线组成,主支线的特征阻抗为 $Z_0/\sqrt{2}$,分支线的特征阻抗为 Z_0,每根支线的长度都是 $\lambda_0/4$.

这种耦合器的定性讨论如下:由于 4 根支线的长度都是 $\lambda_0/4$,在每个端口都没有反射的条件下,输入信号每经过一个支线都落后 90°. 因此端口 1 输入的信号在端口 2 落后 90°,到端口 3 则落后 180°,到端口 4 的信号有两路,一路落后 90°另一路落后 270°,它们相位相反所以被抵消. 所以这种耦合器是同向定向耦合器,两个输出端口相位相差 90°.

下面详细分析这种耦合器的特性. 这是一个 4 端口网络,可以用 4 端口的散射参数矩阵描述它的性能:

$$\begin{bmatrix} v_1^- \\ v_2^- \\ v_3^- \\ v_4^- \end{bmatrix} = \begin{bmatrix} S_{11} & S_{12} & S_{13} & S_{14} \\ S_{21} & S_{22} & S_{23} & S_{24} \\ S_{31} & S_{32} & S_{33} & S_{34} \\ S_{41} & S_{42} & S_{43} & S_{44} \end{bmatrix} \cdot \begin{bmatrix} v_1^+ \\ v_2^+ \\ v_3^+ \\ v_4^+ \end{bmatrix} \tag{6.68}$$

由于此网络具有对称、互易与无耗等特点,因此一定有以下特征: $S_{11} = S_{22} = S_{33} = S_{44}$, $S_{12} = S_{21} = S_{34} = S_{43}$, $S_{13} = S_{31} = S_{24} = S_{42}$, $S_{14} = S_{41} = S_{23} = S_{32}$. 因此,只要分析其中 4 个 S 参数即可建立起整个散射矩阵. 为此在端口 1 加上激励电压 $v_1^+ = v_s$, 其余端口均加上匹配负载,则有 4 个 S 参数分别为

$$S_{11} = \frac{v_1^-}{v_s},\ S_{21} = \frac{v_2^-}{v_s},\ S_{31} = \frac{v_3^-}{v_s},\ S_{41} = \frac{v_4^-}{v_s}$$

下面用奇偶模分析法分析上述耦合器加上激励后的响应.

奇偶模分析法将输入分解为两种分量:在端口 1 分为两个大小相等、相位相同的电压,端口 4 上用大小相等、相位相反的电压来激励. 两个端口同相的为偶模激励,反相的为奇模激励. 其等效模型如图 6-30.

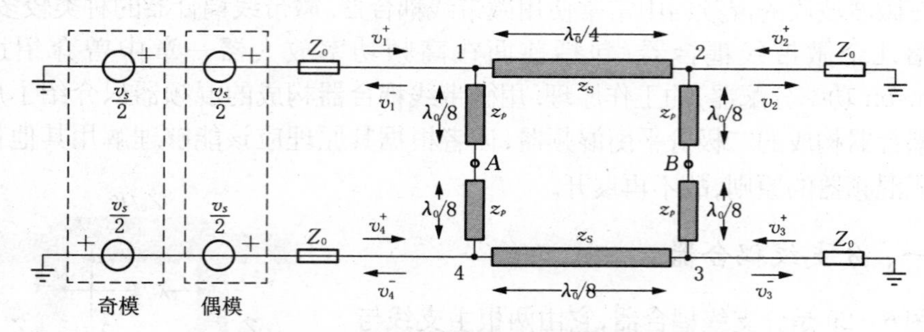

图 6-30　分支线耦合器的奇偶模分析模型

对于奇模激励, $v_1 = + v_s/2$, $v_4 = - v_s/2$, 由于对称性,图 6-30 中 A 和 B 两点可认为接地. 对于偶模信号, $v_1 = + v_s/2$, $v_4 = + v_s/2$, 同样由于对称性,A 和 B 两点可认为开路. 因此无论偶模还是奇模,由于对称性都只要分析半电路即可. 半电路结

构为两根终端短路或终端开路的 $\lambda_0/8$ 分支线加上一根 $\lambda_0/4$ 传输线构成的网络.

偶模激励时,入射电压波是 $v_{1e}^{+}=v_{4e}^{+}=+v_s/2$. 在端口 1 和 4 有反射电压波,由于对称性,两个反射系数 Γ_e 相同,反射电压波是

$$v_{1e}^{-}=\Gamma_e v_{1e}^{+}=\Gamma_e\frac{v_s}{2},\ v_{4e}^{-}=\Gamma_e v_{4e}^{+}=\Gamma_e\frac{v_s}{2}$$

同理,在端口 2 和 3 有传输电压波,有相同的传输系数 T_e,传输电压波是

$$v_{2e}^{-}=T_e v_{1e}^{+}=T_e\frac{v_s}{2},\ v_{3e}^{-}=T_e v_{4e}^{+}=T_e\frac{v_s}{2}$$

奇模激励与偶模激励类似,但是注意到入射电压波是 $v_{1o}^{+}=+v_s/2$, $v_{4o}^{+}=-v_s/2$, 则有反射电压波

$$v_{1o}^{-}=\Gamma_o\frac{v_s}{2},\ v_{4o}^{-}=-\Gamma_o\frac{v_s}{2}$$

传输电压波

$$v_{2o}^{-}=T_o\frac{v_s}{2},\ v_{3o}^{-}=-T_o\frac{v_s}{2}$$

奇模偶模叠加后就是开始时设定的端口 1 加上激励电压 v_s 的情况,因此有

$$\begin{cases} v_1^{-}=v_{1e}^{-}+v_{1o}^{-}=\dfrac{1}{2}(\Gamma_e+\Gamma_o)v_s=S_{11}v_s \\ v_2^{-}=v_{2e}^{-}+v_{2o}^{-}=\dfrac{1}{2}(T_e+T_o)v_s=S_{21}v_s \\ v_3^{-}=v_{3e}^{-}+v_{3o}^{-}=\dfrac{1}{2}(T_e-T_o)v_s=S_{31}v_s \\ v_4^{-}=v_{4e}^{-}+v_{4o}^{-}=\dfrac{1}{2}(\Gamma_e-\Gamma_o)v_s=S_{41}v_s \end{cases} \tag{6.69}$$

为了得到 Γ_e, Γ_o, T_e 和 T_o,可以将半电路看作 3 个简单网络的级联——两端各一根分支线与中间一根主支线,如图 6-31. 写出奇模激励与偶模激励情况下每个简单网络的 **A** 矩阵,总的 **A** 矩阵是 3 个单独的 **A** 矩阵之积. 最后将 **A** 矩阵转换为 **S** 矩阵,其中的 S_{11} 就是该网络的反射系数 Γ, S_{21} 就是该网络的传输系数 T.

根据 **A** 矩阵的定义:

$$A_{11}=\left.\frac{v_1}{v_2}\right|_{i_2=0},\ A_{12}=\left.\frac{v_1}{-i_2}\right|_{v_2=0},\ A_{21}=\left.\frac{i_1}{v_2}\right|_{i_2=0},\ A_{22}=\left.\frac{i_1}{-i_2}\right|_{v_2=0}$$

可写出图 6-31 中每个简单网络的 **A** 矩阵.

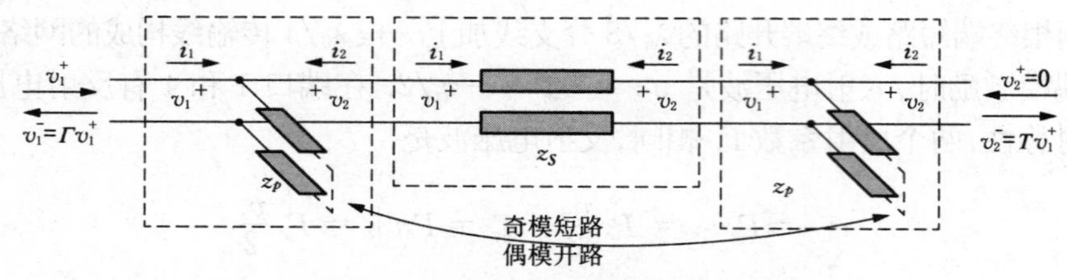

图 6-31 分支线耦合器的半电路分析

对于中间那根主支线来说，$i_2=0$ 就是终端开路，根据传输线理论，长度为 d 的终端开路传输线的输入电压 $v_1=v(-d)=2V^+\cos(\beta d)$，输入电流为 $i_1=i(-d)=\mathrm{j}\dfrac{2V^+}{Z_0}\sin(\beta d)$，终端电压为 $v_2=v(0)=2V^+$，所以 $A_{11}=v_1/v_2=\cos(\beta d)$，$A_{21}=i_1/v_2=\mathrm{j}\dfrac{1}{Z_0}\sin(\beta d)$. 同理，$v_2=0$ 就是传输线终端短路，注意到实际的终端电流与定义的相反，有 $A_{12}=\mathrm{j}Z_0\sin(\beta d)$，$A_{22}=\cos(\beta d)$. 所以，一段长度为 d、特征阻抗为 Z_0 的传输线的 $\boldsymbol{A}$ 矩阵为

$$[\boldsymbol{A}]=\begin{bmatrix}\cos(\beta d) & \mathrm{j}Z_0\sin(\beta d)\\ \mathrm{j}\dfrac{1}{Z_0}\sin(\beta d) & \cos(\beta d)\end{bmatrix} \tag{6.70}$$

考虑到此段传输线的特征阻抗为 z_s、长度为 $\lambda_0/4$、$\beta d=\pi/2$，所以最后有

$$A_{11}=0,\ A_{12}=\mathrm{j}z_s,\ A_{21}=\mathrm{j}\frac{1}{z_s},\ A_{22}=0$$

对于两侧的分支线网络来说，奇模与偶模是不同的.

偶模激励时分支线终端开路，由于是 $\lambda_0/8$ 传输线，$\beta d=\pi/4$. 当 $i_2=0$ (即输出开路)情况下，$v_1=v_2$，$\dfrac{i_1}{v_2}=\dfrac{i_1}{v_1}=\dfrac{1}{z_{\text{in}}(-d)}=\dfrac{1}{-\mathrm{j}z_p\cot(\beta d)}$，因此有 $A_{11}=1$，$A_{21}=\mathrm{j}\dfrac{1}{z_p}$；当 $v_2=0$(即输出短路)情况下，$v_1=0$，$i_1=-i_2$，因此 $A_{12}=0$，$A_{22}=1$.

因此在偶模激励情况下，总的 $\boldsymbol{A}$ 矩阵为

$$[\boldsymbol{A}]_e=\begin{bmatrix}1 & 0\\ \mathrm{j}\dfrac{1}{z_p} & 1\end{bmatrix}\cdot\begin{bmatrix}0 & \mathrm{j}z_s\\ \mathrm{j}\dfrac{1}{z_s} & 0\end{bmatrix}\cdot\begin{bmatrix}1 & 0\\ \mathrm{j}\dfrac{1}{z_p} & 1\end{bmatrix}=\begin{bmatrix}-\dfrac{z_s}{z_p} & \mathrm{j}z_s\\ \mathrm{j}\left(\dfrac{1}{z_s}-\dfrac{z_s}{z_p^2}\right) & -\dfrac{z_s}{z_p}\end{bmatrix} \tag{6.71}$$

注意到主支线的特征阻抗 $z_s=Z_0/\sqrt{2}$，分支线的特征阻抗 $z_p=Z_0$，则上述矩阵可

以简化为

$$[\boldsymbol{A}]_e = \begin{bmatrix} -\frac{1}{\sqrt{2}} & \mathrm{j}\frac{Z_0}{\sqrt{2}} \\ \mathrm{j}\frac{1}{\sqrt{2}Z_0} & -\frac{1}{\sqrt{2}} \end{bmatrix} \tag{6.72}$$

将它转化为 $\boldsymbol{S}$ 矩阵. 根据表 2-8 可以得到

$$\begin{cases} \Gamma_e = S_{11e} = \dfrac{A_{11e}+A_{12e}/Z_0-A_{21e}Z_0-A_{22e}}{A_{11e}+A_{12e}/Z_0+A_{21e}Z_0+A_{22e}} = 0 \\ T_e = S_{21e} = \dfrac{2}{A_{11e}+A_{12e}/Z_0+A_{21e}Z_0+A_{22e}} = \dfrac{\sqrt{2}}{-1+\mathrm{j}} \end{cases} \tag{6.73}$$

奇模激励时分支线终端短路,分支线网络中的 $A_{21}=\dfrac{i_1}{v_2}=\dfrac{1}{\mathrm{j}z_p\tan(\beta d)}=-\mathrm{j}\dfrac{1}{z_p}$,其余参数均与偶模相同,所以只要将(6.72)式中的 $\mathrm{j}\dfrac{1}{z_p}$ 换成 $-\mathrm{j}\dfrac{1}{z_p}$,即可得到奇模激励的 $\boldsymbol{A}$ 矩阵:

$$[\boldsymbol{A}]_o = \begin{bmatrix} \dfrac{z_s}{z_p} & \mathrm{j}z_s \\ \mathrm{j}\left(\dfrac{1}{z_s}-\dfrac{z_s}{z_p^2}\right) & \dfrac{z_s}{z_p} \end{bmatrix} = \begin{bmatrix} \dfrac{1}{\sqrt{2}} & \mathrm{j}\dfrac{Z_0}{\sqrt{2}} \\ \mathrm{j}\dfrac{1}{\sqrt{2}Z_0} & \dfrac{1}{\sqrt{2}} \end{bmatrix} \tag{6.74}$$

奇模激励的反射系数和传输系数分别为

$$\begin{cases} \Gamma_o = S_{11o} = \dfrac{A_{11o}+A_{12o}/Z_0-A_{21o}Z_0-A_{22o}}{A_{11o}+A_{12o}/Z_0+A_{21o}Z_0+A_{22o}} = 0 \\ T_o = S_{21o} = \dfrac{2}{A_{11o}+A_{12o}/Z_0+A_{21o}Z_0+A_{22o}} = \dfrac{\sqrt{2}}{1+\mathrm{j}} \end{cases} \tag{6.75}$$

将上述结果全部代入(6.69)式,有

$$\begin{cases} S_{11} = \dfrac{1}{2}(\Gamma_e+\Gamma_o) = 0 \\ S_{21} = \dfrac{1}{2}(T_e+T_o) = -\mathrm{j}\dfrac{\sqrt{2}}{2} \\ S_{31} = \dfrac{1}{2}(T_e-T_o) = -\dfrac{\sqrt{2}}{2} \\ S_{41} = \dfrac{1}{2}(\Gamma_e-\Gamma_o) = 0 \end{cases} \tag{6.76}$$

所以,图 6 - 29 分支线定向耦合器的传输特性可以用以下的 S 参数矩阵表述:

$$[\boldsymbol{S}]=\frac{\sqrt{2}}{2}\begin{bmatrix}0 & -\mathrm{j} & -1 & 0\\ -\mathrm{j} & 0 & 0 & -1\\ -1 & 0 & 0 & -\mathrm{j}\\ 0 & -1 & -\mathrm{j} & 0\end{bmatrix} \tag{6.77}$$

该 S 参数矩阵中,$S_{11}=S_{22}=S_{33}=S_{44}=0$,表示 4 个端口均阻抗匹配,没有反射. $S_{14}=S_{41}=0$,表示端口 1 和 4 相互无传输与反射,即相互隔离. 同理,$S_{23}=S_{32}=0$ 表示端口 2 和 3 相互隔离. $S_{12}=S_{21}=-\mathrm{j}\sqrt{2}/2$ 表示端口 1 和 2 之间的电压传输系数为$\sqrt{2}/2$,且有$-90°$相移. 同理,$S_{34}=S_{43}=-j\sqrt{2}/2$ 表示端口 4 和 3 之间也有电压传输系数$\sqrt{2}/2$ 和$-90°$相移. 而 $S_{13}=S_{31}=-\sqrt{2}/2$ 和 $S_{24}=S_{42}=-\sqrt{2}/2$ 表示端口 1 和 3 之间以及端口 2 和 4 之间,都有电压传输系数为$\sqrt{2}/2$ 和 180°相移. 由于电压传输系数为$\sqrt{2}/2$ 就是一半功率,即-3 dB,故此耦合器在 4 个端口均阻抗匹配的条件下,可以将输入功率平均分配到两个输出端口,而两个输入端口之间相互隔离,两个输出端口之间也相互隔离.

二、平行线耦合器

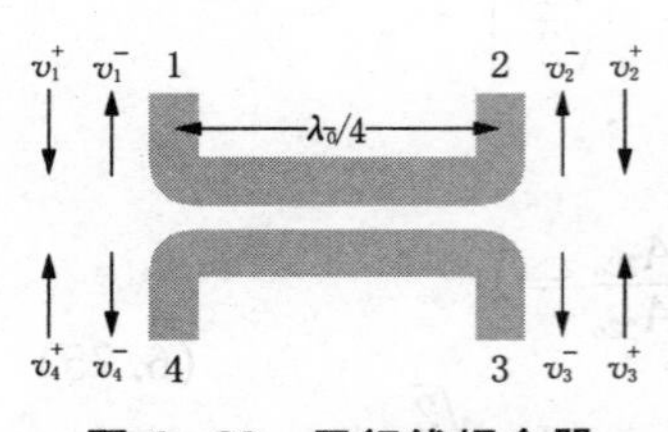

图 6 - 32 平行线耦合器

平行线耦合器是另外一种 4 端口耦合器. 如图 6 - 32 所示,它由两段相互平行靠近的微带线构成,线长在中心频率上是 1/4 波长.

该耦合器的定性分析如下:由于两段微带线十分靠近,它们之间存在电场与磁场两种耦合方式. 信号从端口 1 输入后,电磁波除在 1~2 的主传输线上传输外,还有一部分能量耦合到 3~4 的副传输线上. 当线的各端口都接入匹配负载时,电场耦合在副传输线上产生对称电场,磁场耦合在副传输线上产生反对称电场,因此,在副传输线的端口 4 处两种耦合产生的电场相互加强,而在端口 3 处两种耦合产生的电场相互抵消. 在理想情况下,端口 4 有耦合输出,端口 3 无输出,故这种定向耦合器是反向定向耦合器.

下面用奇偶模分析法分析上述耦合器. 假定在端口 1 加上激励电压 v_s,其余端口均无激励,等效模型如图 6 - 33.

由于对称性,对于奇模激励,图 6 - 33 中 AB 平面是一个零电位平面. 对于偶

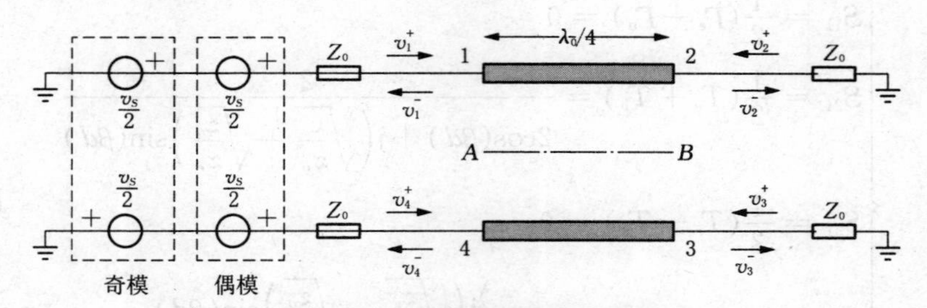

图 6-33　平行线耦合器的分析模型

模激励，AB 平面是一个开路平面. 无论哪种情况，半电路的形式都是一根传输线，其 A 参数可以用(6.70)式描述. 但是在平行线耦合器中，由于在奇模偶模两种情况下，两根传输线的相互电磁感应的模式不同，因此两种情况下传输线的特征阻抗是不同的.

令奇模激励时传输线特征阻抗为 z_o，偶模激励时为 z_e，代入(6.70)式描述的 A 参数并转换为 S 参数，得到半电路的反射系数和传输系数如(6.78)式所示，其中 Z_0 是耦合器各端口的匹配阻抗.

$$\left\{\begin{aligned}
\Gamma_e &= \frac{A_{11e}+\dfrac{A_{12e}}{Z_0}-A_{21e}Z_0-A_{22e}}{A_{11e}+\dfrac{A_{12e}}{Z_0}+A_{21e}Z_0+A_{22e}} = \frac{\mathrm{j}\left(\dfrac{z_e}{Z_0}-\dfrac{Z_0}{z_e}\right)\sin(\beta d)}{2\cos(\beta d)+\mathrm{j}\left(\dfrac{z_e}{Z_0}+\dfrac{Z_0}{z_e}\right)\sin(\beta d)}\\
T_e &= \frac{2}{A_{11e}+\dfrac{A_{12e}}{Z_0}+A_{21e}Z_0+A_{22e}} = \frac{2}{2\cos(\beta d)+\mathrm{j}\left(\dfrac{z_e}{Z_0}+\dfrac{Z_0}{z_e}\right)\sin(\beta d)}\\
\Gamma_o &= \frac{A_{11o}+\dfrac{A_{12o}}{Z_0}-A_{21o}Z_0-A_{22o}}{A_{11o}+\dfrac{A_{12o}}{Z_0}+A_{21o}Z_0+A_{22o}} = \frac{\mathrm{j}\left(\dfrac{z_o}{Z_0}-\dfrac{Z_0}{z_o}\right)\sin(\beta d)}{2\cos(\beta d)+\mathrm{j}\left(\dfrac{z_o}{Z_0}+\dfrac{Z_0}{z_o}\right)\sin(\beta d)}\\
T_o &= \frac{2}{A_{11o}+\dfrac{A_{12o}}{Z_0}+A_{21o}Z_0+A_{22o}} = \frac{2}{2\cos(\beta d)+\mathrm{j}\left(\dfrac{z_o}{Z_0}+\dfrac{Z_0}{z_o}\right)\sin(\beta d)}
\end{aligned}\right. \tag{6.78}$$

为了使耦合器达到匹配和隔离，通常令 $Z_0=\sqrt{z_e z_o}$. 将此条件代入(6.78)式并将它转换为 S 参数，有

$$
\begin{cases}
S_{11}=\dfrac{1}{2}(\Gamma_e+\Gamma_o)=0\\
S_{21}=\dfrac{1}{2}(T_e+T_o)=\dfrac{2}{2\cos(\beta d)+\mathrm{j}\left(\sqrt{\dfrac{z_e}{z_o}}+\sqrt{\dfrac{z_o}{z_e}}\right)\sin(\beta d)}\\
S_{31}=\dfrac{1}{2}(T_e-T_o)=0\\
S_{41}=\dfrac{1}{2}(\Gamma_e-\Gamma_o)=\dfrac{\mathrm{j}\left(\sqrt{\dfrac{z_e}{z_o}}-\sqrt{\dfrac{z_o}{z_e}}\right)\sin(\beta d)}{2\cos(\beta d)+\mathrm{j}\left(\sqrt{\dfrac{z_e}{z_o}}+\sqrt{\dfrac{z_o}{z_e}}\right)\sin(\beta d)}
\end{cases}
\tag{6.79}
$$

由于在中心频率上传输线长度为 $\lambda_0/4$,即 $\beta d=\pi/2$,对于中心频率有

$$
S_{11}=0,\ S_{21}=-\mathrm{j}\,\frac{2\sqrt{z_e z_o}}{z_e+z_o},\ S_{31}=0,\ S_{41}=\frac{z_e-z_o}{z_e+z_o}
$$

由于对称和互易,整个耦合器的 $\boldsymbol{S}$ 矩阵为

$$
[\boldsymbol{S}]=\frac{1}{z_e+z_o}\begin{bmatrix}0 & -2\mathrm{j}\sqrt{z_e z_o} & 0 & z_e-z_o\\ -2\mathrm{j}\sqrt{z_e z_o} & 0 & z_e-z_o & 0\\ 0 & z_e-z_o & 0 & -2\mathrm{j}\sqrt{z_e z_o}\\ z_e-z_o & 0 & -2\mathrm{j}\sqrt{z_e z_o} & 0\end{bmatrix}
\tag{6.80}
$$

由此可见,信号从端口 1 输入后,端口 3 无输出,端口 2 和 4 有输出,两个输出相差 90°,功率分配的比例跟偶模阻抗与奇模阻抗的差值有关.若在端口 1 和 3 加入信号,在端口 4 加入匹配电阻,在端口 3 加入混频二极管,就可以构成单管混频器.

三、环形耦合器

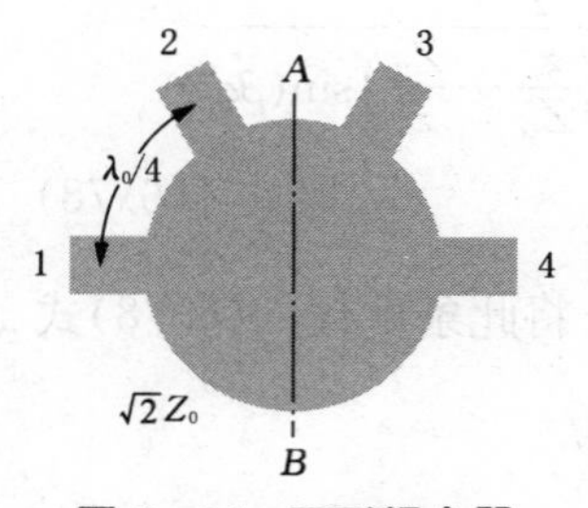

图 6-34 环形耦合器

还有一种常见的耦合器是环形耦合器,它常常用来作为 3 dB 功率分配器或平衡混频器.其结构如图 6-34,端口 1 到 2、端口 2 到 3 以及端口 3 到 4 之间的长度为中心频率上的 1/4 波长,端口 1 到 4 的长度为中心频率上的 3/4 波长.通常 4 个端口的特性阻抗为 Z_0,环的

特性阻抗为$\sqrt{2}Z_0$.

用作功率分配器时,电磁波可以从端口 1 或 2 输入. 端口 1 输入时,到达端口 3 的两路信号由于相位相反故形成抵消而没有输出,端口 2 和 4 都有输出且两个输出反相. 端口 2 输入时,端口 4 也是由于两路信号反相而没有输出,端口 1 和 3 则都有输出且两个输出同相.

将上述信号倒过来就可以构成功率合成或者混频器的混合单元. 例如,将两个同相信号从端口 1 和 3 输入,端口 4 接入匹配电阻,在端口 2 就得到它们的混合信号.

由于该耦合器在图 6 - 34 的 AB 面上对称,因此也可以用奇偶模分析法进行分析. 分析过程与分支线耦合器的几乎完全一致,但是由于两侧分支线的长度不同,它不是互易网络,所以要进行两次奇偶模分析:一次在端口 1 激励,可以得到 S_{11}, S_{21}, S_{31}, S_{41},以及对称的 S_{44}, S_{34}, S_{24} 和 S_{14};另一次在端口 2 激励,可以得到 S_{12}, S_{22}, S_{32}, S_{42},以及对称的 S_{43}, S_{33}, S_{23} 和 S_{13}. 这里省略了所有分析过程,给出最后的结果即 $\boldsymbol{S}$ 矩阵为

$$[\boldsymbol{S}] = \frac{\sqrt{2}}{2}\begin{bmatrix} 0 & -\mathrm{j} & 0 & \mathrm{j} \\ -\mathrm{j} & 0 & -\mathrm{j} & 0 \\ 0 & -\mathrm{j} & 0 & -\mathrm{j} \\ \mathrm{j} & 0 & -\mathrm{j} & 0 \end{bmatrix} \tag{6.81}$$

此 $\boldsymbol{S}$ 矩阵给出了所有的功率传递关系. 例如,作为功率分配,由于

$$S_{11} = 0,\ S_{21} = -\mathrm{j}\frac{\sqrt{2}}{2},\ S_{31} = 0,\ S_{41} = \mathrm{j}\frac{\sqrt{2}}{2}$$

因此端口 1 输入的信号在端口 2 和 4 各得到一半功率,端口 3 无输出;端口 2 与输入之间有负 90°的相位差,端口 4 与输入有 90°的相位差.

四、Wilkinson 功分器

Wilkinson 功分器也是一种耦合器,由于常常用于功率分配,故称为功分器. 其结构如图 6 - 35,由两支长度为 $\lambda_0/4$、特性阻抗为$\sqrt{2}Z_0$ 的传输线与一个阻值为 $2Z_0$ 的电阻构成,3 个端口的特征阻抗都是 Z_0.

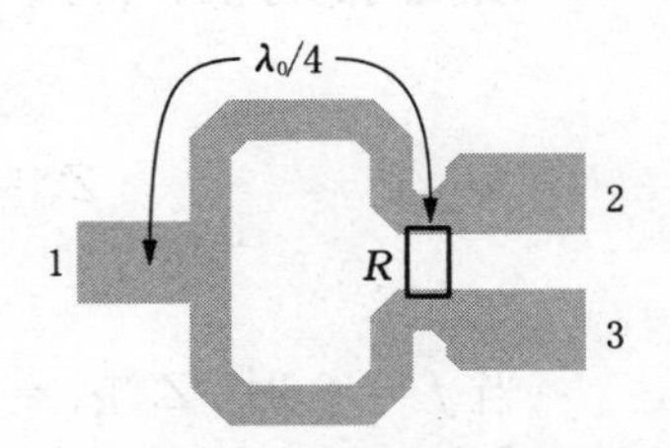

图 6 - 35 Wilkinson 功分器

作为功率分配器时,端口 1 为信号源端口,正常情况下信号源的额定输出功率将均分到其余两个端口.

在最坏的情况下,一半功率输出到其中一个端口,另一半功率被电阻 R 消耗.

作为功率合成器时,在端口 2 和 3 加上同相信号源,电阻 R 上无功率消耗,端口 1 得到的信号功率是两个输入端口的额定输出功率之和.

若只有一个端口输入信号,其额定输出功率之一半传递到端口 1,另一半消耗在电阻 R 上,另一个输入端口无功率输出.

由于此分配器上下对称,也可以奇偶模分析法进行分析. 图 6 - 36 是在端口 2 加信号的奇偶模分析原理图,其中将端口 1 拆为 P_1' 和 P_1'' 两个端点以求得对称.

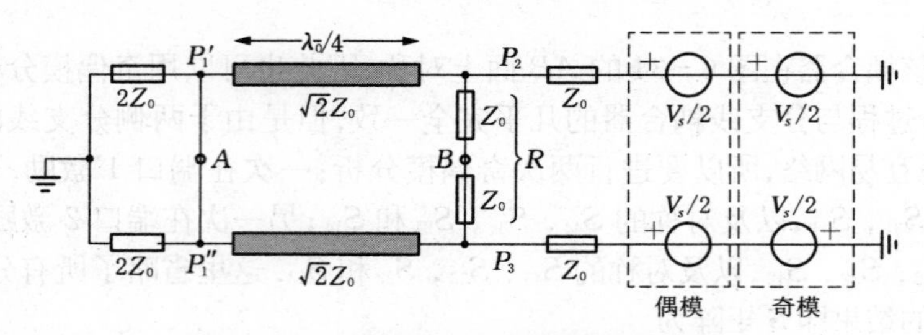

图 6 - 36　Wilkinson 功分器的奇偶模分析

对于偶模信号,图 6 - 36 中 A 点与 B 点都没有电流流过,半电路分析的有效元件只有源、源内阻、传输线以及负载,将已知条件 $Z_0 = \sqrt{2}Z$, $Z_L = 2Z$,以及 $\beta = 2\pi/\lambda$, $l = \lambda_0/4$ 代入传输线输入阻抗的表达式(1.93)式,可得在 P_2 点向 $\lambda_0/4$ 传输线方向看去的输入阻抗为

$$Z_{\text{in}(P_2)}^{\text{even}} = \sqrt{2}Z_0 \frac{\sqrt{2} + \text{j}\tan\left(\frac{\pi}{2} \cdot \frac{\lambda_0}{\lambda}\right)}{1 + \text{j}\sqrt{2}\tan\left(\frac{\pi}{2} \cdot \frac{\lambda_0}{\lambda}\right)} \tag{6.82}$$

当 $f = f_0$(即 $\lambda = \lambda_0$)时, $Z_{\text{in}(P_2)}^{\text{even}} = Z_0$, 所以端口 2 对于频率为 f_0 的偶模信号是阻抗匹配的. 同理可证,端口 3 对于频率为 f_0 的偶模信号也是阻抗匹配的.

以相同的方法,可得 P_1' 点向 $\lambda_0/4$ 传输线方向看去的输入阻抗为

$$Z_{\text{in}(P_1')}^{\text{even}} = \sqrt{2}Z_0 \frac{1 + \text{j}\sqrt{2}\tan\left(\frac{\pi}{2} \cdot \frac{\lambda_0}{\lambda}\right)}{\sqrt{2} + \text{j}\tan\left(\frac{\pi}{2} \cdot \frac{\lambda_0}{\lambda}\right)} \tag{6.83}$$

当 $f = f_0$ 时, $Z_{\text{in}(P_1')}^{\text{even}} = 2Z_0$, 即对于频率为 f_0 的偶模信号, P_1' 端口是阻抗匹配的, P_1'' 端口同样也是阻抗匹配的,所以整个端口 1 对于频率为 f_0 的偶模信号是阻

抗匹配的.

由于传输线两端均阻抗匹配,信号源输出功率一定是它的额定输出功率.在端口 2 和 3,偶模信号的额定输出功率相同,均为

$$P_2^{\text{even}} = P_3^{\text{even}} = \frac{(V_s/2)^2}{4Z_0} = \frac{V_s^2}{16Z_0} \tag{6.84}$$

因为传输线无耗且 R 上无电流,所以在端口 1 的负载上得到的偶模信号总功率为

$$P_1^{\text{even}} = P_2^{\text{even}} + P_3^{\text{even}} = \frac{V_s^2}{8Z_0} \tag{6.85}$$

对于奇模信号,图 6-36 中的 A 点与 B 点都接地.在 P_2 点向 $\lambda_0/4$ 传输线方向看去的输入阻抗为传输线的输入阻抗与电阻 $R/2$ 的并联:

$$Z_{\text{in}(P_2)}^{\text{odd}} = \left[\sqrt{2}Z_0\frac{0+\text{j}\sqrt{2}\tan(\pi\lambda_0/2\lambda)}{\sqrt{2}+0}\right]//Z_0 \tag{6.86}$$

当 $f = f_0$ 时,传输线的输入阻抗为无穷大,所以 $Z_{\text{in}(P_2)}^{\text{odd}} = Z_0$,同样可知 $Z_{\text{in}(P_3)}^{\text{odd}} = Z_0$.这个结果说明:对于奇模信号来说,端口 2 和 3 也是阻抗匹配的.

然而由于 A 点接地,在端口 1 的奇模信号功率为 0.这说明奇模功率在端口上没有反射,也不会传输到端口 1,最后都消耗在电阻 R 上了.这个结论很重要,它说明端口 2 和 3 有很好的互相隔离能力,即使两个端口由于某种原因而造成电压不一致,不一致部分的功率就成为奇模信号,它不会对另一个端口造成影响.

最后,我们看到在端口 2 单独加上信号源 V_s、端口 3 无信号、端口 1 接负载的情况下,端口 2 的额定输出功率为$\frac{V_s^2}{4Z}$,端口 1 得到的总功率为$\frac{V_s^2}{8Z}$,是端口 2 额定输出功率的一半,端口 3 无功率,端口 2 额定输出功率的另一半消耗在电阻 R 上.

显然,若端口 3 也加上与端口 2 幅度与相位都相同的信号,则所有信号都变成偶模信号,此时电阻 R 上无功率消耗,端口 1 得到的信号功率是两个端口的额定输出功率之和.

当它作为分配器使用时,端口 1 输入信号.由于端口 1 位于对称轴上,它只能输入偶模信号.如果端口 2 和 3 的负载阻抗均匹配,则 R 中无电流,端口 1 输入的信号功率一定在端口 2 和 3 平分.如果端口 2 和 3 中某个负载阻抗不匹配,则产生反射,可以认为存在奇模成分,此时两个输出功率不相等,奇模分量将在 R 中消耗能量.

最后需要说明的是,以上介绍的这些耦合器都有一个共同的特点,就是它们的这些特性都是在工作频率为 f_0 且所有端口阻抗匹配的条件下实现的,所以都只能在窄带工作. 如果要求工作在宽带,需要将其结构加以改进. 关于这些内容,读者需要参阅微波耦合器的相关资料.

习题与思考题

6.1 为什么频谱变换必须采用非线性电路?

6.2 请简要描述线性时变电路的结构. 它与普通的利用器件非线性构成的频谱变换电路相比有什么优点?

6.3 有人说,将两个频率接近的信号(如一个 100 kHz 和另一个 101 kHz)叠加,结果会出现差拍现象,即叠加后的信号幅度有一个差拍(在这里就是 1 kHz)的起伏,此信号的波形与调幅波形十分接近,而信号叠加过程完全是线性的,所以线性电路也可以完成频谱变换. 怎么反驳他的论点? (调幅是频谱变换的一种,可以参见后面的第 7 章.)

6.4 为什么在混频器中要求本振信号与输入信号之间相互隔离? 平衡混频器是采用什么办法达到这两个信号之间的相互隔离的?

6.5 下图电路为二极管平衡混频器. 其中 $v_1 = V_1\cos\omega_1 t$, $v_2 = V_2\cos\omega_2 t$, $V_2 \gg V_1$. 假设二极管的正向伏安特性为过原点、斜率为 g_D 的直线,且受 V_2 控制工作在开关状态. 输出 LC 回路谐振在 $\omega_1+\omega_2$. 试求该电路的输出电压表达式.

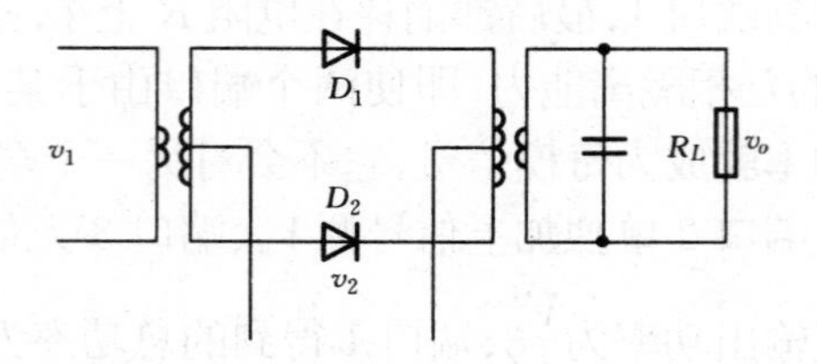

6.6 右图电路中,已知二极管的正向伏安特性均为过原点、斜率为 g_D 的直线. 两个输入信号分别为一个小信号 v_S 与一个大信号 v_L. 二极管受大信号控制工作在开关状态. 试写出在下列两种情况下的输出电压表达式,并与 6.5 题的结果进行比较.

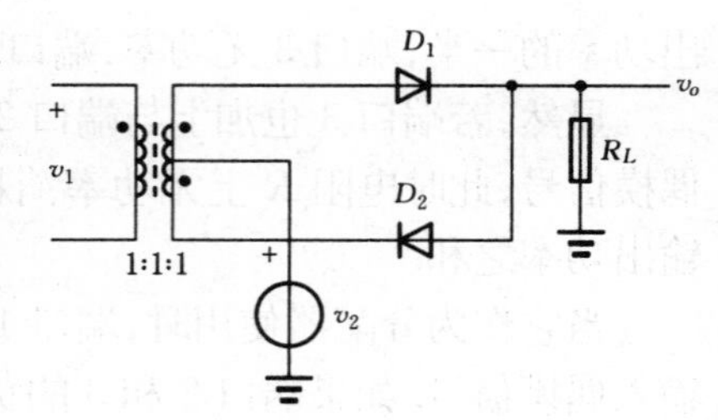

(1) $v_1 = v_S$, $v_2 = v_L$;

(2) $v_1 = v_L$, $v_2 = v_S$.

6.7 假设在图 6-11 二极管双平衡混频器电路中,二极管的正向伏安特性均为过原点、斜率为 g_D 的直线,两个变压器的损耗可以不考虑,试写出其混频电压增益表达式.

6.8 已知某非线性器件的伏安特性为 $i=\begin{cases} g_D v,\ v>0 \\ 0,\ v\leqslant 0 \end{cases}$. 若加在该器件上的信号电压为 $v=V_Q+V_1\cos\omega_1 t+V_2\cos\omega_2 t$, 其中 V_2 很小、满足线性时变条件. 试求 $V_Q=-\dfrac{V_1}{2}$, 0, V_1 这3种条件下的时变跨导表达式.

6.9 已知某混频器的时变跨导为 $g_m(t)=[2+2\cos(\omega_{LO}t)+0.2\cos(2\omega_{LO}t)+\cdots]\times 10^{-3}$, 负载电阻为 $R_L=1\ \text{k}\Omega$. 假定中频频率为 $\omega_{IF}=\omega_{LO}-\omega_{RF}$, 试求输入信号为下面3种情况时的中频输出信号表达式(其中 Ω 是一个比 ω_{RF} 低得多的频率).

(1) $0.5(1+0.3\cos\Omega t)\cdot\cos\omega_{RF}t$;

(2) $0.5\cos(\omega_{RF}t+5\sin\Omega t)$;

(3) $0.5\cos[\omega_{RF}t+5\sin(\Omega t+\Delta\varphi)]$.

6.10 混频的一个很大的优点是可以将信号变换到一个容易处理的频率上. 在许多实际应用中,信息包含在信号的相位中,试证明:信号经过混频后不会丢失其相位信息.

6.11 下图是一个场效应管混频器. 设图中场效应管的偏置电压为 V_{GSQ}, 信号电压为 $v_{RF}=V_{RF}\cos\omega_{RF}t$, 本振电压为 $v_{LO}=V_{LO}\cos\omega_{LO}t$. 信号电压很小而本振电压很大,满足线性时变条件. 已知场效应管的转移特性为 $I_D=I_{DSS}\left(1-\dfrac{V_{GS}}{V_{\text{off}}}\right)^2$, 试证明:

(1) 混频跨导 $g_{mC}=\dfrac{I_{DSS}}{V_{\text{off}}^{\ 2}}\cdot V_{LO}$;

(2) 当 $V_{LO}=|V_{\text{off}}-V_{GSQ}|$ 时, $g_{mC}=\dfrac{1}{2}\cdot g_{mQ}$, 其中 g_{mQ} 是静态工作点对应的跨导.

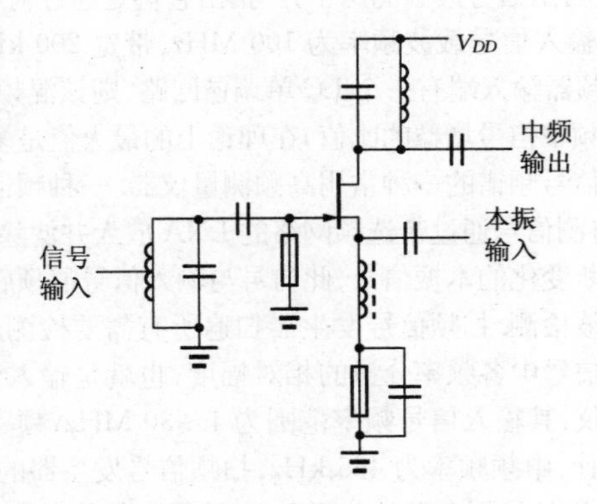

6.12 有人为了测量一个混频器的三阶截点,采用了下列步骤:①在混频器本振输入端输入本振信号 f_L,在信号输入端输入一个频率为 $f_S=f_L-f_I$、功率为 P_i 的信号,测量并记录中频输出功率 P_{o1};②保持本振输入不变,在信号输入端叠加输入两个频率 f_1 和 f_2 的信号,这两个信号功率均为 $P_i/2$,频率为 $2f_1-f_2=f_S$, 测量并记录中频输出功率 P_{o3};③计算三阶截点.

(1) 分析此测量方法的原理,并写出计算三阶截点的公式;

(2) 在这种测量方法中,步骤②输入的两个频率除了要满足 $2f_1 - f_2 = f_S$ 外,还需要注意什么?

6.13 已知一混频器的输入三阶截点 $IIP_3 = 10$ dBm, 欲使三阶互调失真比 $\frac{P_{o3}}{P_{o1}} < -30$ dB, 试问允许输入混频器的最大输入功率为多少?

6.14 如果混频管的转移特性为 $i_o = a_0 + a_1 v_i + a_2 v_i^2$,试问会不会受到中频干扰和镜像干扰?会不会受到干扰台的影响而产生交调、互调和堵塞?为什么?

6.15 某种通信系统的接收频带为(869~894)MHz,第一中频 87 MHz. 问两种可能的本振频率范围是多少?对应的镜像频率范围是多少?

6.16 某超外差收音机,中频为 465 kHz. 已知当地有一个频率为 3.48 MHz 的大功率短波广播电台. 该收音机除了能够在频率刻度 3.48 MHz 处收听到该电台外,还能够在频率刻度 2.55 MHz 处收听到该电台. 另外当地还有一个频率为 2.30 MHz 的广播电台,但是该收音机在频率刻度 2.30 MHz 处收听该电台的广播时,其中夹杂着频率为 3.48 MHz 的电台的声音. 试解释上述两种现象产生的原因.

6.17 超外差式收音机的接收频率范围为 535~1 605 kHz,中频频率 $f_I = f_{LO} - f_{RF} = 465$ kHz. 试问:

(1) 当收听 630 kHz 电台广播时,除了调谐在 630 kHz 频率刻度上可以收听外,还可能在接收频段内的哪些频率刻度上收听到该电台(写出信号最强的两个)? 指出它们是通过何寄生通道形成的.

(2) 当调谐在 630 kHz 频率刻度上收听 630 kHz 电台广播时,还可能同时收听到其他哪些频率的信号(写出信号最强的两个)? 指出它们是通过何种寄生通道形成的.

6.18 已知一个混频器的输入信号载波频率为 100 MHz,带宽 200 kHz;输出中频信号频率为 10.7 MHz. 假定混频器输入端有一个 LC 单调谐回路,则该混频器的镜像抑制比(接收频率信号增益与镜像频率信号增益的比值)在理论上的最大值是多少?

6.19 频谱分析仪是分析信号频谱的一种常用高频测量仪器. 一种频谱分析仪的实现原理可以用下图说明. 输入待测信号通过带选频网络的 LNA 放大并滤除带外信号,扫频信号发生器产生一个频率不断变化的本振信号,此信号与输入信号混频后的信号通过中频放大器的选频网络放大并被检测. 扫频信号发生器扫遍所有需要检测的信号频率范围,检测装置就可以得到输入信号中各频率分量的相对幅度,也就是输入信号的频谱. 现要求制作一个简易频谱分析仪,其输入信号频率范围为 1~30 MHz,频率分辨率为 10 kHz. 有同学直接按照下图设计,中频频率为 465 kHz,扫频信号发生器的频率范围为 1.465~30.465 MHz. 试问这个设计是否合理? 若不合理,请提出你的方案.

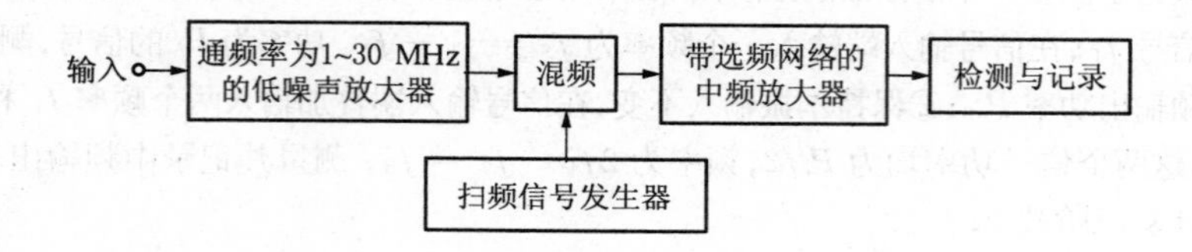

第7章　模拟调制与解调

在无线电通信中，为了使信息能够通过无线电波传输，必须设法将信息搭载在一个可以发射的频率上. 这个搭载的过程就是调制. 而从载有信息的无线电波中还原信息的过程称为解调.

所有的调制与解调都属于频谱变换过程. 从信息和已调波信号的频谱关系区分，可以将调制形式分为线性频谱变换和非线性频谱变换两种. 已调波解调时，按照是否需要原来的载波参与非线性运算，可将解调过程分为相干解调与非相干解调两大类.

参与调制的信息信号可以是模拟信号，也可以是数字信号. 本章介绍模拟调制，数字调制将在下一章介绍.

调制与解调是现代信息处理中的一个核心环节. 不仅无线通信，在电子学的其他领域，以及许多非电子学的领域，调制与解调都扮演着极其重要的角色.

§7.1　振幅调制与解调

在绪论中我们曾提到，为了远距离传送信息，需要用低频的信息去控制一个称为载波(carrier)的高频电磁波中的某个参量，这个过程称为调制(modulation). 反过来，从一个已调波中将信息还原出来的过程称为解调(demodulation).

图7-1是调制与解调的频谱变换示意图. 原始的低频信息经过调制后，变换成中心频率为 f_C 的高频已调信号. 反过来，高频的已调信号经过解调，可以还原出原始的低频信息.

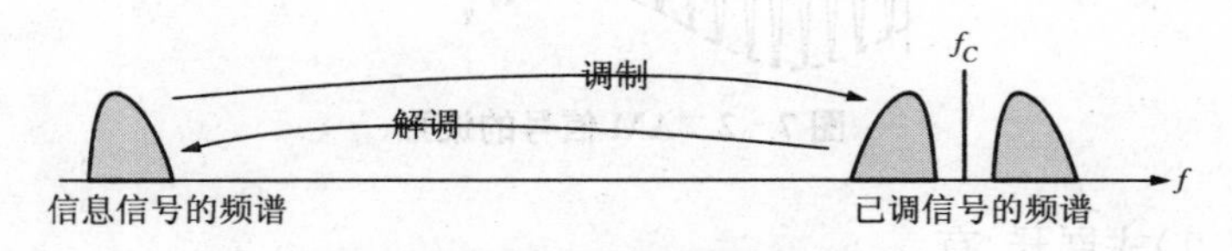

图7-1　AM信号的波形

根据载波中被控参量的不同，调制过程可分为振幅调制、频率调制和相位调制3种.

振幅调制(amplitude modulation,简称 AM)是使高频信号的幅度按照包含信息的频率较低的调制信号的变化规律改变. 这里被调制的高频信号称为载波(carrier),调制后的高频信号称为已调波(modulated wave).

若载波被改变的参量不是幅度,而是频率或相位,则相应的调制方式称为频率调制(frequency modulation)和相位调制(phase modulation).

7.1.1 振幅调制的信号特征

一、普通调幅

在振幅调制中载波的振幅随调制信号幅度的变化而变化. 假设载波为 $v_C = V_C\cos\omega_C t$,调制信号为 $v_\Omega = V_\Omega\cos\Omega t$,那么根据振幅调制的定义,已调波为

$$\begin{aligned} v_{AM} &= (V_C + k_a v_\Omega)\cos\omega_C t = V_C\left(1 + k_a\frac{V_\Omega}{V_C}\cos\Omega t\right)\cos\omega_C t \\ &= V_C(1 + m_a\cos\Omega t)\cos\omega_C t \end{aligned} \tag{7.1}$$

其中 $m_a = k_a\dfrac{V_\Omega}{V_C}$ 称为调制度,k_a 称为调制灵敏度.

将(7.1)式表示的已调波波形画出来如图 7-2. 可见,普通调幅波的包络形状与调制信号一致.

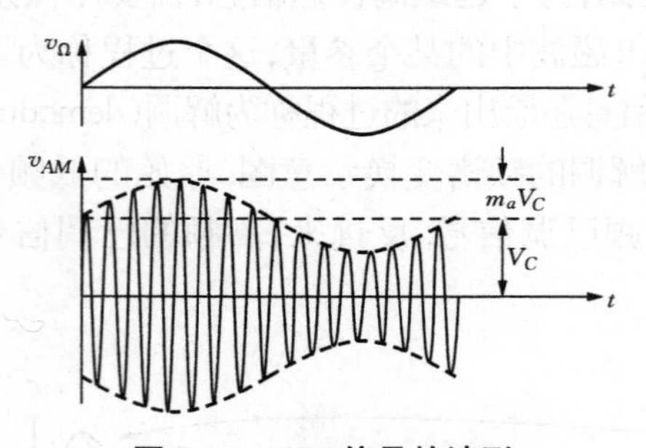

图 7-2 AM 信号的波形

若将(7.1)式展开,有

$$\begin{aligned} v_{AM} &= V_C(1 + m_a\cos\Omega t)\cos\omega_C t = V_C\cos\omega_C t + m_a V_C\cos\Omega t\cos\omega_C t \\ &= V_C\cos\omega_C t + \frac{m_a}{2}V_C\cos(\omega_C + \Omega)t + \frac{m_a}{2}V_C\cos(\omega_C - \Omega)t \end{aligned} \tag{7.2}$$

由此可见,调幅信号中包含有载频分量以及载频与调制频率的和-差频率分量.我们将其中高于载频的分量称为上边频,低于载频的称为下边频.单一频率调制的普通调幅波的频谱中包含一个载波和两个边频.显然,若调制频率不是一个单一频率,而是包含许多频率的一个频带的话,调幅信号的频谱应该包含载频与这个频带的和-差分量,即形成两个边带,称为上边带和下边带.

图7-3是AM已调波的频谱图.为了比较,图7-3中也画出了调制信号的频谱(这两个频谱的实际频率差得很远,为了比较将它们拉在一起).由图7-3可知,若调制信号的频谱中最高频率为$F_{\max}$,则普通AM信号的带宽为

$$BW_{AM} = 2F_{\max} \tag{7.3}$$

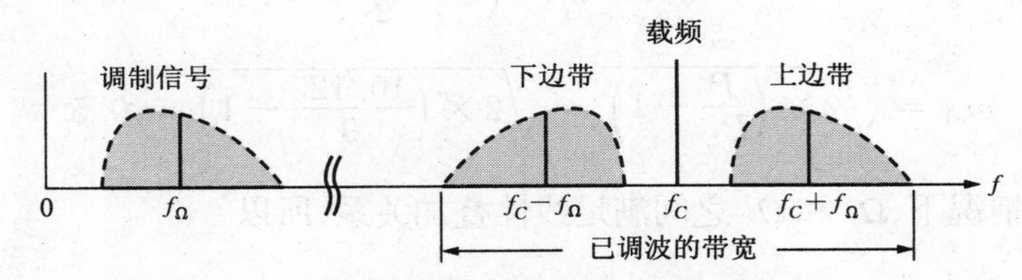

图7-3 调制信号和AM信号的频谱

由图7-3或(7.2)式都可以看到,已调波中边带的频谱形状与调制信号的频谱形状是一致的,调制过程似乎是将调制信号的频谱由零频率附近搬移到载频f_C附近,所以幅度调制也被称为频谱搬移.又因为在频谱变换过程中调制信号的频谱形状不变,所以这是一种线性频谱变换.

下面计算调幅信号中的能量分配关系,为此对(7.2)式中的各频率分量各进行一个周期的积分.载频的能量为

$$P_C = \frac{1}{2\pi}\int_{-\pi}^{\pi}\frac{(V_C\cos\omega_C t)^2}{R_L}\mathrm{d}(\omega_C t) = \frac{V_C^2}{2R_L} \tag{7.4}$$

边频的能量为

$$P_{SB} = \frac{1}{2\pi}\int_{-\pi}^{\pi}\int_{-\pi}^{\pi}\frac{(m_a V_C\cos\Omega t\cos\omega_C t)^2}{R_L}\mathrm{d}(\omega_C t)\mathrm{d}(\Omega t) = \frac{m_a^2}{2}\cdot\frac{V_C^2}{2R_L} = \frac{m_a^2}{2}\cdot P_C \tag{7.5}$$

所以,调幅信号的总能量为

$$P_{AM} = P_C + P_{SB} = \left(1+\frac{m_a^2}{2}\right)P_C \tag{7.6}$$

在普通调幅信号中,调制度 m_a 总是一个小于1的数(若 m_a 大于1,图7-2中已调波的底部将越过坐标横轴.这种情况称为过调制,将会产生严重的失真).在通常的调幅信号中,常取 $m_a=30\%$.从(7.6)式可知,此时其中载波功率与边频功率的比将达到22∶1.

例7-1 某AM发射机的载波发射功率为9 kW,当载波被频率 Ω_1 调制时,发射功率为10.125 kW,试计算调制度 m_{a1}.如果再加上另一个频率 Ω_2 的正弦波对它进行40%的调制,试求这两个正弦波同时进行调制时的总发射功率.

解 频率 Ω_1 调制时,

$$P=P_C+P_{SB}=\left(1+\frac{m_{a1}^2}{2}\right)\cdot P_C$$

$$m_{a1}=\sqrt{2\times\left(\frac{P}{P_C}-1\right)}=\sqrt{2\times\left(\frac{10.125}{9}-1\right)}=0.5$$

第二种情况下,Ω_1 和 Ω_2 之间满足线性叠加关系,所以

$$P=\left(1+\frac{m_{a1}^2}{2}+\frac{m_{a2}^2}{2}\right)\cdot P_C=\left(1+\frac{0.5^2}{2}+\frac{0.4^2}{2}\right)\times 9=10.845\ (\mathrm{kW})$$

在AM信号中,真正包含信息的是边带信号,载波只是一个搭载信息的工具而已.但由上面的讨论可知,普通的调幅信号中边带信号的功率远低于载波功率,所以普通调幅信号的效率是很低的.另外,由图7-3可知,普通调幅波占用的频带宽度大于调制信号频带宽度的2倍,所以频谱利用率较低.

为了提高振幅调制的效率和频谱利用率,在普通调幅的基础上产生了其他两种形式:双边带调幅(double side band AM,简称DSB AM)和单边带调幅(single side band AM,简称SSB AM).

二、双边带调幅

双边带调幅的特征是在已调波中抑制载波,只发送上下两个边带信号.将(7.2)式表示的普通AM波中的载频分量去除,可得双边带调幅波的表达式为

$$\begin{aligned}v_{DSB}&=m_aV_C\cos\Omega t\cos\omega_C t\\&=\frac{m_a}{2}V_C\cos(\omega_C+\Omega)t+\frac{m_a}{2}V_C\cos(\omega_C-\Omega)t\end{aligned}\tag{7.7}$$

双边带调幅的已调波波形如图7-4所示.需注意其波形的包络与调制信号有关,但不是简单的调制信号的波形.而且在调制信号过零的时候,已调波的相位发

生翻转.

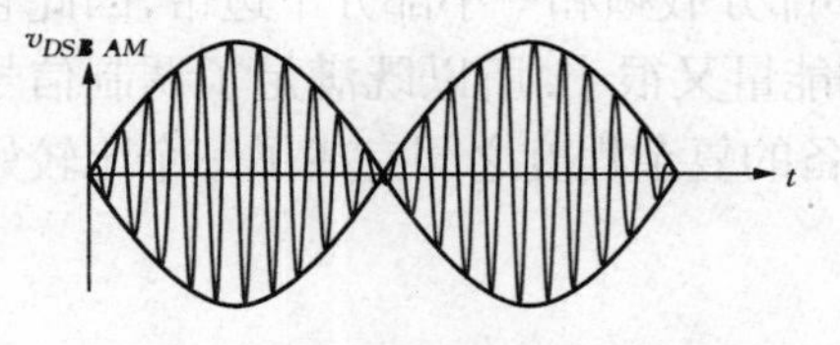

图7-4 DSB AM信号的波形

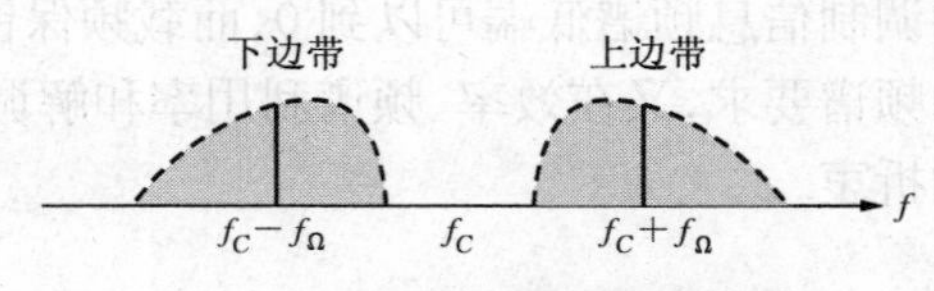

图7-5 DSB AM信号的频谱

其频谱图如图7-5所示.

由于DSB AM的已调波中没有普通调幅波中占据大量能量的载频分量,因此其效率比普通AM高许多,但是其带宽与普通AM一样,频谱利用率并没有得到改善.

三、单边带调幅

若在幅度调制时不仅抑制载波,而且仅发送一个边带(上边带或下边带),抑制另一个边带,则成为单边带调幅.以发送上边带为例,其已调波为

$$v_{SSB}=\frac{m_a}{2}V_C\cos(\omega_C+\Omega)t \tag{7.8}$$

将单边带调幅与普通AM和DSB AM比较,其特点是在保留调制信息的同时,不仅效率进一步提高,而且频带宽度也比前两种调制方式至少缩减一半.

但是,由于单边带调幅中既没有载波信号,已调波的包络也与调制信号的波形没有关系,因此导致其解调比较困难,解调设备比较复杂.有时为了方便解调,在发送单边带信号的同时,还发送一个单频的载频信号(或与载频相关的频率,如载频的倍频等),这个附加的信号称为导频(pilot frequency)信号.附有导频信号的单边带信号比较容易解调.

在一些情况下,调制信号的频谱低端可能接近0(如电视图像信号).在这种场合纯粹发送单边带信号是不现实的.这时为了压缩已调信号的频带宽度,往往采用一种称为残留边带调幅(Vestigial Side Band AM,简称VSB AM)的调制方式.

残留边带调幅的已调波频谱见图7-6.它是在普通调幅波基础上,用残留边带形成滤波器对已调波作一个切割,取出上边带、下边带的一小部分以及载频的一部分,形成既有边带信号又有载频信号的残

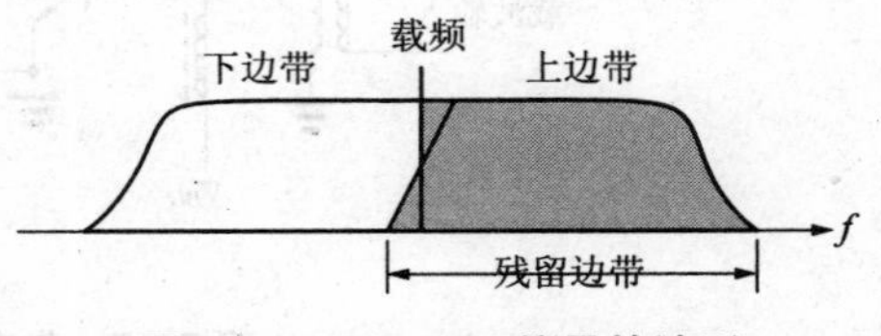

图7-6 VSB AM信号的波形

留边带信号,如图 7-6 中阴影部分所示.

由于残留边带信号中保留了上边带、一小部分载频和一小部分下边带,因此它的调制信息频谱低端可以到 0,而载频保留的能量又很小.所以既满足了调制信号的频谱要求,又在效率、频谱利用率和解调设备的复杂程度之间完成了一个比较好的折衷.

7.1.2 振幅调制电路

振幅调制电路可以分为高电平调幅电路(high level AM circuit)和低电平调幅电路(low level AM circuit)两类.

高电平调幅电路利用 C 类谐振功放的调制特性,直接在发射机的功率放大级进行调幅.低电平调幅电路则在发射机的前级利用非线性器件的乘法作用产生小功率的调幅信号,然后通过后级的线性功率放大器将信号放大到发射功率.

一、高电平调幅电路

高电平调幅电路通常用在普通 AM 信号发射机中.由于它不需要采用效率很低的线性功率放大器,因此具有电路简单、输出功率大、效率高的优点.高电平调幅电路一般采用 C 类谐振功放,根据调制方式可分为集电极调制和基极调制等几种.

集电极调制方式的电路见图 7-7.它是一个 C 类放大器,载波信号从基极输入,集电极输出回路中有 Π 形滤波网络.基极馈电和集电极馈电均采用并联馈电方式.在集电极馈电回路中,调制信号通过变压器叠加到功率放大器晶体管的集电极,V_{CC} 与 v_Ω 形成实际的集电极偏压,即

$$V_{CC}(t)=V_{CC}+V_\Omega\cos\Omega t \tag{7.9}$$

由第 3 章的讨论可知,当 C 类谐振功放工作在过压状态时,其集电极偏压将

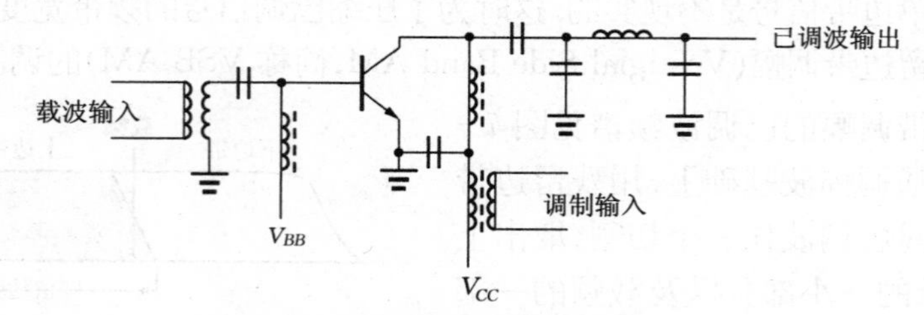

图 7-7 集电极调幅的原理电路

直接影响输出电压的幅度. 所以为了保证得到线性调制,集电极调幅电路中的晶体管工作在临界-过压状态.

集电极调幅电路的特点是:由于晶体管工作在临界-过压状态,因此其效率较高. 但是需要的调制功率较大.

另一种高电平调幅的方式是基极调制,原理电路见图 7-8. 它同样也是对 C 类放大器进行调制,但是调制信号从基极输入,V_{BB}与v_{Ω}形成实际的基极偏压,即

$$V_{BB}(t) = V_{BB} + V_{\Omega}\cos\Omega t \tag{7.10}$$

第 3 章我们也讨论过,晶体管工作在欠压状态,基极偏置电压V_{BB}的变化可以引起输出功率的变化. 所以,基极调幅电路中晶体管一定工作在欠压状态.

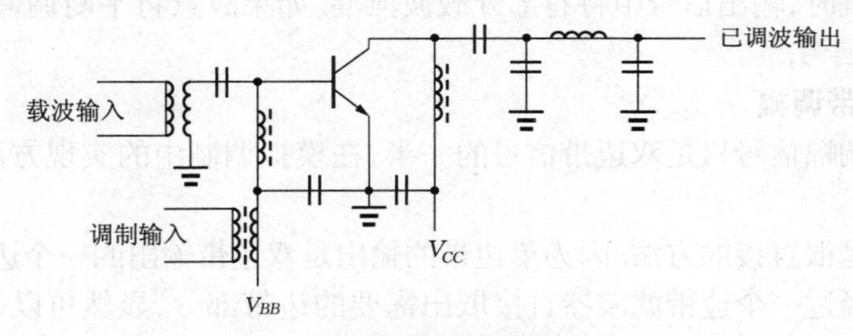

图 7-8 基极调幅的原理电路

基极调幅的优点是所需调制功率相对较小. 缺点是由于晶体管工作于欠压状态,效率较低.

在实际的高电平调幅电路中,为了达到效率高、线性好的调制特性,还可以采用双重调制,即在激励放大器和功率放大器中均采用调制,可以是基极调制加集电极调制,也可以是集电极调制加集电极调制.

二、低电平调幅电路

低电平调幅通常用于 DSB AM 或 SSB AM 信号的发射系统中. 信号在前级进行小信号调制,然后逐步放大到一定功率后发射. 对于这种系统,后级放大器要保持线性放大.

1. 双边带调幅

双边带调幅的实现比较简单. 根据(7.7)式,双边带信号可以表示为

$$v_{DSB} = m_a V_C\cos\Omega t\cos\omega_C t = k_a V_{\Omega}\cos\Omega t\cos\omega_C t \tag{7.11}$$

若将调制信号和载频信号同时输入 Gilbert 乘法器,根据(6.46)或(6.48)式,

其输出可以写为

$$v_o = V_\Omega \cos \Omega t \cdot \sum_{n=0}^{\infty} k_{2n+1} \cos[(2n+1)\omega_C t] \tag{7.12}$$

显然,只要将输出中 $n=0$ 的项取出即可得到 DSB AM 信号,所以小信号调幅常常用 Gilbert 乘法器实现,这也是 Gilbert 乘法器被称为平衡调制解调器的原因.

例如第 6 章的图 6-17 电路用集成平衡调制解调器电路 MC 1496 构成了混频器. 只要将其中的本振输入改为载频输入、信号输入改为调制输入、输出回路滤波网络设计成中心频率为载波频率并具有 $2F_{max}$ 带宽的带通滤波器,则该电路就可以实现双边带调幅. 值得注意的是,该电路中的 50 kΩ 电位器用以调节平衡,当平衡没有调准确时,输出信号中将有部分载波泄漏. 如果故意将平衡调偏,则可以输出普通 AM 信号.

2. 单边带调幅

单边带调幅信号只是双边带信号的一半,在模拟调制中的实现方法主要是滤波法.

滤波法是很直接的方法. 因为单边带的输出是双边带输出的一个边带,所以将双边带输出经过一个边带滤波器直接取出需要的边带部分,显然可以得到单边带信号.

然而,由于在高频端两个边带十分靠近,导致直接滤波难以在高频端实现. 例如,载频为 20 MHz,调制频率为 1 kHz,则两个边频分别为 20.001 MHz 和 19.999 MHz,两个边频的相对频率间隔为 0.002/20 = 0.01%. 若载频降低到 100 kHz,则相对频率间隔为 2%. 显然这两种情况下对于滤波器的要求是大不相同的. 所以实际采用滤波法得到单边带信号的方案如图 7-9 所示,先在较低频率上实现 SSB 调制,再通过多次混频与滤波,将载波频率升上去. 升到发射频率后,通过线性功率放大器放大并发射.

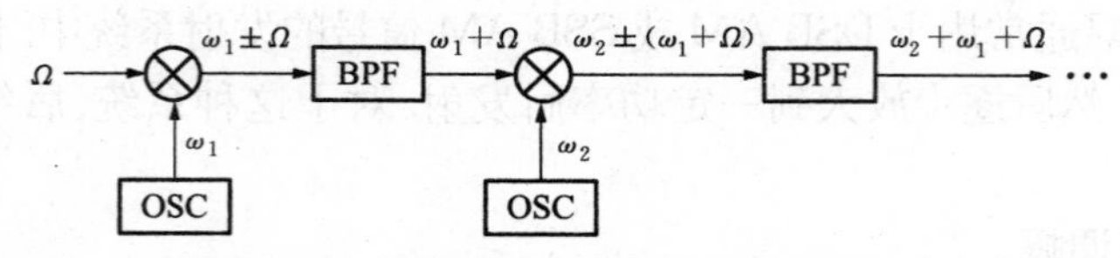

图 7-9 滤波法产生单边带调幅的原理

另一种单边带信号调制方法称为移相法. 移相法的基本原理是基于三角公式

$$\cos \Omega t \cos \omega_C t + \sin \Omega t \sin \omega_C t = \cos(\omega_C - \Omega)t \tag{7.13}$$

显然，只要将调制信号和载频信号均移相90°，然后按照(7.13)式相乘后叠加，就可以得到单边带已调信号.

但是要用模拟电路将一个包含连续频谱的调制信号准确地移相90°是一件比较困难的事，所以很难用这个办法实现模拟方式的单边带调制. 然而，如果调制信号的频谱是已知的(如数字信号)或者用数字处理的手段移相，上述方法的实现将十分容易，所以在数字信号的调制中这是一个最常见的调制手段，我们将在下一章详细讨论这个问题.

将移相与滤波结合，可以有效实现单边带调制，具体请参见习题7.8.

7.1.3　振幅解调

振幅解调又称检波. 我们已经知道，无论哪种振幅调制信号都与调制信号与载波的乘积有关. 根据前面关于调制与解调的讨论，在解调振幅调制信号时总可以将已调波和载波通过乘法器完成频谱变换，然后用滤波器将原来的调制信号取出. 这种解调方式称为同步检波(synchronous detection)，又称相干检波(coherent detection)，它适用于所有类型的调幅波解调.

然而，由于普通调幅信号中已经包含有载波分量，因此可以直接通过非线性器件实现相乘作用，完成解调. 这一类解调方式称为包络检波(envelope detection)，它只适用于普通调幅波的解调. 下面详细讨论这两种检波方式.

一、包络检波

包络检波可以用二极管实现，也可以用晶体管实现. 按照接法的不同，还有几种不同的工作模式，最常见的是大信号峰值包络检波电路，除此之外还有并联检波等一些其他形式的包络检波电路.

1. 大信号峰值包络检波电路

大信号峰值包络检波的电路见图7-10. 它由二极管D和低通滤波器R_L，C构成，其时间常数满足以下条件：

$$\frac{1}{\Omega_{\min}} > R_L C \gg \frac{1}{\omega_C} \qquad (7.14)$$

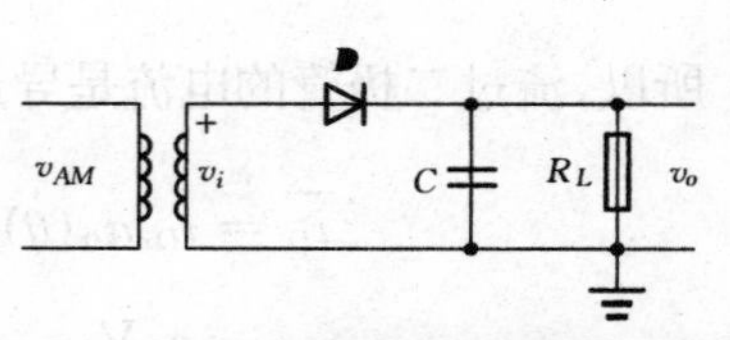

图7-10　大信号峰值包络检波电路

其中ω_C是载波角频率，$\Omega_{\min}$是调制信号的最小角频率.

图7-10电路的包络检波作用可以用二极管

的单向导电特性进行定性分析. 假设 v_i 大于二极管的导通电压(通常要求 v_i 在 1 V 左右). 当 v_i 为正时,二极管 D 正向导通. 由于 D 导通内阻很低,因此电容 C 上的电压被很快充电到接近 v_i. 随后,输入 v_i 下降,当 v_i 低于电容上的电压时,二极管反偏,此时电容通过 R_L 放电. 由于 R_LC 时间常数很大,因此放电速度较慢,此放电过程持续到输入电压大于电容上的电压时,又重复充电过程. 由于充放电时间常数相差悬殊,因此电容上的电压始终接近于输入电压的峰值,最后的输出波形接近输入电压波形的包络. 图 7 - 11 是上述过程的示意图,为了显示清晰,图 7 - 11 中对电容的充放电过程作了夸张处理.

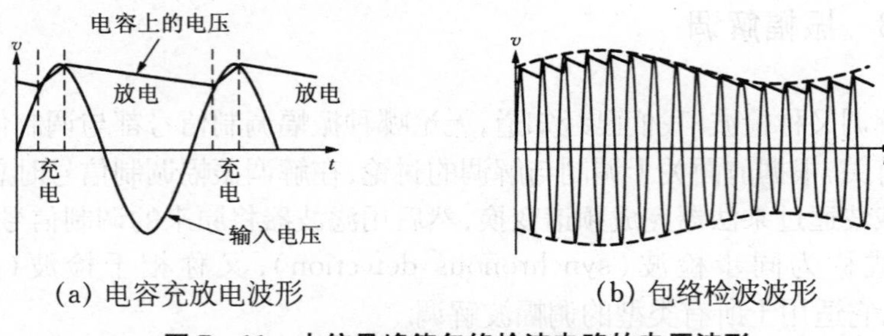

图 7 - 11　大信号峰值包络检波电路的电压波形

由于 v_i 较大,二极管的伏安特性可以用折线近似:

$$i_D = \begin{cases} g_D v_D,\ v_D > V_{D(\mathrm{on})} \\ 0,\ v_D < V_{D(\mathrm{on})} \end{cases} \tag{7.15}$$

其中 g_D 是二极管的正向电导,$g_D = \dfrac{1}{r_D}$.

由图 7 - 11 可见,二极管只在输入电压最高点附近一个很小的范围内导通. 假设输入电压为 $V_{im}\cos\omega t$,近似认为晶体管在 $\pm\theta$ 相位内导通,如图 7 - 12 所示.

根据图 7 - 12 可写出流过二极管电流的峰值为

$$i_{Dm} = g_D(V_{im} - V_{im}\cos\theta) \tag{7.16}$$

所以,流过二极管的电流是导通角为 θ 的尖顶余弦脉冲,其平均电流为

$$\begin{aligned} \overline{i_D} &= i_{Dm}a_0(\theta) = g_D(V_{im} - V_{im}\cos\theta)\,\frac{\sin\theta - \theta\cos\theta}{\pi(1-\cos\theta)} \\ &= \frac{g_D V_{im}}{\pi}(\sin\theta - \theta\cos\theta) \end{aligned} \tag{7.17}$$

由于$\Omega \ll \omega_C$，对于输入的已调信号而言，输出信号几乎就是直流，因此可以认为i_D的平均分量就是检波后的输出. 这样就有

$$V_o = \overline{i_D} R_L = \frac{g_D V_{im} R_L}{\pi}(\sin\theta - \theta\cos\theta) \tag{7.18}$$

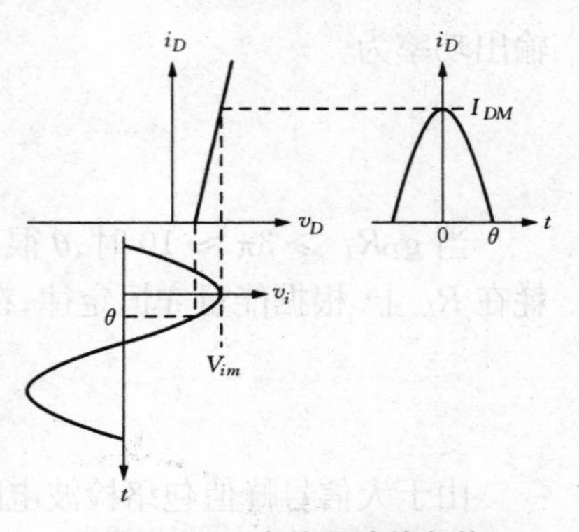

图 7-12　大信号峰值包络检波电路的电流波形

但从图 7-11 可见，若二极管导通后对电容充电时间极短，则输出的平均电压近似就是二极管导通时刻的电压，即

$$V_o = V_{im}\cos\theta \tag{7.19}$$

比较(7.18)式和(7.19)式，有

$$\frac{\sin\theta - \theta\cos\theta}{\cos\theta} = \tan\theta - \theta = \frac{\pi}{g_D R_L} \tag{7.20}$$

当θ较小时，$\tan\theta \approx \theta + \frac{\theta^3}{3}$，所以$\theta$近似为一常数：

$$\theta \approx \sqrt[3]{\frac{3\pi}{g_D R_L}} \tag{7.21}$$

根据(7.1)式，普通调幅波的峰值电压$V_{im} = V_C(1 + m_a\cos\Omega t) = V_C + k_a V_\Omega \cos\Omega t$. 而由于$\theta$近似为一个常数，根据(7.19)式，$V_o$与$V_{im}$近似为线性关系，因此大信号峰值包络检波电路具有很好的线性检波作用，其输出电压为

$$V_o = \cos\theta \cdot V_{im} = \eta_D \cdot (V_C + k_a V_\Omega \cos\Omega t) \tag{7.22}$$

其中$\eta_D = \cos\theta = \frac{V_o}{V_{im}}$是大信号峰值包络检波电路的检波效率.

当θ趋于 0 时，η_D趋于 1，所以大信号峰值包络检波具有较高的效率. 又根据(7.21)式，θ与$g_D R_L$的 3 次方根成反比，所以加大$g_D R_L$有利于提高效率. 通常$g_D R_L > 50$以后，$\eta_D \approx 0.9$.

在接收机电路中，二极管检波电路往往作为中频放大器的负载. 实际设计时还需了解其输入电阻. 可以通过功率关系求得大信号峰值包络检波电路的输入电阻.

假设检波电路的输入电阻为R_i，其负载电阻为R_L，则高频输入功率

$$P_{AM} = \frac{V_{im}^2}{2R_i} \tag{7.23}$$

输出功率为

$$P_o = \frac{V_o^2}{R_L} \tag{7.24}$$

当 $g_D R_L \gg 3\pi \approx 10$ 时,θ 很小,可认为二极管上的损耗很小,大部分能量都消耗在 R_L 上. 根据能量守恒定律,在此条件下应该有 $P_{AM} \approx P_o$,所以输入电阻为

$$R_i \approx \frac{R_L}{2} \tag{7.25}$$

由于大信号峰值包络检波电路具有线性好、效率高、电路简单等优点,因此在调幅接收机中得到大量应用.

若设计不当,大信号峰值包络检波电路会出现一些严重的失真. 常见的情况有两种:惰性失真和底部切割失真.

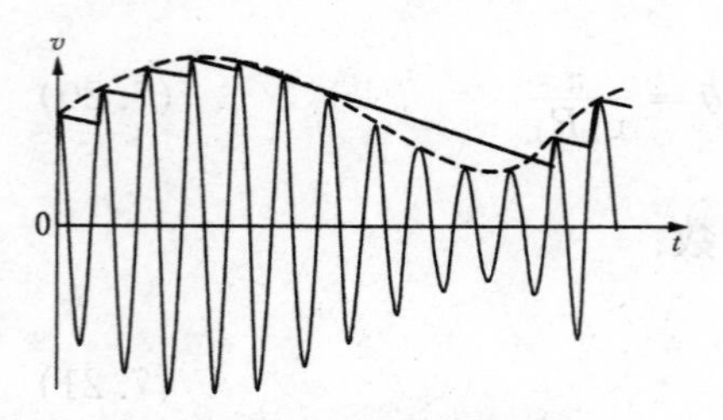

图 7-13 大信号峰值包络检波电路的惰性失真

惰性失真(failure-to-follow distortion)的波形见图 7-13. 引起此失真的原因是由于电路中低通滤波器的 RC 时间常数过大,导致输出波形不能随输入包络的下降及时下降.

调幅信号的包络就是输入信号峰值,为 $V_{im}(t) = V_C(1 + m_a \cos \Omega t)$,其斜率为

$$\frac{\partial V_{im}(t)}{\partial t} = -m_a V_C \Omega \sin \Omega t \tag{7.26}$$

由图 7-13 可见,若要求不产生惰性失真,则电容放电的斜率必须始终小于信号包络的斜率. 由于电容上的实际电压接近输入信号峰值,且放电时间很短,因此近似认为放电开始时电容上的电压等于输入信号峰值 V_{im},放电斜率恒等于 $t = 0$ 的斜率. 根据以上分析,电容放电的斜率为

$$\frac{\partial}{\partial t}\left[V_{im} \mathrm{e}^{-\frac{t}{R_L C}}\right]_{t=0} = -\frac{1}{R_L C} V_{im} = -\frac{1}{R_L C} V_C (1 + m_a \cos \Omega t) \tag{7.27}$$

由此得到不失真条件为

$$-\frac{1}{R_L C} V_C (1 + m_a \cos \Omega t) \leqslant -m_a V_C \Omega \sin \Omega t \tag{7.28}$$

(7.28)式可写成

$$R_L C \leqslant \frac{1 + m_a \cos \Omega t}{\Omega m_a \sin \Omega t} \tag{7.29}$$

此式右边有极小值的条件为 $\cos\Omega t=-m_a$，所以不失真条件为

$$R_LC\leqslant\frac{\sqrt{1-m_a^2}}{\Omega m_a}\tag{7.30}$$

实际电路中，需考虑调制度和调制信号角频率的变化，最坏情况发生在调制度 m_a 和调制信号角频率 Ω 均为最大值的时刻，所以实际电路中不产生惰性失真的条件为

$$R_LC\leqslant\frac{\sqrt{1-m_{a(\max)}{}^2}}{\Omega_{(\max)}m_{a(\max)}}\tag{7.31}$$

底部切割失真发生在检波电路的输出通过电容耦合方式向负载传输信号的电路中，设计不当引起输出波形底部被切割. 电路与波形见图 7 - 14.

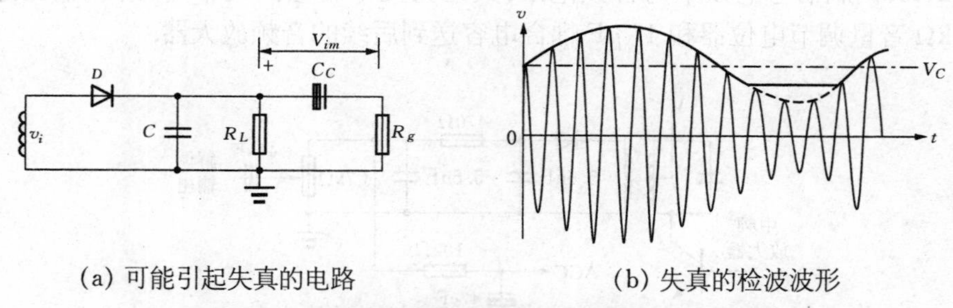

(a) 可能引起失真的电路　　(b) 失真的检波波形

图 7 - 14　大信号峰值包络检波电路的底部切割失真

下面分析该电路引起失真的原因.

我们知道，图 7 - 14 电路中电容 C 上的电压大致等于已调波电压的峰值，也就是它的包络. 由于 C_C 要耦合频率很低的调制信号，总是具有较大的容量，因此可以 C_C 上的电压基本上等于电容 C 上的电压的平均值，也就是载波电压的峰值 V_C. 前面的分析还表明，二极管检波电路对于电容的充电只在一个很短暂的时间进行，其余大部分时间二极管处于截止状态. 在这段时间内，C_C 上的电压将在两个电阻 R_L 和 R_g 之间分配(对于调制信号而言，C 的阻抗很大，可以忽略不计)，所以在 R_L 两端的直流电压为

$$V_{RL}=V_C\frac{R_L}{R_L+R_g}\tag{7.32}$$

其方向是上正下负. 显然，如果在一个信号周期中，有一段时间这个电压大于输入电压 v_i，则二极管在这段时间不可能导通，输出就会出现切割失真.

要避免出现底部切割失真，就要使 R_L 两端的直流电压始终小于输入电压. 由于

输入电压的最小值为 $v_{i(\min)}=V_C(1-m_a)$，因此避免出现底部切割失真的条件是

$$V_C\frac{R_L}{R_L+R_g}<V_C(1-m_a) \tag{7.33}$$

或者写成

$$1-\frac{R_L}{R_L+R_g}=\frac{R_g}{R_L+R_g}=\frac{R_L /\!/ R_g}{R_L}>m_a \tag{7.34}$$

也就是检波电路对于调制信号 v_Ω 的交流负载电阻与直流负载电阻之比要大于信号的调制度.

图 7-15 是一个广播收音机中的大信号峰值包络检波电路，其中中频频率为 465 kHz，调制信号的频率为音频范围，大约为几十赫兹到几千赫. 解调输出通过 4.7 kΩ 音量调节电位器和 47 μF 耦合电容送到后续的音频放大器.

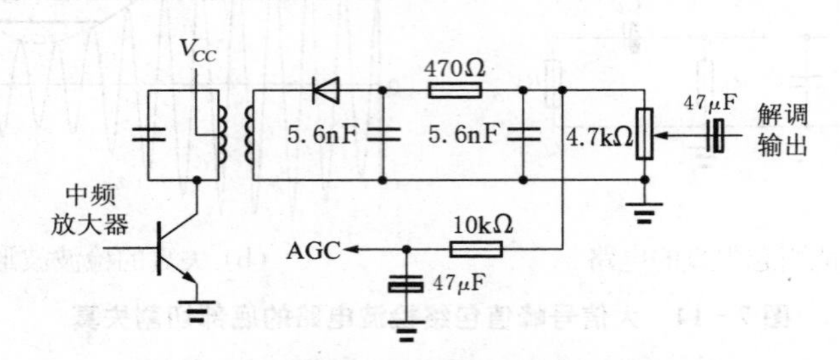

图 7-15 实际的大信号峰值包络检波电路

图 7-15 电路的滤波网络为两个 5.6 nF 电容和一个 470 Ω 电阻构成 Π 形网络，滤波网络的时间常数足够小，所以不会引起惰性失真. 采用 Π 形网络一方面可以有更好的滤波效果，另一方面由于 470 Ω 电阻的接入，使得对于调制信号的交流负载电阻(要考虑后续的音频放大器的输入电阻)与直流负载电阻的差值减小，从而可以避免底部切割失真.

滤波网络输出的音频电压经过 10 kΩ 电阻和 47 μF 电容构成的低通网络，进一步滤除其中的音频成分. 根据(7.22)式，剩下的部分就是载波的峰值电压. 此电压与收音机天线上接收的信号强度有关，在收音机中以它作为自动增益控制(AGC)电压去控制中频放大器的增益.

2. 二极管并联检波电路

二极管并联检波电路见图 7-16. 其工作原理是：当 v_i 为负时，二极管 D 导通，电容 C 上的电压最后被充电到近似于 v_i 的峰值电压，方向左负右正；当 v_i 为

正时,二极管 D 截止,电容 C 上的电压与 v_i 叠加后加在 R_L 上. 所以在 R_L 上的峰值电压等于输入电压的 2 倍.

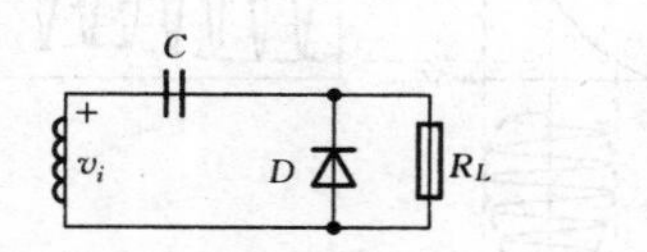

图 7-16 二极管并联检波电路

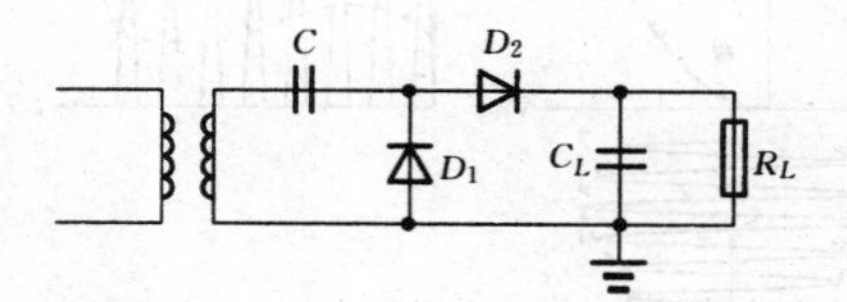

图 7-17 二极管倍压检波电路

在输出电压处加接低通滤波器,可以得到解调输出. 输出电压与电容 C 与后续的滤波电容的比值有关,还与后续的滤波电路形式有关. 一种常见的电路形式是在后续的滤波网络中增加一个二极管,构成所谓倍压检波如图 7-17,此时的输出电压接近于输入电压峰值的 2 倍.

3. 晶体管检波电路

晶体管检波电路见图 7-18. 由图 7-18 可见,其结构与通常的放大器基本一致,只是输出端接有低通滤波器.

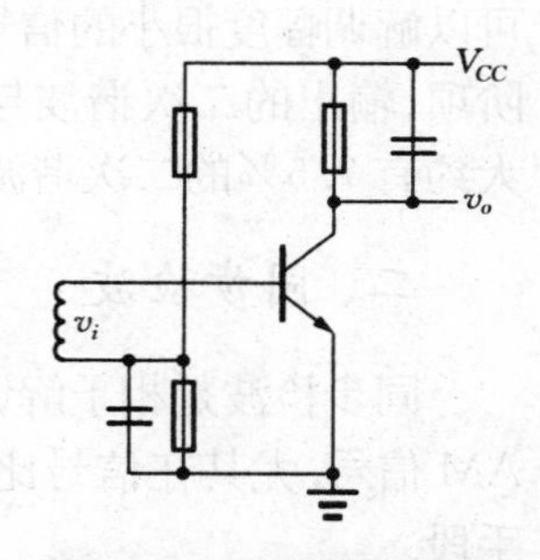

图 7-18 晶体管检波电路

晶体管检波电路可以有两种工作状态:大信号峰值包络检波状态和小信号平方律检波状态. 图 7-19 是这两种状态的工作点与输入输出波形示意.

若晶体管工作点很低而输入信号又较大,则工作在大信号检波状态. 此时输入电压可以驱动晶体管进入截止,所以输出电流波形就是输入电压的上半周. 显然此情况与二极管峰值包络检波是一致的.

若输入信号幅度较小而晶体管工作点又取得较高,则在整个输入信号周期内晶体管均处于导通状态,此时由于晶体管的非线性作用,输出电流可以展开为

$$I_C = a_o + a_1 V_{cm}\cos\omega_C t + a_2 V_{cm}^2\cos^2\omega_C t + \cdots \tag{7.35}$$

由于晶体管输出端的滤波网络对于载波频率起到平均作用,因此有

$$\begin{aligned} i_o = \overline{I_C} &= \frac{1}{2\pi}\int_{-\pi}^{\pi} I_C(\omega_C t)\,\mathrm{d}(\omega_C t) \approx a_0 + \frac{1}{2}a_2 V_{cm}^2 = a_0 + \frac{1}{2}a_2 V_C^2(1 + m_a\cos\Omega t)^2 \\ &= \left[a_0 + \frac{1}{2}a_2 V_C^2\left(1 + \frac{1}{2}m_a^2\right)\right] + a_2 V_C^2 m_a\cos\Omega t + \frac{1}{4}a_2 V_C^2 m_a^2\cos 2\Omega t \end{aligned} \tag{7.36}$$

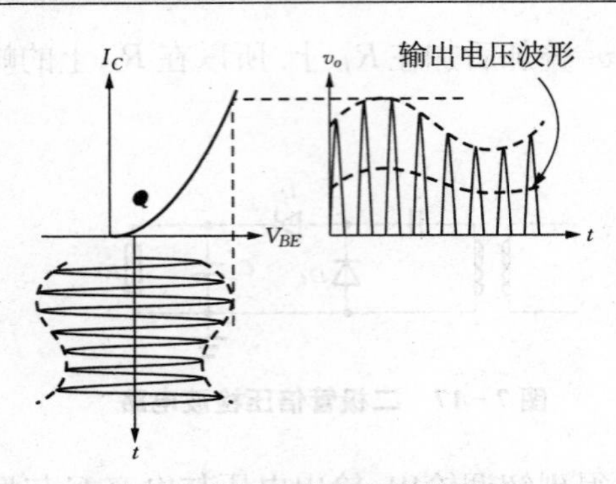

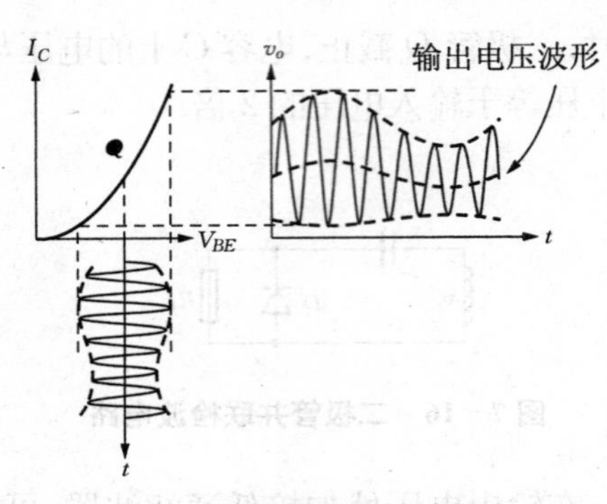

(a) 大信号峰值包络检波状态　　　　(b) 小信号平方律检波状态

图 7-19　晶体管检波电路的工作状态

显然其中第二项就是需要的解调输出信号. 由于此项输出是由于晶体管非线性的平方项产生的,因此称为平方律检波(square law detection). 此状态的优点是可以解调幅度很小的信号,缺点是失真较大. 从(7.36)式可以看到,即使不考虑高阶项,输出的二次谐波与基波信号的比值也达到 $m_a/4$. 对于 30%的调制度来说,大约有 7.5%的二次谐波失真.

二、同步检波

同步检波是相干解调,可以用来解调 DSB 和 SSB 信号,也可以用来解调普通 AM 信号. 尤其在信号比较微弱、信噪比较差的情况下,它是很有效的一种解调手段.

同步检波有乘积型和叠加型两种结构.

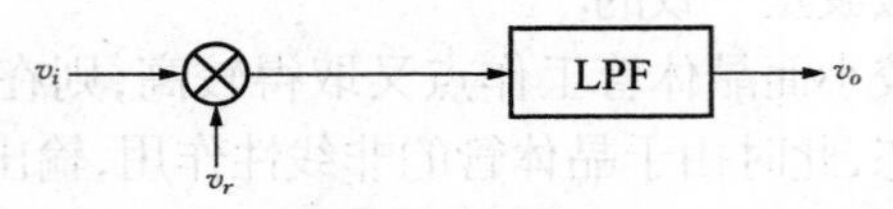

图 7-20　乘积型同步检波电路的结构

1. 乘积型同步检波电路

乘积型同步检波电路的结构见图 7-20,由一个相乘单元和一个低通滤波器组成. 其中 v_i 是输入信号,v_r 是与载波同步的参考电压. 相乘单元一般可以用上一章介绍的调制解调电路,例如集成调制解调芯片 MC1496.

设参考信号为 $v_r = V_r\cos(\omega_r t + \varphi_r)$. 对于普通 AM 信号输入,有

$$\begin{aligned} v_{AM}\cdot v_r &= [V_C(1+m_a\cos\Omega t)\cos\omega_C t]\cdot[V_r\cos(\omega_r t+\varphi_r)] \\ &= \frac{1}{2}V_C V_r\{\cos[(\omega_C-\omega_r)t+\varphi_r]+\cos[(\omega_C+\omega_r)t+\varphi_r]\} \\ &\quad +\frac{1}{2}V_C V_r m_a\cos\Omega t\cdot\{\cos[(\omega_C-\omega_r)t+\varphi_r]+\cos[(\omega_C+\omega_r)t+\varphi_r]\} \end{aligned} \tag{7.37}$$

对于 DSB 输入,有

$$\begin{aligned} v_{DSB}\cdot v_r &= m_a V_C V_r\cos\Omega t\cdot\cos\omega_C t\cdot\cos(\omega_r t+\varphi_r) \\ &= \frac{1}{2}m_a V_C V_r\cos\Omega t\cdot\{\cos[(\omega_C-\omega_r)t+\varphi_r]+\cos[(\omega_C+\omega_r)t+\varphi_r]\} \end{aligned} \tag{7.38}$$

对于 SSB 信号输入,有

$$\begin{aligned} v_{SSB}\cdot v_r &= \frac{m_a}{2}V_C V_r\cos(\omega_C+\Omega)t\cdot\cos(\omega_r t+\varphi_r) \\ &= \frac{m_a}{4}V_C V_r\cos[(\omega_C-\omega_r+\Omega)t+\varphi_r]+\cos[(\omega_C+\omega_r+\Omega)t+\varphi_r] \end{aligned} \tag{7.39}$$

显然,上面的乘积项都包含两种频率成分:一种是输入信号频率与参考信号频率之差,另一种是两者频率之和. 在通过低通滤波器后,两者频率之和的成分被滤除,只有两者频率差的成分可能输出.

若参考电压完全与载波同步,即 $\omega_r=\omega_C$, $\varphi_r=0$,则上面诸式中,输入普通 AM 信号时的输出为 $v_o=\frac{1}{2}V_C V_r+\frac{1}{2}V_C V_r m_a\cos\Omega t$. 其中 $\frac{1}{2}V_C V_r m_a\cos\Omega t$ 就是解调后的信号,而另一项 $\frac{1}{2}V_C V_r$ 反映了输入信号的幅度,它是一个直流项,可以简单地用一个隔直电容去除. 而输入 DSB 信号与 SSB 信号两种情况的输出均直接就是解调后的信号.

2. 叠加型同步检波电路

叠加型同步检波电路主要用来解调 DSB 和 SSB 信号,其结构见图 7-21,输入信号与参考信号叠加后进行包络检波.

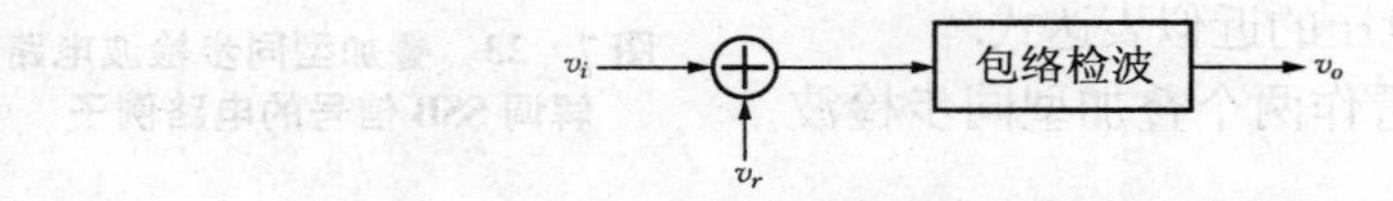

图 7-21 叠加型同步检波电路的结构

由于 DSB 信号叠加足够幅度的载频信号后就是普通 AM 信号,所以叠加型同步检波电路解调 DSB 信号的电路几乎与普通 AM 信号的检波电路完全一致. 另外,由于包络检波对于信号的相位不敏感,因此在叠加型同步检波电路中,可以不考虑参考信号的相位.

对于 SSB 信号,情况略有不同.

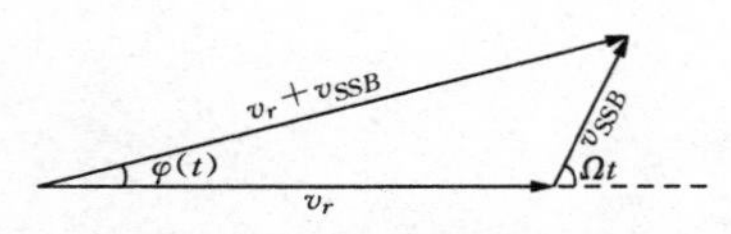

图 7-22 叠加型同步检波电路解调 SSB 信号时的矢量关系

设接收的 SSB 信号为 $v_{SSB}=V_C\cos(\omega_C t+\Omega t)$,并假设参考信号与载波完全同步,则参考信号为 $v_r=V_r\cos\omega_C t$. 这两个信号都可以矢量表示. 若以参考信号的矢量方向作为坐标参考方向,则 SSB 信号与坐标参考方向之间的夹角为 Ωt. 所以可以用图 7-22 所示的矢量图来表示这两个信号的叠加关系.

令合成矢量 v_r+v_{SSB} 的模为 V_m,则根据上述矢量图可写出

$$V_m(t)=\sqrt{(V_r+V_C\cos\Omega t)^2+(V_C\sin\Omega t)^2}=V_r\sqrt{1+2\left(\frac{V_C}{V_r}\right)\cos\Omega t+\left(\frac{V_C}{V_r}\right)^2} \tag{7.40}$$

若满足 $V_r\gg V_C$,则上式中最后一项可以忽略. 将剩余的两项用幂级数展开并取到二次项,有

$$V_m(t)\approx V_r\sqrt{1+2\left(\frac{V_C}{V_r}\right)\cos\Omega t}\approx V_r\left[1+\frac{V_C}{V_r}\cos\Omega t-\frac{1}{2}\left(\frac{V_C}{V_r}\right)^2\cos^2\Omega t\right] \tag{7.41}$$

显然其中包含调制信号 $V_C\cos\Omega t$ 的成分.

但是(7.41)式也表明,输出包含调制频率的二倍频成分. 为了消除这个成分,可以采用平衡检波的方式,抵消二次谐波.

例 7-2 图 7-23 电路为平衡同步检波电路,其中 $v_S=V_C\cos(\omega_C t+\Omega t)$, $v_r=V_r\cos\omega_C t$, $V_r\gg V_C$, $V_r\gg V_{D(\text{on})}$. 对于频率 ω_c,电容 C 的容抗远小于电阻 R_L;对于频率 Ω,电容 C 的容抗远大于电阻 R_L. 求输出电压的近似表达式.

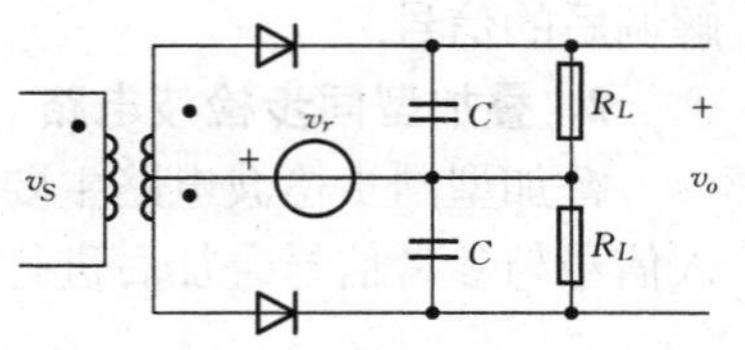

图 7-23 叠加型同步检波电路解调 SSB 信号的电路例子

解 此电路可以看作两个叠加型同步检波电路的合成.

由于变压器的关系，其次级电压对于上半部分电路和下半部分电路相位相差180°. 因此上半部分的电压叠加结果是 v_r+v_S，下半部分是 v_r-v_S. 这样，根据(7.39)式和(7.40)式，可以得到上半部分的电压矢量和为

$$V_{m1}(t)\approx V_r\left[1+\frac{V_C}{V_r}\cos\Omega t-\frac{1}{2}\left(\frac{V_C}{V_r}\right)^2\cos^2\Omega t\right]$$

下半部分的电压矢量和为

$$V_{m2}(t)\approx V_r\left[1-\frac{V_C}{V_r}\cos\Omega t-\frac{1}{2}\left(\frac{V_C}{V_r}\right)^2\cos^2\Omega t\right]$$

根据图 7-23 电路中二极管的接法可知，上半部分在 R_L 上的输出电压方向为上正下负，而下半部分在 R_L 上的输出电压方向为下正上负，所以合成后的输出电压应该为

$$V_o(t)=V_{m1}(t)-V_{m2}(t)\approx 2V_C\cos\Omega t$$

可见通过平衡检波可以消除输出中的二次谐波.

3. 载波同步信号的获得

从前面的讨论可以看到，同步检波电路的关键是要在接收端得到一个与发送信号的载频完全同步的参考信号，完成这个任务的电路称为载波同步电路.

对于 *DSB* 信号，往往采用所谓的"平方法"获得载波同步信号. 平方法的结构框图如图 7-24 所示.

v_{DSB} → ⊗ → 带通滤波器 → 2分频 → v_C

图 7-24　平方法

假设 $v_{DSB}=m_aV_CV_\Omega\cos(\omega_Ct+\varphi)\cdot\cos\Omega t$，由图 7-24 可写出

$$\begin{aligned}v_{DSB}^2&=m_a^2V_C^2V_\Omega^2\cos^2(\omega_Ct+\varphi)\cdot\cos^2\Omega t\\&=m_a^2V_C^2V_\Omega^2\left[\frac{1}{2}+\frac{1}{2}\cos 2(\omega_Ct+\varphi)\right]\left[\frac{1}{2}+\frac{1}{2}\cos 2\Omega t\right]\\&=m_a^2V_C^2V_\Omega^2\left[\frac{1}{4}+\frac{1}{4}\cos 2(\omega_Ct+\varphi)+\frac{1}{4}\cos 2\Omega t+\frac{1}{4}\cos 2(\omega_Ct+\varphi)\cos 2\Omega t\right]\end{aligned}\tag{7.42}$$

可见其中包含载波 $\cos(\omega_Ct+\varphi)$ 的倍频成分. 若能够通过窄带带通滤波器取出此成分再进行分频处理，就可以得到原始的载频信号.

对于 SSB 信号来说,无法直接从接收信号中获取载频,所以常常采用发送导频信号的方法. 例如,在 SSB 信号中叠加一个频率 2 倍于载频的导频信号,在接收端通过窄带带通滤波器截取此导频信号后进行分频,就可以还原出原始载频信号后再进行解调.

上述两种获得载频的方法,都需要从接收信号中通过窄带滤波器取出与载频频率相关的参考频率成分. 但是由于载频频率很高,而需要的信号带宽又极窄(理论上只要一个单频),因此这个窄带滤波器的中心频率与带宽之比极大,也就是 Q 值要极高. 实际电路中如此高 Q 值的滤波器用一般方式几乎无法实现. 然而前面在讨论锁相环时曾提到,锁相环可以实现窄带滤波器的功能,所以载波同步电路都是由锁相环构成的.

图 7 - 25 是用锁相环解调 DSB 信号的框图(乘积型同步解调). 与图 7 - 24 对照,显见锁相环取代了带通滤波器的地位.

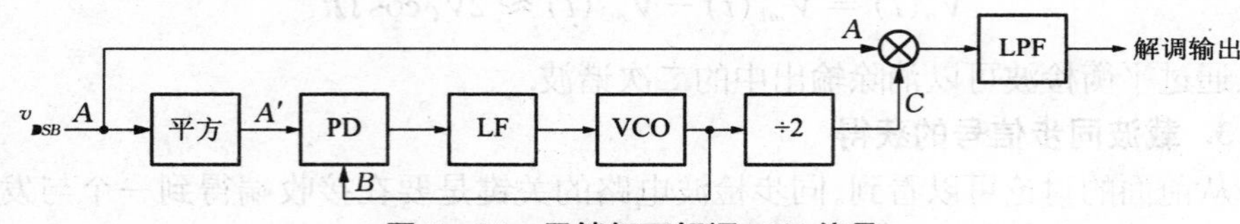

图 7 - 25　用锁相环解调 DSB 信号

解调 SSB 信号的电路与解调 DSB 信号的类似,由于一般在 SSB 信号中叠加一个频率 2 倍于载频的导频信号,因此在图 7 - 25 中去掉前面的平方电路,让锁相环直接锁定在导频频率上,然后 2 分频就得到了原信号的载频.

如果要同步解调普通 AM 信号,则可以采用图 7 - 26 的电路,其中锁相环要获取的就是普通 AM 信号中的载频.

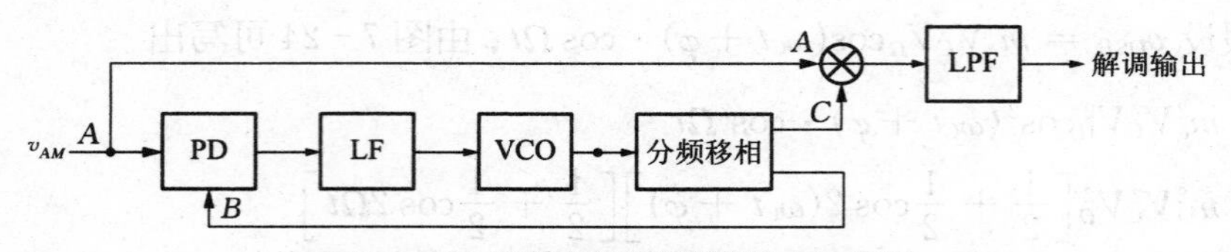

图 7 - 26　用锁相环解调普通 AM 信号

但是,图 7 - 25 和图 7 - 26 两个电路中,锁相环输出信号的处理稍有不同. 这里主要考虑信号之间的相位关系:①乘积型鉴相器在锁定状态下的输入信号与反馈信号有一个固定的 90°相移;②一般情况下压控振荡器的输出总是一个方波,分频电路在方波的上升沿触发;③同步解调需要的参考信号必须与载波信号同相. 在这几个前提下,图 7 - 27 标示了前面两个电路中正确的相位关系.

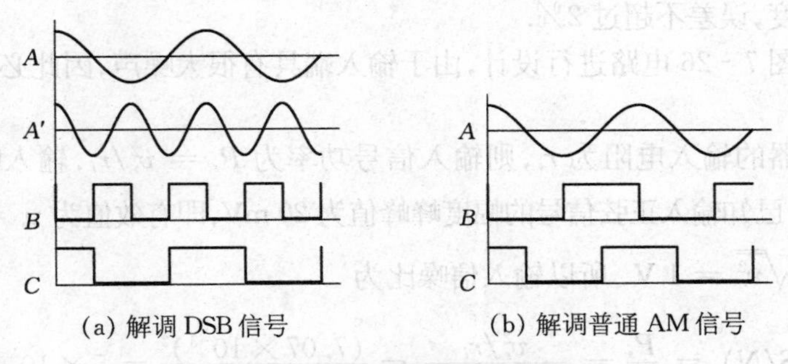

图 7 - 27　锁相环解调电路中的相位关系

可以看到,在解调 DSB 信号的电路中,锁相环的反馈信号经过分频后恰恰与原信号的载频同步,但可能有两种不同的相位,它们相差 180°(图 7 - 27 中画出其中一种). 这两种相位都可以完成解调,只是解调后的输出信号相位相反. 对于大部分信号来说,这种相位模糊并不影响正确的接收.

在解调普通 AM 信号的电路中,锁相环的反馈信号与载频相差 90°,所以需要移相后才能得到正确的参考信号. 这种情况下通常将压控振荡器的频率设计成载频的 2 倍频或 4 倍频,然后通过分频电路可以直接得到一组正交信号,其中一个作为反馈信号,另一个作为解调的参考信号.

上述载波同步电路中锁相环部分的设计要点是:①由于接收机中的输入信号通常都是信噪比较差的信号,因此一般都采用乘积型鉴相器;②为了保证输出信号的频率与相位不产生静态误差,通常采用积分型环路滤波器;③由于锁相环要跟踪的是一个固定的频率(载波跟踪),为了减小输入噪声的影响,总是在保证其他指标的前提下将环路带宽设计得尽可能窄.

另外,图 7 - 26 电路在低通滤波器截止频率很低的条件下的输出是一个直流信号,其幅度反映了锁相环锁定后输入信号的幅度大小. 但是若锁相环未进入锁定状态,则该输出几乎为 0. 实用中常常将这个信号通过一个阈值比较器变换为两个逻辑电平,用来指示锁相环是否锁定. 也可以利用这个信号完成一些特殊的功能,例如,用这个逻辑电平控制一个电子开关,改变环路滤波器的 RC 时间常数(改变环路带宽),在锁定前使环路带宽变宽以提高捕捉速度,一旦锁定后则缩小环路带宽以获得良好的抗噪声能力.

最后我们以一个例子来说明这种电路的设计过程.

例 7-3 试设计一个微弱信号检测电路. 已知输入正弦信号的幅度峰峰值为 20 mV,频率为 2 kHz;输入端噪声 $\sqrt{\overline{v_n^2}}=1\ \mathrm{V}$, 输入带宽 $B_i=1\ \mathrm{MHz}$. 要求检测正弦信号的幅度,误差不超过 2%.

解 按图 7-26 电路进行设计,由于输入端具有很大噪声,因此必须考虑噪声影响.

设鉴相器的输入电阻为 r_i,则输入信号功率为 $P_s=v_s^2/r_i$,输入噪声功率为 $P_n=\overline{v_n^2}/r_i$. 已知输入正弦信号的幅度峰峰值为 20 mV,即有效值为 $v_s=7.07\ \mathrm{mV}$,输入端噪声 $\sqrt{\overline{v_n^2}}=1\ \mathrm{V}$, 所以输入信噪比为

$$(S/N)_i=\frac{P_s}{P_n}=\frac{v_s^2/r_i}{(\sqrt{\overline{v_n^2}})^2/r_i}=\frac{(7.07\times10^{-3})^2}{1^2}=5\times10^{-5}$$

第 5 章曾指出,一般说来,输出相位噪声的均方根值要小于 0.35 rad 才能保证锁相环稳定. 根据(5.51)式,输出相位噪声的均方值为 $\overline{\theta_{no}^2}=\frac{P_{ni}}{P_{si}}\cdot\frac{B_n}{B_i}$,所以要求 $\sqrt{\overline{\theta_{no}^2}}=\sqrt{\frac{P_{ni}}{P_{si}}\cdot\frac{B_n}{B_i}}<0.35$, 就是

$$B_n<(0.35)^2\cdot\frac{P_{si}}{P_{ni}}\cdot B_i=(0.35)^2\times5\times10^{-5}\times1\times10^6=6.1(\mathrm{Hz})$$

若采用比例积分型环路滤波器,并取阻尼因子为 0.7,根据(5.54)式有

$$B_n=\frac{\omega_n}{2}\cdot\left(\zeta+\frac{1}{4\zeta}\right)=0.53\omega_n$$

注意到在(5.54)式中环路带宽 ω_n 的单位是 rad/sec,而噪声带宽 B_n 的单位是 Hz,所以得到此锁相环的环路带宽要求:

$$\omega_n=\frac{B_n}{0.53}<\frac{6.1}{0.53}=11.5(\mathrm{rad/sec})$$

以上从稳定性角度计算了锁相环的环路带宽等参数,下面讨论检测误差.

图 7-26 电路中乘法器的一个输入为 $V_i\sin(\omega t)$,另一个输入为锁相环的输出 $v_r(t)$,乘法器的输出为 $kv_r(t)V_i\sin(\omega t)$,其中 k 是乘法器的增益.

设锁相环输出信号为方波,高电平为 V_H,低电平为 V_L. 又若低通滤波器的截止频率设计得很低,则解调输出为乘法器输出的平均值:

$$V_o=\frac{1}{2\pi}\left[\int_{\theta_1}^{\theta_2}kV_HV_i\sin(\omega t)\mathrm{d}(\omega t)+\int_{\theta_2}^{\theta_1+2\pi}kV_LV_i\sin(\omega t)\mathrm{d}(\omega t)\right]$$

其中两个积分限分别为锁相环输出的方波信号的上升沿和下降沿所对应的输入信号的相位. 通常方波信号的低电平 $V_L=0$, 此时上述积分只有第一部分.

显然,要得到精确的幅度检测幅度,就要求乘法器增益 k 稳定、锁相环输出幅度 V_H 稳定以及两个积分限相位 θ_1 和 θ_2 稳定. 实现上述稳定要从电路结构与制作工艺等方面入手,例如,电源电压必须稳定(与 V_H 有关),乘法器的工作点必须稳定(与 k 有关),等等. 容易算出,当 θ_1 和 θ_2 分别为 0 和 π(即锁相环的输出与载波信号完全同相)时,θ 变化引起的检测误差最小,此时大约 θ 变化 11° 可造成检测误差为 2%,而当锁相环的输出与载波信号不完全同相时,要保证同样的检测误差所允许的 θ 变化范围将明显缩小. 所以,在锁相环的 VCO 部分可以设置一定的相位微调装置,以使其输出与输入的载波相位达到完全同步. 另外要说明的是,由于噪声在乘法器后面的低通滤波器被滤除,前面讨论的噪声引起的锁相环输出相位抖动并不影响检测精度.

从例 7-3 可以看到,在载波同步电路中锁相环的环路带宽很小. 环路带宽很小的优点是噪声带宽小,从而可以检出深埋在噪声中的信号,但是也带来一系列的问题(如捕捉时间加长、同步带变窄等).

对于捕捉时间加长的问题,一般可以通过前面介绍的变环路带宽技术来解决.

对于同步带变窄的问题,分析如下:在采用积分型环路滤波器的 II 型锁相环中,同步带主要是由压控振荡器的可控频率范围所限制. 由于要求环路带宽很小,而二阶锁相环的环路带宽都有相同的形式 $\omega_n=\sqrt{\frac{K_dK_o}{\tau}}$,因此一般情况下都将压控振荡器的灵敏度 K_o 设计得比较小,这也有利于降低压控振荡器的噪声. 但是 K_o 比较小就意味着可控的振荡频率范围小,也就是同步带小. 如果信号源的频率变化不大而压控振荡器的频率稳定性很好的话,同步带小一些不是问题,但如果压控振荡器的频率稳定性不好,则很容易引起失步. 所以在载波同步电路中一般都要求压控振荡器有很高的频率稳定性,采用压控晶体振荡器是一种常见的做法.

§7.2 角度调制

幅度调制使得载波的幅度随调制信号变化,而角度调制使载波的频率或相位随调制信号改变. 若已调波的瞬时频率与调制信号成线性关系,则称为调频

(frequency modulation,简写为 FM);若已调波的瞬时相位与调制信号成线性关系,则称为调相(phase modulation,简写为 PM).

假设已调波为 $v_{mw}(t)=V_{cm}\cos\varphi(t)$,其瞬时角频率为 $\omega(t)$,则有

$$\begin{cases}\omega(t)=\dfrac{\mathrm{d}\varphi(t)}{\mathrm{d}t}\\ \varphi(t)=\displaystyle\int_0^t\omega(\tau)\mathrm{d}\tau+\varphi(0)\end{cases}\tag{7.43}$$

由此可见,无论调频与调相,实际上都是已调波矢量的相位角的变化,所以调频波和调相波统称调角波.

7.2.1 角度调制的信号特征

设调制信号为单频信号 $v_\Omega(t)=V_\Omega\cos\Omega t$.

对于调相信号来说,其瞬时相位 $\varphi(t)$ 与 $v_\Omega(t)$ 成线性关系,即

$$\varphi(t)=\omega_C t+k_p v_\Omega(t)=\omega_C t+k_p V_\Omega\cos\Omega t\tag{7.44}$$

所以,调相信号可表示为

$$v_{PM}(t)=V_{cm}\cos(\omega_C t+k_p V_\Omega\cos\Omega t)=V_{cm}\cos(\omega_C t+m_p\cos\Omega t)\tag{7.45}$$

其中 $m_p=k_p V_\Omega$ 为调相指数(phase modulation index),表示瞬时相位的最大偏移量.

对于调频信号来说,其瞬时角频率 $\omega(t)$ 与 $v_\Omega(t)$ 成线性关系,即

$$\omega(t)=\omega_C+k_f v_\Omega(t)=\omega_C+k_f V_\Omega\cos\Omega t=\omega_C+\Delta\omega_m\cos\Omega t\tag{7.46}$$

其中 ω_C 是载波角频率,$\Delta\omega_m=k_f V_\Omega$ 是最大角频偏. 调频信号的瞬时相位为

$$\varphi(t)=\int_0^t\omega(\tau)\mathrm{d}\tau=\int_0^t[\omega_C+\Delta\omega_m\cos\Omega\tau]\mathrm{d}\tau=\omega_C t+\frac{\Delta\omega_m}{\Omega}\sin\Omega t\tag{7.47}$$

所以,调频信号可表示为

$$v_{FM}(t)=V_{cm}\cos\left(\omega_C t+\frac{\Delta\omega_m}{\Omega}\sin\Omega t\right)=V_{cm}\cos(\omega_C t+m_f\sin\Omega t)\tag{7.48}$$

其中 $m_f=\dfrac{\Delta\omega_m}{\Omega}=\dfrac{\Delta f_m}{F}$ 为调频指数(frequency modulation index),表示瞬时相位

的最大偏移量.

由(7.48)式和(7.45)式可知,调频波和调相波具有相似的数学表达形式.若以调制指数 m 代替调频指数 m_f 或调相指数 m_p,调角波可以统一表达为

$$v_{mw}(t) = V_{cm}\cos(\omega_C t + m\sin\Omega t) \tag{7.49}$$

对(7.49)式作展开,有

$$v_{mw}(t) = V_{cm}[\cos(m\sin\Omega t)\cdot\cos\omega_C t - \sin(m\sin\Omega t)\cdot\sin\omega_C t] \tag{7.50}$$

此式中的两个系数表达式可以展开为级数:

$$\cos(m\sin\Omega t) = \mathrm{J}_0(m) + 2\sum_{n=0}^{\infty}\mathrm{J}_{2n}(m)\cos 2n\Omega t \tag{7.51}$$

$$\sin(m\sin\Omega t) = 2\sum_{n=0}^{\infty}\mathrm{J}_{2n+1}(m)\sin(2n+1)\Omega t \tag{7.52}$$

其中 $\mathrm{J}_n(m) = \sum_{n=0}^{\infty}\frac{(-1)^n\left(\frac{m}{2}\right)^{n+2m}}{m!(n+m)!}$,是以 m 为宗量的 n 阶第一类贝塞尔函数(Bessel function).

(7.50)式可以用第一类贝塞尔函数写为

$$\begin{aligned} v_{mw}(t) = {} & V_{cm}[\mathrm{J}_0(m) + 2\sum_{n=1}^{\infty}\mathrm{J}_{2n}(m)\cos 2n\Omega t]\cos\omega_C t \\ & - V_{cm}[2\sum_{n=0}^{\infty}\mathrm{J}_{2n+1}(m)\sin(2n+1)\Omega t]\sin\omega_C t \end{aligned} \tag{7.53}$$

图7-28显示了前几个贝塞尔函数值随宗量变化的曲线.表7-1列出 $m<10$ 的部分第一类贝塞尔函数值,小于1%部分被四舍五入.

表7-1 第一类贝塞尔函数表

	$m=0.5$	$m=1$	$m=2$	$m=3$	$m=4$	$m=5$	$m=6$	$m=7$	$m=8$	$m=9$	$m=10$
J_0	0.94	0.77	0.22	−0.26	−0.40	−0.18	0.15	0.30	0.17	−0.09	−0.25
J_1	0.24	0.44	0.58	0.34	−0.07	−0.33	−0.28	−0	0.23	0.25	0.04
J_2	0.03	0.11	0.35	0.49	0.36	0.05	−0.24	−0.30	−0.11	0.14	0.25
J_3		0.02	0.13	0.31	0.43	0.36	0.11	−0.17	−0.29	−0.18	0.06
J_4			0.03	0.13	0.28	0.39	0.36	0.16	−0.11	−0.27	−0.22

(续表)

	$m=0.5$	$m=1$	$m=2$	$m=3$	$m=4$	$m=5$	$m=6$	$m=7$	$m=8$	$m=9$	$m=10$
J_5				0.04	0.13	0.26	0.36	0.35	0.19	−0.06	−0.23
J_6				0.01	0.05	0.13	0.25	0.34	0.34	0.20	−0.01
J_7					0.02	0.05	0.13	0.23	0.32	0.33	0.22
J_8						0.02	0.06	0.13	0.22	0.31	0.32
J_9						0.01	0.02	0.06	0.13	0.21	0.29
J_{10}							0.01	0.02	0.06	0.12	0.21
J_{11}								0.01	0.03	0.06	0.12
J_{12}									0.01	0.03	0.06
J_{13}										0.01	0.03
J_{14}											0.01

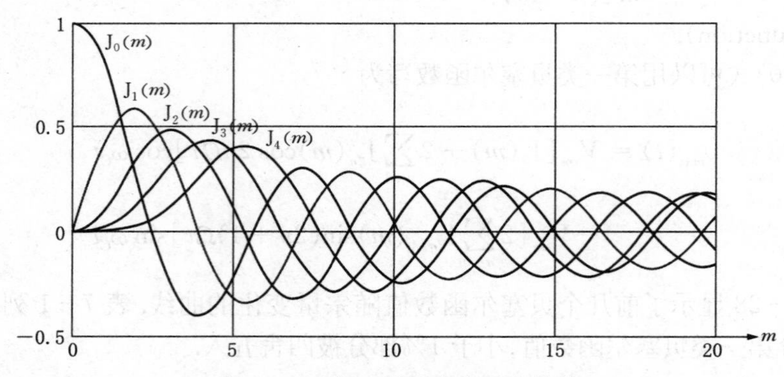

图 7-28 第一类贝塞尔函数曲线

利用第一类贝塞尔函数的一个关系 $J_{-1}(m)=(-1)^n J_n(m)$ 以及三角函数的积与和差的转换关系 $\cos\alpha\cos\beta=\frac{1}{2}[\cos(\alpha-\beta)+\cos(\alpha+\beta)]$ 及 $\sin\alpha\sin\beta=\frac{1}{2}[\cos(\alpha-\beta)-\cos(\alpha+\beta)]$，可以将(7.53)式表示的调角波表达式进一步改写为

$$v_{mw}(t)=V_{cm}\sum_{n=-\infty}^{\infty}J_n(m)\cos(\omega_C+n\Omega)t \tag{7.54}$$

根据(7.54)式,调角波的频谱特征如下:

(1) 在载频 ω_C 两侧分布有无穷多个边频分量,频率为 $\omega_C \pm n\Omega$,幅度为 $|J_n(m)| \cdot V_{cm}$.

(2) 由第一类贝塞尔函数的性质 $J_{-1}(m) = (-1)^n J_n(m)$,每对上下边频的振幅相等.

(3) 当调制指数 m 改变时,每对边频的幅度 $|J_n(m)| \cdot V_{cm}$ 随之改变. 但是由于第一类贝塞尔函数的性质 $\sum_{n=-\infty}^{+\infty} J_n^2(m) = 1$, 所有边频功率之和(也就是总功率)不变. 已调波的总功率恒等于载波功率.

根据(7.54)式和表 7-1,可以画出单频调制的调角波($m=3$)的频谱如图 7-29 所示. 若是频带调制,则其中每根谱线应扩展为一个频带.

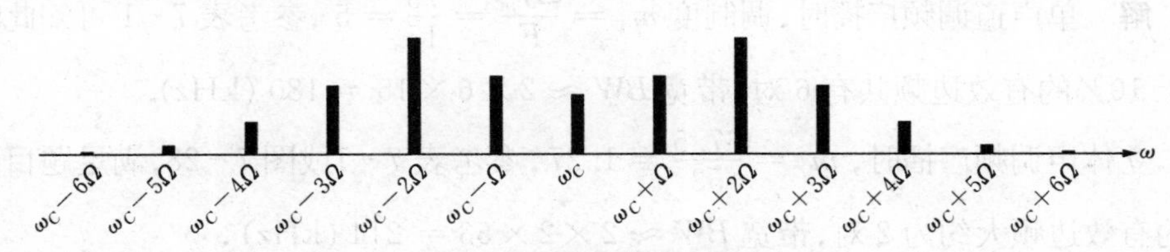

图 7-29　调角波的频谱

尽管调角波具有无穷多的边频,但实际通信中一个信号不可能占有所有的频率,所以在实际计算调角波的带宽时,需要舍弃一些能量很小的边频分量. 由表 7-1 可知,当调制度 $m<1$ 时, $n>1$ 的第一类贝塞尔函数 $J_n(m)$趋于 0,因此只取一对 $J_1(m)$的边频,即有

$$BW \approx 2F,\ m<1 \tag{7.55}$$

其中 F 是调制信号的频率. 这种情况通常称为窄带调制,一般用于通信.

当调制度 $m>1$ 时,若考虑包含 10%～15%载频幅度以上的边频信号(相当于考虑载波能量的 99%～98%),则有

$$BW \approx 2(m+1)F,\ m>1 \tag{7.56}$$

显然,(7.55)式和(7.56)式在 $m=1$ 处不连续. 实际上由于调角波具有无穷多的边频,这两个公式都是近似关系,给出的结果只是一个估计值.

从这个估计值可以得到调频波和调相波的一些不同特性.

对于调频波, $m_f = \dfrac{\Delta f_m}{F}$,代入(7.56)式, $m>1$ 时的带宽为

$$BW_{FM} \approx 2\Delta f_m + 2F \approx 2\Delta f_m \tag{7.57}$$

所以当调制信号频率 F 变化时,调频波的带宽几乎不变,这个特性称为调频波具有恒定带宽特性. 而调相波的调制度 m_p 与调制频率无关,所以其带宽随调制频率的增加而增加. 由于这个原因,在模拟调制系统中大量采用调频制,如调频广播、电视、模拟通信系统以及工业测控系统等,而调相制采用较少.

例 7 - 4 我国的 FM 广播规定,在广播单声道信号时,最大调制频率 $F_{max} = 15\text{ kHz}$,最大频偏 $\Delta f_m = 75\text{ kHz}$; 在广播立体声信号时,最大调制频率 $F_{max} = 53\text{ kHz}$,最大频偏 $\Delta f_m = 67.5\text{ kHz}$. 另外,我国的电视伴音也采用 FM 方式,最大调制频率 $F_{max} = 15\text{ kHz}$,最大频偏 $\Delta f_m = 50\text{ kHz}$. 若考虑包含 10%载频幅度以上的边频信号,试求上述几种情况下的调制度和频带宽度.

解 单声道调频广播时,调制度 $m_f = \dfrac{\Delta f_m}{F} = \dfrac{75}{15} = 5$,参考表 7 - 1 可知此时大于 10%的有效边频共有 6 对,带宽 $BW \approx 2 \times 6 \times 15 = 180\ (\text{kHz})$.

立体声调频广播时, $m_f = \dfrac{67.5}{53} = 1.27$. 参考表 7 - 1或图 7 - 28,满足题目要求的有效边频大约为 2 对,带宽 $BW \approx 2 \times 2 \times 53 = 214\ (\text{kHz})$.

按照(7.56)式计算也是上述结果,而实际上在调频广播中无论单声道还是立体声,带宽都是一样的(为 200 kHz).

电视伴音的调制度为 $m_f = \dfrac{50}{15} = 3.33$,按照(7.56)式计算的带宽 $BW \approx 130\text{ kHz}$, 实际带宽约为 125 kHz.

7.2.2 直接调频电路

调频电路可分为直接调频(direct frequency modulation)和间接调频(indirect frequency modulation)两种. 直接调频是让调制信号直接改变载频振荡器的振荡频率. 间接调频是利用频率与相位的微积分关系,先对调制信号积分,然后进行调相,即改变载频的相位.

从直接调频的本质上说,它是一种压控振荡器,起到压控作用的是调制信号. 所以第 4 章介绍的压控振荡器电路原则上都可以成为直接调频电路. 但是作为调制电路,它必须满足调频信号的一些要求:其振荡的中心频率应该是调频信号的载波频率,频率的变化范围应该满足调频信号的最大频偏要求,其频率的变化应该与调制信号的幅度成线性关系.

比较常见的作为直接调频电路的压控振荡器电路有三点式振荡器、石英晶体振荡器,在集成的直接调频电路中,也有采用多谐振荡器的.

一、三点式 LC 振荡器直接调频

常见的三点式 LC 振荡器直接调频电路是电感三点式振荡器(图 4 - 32)和电容三点式压控振荡器(图 4 - 33),用变容二极管完成调频功能. 下面从频率调制的角度分析三点式压控振荡器中振荡频率与调制电压的关系.

变容二极管的结电容为 $C_j = \dfrac{C_{j0}}{(1+V/V_D)^\gamma}$. 在三点式振荡器直接调频电路中,加载在变容二极管两端的电压除了偏置电压 V_{DQ} 外,还有调制信号电压 v_Ω,所以

$$C_j(t) = \frac{C_{j0}}{\left(1+\dfrac{V_{DQ}+v_\Omega}{V_D}\right)^\gamma} = \frac{C_{j0}\Big/\left(1+\dfrac{V_{DQ}}{V_D}\right)^\gamma}{\left(1+\dfrac{v_\Omega}{V_{DQ}+V_D}\right)^\gamma} = \frac{C_{jQ}}{(1+M\cos\Omega t)^\gamma} \quad (7.58)$$

其中 C_{jQ} 是变容二极管在静态工作点 V_{DQ} 的结电容, $M = \dfrac{V_\Omega}{V_{DQ}+V_D}$ 称为结电容调制度. 由于需要保证变容二极管的反偏电压, M 不能大于 1.

根据电路中 LC 回路中除了变容二极管外是否还有其他电容,可以分成两种情况.

第一种情况,振荡频率纯粹由变容二极管的结电容 C_j 和电感 L 确定,则

$$\omega(t) \approx \frac{1}{\sqrt{LC_j(t)}} = \frac{1}{\sqrt{\dfrac{LC_{jQ}}{(1+M\cos\Omega t)^\gamma}}} = \omega_C(1+M\cos\Omega t)^{\frac{\gamma}{2}} \quad (7.59)$$

上式称为变容二极管的调制特性方程. 其中 $\omega_C = \dfrac{1}{\sqrt{LC_{jQ}}}$ 是处于静态工作点时的振荡频率,即调频信号的载波频率.

将(7.59)式与(7.46)式比较,可以看到当 $\gamma = 2$ 时,(7.59)式符合调频信号的频率关系,获得线性调制. 其余情况下,尽管已调信号频率也随着调制信号幅度的变化而变化,但是频率与调制电压 v_Ω 之间不是线性关系.

当 $\gamma = 2$ 时,LC 回路的谐振频率为

$$\omega(t) \approx \omega_C(1+M\cos\Omega t) \quad (7.60)$$

所以最大频偏和调制灵敏度分别为

$$\Delta\omega_m = M\omega_C = \frac{V_\Omega}{V_{DQ}+V_D}\omega_C \tag{7.61}$$

$$k_f = \frac{\Delta\omega_m}{V_\Omega} = \frac{M\omega_C}{V_\Omega} = \frac{\omega_C}{V_D+V_{DQ}} \tag{7.62}$$

当 $\gamma\neq 2$ 时,将(7.59)式展开,

$$\begin{aligned}\omega(t) &= \omega_C\left[1+\frac{\gamma}{2}M\cos\Omega t+\frac{1}{2!}\cdot\frac{\gamma}{2}\left(\frac{\gamma}{2}-1\right)M^2\cos^2\Omega t+\cdots\right]\\ &= \omega_C\left[1+\frac{\gamma}{8}\left(\frac{\gamma}{2}-1\right)M^2+\frac{\gamma}{2}M\cos\Omega t+\frac{\gamma}{8}\left(\frac{\gamma}{2}-1\right)M^2\cos 2\Omega t+\cdots\right]\\ &= \omega_C+\Delta\omega_C+\Delta\omega_m\cos\Omega t+\Delta\omega_{2m}\cos 2\Omega t+\cdots\end{aligned} \tag{7.63}$$

可见在已调波的频率成分中除了原来的载波 ω_C 以及线性调频的边频成分 $\Delta\omega_m\cos\Omega t$ 外,还增加了由于在一个 v_Ω 周期内二极管结电容变化不对称引起的平均频偏 $\Delta\omega_C$ 以及 $\Delta\omega_{2m}\cos 2\Omega t$ 等高阶非线性调制频率成分. 只有当结电容调制度 M 很小时,这些多余的频率成分才可以被忽略. 根据(7.61)式,结电容调制度 M 小就是频偏小,所以在小频偏(即窄带调频)情况下,对变容二极管的变容指数 γ 的要求可以放宽. 或者说在窄带调制情况下,不管变容二极管的变容指数 γ 如何,总能近似满足线性调制要求.

第二种情况,确定振荡频率的 LC 回路中除了变容二极管外还有其他电容,变容二极管是以部分接入的形式出现的. 例如,常见的电容三点式振荡器中 LC 回路结构如图 7-30,具体电路例子可参考图 4-33.

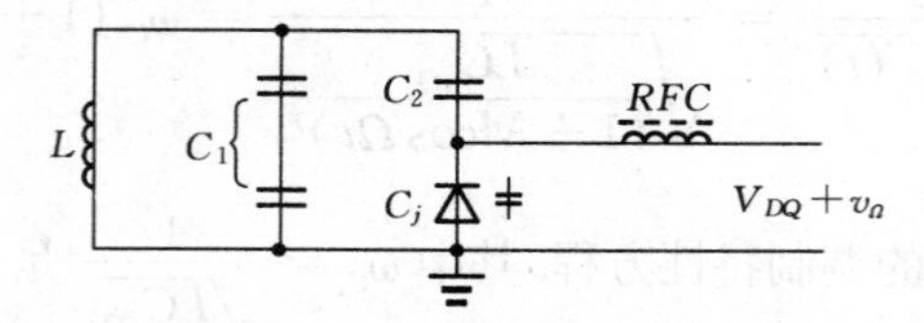

图 7-30 电容三点式振荡器直接调频电路中的 LC 谐振回路结构

在这个谐振回路中,总电容 $C=C_1+\dfrac{C_2C_j}{C_2+C_j}$,其中 C_1 表示两个电容串联以后的电容, $C_j=C_{jQ}(1+M\cos\Omega t)^{-\gamma}$. 所以振荡频率为

$$\omega(t) = \frac{1}{\sqrt{LC}} = \frac{1}{\sqrt{L\left[C_1+\dfrac{C_2C_{jQ}(1+M\cos\Omega t)^{-\gamma}}{C_2+C_{jQ}(1+M\cos\Omega t)^{-\gamma}}\right]}} \tag{7.64}$$

(7.64)式可以改写为

$$\omega(t)=\omega_C\cdot\left[1-\frac{\dfrac{C_2C_{jQ}}{C_2+C_{jQ}}-\dfrac{C_2C_{jQ}\ (1+M\cos\Omega t)^{-\gamma}}{C_2+C_{jQ}\ (1+M\cos\Omega t)^{-\gamma}}}{\dfrac{C_2C_{jQ}}{C_2+C_{jQ}}+C_1}\right]^{-\frac{1}{2}} \tag{7.65}$$

其中 $\omega_C=\dfrac{1}{\sqrt{L\left[C_1+\dfrac{C_2C_{jQ}}{C_2+C_{jQ}}\right]}}$ 就是静态工作点振荡频率，即调频信号的载波频率.

对(7.65)式进行数学分析比较困难，一般只能进行近似计算，但近似计算结果并不可靠. 为此，我们根据(7.65)式用计算机画出具有不同变容指数的变容二极管构成的部分接入 LC 谐振回路的谐振频率变化归一化曲线如图 7-31，其中(a)是频率对归一化调制电压的关系，(b)是频率变化的斜率对归一化调制电压的关系. 图 7-31 的条件是 C_1 和 C_2 都有与 C_{jQ} 相同的数值. 当数值不同时，图 7-31 中的数据将有所不同，但是曲线的基本形状没有很大差别.

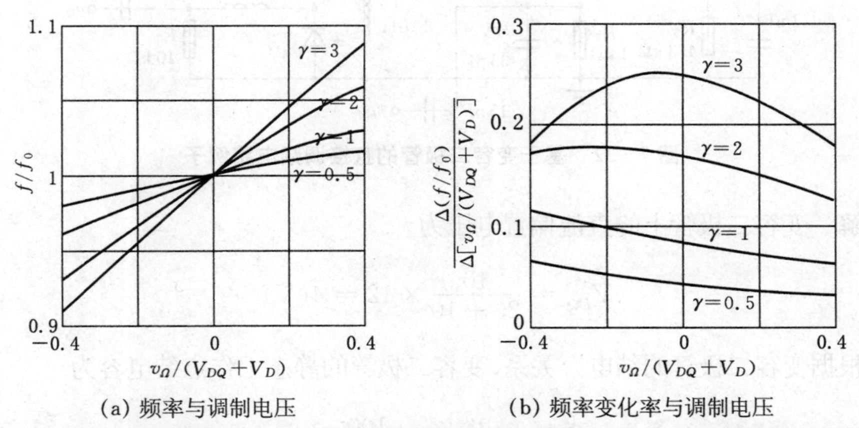

图 7-31　变容二极管部分接入的 LC 谐振回路的频率以及频率变化率与调制电压的关系

由图 7-31 可见，当变容二极管部分接入时，无论变容二极管的变容指数 γ 为何值，频率与调制电压之间的关系都不满足线性关系.

若调制电压的变化范围大，即最大归一化调制电压 $V_\Omega/(V_{DQ}+V_D)$ 的变化范围较大时，由图 7-31 可见，变容二极管的变容指数取得小些有较好的线性.

当调制电压的变化范围小，即最大归一化调制电压 $V_\Omega/(V_{DQ}+V_D)$ 的变化范围较小时,从图 7-31 可见,一般总是能够近似满足线性调制要求.此情况下 γ 取得大一些,在 $v_\Omega = 0$ 处有较大的频率变化率,也就是可以有较高的调制灵敏度.

实际应用中可以根据调制电压的变化范围选择合适的变容二极管,也可以根据变容二极管的变容指数确定合适的调制度.

例 7-5 图 7-32 是一个实际的电容三点式振荡器直接调频电路.在这个电路中使用了"背靠背"连接的变容二极管代替图 7-30 中单个变容二极管以减轻寄生调制效应(参见第 4 章).设图 7-32 电路中每个变容二极管参数为 $\gamma = 0.5$, $C_{j0} = 100$ pF, $V_D = 0.6$ V.调制信号的最大幅度为 $V_\Omega = 1$ V.若忽略其他所有分布参数(包括晶体管极间电容),试计算载波频率、最大频偏,并估计输出已调波中的非线性成分引起的频偏的相对大小.

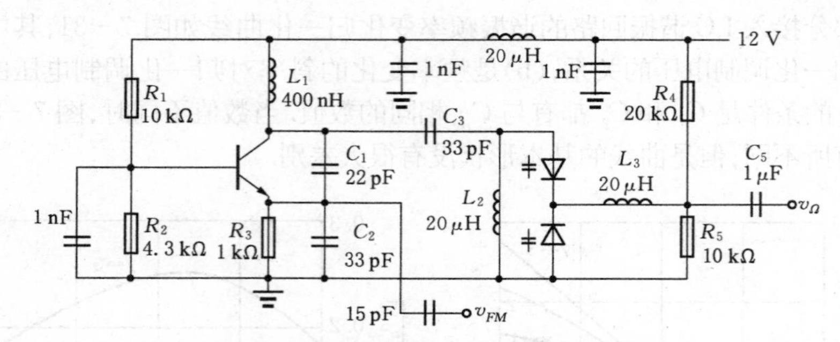

图 7-32 基于变容二极管的直接调频电路例子

解 变容二极管上的直流偏置电压为

$$V_{DQ} = \frac{10}{20+10} \times 12 = 4(\text{V})$$

根据变容二极管的结电容关系,变容二极管的静态工作点结电容为

$$C_{jQ} = \frac{C_{j0}}{\left(1+\dfrac{V_{DQ}}{V_D}\right)^\gamma} = \frac{100}{\left(1+\dfrac{4}{0.6}\right)^{0.5}} = 36(\text{pF})$$

本电路的谐振回路由 L_1, C_1, C_2, C_3 以及两个变容二极管组成,谐振频率为

$$f = \frac{1}{2\pi\sqrt{L_1\left[\dfrac{C_1C_2}{C_1+C_2} + \dfrac{C_3(C_j/2)}{C_3+(C_j/2)}\right]}}$$

代入 C_{jQ}，得到载波频率为 $f_C = 50.5\ \text{MHz}$.

当调制信号输入时，变容二极管的容量变化为

$$C_j = C_{jQ}(1 + M\cos\Omega t)^{-\gamma} = C_{jQ}\left(1 + \frac{V_\Omega}{V_{DQ} + V_D}\cos\Omega t\right)^{-\gamma}$$

将 $\gamma = 0.5$, $C_{jQ} = 36\ \text{pF}$ 以及其他已知条件代入，考虑 $\cos\Omega t$ 最大为±1，得到

$$C_{j(\min)} = C_{jQ}\left(1 + \frac{V_\Omega}{V_{DQ} + V_D}\right)^{-\gamma} = 36 \times \left(1 + \frac{1}{4 + 0.6}\right)^{-0.5} = 32.63\ (\text{pF})$$

$$C_{j(\max)} = C_{jQ}\left(1 - \frac{V_\Omega}{V_{DQ} + V_D}\right)^{-\gamma} = 36 \times \left(1 - \frac{1}{4 + 0.6}\right)^{-0.5} = 40.69\ (\text{pF})$$

最低和最高输出频率分别为

$$f_{\min} = \frac{1}{2\pi\sqrt{L_1\left[\dfrac{C_1C_2}{C_1 + C_2} + \dfrac{C_3(C_{j(\max)}/2)}{C_3 + (C_{j(\max)}/2)}\right]}} = 49.6\ (\text{MHz})$$

$$f_{\max} = \frac{1}{2\pi\sqrt{L_1\left[\dfrac{C_1C_2}{C_1 + C_2} + \dfrac{C_3(C_{j(\min)}/2)}{C_3 + (C_{j(\min)}/2)}\right]}} = 51.2\ (\text{MHz})$$

可见在中心频率两侧，频偏并不相等，这正是调制的非线性. 在图 7-31 中也可见频率对于调制信号的变化率是非线性的，当 $\gamma = 0.5$ 时，v_Ω小的一端的斜率高于 v_Ω 大的一端，所以 $(f_C - f_{\min})$ 大于$(f_{\max} - f_C)$.

严格计算频偏以及非线性应该将(7.64)式对调制信号 Ωt 作傅立叶展开，求出其中输出频率对调制信号的线性项和非线性项. 将已知条件代入，应该有如下形式：

$$\omega(t) = \omega_0 + A_1\omega_0\cos\Omega t + A_2\omega_0\cos 2\Omega t + A_3\omega_0\cos 3\Omega t + \cdots$$

其中系数 $A_1\omega_0$ 就是已调波对于调制信号的最大角频偏. ω_0 与前面计算的 ω_C 之间的差值是由于非线性调制引起的中心角频率的偏移. 其余各项都是非线性调制产物，它们的系数就是对于调制信号各高次谐波的最大角频偏.

但是这样计算比较麻烦. 这里作一个简单的估计处理：可以算得频率高端的频偏为 $f_{\max} - f_0 = 51.2 - 50.5 = 0.7\ (\text{MHz})$，低端的频偏为 $f_0 - f_{\min} = 50.5 - 49.6 = 0.9\ (\text{MHz})$，平均频偏为 800 kHz. 假设这个平均频偏就是线性频偏，则超出此平均频偏部分就是已调波中的非线性频偏成分. 按照这个近似估计，在频率高

端超出部分为−100 kHz,频率低端为+100 kHz,分别是平均频偏的12.5%.可见此非线性失真是相当严重的,其主要原因就是已调波的频偏太大了.

通常可以通过减小 C_3 或 v_Ω 等方法降低已调波的频偏,以获得满意的线性调制.

二、晶体振荡器直接调频

LC三点式振荡器直接调频的特点是调制度可以做得比较大,即最大频偏可以较大.其最大的不足是频率稳定性不高.而用第4章介绍过的采用石英晶体与变容二极管组合的压控振荡器可以构成高稳定的直接调频电路.

图7-33是一个实际的石英晶体振荡器直接调频电路,用于无线话筒.话筒输入的语音信号经过 Q_1 放大后作为调制信号,控制由 Q_2 与100 MHz石英晶体以及变容二极管等构成的直接调频电路.晶体管输出端的电感 L、100 pF和27 pF电容,以及天线调谐在100 MHz,已调波通过天线发射.可以用普通的调频收音机接收此调频信号.

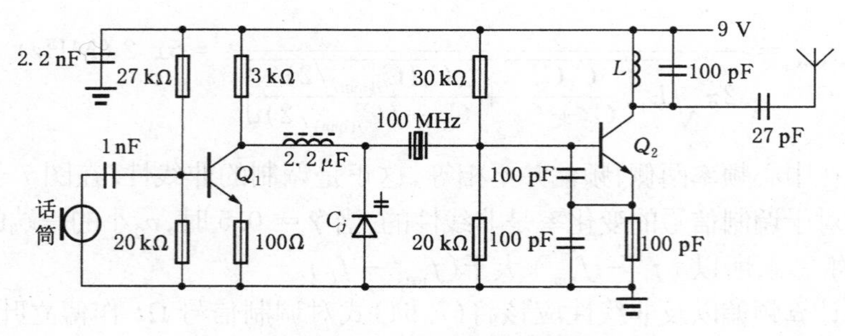

图7-33 无线话筒电路

晶体振荡器直接调频电路具有频率稳定的特点,所以在许多消费类产品中得到应用,许多消费类集成电路中也包含有这类直接调频电路.由于是窄带调制,因此在这类电路中变容二极管的变容指数可以在较大的范围内选择,其非线性失真都比较小.

晶体振荡器直接调频电路的主要缺点是频偏小,一般情况下最大频偏 $\Delta f_m < 10^{-4} f_C$,所以只能用在窄频调制系统中.若希望扩大石英晶体振荡器直接调频电路的频偏,有以下几种办法.

一种办法类似用滤波法产生单边带信号的过程:先将窄频偏的原始信号进行倍频,在提高载频的同时也扩大了频偏,然后再用混频的办法将频率降下来.由于混频不改变频谱形状(包括相对的频差),因此载频下降但扩大了的频差得以保持,这样就提高了相对频偏,也就是扩大了调制度.如此反复几次,就可以在需要的载波频率上得到需要的频偏.图7-34是这种扩大频偏办法的过程示意.

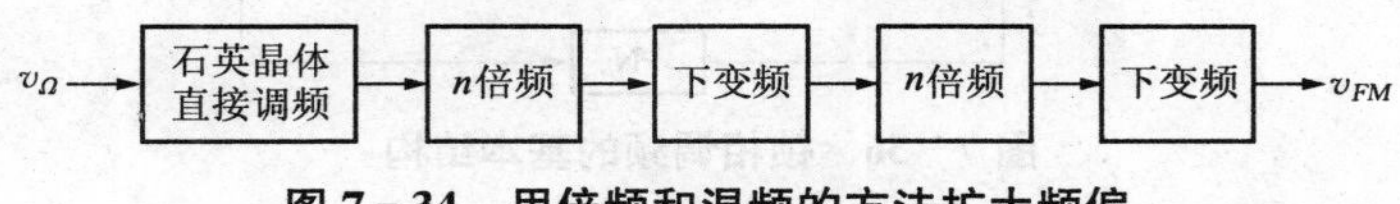

图7-34 用倍频和混频的方法扩大频偏

另一种办法更直接一些,它采用石英晶体串联一个小电感的办法扩大晶体的等效电感频率范围.

石英晶体串联一个小电感后其阻抗特性的改变情况见图7-35,为了清晰,该图有所夸张.图7-35中点画线是石英晶体的阻抗特性,实线是串联电感后的阻抗特性.由图7-35可见,串联电感后,其并联谐振频率 f_0 没有改变,但是串联谐振频率 f_g 下降.所以串联电感后,晶体的感抗区扩大,这样就可以扩大直接调频的最大频偏.但若串联的电感过大,则失去晶体振荡器频率稳定的优点,所以一般将频偏控制在 $(10^{-4} \sim 10^{-3}) f_C$ 左右.

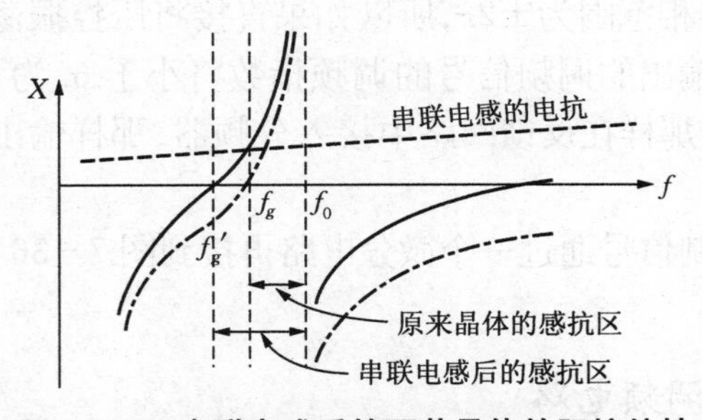

图7-35 串联电感后的石英晶体的阻抗特性

三、锁相调频电路

利用锁相环锁定后的跟踪特性,可以构成锁相调频电路,其结构如图7-36所示.

图7-36电路中,晶体振荡器产生参考频率 f_R,而调制信号 $v_\Omega = V_\Omega \cos \Omega t$ 通过加法电路与环路滤波器的输出叠加,即加在压控振荡器上的电压为 $v_C + v_\Omega$.若压控振荡器的控制特性是线性的,则其输出频率为

$$f_{FM} = K_o(v_C + v_\Omega) = K_o v_C + K_o V_\Omega \cos \Omega t \qquad (7.66)$$

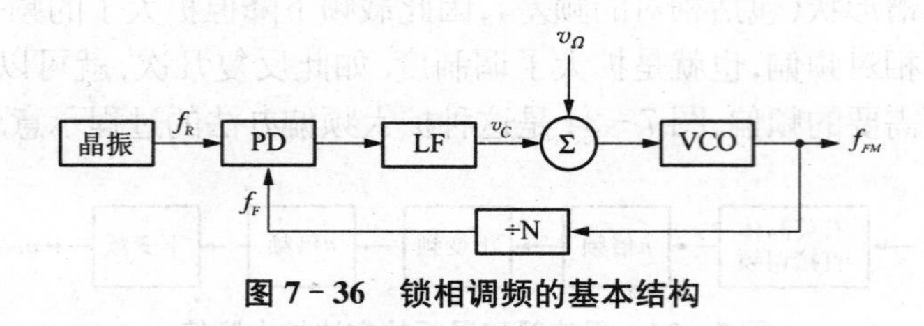

图 7-36 锁相调频的基本结构

显然,若能保证 $K_o v_C$ 恒等于调频信号的载频 f_C,则可以实现线性调频,此时的载频频率等于 $N \cdot f_R$.

为了分析环路带宽 ω_n,可以将整个锁相环变换为 v_Ω 输入、v_C 输出的形式,此时由于 f_R 是一个不变量,鉴相器的输出 $\theta_e = -\theta_F$. 可以证明,变换后环路的闭环传递函数没有变化. 环路的输入信号 v_Ω 频率为 Ω,而要求输出 v_C 的频率不变,根据二阶锁相环闭环传递函数的低通特性,可知此时必然有 $\Omega \gg \omega_n$.

另外,为了保证 $K_o v_C$ 恒等于调频信号的载频 f_C,要求锁相环在工作时维持锁定,所以要求 v_Ω变化引起的反馈信号的相位变化不得超出鉴相器的有效鉴相范围. 因为调频信号的最大相位变化就是它的调频指数 m_f,而前面介绍过的几种鉴相器中最大的有效鉴相范围为$\pm 2\pi$,所以如果直接将压控振荡器的输出反馈到锁相环的鉴相器,那么输出的调频信号的调频指数将小于 6. 为了扩大调频指数,就应该如图 7-36 电路那样在反馈回路中接入分频器,那样输出的调频信号的调频指数可以扩大 N 倍.

另外,如果将调制信号通过一个微分电路再接到图 7-36 电路中,那就实现了锁相环调相电路.

四、其他直接调频电路

原则上说只要振荡器的频率可控就可以产生调频波. 所以第 4 章介绍的许多振荡器电路都可以实现调频.

在集成电路中,常常用多谐振荡器形式产生调频信号. 例如,图 4-37 的多谐振荡器频率与控制电流 I_{ref} 成正比,只要用调制信号产生控制电流,则振荡频率一定与调制信号成正比,所以具有很高的调制线性度.

另外,利用图 4-38 的环形振荡器形式也能够产生调频信号. 其原理是晶体管反相器的延时与晶体管输出端的等效电阻与分布电容的乘积有关,而晶体管输出端的等效电阻可以通过改变晶体管的工作点电流加以改变,所以可以引入调制信号改变输出频率. 该形式的振荡器可以工作到很高的频率,其缺点是调制线性度不是很好.

还有一种直接调频的方式是在振荡器中利用机械形变改变电容量,最典型的例子是舞台上常见的电容话筒. 其结构为两块金属极板构成一个平板电容器,后极板比较厚实,前极板是一张轻巧的金属箔. 在声波的激励下,前极板随声波振动而后极板基本不动,所以电容量随声波变化. 当这个电容成为振荡器谐振回路的一部分后,振荡器的振荡频率就随声波变化实现了调频.

7.2.3 调相电路和间接调频电路

调相电路让调制信号改变载频的相位,调频电路让调制信号改变载频的频率. 然而,由于频率与相位之间的微积分关系,根据(7.47)式可以将调频信号写为

$$v_{FM}(t)=V_{cm}\cos\left(\omega_C t+\frac{k_f V_\Omega}{\Omega}\sin\Omega t\right)=V_{cm}\cos\left(\omega_C t+k_f\int_0^t V_\Omega\cos\Omega\tau\,\mathrm{d}\tau\right) \tag{7.67}$$

所以若先对调制信号积分,然后进行调相,最后输出的将是调频信号. 这样结构的调频电路称为间接调频电路.

间接调频电路的优点是载波振荡器与调制信号分开,ω_C不受调制信号影响,精度高、稳定性好. 缺点是最大频偏比较小,只能产生窄带FM信号,若需要产生宽带FM信号则需要进行后续的扩大频偏处理,通常还是用前面图7-34的办法,通过若干级倍频和混频来达到规定的频偏要求.

本小节讨论调相电路,同时也就是讨论间接调频电路. 具体的调相方法包括:①直接调相,通过改变LC网络的相移特性引起输出信号的相位移动;②矢量合成法,通过正交矢量叠加引起合成矢量的相位改变;③可变延时法,通过改变延时达到移相目的.

一、可变移相法调相电路(直接调相)

可变移相法调相利用一个可控的移相网络直接对输入信号进行移相. 常见的移相网络有RC移相网络和LC谐振回路. 在这两种移相网络中一般都利用变容二极管作为非线性元件,构成电压-相位控制关系. 用变容二极管构成的LC移相网络的原理电路见图7-37,作为移相部件的LC谐振回路由L, C和变容二极管C_j组成.

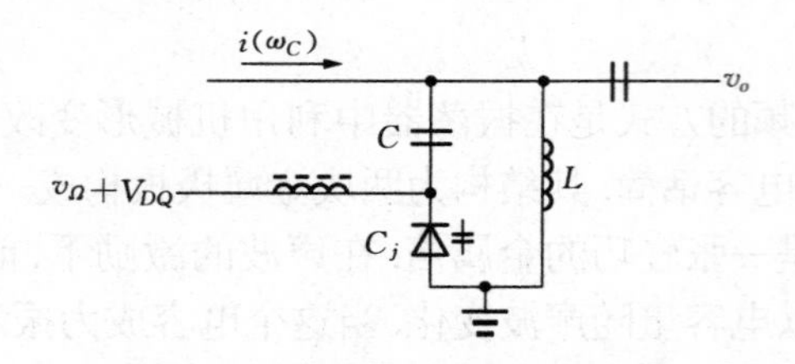

图 7－37 可变移相法调相的原理电路

LC 谐振回路的相频特性见图 1－9. 根据(1.33)式,在其中心频率 ω_0 附近有

$$\Delta\varphi \approx -\frac{2Q}{\omega_0}\cdot\Delta\omega \tag{7.68}$$

显然,若此 LC 谐振回路的谐振频率 ω_0 与输入载波信号的频率 ω_C 相同时,输出信号相位与输入相同;当谐振频率与载频不同时,输出信号将产生相移. 由于此电路中 LC 谐振回路的谐振频率与变容二极管的电容有关,而变容二极管的偏置电压与调制信号有关,因此可以通过调制信号改变 LC 回路的谐振频率,进而改变输出信号的相移.

满足(7.68)式的近似条件是 $\Delta\varphi\leqslant\frac{\pi}{6}$,也就是 $\left|\frac{\Delta\omega}{\omega_0}\right|\leqslant\frac{\pi}{12Q}\approx\frac{1}{4Q}$,因此谐振回路的谐振频率变化很小. 根据前面关于变容二极管直接调频的讨论,在小频偏条件下由变容二极管构成的 LC 谐振回路的频偏与调制信号之间一般都能够满足线性关系,假设变容二极管的线性调制系数为 k,LC 谐振回路的谐振频率与调制电压的关系为

$$\Delta\omega = k\cdot\frac{v_\Omega}{V_{DQ}+V_D}\cdot\omega_0 \tag{7.69}$$

将(7.69)式代入(7.68)式,图 7－37 电路的相移与调制信号的关系为

$$\Delta\varphi = -\frac{2kQ}{V_{DQ}+V_D}\cdot v_\Omega \tag{7.70}$$

由此可见,在小相移条件($\Delta\varphi\leqslant\frac{\pi}{6}$)下,此电路可以实现线性调相.

若希望扩大调制系数,可以用若干个移相电路串联,成为多级调相电路. 图 7－38 是一个三级变容二极管 LC 回路调相电路. 其中 3 个 LC 回路均由电感 L 和变容二极管 C_j 构成,22 kΩ 电阻用来调整 LC 回路的 Q 值. 总相移就近似为 3 个回路的相移之和. 该电路的关键是 3 个 LC 回路相互独立,否则就不是三级独立回

路而变成一个耦合谐振回路，将产生很大的非线性失真. 在此电路中通过一个小电容(1 pF)耦合，当然也可以用晶体管或集成缓冲器作为隔离器件.

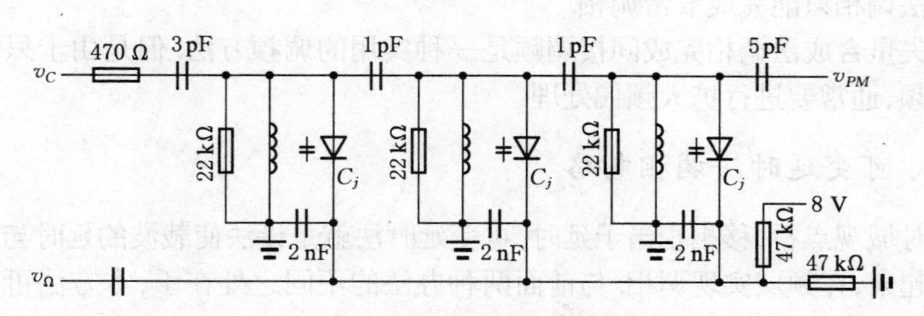

图 7-38 三级变容二极管调相电路

二、矢量合成法调相电路

矢量合成法又称 Armstrong 法，是由发明者名字命名的. 该方法的原理如下：一个调相信号可以表示为两个正交矢量的叠加，即

$$\begin{aligned} v_{PM} &= V_m \cos(\omega_C t + m_p \cos \Omega t) \\ &= V_m \cos(m_p \cos \Omega t) \cdot \cos \omega_C t - V_m \sin(m_p \cos \Omega t) \cdot \sin \omega_C t \end{aligned} \tag{7.71}$$

若 m_p 很小($m_p < \pi/12$)，(7.71)式可以近似为

$$v_{PM} \approx V_m \cos \omega_C t - V_m (m_p \cos \Omega t) \cdot \sin \omega_C t \tag{7.72}$$

其矢量图如图 7-39 所示. 即调相信号可以用载波信号和另一个与它正交的载波信号与调制信号的乘积叠加得到，所以矢量合成法调相可以用图 7-40 的结构完成.

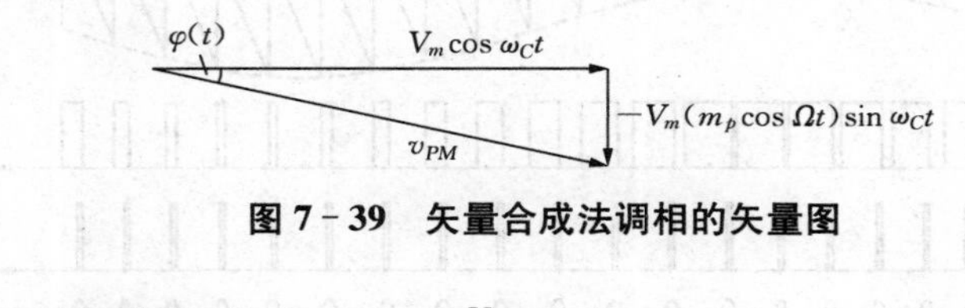

图 7-39 矢量合成法调相的矢量图

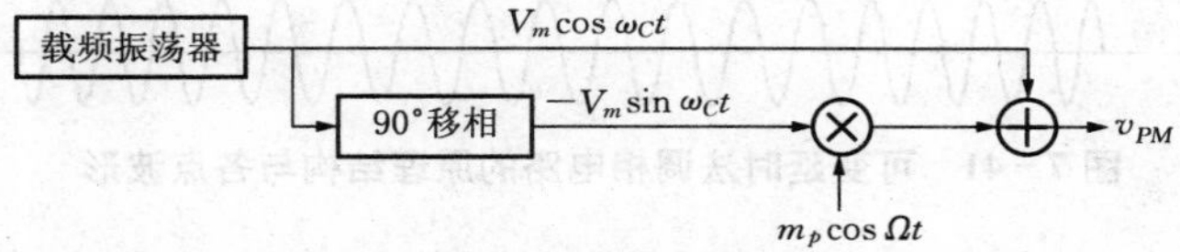

图 7-40 矢量合成法调相电路的结构

矢量合成法调相的特点是电路简单,载频振荡器与调制电路分离,所以载波频率稳定,并且这个电路结构很适于集成. 但是由于 m_p 很小意味着窄带调相,因此矢量合成法调相只能完成窄带调相.

用矢量合成法调相完成间接调频是一种实用的调频方法. 但是由于只能完成窄带调频,通常要进行扩大频偏处理.

三、可变延时法调相电路

从时域观点看,移相相当于延时. 可变延时法就是设法使载波的延时与调制信号联系起来,在频域实现调相. 与前面两种办法的不同之处在于,本方法可以完成的调相范围要比前面两种的大许多.

图 7-41 是可变延时法调相的电路结构原理和各关键点的波形. 其工作原理是利用载频振荡器去控制一个锯齿波发生器,产生与载波频率相同的锯齿波脉冲. 此脉冲与带有偏置的调制信号比较,比较的结果产生一系列前沿位置不同的脉冲. 此前沿位置与原来载波的相位关系就是需要的调相关系. 将每个脉冲的前沿位置取出成为一个相位被调制的脉冲序列,再通过带通滤波器将其中的基频成分滤出就是最后的调相波.

这个方法可以产生相移接近 $\pm\pi$ 的线性调相信号,其主要缺点是在调制过程中需要产生多种非正弦信号,所以一般难以达到很高的载波频率.

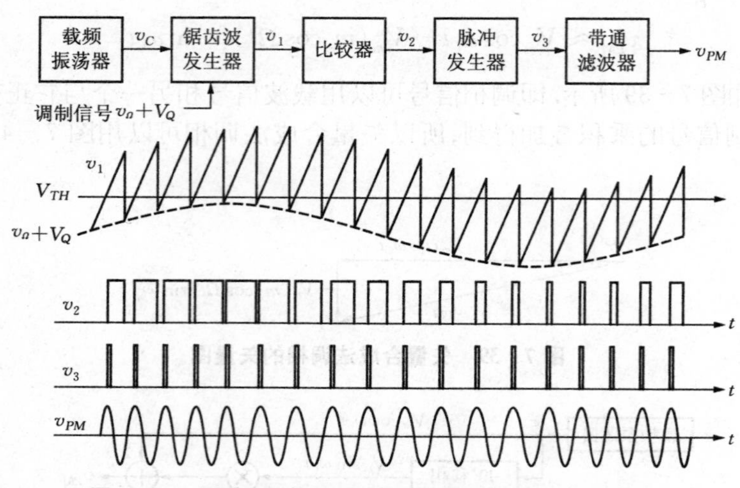

图 7-41 可变延时法调相电路的原理结构与各点波形

§7.3 调角信号的解调

对调频信号进行解调通常称为鉴频(discrimination),对调相信号进行解调通常称为鉴相(phase detection). 在第5章里已经介绍了常见的鉴相电路与原理,这里重点介绍鉴频电路. 常见的鉴频电路按照其原理,大致可以分成以下几类:

(1) 振幅鉴频. 此类鉴频方法是先设法将频率随调制信号变化的调频波转化成瞬时幅度随瞬时频率变化的调幅-调频波,然后用幅度检波的方法解调调频信号.

(2) 相位鉴频. 此方法是先设法将调频信号中的频率变化转化为相位变化,然后用鉴相器解调转化后的调相信号.

(3) 脉冲计数式鉴频. 此方法直接将单位时间内已调波的周波数目转换为脉冲个数,然后通过低通滤波器取出调制信号.

(4) 锁相环鉴频. 此方法原理是琐相环在跟踪输入信号的频率变化时,其环路滤波器的输出(也就是压控振荡器的控制电压)一定与调制信号相同.

7.3.1 振幅鉴频器

振幅鉴频器的结构如图 7-42 所示,将输入的调频波转换为调频-调幅波,其幅度变化应该与输入信号的频率变化成线性关系. 然后对此调频-调幅波检波,取出其中的幅度变化部分,就是原来的调制信号.

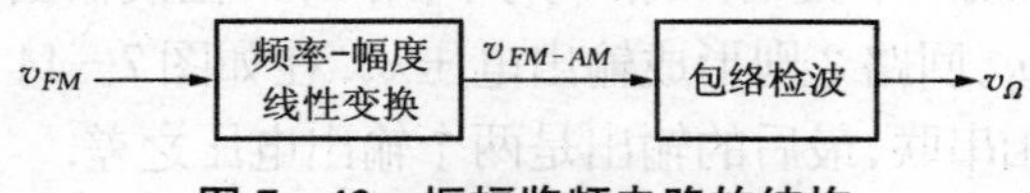

图 7-42 振幅鉴频电路的结构

显然,此电路的核心部分是如何获得频率-幅度的线性转换.

常见的频率-幅度转换是通过 LC 谐振回路实现的. 由第1章的讨论已知,当 LC 谐振回路处于失谐状态,即输入信号不等于其谐振频率时,回路阻抗将随失谐程度变化,所以输出信号幅度也将随失谐程度变化,如图 7-43 所示.

但是由于 LC 谐振回路处于失谐状态时其阻抗-频率关系并不是线性关系. 从图 7-43 也可以看到,直接利用 LC 回路实现频率-幅度转换带有强烈的非线性,它只能在一个很狭窄的频率范围内才能近似实现频率-幅度线性变换. 所以在实用的失谐回路鉴频电路中,总是需要采用补偿的方法扩大失谐回路的线性范围.

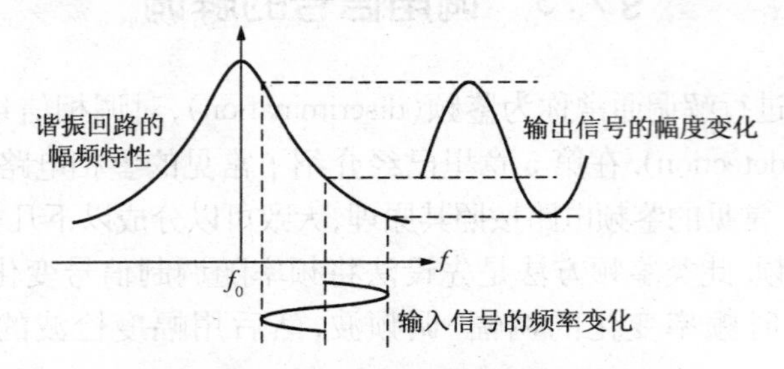

图 7-43 失谐回路的频率-振幅变换作用

通常用两个失谐回路进行补偿,可以得到比较大的线性频率-幅度变换范围.一种采用补偿原理构成的双失谐回路鉴频原理电路如图 7-44.

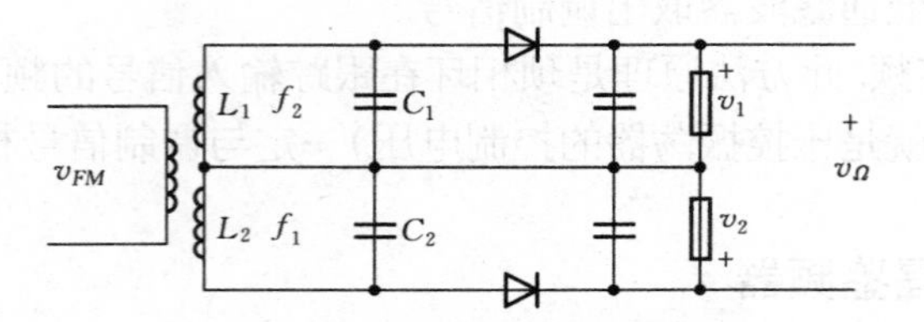

图 7-44 双失谐回路鉴频电路原理

在双失谐回路鉴频电路中,L_1 和 C_1 构成一个谐振回路,其谐振频率为 f_1,L_2 和 C_2 构成另一个谐振回路,其谐振频率为 f_2. 这两个频率对称分布在输入调频信号载频 f_0的两侧,构成两个失谐回路. 对于回路 1,其检波输出在后续的 RC 滤波器上形成输出电压 v_1,回路 2 则形成输出电压 v_2. 在如图 7-44 两个二极管方向的情况下,v_1 和 v_2 反相串联,最后的输出是两个输出电压之差.

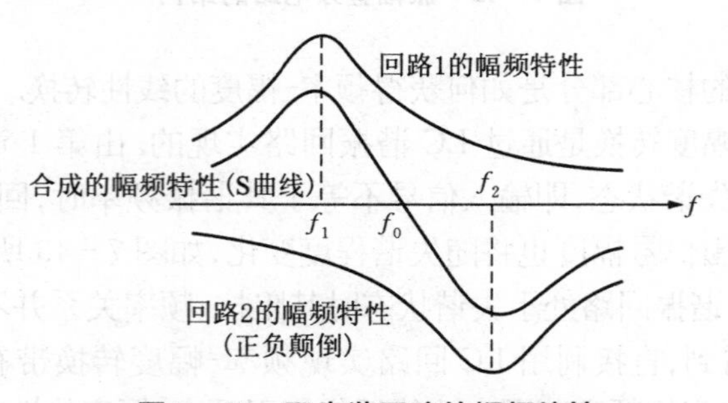

图 7-45 双失谐回路的幅频特性

图 7-45 画出了双失谐回路中两个谐振的幅频特性以及合成后的特性. 为了方便观察,将其中一个谐振回路的幅频特性画成负的,所以合成的特性是这两个特性曲线的和. 由于这个合成幅频特性曲线的形状,它一般被称为 S 曲线.

显然,由图 7-45 可看到,若两个谐振回路谐振频率与输入调频信号载频的差值合适,则它们的幅频特性曲线可以相互补偿,从而在载频附近得到近似线性的幅频特性. 计算结果表明,若规定非线性误差不大于 1%,则频率差值 $f_2 - f_0$ 及 $f_0 - f_1$ 约为 LC 谐振回路带宽 $BW_{0.7}$ 的 0.62 倍时有最好的结果,此时的线性变换频率范围约为 $f_0 \pm 0.1BW_{0.7}$. 若规定的非线性误差不同,则最佳频率差值和线性变换频率范围都不同,但大致在上述结果附近.

图 7-46 是一个实用的双失谐回路鉴频器,其中 3 个 LC 回路分别谐振在载频 f_0 和两个失谐频率. 两个失谐回路中,微调电容用于改变各自的谐振频率,并联的电阻 R 用于调节回路 Q 值,也就是调节回路的带宽. 通过这两者的配合可以将电路调整到满足最佳频率差值和线性变换频率范围的要求.

这个电路与图 7-44 电路的一个不同是二极管的方向不同,所以此电路在两个滤波网络上的输出电压是同相串联的. 当输入信号频率为载频时,两个输出电压相同,负载电阻中点(电位器中点)的电位为 0. 当输入信号频率改变时,两个输出电压发生改变,且改变方向相反,因此负载电阻中点对地的电位是两个输出电压之差. 电路中使用电位器是为了调节零点的方便.

在图 7-44 电路中,3 个 LC 谐振回路采用互感耦合,但是若耦合过度可能引起谐振回路之间的相互影响(可参见第 1 章关于双调谐回路的讨论),所以在实用电路中必须对耦合系数加以控制. 在图 7-46 电路中采用两个共基极电路作为两个失谐回路的激励源,既解决了隔离问题,又加大了增益.

另一种解决谐振回路之间耦合问题的电路如图 7-47,通常称为差分峰值振幅鉴频电路. 其中 L, C_1 和 C_2 构成串并联结构的谐振回路. 当 L_1, C_1 回路的

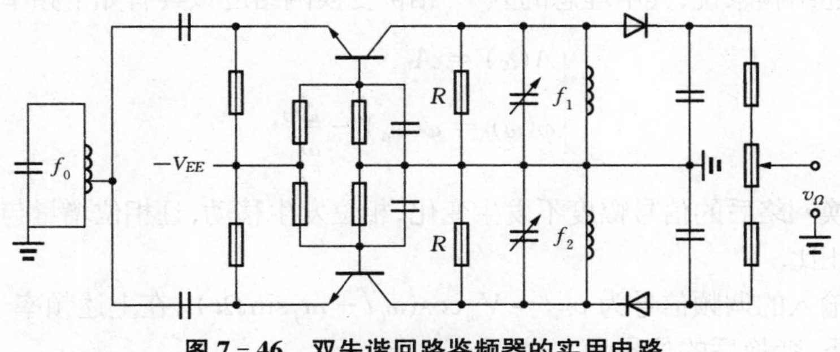

图 7-46　双失谐回路鉴频器的实用电路

Q 值很高时,此网络具有两个谐振频率. L 和 C_1 构成并联谐振回路,并联谐振频率为 $\omega_p = 1/\sqrt{LC_1}$. 当频率低于此谐振频率时,L 和 C_1 并联谐振回路将呈现感性,所以可与 C_2 构成串联谐振回路,串联谐振频率为 $\omega_s = 1/\sqrt{L(C_1 + C_2)}$. 这两个谐振频率的输出合成一个 S 曲线. 由于此电路不存在谐振回路的耦合问题,且除了 LC 回路外比较容易集成,因此在一些消费类的专用集成电路中较常见.

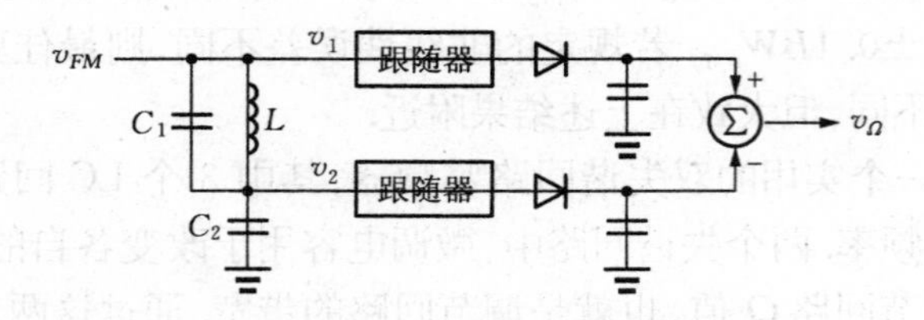

图 7-47　差分峰值振幅鉴频电路原理

7.3.2　鉴相器和相位鉴频器

相位鉴频电路的结构如图 7-48 所示,若能够将输入的调频波通过一个频率-相位线性转换电路,使其相位发生变化. 然后通过一个鉴相电路检出此相位移动,就可以还原出原来的调制信号.

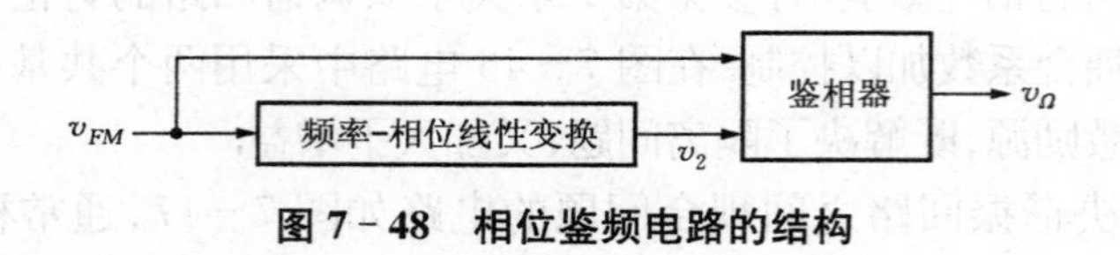

图 7-48　相位鉴频电路的结构

对上述结构来说,其中理想的频率-相位变换网络应该具有如下频率特性:

$$\begin{cases} A(\omega) = A_0 \\ \varphi(\omega) = \varphi(\omega_0) - \dfrac{\Delta\omega}{\omega_0} \end{cases} \tag{7.73}$$

即通过变换网络后的信号幅度不发生变化,相位发生移动,且相位增量与输入信号的频偏成正比.

假设输入的调频信号为 $v_{FM} = V_m \cos(\omega_C t + m_f \sin\Omega t)$,在上述频率-相位变换网络作用下,变换后的信号为

$$
\begin{aligned}
v_2 &= A_0 V_m \cos[\omega_C t + m_f \sin \Omega t + \varphi(\omega)] \\
&= A_0 V_m \cos\left[\omega_C t + m_f \sin \Omega t + \varphi(\omega_C) - \frac{\Delta\omega_m}{\omega_C}\cos \Omega t\right]
\end{aligned} \tag{7.74}
$$

将变换后的信号与输入的调频信号比较,可看到变换后的信号产生了一个相移 $\varphi(\omega)$. 可以进一步将它分为两部分:一部分是由于载波频率引起的固定相移 $\varphi(\omega_C)$,另一部分是附加相移 $\Delta\varphi = -\frac{\Delta\omega_m}{\omega_C}\cos\Omega t$. 该部分相移与调制信号引起的频偏成正比,通过鉴相器将此附加相移检出,即可获得解调输出.

显然,上述频率-相位线性转换电路和鉴相器是相位鉴频电路中的两个关键部件. 下面我们分别讨论这两个部件以及由此构成的鉴频电路.

一、频率-相位线性转换电路

频率-相位线性转换电路通常以 LC 谐振回路构成,有电容耦合谐振回路移相网络和互感耦合谐振回路移相网络两种.

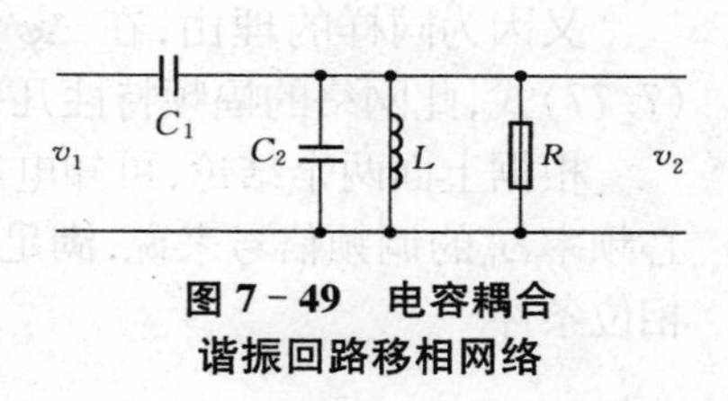

图 7-49　电容耦合谐振回路移相网络

电容耦合谐振回路移相网络见图 7-49. 其中 R 是所有损耗电阻以及负载电阻的综合. 据图 7-49 可写出其电压传递函数为

$$
H(\mathrm{j}\omega) = \frac{v_2}{v_1} = \frac{\mathrm{j}\omega R C_1}{1 + \mathrm{j}\omega(C_1 + C_2) R \dfrac{(\omega + \omega_0)(\omega - \omega_0)}{\omega^2}} \tag{7.75}
$$

其中 $\omega_0 = \dfrac{1}{\sqrt{L(C_1 + C_2)}}$.

当输入信号的频偏 $\Delta\omega$ 远小于其中心频率 ω_0 时,有近似关系:

$$
\frac{(\omega + \omega_0)(\omega - \omega_0)}{\omega^2} \approx \frac{2\Delta\omega}{\omega_0}, \quad Q = \omega_0 (C_1 + C_2) R \approx \omega (C_1 + C_2) R
$$

所以电压传递函数可近似为

$$
H(\mathrm{j}\omega) \approx \frac{\mathrm{j}\omega R C_1}{1 + \mathrm{j}2Q\dfrac{\Delta\omega}{\omega_0}} = \mathrm{j}Q\frac{C_1}{C_1 + C_2} \cdot \frac{1}{1 + \mathrm{j}\xi} \tag{7.76}
$$

其幅频特性和相频特性为

$$\begin{cases} A(\omega)=|H(\mathrm{j}\omega)|=Q\dfrac{C_1}{C_1+C_2}\cdot\dfrac{1}{\sqrt{1+\xi^2}} \\ \varphi(\omega)=\angle H(\mathrm{j}\omega)=\dfrac{\pi}{2}-\arctan\xi=\dfrac{\pi}{2}-\Delta\varphi \end{cases} \tag{7.77}$$

可见,信号通过上述网络后,输出电压与输入电压之间存在 $\pi/2$ 的固定相移,另外还有一个附加相移 $\Delta\varphi$. 由于 $\Delta\varphi=\arctan\xi$,而 $\xi=2Q\dfrac{\Delta\omega}{\omega_0}$,当满足前述的输入信号的频偏 $\Delta\omega$ 远小于中心频率 ω_0 条件时,ξ 很小, $\arctan\xi\approx\xi$,所以此附加相移近似为

$$\Delta\varphi\approx 2Q\frac{\Delta\omega}{\omega_0} \tag{7.78}$$

即此附加相移与输入信号的瞬时频偏成正比.

又因为同样的理由,在 $\Delta\varphi$ 很小的条件下,$\xi^2\ll 1$, ω 近似为 ω_0. 所以按照(7.77)式,此网络的幅频特性几乎与频率无关.

根据上面两个结论,可知电容耦合谐振回路移相网络对于频偏 $\Delta\omega$ 远小于中心频率 ω_0 的调频信号来说,满足前面对于理想频率-相位变换网络的幅度条件和相位条件.

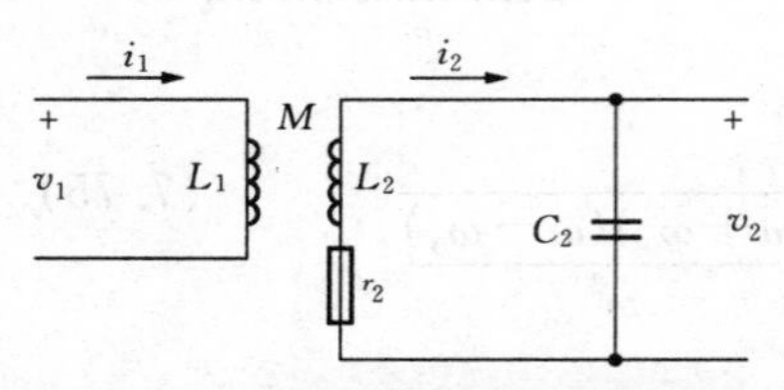

图7-50 互感耦合谐振回路移相网络

互感耦合谐振回路移相网络见图 7-50,其中 L_2C_2 谐振于 ω_0. r_2 是谐振回路的等效损耗电阻,回路的负载电阻也可以等效在这个电阻中.

在 $M\ll L_1$ 以及 L_1 的 Q 值较高的条件下,根据图 7-50 可写出此电路的初级电流 i_1,次级感应电势 e_2,次级电流 i_2 和次级电压 v_2 的表达式:

$$\begin{cases} i_1\approx\dfrac{v_1}{\mathrm{j}\omega L_1} \\ e_2=\mathrm{j}\omega M i_1 \\ i_2=\dfrac{e_2}{r_2+\mathrm{j}\omega L_2+\dfrac{1}{\mathrm{j}\omega C_2}} \\ v_2=i_2\cdot\dfrac{1}{\mathrm{j}\omega C_2} \end{cases} \tag{7.79}$$

解此方程组,得到电压传递函数表达式

$$H(\mathrm{j}\omega)=\frac{v_2}{v_1}=-\mathrm{j}\frac{M}{L_1}\cdot\frac{1}{\omega C_2 r_2+\mathrm{j}\left(\frac{\omega^2-\omega_0^2}{\omega_0^2}\right)}\approx-\mathrm{j}Q_2\frac{M}{L_1}\cdot\frac{1}{1+\mathrm{j}\xi} \tag{7.80}$$

其中 $Q_2=\frac{1}{\omega C_2 r_2}$ 是次级谐振回路的 Q 值，$\xi=2Q_2\frac{\Delta\omega}{\omega_0}$.

比较(7.80)式和(7.76)式，可知在规定条件下两者的电压传递函数具有类似的形式，所以在输入调频信号的频偏 $\Delta\omega$ 远小于中心频率 ω_0 时，双调谐回路移相网络也满足前面提出的理想的频率-相位变换网络的幅度和相位条件，其附加相移为

$$\Delta\varphi\approx 2Q_2\frac{\Delta\omega}{\omega_0} \tag{7.81}$$

二、乘积型鉴相器和正交鉴频器

我们在第 5 章已经讨论过乘积型鉴相器，这里重新给出结构框图见图 7-51.

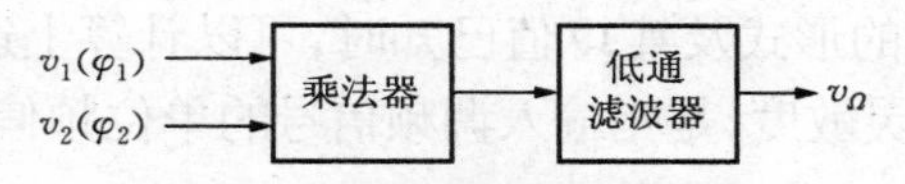

图 7-51 乘积型鉴相器结构

设两个输入信号相互正交(即具有 $\pi/2$ 的固定相移)，且其中一个带有附加相移，分别为 $v_1=V_1\cos\omega_C t$ ，$v_2=V_2\sin(\omega_C t+\Delta\varphi)$ ，乘法器的倍率因子为 k，则

$$v_1\cdot v_2=\frac{1}{2}kV_1V_2\sin\Delta\varphi+\frac{1}{2}kV_1V_2\sin(2\omega_C t+\Delta\varphi) \tag{7.82}$$

经过低通滤波器后，具有 $2\omega_C$ 成分的高频信号被滤除，所以输出为

$$v_\Omega=\frac{1}{2}kV_1V_2\sin\Delta\varphi \tag{7.83}$$

乘积型鉴相器具有正弦鉴相特性. 当满足小相移($\Delta\varphi<\pi/12$)的限制条件时，可近似认为它满足线性鉴相要求.

将乘积型鉴相器和前面讨论的频率-相位线性转换电路按照图 7-48 结构组合就构成乘积型相位鉴频电路，通常这种鉴频器被称为正交鉴频器. 由于正交鉴频器需要乘法器，因此多见于集成电路中.

例 7-6 某正交鉴频器结构如图 7-52，采用图 7-49 形式的频-相变换网络

和乘法器等构成,对调频广播信号鉴频. 已知调频广播的载波频率范围为(88～108)MHz,最大频偏 $\Delta f_m = 75\ \text{kHz}$. 试讨论满足线性鉴频条件时对于频-相变换网络的 Q 值要求以及鉴频跨导.

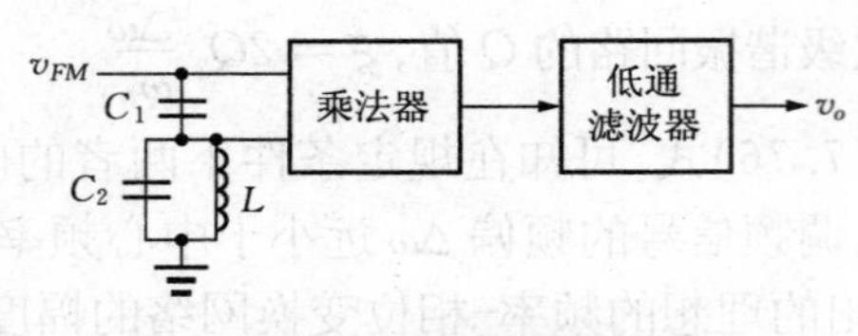

图 7-52 正交鉴频器的例子

解 乘积型鉴相器的小相移限制条件为 $\Delta\varphi < \pi/12$,根据(7.78)式,图 7-49 形式的频-相变换网络的相移 $\Delta\varphi = 2Q\dfrac{\Delta\omega}{\omega_0}$,所以要求 $2Q\dfrac{\Delta\omega}{\omega_0} < \dfrac{\pi}{12}$,即 $Q < \dfrac{\pi \cdot \omega_0}{24 \cdot \Delta\omega} = 0.13\dfrac{f_0}{\Delta f_m}$. 将最差条件 $f_0 = 88\ \text{MHz}$ 代入,$Q < 153$ 能够满足线性鉴频条件.

当频-相变换网络的形式及其 Q 值已知时,可以计算上述鉴频器的鉴频跨导. 鉴频跨导 g_d 也称鉴频灵敏度,是指输入调频信号的单位频偏所产生的鉴频输出电压,即

$$g_d = \left.\frac{\mathrm{d}v_o}{\mathrm{d}f}\right|_{f=f_0} \tag{7.84}$$

根据例 7-6 的已知条件, $\Delta\varphi = 2Q\dfrac{\Delta\omega}{\omega_0}$,由(7.83)式 $v_\Omega \approx \dfrac{1}{2}kV_1V_2\Delta\varphi$,注意到 v_Ω 是输入频偏引起的输出电压变化,实际上就是 Δv_o ,所以

$$\Delta v_o \approx \frac{1}{2}kV_1V_2\Delta\varphi = kV_1V_2Q\frac{\Delta f}{f_0}$$

在例 7-6 中采用的是电容耦合的移相网络,其幅频特性为

$$A(\omega) = \frac{V_2}{V_1} \approx Q\frac{C_1}{C_1 + C_2}$$

这样,例 7-6 的鉴频跨导为

$$g_d = \frac{\Delta v_o}{\Delta f} = \frac{kV_1V_2Q}{f_0} = \frac{C_1}{C_1 + C_2} \cdot Q^2 \cdot \frac{kV_{FM}^2}{f_0}$$

其中$Q=\omega_0 r(C_1+C_2)$，r是乘法器的输入电阻，k是乘法器的增益，V_{FM}是输入信号的幅度.

三、叠加型鉴相器和叠加型相位鉴频器

我们已经在第5章里介绍过一些鉴相器，这里再介绍一个叠加形鉴相器. 其结构见图7-53，两个输入信号叠加后进行包络检波，在一定条件下可以完成鉴相功能.

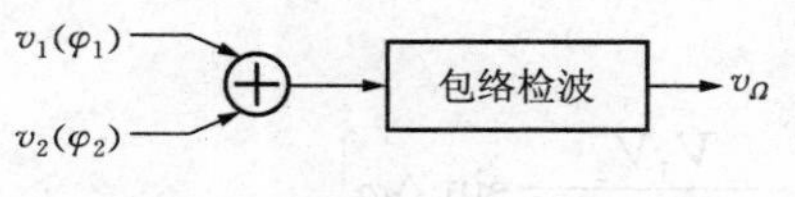

图7-53 叠加型鉴相器结构

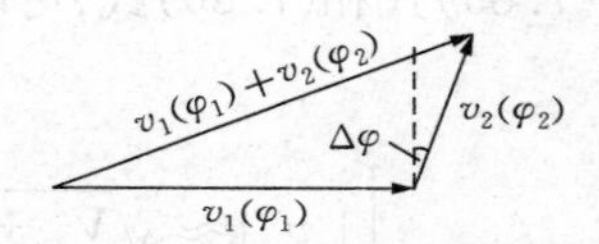

图7-54 叠加型鉴相器的矢量关系

假定两个输入信号相互正交且带有附加相移，$v_1=V_1\cos\omega_C t$，$v_2=V_2\sin(\omega_C t-\Delta\varphi)$. 图7-54画出了这两个信号的矢量关系.

根据此矢量图，可以写出它们通过图7-53系统后的输出(两个矢量叠加后的模)：

$$V_o=|v_1+v_2|=\sqrt{V_1^2+V_2^2}\left(1+\frac{2V_1V_2}{V_1^2+V_2^2}\sin\Delta\varphi\right)^{\frac{1}{2}} \tag{7.85}$$

据此可见，叠加型鉴相器的输出包含两部分，其中一部分是直流分量，另一部分则与两个输入信号之间的相移相关. 若满足小相移($\Delta\varphi<\pi/12$)的限制条件，则可以根据二项式展开近似关系$(1+x)^n\approx 1+nx$将(7.85)式展开，其中与相移有关的部分为

$$v_\Omega\approx\frac{V_1V_2}{\sqrt{V_1^2+V_2^2}}\sin\Delta\varphi\approx\frac{V_1V_2}{\sqrt{V_1^2+V_2^2}}\Delta\varphi \tag{7.86}$$

由此可见，在小相移条件下叠加型鉴相器也具有正弦鉴相特性，并近似满足线性鉴相要求.

图7-55是实际的叠加型鉴频器结构. 其中包含两路相同的电路，但它们的输入信号不同，分别是两个输入信号之和与两个输入信号之差. 而最后的输出是这两个鉴频电路输出信号之差. 这种结构是一种平衡结构，目的是为了消除叠加型鉴相器输出中的直流分量.

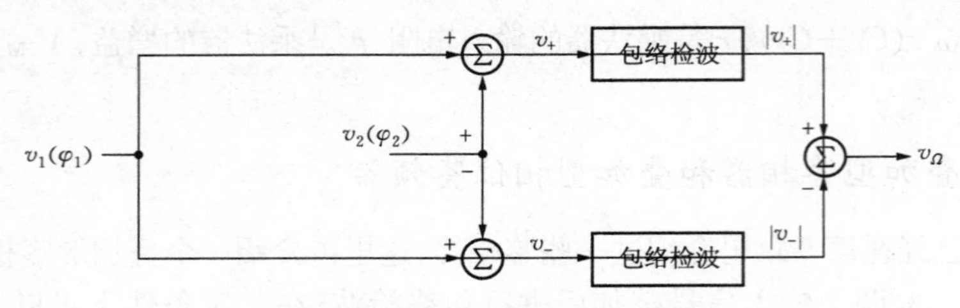

图 7-55　叠加型相位鉴频器结构

参照(7.85)式和(7.86)式，可以写出图 7-55 结构中两路包络检波的输出电压如下：

$$\begin{cases} |v_+| \approx \sqrt{V_1^2+V_2^2}\left[1+\dfrac{V_1V_2}{\sqrt{V_1^2+V_2^2}}\sin\Delta\varphi\right] \\ |v_-| \approx \sqrt{V_1^2+V_2^2}\left[1+\dfrac{V_1V_2}{\sqrt{V_1^2+V_2^2}}\sin\Delta\varphi\right] \end{cases} \tag{7.87}$$

输出电压是这两路输出之差，即

$$v_\Omega = |v_+| - |v_-| = 2\frac{V_1V_2}{\sqrt{V_1^2+V_2^2}} \cdot \sin\Delta\varphi \tag{7.88}$$

可见在平衡结构的叠加型鉴频器中，直流输出成分已经被消除，输出的仅仅是与输入信号频偏有关的分量，且具有正弦鉴相特性.

将频率-相位线性变换电路和叠加型鉴相器组合就构成叠加型相位鉴频电路. 实用的叠加型相位鉴频器有多种电路形式，下面介绍其中几种主要形式.

1. 互感耦合形式的叠加型相位鉴频器

图 7-56 是互感耦合形式的鉴频器电路，图 7-56 中两个变压器 T_1 和 T_2 各自屏蔽，相互之间无互感耦合.

在这种形式的电路中，频-相转换电路采用图 7-50 的互感耦合谐振回路移相网络. 变压器 T_2 的次级线圈电感和 C_2 构成谐振回路，晶体管的输出电压通过变压器 T_2 初次级的互感耦合到该谐振回路. T_2 的次级线圈的感生电压可以用(7.80)式表示，即 v_2 与初级电压相差一个固定的 $\pi/2$ 相移和一个与输入频偏有关的附加相移.

另一方面，变压器 T_1 的初、次级紧耦合，v_1 与初级电压同相. 由于 v_1 接在变压器 T_2 次级线圈的中点与负载的中点之间，因此此时加到两个包络检波二极管上的高频信号电压分别是 v_1+v_2 和 v_1-v_2. 而从图 7-56 中可见，检波后的低频

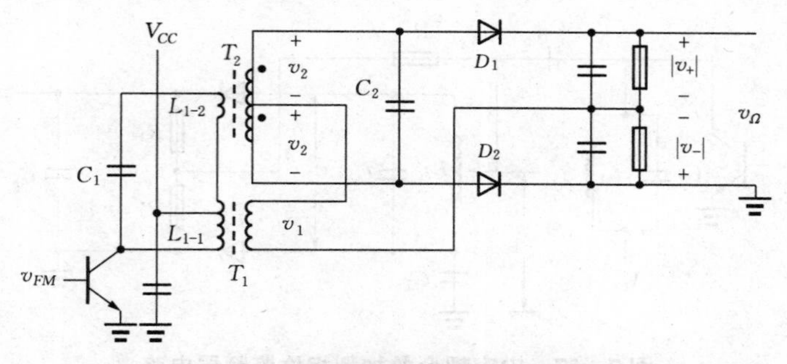

图 7 - 56 互感耦合叠加型相位鉴频器电路

信号直接在两个电阻上形成相减关系，所以它与图 7 - 55 结构完全相同.

但是这个电路有一个特别的地方：两个变压器的初级电感 $(L_{1\text{-}1}+L_{1\text{-}2})$ 和 C_1 也构成一个谐振回路，所以 T_2 实际上构成一个双调谐回路. 根据第 1 章对于双调谐回路的讨论，谐振回路的谐振曲线与两个谐振回路的耦合程度有关. 欠耦合到临界耦合状态，回路的谐振曲线基本与单谐振回路无异，此时 T_2 的次级线圈的感生电压可以用(7.80)式表示. 若耦合过紧，则它们会相互影响而形成双谐振峰现象，此现象会影响频-相转换电路的电压传递函数. 尽管有理论表明，弱的过耦合非但不会影响 v_2 与初级电压之间的相移关系，反而可以补偿 S 曲线的非线性，但耦合因子 η 不能大于 2～3. 由于 $\eta=Q\dfrac{M}{\sqrt{L_1L_2}}$，因此在此电路中要求两个谐振回路之间松耦合，即互感 M 必须很小.

然而，直接通过变压器实现松耦合是很困难的，因为松耦合容易受其他因素的影响而不稳定，所以变压器通常总是以紧耦合方式工作. 本电路的松耦合实现原理如下：变压器 T_2 初级 $(L_{1\text{-}2})$ 的匝数很少，一般为 1 至 2 匝，所以加于其上的高频电压很小，这样通过变压器 T_2 传递的能量很小，等效于耦合系数的减小(参考第 1 章例 1 - 3).

2. 电容耦合形式的叠加型相位鉴频器

另一种常见的叠加型相位鉴频器采用电容耦合代替互感耦合，电路见图 7 - 57，其中两个谐振回路的电感各自屏蔽，无互感耦合.

图 7 - 57 中电容 C_4 的容量很大，对于高频信号相当于短路，所以 L_2 中心点的电位就是晶体管输出电压 v_1. 谐振回路 L_2C_2 依靠流过电容 C_3 的电流激励. 对照此电路的激励情况与图 7 - 49 的激励情况，唯一的区别仅仅是激励电压不是加在 LC 回路的两端而是加在其中一半，相当于部分接入. 但我们从第 1 章关于部分接入的讨论可知，部分接入总可以等效为全部接入. 另外一个小小的区别就是耦合电

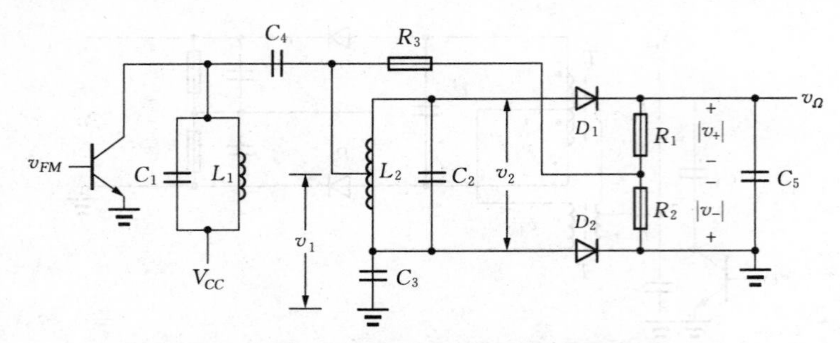

图 7-57 电容耦合叠加型相位鉴频器电路

容 C_3 不是接在激励电源端而是接在接地端,但这不影响信号的耦合. 所以本电路中谐振回路 L_2C_2 中的感生电压 v_2 与 v_1 的相位关系与图 7-49 的一样,即存在一个 $\pi/2$ 的固定相移和与频偏有关的附加相移. 由于电容 C_5 的容量很大,对于高频信号相当于短路,因此加到两个检波二极管上的高频电压分别是 $v_1+\dfrac{v_2}{2}$ 和 $v_1-\dfrac{v_2}{2}$.

图 7-57 中 R_1 和 R_2 是两个检波二极管的负载电阻,R_3 构成它们的公共返回通路(通常 R_3 小于 R_1 和 R_2,也有些电路直接用高频扼流圈取代 R_3),输出电压是检波后的低频电压在 R_1 和 R_2 上的电压的叠加(相减). 将上述高频信号、低频信号的相互关系与图 7-55 比较,可见两者结构完全相同.

由于图 7-57 电路用电容 C_3 将两个谐振回路耦合在一起,因此同样也有耦合谐振电路中的耦合度问题. 耦合因子 η 不能太大,即电容 C_3 不能太大. 耦合因子的计算可以按照第 1 章电容耦合双调谐回路的讨论进行,但要注意部分接入的等效折算.

3. 比例鉴频器

实用中更常见的一种叠加型相位鉴频器如图 7-58,称为比例鉴频器(ratio detector).

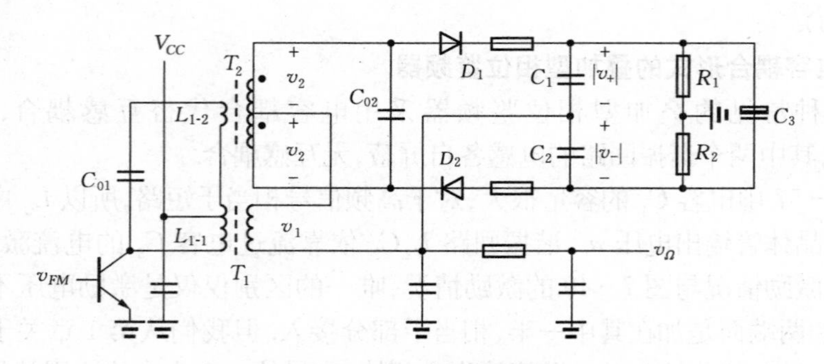

图 7-58 比例鉴频器

比例鉴频器的高频信号叠加部分与图 7-56 互感耦合形式的鉴频器是完全一致的，这里不再赘述. 其区别是低频输出部分，它采用两个二极管按环形方向连接，且在二极管输出端接有一个大电容 C_3，输出是从两个滤波电容的中点引出的.

根据图 7-58 和(7.87)式，忽略两个与二极管串联的电阻(阻值较小)影响，可写出检波后在电容 C_1 和 C_2 上的电压为

$$\begin{cases} V_{C1}=\eta\,|v_+|\approx\eta\sqrt{V_1^2+V_2^2}\left(1+\dfrac{V_1V_2}{V_1^2+V_2^2}\sin\Delta\varphi\right) \\ V_{C2}=\eta\,|v_-|\approx\eta\sqrt{V_1^2+V_2^2}\left(1-\dfrac{V_1V_2}{V_1^2+V_2^2}\sin\Delta\varphi\right) \end{cases} \tag{7.89}$$

其中 η 是检波器的检波效率.

由于比例鉴频器中两个二极管的方向是首尾相接的，因此在电容 C_3 上的电压应该是以上两个电压之和，即 $V_{C3}=V_{C1}+V_{C2}$. 此电压被两个阻值相同的电阻 R_1 和 R_2 分压，且中点接地，所以电容 C_3 两端的电位分别为 $+\dfrac{V_{C1}+V_{C2}}{2}$ 和 $-\dfrac{V_{C1}+V_{C2}}{2}$. 由此可得输出电压为

$$v_\Omega=-\frac{V_{C1}+V_{C2}}{2}+V_{C2}=\frac{1}{2}(V_{C2}-V_{C1}) \tag{7.90}$$

将(7.89)式代入(7.90)式，得

$$\begin{aligned} v_\Omega&=\frac{1}{2}\left[\eta\sqrt{V_1^2+V_2^2}\left(1+\frac{V_1V_2}{V_1^2+V_2^2}\sin\Delta\varphi\right)\right. \\ &\quad\left.-\left[\eta\sqrt{V_1^2+V_2^2}\left(1-\frac{V_1V_2}{V_1^2+V_2^2}\sin\Delta\varphi\right)\right]\right] \\ &=\eta\frac{V_1V_2}{\sqrt{V_1^2+V_2^2}}\sin\Delta\varphi \end{aligned} \tag{7.91}$$

可见比例鉴频器最后的输出也是正弦鉴相的形式. 由于其高频移相网络与互感耦合叠加型相位鉴频器完全一致，因此其鉴频特性以及线性鉴频条件等也与之相同.

比例鉴频器与前面所有鉴频器的最大不同之处在于它可以克服寄生调幅的

影响.

前面介绍的所有鉴频器和鉴相器,除了乘积型鉴相器和正交鉴频器外,都采用将频率变化或相位变化转换为幅度变化,然后用二极管检波器检出此变化的形式,其输出不仅与输入信号的频偏或相移有关,还与输入信号的幅度有关.乘积型鉴相器和正交鉴频器尽管不是这种电路形式,但乘法器的输出中包含输入电压,所以也与输入幅度相关.

接收设备在接收信号时会由于干扰等原因使信号的幅度产生变化,在调频或调相系统中这种幅度变化称为寄生调幅.一旦系统接收到含有寄生调幅的信号,前面所述的鉴频器或鉴相器将不可避免地受到它的影响而产生虚假的输出.所以一般情况下,鉴频器或鉴相器的输入信号要通过一个限幅电路进行限幅处理.

在比例鉴频器中克服寄生调幅影响的功能主要由电容 C_3 实现.电容 C_3 很大,时间常数 $(R_1+R_2)C_3$ 远大于解调后信号 v_Ω 的最大周期,所以可以认为电压 V_{C3} 几乎不变.我们知道 $V_{C3}=V_{C1}+V_{C2}$,将(7.89)式代入这个关系,有

$$V_{C3}\approx 2\eta\sqrt{V_1^2+V_2^2} \tag{7.92}$$

即 V_{C3} 就是二极管检波以后低频电压的幅度,V_{C3} 不变就是 $\sqrt{V_1^2+V_2^2}$ 不变.

我们又知道,比例鉴频器的 V_1 和 V_2 是同一个输入经过移相网络出来的,所以若存在寄生调幅,那么 V_1 和 V_2 一定会以相同比例变化,或者说在寄生调幅作用下的 V_1 和 V_2 可以写成 $\dfrac{V_2}{V_1}=a$ 或 $V_2=aV_1$ 的形式.

若考虑在寄生调幅作用下 $\sqrt{V_1^2+V_2^2}=$ 常数,$V_2=aV_1$,则不难看出此时 V_1V_2 也一定是常数.这样,鉴频器输出电压(7.91)式前面的系数与寄生调幅无关,所以比例鉴频器具有抗寄生调幅的作用.

其实,若将(7.89)式作变换如下:

$$v_\Omega=\frac{1}{2}(V_{C2}-V_{C1})=\frac{1}{2}(V_{C2}+V_{C1})\left(1-\frac{2}{1+\dfrac{V_{C2}}{V_{C1}}}\right)=\frac{1}{2}V_{C3}\cdot\left(1-\frac{2}{1+\dfrac{V_{C2}}{V_{C1}}}\right) \tag{7.93}$$

可以看到在 V_{C3} 不变条件下,输出将只与两路检波输出的电压之比有关,这就是该电路被称为比例鉴频器的由来.

但是 V_{C3} 不变也会带来另一个副作用.V_{C3} 相当于两个二极管检波后的峰值

电压,当输入电压由于寄生调幅而下降时,这个电压对于二极管来说是一个负偏压,将导致二极管截止. 这种现象称为寄生调幅阻塞. 为了避免产生这种现象,通用的解决方法如图 7-58,在每个二极管后面串联一个小电阻. 此电阻与 R_1 和 R_2 产生分压作用,使得 V_{C3} 略有减小. 由于寄生调幅的幅度本来就不大,因此 V_{C3} 略有减小后,即使输入电压由于寄生调幅而下降,但仍然可以满足大于 V_{C3},由此就避免了阻塞现象.

7.3.3 锁相鉴频电路

锁相鉴频电路结构及其数学模型如图 7-59. 图 7-59 中的输入信号为调频信号 $v_{FM}=V_m\cos\left[\omega_C t+\frac{\Delta\omega_m}{\Omega}\sin\Omega t\right]$,其中相位变化为 $\theta_i(t)=\frac{\Delta\omega_m}{\Omega}\sin\Omega t$,调制信号为 $p\theta_i(t)=\Delta\omega_m\cos\Omega t=k_f V_\Omega\cos\Omega t$.

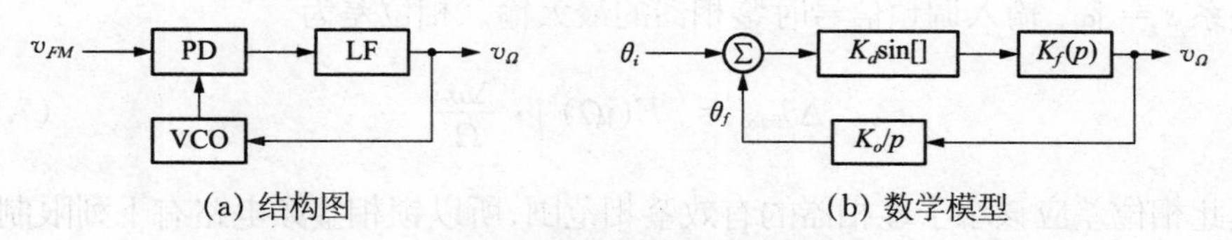

(a) 结构图 (b) 数学模型

图 7-59 锁相鉴频电路结构与数学模型

由图 7-59 可以写出如下关系:

$$
\begin{aligned}
v_\Omega(t) &= \frac{K_d\sin(\theta_e)\cdot K_f(p)}{1+K_d\sin(\theta_e)\cdot K_f(p)\cdot K_o/p}\cdot\theta_i(t)\\
&= \frac{K_d\sin(\theta_e)\cdot K_f(p)\cdot K_o/p}{1+K_d\sin(\theta_e)\cdot K_f(p)\cdot K_o/p}\cdot\frac{1}{K_o}p\theta_i(t) \qquad (7.94)\\
&= \Phi\cdot\frac{1}{K_o}\Delta\omega_m\cos\Omega t
\end{aligned}
$$

若将上式中 $\Phi=\frac{K_d\sin(\theta_e)\cdot K_f(p)\cdot K_o/p}{1+K_d\sin(\theta_e)\cdot K_f(p)\cdot K_o/p}$ 作线性化处理,并将微分算子 p 用拉普拉斯算子 s 替换,我们看到它就是(5.21)式——锁相环的闭环传递函数.

已知对于调制频率 Ω,锁相环相当于一个低通滤波器. 当 Ω 远小于锁相环的闭环带宽 ω_n 时, $\Phi\to 1$, 此时根据(7.94)式,有

$$v_\Omega(t)=\frac{\Delta\omega_m}{K_o}\cos\Omega t=\frac{k_f}{K_o}V_\Omega\cos\Omega t \qquad (7.95)$$

可以得到解调输出.

从上面的分析可以看到,锁相鉴频电路是一个调制跟踪型锁相环.调制跟踪型锁相环的设计要点是:①锁相环的闭环带宽远大于调制信号频率;②压控振荡器的中心频率等于输入信号载频频率,可控振荡频率范围必须大于输入信号的最大频偏.

在上面的设计要点中,关于压控振荡器的讨论很明确,但是锁相环的闭环带宽的关系比较模糊,(7.95)式中只给出一个远大于调制信号频率的关系.一般情况下,如果输入的调频信号频偏不大,那么锁相环的闭环带宽会几倍于调制信号频率,即可获得很好的解调结果.但是如果输入信号的频偏很大,由于在调频信号中 $\theta_{\max}=\dfrac{\Delta\omega_m}{\Omega}$,大频偏就意味着输入存在大相移,如果这个大相移导致鉴相器的输入相位差超出其有效鉴相范围,锁相环就无法继续锁定.下面就这个问题进行分析.

鉴相器的输入相位差可以用锁相环的误差传递函数 $E(s)$ 描述,利用一般的转换关系 $s=\mathrm{j}\omega$,输入调频信号时鉴相器的最大输入相位差为

$$\Delta\theta_{\max}=|E(\mathrm{j}\Omega)|\cdot\frac{\Delta\omega_m}{\Omega} \tag{7.96}$$

显然此相位差应该小于鉴相器的有效鉴相范围,所以锁相鉴频电路有下列限制:

$$|E(\mathrm{j}\Omega)|\cdot\frac{\Delta\omega_m}{\Omega}<\theta_{e(\mathrm{eff})} \tag{7.97}$$

其中 $\theta_{e(\mathrm{eff})}$ 是鉴相器的有效鉴相范围.(7.97)式就是锁相鉴频电路中关于鉴相器相位限制的一般表达式.

假设锁相环采用积分型环路滤波器,则锁相环的误差频率特性为

$$|E(\mathrm{j}\Omega)|=\frac{1}{\sqrt{\left[1-\left(\frac{\omega_n}{\Omega}\right)^2\right]^2+4\zeta^2\left(\frac{\omega_n}{\Omega}\right)^2}} \tag{7.98}$$

代入(7.97)式,可以解得

$$\left(\frac{\omega_n}{\Omega}\right)^2>1-2\zeta^2+\sqrt{(1-2\zeta^2)^2+\left(\frac{\Delta\omega_m/\Omega}{\theta_{e(\mathrm{eff})}}\right)^2-1} \tag{7.99}$$

再假设阻尼因子 $\zeta=0.707$,且在大频偏情况下输入信号的相移远大于鉴相器的有效鉴相范围,即 $\left(\dfrac{\Delta\omega_m/\Omega}{\theta_{e(\mathrm{eff})}}\right)^2\gg1$,则(7.99)可以简单地表示为

$$\omega_n > \sqrt{\frac{\Delta\omega_m \cdot \Omega}{\theta_{e(\text{eff})}}} \tag{7.100}$$

尽管(7.100)式是从积分型环路滤波器的锁相环推导而来，对于采用其他环路滤波器的锁相环，形式有所不同，但是(7.100)式的结果基本适用于所有输入大频偏信号的调制跟踪型锁相环，其理由是：

(1) 锁相环通常采用RC超前-滞后型环路滤波器.在最常见的高增益环情况下，其误差频率特性与采用积分型环路滤波器的锁相环近似相同.

(2) 阻尼因子 $\zeta = 0.707$ 是锁相环电路中最常见的选择.即使 ζ 稍稍偏离0.707，从(7.99)式也可以看到，在 $\left(\frac{\Delta\omega_m/\Omega}{\theta_{e(\text{eff})}}\right)^2 \gg 1$ 的条件下，阻尼因子的影响比较小.

例7-7 已知调频信号的载频为10.7 MHz，调制频率为20 Hz～15 kHz，最大频偏为75 kHz.若设计一个锁相鉴频电路，其主要参数如何选择？

解 这是一个典型的大频偏调频信号.假定选用乘积型鉴相器，其最大有效鉴相范围为 $\pi/2 = 1.57$，将此鉴相范围代入(7.100)式计算，得到 $\omega_n \geqslant 2\pi\sqrt{\frac{75 \times 15}{1.57}} \times 10^3 = 1.68 \times 10^5$.但由于此时鉴相器的鉴相范围是极限值，如果真正让鉴相器工作到如此极限，一方面是乘积型鉴相器的非线性十分强烈，另一方面是电路的稳定性已经变得十分脆弱，稍受扰动(如噪声)就会失锁，所以为了保证线性鉴频以及可靠工作，实际环路带宽可以在(7.100)式中令 $\theta_{e(\text{eff})} = \pi/6$ 得到，此时有 $\omega_n \geqslant 3 \times 10^5$.

还有一个主要参数就是压控振荡器的中心频率与可控频率范围.可控振荡频率范围必须大于输入信号的最大频偏75 kHz，(如可以取±100 kHz).中心频率必须等于输入信号载频频率10.7 MHz.锁相鉴频的频率比较环节是在输入频率与压控振荡器的中心频率之间进行的，中心频率偏移会造成解调输出直流偏移，还会使可控振荡频率范围减小，所以应该力求稳定.

7.3.4 其他形式的鉴频电路以及鉴频器中的一些辅助电路

1. 脉冲计数式鉴频器

对于调频波，其调制信息反映在波形的疏密变化上.单位时间内波形的过零次数即反映了信号的频率，所以对调频波的过零次数进行检测就可以解调调频波.

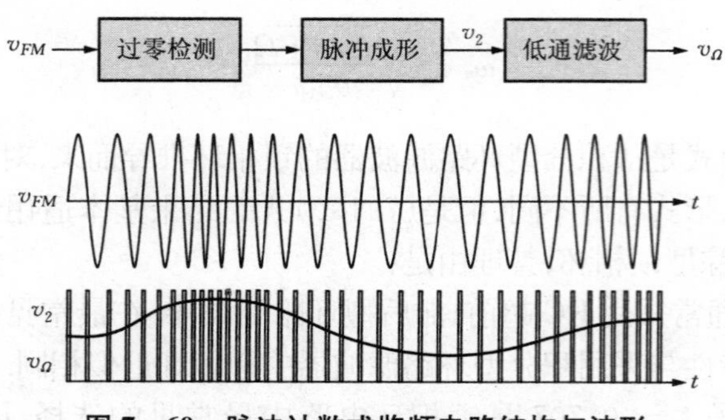

图 7-60 脉冲计数式鉴频电路结构与波形

根据上述想法构成的鉴频器称为脉冲计数式鉴频器,图 7-60 是它的结构框图以及波形. 脉冲计数式鉴频器检测输入调频波的过零点,在每个过零点触发生成一个窄脉冲,当输入信号频率升高时,输出的脉冲密集,占空比升高;输入信号频率下降时,输出脉冲稀疏,占空比下降. 因为每个窄脉冲的形状一致,所以占空比的变化就是单位时间内脉冲的平均值的变化,也反映了输入信号的频率变化. 对这个脉冲系列进行低通滤波,取出它的平均分量,则此平均分量就反映了调频波的频率. 这样就实现了调频波的解调.

由于脉冲计数式鉴频器直接将频率变化转换为电压变化,因此有时也将它称为频率-电压转换器(frequency-voltage convertor,简称 FVC).

脉冲计数式鉴频器的特点是线性好,便于集成,适应的中心频率范围宽,并且不受寄生调幅的影响. 其最大的限制是能够检测的信号频率上限不够高,目前大约只能到 10 MHz 左右.

2. 限幅电路

限幅电路主要在对幅度敏感的鉴频器中用于抑制寄生调幅,常用的限幅电路有二极管限幅电路和差分放大器限幅电路.

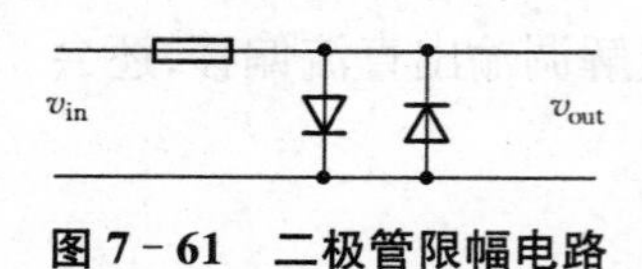

图 7-61 二极管限幅电路

二极管限幅电路见图 7-61. 它利用二极管的指数伏安特性:当二极管上的电压超过其导通阈值以后的上升斜率很小,所以尽管输入电压可以有寄生调幅,但输出电压基本被限制在二极管的导通阈值附近. 两个二极管正反并联可以对波形的正负峰值都进行限幅.

差分放大器限幅电路的结构就是一个晶体管差分放大器,其限幅原理是利用差分放大器在大信号输入时的饱和-截止特性. 双极型晶体管差分放大器的集电极电流与输入差模电压之间的关系可以参见图6-14,当输入差模电压大于$4V_T$(大约100 mV)后,两个晶体管分别进入饱和与截止,集电极电流几乎不再随输入增加,所以输出将被限幅.

由于利用限幅电路抑制寄生调幅将输入信号强制"削平",因此需要增加鉴频器前面电路的增益,才能补偿由于限幅带来的损失.实际电路中往往要在前面增加一到二级小信号放大器.

3. 预加重和去加重

理论分析和实践都表明,由于频率调制是非线性调制,调频信号中的噪声功率与调制信号的频率成平方关系,即随着调制信号频率的增加,噪声功率会迅速增加,因此降低调频信号的噪声主要是要降低调制信号高频端的噪声.为此,在采用调频制传送信号的系统中,广泛采用一种预加重(pre-emphasis)和去加重(de-emphasis)技术抑制噪声.

所谓预加重,就是在调频信号发送端预先将调制信号中高频成分的幅度加大.然后用这种带有"失真"的信号对载频进行调制.在接收端,将解调以后的信号中高频成分减弱以恢复原来信号,就是所谓去加重.由于调频信号的噪声主要叠加在调制信号的高频端,所以在去加重的过程中,噪声成分也一同被衰减了.

预加重和去加重通常用RC网络实现.图7-62是调频广播系统中的预加重和去加重网络及其幅频特性,其中两个转折点的时间常数分别为$\tau_L=75\ \mu\text{s}$, $\tau_H=10\ \mu\text{s}$,即$f_L\approx 2.1\ \text{kHz}$, $f_H\approx 16\ \text{kHz}$.

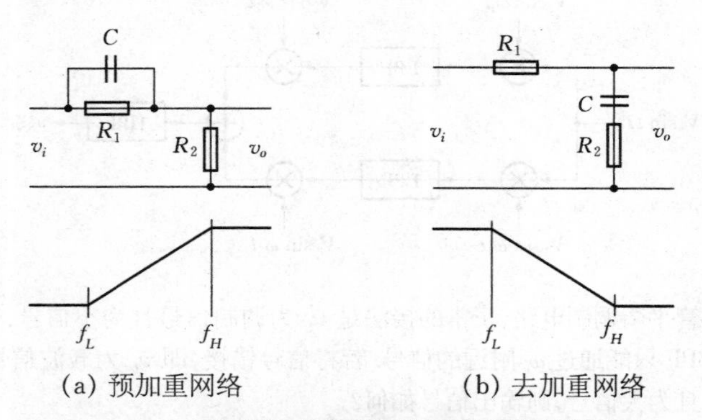

(a) 预加重网络　　(b) 去加重网络

图7-62　预加重和去加重网络及其幅频特性曲线

习题与思考题

7.1　简要说明普通调幅波、双边带调幅波和单边带调幅波的区别.简要说明幅度调制信号和角度调制信号的主要区别、调频波和调相波的主要区别.

7.2 相干解调电路和非相干解调电路的主要区别是什么?为什么普通 AM 信号一般都采用非相干解调,而 DSB AM 信号和 SSB AM 信号一般都采用相干解调?

7.3 若调幅波、调频波和调相波 3 种已调信号具有相同的带宽,能否据此判断它们各自的调制信号的带宽大小?若能请排序,若不能请说明理由.

7.4 调角波表达式为 $v(t) = 100\cos[2\pi\times10^8 t + 20\sin(2\pi\times10^3 t)]$(mV),试求:

(1) 若为调频波,求载频 f_C、调制频率 F、调频指数 m_f、最大频偏 Δf_m、有效频宽 BW.

(2) 若为调相波,求调相指数 m_p、调制信号 $v_\Omega(t)$的表达式(设调相灵敏度为 $k_p = 2$ rad/V)、最大频偏 Δf_m.

7.5 包络检波有两种方式:小信号平方律检波与大信号峰值检波.简要说明这两种检波方式在工作原理以及信号失真方面的区别.

7.6 若在图 7-15 电路中,二极管的正向导通后的动态内阻 $r_D = 100\ \Omega$,中频信号频率 $f_I = 465$ kHz,调制系数 $m_a = 30\%$,从中频变压器输入的电压振幅 $V_{im} = 0.5$ V,后续低频放大器的输入电阻为 2 kΩ.现假设 4.7 kΩ 电位器的滑动端位于最高端,试计算低频放大器获得的低频功率.

7.7 验证图 7-15 电路在 6.6 题条件下是否会发生底部切割失真.若是,需如何改动才能避免?

7.8 下图是采用相移滤波法的单边带信号调制电路.其中两个 LPF 均为下边带滤波器,HPF 为上边带滤波器.试求输出信号的表达式,简要说明工作原理,并说明载波角频率 ω_c 与 ω_1 和 ω_2 之间的关系.

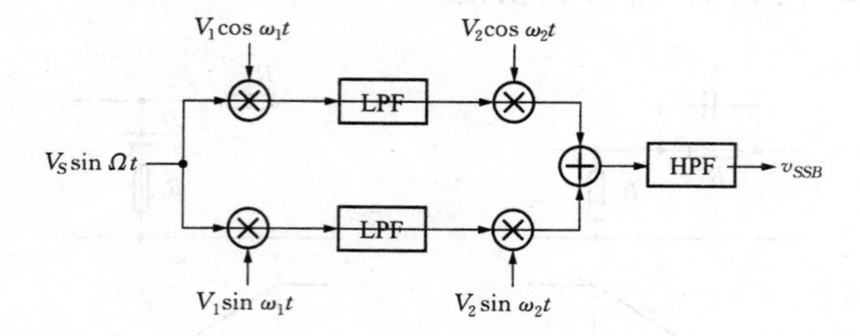

7.9 下图为二极管平衡调制电路,正常的接法是 v_1 为调制信号且为小信号,v_2 为载波信号且为大信号,BPF 只能通过 ω_C附近的信号.若将信号错接,即 v_1 为载波信号且为小信号,v_2 为调制信号且为大信号,则输出信号如何?

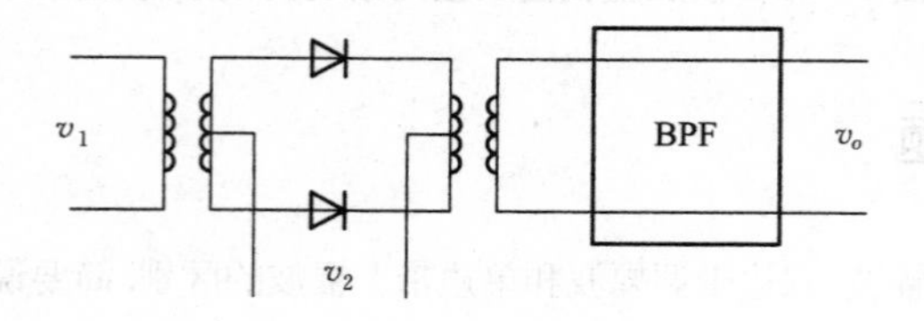

7.10 下图两个电路中高频变压器的次级都有两个绕组，并分别与电容构成谐振电路，谐振在角频率 ω_{01} 和 ω_{02}. 试问：

(1) 其中哪个电路可以完成频率解调？哪个电路可以完成振幅解调？

(2) 假定已调波的中心频率为 ω_0，则两个电路中 ω_{01}，ω_{02} 与 ω_0 的关系如何？

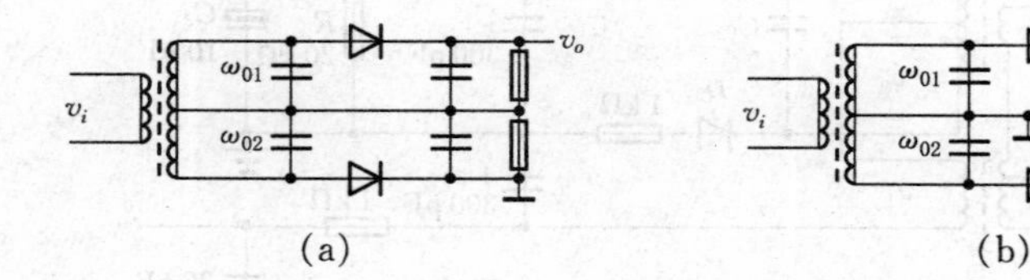

7.11 下图电路称为倍压检波电路，因其检波输出电压大约等于输入电压峰值的两倍而得名. 试画出输入电压、A 点电压以及输出电压波形，并说明电路原理.

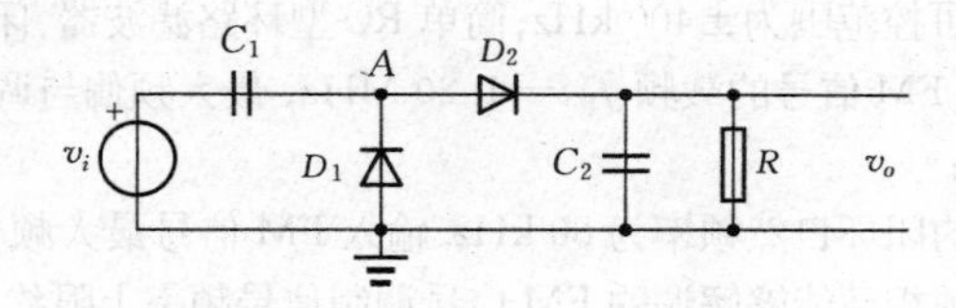

7.12 对调频波而言，若保持调制信号幅度不变，但将其频率加大为原来的 2 倍，问频偏与频带宽度如何改变？若保持调制信号频率不变，但将其幅度加大为原来的 2 倍，频偏与频带宽度如何改变？又若同时将调制信号幅度和频率都加大为原来的 2 倍，频偏与频带宽度将如何改变？

7.13 图 7-44 双失谐回路鉴频电路中，若两个二极管全部反接，是否还能鉴频？若认为可能，请画出鉴频特性曲线；若认为不能，请说明理由. 若其中一个二极管损坏(如开路)，请重复回答上述问题.

7.14 试分析图 7-56 互感耦合鉴频器电路中，出现下列情况之一时其鉴频特性的变化：

(1) 中频变压器次级回路对中心频率失谐；

(2) 中频变压器初级回路对中心频率失谐.

7.15 试计算图 7-56 互感耦合鉴频器电路中互感系数 M 和两个中频变压器的初、次级匝数，以及初、次级自感的关系，并进一步由此写出鉴频输出电压的表达式.

7.16 已知输入调频波的载频为 10.7 MHz，最大调制频率为 15 kHz，最大频偏为 75 kHz. 若以图 7-49 的电容耦合型移相网络和乘法器构成正交鉴频器，试计算移相网络的元件参数. 又若以集成调制解调芯片 MC1496(该芯片的结构见第 6 章)为该鉴频器中的乘法器，试画出完整的电路图. 若条件许可，可以实际安装并调试.

7.17 为什么振幅鉴频器或相位鉴频器前通常要有限幅电路？比例鉴频器为何可以省却这一限幅电路？

7.18 下图是另一种比例鉴频器,称为不对称比例鉴频器,因其节省器件而得到广泛使用. 试分析其工作原理,并写出鉴频输出电压表达式.

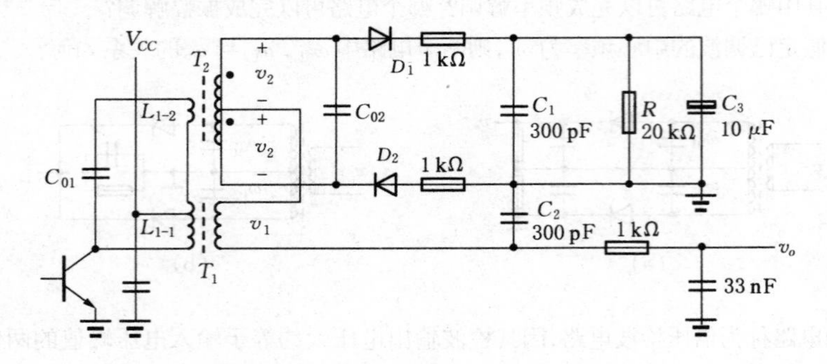

7.19 某人做锁相环鉴频实验,所用的锁相环参数如下:正弦鉴相器;VCO 的中心频率为 1.20 MHz,频率可控范围为±400 kHz;简单 RC 型环路滤波器,闭环自然频率可调,阻尼因子 0.076. 输入 FM 信号的载频 $f_0 = 1.20$ MHz,最大频偏与调制频率可调. 在此条件下做了以下测试:

(1) 调节锁相环的闭环自然频率为 80 kHz. 输入 FM 信号最大频偏 $\Delta f_m = 100$ kHz,实验结果是该锁相环能够解调的 FM 信号调制信号频率上限约为 48 kHz.

(2) 调节锁相环的闭环自然频率为 40 kHz. 输入 FM 信号最大频偏不变,结果发现能够解调的 FM 信号调制信号频率上限大约只有 16 kHz.

(3) 恢复锁相环的闭环自然频率为 80 kHz. 输入 FM 信号最大频偏改为 $\Delta f_m = 300$ kHz,结果发现能够解调的 FM 信号调制信号频率上限大约只有 17 kHz.

请通过计算对上述现象(1)和(2)作出合理解释,并估计现象(3)的产生原因.

第8章　数字调制与解调

随着数字集成电路和数字计算机的迅速发展，现代通信正由原来的模拟通信领域大步跨入数字通信领域. 然而不管数字化程度如何，最终进行发射和接收的无线电波还必须依赖模拟方式进行. 不过由于调制信号从模拟信号变成离散的数字信号，在具体的工作原理上还是有许多变更. 数字调制与解调就是研究如何将离散的数字信号"搭载"到高频载波上，获得高效率、高频谱利用率以及高可靠性的传送效果.

§8.1　数字调制与解调基本原理

在数字通信系统中，包含信息的数字序列信号称为基带(baseband)信号. 通常情况下的数字序列是二进制序列，这时的基带信号波形类似数字电路中的二进制波形，数字1和0各用一个逻辑电平表示. 为了传输的需要，基带信号也可以是M进制序列. 基带信号中的一个二进制数或M进制数统称为一个符号(或称码元，symbol). 单位时间内传送的符号个数称为基带信号的符号率(symbol rate)，根据信号的不同，它可以从直流附近一直延伸到兆赫以上. 图8-1画出了矩形脉冲形式的基带信号，其中T_s是基带信号的符号周期，其倒数就是基带信号的符号率.

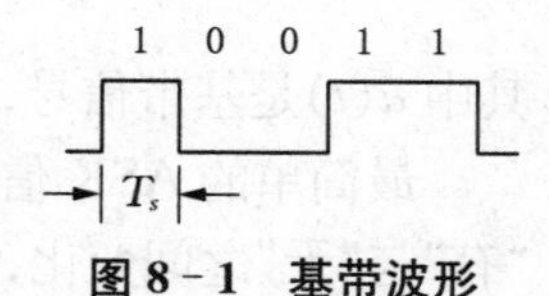

图8-1　基带波形

利用基带信号可以直接进行数字信号传输，例如，计算机与许多外设之间的通信就是直接用基带信号传输的. 在基带传输中为了传输的需要，一般情况下其波形与图8-1中的波形不同，可以有各种其他形状，这被称为脉冲编码调制(pulse-code modulation, PCM). 我们在这里不讨论这种调制波形，读者可以自行参考有关数字通信的书籍.

与模拟信号的传输过程类似，由于基带的频率较低等原因，在无线通信中为了传输的需要，必须将基带信号的频谱"搬移"到某个载波频率附近，这称为频带传输. 本章将主要讨论频带传输中的调制与解调，也就是对载波进行调制与解调.

数字信号的载波调制从本质上说与模拟信号调制一致，仍然是改变高频载波的幅度、频率和相位三者中的一个或同时改变其中几个. 但是由于数字信号的离散性(在时间上离散,同时在幅度上也是离散的),使得载频受控参量的变化也是离散的,这种离散化的控制方式称为键控(keying).

根据受控参量的不同,基本的数字载波调制可以分为3种:高频载波的幅度随调制的数字信号变化的称振幅键控(amplitude shift keying,简称ASK),频率随调制的数字信号变化的称频移键控(frequency shift keying,简称FSK),相位随调制的数字信号变化的称相移键控(phase shift keying,简称PSK).为了更好地利用频谱资源,还有一些载波调制方式联合运用了上述基本调制方式,例如,将振幅键控与相移键控联合运用,或将振幅键控与频移键控联合运用.

另外,为了更好地控制已调波的频谱宽度、减小码间串扰,在数字信号调制过程中经常将基带信号通过一个滤波器(如根升余弦滤波器、高斯滤波器等)进行脉冲整形,整形后的基带信号波形将不再是矩形脉冲.关于数字信号的频谱宽度、码间串扰等内容已经超出本书的讨论范围,故以后的讨论仅针对矩形脉冲进行,在必要时也引入一些结论,但不作详细分析.

8.1.1 振幅键控

振幅键控调制使载波的幅度随基带信号变化,ASK已调波的表达式为

$$v_{\mathrm{ASK}} = a(t)V_m\cos\omega_c t \tag{8.1}$$

其中$a(t)$是基带信号,ω_c是载波角频率.

最简单的ASK信号是让载波的幅度在某个幅度与0之间变化,即载波信号在"有"与"无"之间变化,此时(8.1)式中的$a(t)$就是数字1和0.这种形式的ASK调制方式也称为开关键控(on-off keying,简称OOK).而最复杂的是多进制的ASK信号,其基带信号有M个电平,相应地已调波也有M个幅度.图8-2是ASK调制的波形.

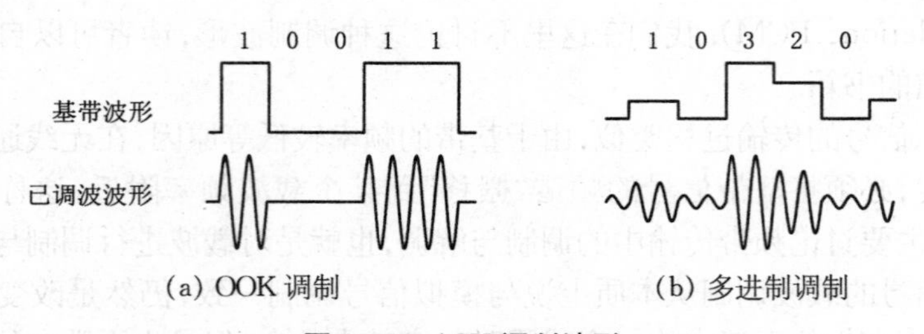

图8-2 ASK调制波形

实现 ASK 调制的基本方法如图 8-3 所示，将基带信号与载波信号相乘就得到已调波. 这个方法对于整形后的非矩形脉冲基带信号或者是 M 进制基带信号都适用. 对于 OOK 信号来说，其基带信号为二进制矩形脉冲，只有 0 与 1 两个值，若不考虑整形滤波，则电路中的乘法器可以简化为用开关实现.

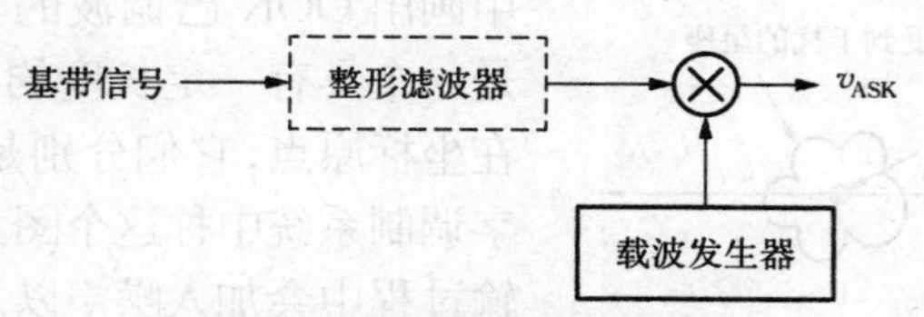

图 8-3　实现 ASK 调制的基本结构

通过对数字信号的频谱分析可知，受矩形基带波形调制的已调信号频谱为

$$V(f)=V(f_c)\cdot\frac{\sin[\pi(f-f_c)T_s]}{\pi(f-f_c)T_s} \tag{8.2}$$

其中 f_c 为载波频率，T_s 为符号周期.

图 8-4 是已调信号频谱的图像，其中实线为归一化电压谱，虚线为归一化功率谱.

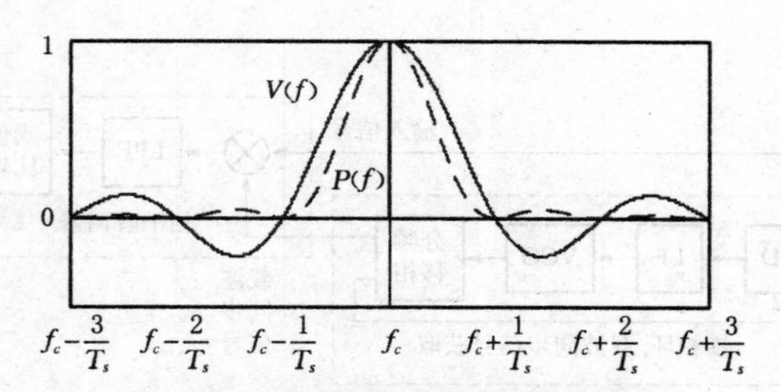

图 8-4　矩形波调制的已调信号频谱

由(8.2)式和图 8-4 可知，受矩形基带波形调制的已调信号的频谱宽度为无穷大，但是实际上在载频附近 $\pm(1/T_s)$ 范围内的能量比较集中(约占全部能量的 1/3)，所以振幅键控已调波的信号带宽近似为基带信号符号率的 2 倍：

$$BW_{\text{ASK}}\approx\frac{2}{T_s} \tag{8.3}$$

数字调制信号的解调与模拟调制信号的解调有所不同. 由于模拟调制信号是一个在时间和幅度上都连续的信号，因此模拟调制信号的解调过程力求不失真地从已调波中恢复原来的调制信号. 一旦信号在传输过程中受到干扰,且这些干扰的频谱又与信号频谱重叠,则在接收端将难以消除干扰的影响.

但是数字调制信号是一个离散的信号,发送端的调制信号只能是有限的若干种信号波形的组合,所以数字调制信号的解调是一种估计过程. 例如,若在坐标系中画出 OOK 已调波的矢量,基带信号"1"是一个具有一定长度的矢量,而"0"的位置在坐标原点,它们分别是两个点. 通常在数字调制系统中称这个图为星座图. 由于在传输过程中会加入噪声以及受到干扰,所以在接收端看到的这两个矢量都会产生畸变,由一个点变成一片模糊的"星云",如图 8-5 所示.

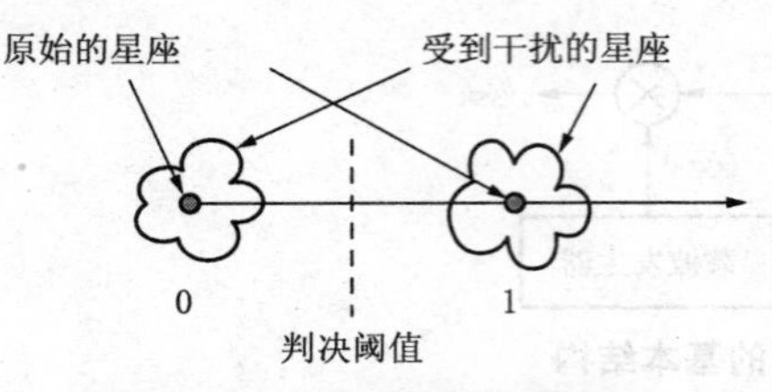

图 8-5 OOK 调制的星座图

为了从受干扰的信号中恢复原始基带信号,在解调时通常要对信号进行取样判决. 总的来说,解调过程可分为相干解调和非相干解调两大类.

图 8-6 是 OOK 已调波的相干解调器的结构与电路. 其中锁相环用于恢复载波同步信号,乘法器、低通滤波器和阈值比较器构成相干解调器. 由于 OOK 的可能波形只有一种,因此其中只有一个乘法器. 若是其他调制方式,则可能出现多路乘法运算.

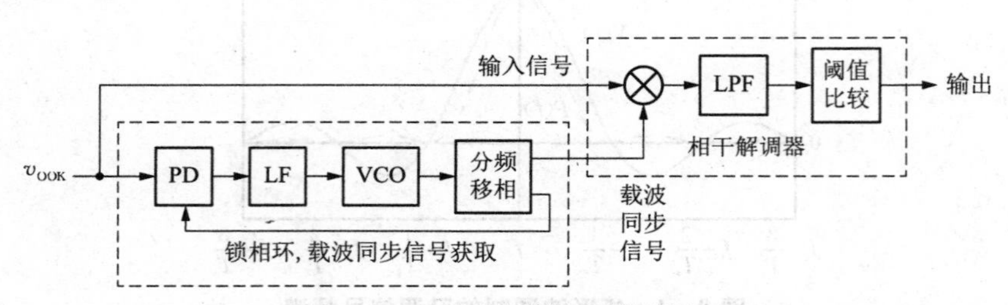

图 8-6 OOK 信号的相干解调电路

输入的已调波与载波同步信号进行乘法运算,假定载波同步信号 $v_r = V_r\cos(\omega_r t+\varphi)$, 乘法器的增益是 k,则乘法的结果是

$$\begin{aligned} k\cdot v_i\cdot v_r &= ka(t)V_m\cos\omega_c t\cdot V_r\cos(\omega_r t+\varphi) \\ &= \frac{k}{2}a(t)V_mV_r\{\cos[(\omega_c-\omega_r)t+\varphi]+\cos[(\omega_c+\omega_r)t+\varphi]\} \end{aligned} \tag{8.4}$$

显然,如果载波同步信号的频率和相位都与载波相同,即 $\omega_r=\omega_c$, $\varphi=0$, 那么此

乘法的结果通过低通滤波器后只剩下其中的准直流成分:

$$v_o = \frac{k}{2}a(t)V_m V_r \tag{8.5}$$

上式中 $a(t)$ 是基带码流,在发送端其幅值一定是 1 或 0. 由于信号传输过程中受到噪声与干扰,在接收端它们带有随机波动的成分,变成介于 1 与 0 之间的值,因此实际上只能选取最接近某个星座的输出作为结果,这个过程称为取样判决. OOK 的可能波形只有 1 种,取样判决过程是将输出与一个阈值比较,超过此阈值的就是"1",否则就是"0". 如果是 M 进制的 ASK 信号,则解调输出将有 $M-1$ 个比较阈值.

上述相干解调过程,粗略地说就是用恢复的载波同步信号(与发送端的载波同频同相)将发送端的基带波形(或经过某种变换的基带波形)还原出来,只要接收端 $a(t)$ 的幅值没有相交,也就是图 8-5 中的两片"星云"没有连成一片,我们就可以准确地判断出它们各自属于哪个星座,也就可以正确恢复基带信号. 所以数字调制信号要比模拟调制信号有更强的抗干扰能力.

OOK 信号也可以采用非相干方式解调,其电路结构如图 8-7 所示. 这是一个包络检波器,其原理与解调模拟调幅信号基本一致. 最后的输出通过判决,超过某个阈值的为"1",否则为"0".

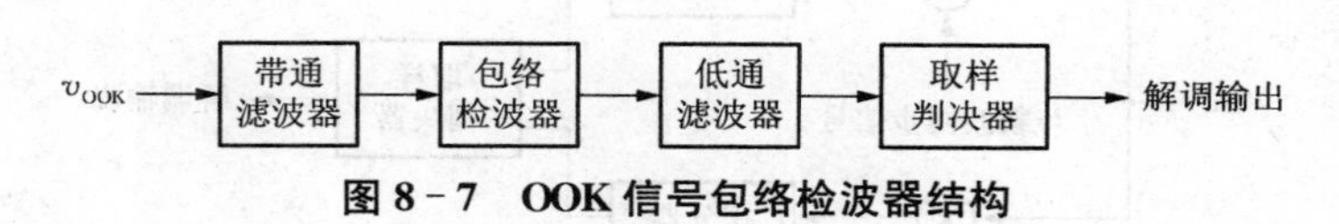

图 8-7　OOK 信号包络检波器结构

OOK 调制与解调的电路比较简单,但是其综合性能不是很好,所以常常用在要求比较低的场合(如遥控开关等),具体的电路例子我们将在后面介绍.

8.1.2 频移键控

频移键控调制使载波的频率随基带信号变化,已调波的频率有两个:频率 f_1 对应数字"1",频率 f_2 对应数字"0". 图 8-8 是 FSK 的波形.

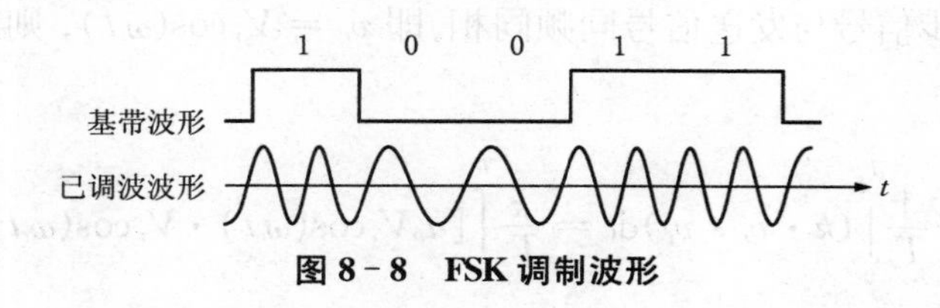

图 8-8　FSK 调制波形

可以把FSK信号看作两个不同频率的OOK信号的合成,所以最简单的产生FSK信号的方法就是将两路OOK信号合并,如图8-9所示.同样,其中的乘法器在不考虑整形滤波的条件下也可以用开关代替,此时已调波的带宽约为 $|f_1 - f_2| + \frac{2}{T_s}$.

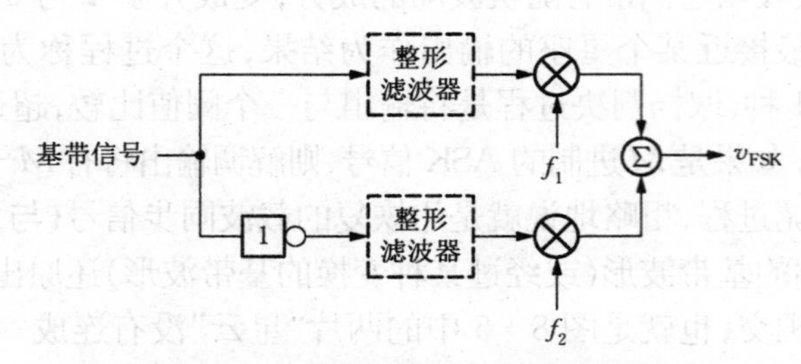

图8-9 实现FSK调制的基本结构

可以有几种方法实现FSK信号的相干解调,图8-10是其中一种最典型的电路结构.

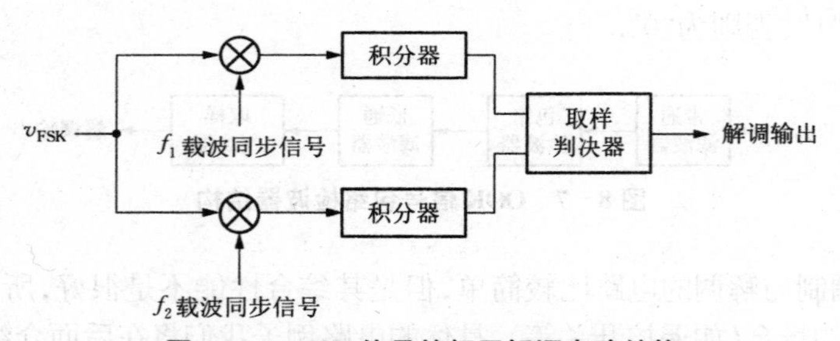

图8-10 FSK信号的相干解调电路结构

在这个结构中,输入的FSK信号与两个载波同步信号(载波同步信号的获得方式与前面OOK信号中的获得方式相同,由锁相环作载波提取)作乘法和积分运算,其中的积分仅在一个符号周期内进行,即每个符号周期结束时要将积分器清零.在每个符号周期结束前取样判决,其中幅度较大的符号被确定为解调输出.

若载波同步信号与发送信号同频同相,即 $v_r = V_r\cos(\omega_c t)$,则乘法和积分的结果是

$$v_o = \frac{1}{T_s}\int_0^{T_s}(k \cdot v_i \cdot v_r)\mathrm{d}t = \frac{k}{T_s}\int_0^{T_s}[a_n V_i\cos(\omega_c t) \cdot V_r\cos(\omega_c t)]\mathrm{d}t$$

$$= \frac{k}{2} a_n V_i V_r + \frac{k}{2T_s} a_n V_i V_r \int_0^{T_s} \cos(2\omega_c t) \mathrm{d}t \tag{8.6}$$

其中 k 是乘法器的增益，a_n 是在积分周期内的基带符号，其值为 1 或 0.

(8.6)式的积分结果中，第一项 $\frac{k}{2} a_n V_i V_r$ 就是与基带符号相关的输出；第二项在一般情况下由于载波频率 f_c 总是远大于符号率 $1/T_s$，积分结果将趋于 0，尤其是当 $2f_c$ 是符号率的整数倍时，上述积分结果的后半部分等于 0.

但是若载波同步信号与发送信号非同频同相，则上述积分结果的第一项也将趋于 0 或者一个很小的值. 另外，对于混在信号中的噪声，由于不可能与载波同步信号同频同相且有很宽的频谱，积分结果也一定趋于 0.

由此可见，上述乘法-积分运算可以最大限度地抑制噪声，并获得正确的解调.

从数学上说，(8.6)式是一种相关运算，反映的是参与运算的两个信号在测量周期内的相似程度. 从这个意义上说，数字信号的相干解调是在接收端模拟出发送端可能的信号波形(在这里就是两个载波同步信号)，然后将接收到的信号与这些可能的发送波形作比较，看看它与哪个波形最"像"，就认为发送的是这个波形. 这种方法称为最大似然判决(maximum likelihood decision).

由于最大似然判决可以在受到噪声干扰的信号中最大限度地恢复原来的信号，因此数字信号的相干解调都采用最大似然判决原理进行. 前面讨论的 OOK 相干接收电路中采用乘法器与低通滤波器进行解调，其中的低通滤波器在时间常数较大时可以近似为积分运算，所以它的原理也是最大似然判决.

除了用乘法器与积分器构成相关运算实现最大似然判决外，还可以用采样匹配滤波器实现最大似然判决. 采样匹配滤波器是一种 FIR 滤波器，简单地说它就是在一个高速时钟驱动下，将接收的波形与已知可能发送的波形逐点比较，求出它们的"距离"之和，离哪个可能的波形"距离"最近，就认为发送的是哪个波形.

为了便于理解，图 8 - 11 画出了采样匹配滤波器的硬件结构示意图：输入信号经 ADC 变换为数字信号，然后在时钟(图 8 - 11 中未画出)驱动下进入移位寄存器，通过乘法器和加法器进行波形逐点比较的. 显然，若输入的信号与发送波形越接近，最后的累加结果越大. 所以它与前面的乘法-积分运算一样，可以最大程度地抑制噪声，获得正确的判决结果.

如果输入信号有 M 个可能的波形，就要用 M 个这样的滤波器去进行判决. 在实际的数字系统中，一般都是用软件完成上述滤波过程.

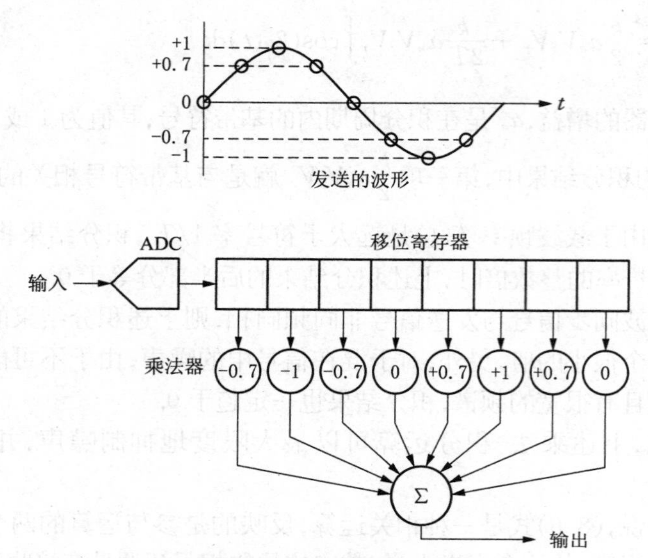

图 8-11 采样匹配滤波器

FSK 信号的非相干解调电路也有多种形式.

一种电路形式如图 8-12 所示:两个频率的载波参考信号被分成两组相互正交的参考信号 I 和 Q(同相,in-phase;正交,quadrature)与输入信号做乘法与积分,然后再求它的平方和.很显然,这实际上是在求一个矢量的相关系数的模,所以这种方法对载波参考信号的相位没有要求,只要能保证频率精度和稳定度在误差范围之内,就可以在接收端自行产生参考信号.

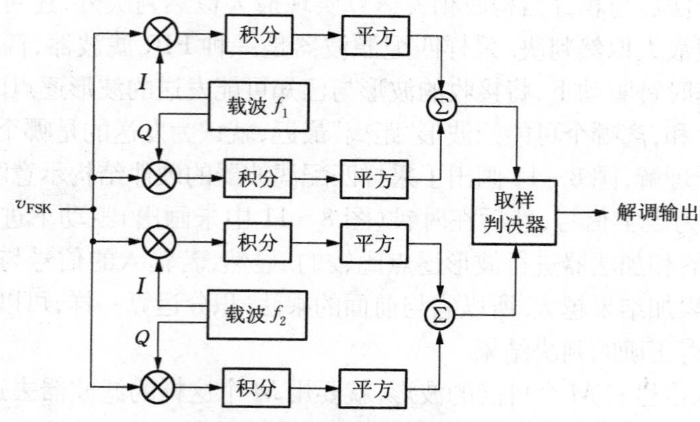

图 8-12 FSK 信号的非相干解调电路结构 1

另一种非相干解调 FSK 信号的结构如图 8-13,通过两个带通滤波器取出两个载波频率的信号,然后用包络检波器和低通滤波器检出其幅度,后续的取样判决也是根据两个信号的幅度大小确定解调输出.

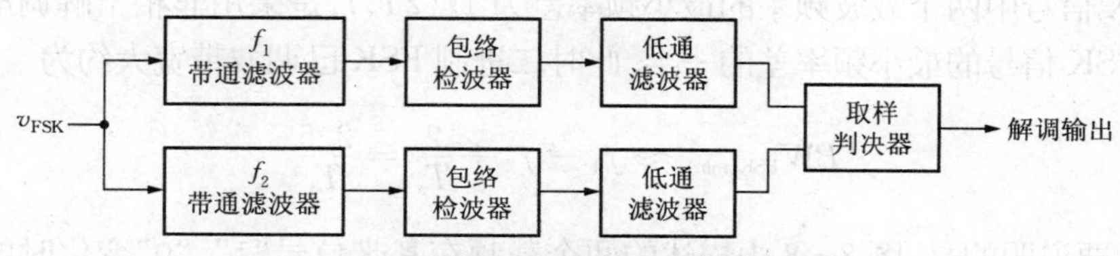

图 8-13 FSK 信号的非相干解调电路结构 2

下面考虑 FSK 信号中两个载波频率的选取.

对于非相干解调电路,由于两个载波频率之间没有关联,频率相隔越远,解调越容易.但是载波信号频率相隔越远就意味着已调信号占用的频带越宽,所以一般情况下不希望它们隔得太远.

由图 8-4 可知,一个受矩形脉冲调制的已调信号的频谱在载波频率 f_c 上有最大值,而在偏离载波频率 n/T_s 的位置上有零点.若 FSK 信号的两个载波频率相差 n/T_s,其中一个的频谱峰值将落在另一个的零点位置,它们之间的干扰将最小.所以采用非相干解调电路接收的 FSK 信号中,两个载波频率的最小频率差应该是 $1/T_s$.

当接收端采用相干解调电路时,FSK 信号的解调是用两个相关接收器将接收信号与恢复的载波信号副本作相关运算.如果输入的两个信号能够满足以下关系:信号 1 与载波 1 相关运算后有最大值,而信号 2 与载波 1 相关运算后为 0,那么显然在最后判决时可以有最大的分辨度.由于相关运算是将两个信号相乘后在一个符号周期内进行积分,上述要求可以表述为

$$\frac{1}{T_s}\int_0^{T_s}[s_i(t)\cdot s_j(t)]\mathrm{d}t=\begin{cases}1, & i=j\\0, & i\neq j\end{cases} \tag{8.7}$$

其中 $s_i(t)$和 $s_j(t)$分别表示两个载波信号.

显然,(8.7)式表示的是两个相互正交的信号.采用相干解调的 FSK 信号中两个载波频率的最佳选择应该满足相互正交原则.若是 M 进制 FSK 信号,那么其中 M 个载频都应该满足正交关系.可以证明,满足(8.7)式正交关系的两个载波频率分别为

$$f_1 = \frac{m}{2T_s},\ f_2 = \frac{n}{2T_s}(m-n \text{ 和 } m+n \text{ 都是正整数}) \tag{8.8}$$

显然,当 $m-n=1$ 时,两个频率有最小的频率差,所以采用相干解调电路接收的 FSK 信号中两个载波频率的最小频率差为 $1/(2T_s)$,是采用非相干解调电路接收的 FSK 信号的最小频率差的一半. 此时二进制 FSK 已调波带宽大约为

$$BW_{\text{FSK(min)}} \approx f_1 - f_2 + \frac{2}{T_s} = \frac{2.5}{T_s} \tag{8.9}$$

还要说明的是:图 8-8 中描述的两个载频在基带信号"1","0"变化时的相位是连续的,但是如果 FSK 调制电路中的两个载频是由相互独立的两个载波发生器产生的,那么不能保证已调信号的相位连续. 频谱分析表明,在实际的通信系统中,若已调信号的相位不连续,那么其实际占用的信号带宽将大于相位连续的已调信号的带宽. 所以在实际的 FSK 系统中,载波发生器常常需要经过特别设计而保证载波相位的连续性. 在一些 FSK 系统中通常只采用一个载频发生器,而用基带信号直接改变该载频发生器的频率(通过开关或乘法器,类似模拟调制中的直接调频),这样的结构能够保证已调信号的相位连续.

下面介绍一个在数字通信中得到实际应用的 FSK 系统,称为最小偏移键控(Minimum Shift Keying,简称 MSK). MSK 调制可以看作一种相位关系经过特别安排的频率调制,其最大特点就是保证已调波的相位连续.

前面我们已经讨论过,采用相干解调电路接收的 FSK 信号中,两个载波频率必须相互正交. MSK 信号所采用的两个载波频率如(8.10)式所示,其中 k 为大于等于 2 的整数,可以证明这两个载波频率正交且具有最小频率差.

$$\begin{cases} f_1 = \dfrac{k}{4T_s} + \dfrac{1}{4T_s} \\ f_2 = \dfrac{k}{4T_s} - \dfrac{1}{4T_s} \end{cases} \tag{8.10}$$

下面我们讨论它如何保证已调波的相位连续.

为了讨论简单,取 $k=4$,此时 $f_1 = \frac{5}{4T_s}$,$f_2 = \frac{3}{4T_s}$. 假设两个载波的初始相位均为 0,图 8-14 标示了这两个载波的相位关系. 显然,在任意一个符号周期结束时,这两个载波信号的相位不是同相就是相差 π.

在实现 MSK 调制时,若基带信号的符号不变,则载波信号不用切换,所以其相位总是连续的.

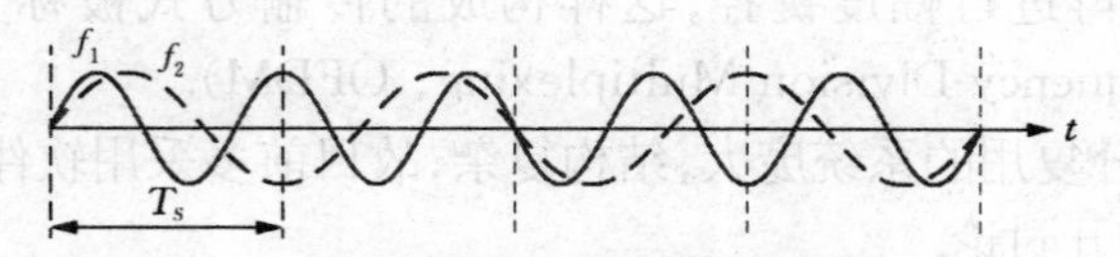

图 8 - 14　MSK 信号中载波信号的相位关系

当基带信号由 0 变 1 或由 1 变 0 时，需要切换载波频率，这时就要考虑已调波的相位连续问题. 由于在任意一个符号周期结束时两个载波信号的相位要么相差 π，要么就是同相，因此有两种情况：第一种情况是在基带符号改变时两个载波的相位恰恰相同，这种情况下直接将载波切换过去就可以保证已调信号的相位连续；第二种情况是在基带符号改变时两个载波信号的相位相差 π，这时需要将后一个符号的载波反相（相位改变 π）后再切换过去，这样也能够保持已调波相位的连续.

图 8 - 15 就是一个 MSK 波形的示例，其中第一次从 1 变 0 时，f_1 与 f_2 恰恰同相，所以直接从 f_1 切换到 f_2，已调波相位是连续的；但是接下来的从 0 变 1 时，f_1 与 f_2 反相，所以将 f_1 反相后再切换过去，这样就保证了已调波相位的连续.

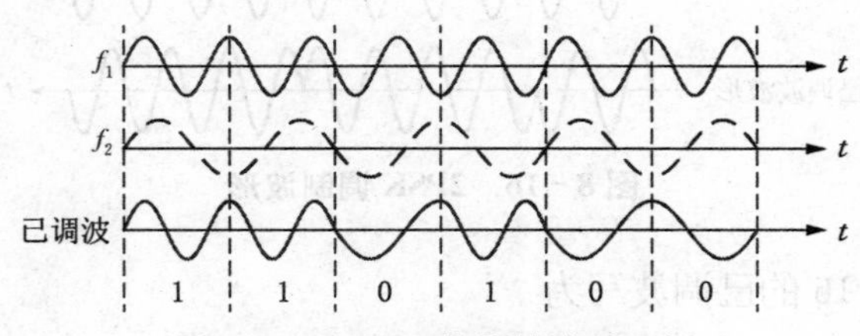

图 8 - 15　MSK 信号的波形示例

由于通过这样处理后的已调波在相位上是连续的，可以有效地避免由于相位突变引起的频谱扩大. 在一些要求严格控制频谱宽度的场合（如 GSM 移动通信中采用的 GMSK 调制方式），就是在 MSK 调制基础上再对基带信号进行高斯滤波（整形滤波），从而很好地控制已调波的频谱宽度.

在实际电路中，MSK 调制与解调并非利用前述的切换方式工作，而是通过正交调制与解调方式实现的，我们将在随后的 8.1.4 节中对 MSK 的具体电路展开讨论.

前面讨论的是 2 进制 FSK. FSK 也可以实现 M 进制调制，此时已调波的频率有 M 个相互正交的载波频率，所以已调波带宽很宽，常常在带宽足够大的场合运用. 为了进一步提高传输效率，还可以将它与振幅键控联合运用，即对每个载波频率(称为子载波)再进行幅度键控,这样构成的传输方式被称为正交频分复用(Orthogonal Frequency-Division Multiplexing, OFDM).

由于正交频分复用的系统庞大,结构复杂,故目前多采用软件方式进行调制与解调,这里不再展开讨论.

8.1.3 相移键控

相移键控通过改变已调波的相位传递数字信息.在二进制数字调制系统中,通常在相移键控的简称 PSK 前加入数字 2 或字母 B(binary),称为 2PSK 或 BPSK. 2PSK 用两个相反的相位表示基带信号的两个值,例如,对应数字"1",已调波相位与参考相位同相,对应数字"0",已调波相位与参考相位反相.图 8-16 就是上述调制方式的波形.

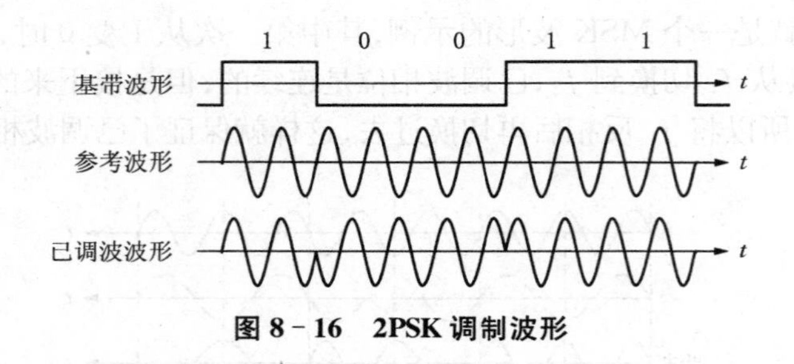

图 8-16 2PSK 调制波形

可以将图 8-16 的已调波写为

$$v_{2PSK} = a(t)V_m \sin(\omega_c t) \tag{8.11}$$

其中 $a(t)$为基带信号,其幅值为 1 或−1.

2PSK 调制的有效带宽与 ASK 一样,近似为基带信号符号率的 2 倍:

$$BW = \frac{2}{T_s} \tag{8.12}$$

由(8.11)式或图 8-16 可知,若将基带波形看作双向开关函数 $S_2(t)$,则 2PSK 的已调波就是载波(参考波)与基带信号的乘积.由此可得 2PSK 调制电路的结构如图 8-17,它先将单极性的数字基带信号转换成正负极性的双极性信号,然后与载频信号相乘.

由此可知,2PSK 的调制过程与模拟调制中的双边带调幅类似.我们知道,当用一个正负对称的调制信号去做双边带调幅时,其输出的已调波中是没有载频信

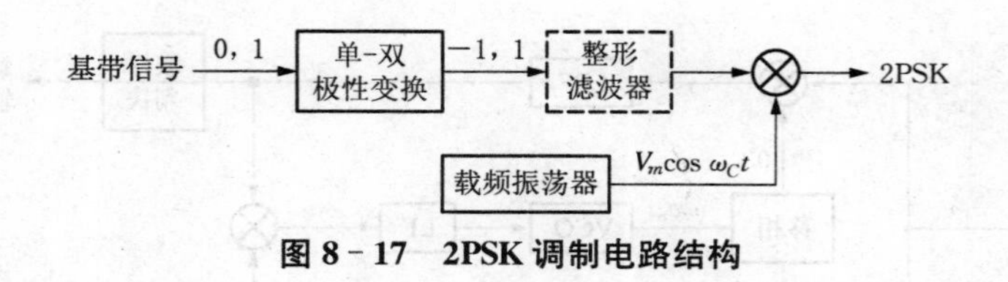

图 8-17 2PSK 调制电路结构

号的. 同样,在 2PSK 调制中,若基带信号中的 1 和 0 出现的几率相同的话,输出的已调波中也是没有载频分量的.

由于实际的基带信号中 1 和 0 出现的几率几乎相同,2PSK 已调波没有载频分量(或载频分量的能量极小),这使得如同前面 ASK 或 FSK 那样用一个锁相环简单地锁定 2PSK 信号的载频同步信号变得不可能. 为了解决相干解调 2PSK 信号必需的载波同步问题,目前已经发明了多个改进电路.

一个就是采取与模拟信号 DSB-AM 解调相同的办法,将(8.11)式表示的 2PSK 已调波平方,考虑到其中 $a(t)$的幅值始终为 1 或 -1,则有

$$(v_{2PSK})^2 = a^2(t)V_m^2\sin^2(\omega_c t) = \frac{1}{2}V_m^2 - \frac{1}{2}V_m^2\cos(2\omega_c t) \tag{8.13}$$

显然平方后的信号中包含载频信号的 2 倍频信号.

若用锁相环锁定此 2 倍频信号,则锁相环的输出是 $\sin(2\omega_c t)$,再分频即可得到载频同步信号(关于这个电路中几个信号之间的相位关系,可以参见第 7 章关于 DSB 信号同步检波的内容). 这种电路称为平方环,采用平方环的 2PSK 解调电路结构如图 8-18.

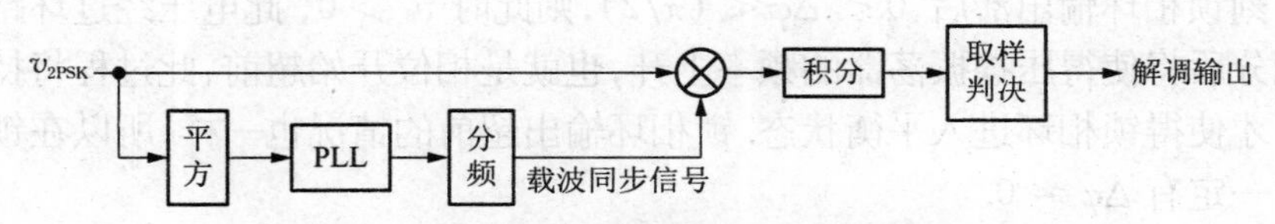

图 8-18 采用平方环的 2PSK 解调电路

用平方环对 2PSK 信号解调是一种相干解调电路. 恢复的载波同步信号就是发送信号在接收端的"副本",将这个副本信号与接收到的信号做相关运算,最后可以恢复原始的基带信号.

另一种可同时完成 2PSK 信号的载波同步信号恢复和解调的电路称为 Costas 环,图 8-19 就是该电路的结构.

假设在 Costas 环中输入的 2PSK 信号为 $v_{2PSK} = a(t)V_m\sin(\omega_c t + \varphi_1)$,压控振

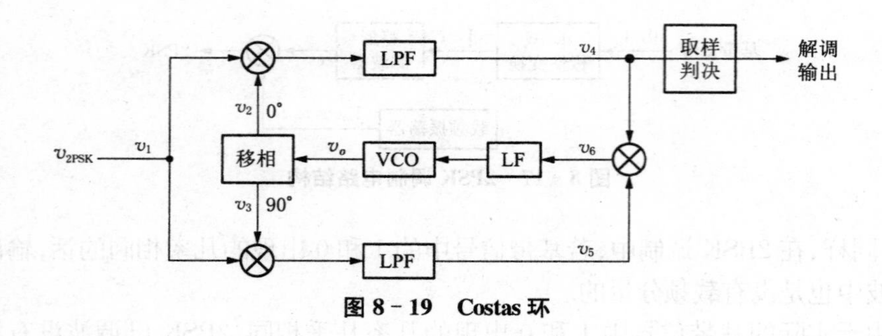

图 8-19 Costas 环

荡器输出信号 $v_2(t)=V_o\sin(\omega_c t+\varphi_2)$，经过移相后为 $v_3(t)=V_o\cos(\omega_c t+\varphi_2)$，则经过相乘和低通滤波(滤除 2 倍载频分量)后，得到

$$\begin{cases} v_4(t)=\dfrac{1}{2}a(t)V_mV_o\cos(\varphi_1-\varphi_2) \\ v_5(t)=\dfrac{1}{2}a(t)V_mV_o\sin(\varphi_1-\varphi_2) \end{cases} \tag{8.14}$$

经过第二次相乘，并考虑到 $a(t)$ 的幅值始终为 1 或 −1，得到

$$v_6=\frac{1}{8}V_m^2V_o^2\sin[2(\varphi_1-\varphi_2)] \tag{8.15}$$

v_6 经过环路滤波器后成为压控振荡器的控制电压，此电压与调制信号 $a(t)$ 无关，而只与锁相环的输出信号 v_2 与输入信号 v_1 之间的相位差 $\Delta\varphi=\varphi_1-\varphi_2$ 有关. $\Delta\varphi>0$ 表示锁相环的输出信号滞后于输入信号，反之则表示锁相环输出超前. 假设某时刻锁相环输出滞后，$0<\Delta\varphi<(\pi/2)$，则此时 $v_6>0$，此电压经过环路滤波器的积分后将使得压控振荡器的频率上升，也就是相位开始超前，此过程将持续到 $v_6=0$ 才使得锁相环进入平衡状态. 锁相环输出超前的情况也一样，所以在锁相环锁定后一定有 $\Delta\varphi=0$.

当 $\Delta\varphi=0$ 时，$v_4(t)=\dfrac{V_mV_o}{2}\cdot a(t)$，所以 v_4 就是解调后的二进制调制信号.

然而，上述两种方法获得的载波同步信号都存在一个问题. 在平方环中由于载波同步信号是通过载频的倍频信号分频得到的，它可能是 $\sin(\omega_c t)$，也可能是 $\sin(\omega_c t+\pi)$，因此在接收端确定的载波同步信号的初始相位有可能与发送端的相差 180°，这就意味着有可能将基带信号中 1 和 0 的关系颠倒. 这种情况称为相位模糊(phase ambiguity). 在 Costas 环中，锁相环的稳定平衡点有 0 或 π 两个：当锁相环的输出信号 v_2 与输入信号 v_1 之间的相位差超过 $\pm\pi/2$ 后，锁相环有可能锁定在

$\Delta\varphi = \pi$，所以同样存在相位模糊问题.

这里要说明的是，相位模糊是 PSK 信号的一个基本特征，不可能通过解调解决. 为了解决相位模糊问题，实际应用中可以用另一种形式的相移键控调制形式，称为差分相移键控(differential phase shift modulation，简称 DPSK).

DPSK 的基本思想是：相位模糊实际上表现为在接收端看到的 PSK 信号的载波相位可能有 180°的颠倒，所以有可能将基带信号中的 1 和 0 关系颠倒. 但是不管相位是否模糊，符号 1 和 0 之间的相对相位关系(即 1 和 0 的相位总是相反的)总是不变的，若以相对的相位关系来定义基带信号中的符号，例如，定义基带信号中凡出现 1，则已调信号的相位发生变化；出现 0 则已调信号的相位不变，这样就将不再出现相位模糊.

为了实现上述关系，需要将基带信号作一个变换：原始数据流中出现数字 1，则变换后的数据流发生变化(0 变 1，或 1 变 0)；原始数据流中出现数字 0，则变换后的数据流不变. 这样变换后的基带码流称为相对码，而将变换前的基带码流称为绝对码. 顺便说一下，这种变换在许多场合得到应用. 例如，在硬盘之类的磁记录设备中，由于难以确定磁场方向，通常规定磁场方向翻转为 1，不翻转为 0.

DPSK 信号波形见图 8 - 20.

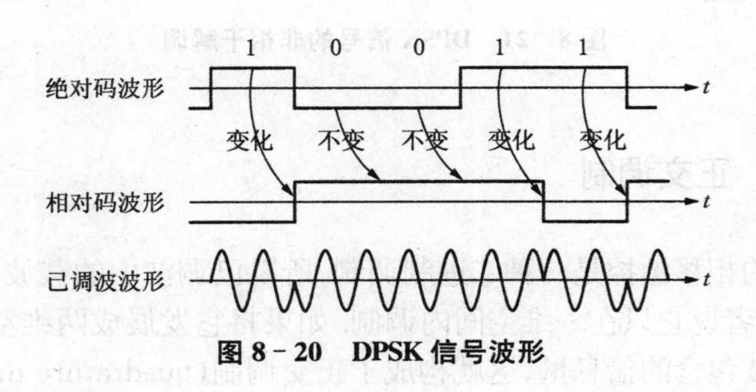

图 8 - 20　DPSK 信号波形

DPSK 信号的调制过程仍然可以用图 8 - 17 结构的电路，只要先用一个变换电路将绝对码信号转换为相对码信号即可.

解调 DPSK 信号也可以沿用图 8 - 18 或图 8 - 19 的电路完成，这两种方法都是相干解调方法，解调后的相对码信号通过一个转换电路即可恢复原来的绝对码信号.

DPSK 信号可以用非相干方式解调，称为相位比较法或差分检测法. 此办法利用了 DPSK 以前后两个符号的相位关系确定基带符号极性的特点，将前一符号的载波作为后一符号的参考相位，从而不需要知道发送端的载波相位信息.

实际做法是将输入信号延时一个符号周期 T_s 后与当前输入信号做相关运算，可以直接得到原来的绝对码基带信号输出. 其电路结构和波形如图 8-21 所示(为了使图面清晰,图 8-21 中假设每个符号周期只有一个载波周期). 其中积分器在每个符号周期结束时清零,取样判决在清零前进行以期得到最大的判决阈值. 这种方法由于电路比较简单,因此常常得到应用.

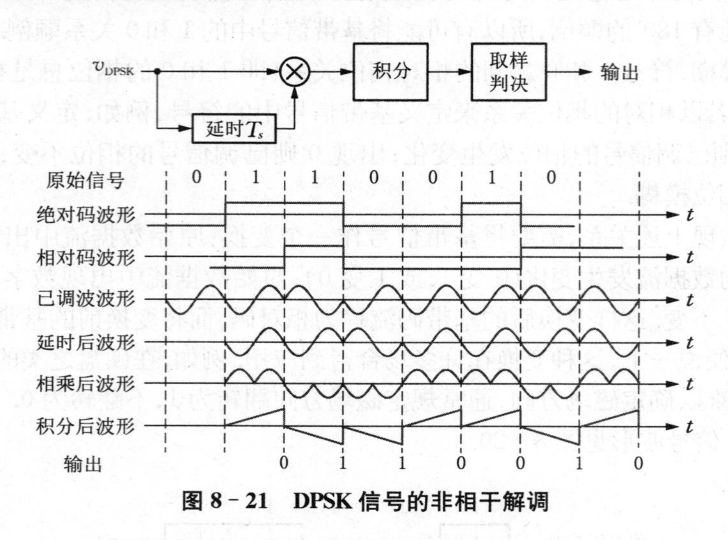

图 8-21 DPSK 信号的非相干解调

8.1.4 正交调制

前面介绍的相移键控是一种二进制调制,所以已调波中的载波矢量只有两个相反的方向,或者说它只在一维空间内调制. 如果将它发展成两维空间调制,显然可以增加已调波包含的信息量,这就构成了正交调制(quadrature modulation). 正交调制可以在不增加频带宽度的条件下提高数据传输速率,所以得到广泛应用.

一、QPSK

最简单的正交调制是 4 相相移键控,缩写为 QPSK 或 4PSK,“Q”表示正交(quadrature),也有人将它解释成四元(quaternary).

在 QPSK 调制中,基带信号由 2 个二进制数构成一个符号,一共有 4 种符号: 00, 01, 10, 11,已调波中则以 4 个相位与之对应. 常见的 QPSK 符号与已调波的相位关系如图 8-22 所示,以 225°, 135°, 315°, 45°对应上述 4 个符号,每个

QPSK 信号矢量可以写作

$$v_{4\mathrm{PSK}} = D_1 \cdot V_m \cos\omega_C t + D_0 \cdot V_m \sin\omega_C t \tag{8.16}$$

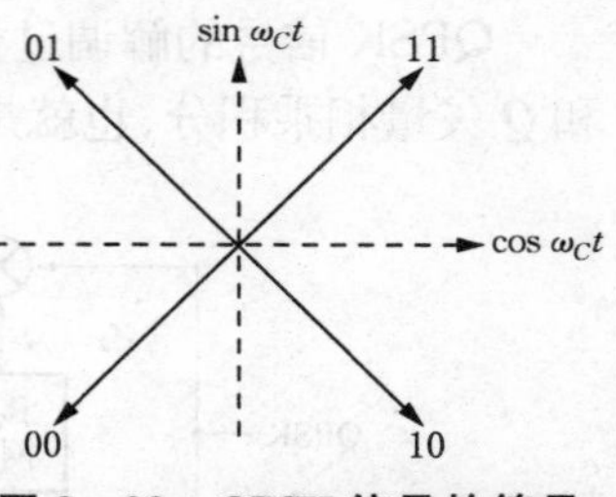

图 8-22 QPSK 信号的符号-相位关系

其中 D_1 和 D_0 的取值为±1,分别对应输入符号中两个二进制变量的 1 和 0.

QPSK 波形的一个示例如图 8-23 所示. 尽管图 8-23 中已调波在符号变换的接点上出现了不连续,但是此图中的波形只是理论上的波形,由于实际的信道总具有某种低通性质,因此实际的已调波波形在这些不连续处将出现畸变而保持波形的连续.

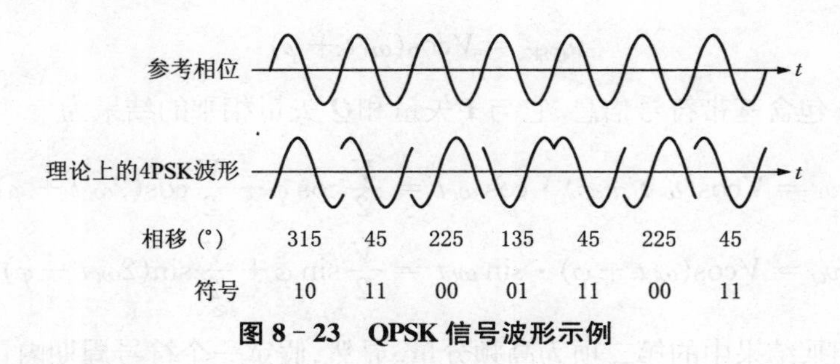

图 8-23 QPSK 信号波形示例

QPSK 信号的调制过程如下:首先将由 2 bit 的符号 D_1D_0 通过串-并变换分拆成两个二进制变量,然后将这两个变量通过极性变换分别变成 1 或 −1,这两个开关量再分别与正交的载波矢量 $\cos\omega_C t$ 和 $\sin\omega_C t$(通常这两个载波矢量被称为 $\boldsymbol{I}$ 矢量和 $\boldsymbol{Q}$ 矢量)相乘,最后叠加就得到 QPSK 信号. 图 8-24 以一个基带符号"10"为例画出了调制过程中的信号变换情况,图中在最后合成处以箭头表示矢量的方向.

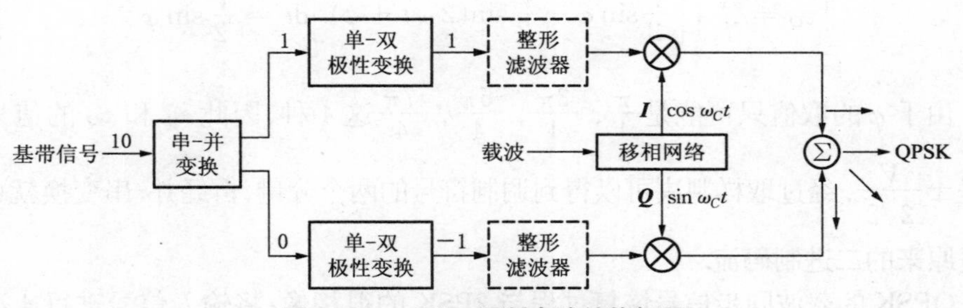

图 8-24 QPSK 调制电路结构框图

QPSK 信号的解调过程见图 8-25. 接收的信号分别与载波同步信号的 **I** 矢量和 **Q** 矢量相乘积分,也就是做相关运算.

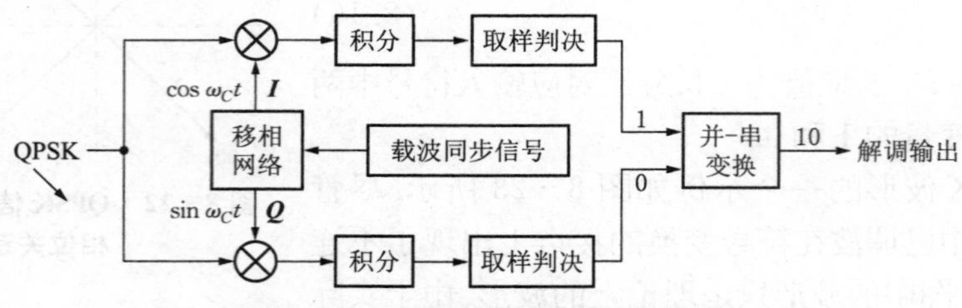

图 8-25 QPSK 解调电路结构框图

假设输入的信号为

$$v_{4PSK} = V\cos(\omega_C t + \varphi) \tag{8.17}$$

其中相位 φ 包含基带符号信息. 它与 **I** 矢量和 **Q** 矢量相乘的结果为

$$\begin{cases} v_I = V\cos(\omega_C t + \varphi) \cdot \cos\omega_C t = \dfrac{V}{2}\cos\varphi + \dfrac{V}{2}\cos(2\omega_C t + \varphi) \\ v_Q = V\cos(\omega_C t + \varphi) \cdot \sin\omega_C t = \dfrac{V}{2}\sin\varphi + \dfrac{V}{2}\sin(2\omega_C t + \varphi) \end{cases} \tag{8.18}$$

上述相乘结果中的第二项为高频分量. 显然,假定一个符号周期内包含整数个 $2\omega_C$ 周期,上述相乘结果经过一个符号周期的积分后,其中的高频分量将等于 0(若一个符号周期内包含非整数个 $2\omega_C$ 周期,有一个很小的值),所有的白噪声也将趋于 0,只有与相位 φ 有关的低频部分得到输出,即

$$\begin{cases} v_I = \dfrac{1}{T_s}\displaystyle\int_0^{T_s}\left[\dfrac{V}{2}\cos\varphi + \dfrac{V}{2}\cos(2\omega_C t + \varphi)\right]\mathrm{d}t = \dfrac{V}{2}\cos\varphi \\ v_Q = \dfrac{1}{T_s}\displaystyle\int_0^{T_s}\left[\dfrac{V}{2}\sin\varphi + \dfrac{V}{2}\sin(2\omega_C t + \varphi)\right]\mathrm{d}t = \dfrac{V}{2}\sin\varphi \end{cases} \tag{8.19}$$

由于 φ 的取值只可能是 $\frac{\pi}{4}$, $\frac{3\pi}{4}$, $\frac{5\pi}{4}$, $\frac{7\pi}{4}$ 这 4 种,因此 v_I 和 v_Q 的值只可能是 $\pm\frac{V}{2\sqrt{2}}$. 经过取样判决可以得到调制符号的两个分量,再经并-串变换就可以恢复原来的二进制码流.

QPSK 的载波同步信号恢复过程与 2PSK 的很相像:将输入信号进行 4 次方

运算,考虑到 D_1 和 D_0 只有±1 两种取值,所以有

$$\begin{aligned} v_{4\mathrm{PSK}}^4 &= (D_1 \cdot V_m \cos \omega_C t + D_0 \cdot V_m \sin \omega_C t)^4 \Big|_{D_1=\pm 1,\ D_0=\pm 1} \\ &= \left[\frac{3}{2} + 2D_1 D_0 \cos(2\omega_C t) - \frac{1}{2}\cos(4\omega_C t)\right] \cdot V_m^4 \end{aligned} \tag{8.20}$$

上式中,载波的 2 倍频成分系数不确定,只有载波的 4 倍频成分的系数恒定,所以可以用锁相环取出此 4 倍频成分,再进行 4 分频可以得到载频. 但是与 2PSK 一样,这样恢复的载频也有相位模糊问题. 其解决的方法也与 2PSK 一致,即将绝对相位调制转换成相对相位调制(称为 QDPSK),具体过程不再展开.

二、QAM

为了尽可能提高传输速率和提高频谱利用率,还可以在正交调制中加入多电平幅度调制,这种相位调制和幅度调制的双重调制系统称为正交幅度调制(quadrature amplitude modulation),简称 QAM.

QAM 系统的一个符号通常可以包含 2^n 个二进制位,将这 2^n 个二进制位分成 2 组,分别对两个正交的载波矢量($\boldsymbol{I}$, $\boldsymbol{Q}$)进行多电平幅度调制. 例如,当 $n=2$ 时,一个符号包含 4 bit. 将它分成两组,每组包含有 2 bit,然后定义每组从 00 到 11 对应的已调波幅度系数分别为−3, −1, +1 和+3,分别对 $\boldsymbol{I}$, $\boldsymbol{Q}$ 矢量进行 ASK 调制,最后将两个调制后的载频进行矢量叠加,这样已调波一共包含 16 个可能的波形,故称为 16QAM. 常见的 QAM 调制方式有 16QAM, 32QAM, 64QAM, 128QAM 和 256QAM 等. 显然,前面介绍的 QPSK 也可以看作 4QAM.

每个 QAM 已调波信号矢量可以写作

$$v_{\mathrm{QAM}} = s_I \cdot V_m \cos \omega_C t + s_Q \cdot V_m \sin \omega_C t \tag{8.21}$$

其中 s_I 和 s_Q 分别对应一个输入符号中分成两组的两个正交分量的幅度系数.

由于正交幅度调制是一种正交调制,其调制和解调过程与 QPSK 的十分类似. 唯一的区别是 QPSK 的幅度只有±1 两种,而 QAM 的幅度变化有 4 种以上,所以在 QAM 调制电路结构中,需要将图 8－24 中的极性变换部分更改为电平变换,即根据输入的基带信号产生相应的电平(如上述 16QAM 中的+3, +1, −1 和−3 这 4 种电平). 同样,QAM 解调电路结构与图 8－25 十分一致,只要将其中的“取样判决”更改为“多电平取样判决”即可.

通常用矢量方式描述 QAM 调制系统的星座图 8－26 中,标示了从 16QAM

到128QAM的星座图,每种都用一个虚线框围住.16QAM和64QAM都是方的,而32QAM和128QAM都缺角.

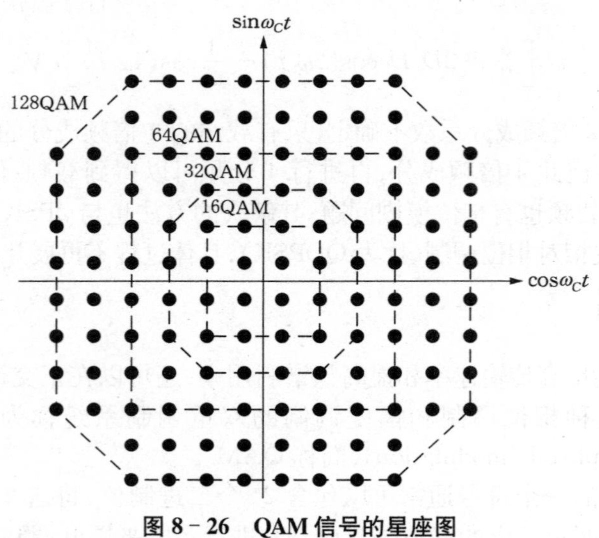

图8-26 QAM信号的星座图

QAM调制最大的优点是具有很高的频谱利用率.但由于其带有幅度调制,包络不恒定,因此抗干扰性能一般.常常用在传输通道比较稳定的场合,例如,闭路电视系统中就采用了QAM调制.

三、正交调制方式的进一步讨论

除了前面讨论的QPSK和QAM调制以外,许多调制方式都可以等效为PSK调制,而PSK调制总可以用正交调制形式完成,所以正交调制与解调目前几乎已经成为一种通用的标准形式,在各种数字通信设备中都可以找到它们的踪迹.

2PSK信号可以用(8.11)式描述,但更一般的写法是

$$v_{2PSK} = V_m \cos[\omega_c t + a_n(t) \cdot \varphi],\ a_n(t) = \pm 1 \tag{8.22}$$

(8.22)式可以改写为

$$v_{2PSK} = V_m \{\cos(\omega_c t)\cos[a_n(t) \cdot \varphi] - \sin(\omega_c t)\sin[a_n(t) \cdot \varphi]\} \tag{8.23}$$

这正是正交调制的形式,其中$\cos(\omega_c t)$和$\sin(\omega_c t)$分别是载频的$\boldsymbol{I}$和$\boldsymbol{Q}$分量.所以2PSK调制与解调均可以用正交方式完成.

一般而言,任何一种调制方式,只要能够写成$\cos[\omega_c t + \varphi(t)]$的形式,就可以

用正交调制完成. 例如,ASK 信号可以看作一个矩形脉冲调制的 DSB-AM 信号,DSB-AM 信号又可以看作两个 SSB 信号的叠加,而 SSB 信号一定有 $\cos(\omega_c t+\Omega t)$ 的形式,所以可以用正交调制方式完成.

又如,FSK 信号可以写成

$$v_{\mathrm{FSK}}=V_m\cos[\omega_c t+a(t)\cdot\delta\omega\cdot t] \tag{8.24}$$

其中 ω_c 是 FSK 信号两个载波频率的平均值,$\delta\omega$ 是两个载波频率与 ω_c 的频率差,$a(t)=\pm 1$. 显然这个信号可以用正交调制方式实现如下:

$$v_{\mathrm{FSK}}=V_m\{\cos(\omega_c t)\cos[a_n(t)\cdot\delta\omega\cdot t]-\sin(\omega_c t)\sin[a_n(t)\cdot\delta\omega\cdot t]\} \tag{8.25}$$

前面曾经讨论过 MSK 调制,可以将(8.10)式表示的两个频率改写为

$$f=f_c+a_n\frac{1}{4T_s} \tag{8.26}$$

其中 $f_c=\dfrac{k}{4T_s}$, $a_n=\pm 1$. 所以 MSK 已调波可以写为

$$v_{\mathrm{MSK}}=V_m\cos\left[2\pi f_c t+2\pi a_n\frac{1}{4T_s}t+\theta_{n-1}\right] \tag{8.27}$$

其中 θ_{n-1} 是上一个符号周期结束时的相位. 每经过一个符号周期,若 $a_n=+1$,则 θ_n 增加 $\pi/2$;若 $a_n=-1$,则 θ_n 减小 $\pi/2$. 显然,(8.27)式可以改写为正交调制的形式:

$$v_{\mathrm{MSK}}=V_m\cos\theta_n(t)\cdot\cos\omega_c t-V_m\sin\theta_n(t)\cdot\sin\omega_c t \tag{8.28}$$

其中 $\theta_n(t)=2\pi a_n\dfrac{1}{4T_s}t+\theta_{n-1}$, 它是一个包含基带信息的相位函数.

考虑到前后两个符号之间的相对相位关系不是同相就是反相(即 θ_{n-1} 只能是 0 或 π),反映在 $\cos\theta_n(t)$ 和 $\sin\theta_n(t)$ 上,就是使得它们的符号发生改变,所以在实际调制中可以预先将 θ_{n-1} 的信息包含到 a_n 中去,形成一组 a_I 和 a_Q,这样 MSK 调制就变成

$$v_{\mathrm{MSK}}=V_m a_I\cos\frac{\pi t}{2T_s}\cdot\cos(\omega_c t)-V_m a_Q\sin\frac{\pi t}{2T_s}\cdot\sin(\omega_c t) \tag{8.29}$$

显然,(8.29)式表示的信号可以用两次正交调制完成:首先是 a_I 和 a_Q 与角频率为 $\dfrac{\pi}{2T_s}$ 的正交矢量相乘,然后是与角频率为 ω_c 的正交矢量相乘.

在本节结束时要指出两点:

(1) 前面讨论了数字信号传输中几种基本的调制模式以及它们的调制与解调方法.在实际的数字通信中,无论是调制模式还是调制与解调方法都比前面讨论的要多得多,这里的讨论只是一个简单介绍.

(2) 前面提出的各种调制与解调电路中,采用了乘法、积分、平方、滤波等运算,这些运算可以用模拟器件实现,但是随着数字集成电路的发展也都可以用数字电路实现.不仅如此,现代的数字通信中还常常将信号数字化后用软件实现上述运算(软件无线电).有关这方面的内容已经不在本书的讨论范畴之内,但是基本原理是相通的,感兴趣的读者可以阅读有关数字通信的参考文献.

§8.2 同步信号恢复

8.2.1 数字信号接收中的同步

我们在第7章和本章讨论模拟和数字信号的解调时,都提到同步的概念.

在相干解调中,接收端要将发送端的载波信息完全恢复出来作为同步参考信号,同步参考信号与发送端的载波不仅频率相同,而且相位也是相同的(或者有固定的相差).

在非相干解调中,接收端需要知道发送端的载波频率,这也是一种同步.

这两种同步都可以称为载波同步.相干解调中的载波同步要求相位同步,而非相干解调只要求频率同步.显然,由于频率同步可以由标准的时间基准实现,因此接收端可以自行解决同步问题,但是相位同步必须依赖某种同步信息的传递,一般情况下在接收端总是依靠锁相环来重建同步信息.

对于模拟信号传输来说,通常情况下得到了载波同步信号后就可以完成解调(相干或非相干).但是对于数字信号传输来说,载波同步仅仅是解调的第一步.

在前面曾经指出,数字信号传输与模拟信号传输的重要不同之处,就是数字信息不仅在幅度上是量化的,在时间上也是量化的,然而在传送过程中又是以连续方式进行的.要将接收到的连续信号通过取样判决准确地恢复成数字信号,就必须准确地知道传送的数字信号波形中每个符号在时间上是如何划分的,这就是符号同步.另一方面,接收机产生的符号同步脉冲,同时也就是输出的数据流的时钟脉冲,这是不言而喻的.

在接收机中的相关运算是在一个符号周期内将输入信号与载波参考信号的乘积进行积分.图8-27是一个理想积分器在一个符号周期内的积分过程的示意图.

显然,在符号同步正确的情况下,一个符号周期的结束时刻可以得到这个符号的最大能量,所以有最大的判决准确性. 但是如果符号同步有误差,如图 8－27 最下面的情况是存在相位误差,则整个积分过程跨越两个符号,就会明显降低判决准确性,使得误码率提高,最严重的情况将无法解调.

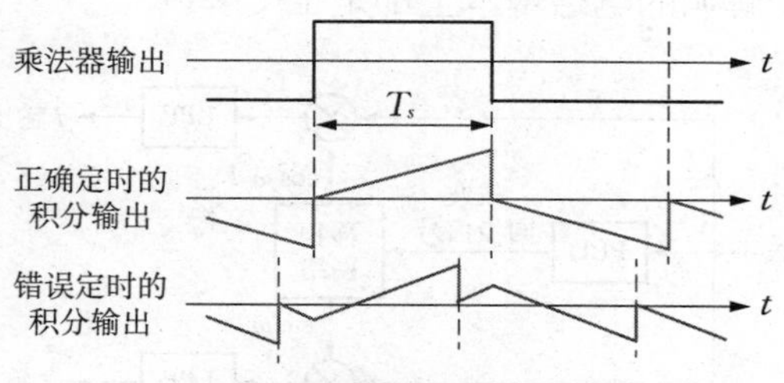

图 8－27　相关解调中的积分输出示意

与载波同步一样,符号同步要在接收端产生一个与发送端的符号时钟信号同步的方波信号,一般也总是采用锁相环技术来实现符号同步. 但是由于符号同步信号的速率一般总是远低于载波频率,另外它的信号特征也与载波的不同,因此符号同步的实现方法与载波同步还是有些不同.

另外,在数字通信中还会有更高层次的同步. 例如,几乎所有的数字传输系统都将要传送的数据分段,每段数据称为一个数据帧. 在接收端除了符号同步外,还必须知道每个数据帧的开始与结束. 再如,在多用户时分系统中,每个用户轮流占用一个时间段,所以也必须知道数据的开始与结束. 这个过程称为帧同步.

载波同步、符号同步、帧同步构成了数字信号接收中 3 个基本的同步过程. 其中载波同步是最底层的同步,帧同步是最上层的同步. 由于帧同步一般用软件算法解决,我们不讨论这层同步.

8.2.2　载波同步

在相干解调过程中,载波同步信号是发送信号在接收端的“副本”,此信号应该与发送端的载波相位同步,所以总是采用锁相环作为恢复载波的手段.

在 OOK 信号和简单的 FSK 信号中,载波是不连续的,OOK 在传输“1”时有载波,而在传输“0”时无载波,FSK 在两个载波之间切换,其中任何一个都是不连续的. 当用锁相环跟踪输入的载波信号时,在无载波的时刻一定处于失锁状态,这对于锁相环的工作很不利. 尽管我们在前面(见图 8－6 和图 8－10)也给出这两种调制方式的相干解调结构,但是在一般情况下,这两种调制方式的解调电路大多采用非相干解调,即前面第 7 章介绍的包络检波和鉴频的方式(在后面的 8.3.1 节中我们将介绍这类解调电路的例子).

前面已经介绍过,ASK 调制、MSK 调制(一种经过特别处理的 FSK)、QPSK 调制等许多调制方式都可以看作正交调制,因此在实用中采用锁相环电路来恢复载波信号并进行相干解调的电路基本上都是正交解调.

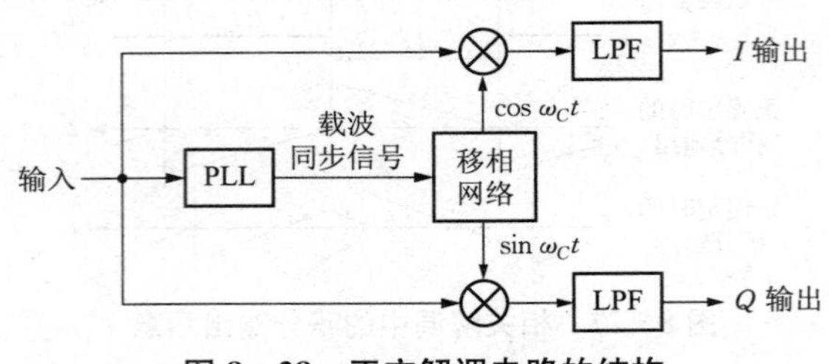

图 8 - 28　正交解调电路的结构

图 8 - 28 是正交解调电路的结构. 其中锁相环锁定在输入信号的载波频率上,经过移相网络产生两个正交的载波同步信号,然后与输入信号相乘,可以得到正交解调输出.

我们可以注意到,除了有两路正交信号外,图 8 - 28 电路与前面图 7 - 26 中模拟信号解调电路的结构完全一致. 这并不意外,因为在载波同步这一层,所有信号其实都是模拟信号,与数字信号基本无关. 所以,在正交解调电路中,锁相环的设计考虑也完全与模拟信号解调时一样,主要考虑如何减小噪声的影响,从噪声带宽的要求入手,确定合适的锁相环闭环带宽,然后再逐步确定其他参数(设计过程可以参考例 7 - 3).

8.2.3　符号同步

为了简单起见,下面以二进制符号流讨论符号同步问题,多进制符号的同步在原理上与二进制相同.

一般情况下,二进制数字信息中 1 和 0 出现的概率几乎相同,而且不会出现长时间的连续 1 或连续 0,所以在二进制符号流中包含许多 1 到 0 或者 0 到 1 的脉冲边沿,这些边沿都出现在两个符号的边界处. 若能将这些边沿信息提取出来,原则上就可以恢复出符号同步信号来.

一种能自动检测输入信号边沿的符号同步电路称为早-迟门(early-late gate)电路,其基本思想就是将一个符号同步脉冲分拆成前后两半,然后利用这两个脉冲分别检测输入信号中的前沿与后沿.

图 8-29 显示了这种电路及其波形. 从原理上说,它仍然是一个锁相环,其中鉴相器由积分器、采样保持电路、绝对值电路以及求和电路构成,两个积分器分别受早门和迟门控制. 所谓早门信号和迟门信号,其实就是压控振荡器输出的符号同步信号,在符号同步信号的前半个周期或后半个周期对输入信号分别进行积分,积分的结果在图 8-29 中以波形内的阴影部分示意.

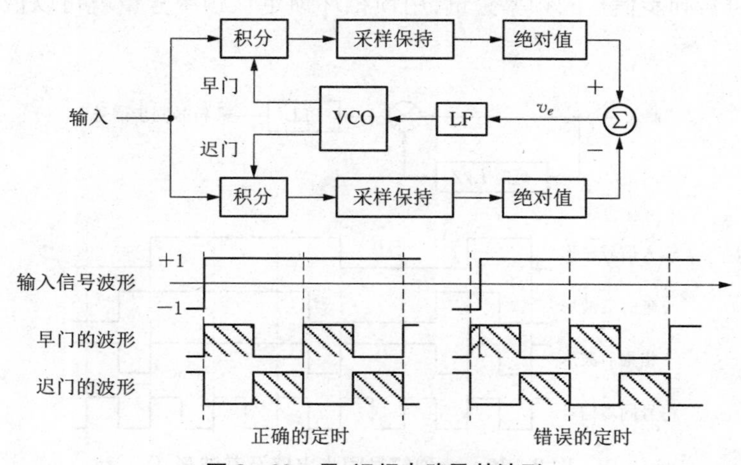

图 8-29 早-迟门电路及其波形

首先观察输入信号的边沿部分. 显然,如果定时正确,即符号同步信号的边沿与输入信号的边沿对齐,那么两个积分结果应该相同,误差电压 $v_e = 0$. 图 8-29 左侧就显示这种情况.

但是如果定时错误,那么在输入信号的边沿部分就会出现积分结果不同的情况. 图 8-29 中右侧显示了符号同步信号超前的错误情况,此时在输入信号的边沿部分早门的积分跨越了两个符号相反的部分,一部分积分结果将互相抵消,所以其输出必然小于迟门的输出,导致求和后的误差电压为负,这个信号将使得压控振荡器的输出频率下降,从而使系统回到正确定时. 如果定时滞后,那么在输入信号的边沿前面那个周期内的积分将出现早门的输出大于迟门输出的情况(图 8-29 没有画出此情形,读者可以自行推断),同样可以调整锁相环的输出回到正确定时.

由图 8-29 可以看到,在输入信号没有边沿的地方,误差信号始终为 0,压控振荡器将维持原有的频率输出. 也就是说,这个锁相环中的鉴相器只对输入信号的边沿敏感,只要输入信号中出现边沿,就会进行检测与调整.

这个电路的关键是要求两个积分支路完全对称,否则将引起额外的误差信号,结果导致输出的符号同步信号相位抖动.这是硬件实现方案中不可回避的问题.当然,如果以软件方式实现图 8-29 的电路,则很容易解决上述问题.

另一种恢复符号同步的方法如图 8-30 所示,将输入信号延时半个符号周期后与原信号相乘(如果是逻辑电平的信号,可以用异或门代替),则输出信号在输入信号每个边沿后面产生一个宽度为半个符号周期的脉冲.经过这样处理后的信号中包含有符号同步信号的频率分量,用锁相环锁定该频率分量就可以恢复符号同步信号.

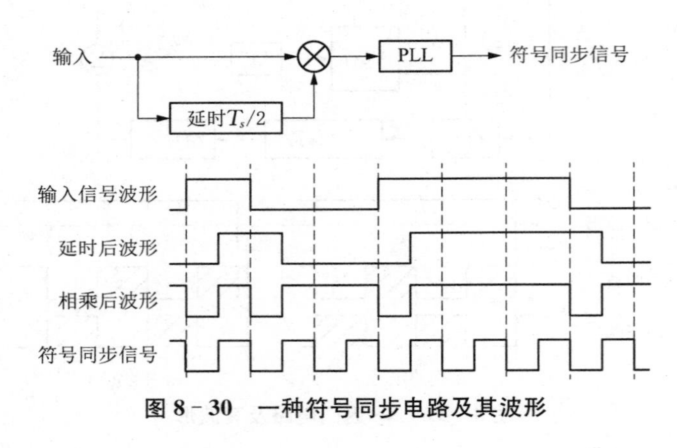

图 8-30 一种符号同步电路及其波形

在这个电路中的一个问题是:当出现连续的 1 或 0 时,符号边沿信息缺失,这相当于锁相环的输入中断.但由于锁相环的输出是后续数字电路的同步时钟,因此必须保证在输入中断时仍维持锁相环有稳定的输出.

解决这个输入信号中断有以下 3 种办法.

一个办法是在锁相环中用乘积型鉴相器或异或门鉴相器.这两种鉴相器有一个共同的特点:当输入信号消失(实际上是一个固定电平)时,鉴相器的输出电压平均值为 0 或一个很小的值.如果鉴相器后面的环路滤波器具有积分环节,那么其输出电压将不变或以很小的速率变化,从而可以在一定时间内保持锁相环的输出稳定.只要输入信号中连续的 1 或 0 不是长时间出现,就可以维持同步信号的稳定.这个办法对锁相环的快捕带、快捕时间以及压控振荡器的初始振荡频率等有严格要求,另外还要求输入延时为准确的半个符号周期,如果延时大于或小于半个符号周期也能完成锁定,但是输出的符号同步信号将会有一个固定的相位偏移,这会导致解调器的误码率增高.

第二个办法是在图 8-30 后面的锁相环中采用边沿触发的鉴相器.由于边沿

触发的鉴相器只对信号的边沿敏感，因此对于图 8－30 中的输入延时没有严格要求，只要能够将输入信号的边沿整形出来即可．然而边沿触发的鉴相器在输入信号中断时由于反馈信号的作用，输出严重偏离零点，会导致压控振荡器的输出迅速偏离原来的频率．在这种情况下必须采取措施，在输入信号中断期间停止锁相环的调整作用．具体的做法见图 8－31，在锁相环的鉴相器与环路滤波器之间插入一个同步开关，在有输入的情况下，允许鉴相器的输出进入环路滤波器去控制压控振荡器，实现锁相环的闭环调整；在输入信号中断的情况下，则让锁相环开环．那时环路滤波器中电容的充电回路被切断，其放电回路由 R_2+R_3 构成，R_3 是压控振荡器的输入电阻，只要这个放电回路的时间常数足够大，就可以认为在没有同步信号的时段内 v_c 基本不变，也就保持了锁相环的输出信号频率不变．

这个电路对于同步开关的开启时间没有严格要求，只要能够在输入信号的有效边沿附近开启，其余时间关断即可．具体电路可以根据数字逻辑电路的基本原理实现，这里不再详述．

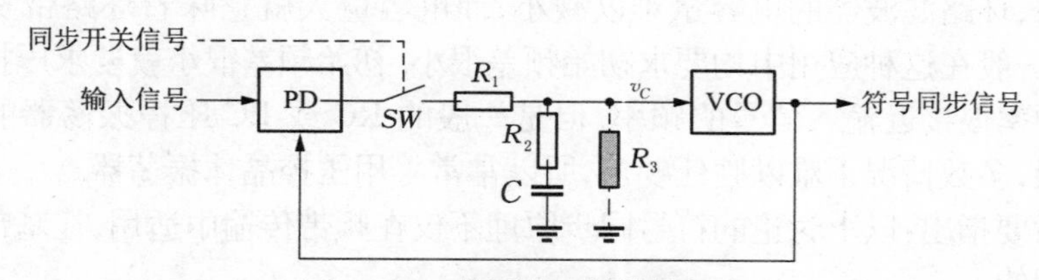

图 8－31　带同步开关的锁相环

第三种办法直接利用叠加型鉴相器的电压叠加特点，不需要同步开关控制信号，就可以实现在输入中断期间自动停止锁相环的调整．图 8－32 就是这种同步信号恢复电路，其中输入变压器和二极管构成变压器耦合形式的叠加型鉴相器，电阻电容与差动放大器构成环路滤波器．关于叠加型鉴相器的工作原理可以参见第 7 章，这里仅讨论在没有信号输入时如何实现输出信号的保持．

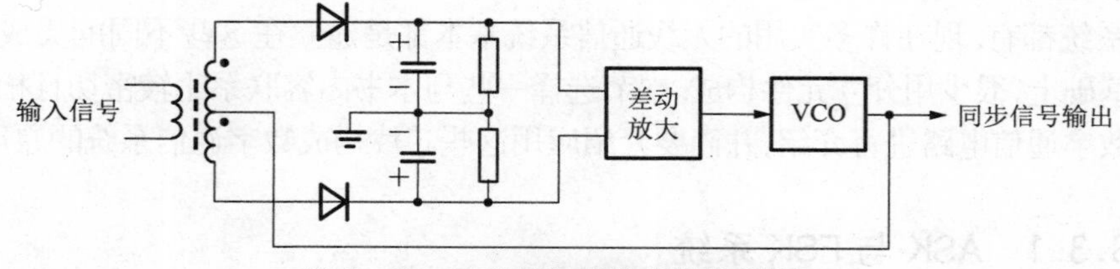

图 8－32　采用叠加型鉴相器的锁相环

当存在输入信号且输入信号幅度较大的情况下,二极管进入导通状态,对后面的电容充电.两个电容上的电压是输入信号与反馈信号的矢量和,极性已经标示在图8-32中.差动放大器取出两个电压的差去控制压控振荡器构成闭环控制.

当不存在输入信号时,二极管左边的电压仅有反馈电压,右边则是电容上已充电的输入信号与反馈信号的矢量和.在输入信号幅度较大的条件下,反馈电压肯定小于电容上的电压,所以两个二极管均反偏而无法导通,这样两个电容就不会继续充电,锁相环自动进入开环状态.此时电容将通过电阻放电,显然只要放电的时间常数足够大,就可以认为电压不变,也就是锁相环输出频率不变.

这个电路的主要问题是叠加型鉴相器的输出与输入信号的幅度有关,若输入幅度发生变化,会影响输出信号的相位,所以通常要在前面增加限幅电路.

不管采用上面哪种方法,一旦输入信号恢复,必须保证能够在很短时间内锁定信号,这就要求锁相环的捕捉时间足够短.由第5章关于锁相环捕捉过程的分析可知,要缩短捕捉时间,可以扩大环路带宽或者缩小初始频差.但是由于受RC放电时间约束,环路滤波器的电容量难以减小,而电容量大就意味着环路带宽难以变宽,因此一般在这种应用中均要求初始频差很小.初始频差很小就要求压控振荡器的中心频率很接近输入信号的频率,但是一般的RC或LC压控振荡器的频率稳定性有限,多数情况下难以胜任要求,所以常常采用压控晶体振荡器.

最后要指出:以上讨论的符号同步原理不仅在频带传输中适用,在基带传输中也是适用的.

§8.3 数字通信系统简介

现代通信逐渐向数字化发展,几乎已经包罗军事、科研、工业、商业、民用等所有领域.这些应用中有极其复杂的系统,也有很简单的系统.针对这些五花八门的应用,集成电路生产厂商纷纷开发各种数字通信系统的集成电路芯片,几乎涵盖所有数字通信方式.其功能也从最基本的发射、接收、收发器,直到几乎包括整个无线通信系统都有.现在许多实用的无线通信系统基本都是建立在这些不同的集成电路芯片基础上,很少用分立元件构成.本节选择一些与本书内容联系比较密切且相对简单的数字通信电路进行介绍,并简要介绍应用这些芯片构成数字通信系统的原理.

8.3.1 ASK与FSK系统

一般说来,ASK系统由于其信号的包络不恒定,所以抗干扰能力较差.而FSK

系统尽管包络恒定，但是其总体性能不如PSK系统，所以一般只在数据量不大的场合(如遥控开关、遥控钥匙、遥控玩具或者工业现场的无线数据采集等系统中)得到应用.

一个典型的ASK调制电路是MICRF102.这是由MICREL公司生产的一款小功率ASK调制电路，输出的载波频率为300～470 MHz，最大输出功率2.5 dBm，最大基带数据率为20 kb/s.它可以通过制作在印制板上的环形天线直接发射，具有体积小、结构简单等优点.

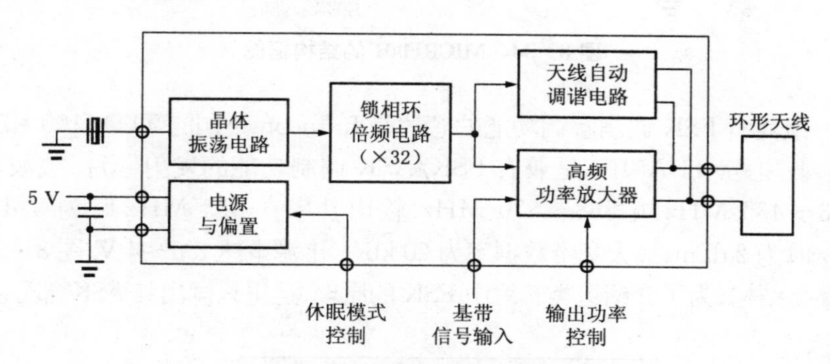

图8-33 MICRF102的结构框图

图8-33是该芯片的内部结构.由图8-33可见，它采用直接对功率放大器的输出功率进行调制的ASK调制方式，这种方式可以认为近似于乘法器调制结构.该芯片的输出功率可以通过外加的控制电压控制，也可以通过外接信号使芯片进入休眠状态，所以比较适合电池供电的便携式遥控设备使用.电路内部有锁相环倍频电路将晶体振荡频率倍频32倍，所以只要选择频率较低的石英晶体即可得到300 MHz以上的载波频率.

该芯片的另一个特点是具有天线自动调谐系统，通过内部的变容二极管自动使天线进入谐振状态，可以有效提高发射效率.

通常，生产厂商总是生产成对的发射/接收芯片以便用户构成通信系统.MICREL公司也生产ASK接收电路，一个典型型号是MICRF001，其内部结构见图8-34.

由图8-34可见这是一个典型的超外差接收机的结构，本机振荡频率由外接晶体确定(芯片内部有倍频)，放大与混频的工作原理已经在前面几章介绍过，这里不再赘述.采用峰值检波加比较判决方式解调，是一种非相干解调方式.其峰值检波器以后的低通滤波网络的参数可以通过控制输入端的电平进行选择以适应不同的数据率.在正常使用条件下，与MICRF102配合可以达到几十米的通信距离.

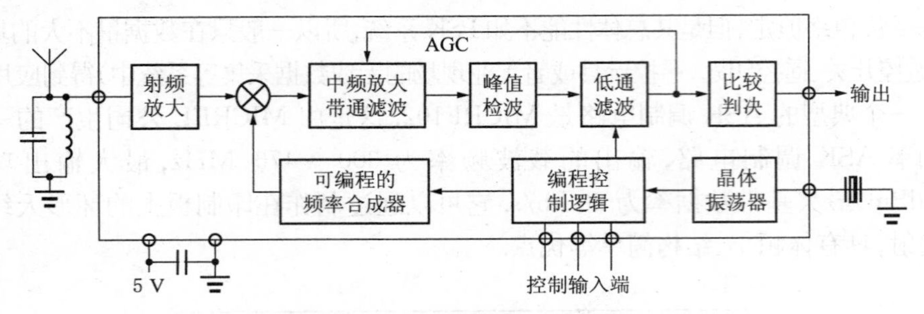

图 8-34 MICRF001 的结构框图

另一组具有 FSK 调制解调功能的芯片是 Infineon 公司的 TDA5100 和对应的一系列接收电路. TDA5100 是兼有 FSK/ASK 调制功能的发射芯片,载波频带可以是 433～435 MHz 或 868～870 MHz,输出功率在 433 MHz 时为 5 dBm、在 868 MHz 时为 2 dBm,最大基带数据率为 20 kb/s,电源电压 2.1～4 V. 图 8-35 是它的内部简化结构,为了介绍这类芯片中 FSK 的原理,这里只画出其 FSK 部分.

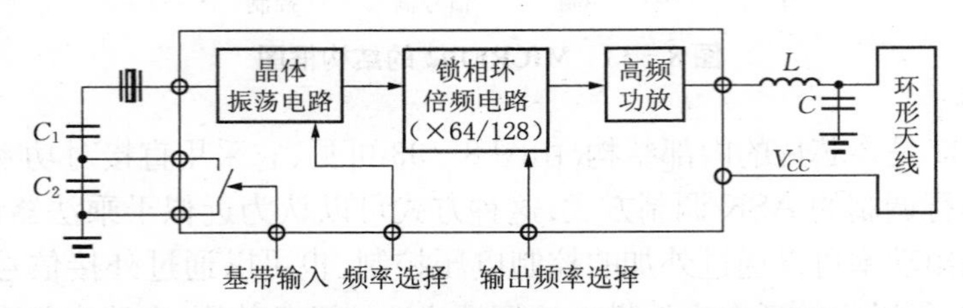

图 8-35 TDA5100 的结构框图(已简化,只画出 FSK 部分)

由图 8-35 可见,它采用改变石英晶体的负载电容方法进行 FSK 调制,属于直接调频方式. 根据第 4 章关于石英晶体的讨论,石英晶体的谐振频率与负载电容有关,负载电容改变会引起晶体谐振频率的改变. 尽管此变化很小,但是在这个芯片中,晶体振荡频率要通过锁相环倍频 64 倍或 128 倍,所以还是可以获得足够大的频偏. 芯片带有功放,可以通过 LC 阻抗变换网络后从环形天线直接发射,所以从使用的角度来说是很方便的. 另外它的工作电压较低,比较适合电池供电的遥控系统.

Infineon 公司也有与 TDA5100 对应的一系列接收电路,其中一款 TDA5210 为 FSK/ASK 接收解调芯片,载波频带范围为 433～435 MHz 或 868～870 MHz,接收信号的有效动态范围为－100～－13 dBm,工作电压 5 V. 图 8-36 就是这个芯片的简化结构(同样,为了介绍 FSK 原理,只画出 FSK 部分).

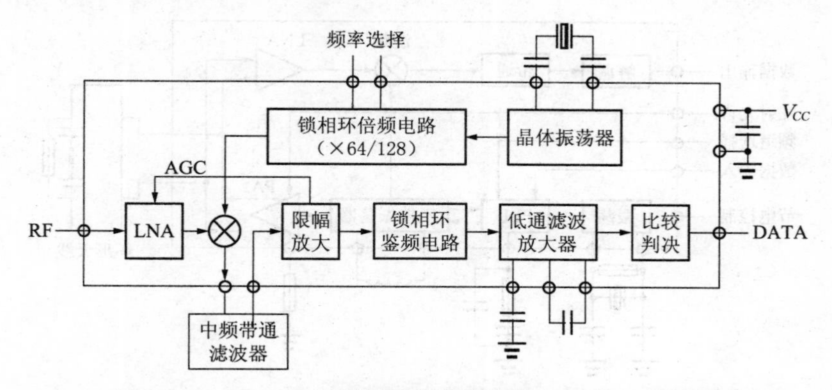

图 8-36 TDA5210 的结构框图(已简化,只画出 FSK 部分)

由图 8-36 可见,此芯片采用的结构也是超外差接收结构:射频信号进入芯片后首先通过低噪声放大器 LNA 放大,然后与从晶体振荡器和锁相环倍频器来的本机振荡信号混频,中频信号经过外接的带通滤波器滤波后被限幅放大,之后进入锁相环鉴频电路鉴频,最后得到解调信号输出.

上面介绍的将发射与接收分开的芯片比较适合应用于遥控遥测.因为在遥控遥测设备中发射和接收都是单向的,这种工作模式称为单工(simplex)模式.由于无线遥控之类的应用量大面广,现在有许多公司都在生产类似的产品.这类集成电路芯片的基本原理都与上面介绍的两组芯片大同小异,基本特点都是结构简单,可以方便地构成一个数字通信系统,但是数据传输率一般都不高,只能在通信数据量比较小的场合应用.

在类似数据采集系统等简单的数据通信系统中需要来回传递数据,此时应用上述芯片构成系统需要通信双方各有两个芯片,显得不够简洁,所以有些厂商就生产集成了发射与接收两个模块的芯片.比较典型的有 Nordic 公司生产的 nRF401, nRF403 等.图 8-37 是 nRF401 的结构框图及其必需的外围器件.

nRF401 芯片采用数据控制 PLL 的直接调频方式工作,载波中心频率为 433.92 MHz 和 434.33 MHz 两个频道,可以通过频道选择输入端切换.最大发射功率为 10 dBm,最高接收灵敏度为−105 dBm,最大基带数据率为 20 kb/s,电源电压 2.7~5 V.

芯片内包含了振荡器、锁相环、压控振荡器、射频功率放大器等发射电路,以及低噪声放大器、混频器、滤波器、解调器等接收电路.必须的外围器件有环形印刷天线、石英振荡晶体、PLL 的环路滤波器以及压控振荡器的电感等.

由于收发采用同一个频道,因此尽管 nRF401 在同一个芯片中集成了发射与

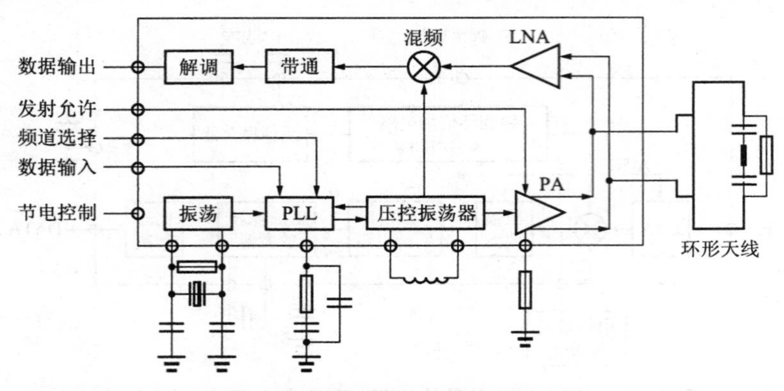

图 8 - 37 nRF401 的结构与外围器件

接收两个模块,但是收发两个功能是分时进行的,通过发射允许输入端控制发射与接收的转换. 这种分时工作模式也称为半双工(half-duplex)模式. 能够同时进行发射和接收信号的系统则称为双工(duplex)系统.

上面介绍的这些芯片除了基带数据接口外,一般都留有与计算机连接的控制接口. 例如,nRF401 芯片中除了数据输入输出接口外,还有发射允许、频道选择以及节电控制等接口,若用一个单片机与它们配合,则很容易构成一个完整的数字通信系统.

也有厂商直接将控制用的单片机等集成在一个芯片之内,这种芯片的使用就更为方便. 例如,TI 公司的 CC1010 就是一个将工业界最通用的 MCS51 系列单片机与一个 FSK 发射/接收系统集成在一起的数字通信系统. 图 8 - 38 就是 CC1010 的内部结构框图,其中将与本书关系较少的计算机控制部分的内部结构省略了,感兴趣的读者可以自行参考 CC1010 的数据手册以及有关 51 系列单片机的资料.

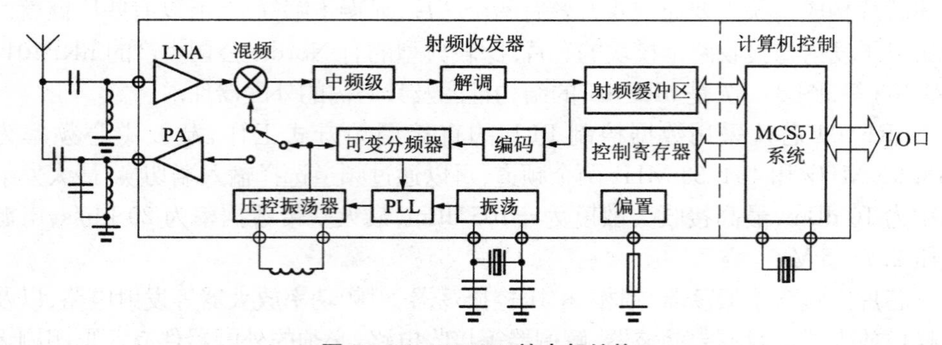

图 8 - 38 CC1010 的内部结构

CC1010 的载波可以工作在 315/433/868/915 MHz 这 4 个频段,通常这些频段被称为ISM(Industrial, Scientific & Medical,工业-科学-医疗)频段.通过计算机系统向控制寄存器写入控制字可以切换频率.最大发射功率为10 dBm,最高接收灵敏度为−107 dBm,最大基带数据率为76.8 kb/s,电源电压2.7～3.6 V.

CC1010的发射过程是:计算机系统将欲发送的数据存入数据寄存器,然后数据被编码,编码后的数据送到锁相环构成的频率合成器对载波进行直接调频,已调波通过功率放大器(PA)放大并经过LC网络的阻抗变换后送往天线发射.

接收部分是一个超外差结构.射频信号由天线接收后,经过LC网络的选频和阻抗变换,送到低噪声放大器(LNA)放大,然后经过混频级下变频到中频,在中频级被放大,然后信号被解调后送到被称为射频缓冲区的数据寄存器,通过中断通知计算机并等待计算机系统读取.

系统采用半双工模式工作.其中频率合成器的输出是分时复用的:在接收时,频率合成器产生稳定的本振信号提供混频级应用;在发送时则构成锁相调制器.通过芯片内部的一个开关可以切换工作模式,此开关亦受计算机系统的控制.同样,天线也是分时复用的.

除此之外,CC1010的计算机系统还留有大量IO口,提供给使用者用于连接外部设备(如传感器输入、控制信号输出等).所以这是一个比较方便使用的芯片.

图8-38展示的系统代表了大部分简易FSK数字通信系统的结构.若用前面介绍的不带单片机的芯片构成ASK或FSK的通信或遥控系统,也可以参考这个系统的结构.

8.3.2 正交调制系统

前面已经说过,现代的高速数字通信系统中,许多都应用正交调制与解调方式工作.正交调制与解调方式可以实现PSK工作模式,也可以实现FSK工作模式.其特点是数据传输率高,载波频率也比较高,非线性失真、噪声系数等指标也较好.

本节首先介绍两个结构相对简单的芯片:Linear Technology公司的LT5518和LT5515,让读者可以管窥这类芯片的大致情况.

LT5518是正交调制芯片,主要指标如下:射频频率1.5～2.4 GHz,基带带宽400 MHz,输出1 dB压缩点8.5 dBm,输出三阶截点22.8 dBm,输出功率0 dBm,输出噪声本底−158 dBm,电源电压5 V.

LT5518芯片内部结构见图8-39.主要由两个模拟乘法器和一个正交移相电路构成.基带信号分I和Q两路输入后通过缓冲放大器转换为电流信号,本振信号输入后被移相为0°和90°两个正交电流信号,与两路基带信号相乘后直接叠加,

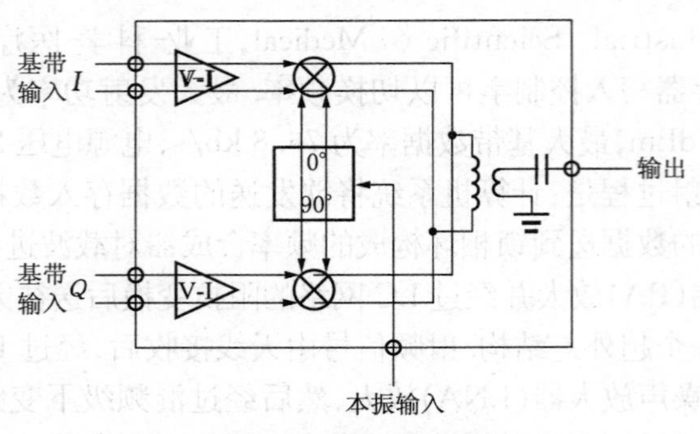

图 8－39 LT5518 的结构

最后通过平衡-非平衡变压器转换为单端信号输出.

在这个芯片中,要求基带输入双端的差分信号. 在许多高频芯片中都有类似的要求,主要原因是随着频率的提高,单端信号由于受到分布参数的影响难以得到很好的频率响应,而使用差分信号则可以抵消分布参数的影响,使频率响应进一步提高.

图 8－40 是与 LT5518 芯片对应的接收芯片为 LT5515,其主要指标如下:射频频率 1.5～2.5 GHz,输入三阶截点 20 dBm,噪声系数 16.8 dB,转换增益－0.7 dB,*IQ* 增益失配 0.3 dB,相位失配 1°,电源电压 5 V.

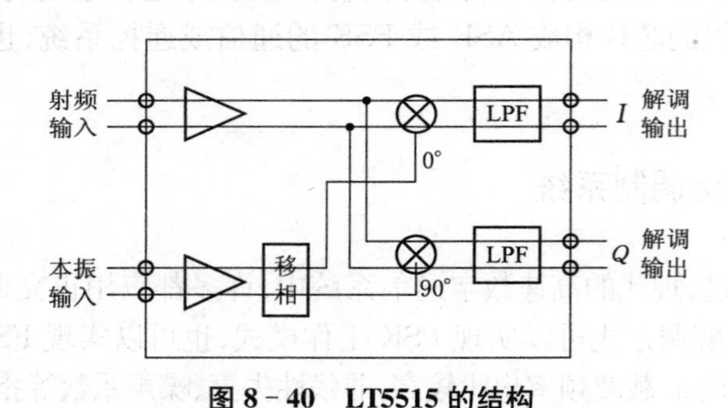

图 8－40 LT5515 的结构

LT5515 的结构中包含输入缓冲、本振移相、两个乘法器以及输出低通滤波器. 输入输出都是差分信号,需要在外部转换为单端信号. 输出的是解调后的 *IQ* 模拟信号,需要在外面进行取样判决,常见的做法是通过 A/D 转换后直接进入数字信号处理芯片进行信号处理.

根据图 8－39 和图 8－40,可见这组芯片仅包含了正交调制中最基本的部件,其他有关的编码解码、电平变换、取样判决等都需要在外面另行配备. 这样做的好处是其通用性很强,可以在各种类型的正交调制解调系统中应用. 缺点是组成系统比较复杂.

将前面几章中介绍的低噪声放大器、混频器、中频放大器等电路与正交调制与解调芯片配置在一起,就可以构成正交调制解调通信系统. 图 8-41 是无线局域网(WLAN)射频部分的结构框图,可以代表大多数这类通信系统的架构.

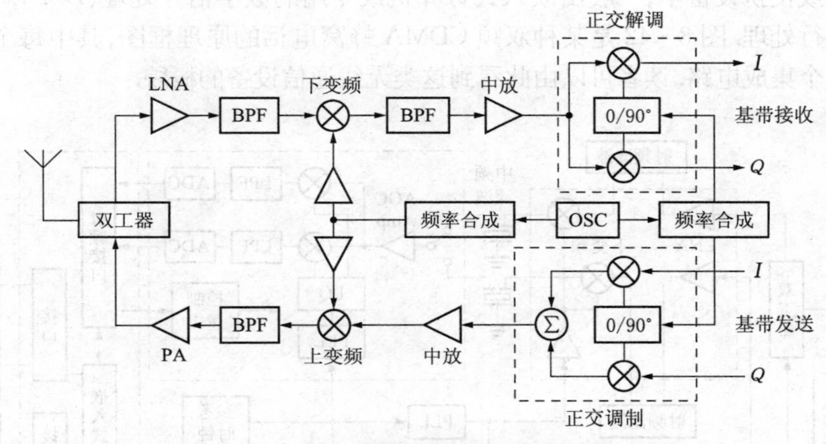

图 8-41 无线局域网系统的射频部分结构框图

图 8-41 中的信号流向以及各部分的功能已经很清楚了,需要说明的是其中的振荡器 OSC 实际上是整个系统的同步系统的一部分,这里为了突出正交调制与解调,将其中同步部分省略了.

图 8-41 中天线后面的双工器是负责天线复用的器件. 前面已经介绍过,无线通信系统可以按照能否同时进行双向通信分为单工系统、半双工系统和双工系统. 通常,无论是半双工系统还是双工系统,一个设备一般都只有一根天线,所以必须设法复用天线.

在半双工系统中,天线是分时复用的,在某个时刻它只能发射或接收(所以半双工实际上还是单工),在半双工系统中的双工器实际上是一个射频模拟开关,由控制系统负责将它切换到发射或接收状态. 例如,上面的无线局域网系统就是一个半双工系统,其双工器就是一个开关. 又如,GSM 蜂窝电话采用分时接收与发送,所以其双工器一般也是一个射频开关,在通话时频繁地进行发送与接收的切换.

在全双工系统中,发射与接收的频率是不同的,双工器则是由两个带通滤波器构成. 例如,我国目前 CDMA 蜂窝电话的发射频率为 825～835 MHz,接收频率为 870～880 MHz,所以其双工器由两个具有相当好的矩形系数的固体带通滤波器组成. 对于一些双频手机,由于要同时发射和接收两个频段(800 MHz 频段和 1

800 MHz 频段),其双工器就更为复杂:先由两个带通滤波器分开两个频段,然后每个频段再用两个滤波器将发射与接收分开.

图 8-41 中的基带接收信号通常都是通过 ADC 转换为数字信号后由计算机处理,同样,基带发送信号也是由计算机处理后的数字信号通过 DAC 转换而来.在移动或便携设备中,一般由嵌入式计算机或专用的数字信号处理(DSP)芯片对信号进行处理.图 8-42 是某种双频 CDMA 蜂窝电话的原理框图,其中每个虚线框是一个集成电路.读者可以由此看到这类无线通信设备的概貌.

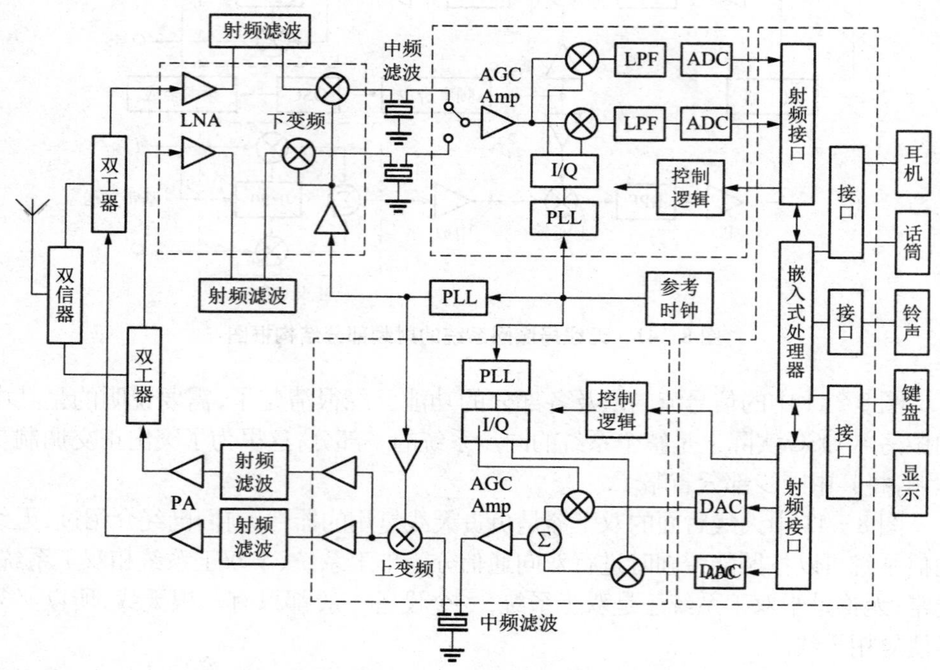

图 8-42 某种 CDMA 蜂窝电话的结构框图

习题与思考题

8.1 已知二进制序列为 1001110010,试画出 ASK, FSK, 2PSK, DPSK 和 QPSK 的波形(设 1 个符号周期中包含 2 个载波周期,FSK 的两个载波频率相差一倍).

8.2 非相干解调是否需要载波同步?如果是,请说明它与相干解调中的载波同步的区别;如果不是,请举一个实例说明.

8.3 为什么说数字信号的解调是一种估计过程？最大似然判决的原理是什么？

8.4 本章介绍的 FSK 调制中，输出信号在两个频率之间变换. 如果单单看其中一个频率，那么它就是一个 OOK 调制，然而这里用了两个频率来传送同一个信号. 现在的问题是：能否充分利用这两个频率同时传送两个不同的数字信号，达到加大传输信息量的目的？如果可以，要注意哪些问题？如果不可以，请说明理由.

8.5 已知一个 FSK 系统的载波中心频率为 433.92 MHz，基带数据率为 20 kb/s，接收端采用非相干解调. 试求最合适的两个载波频率.

8.6 2PSK 和 DPSK 信号的区别是什么？DPSK 主要解决了 2PSK 调制中的什么问题？

8.7 为什么说相位比较法解调 DPSK 信号是一种非相干解调方式？

8.8 下图是一种解调 2PSK 信号的电路，称为再调制器(remodulator). 试根据图中标示的信号关系，分析它的解调过程(其中延时环节是为了补偿低通滤波器的延迟，在分析时可以暂时忽略).

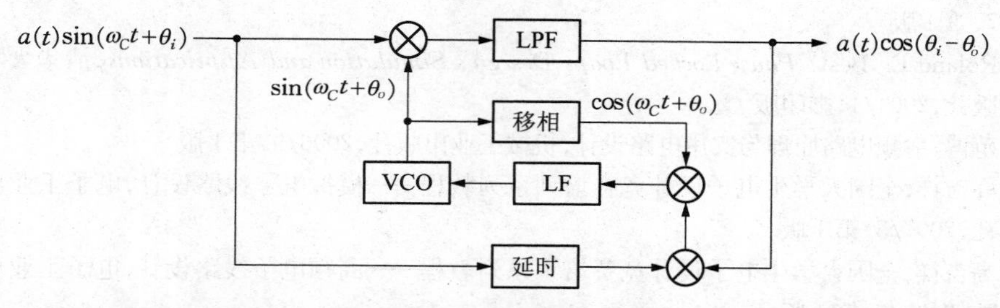

8.9 如果在正交解调电路中本机振荡信号的移相网络不理想，导致移相后的 Q 信号与 I 信号的角度为 $\frac{\pi}{2}+\theta$，对于解调结果会有什么影响？

8.10 假定图 8-29 电路中采用异或门作为锁相环的鉴相器，试证明：若延时大于或小于半个符号周期时，输出的符号同步信号与期望值之间有一个固定的相位偏移. 要求给出输出相位偏移与延时误差之间的关系.

参考文献

[1] 高吉祥,高频电子线路,电子工业出版社, 2007/1,第2版
[2] 张肃文,高频电子线路,高等教育出版社, 2004/11,第4版
[3] 谢嘉奎,电子线路——非线性部分,高等教育出版社, 2000/5,第4版
[4] 陈邦媛,射频通信电路,科学出版社, 2002/8,第1版
[5] Reinhold Ludwig, Pavel Bretehko, *RF Circuit Design Theory and Application*,科学出版社,2002/3,影印版
[6] Thomas H. Lee 著,余志平、周润德译,CMOS射频集成电路设计,电子工业出版社,2004/7,第1版
[7] Roland E. Best, *Phase-Locked Loops Design, Simulation and Applications*,清华大学出版社,2004/1,影印版
[8] 范博,射频电路原理与实用电路设计,机械工业出版社,2006/9,第1版
[9] 高吉祥,全国大学生电子设计竞赛培训系列教程——模拟电子线路设计,电子工业出版社,2007/5,第1版
[10] 高吉祥,全国大学生电子设计竞赛培训系列教程——高频电子线路设计,电子工业出版社,2007/5,第1版
[11] N. O. Sokal and A. D. Sokal, *Class E-a New Class of High-efficiency Tuned Single-ended Switching Power Amplifiers*, IEEE Journal of Solid-state Circuits, Vol. SC-10, No. 3, p. 168, June 1975
[12] Anna Rudiakova, Vladimir Krizhanovski, *Advanced Design Techniques for RF Power Amplifiers*, Springer, 2006
[13] Frederick H. Raab, *Class-F Power Amplifiers with Maximally Flat Wave Forms*, IEEE Transactions on Microwave Theory and Techniques, Vol. 45, No. 11, Nov. 1997
[14] Andrei Grebennikov 著,张玉兴、赵宏飞译,射频与微波功率放大器设计,电子工业出版社,2006/4,第1版
[15] 张义芳、冯健华,高频电子线路,哈尔滨工业大学出版社,1996/8,第2版
[16] 谈文心、邓建国、张相臣,高频电子线路,西安交通大学出版社,1996/10,第1版
[17] 杜武林,高频电路原理与分析,西安电子科技大学出版社,1994/4,第2版
[18] 铃木宪次著,何中庸译,高频电路设计与制作,科学出版社,2005/4,第1版
[19] 黄智伟,射频电路设计,电子工业出版社,2006/4,第1版
[20] 郝国欣、金燕波、郭华民、张培哲,大功率宽带射频脉冲功率放大器设计,电子技术应用,2006/3, p. 134

[21] 张辉、曹丽娜,现代通信原理与技术,西安电子科技大学出版社,2002/1,第1版
[22] 沈振元、聂志泉、赵荷雪,通信系统原理,西安电子科技大学出版社,1993/10,第1版
[23] 李友善,自动控制原理,国防工业出版社,1989/6,第1版
[24] Christopher Bowick, John Blyler, Cheryl Ajluni, *RF Circuit Design* (*Second Edition*),电子工业出版社,2008/9
[25] Arthur B. Williams, Fred J. Taylor 著,宁彦卿、姚金科译,电子滤波器设计,科学出版社,2008/9,第1版
[26] 森荣二著,薛培鼎译,LC 滤波器设计与制作,科学出版社,2006/3,第1版
书中涉及的晶体管、集成电路等数据来自下列网站:
http://www.analog.com/
http://www.linear.com.cn/
http://www.maxim-ic.com.cn/
http://www.onsemi.com/
http://www.semicon.toshiba.co.jp/eng/
http://www.scn.semiconductors.philips.com/
http://www.irf.com.cn/irfsite/
http://www.national.com/
http://www.datasheetcatalog.com/
http://www.datasheetarchive.com/
http://www.eeworld.com.cn/

图书在版编目(CIP)数据

高频电路基础/陈光梦编著. —2 版. —上海:复旦大学出版社,2016.1
(电子学基础系列)
ISBN 978-7-309-12045-5

Ⅰ. 高…　Ⅱ. 陈…　Ⅲ. 高频-电子电路-高等学校-教材　Ⅳ. TN710.2

中国版本图书馆 CIP 数据核字(2016)第 001015 号

高频电路基础(第二版)
陈光梦　编著
责任编辑/梁　玲

复旦大学出版社有限公司出版发行
上海市国权路 579 号　邮编:200433
网址:fupnet@fudanpress.com　http://www.fudanpress.com
门市零售:86-21-65642857　团体订购:86-21-65118853
外埠邮购:86-21-65109143
上海浦东北联印刷厂

开本 787×960　1/16　印张 30.75　字数 540 千
2016 年 1 月第 2 版第 1 次印刷

ISBN 978-7-309-12045-5/T · 562
定价: 59.00 元

复旦　电子学基础系列

	书名	作者
※	模拟电子学基础	陈光梦　编著
□	数字逻辑基础	陈光梦　编著
○	高频电路基础	陈光梦　编著
	现代工程数学	王建军　编著
	模拟与数字电路基础实验	孔庆生　编著
	模拟与数字电路实验	王　勇　主编
	微机原理与接口实验	俞承芳　李　旦　主编
	近代无线电实验	陆起涌　主编
	电子系统设计	俞承芳　李　旦　主编
	模拟电子学基础与数字逻辑基础学习指南	王　勇　陈光梦　编著
	高频电路基础学习指南	陈光梦　编著

加“※”者为普通高等教育“十二五”国家级规划教材；

加“□”者为普通高等教育“十一五”国家级规划教材，2011 年荣获第二届中国大学出版社图书奖优秀教材奖一等奖；

加“○”者 2012 年荣获中国电子教育学会全国电子信息类优秀教材奖二等奖，2013 年荣获第三届中国大学出版社图书奖优秀教材奖一等奖.

复旦大学出版社向使用《高频电路基础(第二版)》进行教学的教师免费赠送教学辅助光盘以供参考,欢迎完整填写下面的表格来索取光盘.

教师姓名:__________　**课程名称:**____________________
学生人数:__________　**学校院系:**____________________
手　　机:__________　**电子邮箱:**____________________
邮政编码:__________　**学校地址:**____________________
邮政编码:__________　**邮寄地址:**____________________

请将本页完整填写后,剪下邮寄到

上海市国权路 579 号　复旦大学出版社　梁玲收

邮政编码:200433　联系电话:(021)65654718　电子邮箱:liangling@fudan.edu.cn

复旦大学出版社将免费邮寄赠送教师所需要的光盘.